普通高等教育力学类“十四五”系列教材

工程力学

主编 张克猛 张 陵

西安交通大学出版社
XI'AN JIAOTONG UNIVERSITY PRESS

内容简介

本书根据工科应用型本科人才培养目标，结合现代机械设计、制造的特点，以工程应用为导向，以"运动分析-静力、强度分析-动力分析"为主线构建体系，共分20章，融合了理论力学与材料力学两门课程的基本内容，旨在为工科应用型本科人才培养提供一本既节约学时，内容又相对完整的中等学时的工程力学教材。

针对应用型本科特点，本书适当简化了理论推导过程，侧重于学生对力学问题的分析、判断、建模能力的培养，以及灵活选用力学理论解决工程实际的方法的掌握；结合日常生活现象或工程实例，穿插了一些扩展知识，以强调本课程的工程应用性、前承后续性及知识综合性，同时激发学生对新知识的求知欲，调动其主动学习的积极性，加强其获取知识的能力的训练。

本书可作为应用型本科机械、汽车、热动、土木、建环、装备等专业64—72学时的工程力学教材，也可供相关工程技术人员参考。

图书在版编目(CIP)数据

工程力学 / 张克猛，张陵主编. — 西安 ：西安交通大学出版社，2021.9(2022.8重印)
ISBN 978-7-5693-1209-6

Ⅰ. ①工… Ⅱ. ①张… ②张… Ⅲ. ①工程力学-高等学校-教材 Ⅳ. ①TB12

中国版本图书馆CIP数据核字(2021)第101222号

书　　名 工程力学
GONGCHENG LIXUE
主　　编 张克猛　张　陵
责任编辑 王　欣
责任校对 魏　萍
装帧设计 任加盟

出版发行 西安交通大学出版社
(西安市兴庆南路1号　邮政编码710048)
网　　址 http://www.xjtupress.com
电　　话 (029)82668357　82667874(市场营销中心)
(029)82668315(总编办)
传　　真 (029)82668280
印　　刷 西安日报社印务中心

开　　本 787mm×1092mm　1/16　**印张** 17.625　**字数** 420千字
版次印次 2021年9月第1版　2022年8月第2次印刷
书　　号 ISBN 978-7-5693-1209-6
定　　价 45.00元

如发现印装质量问题，请与本社市场营销中心联系。
订购热线：(029)82665248　(029)82667874
投稿热线：(029)82664954
读者信箱：1410465857@qq.com

前　言

本书作为讲义在西安交通大学城市学院已经应用过两届，在此基础上修订出版，旨在为工科应用型本科人才培养提供一本既节约学时，又具有相对完整内容的中等学时工程力学教材。依据应用型本科人才培养目标，在编写体系及内容选取方面本书具有以下特点。

1.对于机电一体化的现代机械设计与运行，各类机械的运动分析、动力分析与强度分析同等重要，因此本书取材相对完整。

2.结合机械设计过程，以“运动分析-静力与强度分析-动力分析”体系安排内容。突出了工程力学的“工程应用性”。

3.“运动分析”内容相对独立，故提前安排讲授。一来便于学生运用几何学知识顺利完成向力学课程的过渡；二来利于学生对“运动分析”知识的掌握；某种程度上也可避免“静力分析在前、运动分析在后”导致学生对两者的混淆。

4.打破了统传的理论力学、材料力学课程体系，融合了两门课程的基本内容，减少了不必要的重复，节约了授课课时。

5.结合日常生活现象或工程实例，穿插了一些扩展知识简介或问题质询，以强调本课程的工程应用性、承前启后性及知识综合性，同时激发学生对新知识的求知欲，调动学生主动学习的积极性，加强对学生查阅资料、获取知识的能力的训练。

6.针对应用型本科特点，适当简化了理论推导过程，侧重于学生对力学问题的分析、判断、建模能力的培养，以及灵活选用力学理论解决工程实际的方法的掌握。在例题、思考题及习题的选取过程中，充分注意了重要性和难度的适当性。书后附有习题答案。

全书共20章，内容涵盖了理论力学与材料力学两门课程的基本内容，少量标注*号的内容可供教师根据不同专业、不同学时选授。

本书由西安交通大学城市学院与西安汽车职业大学合作完成，张克猛、张陵、韩海燕、韩少燕共同编写，张克猛、张陵任主编，张克猛负责统稿。

编写过程中，作者参考了以往主编过的几本相关教材，特别是部分的习题更是直接选用。在此谨向参与上述教材编写的各位同事深表谢意，并感谢西安交通大学出版社的一贯支持。

对于书中的不妥和疏忽之处，恳请读者批评指正。

编　者

2021年4月

目　录

绪　论

工程力学是一门与机械、能源、土木、水利、化工、材料、航空航天等众多工程技术领域有着密切联系的技术基础学科，它是近代工程技术的理论基础之一。

0.1　工程力学的研究内容

工程中的各种机械与结构都是由许多的机械零件或结构元件组成的，这些机械零件、结构元件在本课程中统称为构件。工程力学是一门研究物体机械运动一般规律和构件承载能力的科学。机械运动是指物体在空间的位置随时间变化的过程，对其研究包括机构与构件的运动分析、静力分析和动力分析三部分。

运动分析是从几何角度来研究物体运动的规律。

静力分析主要研究力系的简化、物体受力系作用下的平衡条件，以及构件在平衡条件下的承载能力。

构件的**承载能力**是指构件在工作时安全可靠地承担外载荷的能力，包括构件的强度、刚度和稳定性条件。

强度是指构件抵抗破坏的能力。构件承载时，不应该发生断裂或显著的永久变形。例如，飞机降落时，起落架不应折断；连接螺栓的螺纹受到撞击时，不应发生过大的永久变形等。

刚度是指构件抵抗变形的能力。有些构件虽然不发生破坏，也不发生显著的永久变形，但是由于变形超过允许的限度，也会导致机器设备不能正常工作。例如，摇臂钻床工作时，若立柱和摇臂变形过大，将会影响工件的加工精度（图 0－1）；转轴变形过大，会引起轴承磨损不均匀等。

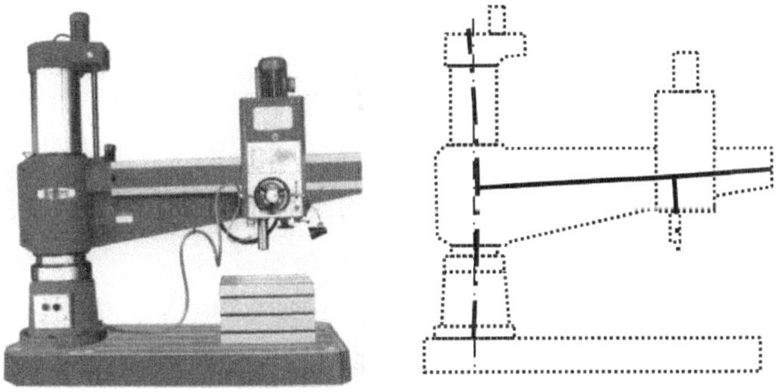

(a)　　　(b)

图 0－1　摇臂钻床

稳定性是指构件保持原有平衡形式的能力。一些细长受压构件，例如内燃机中的连杆、千斤顶中的螺杆等，当压力较小时，轴线能保持原有的直线状态；当压力增大至某一数值时，零件会突然变弯，致使其不能正常工作或发生事故。这种现象称为**失稳**。

动力分析包括建立物体运动变化与受力之间的关系，以及动荷下构件的强度问题。

以图 0-2 所示工程中常见的塔吊为例，其设计首先要根据设备的预定功能，确定设备自身和物料运送各阶段的运动规律；其次要保证设备整体平衡，确定起吊最大重量和各构件的具体受力情况；再次，为确保设备在缓慢提升物料过程中各构件均具有足够的承载能力，则必须根据构件的具体受力情况，为构件选择合适的材料并设计合理的截面形状和尺寸；最后还要根据设备性能选择匹配动力，评估在紧急情况下所必须采取的急刹车或快速提升物料等应急措施对设备安全运行的影响等。可见，完整的机械设计一般包括运动分析、静力(含承载能力)分析和动力分析三个过程。

图 0-2　塔吊

0.2　工程力学的研究对象

工程实际中的力学问题往往相当复杂。在研究具体问题时，必须抓住问题的本质，忽略次要因素，将研究对象抽象为具体的力学模型。

当物体的运动范围比它本身的尺寸大得多时，物体的形状和尺寸对运动的影响很小，此时可将其抽象为只有质量而无体积的一个点。这种具有质量、不计大小的几何点称为**质点**。

具有一定联系的若干质点所构成的系统称为**质点系**。根据问题研究的需要，单个物体可以看成是一个质点系，一个机构或结构也可视为一个质点系。

当研究物体的宏观运动时，物体微小的变形对问题的研究影响极微，可以忽略不计，此时的物体即可视为刚体。所谓**刚体**是指体内各点距离保持不变的物体。

当研究物体的变形规律时，物体极其微小的变形将是研究问题的关键所在，不容忽略，此时的物体必须视为变形体。这种在外力作用下会产生变形的物体称为**变形固体**。

因此，质点、质点系、刚体和变形固体是工程力学的主要研究对象。

对变形固体通常作以下的基本假设。

(1)连续性假设：认为组成变形固体的物质毫无间隙地充满了它的整个体积。这样，物体的一切物理量都可用坐标的连续函数来表示。

(2)均匀性假设：认为变形固体各点处的力学性质相同。这样就可以从中取出任一微小部分进行分析和试验，其结果适用于整个物体。

(3)各向同性假设：认为变形固体在各个方向具有相同的力学性质。各方向均具有相同力学性质的材料称为**各向同性材料**，如工程中常用的一般金属；力学性质有明显方向性的材料称为**各向异性材料**，如胶合板、竹木材料和现代复合材料等。

实际上，从微观角度观察，工程材料内部都有不同程度的空隙和非均匀性，如组成金属的各单个晶粒，其力学性质也具有明显的方向性。但由于这些空隙和晶粒的尺寸远远小于构件的尺寸，且排列是无序的，所以从统计学的观点在宏观上可以认为物体的性质是均匀、连续和各向同性的。实践证明，在工程计算的精度范围内，上述三个假设可以得到满意的结果。

(4)小变形假设：材料在外力作用下将产生变形。实验证明：对于大多数材料，当外力不超过一定限度时，去除外力后，物体将恢复原有的形状和尺寸，这种性质称为**弹性**。随着外力消失而消失的变形，称为**弹性变形**。当外力过大时，去除外力后，变形只能部分消失而残留下一部分永久变形，材料的这种性质称为**塑性**。残留的变形称为**塑性变形**。为保证构件正常工作，一般不允许构件发生塑性变形。对于大多数工程材料，如金属、木材和混凝土等，其弹性变形与构件原始尺寸相比甚为微小，因此，在力学分析中，认为物体的变形与构件尺寸相比属高阶小量时可以不考虑因变形而引起的尺寸变化，此即为小变形假设。这样在研究平衡问题时，仍可按构件的原始尺寸进行计算，使问题大为简化。

当涉及变形固体的平衡问题时，大部分情形下仍可沿用刚体模型。

0.3　工程力学的研究方法和学习方法

工程力学来源于实践又服务于实践。针对不同问题建立不同的力学模型是工程力学研究问题的重要方法。建立力学模型后，经过科学实验、分析、综合和归纳，形成概念，在基本定律的基础上进行逻辑推理和数学运算，得出工程上所需要的定理和计算公式，再通过实践进一步检验和完善其正确性，这是工程力学发展的必要途径。

现场观察和实验是认识力学规律的重要实践环节。在学习本课程时，要注意观察工程实际和生活中的力学问题，学会用力学的基本知识去解释这些力学现象；要重视实验环节，以实验测试的数据资料验证理论，并为理论分析、简化计算提供依据。

工程力学有较强的系统性，各部分内容之间联系比较紧密，学习中要循序渐进，要认真理解基本概念、基本理论和基本方法，注意每个概念的来源、力学意义及其应用，掌握相关力学定理和计算公式的适用条件，了解处理工程力学问题的正确思路和方法，培养分析和解决实际工程问题的能力。

为加深对基本理论、概念的理解及基本方法的掌握，需要独立完成一定数量的习题。将所学的理论与实际应用有效结合是学好工程力学的重要途径。

0.4　工程力学在机械类专业中的地位和作用

工程力学是工科各专业的一门不可或缺的技术基础课程，在基础课和专业课间起桥梁作用，是基础科学与技术科学的综合。掌握工程力学知识，不仅可以为一系列的后继课程提供必需的力学基础，为解决工程中的有关问题提供力学分析的方法，同时也可以培养逻辑思维和分析解决实际问题的能力。

汽车车身的强度与刚度

为了确保汽车车身具有很好的承载能力，是否要求车身结构均采用高强度材料制作？

你了解现在市场上销售的汽车车身结构吗？

一款汽车遭受剧烈碰撞后车身前部已经面目全非，驾驶员也受了轻伤，这说明该款汽车的强度如何？

另一款汽车行走在坑洼路段时，车体接连部位发出嘎吱嘎吱的响声，且车门严重变形，这又说明了什么呢？

第 1 章　运动分析基础

物体的运动是绝对的，但物体的运动描述却是相对的。例如地球同步卫星相对于太阳在永不停息地运动，但相对于地球却永远静止，这就是运动的相对性。因此，当描述运动时，必须首先明确参考物体，并建立与其固结的**参考坐标系**（简称**参考系**）。描述物体相对于参考坐标系位置的参量就是**坐标**。对一般工程问题，如不作特别说明，总取参考坐标系与地球表面固结。

运动分析的对象是点和刚体。这里的点是指没有大小、没有质量、在空间占有确定位置的几何点。而刚体运动研究的本质可归结为对其上及其内各点运动的研究。

本章作为运动分析的基础，主要介绍点及刚体的简单运动（也称基本运动）。其中所涉及的基本概念与基本公式将渗透于复杂运动分析和动力分析过程，应用极为灵活，影响十分深远。

1.1　点的运动

本节研究点的运动。重点介绍用直角坐标法、矢量法和自然法建立点的运动方程，确定点的运动轨迹、速度和加速度。

1.1.1　直角坐标法和矢量法

1. 点的运动方程和轨迹

取直角坐标系 $Oxyz$ 与参考物体固连。动点 M 每一时刻在直角坐标系 $Oxyz$ 中的位置可以用它的坐标 (x, y, z) 唯一确定，如图 1－1 所示。M 点运动时，x、y、z 均随时间变化，可以表示为时间 t 的单值连续函数，即

$$x = f_1(t),\quad y = f_2(t),\quad z = f_3(t) \qquad (1-1)$$

方程组(1－1)描述了点在直角坐标系中的运动规律，称为点的**直角坐标形式的运动方程**。

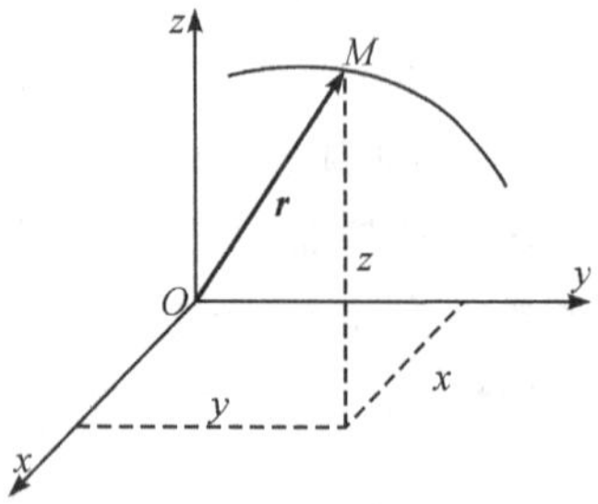

图 1－1

从方程组(1－1)中消去时间 t，则得点的**轨迹方程**。

如果从坐标原点 O 向动点 M 引矢径 $\boldsymbol{r}$，由图 1－1 可明显看出

$$\boldsymbol{r} = x\boldsymbol{i} + y\boldsymbol{j} + z\boldsymbol{k} \qquad (1-2)$$

其中，$\boldsymbol{i}$、$\boldsymbol{j}$、$\boldsymbol{k}$ 分别为沿坐标轴 x、y、z 的单位矢量，大小、方向不随时间而改变。显然，M 点运动时，矢径 $\boldsymbol{r}$ 的大小和方向均随时间变化，是时间 t 的单值连续函数，可以写成

$$\boldsymbol{r} = \boldsymbol{r}(t) \qquad (1-3)$$

式(1－3)也表明了点随时间变化的规律，称为点的**矢量形式的运动方程**。矢径 $\boldsymbol{r}$ 的端点在参

考系中描绘出的曲线称为**矢端曲线**，即为点的**运动轨迹**。

2. 点的速度和加速度

点的速度是描述点在某一时刻运动快慢和运动方向的物理量。如果用矢径 $\boldsymbol{r}$ 表示点在参考系中的位置，根据导数的物理意义可知，点的速度等于点的矢径对时间 t 的一阶导数，即

$$\boldsymbol{v} = \frac{\mathrm{d}\boldsymbol{r}}{\mathrm{d}t} = \dot{\boldsymbol{r}} \tag{1-4}$$

速度是矢量，它具有瞬时性，t 时刻 M 点的速度沿轨迹上 M 点的切线指向点的运动方向(图1-2)；速度的大小等于 $\left|\frac{\mathrm{d}\boldsymbol{r}}{\mathrm{d}t}\right|$。这里请读者注意 $\frac{\mathrm{d}\boldsymbol{r}}{\mathrm{d}t}$、$\left|\frac{\mathrm{d}\boldsymbol{r}}{\mathrm{d}t}\right|$ 及 $\frac{\mathrm{d}|\boldsymbol{r}|}{\mathrm{d}t}$ 的区别。

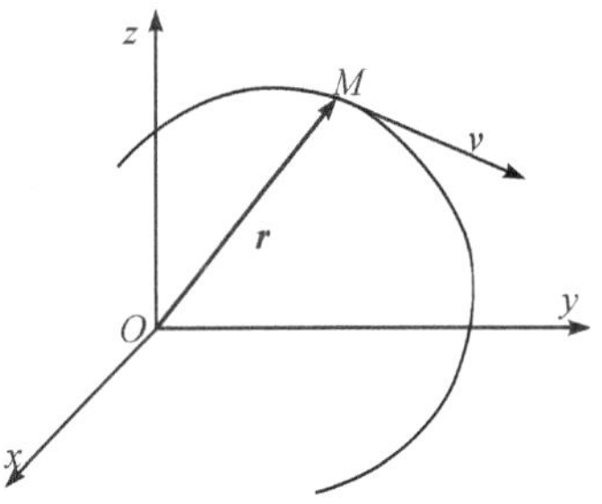

图 1-2

由关系式(1-2)，点的速度可表示为

$$\boldsymbol{v} = \dot{\boldsymbol{r}} = \frac{\mathrm{d}x}{\mathrm{d}t}\boldsymbol{i} + \frac{\mathrm{d}y}{\mathrm{d}t}\boldsymbol{j} + \frac{\mathrm{d}z}{\mathrm{d}t}\boldsymbol{k} \tag{1-5}$$

如果将速度直接向 x、y、z 轴投影，得到

$$\boldsymbol{v} = v_x\boldsymbol{i} + v_y\boldsymbol{j} + v_z\boldsymbol{k} \tag{1-6}$$

对比式(1-5)和式(1-6)，得到

$$v_x = \frac{\mathrm{d}x}{\mathrm{d}t} = \dot{x}, \quad v_y = \frac{\mathrm{d}y}{\mathrm{d}t} = \dot{y}, \quad v_z = \frac{\mathrm{d}z}{\mathrm{d}t} = \dot{z} \tag{1-7}$$

即点的速度在直角坐标轴上的投影等于对应坐标对时间的一阶导数。

已知点的速度沿三个坐标轴的投影，可以求得点的速度大小为

$$v = \sqrt{\dot{x}^2 + \dot{y}^2 + \dot{z}^2} \tag{1-8}$$

速度 $\boldsymbol{v}$ 的方向余弦为

$$\cos(\boldsymbol{v},\boldsymbol{i}) = \frac{v_x}{v}, \quad \cos(\boldsymbol{v},\boldsymbol{j}) = \frac{v_y}{v}, \quad \cos(\boldsymbol{v},\boldsymbol{k}) = \frac{v_z}{v} \tag{1-9}$$

点的加速度是描述点的速度大小和方向变化率的物理量。由导数的物理意义，点的加速度等于点的速度对时间的一阶导数，或是矢径对时间的二阶导数，即

$$\boldsymbol{a} = \frac{\mathrm{d}\boldsymbol{v}}{\mathrm{d}t} = \frac{\mathrm{d}^2\boldsymbol{r}}{\mathrm{d}t^2} \tag{1-10}$$

加速度也是矢量，它的大小等于 $\left|\frac{\mathrm{d}\boldsymbol{v}}{\mathrm{d}t}\right|$，方向沿 $\Delta t \to 0$ 时 $\Delta\boldsymbol{v}$ 的极限方向，如图 1-3 所示。这里也请读者注意 $\frac{\mathrm{d}\boldsymbol{v}}{\mathrm{d}t}$、$\left|\frac{\mathrm{d}\boldsymbol{v}}{\mathrm{d}t}\right|$ 及 $\frac{\mathrm{d}|\boldsymbol{v}|}{\mathrm{d}t}$ 的区别。

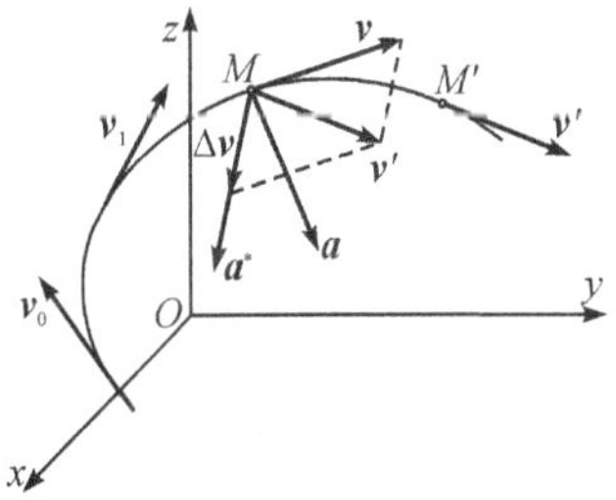

图 1-3

由式(1-10)、式(1-6)和式(1-7)，可得到直角坐标系中点的加速度表达式

$$\boldsymbol{a} = \dot{\boldsymbol{v}} = \ddot{\boldsymbol{r}} = \frac{\mathrm{d}^2x}{\mathrm{d}t^2}\boldsymbol{i} + \frac{\mathrm{d}^2y}{\mathrm{d}t^2}\boldsymbol{j} + \frac{\mathrm{d}^2z}{\mathrm{d}t^2}\boldsymbol{k} = \ddot{x}\boldsymbol{i} + \ddot{y}\boldsymbol{j} + \ddot{z}\boldsymbol{k} \tag{1-11}$$

而且

$$a_x = \ddot{x}, \quad a_y = \ddot{y}, \quad a_z = \ddot{z} \tag{1-12}$$

其中，a_x、a_y、a_z 分别为加速度在 x、y、z 轴上的投影，即点的加速度在直角坐标轴上的投影等于对应的坐标对时间的二阶导数。

加速度 $\boldsymbol{a}$ 的大小和方向余弦分别为

$$a = \sqrt{\ddot{x}^2 + \ddot{y}^2 + \ddot{z}^2} \tag{1-13}$$

$$\cos(\boldsymbol{a},\boldsymbol{i}) = \frac{a_x}{a}, \quad \cos(\boldsymbol{a},\boldsymbol{j}) = \frac{a_y}{a}, \quad \cos(\boldsymbol{a},\boldsymbol{k}) = \frac{a_z}{a} \tag{1-14}$$

上述直角坐标法和矢量法描述点的运动方程、速度、加速度的表达形式，适用于一般空间曲线运动。当点做平面运动时，取点所在平面为 xOy，则 $z(t)\equiv 0$，上述公式仍成立。

当需要对位置、速度、加速度作具体表达时，常常用直角坐标法；而矢量法表达形式简洁，常用于概念的定义及公式的推导和证明。

例 1－1 曲柄滑块机构如图 1－4 所示。曲柄 OA 绕固定轴 O 转动，A 端用铰链与连杆 AB 连接，连杆的 B 端通过铰链带动滑块沿水平滑槽运动。已知 $AB=OA=l$，曲柄与水平线夹角 φ 的变化规律为 $\varphi=\omega t$，ω 为常量。试求连杆 AB 上任一点 M 的运动方程、轨迹，以及速度和加速度在 x、y 轴上的投影。

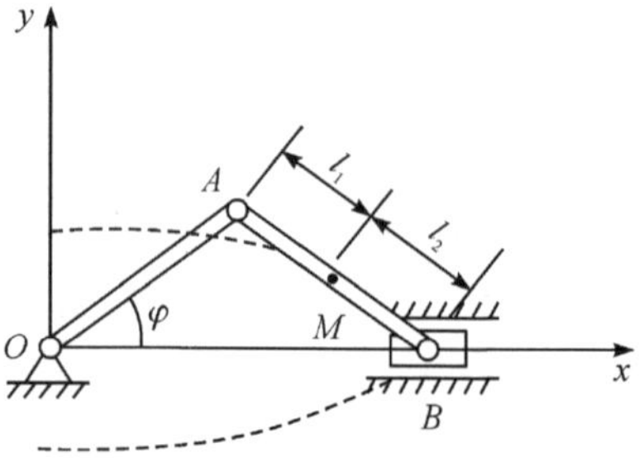

图 1－4

解 (1)研究对象：点 M。

(2)运动方程：取直角坐标系 xOy 如图 1－4 所示。设点 M 到 A、B 点的距离分别为 l_1 和 l_2，则点 M 在任意时刻 t 的坐标为

$$\left.\begin{aligned} x &= (l + l_1)\cos\omega t \\ y &= l_2 \sin\omega t \end{aligned}\right\}$$

这就是点 M 的直角坐标形式的运动方程。

(3)轨迹方程：从上组方程中消去参数 t，得到点 M 的轨迹方程为

$$\frac{x^2}{(l+l_1)^2} + \frac{y^2}{l_2^2} = 1$$

可见点 M 的轨迹是一个中心在点 O、半轴长各为 $(l+l_1)$ 和 l_2 的椭圆。

(4)速度在 x 轴和 y 轴上的投影分别为

$$v_x = \frac{\mathrm{d}x}{\mathrm{d}t} = -(l + l_1)\omega\sin\omega t$$

$$v_y = \frac{\mathrm{d}y}{\mathrm{d}t} = l_2\omega\cos\omega t$$

(5)加速度在 x 轴和 y 轴上的投影分别为

$$a_x = \frac{\mathrm{d}v_x}{\mathrm{d}t} = -(l + l_1)\omega^2\cos\omega t$$

$$a_y = \frac{\mathrm{d}v_y}{\mathrm{d}t} = -l_2\omega^2\sin\omega t$$

1.1.2　自然法

1. 点的运动方程

设点 M 相对参考系的运动轨迹已知。如图 1－5 所示，在点的运动轨迹上任取一固定点 O 为坐标原点，规定曲线某一方向为正，则弧长 $\overset{\frown}{OM}$ 加适当的正负号即称为点 M 的**弧坐标**。M 点在曲线上的位置由弧坐标唯一确定。点在运动过程中的弧坐标是时间的单值连续函数，即

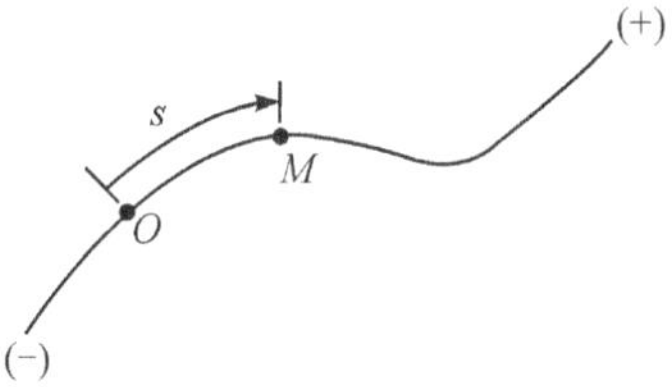

图 1－5

$$s = s(t) \tag{1-15}$$

式(1－15)表示点沿已知轨迹的运动规律，称为**点的弧坐标形式的运动方程**。

弧坐标法的特点是结合轨迹的自然形状来描述点沿轨迹运动的规律，故又称**自然法**。

2. 点的速度

设动点 M 沿轨迹由 M 点运动到 M' 点，经过 Δt 时间间隔，对应的位移为 $\Delta \boldsymbol{r}$，以 Δs 表示点在 Δt 时间间隔内弧坐标的增量(图 1－6)，根据点的速度的定义

$$\boldsymbol{v} = \lim_{\Delta t \to 0} \frac{\Delta \boldsymbol{r}}{\Delta t} = \lim_{\substack{\Delta t \to 0 \\ \Delta s \to 0}} \left(\frac{\Delta \boldsymbol{r}}{\Delta s} \cdot \frac{\Delta s}{\Delta t} \right) = \left(\lim_{\Delta s \to 0} \frac{\Delta \boldsymbol{r}}{\Delta s} \right) \cdot \left(\lim_{\Delta t \to 0} \frac{\Delta s}{\Delta t} \right) = \left(\lim_{\Delta s \to 0} \frac{\Delta \boldsymbol{r}}{\Delta s} \right) \cdot \frac{\mathrm{d}s}{\mathrm{d}t}$$

当 $\Delta t \to 0$ 时，$|\Delta s| \approx |\Delta \boldsymbol{r}|$，上式右边第一项的大小为 $\lim\limits_{\Delta s \to 0} \left| \frac{\Delta \boldsymbol{r}}{\Delta s} \right| = 1$。

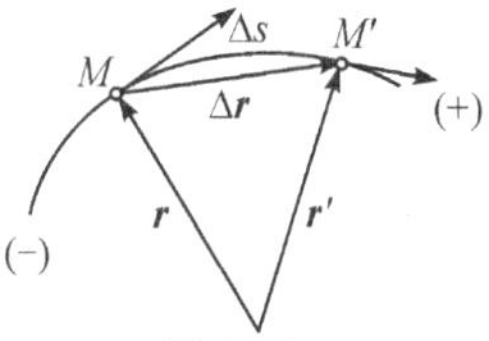

图 1－6

而 $\frac{\Delta \boldsymbol{r}}{\Delta s}$ 极限的方向沿 M 处的轨迹切线正向，即

$$\lim_{\Delta s \to 0} \frac{\Delta \boldsymbol{r}}{\Delta s} = \boldsymbol{\tau}$$

由此得

$$\boldsymbol{v} = \frac{\mathrm{d}s}{\mathrm{d}t} \boldsymbol{\tau} \tag{1-16}$$

其中，$\boldsymbol{\tau}$ 为轨迹切线的单位矢量，指向与弧坐标正向一致。设速度 $\boldsymbol{v}$ 在切线方向的投影为 v_τ，则

$$v_\tau = \frac{\mathrm{d}s}{\mathrm{d}t} \tag{1-17}$$

$$\boldsymbol{v} = v_\tau \boldsymbol{\tau} \tag{1-18}$$

其中，$\boldsymbol{v}$ 是矢量，v_τ 是标量。速度 $\boldsymbol{v}$ 的大小 $v = |v_\tau| = \left| \frac{\mathrm{d}s}{\mathrm{d}t} \right|$，即动点速度的大小等于弧坐标对时间的一阶导数的绝对值，方向沿轨迹切线，指向由 $\frac{\mathrm{d}s}{\mathrm{d}t}$ 的正负号决定。

3. 空间曲线的几何要素

1) 自然轴系

如图 1－7(a)所示，空间曲线上 M 点的切线为 MT，邻近点 M' 点的切线为 $M'T'$，一般情况下，这两条切线并不在同一平面内。过 M 点作与切线 $M'T'$ 平行的直线 MT_1，则 MT 和 MT_1 可确定一平面。当点 M' 逐渐趋近于点 M 时，MT_1 随 $M'T'$ 变化，MT 和 MT_1 所确定的平面将绕切线 MT 逐渐旋转，并趋近于一个极限位置，此极限平面称为曲线在 M 点的**密切面**，如图 1－7(b)所示。显然，平面曲线上任一点的密切面就是曲线所在平面；对于空间曲线，M

点邻近的一段弧线在略去高阶小量后可以看成是在M点的密切面内;换句话说,空间曲线的无限小弧段可看成是密切面内的平面曲线。过M点作垂直于切线MT的平面,该平面称为曲线在M点的**法面**。法面和密切面的交线称为曲线在M点的**主法线**。法面内过M点与主法线垂直的线称为曲线在M点的**副法线**。如图1-7(b)所示,以M点为原点,曲线在该点的切线MT、主法线MN和副法线MB组成相互垂直的三个坐标轴,称为曲线在M点的**自然轴系**。

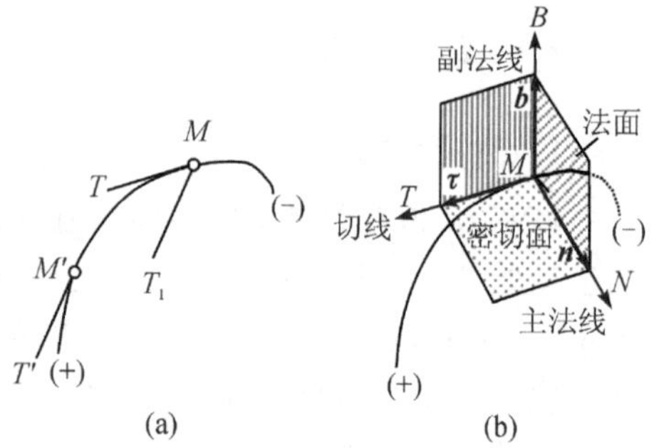

图 1-7

自然轴系上的切线单位矢量前面已有规定。其它两个单位矢量的规定如下:主法线的单位矢量用$\boldsymbol{n}$表示,指向曲线内凹一侧;副法线的单位矢量用$\boldsymbol{b}$表示,指向与$\boldsymbol{\tau}$、$\boldsymbol{n}$满足右手螺旋法则,即

$$\boldsymbol{b}=\boldsymbol{\tau}\times\boldsymbol{n}$$

显然,自然轴系各坐标轴的方向随M点在曲线上的位置不同而改变。

2) 曲率

为了表示轨迹曲线的弯曲程度,引入参数曲率与曲率半径。如图1-8所示,点M沿轨迹经过弧长Δs运动到点M',设点M处曲线的切向单位矢量为$\boldsymbol{\tau}$,点M'处的单位矢量为$\boldsymbol{\tau}'$,而切线经过Δs时转过的角度为$\Delta\varphi$,则$\dfrac{\Delta\varphi}{\Delta s}$称为$M$点到$M'$点这一段曲线的**平均曲率**,它的极限值的绝对值称为点M处的**曲率**。曲率的倒数称为**曲率半径**,用ρ表示,则有

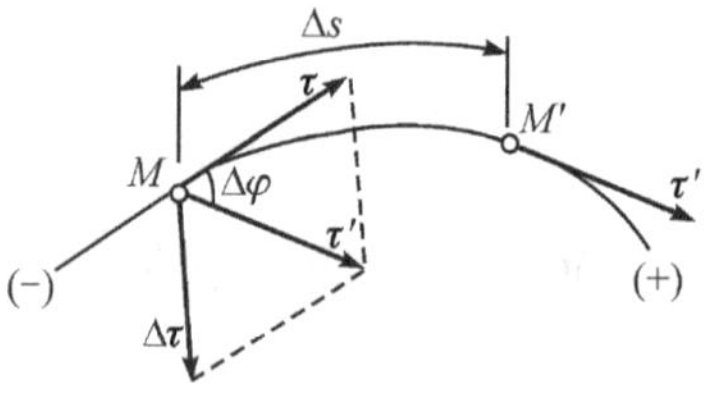

图 1-8

$$\frac{1}{\rho}=\lim_{\Delta s\to 0}\left|\frac{\Delta\varphi}{\Delta s}\right|=\left|\frac{\mathrm{d}\varphi}{\mathrm{d}s}\right|$$

3) $\boldsymbol{\tau}$、$\boldsymbol{n}$、$\dfrac{1}{\rho}$的关系

由图1-8可见

$$|\Delta\boldsymbol{\tau}|=2|\boldsymbol{\tau}|\sin\frac{\Delta\varphi}{2}\approx\Delta\varphi$$

当$\Delta s\to 0$时,$\Delta\varphi\to 0$,$\Delta\boldsymbol{\tau}$在密切平面内与$\boldsymbol{\tau}$垂直,$\dfrac{\Delta\boldsymbol{\tau}}{\Delta s}$与$\boldsymbol{n}$方向一致。因此,有

$$\frac{\mathrm{d}\boldsymbol{\tau}}{\mathrm{d}s}=\lim_{\Delta s\to 0}\frac{\Delta\boldsymbol{\tau}}{\Delta s}=\lim_{\Delta s\to 0}\frac{\Delta\varphi}{\Delta s}\boldsymbol{n}=\frac{1}{\rho}\boldsymbol{n}\tag{1-19}$$

4. 点的切向加速度和法向加速度

将式(1-18)对时间t求一阶导数,由于v_τ、$\boldsymbol{\tau}$均为与t有关的变量,得到动点的加速度

$$\boldsymbol{a}=\frac{\mathrm{d}\boldsymbol{v}}{\mathrm{d}t}=\frac{\mathrm{d}v_\tau}{\mathrm{d}t}\boldsymbol{\tau}+v_\tau\frac{\mathrm{d}\boldsymbol{\tau}}{\mathrm{d}t}$$

上式右边第二项包含切向单位矢量对时间的导数$\dfrac{\mathrm{d}\boldsymbol{\tau}}{\mathrm{d}t}$,利用式(1-19),有

$$\frac{\mathrm{d}\boldsymbol{\tau}}{\mathrm{d}t}=\frac{\mathrm{d}\boldsymbol{\tau}}{\mathrm{d}s}\cdot\frac{\mathrm{d}s}{\mathrm{d}t}=\frac{\mathrm{d}s}{\mathrm{d}t}\cdot\frac{1}{\rho}\boldsymbol{n}=\frac{v_\tau}{\rho}\boldsymbol{n}$$

由于 $v_\tau^2=v^2$，所以

$$\boldsymbol{a}=\frac{\mathrm{d}v_\tau}{\mathrm{d}t}\boldsymbol{\tau}+\frac{v^2}{\rho}\boldsymbol{n} \tag{1-20}$$

式(1－20)是加速度沿自然坐标轴的分解表达式。第一项称为**切向加速度**，它表示点的速度大小的变化率；第二项称为**法向加速度**，它表示点的速度方向的变化率。从上式可以看出，加速度沿副法线方向的分量等于零，即加速度矢量位于轨迹上动点所在位置的密切面内。

若以 $\boldsymbol{a}_\tau$ 表示切向加速度分量，$\boldsymbol{a}_\mathrm{n}$ 表示法向加速度分量，$\boldsymbol{a}_\mathrm{b}$ 表示副法向加速度分量，则

$$\boldsymbol{a}_\tau=\frac{\mathrm{d}v_\tau}{\mathrm{d}t}\boldsymbol{\tau},\quad \boldsymbol{a}_\mathrm{n}=\frac{v^2}{\rho}\boldsymbol{n},\quad \boldsymbol{a}_\mathrm{b}=0 \tag{1-21}$$

$$a_\tau=\frac{\mathrm{d}v_\tau}{\mathrm{d}t}=\frac{\mathrm{d}^2s}{\mathrm{d}t^2},\quad a_\mathrm{n}=\frac{v^2}{\rho},\quad a_\mathrm{b}=0 \tag{1-22}$$

全加速度的大小和方向可由下式决定

$$a=\sqrt{a_\tau^2+a_\mathrm{n}^2}\quad \tan\theta=\frac{|a_\tau|}{a_\mathrm{n}} \tag{1-23}$$

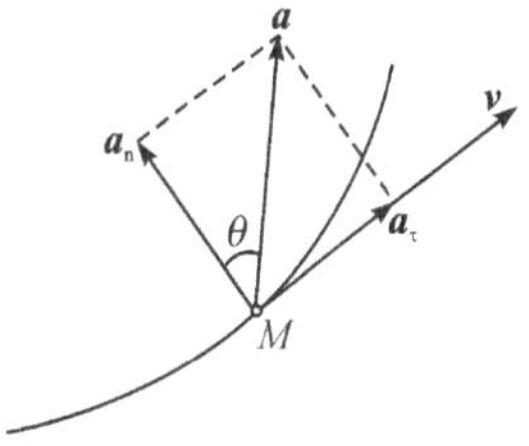

图 1－9

由图 1－9 可知，法向加速度总是指向轨迹内凹的一侧，沿主法线正向，所以全加速度的方向也总是偏向轨迹内凹一侧。

例 1－2　导杆机构如图 1－10 所示。曲柄 OA 绕轴 O 转动，通过滑块 A 带动导杆 O_1B 绕轴 O_1 摆动。已知 $\varphi=\omega t$，ω 为常量，$OA=O_1O=r$，$O_1B=l$。试求杆端 B 点的运动方程、速度和加速度。

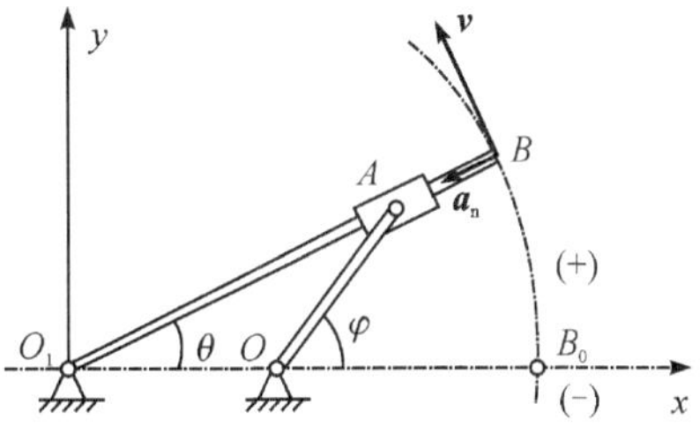

图 1－10

解　(1)研究对象：点 B。

(2)运动方程：点 B 沿以 O_1 点为圆心、l 为半径的圆做圆周运动。以 θ 表示杆 O_1B 与直线 O_1O 之间的夹角，取 $t=0$时点 B 的位置 B_0为弧坐标原点，弧坐标正向与 θ 增加的方向一致，如图 1－10 所示。于是，在 t 时刻，点 B 的弧坐标为

$$s=l\theta=\frac{1}{2}l\varphi=\frac{1}{2}l\omega t$$

上式即为点 B 的运动方程。

(3)速度：根据速度的自然法表示式可得

$$v=\frac{\mathrm{d}s}{\mathrm{d}t}=\frac{1}{2}l\omega$$

方向沿轨迹切线方向，如图 1－10 所示。

(4)加速度：点 B 的切向加速度和法向加速度的大小分别为

$$a_\tau=\frac{\mathrm{d}v_\tau}{\mathrm{d}t}=0,\quad a_\mathrm{n}=\frac{v^2}{l}=\frac{1}{4}l\omega^2$$

故点 B 的加速度 $\boldsymbol{a}$ 的大小为

$$a = a_n = \frac{1}{4}l\omega^2$$

方向与 $\boldsymbol{a}_n$ 一致，沿 BO_1 指向 O_1 点。

例 1-3 列车沿半径 $R=800$ m 的圆弧轨道做匀加速运动。如初速度为零，经过 2 min 后，在末点速度达到 54 km/h。求列车在起点和末点的加速度。

解 由于列车沿圆弧轨道做匀加速运动，切向加速度 $a_\tau = \frac{dv}{dt}=$恒量。于是有方程

$$dv = a_\tau dt$$

积分一次，并考虑到初速度为零，得

$$v = a_\tau t$$

当 $t=2\ \text{min}=120\ \text{s}$ 时，$v=54\ \text{km/h}=15\ \text{m/s}$，代入上式，求得

$$a_\tau = \frac{15\ \text{m/s}}{120\ \text{s}} = 0.125\ \text{m/s}^2$$

在起点，因 $v_0=0$，因此法向加速度等于零，列车只有切向加速度 a_τ，所以

$$a = a_\tau = 0.125\ \text{m/s}^2$$

在末点时速度不等于零，既有切向加速度，又有法向加速度，而

$$a_\tau = 0.125\ \text{m/s}^2,\quad a_n = \frac{v^2}{R} = \frac{(15\ \text{m/s})^2}{800\ \text{m}} = 0.281\ \text{m/s}^2$$

所以末点的全加速度大小为

$$a = \sqrt{a_\tau^2 + a_n^2} = 0.308\ \text{m/s}^2$$

末点的全加速度与法向的夹角 θ 为

$$\tan\theta = \frac{a_\tau}{a_n} = 0.443,\quad \theta = 23°54'$$

1.2 刚体的基本运动

刚体的基本运动包括平行移动和定轴转动，是工程中最简单的刚体运动形式，也是研究复杂运动的基础。

1.2.1 刚体的平动

刚体在运动过程中，若其上任意直线始终与该直线的初始位置平行，则称刚体做**平行移动**，简称为**平动**。工程上很多运动属于平动，如活塞在汽缸中的运动、车床上刀架的运动和摆动式送料槽的运动(图 1-11)等。

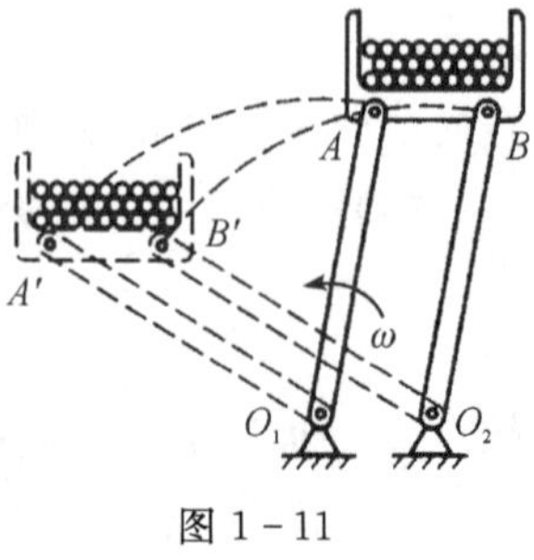

图 1-11

根据刚体平动的定义，可以证明：刚体平动时其上各点运动规律完全相同。

如图 1-12 所示，在平动刚体内任取两点 A 和 B，以 $\boldsymbol{r}_A$、$\boldsymbol{r}_B$ 分别表示 A 点和 B 点的矢径。矢端曲线分别是 A 点和 B 点的轨迹。刚体做平动时，在整个运动过程中矢量 $\overrightarrow{BA}$ 的长度、方向都不改变，即 $\overrightarrow{BA}$ 是常矢量。由图 1-12 可知

$$\boldsymbol{r}_A = \boldsymbol{r}_B + \overrightarrow{BA} \tag{1-24}$$

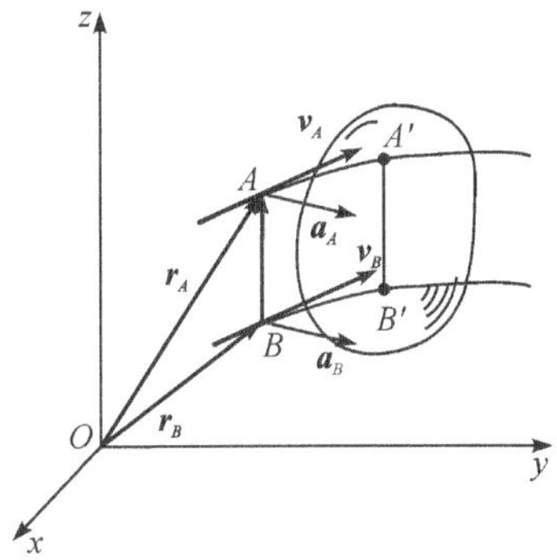

图 1-12

因此只要把 B 点的轨迹沿着矢量 $\overrightarrow{BA}$ 方向平行移动一段距离 BA，就能与 A 点轨迹完全重合。这说明平动刚体上各点轨迹形状相同，只是相互平移了一段距离。

将式(1-24)对时间 t 求一阶和二阶导数，由于 $\overrightarrow{BA}$ 是常矢量，得到

$$\frac{\mathrm{d}\boldsymbol{r}_A}{\mathrm{d}t}=\frac{\mathrm{d}\boldsymbol{r}_B}{\mathrm{d}t},\text{ 即 }\boldsymbol{v}_A=\boldsymbol{v}_B \tag{1-25}$$

$$\frac{\mathrm{d}^2\boldsymbol{r}_A}{\mathrm{d}t^2}=\frac{\mathrm{d}^2\boldsymbol{r}_B}{\mathrm{d}t^2},\text{ 即 }\boldsymbol{a}_A=\boldsymbol{a}_B \tag{1-26}$$

这说明刚体平动时，在同一时刻刚体内各点具有相同的速度和加速度。

由上面的讨论可知，如果平动刚体上某一点的运动已知，就完全可以确定整个刚体的运动。由此，解决刚体平动问题的关键在于正确识别出其运动形式并选择合适的点来描述刚体运动。对于平面内运动的刚体，若其上有一条直线方位始终不变，则刚体平动；对于在空间中运动的刚体，若其上有两条非平行直线方位始终不变，则可以判定刚体平动。

根据平动刚体内点的运动轨迹的形状不同，可将刚体平动分为直线平动、平面曲线平动和空间曲线平动。

1.2.2　刚体的定轴转动

刚体在运动过程中，如果其上(或其延拓部分)有一条直线始终保持不动，则称刚体做**定轴转动**，简称为**转动**。该不动的直线称为**转轴**。如电机转子、离心泵叶轮和车床的主轴等都是定轴转动的实例。

1. 刚体定轴转动的运动方程　角速度与角加速度

选定参考坐标系 $Oxyz$，并设转轴与 Oz 轴重合。过转轴作两个半平面，其中一个为固定平面 N_0，另一个平面 N 与刚体固结。则描述半平面 N 的角坐标 φ 即可完全确定刚体在空间的位置(图 1-13)，所以转动刚体具有一个自由度。φ 为标量，称为刚体的**转角或位置角**，其正负按右手螺旋定则确定。刚体转动过程中，φ 是时间 t 的单值连续函数，则刚体定轴转动的运动方程为

$$\varphi=\varphi(t) \tag{1-27}$$

φ 的单位为弧度(rad)。

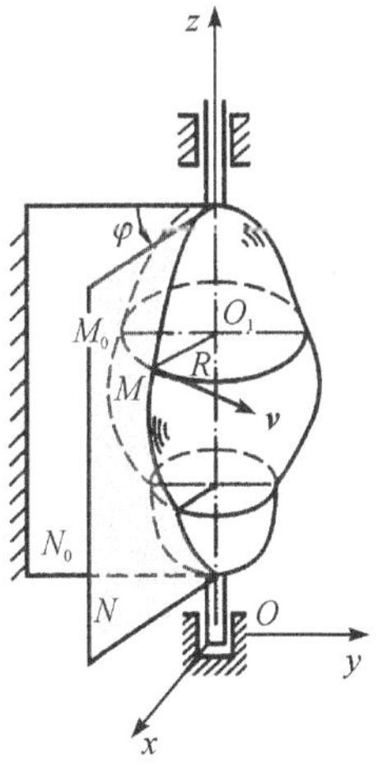

图 1-13

转角对时间的一阶导数称为**角速度**，用以度量刚体转动的方向及快慢，用 ω 表示

$$\omega = \frac{d\varphi}{dt} \tag{1-28}$$

角速度的单位为弧度/秒(rad/s)。

工程中把机器每分钟的转数称为机器的**转速** n(r/min),表示机器转动的快慢程度。转速与角速度的换算公式为

$$\omega = \frac{2\pi n}{60} = \frac{\pi n}{30} \tag{1-29}$$

角速度对时间的一阶导数称为**角加速度**,以此度量角速度的转向及大小变化,用 α 表示

$$\alpha = \frac{d\omega}{dt} = \frac{d^2\varphi}{dt^2} \tag{1-30}$$

角加速度的单位为弧度/秒^2(rad/s^2)。

当 α 与 ω 同号时,刚体做加速转动,异号时做减速转动。

如果已知刚体的转动方程,通过微分可以求得它的角速度与角加速度方程。反之,如果已知转动刚体的角加速度方程,通过积分可以求得刚体的角速度方程和转动方程。

2. 转动刚体内各点的速度与加速度

刚体绕定轴转动时,除转轴外,刚体上其余各点都在垂直于转轴的平面内做圆周运动,圆心在转轴上,如图 1-14 所示。

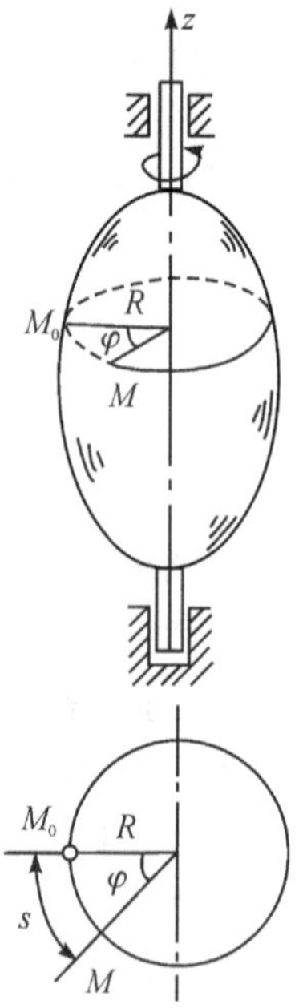

图 1-14

设刚体内任一点 M 到转轴的垂直距离为 R。取 φ 角为零时 M 点所在位置为弧坐标原点,弧坐标的正向与转角 φ 增加的方向一致,则 M 点的运动方程为

$$s = R\varphi \tag{1-31}$$

M 点的速度、加速度分别为

$$v = \frac{ds}{dt} = R\frac{d\varphi}{dt} = R\omega \tag{1-32}$$

$$a_\tau = \frac{dv}{dt} = R\frac{d\omega}{dt} = R\alpha \tag{1-33}$$

$$a_n = \frac{v^2}{\rho} = \frac{(R\omega)^2}{R} = R\omega^2 \tag{1-34}$$

其中,速度和切向加速度的方向沿轨迹切线,指向分别由 ω、α 的正负决定;法向加速度恒指向该点轨迹圆心,如图 1-15 所示。全加速度的大小和方向分别为

$$\left.\begin{aligned} a &= \sqrt{a_\tau^2 + a_n^2} = R\sqrt{\alpha^2 + \omega^4} \\ \tan\theta &= \frac{|a_\tau|}{a_n} = \frac{|R\alpha|}{R\omega^2} = \frac{|\alpha|}{\omega^2} \end{aligned}\right\} \tag{1-35}$$

由此可见,在每一时刻,定轴转动刚体内各点的速度和加速度的大小分别与该点到转轴的垂直距离R 成正比;在垂直于转轴的截面上,同一半径上各点的速度呈直角三角形分布,各点的加速度呈锐角三角形分布,如图 1-16 所示。

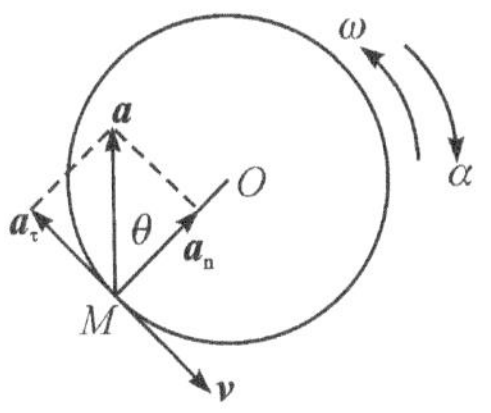

图 1－15

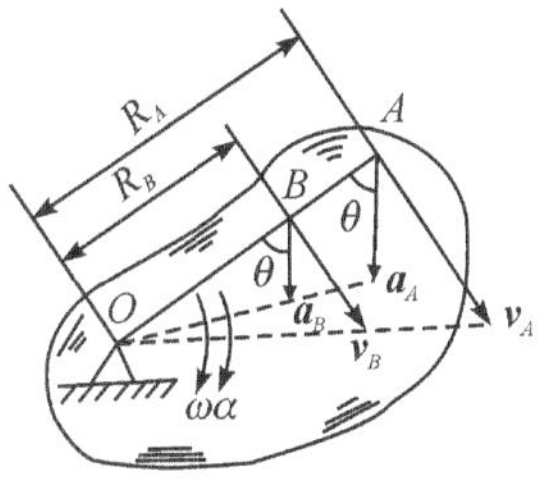

图 1－16

例 1－4　图 1－17 表示一对外啮合的圆柱齿轮(图中只画出两齿轮的节圆轮廓)。设某时刻主动轮Ⅰ以角速度 ω_1 和角加速度 α_1 绕固定轴 O_1 转动,并与绕固定轴 O_2 转动的从动轮Ⅱ相啮合。设两齿轮节圆半径分别为 r_1 和 r_2,齿数分别为 z_1 和 z_2。求从动轮Ⅱ的角速度和角加速度,并求两轮啮合点的速度和加速度。

解　齿轮传动时,两节圆接触点不发生相对滑动,故在给定时间间隔内,两齿轮节圆上滚过的弧长相等,即 $s_1 = r_1\varphi_1 = s_2 = r_2\varphi_2$,所以有

$$r_1\varphi_1 = r_2\varphi_2$$

将上式对时间 t 求导,得

$$r_1\omega_1 = r_2\omega_2,\ \frac{\omega_2}{\omega_1} = \frac{r_1}{r_2}$$

$$r_1\alpha_1 = r_2\alpha_2,\ \frac{\alpha_2}{\alpha_1} = \frac{r_1}{r_2}$$

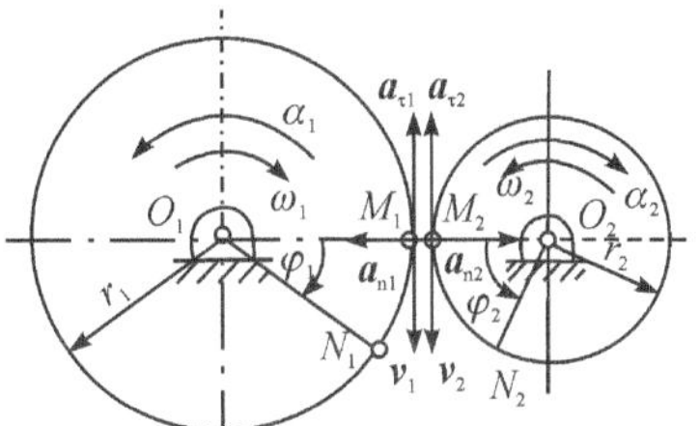

图 1－17

于是,从动轮Ⅱ的角速度和角加速度大小分别为

$$\omega_2 = \frac{r_1}{r_2}\cdot\omega_1,\ \alpha_2 = \frac{r_1}{r_2}\cdot\alpha_1$$

因此,两齿轮啮合传动时,角速度之比和角加速度之比均与其节圆半径之比成反比。又因为齿轮节圆半径与齿数成正比,故有

$$\frac{\omega_1}{\omega_2} = \frac{\alpha_1}{\alpha_2} = \frac{r_2}{r_1} = \frac{z_2}{z_1}$$

由 $r_1\omega_1 = r_2\omega_2$,$r_1\alpha_1 = r_2\alpha_2$,可以得到

$$v_1 = v_2,\ a_{\tau_1} = a_{\tau_2}$$

即:啮合点 M_1、M_2 的速度相等,切向加速度也相等,但两点法向加速度不相等,分别为

$$a_{n_1} = r_1\cdot\omega_1^2,\ a_{n_2} = r_2\cdot\omega_2^2$$

机械工程中,常把主动轮和从动轮的转速之比称为**传动比**,并以符号 i 表示。本例中

$$i = -\frac{n_1}{n_2} = -\frac{\omega_1}{\omega_2} = -\frac{r_2}{r_1} = -\frac{z_2}{z_1}$$

其中,负号表示该对啮合齿轮的转向相反。若是一对内啮合齿轮则取正号。

由若干齿轮组成的传动系统称为**轮系**,将具有固定转轴的轮系称为**定轴轮系**。轮系中首末两轮的转速或角速度之比称为**轮系的传动比**,用 i_{AB} 表示,其中 A 代表首轮,B 代表末轮,且有

$$i_{AB} = (-1)^n\,\frac{\text{各从动轮齿数乘积}}{\text{各主动轮齿数乘积}} \tag{1-36}$$

其中,n 为外啮合齿轮的对数。

角速度矢量与角加速度矢量

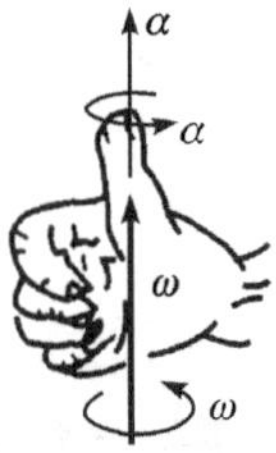

定义角速度矢量 $\boldsymbol{\omega}=\omega\boldsymbol{k}=\dfrac{\mathrm{d}\varphi}{\mathrm{d}t}\boldsymbol{k}$；

角加速度矢量 $\boldsymbol{\alpha}=\alpha\boldsymbol{k}=\dfrac{\mathrm{d}\omega}{\mathrm{d}t}\boldsymbol{k}=\dfrac{\mathrm{d}^2\varphi}{\mathrm{d}t^2}\boldsymbol{k}$

其中，$\boldsymbol{k}$ 表示沿转轴正向的单位矢量，$\boldsymbol{\omega}$、$\boldsymbol{\alpha}$ 的方向服从右手螺旋定则。

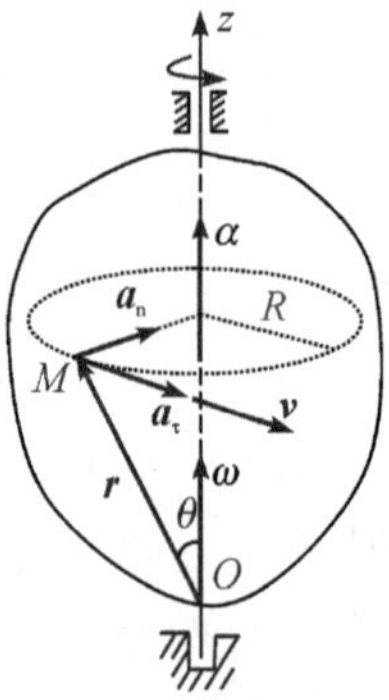

试证明转动刚体内一点的速度、加速度的矢积表达式分别为

$$\boldsymbol{v}=\boldsymbol{\omega}\times\boldsymbol{r}$$

$$\boldsymbol{a}=\boldsymbol{a}_\tau+\boldsymbol{a}_n=\boldsymbol{\alpha}\times\boldsymbol{r}+\boldsymbol{\omega}\times\boldsymbol{v}$$

思考题

思考 1-1　$\dfrac{\mathrm{d}\boldsymbol{v}}{\mathrm{d}t}$ 和 $\dfrac{\mathrm{d}v}{\mathrm{d}t}$，$\dfrac{\mathrm{d}\boldsymbol{r}}{\mathrm{d}t}$ 和 $\dfrac{\mathrm{d}r}{\mathrm{d}t}$ 是否相同？什么情况下 $\left|\dfrac{\mathrm{d}\boldsymbol{v}}{\mathrm{d}t}\right|=\dfrac{\mathrm{d}|\boldsymbol{v}|}{\mathrm{d}t}$，$\left|\dfrac{\mathrm{d}\boldsymbol{r}}{\mathrm{d}t}\right|=\dfrac{\mathrm{d}|\boldsymbol{r}|}{\mathrm{d}t}$？

思考 1-2　若 $v\neq 0$，$a\neq 0$，试指出下列所画点 M 沿曲线 AB 运动时的加速度情况是否可能，为什么？

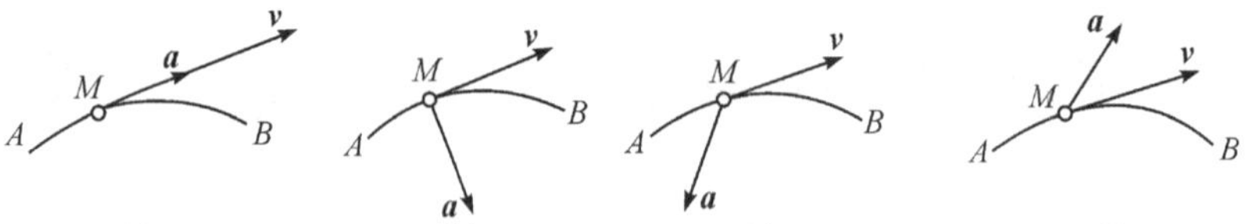

(a)　(b)　(c)　(d)

思考 1-2 图

思考 1-3　点做曲线运动时，其全加速度是否可能等于零？其法向加速度是否可能等于零？指出在哪些情况下等于零。

思考 1-4　点 M 沿螺旋线自外向内运动，如图所示，它走过的弧长与时间成正比，问：点的加速度是越来越大，还是越来越小？该点越跑越快，还是越跑越慢？

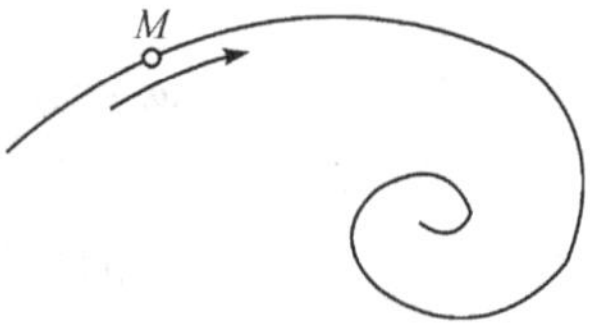

思考 1-4 图

思考 1-5　平动刚体上各点的运动轨迹是否一定是直线？

思考 1-6　刚体绕定轴转动，已知刚体上任意两点的速度方位，问能不能确定转轴的位置？

习　题

1-1　图示曲线规，$OA=AB=200\ \mathrm{mm}$，$CD=DE=AC=AE=50\ \mathrm{mm}$。如杆 OA 以等角速度 $\omega=\dfrac{\pi}{5}\ \mathrm{rad/s}$ 绕 O 轴转动，并且当运动开始时，杆 OA 水平向右，求曲线规上点 D 的运动方程和轨迹。

1-2　图示半圆形凸轮以匀速 $v_0=1\ \mathrm{cm/s}$ 向右做水平运动，带动活塞杆 AB 沿铅垂方向运动。$t=0$ 时，活塞杆 A 端在凸轮的最高点，凸轮半径 $R=8$ cm，试求杆端点 A 的运动方程和 $t=3$ s 时的速度与加速度。

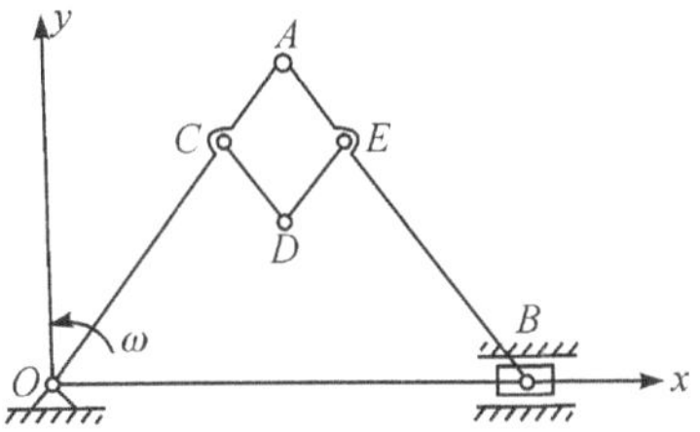

习题 1－1 图

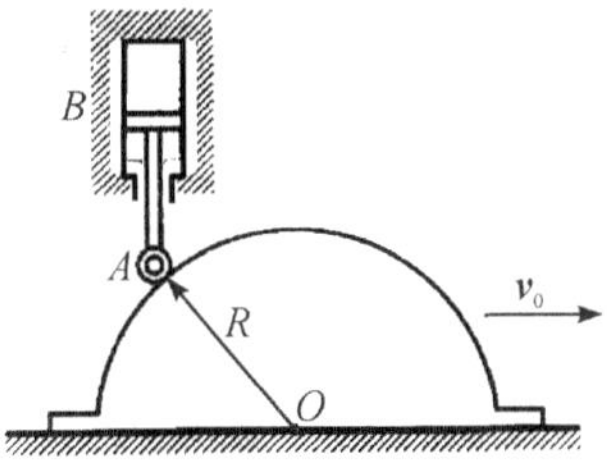

习题 1－2 图

1－3　杆 AB 长 l，以匀角速度 ω 绕点 B 转动，角 φ 的变化规律为 $\varphi=\omega t$。与杆连接的滑块 D 按运动方程 $s=c+b\sin\omega t$ 沿水平方向做简谐运动，如图所示，其中 c 和 b 均为常数。求点 A 的轨迹。

1－4　在半径为 R 的铁圈上套一小环 M；令一直杆 AB 穿入小环 M，并绕铁圈上的 A 轴逆时针方向转动（$\varphi=\omega t$，ω 为常量）。铁圈固定不动。

(1)若以铁圈为参考系，试分别用直角坐标法和自然法写出小环 M 的运动方程，并求其速度和加速度。

(2)若以杆 AB 为参考系，求小环 M 的运动方程、速度和加速度。

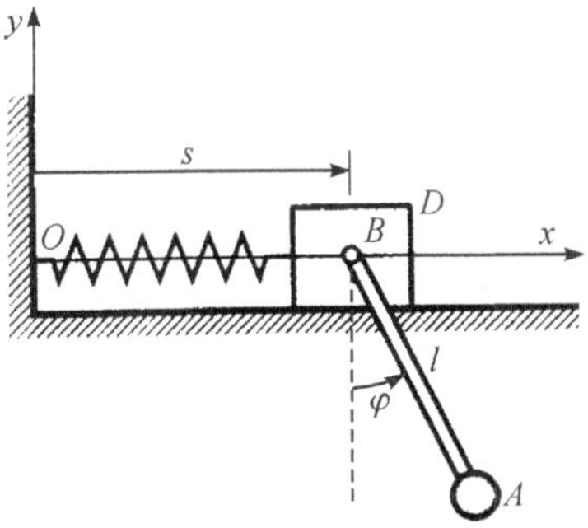

习题 1－3 图

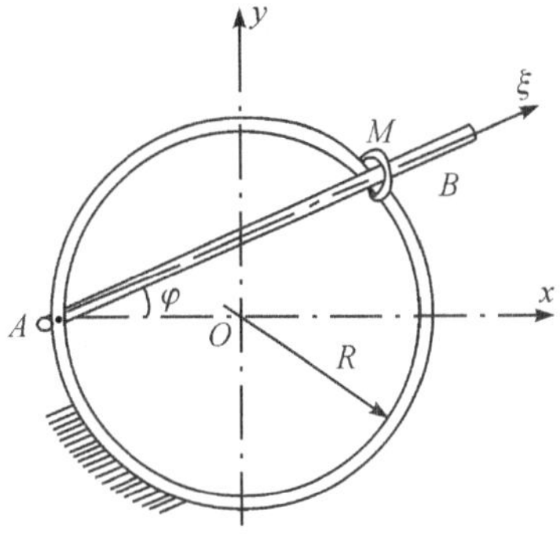

习题 1－4 图

1－5　已知点的运动方程为 $x=L(bt-\sin bt)$，$y=L(L-\cos bt)$，其中，L、b 为大于零的常数。求该点运动轨迹的曲率半径。

1－6　如图所示，杆 OA 和 O_1B 分别绕 O 轴和 O_1 轴转动，用十字形滑块 D 将两杆连接。在运动过程中，两杆保持相交成直角。已知：$\overline{OO_1}=a$，$\varphi=kt$，k 为常数。求滑块 D 的速度和相对于 OA 的速度。

1－7　在图示机构中，已知 $O_1A=O_2B=AM=r=0.2$ m，$O_1O_2=AB$。如 O_1 轮按 $\varphi=15\pi t$ 的规律转动，其中 φ 以 rad 计，t 以 s 计。试求 $t=0.5$ s 时，AB 杆上 M 点的位置、速度和加速度，并图示其真实方向。

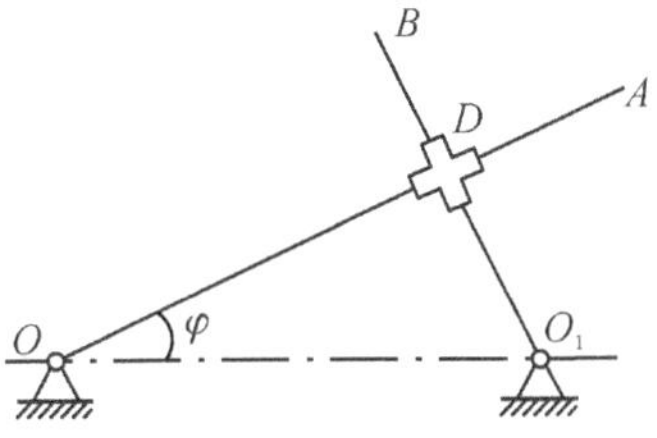

习题 1－6 图

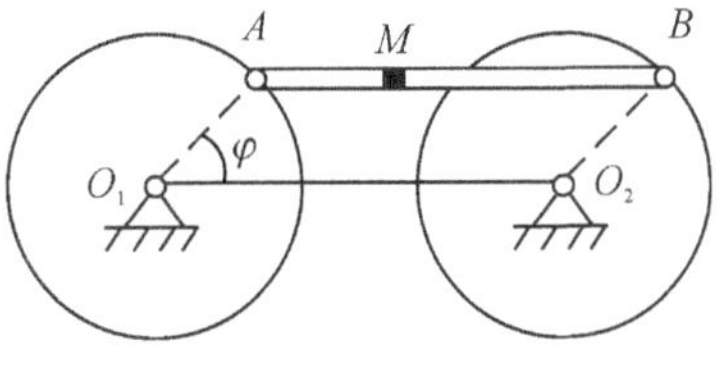

习题 1－7 图

1－8　搅拌机的构造如图所示。已知 $O_1A = O_2B = R$，$AB = O_1O_2$，杆 O_1A 以不变的转速 n 转动。试问杆件 BAM 做什么运动？给出 M 点的运动轨迹并计算其速度和加速度。

1－9　一绕轴 O 转动的皮带轮，某时刻轮缘上点 A 的速度大小为 $v_A = 50$ cm/s，加速度大小为 $a_A = 150$ cm/s²；轮内另一点 B 的速度大小为 $v_B = 10$ cm/s。已知 A、B 两点到轮轴的距离相差 20 cm。求该时刻：

(1)皮带轮的角速度；

(2)皮带轮的角加速度及 B 点的加速度。

1－10　时钟内由秒针 A 到分针 B 的齿轮传动机构由四个齿轮组成，轮Ⅱ和轮Ⅲ刚性连接，齿数分别为：$z_1 = 8$，$z_2 = 60$，$z_4 = 64$。求齿轮Ⅲ的齿数。

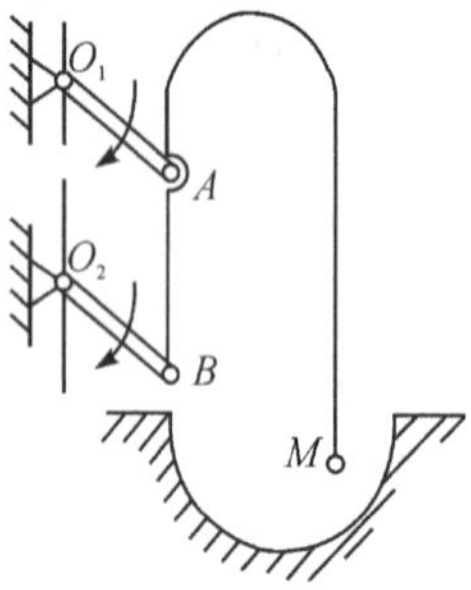

习题 1－8 图

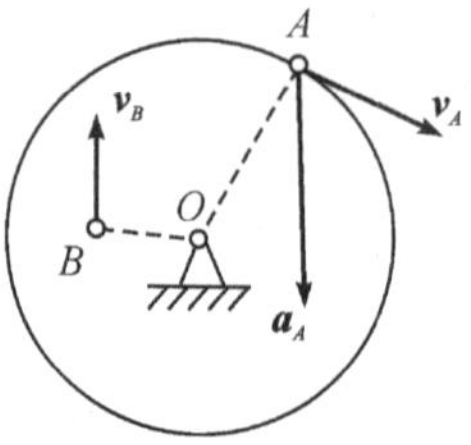

习题 1－9 图

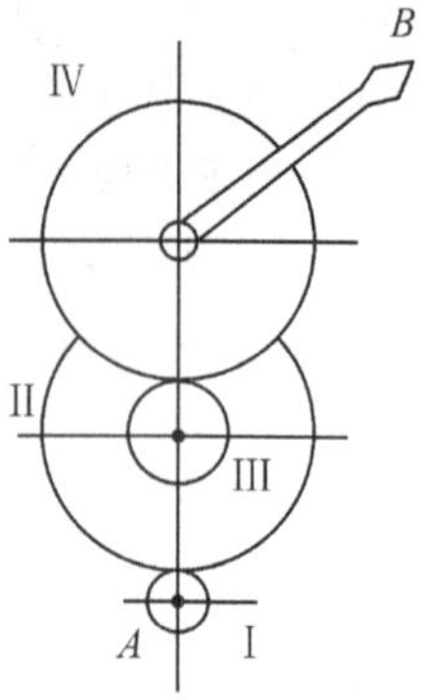

习题 1－10 图

1－11　千斤顶机构如图所示。已知：手柄 A 与齿轮 1 固结，转速为 30 r/min，齿轮 1～4 齿数分别为 $z_1 = 6$，$z_2 = 24$，$z_3 = 8$，$z_4 = 32$；齿轮 5 的半径 $r_5 = 4$ cm。试求齿条 B 的速度。

1－12　摩擦传动机构的主轴Ⅰ转速为 $n = 600$ r/min。轴Ⅰ的轮盘与轴Ⅱ的轮盘接触，接触点按箭头 A 所示方向移动，距离 d 的变化规律为 $d = 100 - 5t$，其中 d 以 mm 计，t 以 s 计。已知 $r = 50$ mm，$R = 150$ mm。求：

(1)轴Ⅱ的角加速度(表示成 d 的函数)；

(2)当主动轮移动到 $d = r$ 时，主动轮边缘上一点 B 的全加速度。

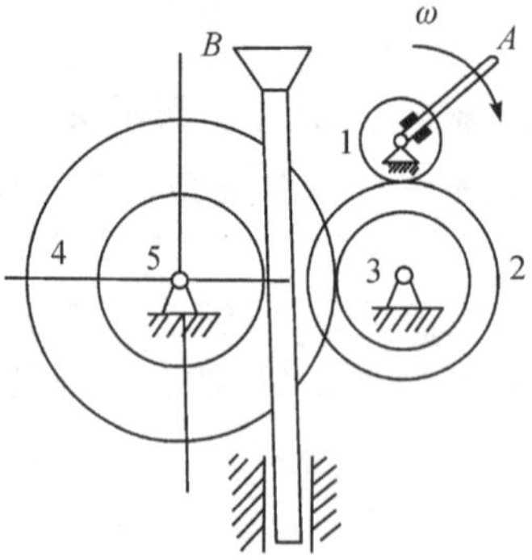

习题 1－11 图

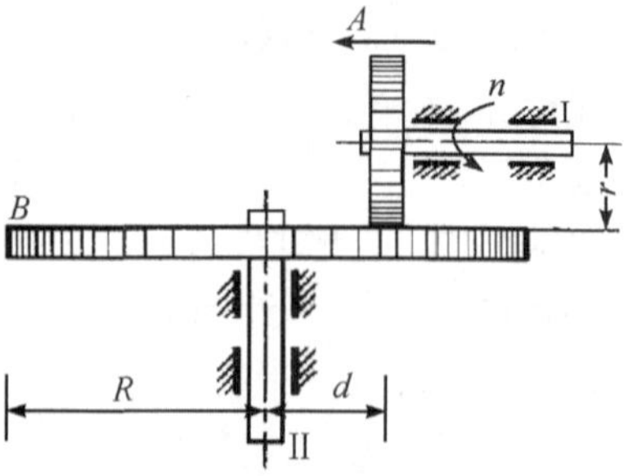

习题 1－12 图

1－13　槽杆 OA 可绕垂直图面的轴 O 转动，固结在方块上的销钉 B 嵌在槽内。设方块以匀速 v 沿水平方向运动，$t = 0$ 时，OA 恰在铅垂位置，并知尺寸 b。求 OA 杆的角速度及角加速度。

1－14　曲柄 O_1A 和 O_2B 的长度均等于 $2r$，并以相同的匀角速度 ω_0 分别绕 O_1 轴和 O_2 轴

转动。通过固结在 AB 上的齿轮Ⅰ，带动齿轮Ⅱ绕 O 轴转动。两齿轮半径均为 r。求Ⅰ和Ⅱ轮缘上任意一点的加速度。

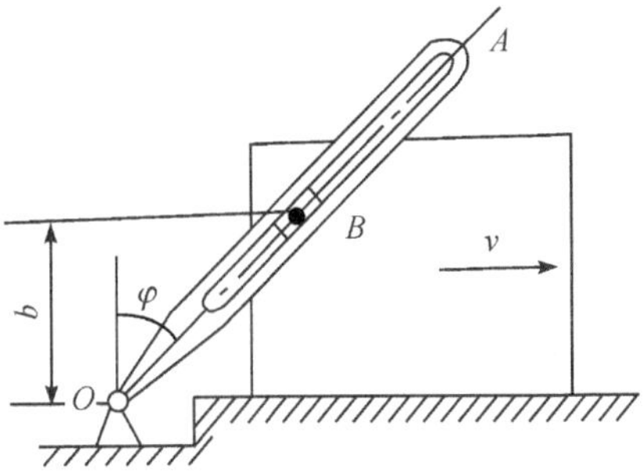

习题 1-13 图

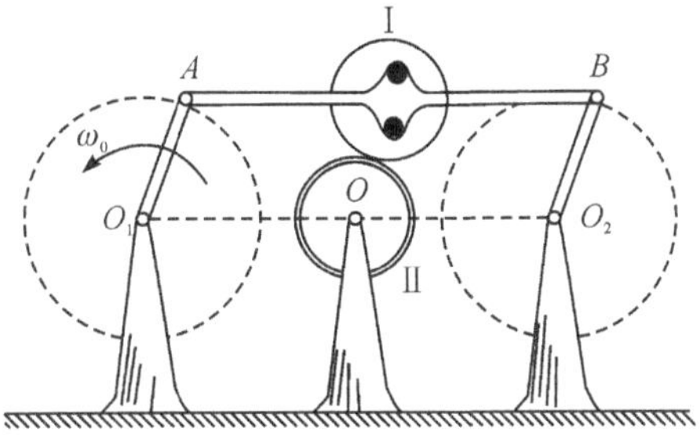

习题 1-14 图

第 2 章 刚体的平面运动

刚体的平面运动是工程中常见的一种较复杂的刚体运动形式。本章通过运动简化、分解，主要介绍计算刚体上点的速度的三种方法：基点法、投影法和瞬心法。

2.1 刚体平面运动基本概念及运动方程

2.1.1 平面运动特点及运动的简化

刚体在运动过程中，如果其上任一点至某固定平面间的距离保持不变，则称刚体（相对于固定平面）做平面运动。刚体上每一点的运动轨迹均为平面曲线。例如图 2-1 中沿直线轨道滚动的车轮，曲柄连杆机构中的连杆 AB，以及行星齿轮机构中的行星齿轮等，其运动形式均为平面运动。

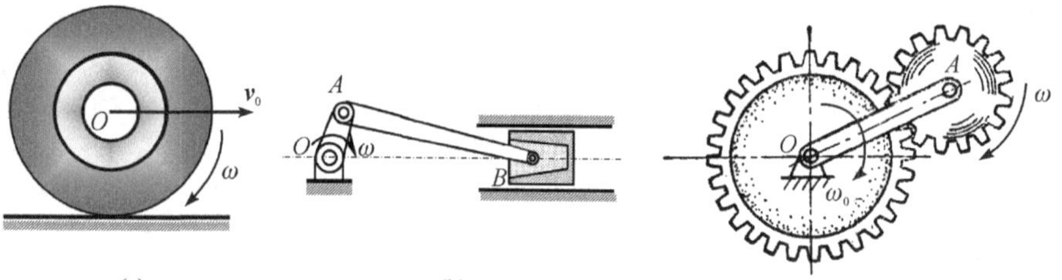

图 2-1

设固定平面为 L_0（图 2-2），作与 L_0 平行的另一固定平面 L 与刚体截得平面图形 S，则刚体做平面运动时，图形 S 就在固定平面 L 中运动。垂直于图形 S 的任一线段 A_1A_2 始终保持与自身平行，即做平动，因此其上各点的运动均与直线和图形的交点 O' 的运动相同。这样，O' 点的运动就可以代表整个直线的运动，平面图形 S 的运动就可代表整个刚体的运动。刚体的平面运动就可简化为平面图形 S 在其自身平面内运动。

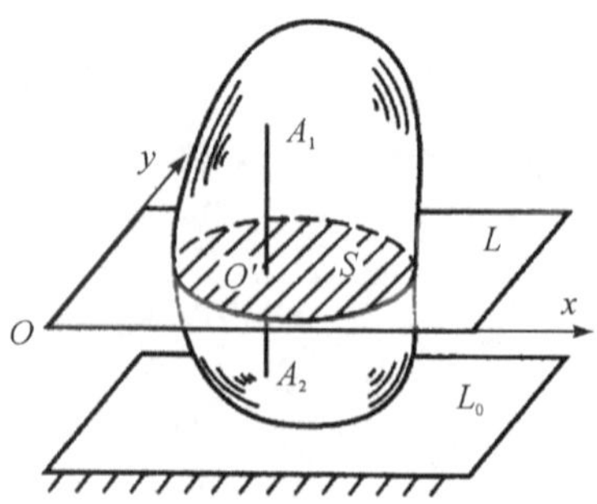

图 2-2

2.1.2 平面运动方程

为了确定平面图形 S 的位置，在平面 L 上取固定坐标系 xOy，在平面图形上任取一点 O'，称为**基点**，通过该点再取一直线段 $O'A$。显然，图形 S 的位置将随直线段 $O'A$ 的位置确定而确定，如图 2-3 所示。

过基点 O' 作 $O'x'$ 始终与固定坐标轴 Ox 保持平行，这样，线段 $O'A$ 的位置就可以由基点

O' 的坐标（$x_{O'}$，$y_{O'}$），以及线段 $O'A$ 与 $O'x'$ 轴的夹角 φ 来确定。当图形 S 运动时，$x_{O'}$、$y_{O'}$ 及 φ 都是时间 t 的单值连续函数，可表示为

$$\left.\begin{aligned} x_{O'} &= f_1(t) \\ y_{O'} &= f_2(t) \\ \varphi &= f_3(t) \end{aligned}\right\} \tag{2-1}$$

方程(2-1)描述了图形 S 的运动规律，又称为**平面运动方程**。

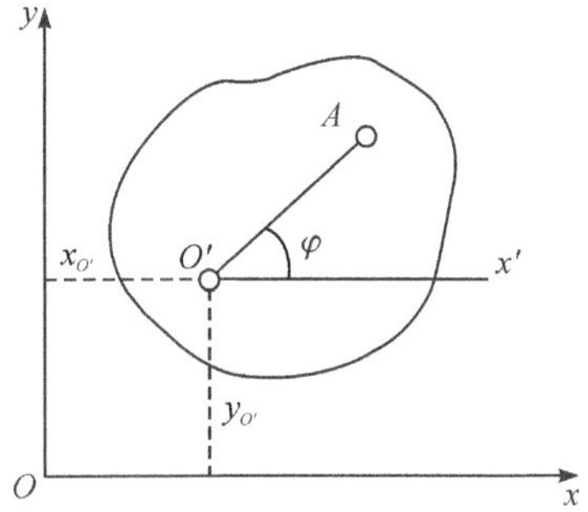

图 2-3

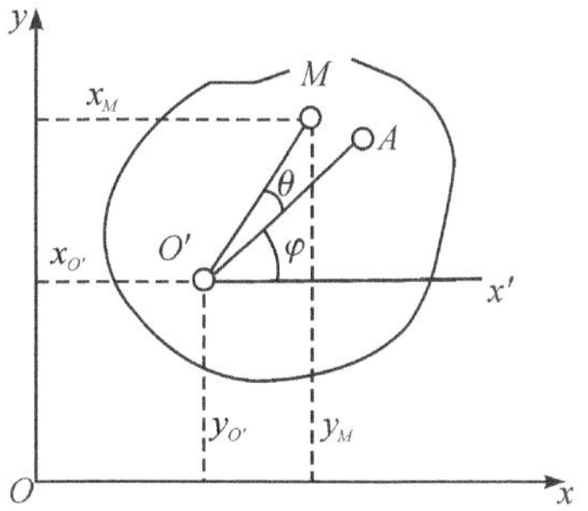

图 2-4

进一步还可写出图形内任一点 M 的运动方程(图 2-4)

$$\left.\begin{aligned} x_M &= x_{O'} + O'M\cos(\varphi+\theta) \\ y_M &= y_{O'} + O'M\sin(\varphi+\theta) \end{aligned}\right\} \tag{2-2}$$

其中，$O'M$ 和 θ 是常量。将式(2-2)对时间分别求一次导数和二次导数，即可求得 M 点的速度和加速度在 x、y 坐标轴上的投影分别为

$$\left.\begin{aligned} \dot{x}_M &= \dot{x}_{O'} - O'M\dot{\varphi}\sin(\varphi+\theta) \\ \dot{y}_M &= \dot{y}_{O'} + O'M\dot{\varphi}\cos(\varphi+\theta) \end{aligned}\right\} \tag{2-3}$$

$$\left.\begin{aligned} \ddot{x}_M &= \ddot{x}_{O'} - O'M\dot{\varphi}^2\cos(\varphi+\theta) - O'M\ddot{\varphi}\sin(\varphi+\theta) \\ \ddot{y}_M &= \ddot{y}_{O'} - O'M\dot{\varphi}^2\sin(\varphi+\theta) + O'M\ddot{\varphi}\cos(\varphi+\theta) \end{aligned}\right\} \tag{2-4}$$

2.2　刚体平面运动分解为平动和转动

在平面图形上任取一点 O' 作为基点，以基点 O' 为原点假想作动系 $x'O'y'$，其中 $O'x'$ 轴、$O'y'$ 轴的方向始终分别平行于定系坐标轴 Ox 和 Oy，如图 2-5 所示。则动系相对定系做平动，称为平动系，可用基点 O' 的运动 $x_{O'} = f_1(t)$，$y_{O'} = f_2(t)$ 描述；平面图形相对平动系做转动，可用 $\varphi = f_3(t)$ 描述。这样就赋予了式(2-1)更为直观的物理意义。

由式(2-1)可见，平面图形 S 的运动有两种特殊情况：

(1)若 φ=常数，说明图形在运动过程中，线段 $O'A$ 方向保持不变，这时平面图形在平面内做平动，其上各点的运动与基点 O' 的运动规律相同；

(2)若 $x_{O'}$、$y_{O'}$ 均为常数，说明图形在运动过程中，点 O' 保持不动，此时平面图形绕通过 O' 点且垂直图形的固定轴转动。

可见，一般情况下的刚体平面运动可分解为两个部分：

• 跟随平动坐标系的平动，简称为随基点的平动；

• 相对平动坐标系绕基点的转动，简称为绕基点的转动。

按照合成运动的观点，刚体平面运动可以看作是平动和转动的合成运动，或者说刚体平面运动可分解为平动和转动。

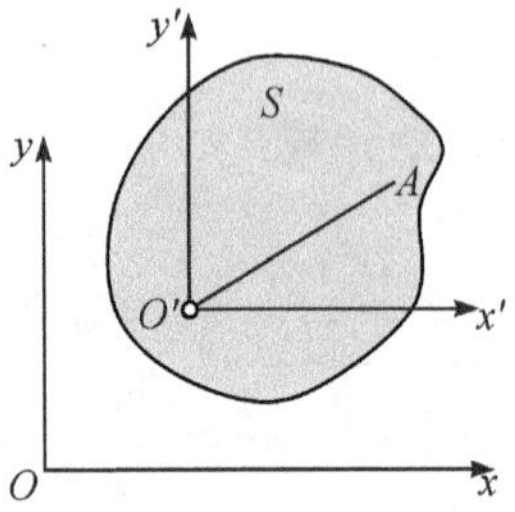

图 2-5

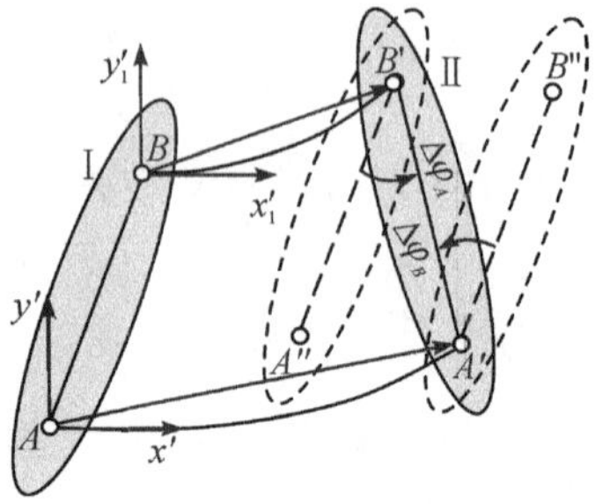

图 2-6

应当注意，平面图形在运动分解过程中，基点的选取是任意的。如图 2-6 所示，设平面图形由位置Ⅰ运动到位置Ⅱ，图形上的线段 AB 随之运动到 $A'B'$。若以 A 点为基点，图形的平面运动就可以看成是随 A 点平移到 $A'B''$，同时绕 A' 点逆时针转过 $\Delta\varphi_A$ 角度到达 $A'B'$ 位置；若以 B 点为基点，图形的平面运动则可看成是随 B 点平移到 $B'A''$，同时绕 B' 点逆时针转 $\Delta\varphi_B$ 角度到达 $A'B'$ 位置。一般情况下，A、B 两点的运动不相等，即 $\overrightarrow{AA'} \neq \overrightarrow{BB'}$，故图形随基点的平动部分与基点的选择有关；另一方面，由于相对基点所转过的角度无论大小与转向都相同，即 $\Delta\varphi_A = \Delta\varphi_B = \Delta\varphi$，从而有 $\omega = \dot{\varphi}$，称为**平面运动的角速度**，因此相对基点的转动部分与基点的选择无关。换言之，刚体做平面运动的角速度与基点选择无关。

2.3 刚体平面运动各点的速度分析

2.3.1 相对转动概念

如图 2-7 所示，由于以基点 O' 为原点的坐标系 $x'O'y'$ 为平动系，所以 x'、y' 坐标轴的单位矢量 $\boldsymbol{i}'$、$\boldsymbol{j}'$ 都是常矢量。图形上任一点相对基点的矢径 $\boldsymbol{r}'$ 可以用 M 点的直角坐标(x', y')表示为

$$\boldsymbol{r}' = x'\boldsymbol{i}' + y'\boldsymbol{j}' \tag{2-5}$$

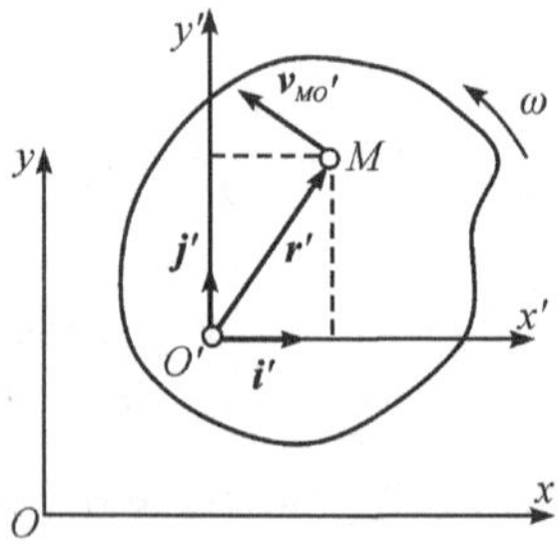

图 2-7

平面图形绕基点 O' 转动，图形上任一点 M 相对于平动坐标系做圆周运动，相对速度用 $\boldsymbol{v}_{MO'}$ 表示，其解析表示式为

$$\boldsymbol{v}_{MO'} = \frac{\mathrm{d}x'}{\mathrm{d}t}\boldsymbol{i}' + \frac{\mathrm{d}y'}{\mathrm{d}t}\boldsymbol{j}' \tag{2-6}$$

相对加速度用 $\boldsymbol{a}_{MO'}$ 表示，其解析表示式为

$$\boldsymbol{a}_{MO'} = \frac{\mathrm{d}^2x'}{\mathrm{d}t^2}\boldsymbol{i}' + \frac{\mathrm{d}^2y'}{\mathrm{d}t^2}\boldsymbol{j}' \tag{2-7}$$

另外，根据定轴转动刚体上点的速度公式(1-32)，点 M 相对于平动坐标系的速度大小为

$$v_{MO'} = O'M \cdot \omega \tag{2-8}$$

其中，ω 为平面图形的角速度；$\boldsymbol{v}_{MO'}$ 的方向垂直于 $O'M$、指向与刚体相对转动的方向一致(图 2-7)。

根据定轴转动刚体上点的加速度公式(1-33)、(1-34)，点 M 相对于平动坐标系的切向、

法向加速度大小分别为

$$a^{\tau}_{MO'} = MO' \cdot \alpha,\ a^{n}_{MO'} = MO' \cdot \omega^2 \tag{2-9}$$

其中,α 为平面图形的角加速度。如图 2-8 所示,$\boldsymbol{a}^{\tau}_{MO'}$ 的方向垂直于 $O'M$,指向与图形的角加速度 α 转向一致;$\boldsymbol{a}^{n}_{MO'}$ 指向基点 O'。

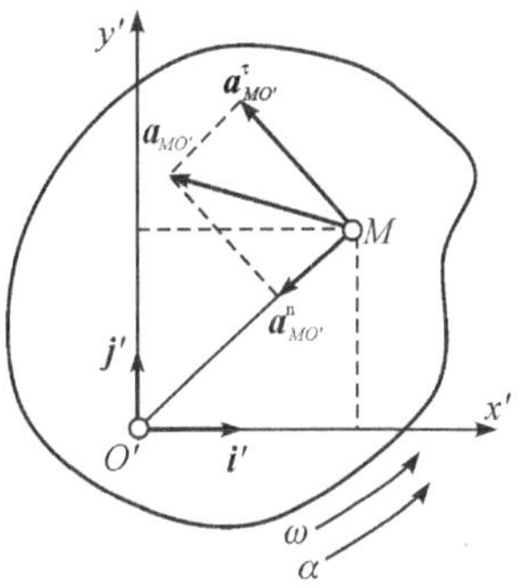

图 2-8

2.3.2 速度合成法(基点法)

设图形上任一点 M 相对于定坐标系 xOy 的原点 O 的矢径为 $\boldsymbol{r}$,相对于基点 O'(平动坐标系 $x'O'y'$ 的原点)的矢径为 $\boldsymbol{r}'$;基点 O' 相对于定坐标系 xOy 的原点 O 的矢径为 $\boldsymbol{r}_{O'}$。由图2-9知,各矢径间的关系为

$$\boldsymbol{r} = \boldsymbol{r}_{O'} + \boldsymbol{r}'$$

考虑到式(2-5),上式可写成

$$\boldsymbol{r} = \boldsymbol{r}_{O'} + x'\boldsymbol{i}' + y'\boldsymbol{j}' \tag{2-10}$$

式(2-10)两边对时间求一次导数,并注意到 $\boldsymbol{i}'$、$\boldsymbol{j}'$ 都是常矢量,有

$$\frac{\mathrm{d}\boldsymbol{r}}{\mathrm{d}t} = \frac{\mathrm{d}\,\boldsymbol{r}_{O'}}{\mathrm{d}t} + \frac{\mathrm{d}x'}{\mathrm{d}t}\boldsymbol{i}' + \frac{\mathrm{d}y'}{\mathrm{d}t}\boldsymbol{j}' \tag{2-11}$$

该式左端表示 M 点相对定坐标系的速度 $\boldsymbol{v}_M$,右端第一项表示基点 O' 的速度 $\boldsymbol{v}_{O'}$。根据式(2-6),右端后两项表示 M 点相对基点 O'(平动坐标系原点)做圆周运动的速度 $\boldsymbol{v}_{MO'}$,其大小由式(2-8)确定。因此有

$$\boldsymbol{v}_M = \boldsymbol{v}_{O'} + \boldsymbol{v}_{MO'} \tag{2-12}$$

其中,$v_{MO'} = O'M \cdot \omega$,方向垂直于 $O'M$ 指向与角速度 ω 转向一致。即:平面图形上任一点的速度等于基点的速度与该点相对于基点(严格讲,应为相对于以基点为原点的平动系)运动速度的矢量和。图 2-10 给出了式(2-12)所表示的矢量合成图。这种求解平面图形上任一点速度的方法,称为**基点法**或**合成法**。

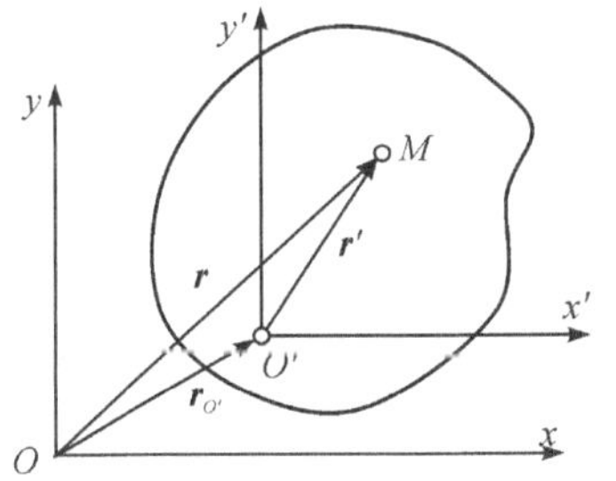

图 2-9

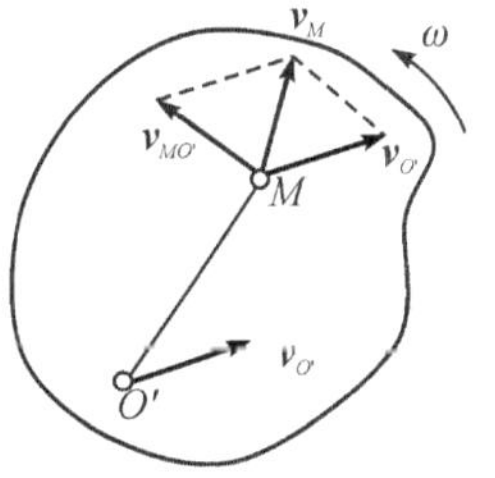

图 2-10

式(2-12)是一个平面矢量方程。一般取速度已知的点为基点,可解出两个未知量。

例 2-1　曲柄滑块机构如图 2-11 所示。已知曲柄长 $OA = r$,以匀角速度 ω 转动,连杆 AB 长为 l。求图示位置(φ、β 为已知)滑块 B 的速度 $\boldsymbol{v}_B$ 及连杆 AB 的角速度 ω_{AB}。

解　(1)机构运动分析。连杆 AB 做平面运动,曲柄 OA 做定轴转动,A 点运动已知,B 点做直线运动。

(2)速度分析。研究 AB 杆,取 A 点为基点,分析 B 点(即滑块)的速度,根据速度合成法有

$$\boldsymbol{v}_B = \boldsymbol{v}_A + \boldsymbol{v}_{BA}$$

其中，$\boldsymbol{v}_A$ 大小为 $v_A = r\omega$，方向垂直于 OA，指向如图；$\boldsymbol{v}_B$ 大小未知，方向沿 OB 直线；$\boldsymbol{v}_{BA}$ 大小未知，方向垂直于 AB 杆；在 B 点作速度矢量平行四边形，使 $\boldsymbol{v}_B$ 位于对角线，由此确定 $\boldsymbol{v}_B$、$\boldsymbol{v}_{BA}$ 的指向如图 2-11 所示。由几何关系可求得滑块 B 的速度

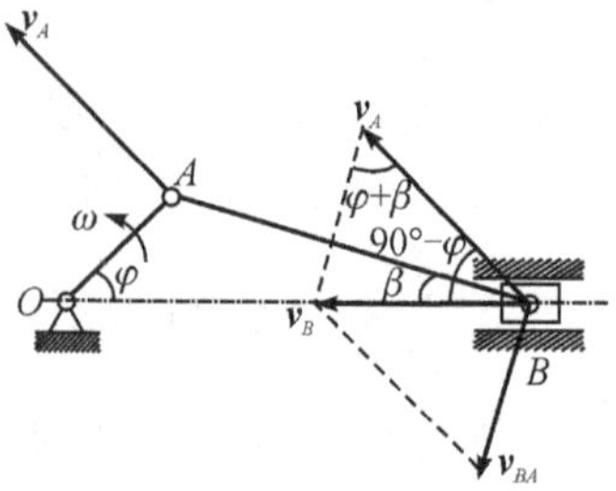

图 2-11

$$v_B = \frac{v_A \sin(\varphi+\beta)}{\cos\beta} = \frac{r\omega\sin(\varphi+\beta)}{\cos\beta}$$

滑块 B 相对于基点 A 的速度

$$v_{BA} = \frac{v_A\cos\varphi}{\cos\beta} = \frac{r\omega\cos\varphi}{\cos\beta}$$

因为 $$v_{BA} = l\cdot\omega_{AB}$$

所以，连杆 AB 的角速度 $$\omega_{AB} = \frac{r\omega\cos\varphi}{l\cos\beta}$$

由基点 A 的位置及 $\boldsymbol{v}_{BA}$ 的方向，可确定出 ω_{AB} 的转向为顺时针方向。

(3)求得 ω_{AB} 后，即可进一步求 AB 上其它点（例如 AB 中点 C）的速度。读者可自行分析求解。

思考：(1)能否选 B 点作为基点应用速度合成法进行分析求解？

(2)试分析当 $\varphi = 90°$、$0°$时，滑块 B 的速度及连杆 AB 的角速度。

例 2-2 四连杆机构如图 2-12 所示。设曲柄长 $OA = 0.5$ m，连杆长 $AB = 1$ m，曲柄以匀角速度 $\omega = 4$ rad/s 沿顺时针方向转动。试求图示时刻 ($AB \perp BC$) B 点的速度、连杆 AB 及杆 BC 的角速度。

解 (1)机构运动分析。连杆 AB 做平面运动，曲柄 OA 及摇杆 BC 做定轴转动；A 点运动已知，B 点做圆周运动。

(2)速度分析。研究连杆 AB，取 A 点为基点，分析 B 点的速度，根据速度合成法有

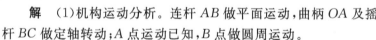

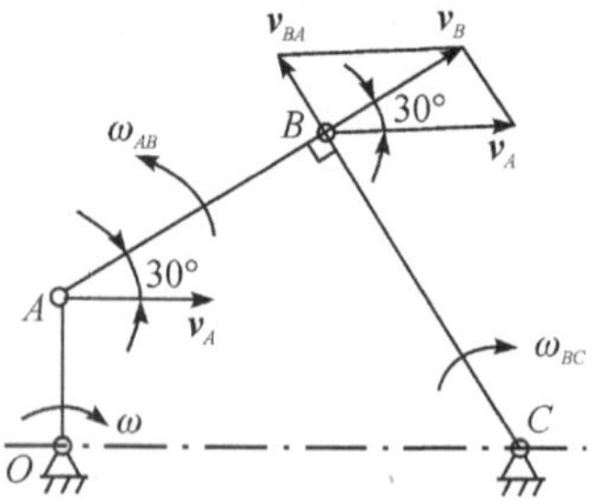

图 2-12

$$\boldsymbol{v}_B = \boldsymbol{v}_A + \boldsymbol{v}_{BA}$$

其中，$\boldsymbol{v}_A$ 大小为 $v_A = OA\cdot\omega = 2$ m/s，方向垂直于 OA，指向如图；$\boldsymbol{v}_B$ 大小未知，方向垂直于 BC 杆；$\boldsymbol{v}_{BA}$ 大小未知，方向垂直于 AB 杆；在 B 点作速度矢量平行四边形如图所示，由几何关系可得此时刻 B 点的速度

$$v_B = v_A\cos 30° = 1.732 \text{ m/s}$$

BC 杆此时刻的角速度为

$$\omega_{BC} = \frac{v_B}{BC} = 1.5 \text{ rad/s}$$

其中，$BC = 1.15$ m，ω_{BC} 转向为顺时针方向。

B 点相对于基点 A 的速度

$$v_{BA} = v_A\sin 30° = 1 \text{ m/s}$$

因为 $v_{BA} = AB\cdot\omega_{AB}$，得 AB 杆在此时刻的角速度为

$$\omega_{AB} = \frac{v_{BA}}{AB} = 1 \text{ rad/s}$$

转向为逆时针方向。

本题也可以取 B 点为基点分析求解。读者可自行分析求解。

2.3.3 速度投影法

将式(2-12)的两端各速度矢量分别向 O' 与 M 两点的连线上投影，并注意到 $\boldsymbol{v}_{MO'} \perp O'M$，则有

$$[\boldsymbol{v}_M]_{O'M} = [\boldsymbol{v}_{O'}]_{O'M} \tag{2-13a}$$

或

$$v_{O'}\cos\theta = v_M\cos\beta \tag{2-13b}$$

其中，θ、β 分别表示 $\boldsymbol{v}_{O'}$ 和 $\boldsymbol{v}_M$ 与 $O'M$ 的夹角(图 2-13)。式(2-13)表明：平面图形内任意两点的速度在这两点连线上的投影相等，称为**速度投影定理**。该定理反映了刚体不变形的性质。应用速度投影定理求平面图形上一点的速度的方法称为**速度投影法**。应用该方法求解问题有时显得很方便。例如图 2-12 所示机构中，已知点 A 的速度 $\boldsymbol{v}_A$ 和点 B 的速度 $\boldsymbol{v}_B$ 的方向，应用速度投影定理即可方便求出 $\boldsymbol{v}_B$ 的大小 $v_B = v_A\cos30°$。

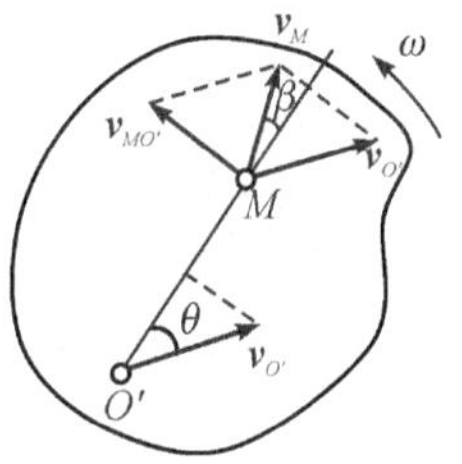

图 2-13

应用该方法时应注意以下几点。

(1)该定理反映了刚体形状不变的特性，故适用于做任何运动的刚体。

(2)速度投影方程不出现动点相对于基点的速度，故不能用此方法求解刚体平面运动的角速度。

(3)当平面图形内两点的速度与其连线垂直时，速度投影方程为恒等式，投影法失效。

(4)如图 2-14 所示，当平面图形内两点的速度平行、同向且与这两点的连线不垂直时，由 $v_A\cos\theta = v_B\cos\theta$，得

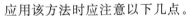

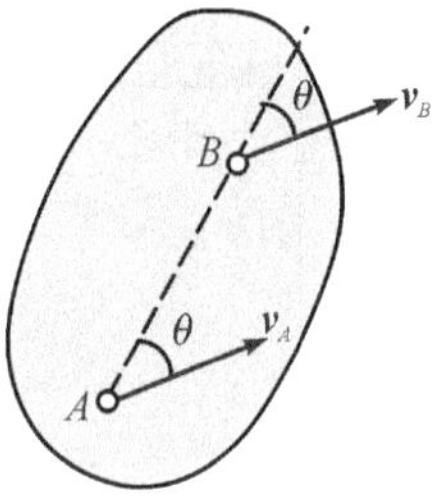

图 2-14

$$\boldsymbol{v}_B = \boldsymbol{v}_A,\ \boldsymbol{v}_{BA} = 0$$

即该时刻刚体运动的角速度等于零，刚体上各点速度相同，称刚体做**瞬时平动**。

2.3.4 瞬时速度中心法

角速度不等于零的任意时刻，平面图形内(或其延拓部分上)速度为零的点 P，称为平面图形在该时刻的瞬时速度中心，简称为速度瞬心。如果取 P 点作基点，则因基点的速度 $\boldsymbol{v}_P = 0$，所以图形内任一点 M 的速度

$$\boldsymbol{v}_M = \boldsymbol{v}_{MP} \tag{2-14}$$

此时图形上各点的速度分布与图形绕速度瞬心做定轴转动的情况完全相同(图 2-15)。利用速度瞬心求解平面图形内点的速度的方法称为**速度瞬心法**，简称为**瞬心法**。

可以证明，在角速度不等于零的任意时刻，平面图形的速度瞬心唯一存在。如图 2-16 所示，设某时刻平面图形的角速度为 ω，其上一点 O' 的速度为 $\boldsymbol{v}_{O'}$。过 O' 点作 $\boldsymbol{v}_{O'}$ 的垂线，并在由 $\boldsymbol{v}_{O'}$ 顺 ω 转向转过 90°的一侧上取一点 P，使 $O'P = v_{O'}/\omega$。以点 O' 为基点，点 P 为动点，由速度合成定理，得

$$v_P = v_{O'} - v_{PO'} = v_{O'} - O'P \cdot \omega = 0$$

可见，点 P 即为该时刻平面图形的速度瞬心。

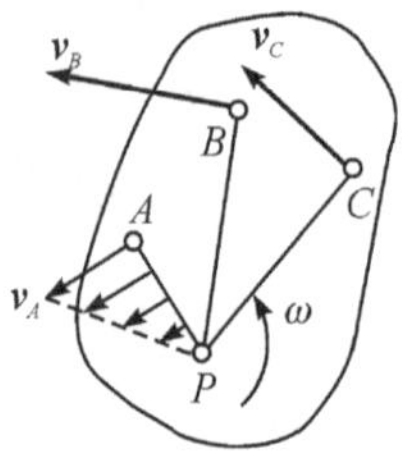

图 2-15

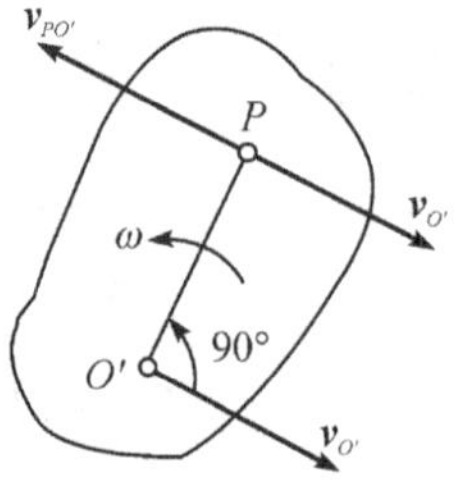

图 2-16

运用速度瞬心法求解的关键在于正确确定速度瞬心。几种常用方法如下：

(1)当平面图形沿某一固定面做纯滚动时，图形上与固定面的接触点的速度为零，则该点即为平面图形的速度瞬心[图 2-17(a)]。

(2)已知某时刻平面图形上任意两点 A、B 速度的方向，并且其互不平行[图 2-17(b)]，此时，过 A、B 两点分别作两点速度的垂线，其交点即为平面图形的速度瞬心。

(3)如果某时刻，平面图形上 A、B 两点的速度垂线重合，如图 2-17(c)所示，则两速度矢端的连线与垂线 AB 的交点即为速度瞬心。

(4)图形做瞬时平动，则速度瞬心趋向无穷远处。

必须指出：在不同的时刻，图形有不同的速度瞬心；某时刻速度瞬心的速度为零，但加速度并不为零。

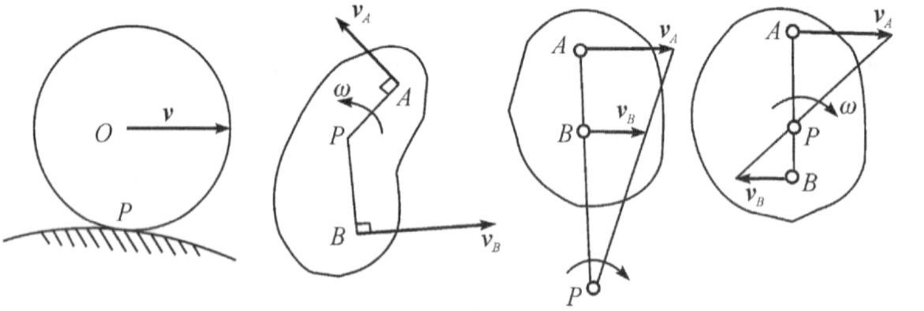

(a) (b) (c)

图 2-17

例 2-3 用瞬心法解例 2-1，求连杆 AB 的角速度 ω_{AB} 及滑块 B 的速度 v_B。

解 连杆 AB 做平面运动，曲柄 OA 做定轴转动。A 点的速度 $\boldsymbol{v}_A$ 的大小为 $r\omega$，方向垂直于曲柄 OA；B 点的速度沿直线 OB 方向。过 A、B 两点分别作其速度的垂线，相交的 C 点就是连杆 AB 在图示时刻的速度瞬心，如图 2-18(a)所示。

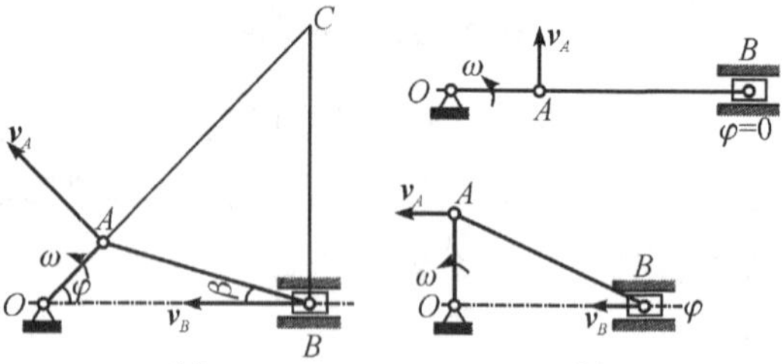

(a) (b)

图 2-18

连杆的角速度为

$$\omega_{AB} = \frac{v_A}{AC} = \frac{r\omega}{\dfrac{l}{\sin(90^\circ - \varphi)} \cdot \sin(90^\circ - \beta)} = \frac{r\omega\cos\varphi}{l\cos\beta}$$

转向为顺时针方向。

杆上 B 点(即滑块 B)的速度为

$$v_B = BC \cdot \omega_{AB} = \frac{l\sin(\varphi+\beta)}{\sin(90^\circ-\varphi)} \cdot \frac{r\omega\cos\varphi}{l\cos\beta} = \frac{r\omega\sin(\varphi+\beta)}{\cos\beta}$$

方向水平向左。

可见,只要找到速度瞬心,应用瞬心法求解速度非常方便。

若应用速度投影法只求滑块 B 的速度,显然也是方便的。

另外,如果机构处于图 2－18(b)所示位置。$\varphi=0^\circ$ 时刻:连杆 AB 的速度瞬心恰好在 B 点,此时 $\boldsymbol{v}_B=0$;连杆 AB 的角速度 $\omega_{AB}=\dfrac{v_A}{l}=\dfrac{r}{l}\omega$,转向为顺时针方向。$\varphi=90^\circ$ 时刻:$\boldsymbol{v}_A=\boldsymbol{v}_B$,连杆 AB 做瞬时平动,$\omega_{AB}=0$。

由此可见,同一构件在不同时刻的速度瞬心位置不同。

例 2－4　圆轮沿直线轨道做纯滚动,如图 2－19(a)所示。已知圆轮半径为 R,轮心速度为 v_O,试用瞬心法求轮上 A、D、M 点的速度。

解　因为圆轮做平面运动,且为纯滚动,则轮与地面接触点 C 为速度瞬心,轮的角速度为

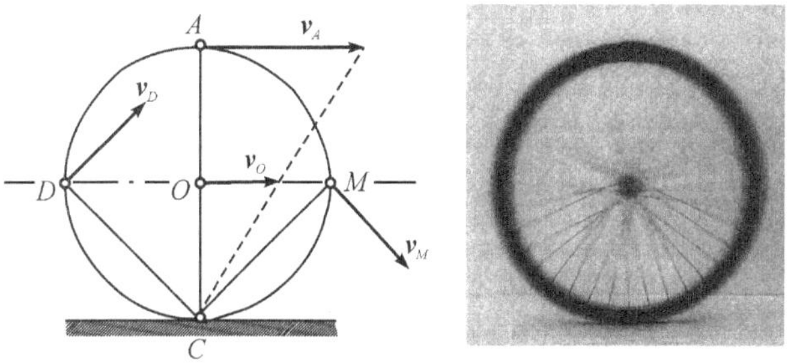

(a)　　　　(b)

图 2－19

$$\omega = \frac{v_O}{R}$$

转向为顺时针方向。

由瞬心法很容易求出

$$v_A = CA \cdot \omega = 2R\omega = 2v_O$$

$$v_D = CD \cdot \omega = \sqrt{2}R\omega = \sqrt{2}v_O$$

$$v_M = CM \cdot \omega = \sqrt{2}R\omega = \sqrt{2}v_O$$

各点速度方向如图 2－19(a)所示。图 2－19(b)为沿地面滚动的自行车车轮照片,照片上辐条的清晰度可反映出轮上各点的速度大小与该点到速度瞬心 C 的距离成正比的关系(离地面愈远,速度愈大,辐条愈不清楚)。

例 2－5　已知图 2－20 所示平面机构中:曲柄长 $OA=10$ cm,$\omega=4$ rad/s,$DE=10$ cm,$EF=10\sqrt{3}$ cm。在图示位置,曲柄 OA 与水平线 OB 垂直,B、D 和 F 在同一铅垂线上,$BD=10$ cm,且 $DE \perp EF$。求该时刻杆 EF 的角速度和滑块 F 的速度。

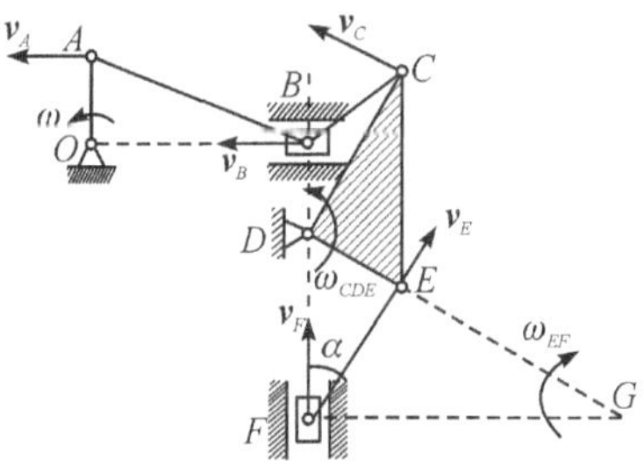

图 2－20

解　(1)曲柄 OA 转动速度

$$v_A = OA \cdot \omega = 10\ \text{cm} \times 4\ \text{rad/s} = 40\ \text{cm/s}$$

方向与 ω 转向一致。

(2)连杆 AB 做平面运动。因为 A、B 两点速度平行,故连杆 AB 做瞬时平动。B 点速度大小

$$v_B = v_A = 40\ \text{cm/s}$$

方向同 $\boldsymbol{v}_A$。

(3)连杆 BC 做平面运动。因为三角板 CDE 绕 D 轴转动,可知 $\boldsymbol{v}_C$ 必垂直于 DC,作 $\boldsymbol{v}_B$、$\boldsymbol{v}_C$ 的垂线恰好交于 D 点,故 D 点即为连杆 BC 的速度瞬心。连杆 BC 的角速度为

$$\omega_{BC}=\frac{v_B}{BD}=\frac{40\ \text{cm/s}}{10\ \text{cm}}=4\ \text{rad/s}$$

转向为逆时针方向。C 点的速度为

$$v_C=CD\cdot\omega_{BC}$$

(4)三角板 CDE 做定轴转动。其角速度为

$$\omega_{CDE}=\frac{v_C}{CD}=\omega_{BC}=4\ \text{rad/s}$$

转向为逆时针方向。E 点速度为

$$v_E=DE\cdot\omega_{CDE}=10\ \text{cm}\times4\ \text{rad/s}=40\ \text{cm/s}$$

方向垂直于 DE。

(5)连杆 EF 做平面运动。F 点速度沿铅垂线方向。由 E、F 点分别作速度的垂线,得交点 G,即为 EF 杆的速度瞬心。在图示位置有几何关系

$$\tan\alpha=\frac{DE}{EF}=\frac{10}{10\sqrt{3}},\ 即\ \alpha=30^\circ$$

$$EG=EF\cdot\tan60^\circ=10\sqrt{3}\cdot\sqrt{3}=30\ \text{cm}$$

于是,杆 EF 的角速度为

$$\omega_{EF}=\frac{v_E}{EG}=\frac{40}{30}=1.33\ \text{rad/s}$$

转向为顺时针方向。杆 EF 上 F 点的速度,即滑块的速度为

$$v_F=FG\cdot\omega_{EF}=\frac{EG}{\sin60^\circ}\cdot\omega_{EF}=30\ \text{cm}\times\frac{2}{\sqrt{3}}\times\frac{40}{30}\ \text{rad/s}=46.19\ \text{cm/s}$$

方向沿铅垂线向上。

从本例可见,在同一时刻,各平面运动刚体有各自的速度瞬心,不能混淆。

相对速度瞬心

对于平面机构而言,各构件均做平面运动。故在"机械原理"课程中,**速度瞬心**又被定义为互相做平面相对运动的两构件上,瞬时相对速度为零的点,也就是瞬时速度相等的重合点(即等速重合点)。若该点的绝对速度为零则为**绝对速度瞬心**,若该点的绝对速度不等于零则为**相对速度瞬心**。

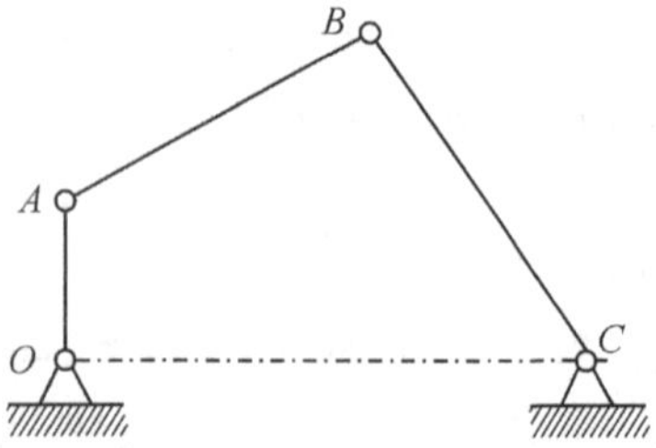

请问本书所定义的速度瞬心属于绝对速度瞬心还是相对速度瞬心?

图示四连杆机构包含了多少个绝对速度瞬心和相对速度瞬心?

*2.4　刚体平面运动的加速度分析

将式(2-11)两边对时间 t 再求一次导数，得

$$\frac{d^2\boldsymbol{r}}{dt^2}=\frac{d^2\boldsymbol{r}_{O'}}{dt^2}+\frac{d^2x'}{dt^2}\boldsymbol{i}'+\frac{d^2y'}{dt^2}\boldsymbol{j}'$$

该式左端项表示 M 点相对定坐标系的加速度 $\boldsymbol{a}_M$，右端第一项表示基点 O' 的加速度 $\boldsymbol{a}_{O'}$。根据式(2-7)，右端后两项表示 M 点相对基点 O'（平动坐标系原点）做圆周运动的加速度 $\boldsymbol{a}_{MO'}$。因此有

$$\boldsymbol{a}_M=\boldsymbol{a}_{O'}+\boldsymbol{a}_{MO'}$$

再根据式(2-9)，上式可写成

$$\boldsymbol{a}_M=\boldsymbol{a}_{O'}+\boldsymbol{a}_{MO'}^{\tau}+\boldsymbol{a}_{MO'}^{n} \tag{2-15}$$

该式的矢量合成关系如图 2-21 所示，由此可求得图形上任一点的加速度。表明平面图形上任一点的加速度，等于基点的加速度与该点相对于基点的法向加速度和切向加速度的矢量和。

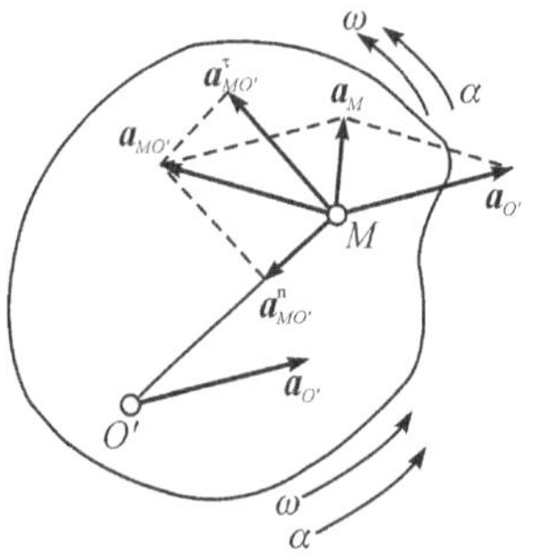

图 2-21

式(2-15)为平面内的矢量方程，矢量个数一般多于三个，故多用投影法。具体应用时，可将矢量方程式(2-15)向任选的两个坐标轴投影，得到两个代数方程，从而可求两个未知量。

应用基点法可求出速度瞬心的加速度，下面举例说明。

例 2-6　车轮沿直线轨道做纯滚动，如图 2-22 所示。已知车轮半径为 R，轮心 O 的速度为 $\boldsymbol{v}_O$，加速度为 $\boldsymbol{a}_O$。试求速度瞬心 C 点的加速度。

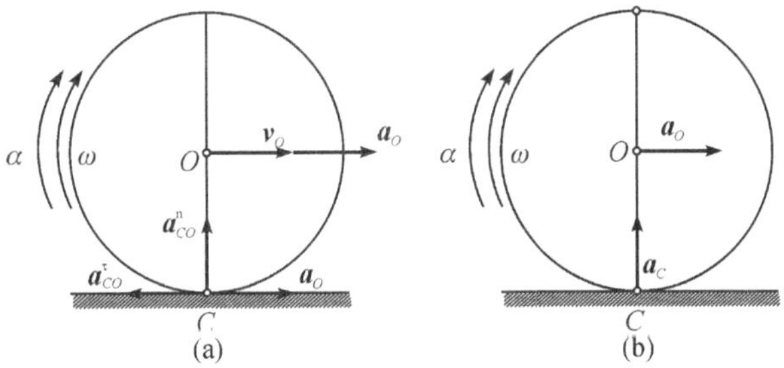

图 2-22

解　(1)先求车轮的角速度 ω 和角加速度 α。车轮纯滚动时，速度瞬心为 C 点，角速度为

$$\omega=\frac{v_O}{R}$$

转向由 $\boldsymbol{v}_O$ 的方向确定为顺时针。上述关系不仅在图示时刻成立，而且在任一时刻均成立，故可求导。因为轮心 O 做直线运动，故有 $\frac{dv_O}{dt}=a_O$。则车轮的角加速度

$$\alpha=\frac{d\omega}{dt}=\frac{d}{dt}\left(\frac{v_O}{R}\right)=\frac{1}{R}\frac{dv_O}{dt}=\frac{a_O}{R}$$

转向与 ω 相同。

(2)求车轮上速度瞬心 C 的加速度。车轮做平面运动。取轮心 O 为基点，按照加速度公式可得 C 点的加速度

$$\boldsymbol{a}_C = \boldsymbol{a}_O + \boldsymbol{a}_{CO}^{\tau} + \boldsymbol{a}_{CO}^{n}$$

其中，$a_{CO}^{\tau} = R\alpha = a_O$，方向水平向左；$a_{CO}^{n} = \omega^2 R = \dfrac{v_O^2}{R}$，方向由 C 指向轮心 O，加速度矢量如图 2-22(a)所示。由于 $\boldsymbol{a}_O$ 与 $\boldsymbol{a}_{CO}^{\tau}$ 的大小相等、方向相反，所以合成结果是

$$a_C = a_{CO}^{n} = R\omega^2$$

由此可知，速度瞬心 C 的加速度不等于零。当车轮沿地面只滚动不滑动时，速度瞬心 C 的加速度指向轮心 O，如图 2-22(b)所示。

例 2-7　求例 2-2 机构中图示时刻($\theta = 30°$)B 点的加速度、连杆 AB 及杆 CB 的角加速度。

解　AB 杆做平面运动，由例 2-2 速度分析已经求得 ω_{AB}、ω_{BC}（或 v_B ）。

A 点加速度已知。取 A 点为基点，分析 B 点的加速度。根据加速度公式 $\boldsymbol{a}_B = \boldsymbol{a}_A + \boldsymbol{a}_{BA}^{\tau} + \boldsymbol{a}_{BA}^{n}$，具体化为

$$\boldsymbol{a}_B^{\tau} + \boldsymbol{a}_B^{n} = \boldsymbol{a}_A + \boldsymbol{a}_{BA}^{\tau} + \boldsymbol{a}_{BA}^{n}$$

其中，$a_A = a_A^n = OA \cdot \omega^2 = 0.5\ \text{m} \times (4\ \text{rad/s})^2 = 8\ \text{m/s}^2$；$a_B^n = CB \cdot \omega_{BC}^2 = 1.15\ \text{m} \times (1.5\ \text{rad/s})^2 = 2.6\ \text{m/s}^2$；$a_{BA}^n = AB \cdot \omega_{AB}^2 = 1\ \text{m} \times (1\ \text{rad/s})^2 = 1\ \text{m/s}^2$ 。

$\boldsymbol{a}_B^{\tau}$，$\boldsymbol{a}_{BA}^{\tau}$ 大小未知，方向假设如图，作 B 点加速度矢量，如图 2-23所示。

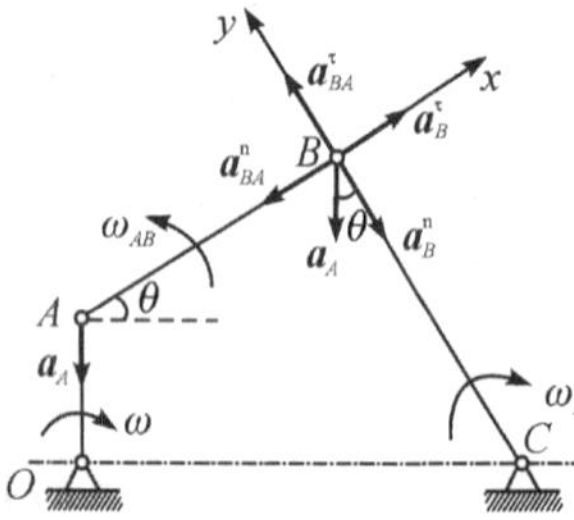

图 2-23

取投影轴 Bx、By，并将加速度向两轴分别投影，得

$$a_B^{\tau} = - a_A \sin\theta - a_{BA}^{n}$$

$$- a_B^{n} = - a_A \cos\theta + a_{BA}^{\tau}$$

代入数值，解得

$$a_B^{\tau} = - a_A \sin\theta - a_{BA}^{n} = - 5\ \text{m/s}^2$$

上式中负号说明 $\boldsymbol{a}_B^{\tau}$ 与图中假设方向相反。

$$a_{BA}^{\tau} = a_A \cos\theta - a_B^{n} = 4.3\ \text{m/s}^2$$

则 B 点的全加速度为

$$a_B = \sqrt{(a_B^{\tau})^2 + (a_B^{n})^2} = \sqrt{(-5)^2 + (4.3)^2} = 6.6\ \text{m/s}^2$$

杆 AB 的角加速度大小为

$$\alpha_{AB} = \frac{a_{BA}^{\tau}}{AB} = \frac{4.3\ \text{m/s}^2}{1\ \text{m}} = 4.3\ \text{rad/s}^2$$

转向为逆时针方向。

杆 CB 的角加速度转向逆时针方向，大小为

$$\alpha_{CB} = \frac{|a_B^{\tau}|}{CB} = \frac{5\ \text{m/s}^2}{1.15\ \text{m}} = 4.3\ \text{rad/s}^2$$

思考题

思考 2－1　拖车的车轮 A 与垫滚 B 的半径均为 r。问：当拖车以速度 $\boldsymbol{v}$ 前进时，轮 A 与垫滚 B 的角速度是否相等？（设 A、B 与地面间无滑动）

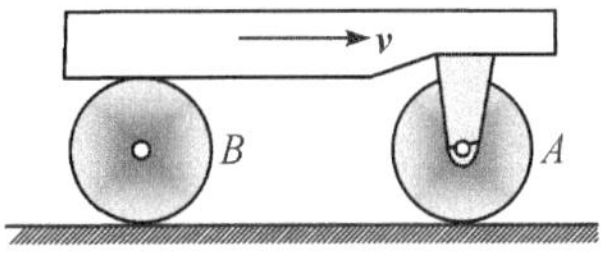

思考 2－1 图

思考 2－2　平面运动刚体（平面图形）上 B 点的速度为 $\boldsymbol{v}_B$，若以 A 点为基点，则 B 点绕 A 点（相对于以基点 A 为原点的平动坐标系）做圆周运动的速度 $\boldsymbol{v}_{BA}$ 的值是否等于 $v_B\sin\beta$？为什么？若 A 点速度已知，$\boldsymbol{v}_{BA}$ 应如何求得？

思考 2－3　如图所示，平面图形上两点 A、B 的速度方向能是图中所示的吗？为什么？

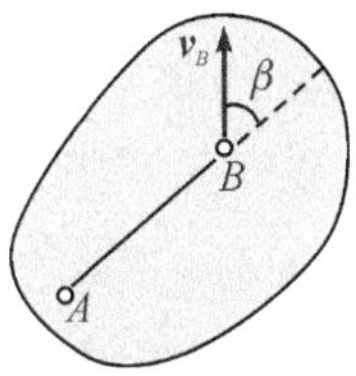

思考 2－2 图

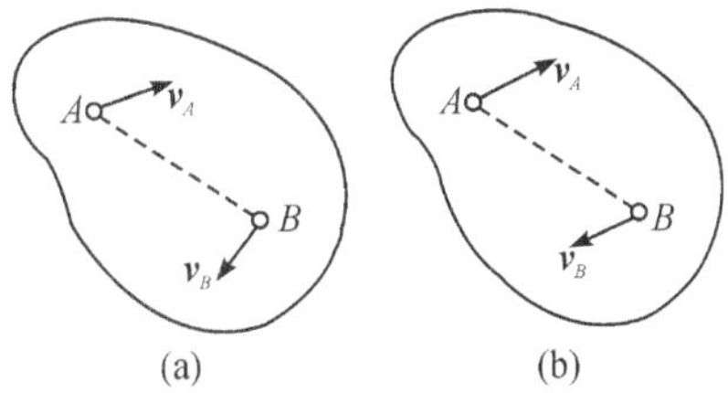

思考 2－3 图

思考 2－4　已知 $O_1A /\!/ O_2B$ 且 $O_1A = O_2B$。在图所示两时刻，ω_1 与 ω_2，α_1 与 α_2 是否相等？

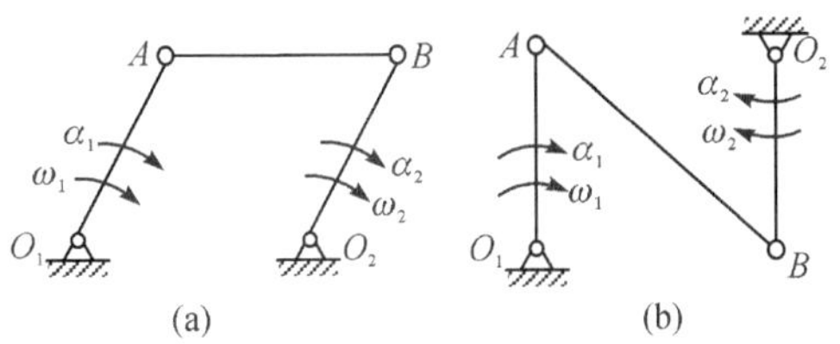

思考 2－4 图

思考 2－5　如图所示，O_1A 杆的角速度为 ω_1，板 ABC 和杆 O_1A 铰接。则图中所示 O_1A 和 AC 上各点的速度分布规律是否正确？

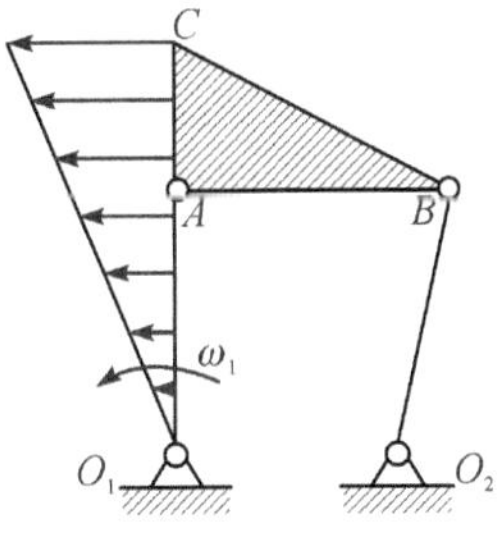

思考 2－5 图

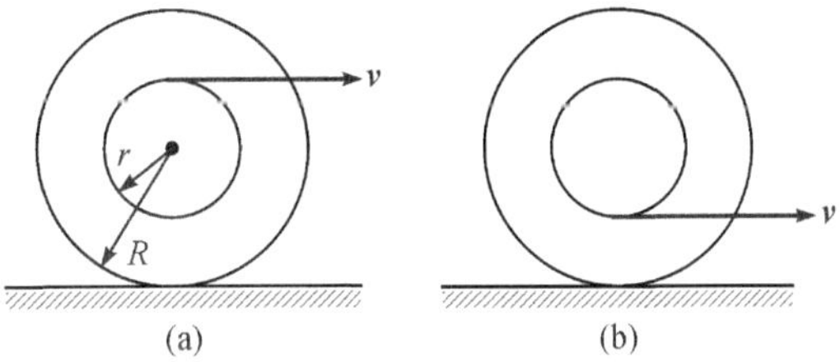

思考 2－6 图

思考 2－6　如图所示，两个相同的绕线盘以同一速度 $\boldsymbol{v}$ 在水平面上只滚动不滑动，已知 $R = 2r$，问：哪种情况滚得快？

* 思考 2－7　刚体做瞬时平动时，其上各点的速度、加速度都相等吗？为什么？

习　题

2－1　两平板以匀速 $v_1 = 6$ m/s 与 $v_2 = 2$ m/s 做同方向运动，平板间夹一半径 $r = 0.5$ m 的圆盘，圆盘在平板间滚动而不滑动，求圆盘的角速度及其中心 O 的速度。

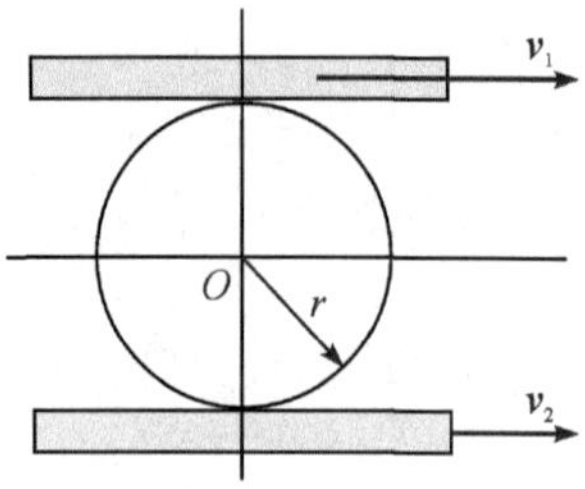

习题 2－1 图

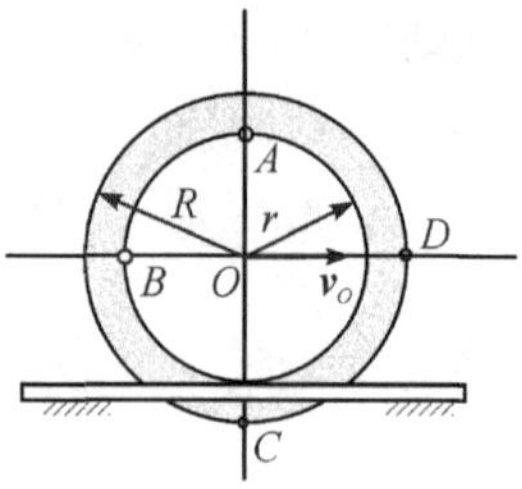

习题 2－2 图

2－2　火车车轮在钢轨上滚动不滑动，轮心速度为 v_O。设车轮直径为 $2r$，凸缘直径为 $2R$，试求轮周上 A、B 点及凸缘上 C、D 点的速度。

2－3　已知曲柄滑块机构中，曲柄长为 r，连杆长为 l，曲柄的角速度 ω_0 为常量，试求图示两特殊位置时，连杆的角速度。

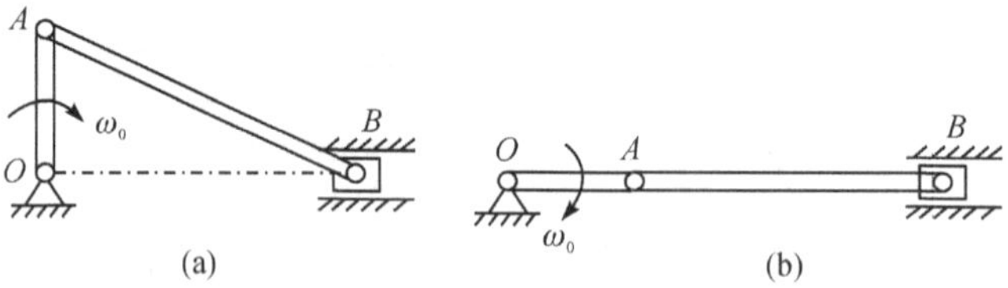

习题 2－3 图

2－4　图示筛动机构中，筛子由曲柄连杆机构带动而做平动。已知曲柄 OA 的转速 $n_{OA} =$ 40 r/min，$OA = 30$ cm。当筛子 BC 运动到与点 O 在同一水平线上时 $\angle BAO = 90°$。求此瞬时筛子 BC 的速度。

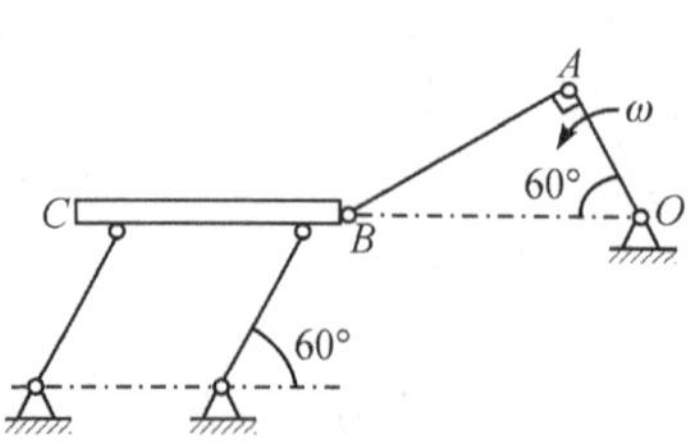

习题 2－4 图

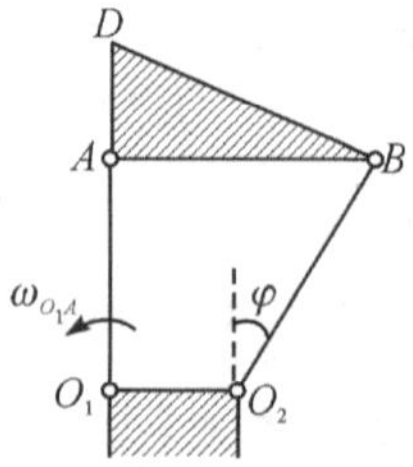

习题 2－5 图

2－5　四连杆机构由曲柄 O_1A 带动。已知：$\omega_{O_1A} = 2$ rad/s，$O_1A = 10$ cm，$O_1O_2 = 5$ cm，$AD = 5$ cm。当 O_1A 铅垂时，AB 平行于 O_1O_2，且 AD 与 O_1A 在同一直线上，$\varphi = 30°$。试求三角板 ABD 的角速度和 D 点的速度。

2-6　直杆 AB 与圆柱 C 相切，A 点以匀速 60 cm/s 沿水平方向向右滑动。圆柱在水平面上滚动，直径为 20 cm。假设杆与圆柱之间及圆柱与地面之间均无滑动，试求在图示位置时圆柱的角速度。

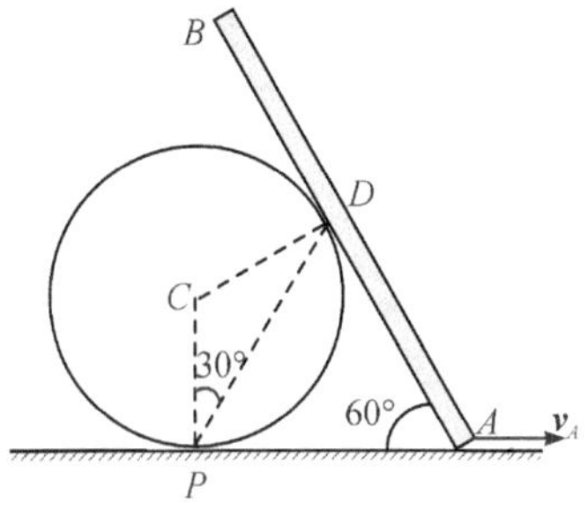

习题 2-6 图

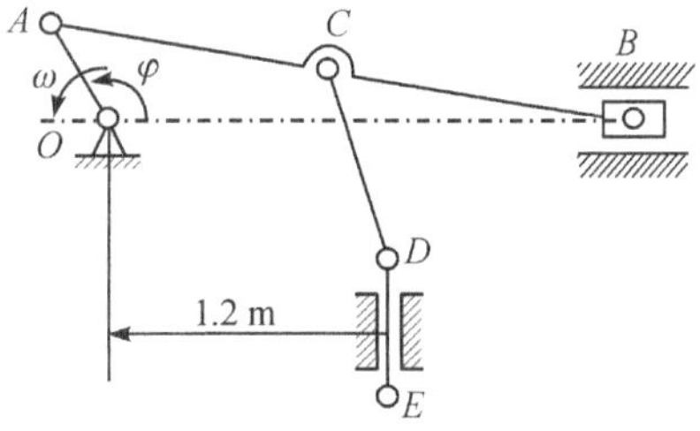

习题 2-7 图

2-7　图示配气机构，曲柄 OA 以均匀角速度 $\omega=20$ rad/s 转动。已知：$OA=40$ cm，$AC=CB=20\sqrt{37}$ cm。求：当 $\varphi=90°$ 和 $\varphi=0°$ 时，配气机构中气阀杆 DE 的速度。

2-8　图示为剪断钢材用的飞剪的连杆机构。当曲柄 OA 转动时，连杆 AB 使摆杆 BF 绕 F 点摆动，装有刀片的滑块 C 由连杆 BC 带动做上下往复运动。已知曲柄的角速度为 ω，$OA=r$，$BF=BC=l$。试求图示位置刀片的速度 $\boldsymbol{v}_C$。

2-9　往复式连杆机构由曲柄 OA 带动行星齿轮Ⅱ在固定齿轮Ⅰ上滚动。行星齿轮Ⅱ通过连杆 BC 带动活塞 C 往复运动。已知齿轮节圆半径 $r_1=100$ mm，$r_2=200$ mm，$BC=200\sqrt{26}$ mm。在图示位置时，$\beta=90°$，$\omega_{OA}=0.5$ rad/s。试求连杆的角速度及 B 点与 C 点的速度。

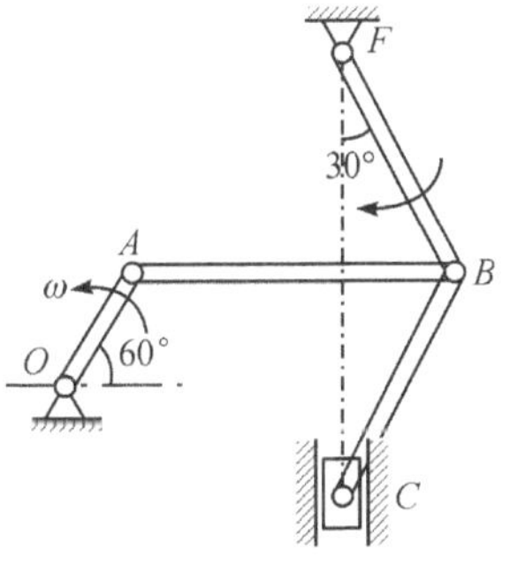

习题 2-8 图

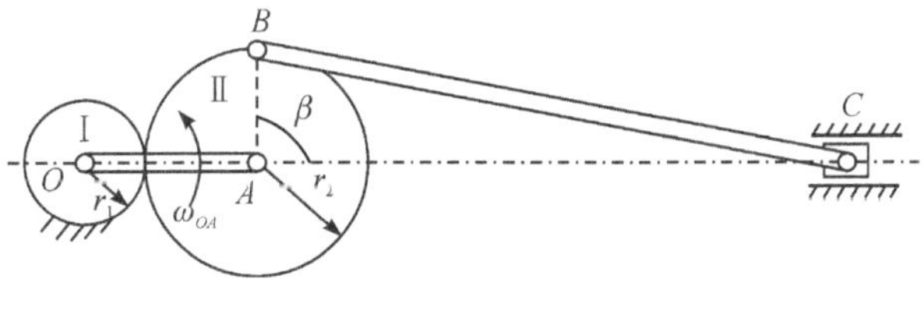

习题 2-9 图

2-10　图示机构中，AB 杆一端连滚子 A 以 $v_A=16$ cm/s 沿水平方向匀速运动，中间活套在可绕 O 轴转动的套管内，结构尺寸如图示。试求 AB 杆的角速度与另一端 B 的速度。

2-11　砂轮高速转动装置如图所示。砂轮装在轮Ⅰ上，可随轮Ⅰ高速转动。已知：杆 O_1O_2 以转速 $n_4=900$ r/min 绕 O_1 轴转动，O_2 处铰接半径为 r_2 的齿轮Ⅱ，当杆 O_1O_2 转动时，轮Ⅱ在半径为 r_3 的固定内齿轮上滚动，并使半径为 r_1 的轮Ⅰ绕 O_1 轴转动。$\dfrac{r_3}{r_1}=11$。求轮Ⅰ的转速。

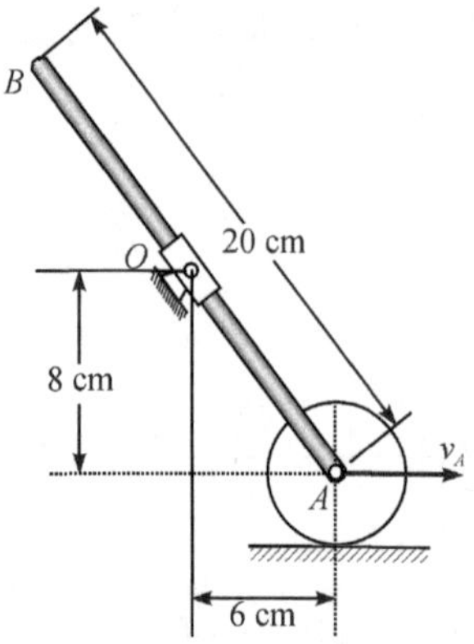

习题 2 - 10 图

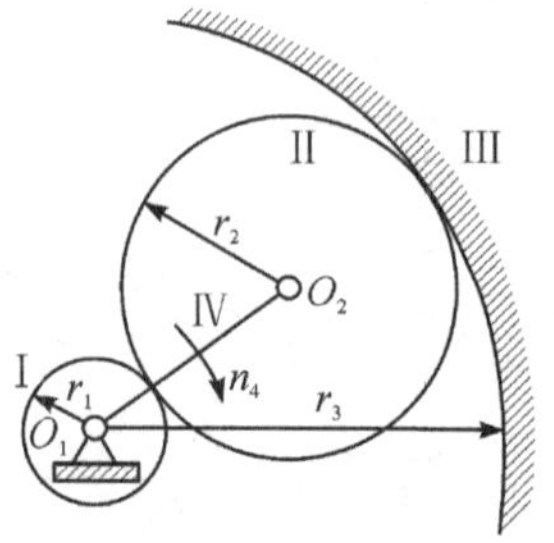

习题 2 - 11 图

2 - 12　行星机构如图所示。杆 OA 以均匀角速度 ω_0 绕 O 轴逆时针方向转动，借连杆 AB 带动曲柄 O_1B；齿轮Ⅱ与连杆刚性连接成一体，并与活套在 O_1 轴上的齿轮Ⅰ相啮合。已知：齿轮半径 $r_1=r_2=30\sqrt{3}$ cm，$OA=75$ cm，$AB=150$ cm，$\omega_0=6$ rad/s。求当 $\theta=60°$、$\beta=90°$时，曲柄 O_1B 及齿轮Ⅰ的角速度。

2 - 13　曲柄 OA 长为 20 cm，以均匀角速度 $\omega=10$ rad/s 转动，带动长为 100 cm 的连杆 AB，使滑块 B 沿铅垂方向运动。求当曲柄和连杆与水平线各成角 $\theta=45°$ 与 $\beta=45°$ 时，连杆的角速度以及滑块 B 的速度。

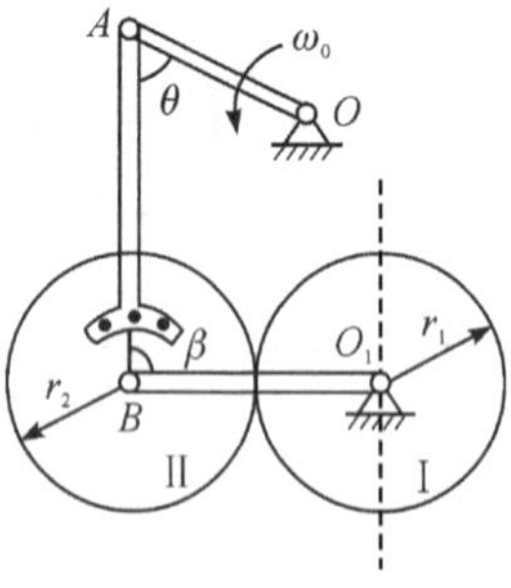

习题 2 - 12 图

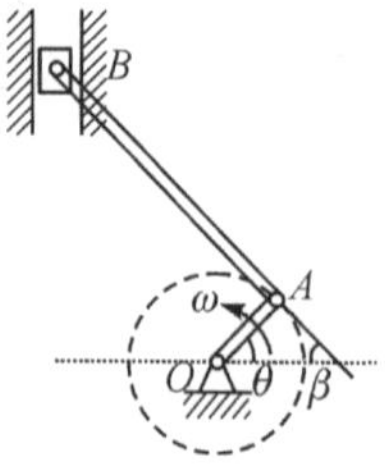

习题 2 - 13 图

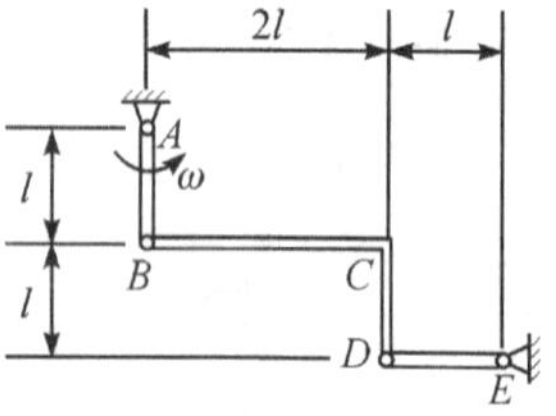

习题 2 - 14 图

2 - 14　直角尺 BCD 的两端 B、D 分别与直杆 AB、DE 铰接，而 AB、DE 可分别绕 A、E 轴转动。设在图示位置时，AB 杆的角速度为 ω。求此时 DE 杆的角速度。

*2 - 15　曲柄 OA 以恒定的角速度 $\omega=2$ rad/s 绕轴 O 转动，并借助连杆 AB 驱动半径为 r 的轮子在半径为 R 的圆弧槽中做无滑动的滚动。设 $OA=AB=R=2r=1$ m，求图示时刻点 B 和点 C 的速度与加速度。

*2 - 16　半径均为 r 的两轮用长为 l 的杆 O_2A 相连，前轮轮心 O_1 匀速运动，其速度为 $\boldsymbol{v}$，两轮皆做纯滚动。求图示位置时，后轮的角速度与角加速度。

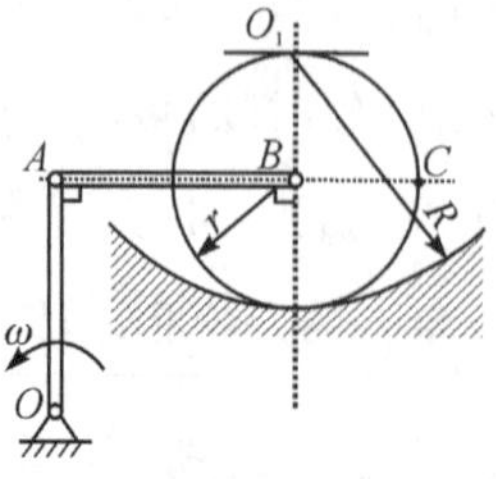

习题 2 - 15 图

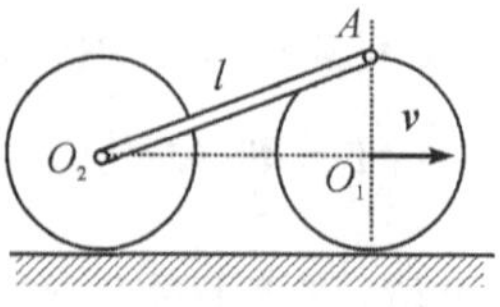

习题 2 - 16 图

第 3 章 点的合成运动

本章主要建立某一时刻，点相对于两个不同参考系的速度、加速度之间的关系。

3.1 合成运动中的基本概念

工程中常会遇到点相对于某参考系运动，而该参考系又相对于另外一个参考系运动的情况。例如在垂直升降的直升机中，观察到螺旋桨上的一点 M 做圆周运动；然而站在地面观察，螺旋桨上的点 M 则做螺旋线运动(图 3-1)。

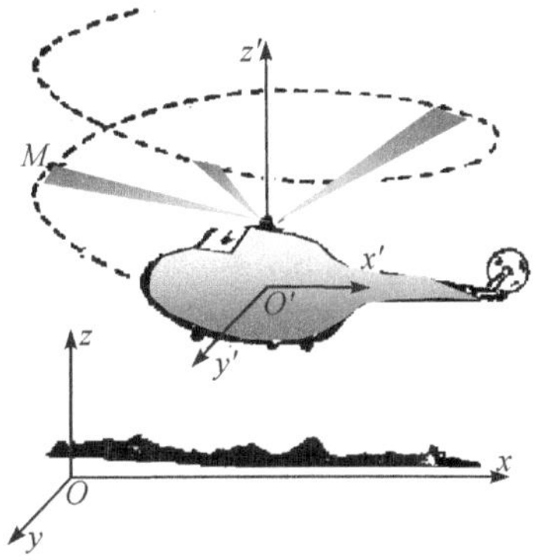

图 3-1

一般而言，一个点对于不同的参考系运动的轨迹、速度、加速度是不相同的，产生这种差别的原因在于参考系之间具有相对运动。仍以图 3-1 所示的直升机为例，螺旋桨上的一点 M 相对于地面和机舱的观察结果出现差异的原因在于，飞机相对于地面做垂直运动。飞机若静止在停机坪上启动螺旋桨，则地面观察与机内观察时螺旋桨上的一点 M 均做同一规律的圆周运动。可见，飞机垂直升降时，地面观察到的 M 点的螺旋线运动是 M 点相对机身做的圆周运动和机身相对地面做的直线平动合成的结果。

3.1.1 三个对象与三种运动

点的合成运动研究的是点相对两个不同参考系的运动之间的关系。为此首先定义：

研究的对象为**动点**；

第一个参考系称为固定参考系，简称为**定系**；

第二个参考系称为动参考系，简称为**动系**。

三者必须在三个不同的物体之上。对一般工程问题，人们习惯将定系与地面(或机架)固结，此时可不必作特殊说明；但有时要面对多种运动的合成，就需要逐次选取定系与不同的物体固结，此时必需逐一说明。

其次定义三种运动：

绝对运动——动点相对于定系的运动；

相对运动——动点相对于动系的运动；

牵连运动——动系相对于定系的运动。

必须指出：动点的绝对运动和相对运动都属点的运动，可能是直线运动或曲线运动；而牵连运动则属刚体的运动，可能是平动、转动或其它较复杂的刚体运动形式。

例如图 3-2(a)中沿直线轨道滚动的车轮轮缘上一点 M 相对车身做圆周运动，车身相对地面做直线平行移动，所以轮缘上一点 M 相对地面做合成的平面旋轮线运动；图 3-2(b)所示车床在加工工件时，车刀尖 M 沿工件表面做螺旋线运动，工件相对车床床身做定轴转动，车刀尖 M 相对车床床身做合成的直线运动。

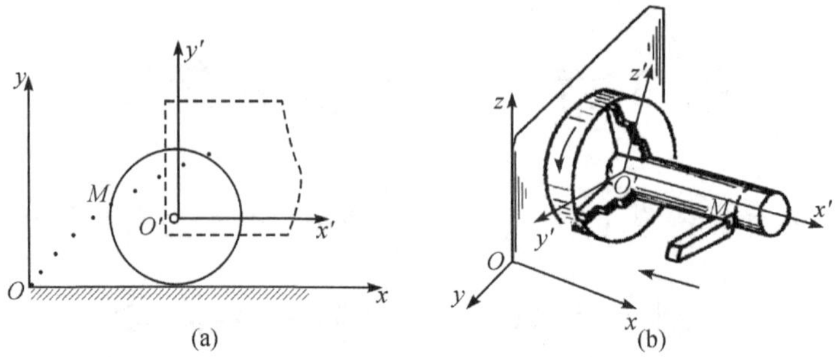

图 3－2

参考上述实例，请读者用合成运动的方法自行分析图 3－3(a)所示盘形凸轮机构中，顶杆 AB 端点 A 的运动、图 3－3(b)所示曲柄摇杆机构中滑块 A 的运动，以及图 3－3(c)所示转动圆环内小球 M 的运动。

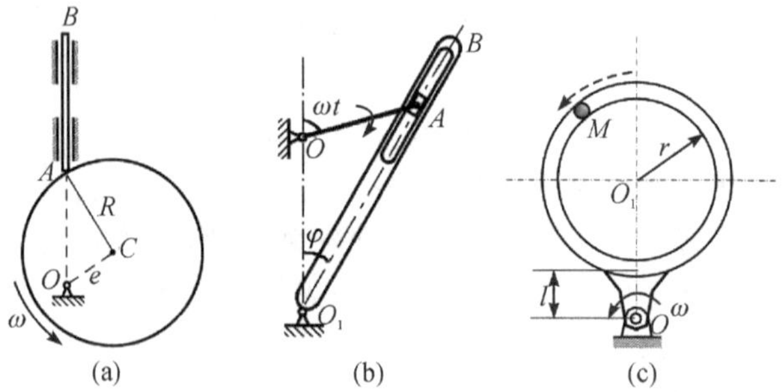

图 3－3

3.1.2 三种速度与加速度

速度与加速度是描述点相对某参考系运动特性的物理量。

动点相对于定系运动的速度、加速度分别定义为动点的**绝对速度**和**绝对加速度**，相应用 $\boldsymbol{v}_a$ 和 $\boldsymbol{a}_a$ 表示；

动点相对于动系运动的速度、加速度分别定义为动点的**相对速度**、**相对加速度**，相应用 $\boldsymbol{v}_r$ 和 $\boldsymbol{a}_r$ 表示；

动系的牵连运动属刚体运动，一般情况下其上各点的速度、加速度都各不相同。而动系上能对动点的运动起“牵连”作用的则是与动点重合的点，故定义某瞬时动参考系上与动点重合的点为该时刻**动点的牵连点**；牵连点相对定系的速度、加速度分别称为动点的**牵连速度**和**牵连加速度**，相应用 $\boldsymbol{v}_e$ 和 $\boldsymbol{a}_e$ 表示。

应当特别注意：某时刻，动点与该时刻的牵连点位置重合，但却分别属于两个不同运动物体上的点；由于动点有相对运动，所以不同时刻动点的牵连点是动系上不同的点。

例如，将动参考系固连在行驶中的轮船上，定参考系固连在河岸上，则漫步在甲板上的旅客（动点）某时刻的牵连点，就是该时刻旅客在甲板上落脚的那一点，该点的速度和加速度就是此时旅客的牵连速度和牵连加速度。

又如图 3－4 所示的直管以角速度 ω、角加速度 α 绕 O 轴转动，小球 M 以相对速度 $\boldsymbol{v}_r$ 沿管运动。若取小球 M 为动点，动参考系与管子固连，则牵连运动为管子绕 O 轴的转动，动点 M 的牵连点是管壁上此时与小球 M 相重合的点。牵连速度 $\boldsymbol{v}_e$ 的大小等于 $OM \cdot \omega$，方向垂直于管子；牵连法向加速度 $\boldsymbol{a}_e^n$，其大小等于 $OM \cdot \omega^2$，方向沿管子指向 O 点；牵连切向加速度 $\boldsymbol{a}_e^\tau$，其大小等于 $OM \cdot \alpha$，方向也垂直于管子，如图 3－4 所示。

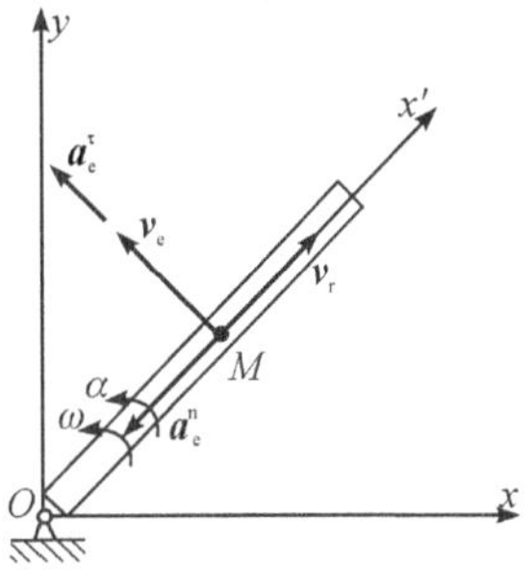

图 3－4

3.2　速度合成定理

下面介绍绝对运动、相对运动、牵连运动中速度之间的关系。

设动点 M 沿曲线 AB 运动，同时曲线 AB 又相对定系 $Oxyz$ 做任意运动，如图 3－5 所示。将动系 $O'x'y'z'$（图中未画出）与曲线 AB 固连，则动点沿曲线 AB 的运动是相对运动，曲线 AB 相对定系的运动是牵连运动，动点 M 相对定系的运动是绝对运动。

在 t 时刻，曲线在 AB 位置，动点位于曲线 AB 上的 M 处，经过时间间隔 Δt 后，AB 运动到新位置 $A'B'$，动点运动到曲线 $A'B'$ 上的 M' 处。在这一过程中，动点一方面随曲线（动系）由点 M 运动到 M_1 处，这是 t 时刻动点的牵连点的运动；同时动点 M 又沿曲线由 M_1 处运动到 M' 处，这是动点的相对运动；根据三种运动的定义可知，图 3－5 中的弧 $\widehat{MM'}$ 为动点的绝对轨迹，矢量 $\overrightarrow{MM'}$ 为动点的绝对位移；弧 $\widehat{M_1M'}$ 是动点的相对轨迹，矢量 $\overrightarrow{M_1M'}$ 为动点的相对位移；弧 $\widehat{MM_1}$ 是 t 时刻动点的牵连点的运动轨迹，矢量 $\overrightarrow{MM_1}$ 为 t 时刻动点的牵连点的位移。

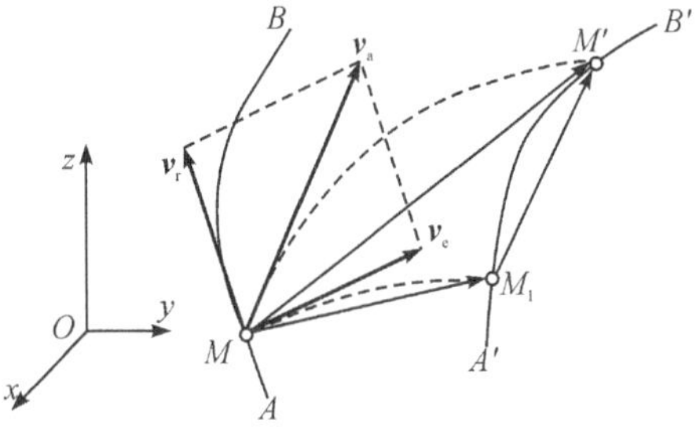

图 3－5

由图 3－5 中的几何关系可知，三个位移之间的关系为

$$\overrightarrow{MM'} = \overrightarrow{MM_1} + \overrightarrow{M_1M'}$$

将上式各项分别除以 Δt，并令 $\Delta t \to 0$，取极限得

$$\lim_{\Delta t \to 0} \frac{\overrightarrow{MM'}}{\Delta t} = \lim_{\Delta t \to 0} \frac{\overrightarrow{MM_1}}{\Delta t} + \lim_{\Delta t \to 0} \frac{\overrightarrow{M_1M'}}{\Delta t} \tag{3-1}$$

根据速度的定义，式(3－1)等号左端为动点 M 在 t 时刻的绝对速度，即

$$\boldsymbol{v}_a = \lim_{\Delta t \to 0} \frac{\overrightarrow{MM'}}{\Delta t}$$

$\boldsymbol{v}_a$ 的方向沿绝对轨迹曲线 $\widehat{MM'}$ 在 M 点的切线方向。

式(3－1)等号右端第一项为 t 时刻动点牵连点的速度，即动点的牵连速度

$$\boldsymbol{v}_e = \lim_{\Delta t \to 0} \frac{\overrightarrow{MM_1}}{\Delta t}$$

$\boldsymbol{v}_e$ 的方向沿牵连点的轨迹曲线 $\widehat{MM_1}$ 在 M 点的切线方向。

式(3-1)等号右端第二项为动点在 t 时刻的相对速度，即

$$\boldsymbol{v}_r = \lim_{\Delta t \to 0} \frac{\overrightarrow{M_1M'}}{\Delta t}$$

当 $\Delta t \to 0$ 时，曲线由位置 $A'B'$ 无限趋近于位置 AB，所以 t 时刻动点的相对速度 $\boldsymbol{v}_r$ 的方向沿曲线 AB 在 M 点的切线方向。

将以上结果代入式(3-1)，得

$$\boldsymbol{v}_a = \boldsymbol{v}_e + \boldsymbol{v}_r \tag{3-2}$$

由此得到点的**速度合成定理**：动点在某时刻的绝对速度等于它在该时刻的牵连速度与相对速度的矢量和。表明动点的绝对速度可以由牵连速度与相对速度所构成的平行四边形的对角线来确定。该平行四边形称为**速度平行四边形**。

应该指出，在推导速度合成定理时，并未限制动参考系做什么样的运动，因此这个定理适用于牵连运动是任何运动的情况，即动参考系可做平动、转动或其它任何较复杂的刚体运动。

下面举例说明点的速度合成定理的应用。

例 3-1　刨床急回机构由滑块 A、曲柄 OA 与摇杆 O_1B 所组成，如图 3-6 所示。曲柄的 A 端与滑块以铰链连接，滑块 A 可在 O_1B 杆上滑动。设 $OA = r$，$OO_1 = l$，曲柄以均匀角速度 ω 绕固定轴 O 转动。求当曲柄在水平位置时摇杆的角速度 ω_1。

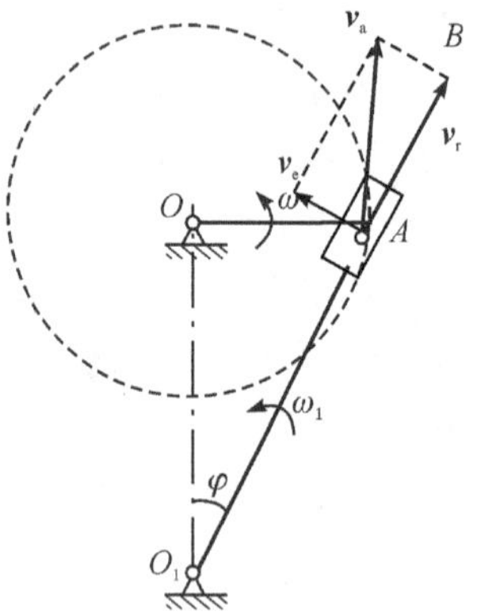

图 3-6

解　(1)动点、动系选取及三种运动分析。本机构中由于滑块 A 可在摇杆 O_1B 上滑动，因此：

动点：滑块 A；

动系：固连于摇杆 O_1B 上；

绝对运动：圆周运动(滑块 A 相对机架的运动)；

相对运动：直线运动(滑块 A 相对摇杆 O_1B 的运动)；

牵连运动：定轴转动(摇杆 O_1B 相对于机架的运动)。

(2)速度分析。

绝对速度 $\boldsymbol{v}_a$：大小 $v_a = r\omega$，方向已知，与曲柄 OA 垂直；

相对速度 $\boldsymbol{v}_r$：大小未知，沿 O_1B 方向；

牵连速度 $\boldsymbol{v}_e$：大小未知，方向垂直于 O_1B。

根据速度合成定理 $\boldsymbol{v}_a = \boldsymbol{v}_e + \boldsymbol{v}_r$ 作速度平行四边形，如图 3-6 所示。注意 $\boldsymbol{v}_a$ 位于平行四边形的对角线上，由此定出 $\boldsymbol{v}_e$、$\boldsymbol{v}_r$ 的指向。

(3)求解未知量。由速度平行四边形几何关系，可求出图示位置牵连速度

$$v_e = v_a \sin\varphi = r\omega \frac{r}{\sqrt{r^2 + l^2}} = \frac{r^2\omega}{\sqrt{r^2 + l^2}}$$

设摇杆 O_1B 在图示时刻的角速度为 ω_1，则 $v_e = O_1A \cdot \omega_1$，由此得摇杆的角速度为

$$\omega_1 = \frac{v_e}{O_1A} = \frac{r^2\omega}{r^2 + l^2}$$

ω_1 的转向为逆时针方向(由 $\boldsymbol{v}_e$ 的方向确定)。

注意：本例由于是针对 OA 处于水平的特殊位置进行研究，所以几何关系 $\sin\varphi = r/O_1A = r/\sqrt{r^2 + l^2}$ 仅在该位置成立，相应地，所求的结果也只是该位置的瞬时结果。

例 3-2　半径为 R、偏心距为 e 的凸轮，以均匀角速度 ω 绕 O 轴转动，推动顶杆 AB 沿铅垂导轨滑动，如图 3-7(a)所示。求当 $OC \perp AC$ 时刻顶杆 AB 的速度。

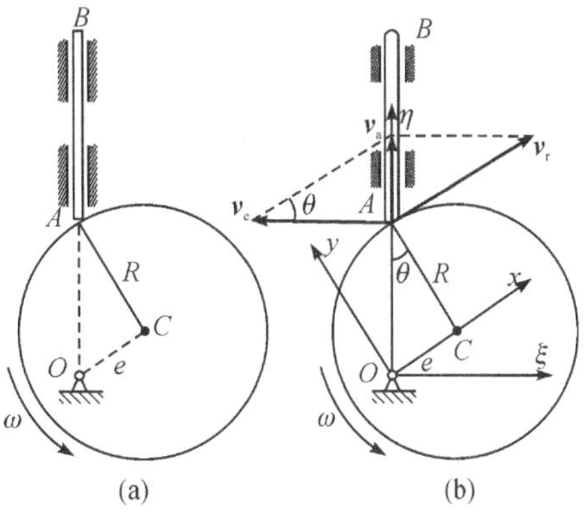

图 3-7

解　(1)动点、动系选取及三种运动分析。

动点：杆 AB 上的 A 点；

动系：偏心轮；

绝对运动：直线运动；

相对运动：圆周运动；

牵连运动：定轴转动。

(2)速度分析。

绝对速度 $\boldsymbol{v}_a$：大小未知，沿铅垂方向；

相对速度 $\boldsymbol{v}_r$：大小未知，沿圆凸轮切线方向；

牵连速度 $\boldsymbol{v}_e$：大小 $v_e = OA \cdot \omega = \sqrt{R^2 + e^2}\,\omega$，方向已知，垂直于 OA。

根据速度合成定理 $\boldsymbol{v}_a = \boldsymbol{v}_e + \boldsymbol{v}_r$ 作速度平行四边形，如图 3-7(b)所示。

(3)求解未知量。由速度平行四边形几何关系，可求出图示位置的绝对速度和相对速度分别为

$$v_a = v_e \tan\theta = \frac{e}{R}\sqrt{R^2 + e^2}\,\omega$$

$$v_r = \frac{v_e}{\cos\theta} = \frac{R^2 + e^2}{R}\omega$$

由于杆 AB 做平动，故其上任一点的速度等于 v_a。

思考：本题如取动点为“轮心 C”，动系固连于杆 AB 上，是否可行？

例 3-3　简易冲床的曲柄滑道机构如图 3-8 所示。曲柄长 $OA = r$，绕 O 轴以均匀角速度 ω 转动，滑块 A 在滑道 BC 中滑动，并带动滑杆 BCD 在滑槽中上下平动。当 $\varphi = 30°$ 时，试求滑杆 BCD 的速度。

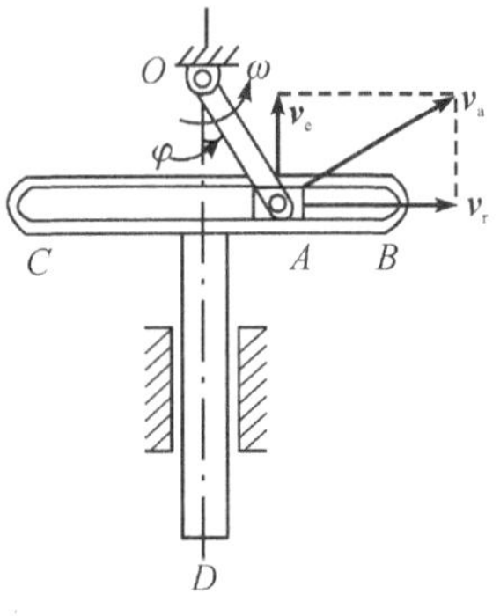

图 3-8

解　(1)动点、动系选取及三种运动分析。

动点：滑块中心 A；

动系：滑杆 BCD；

绝对运动：以 O 为圆心的圆周运动；

相对运动：沿滑道 BC 的直线运动；

牵连运动：滑杆的上下平动。

(2)速度分析。

绝对速度 $\boldsymbol{v}_a$：方向垂直于 OA 与 ω 转向一致，大小 $v_a = r\omega$；

相对速度 $\boldsymbol{v}_r$：方向沿滑道 BC，大小未知；

牵连速度 $\boldsymbol{v}_e$：方向沿铅垂线，大小未知。

(3)求解未知量。作速度平行四边形，如图 3-8 所示。由几何关系得

$$v_e = v_a \sin\varphi = \frac{1}{2}r\omega$$

$$v_r = v_a \cos\varphi = \frac{\sqrt{3}}{2}r\omega$$

例 3-4　离心水泵的叶轮绕 O 轴转动，如图 3-9 所示，转速 $n=1450\ \mathrm{r/min}$。水沿叶片做相对运动。叶片上一点 E 至 O 轴距离 $r=7.5\ \mathrm{cm}$。当 OE 位于铅垂位置时，叶片在 E 点的切线与水平线的夹角为 $\beta=20°$。设已知在 E 点处水滴的绝对速度方向与水平线夹角 $\theta=75°$。试求水滴绝对速度和相对速度的大小。

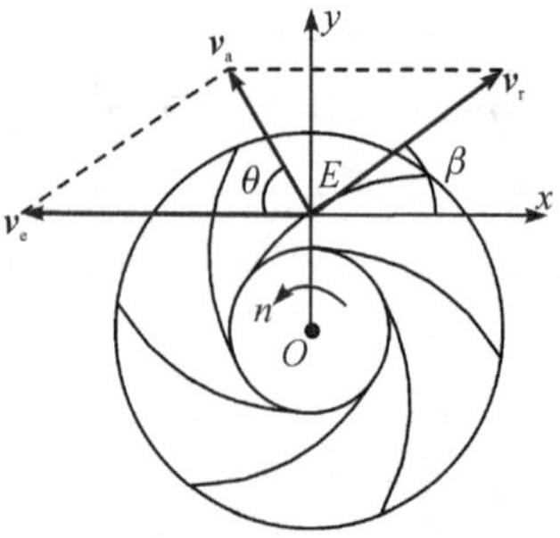

图 3-9

解　(1)运动分析。

动点：E 点处水滴；

动系：固连于叶轮；

定系：固连于机架；

绝对运动：平面曲线运动；

相对运动：沿叶片的曲线运动；

牵连运动：随叶轮的转动。

$$\omega=\frac{2\pi n}{60}=151.77\ \mathrm{rad/s}$$

(2)速度分析。

绝对速度：$\boldsymbol{v}_a$方位已知，水平夹角 $\theta=75°$；

牵连速度：$\boldsymbol{v}_e=r\omega$，方向垂直于 OE；

相对速度：$\boldsymbol{v}_r$方向已知，沿叶片在 E 点的切线与水平线的夹角为$\beta=20°$。

(3)应用速度合成定理求解。根据速度合成定理 $\boldsymbol{v}_a=\boldsymbol{v}_e+\boldsymbol{v}_r$ 可得速度矢量合成图，见图 3-9。由几何关系，得

$$\frac{v_e}{\sin(180°-\beta-\theta)}=\frac{v_a}{\sin\beta}=\frac{v_r}{\sin\theta}$$

$$v_a=\frac{v_e}{\sin(180°-\beta-\theta)}\sin\beta=\frac{r\omega\sin 20°}{\sin(20°+75°)}=3.91\ \mathrm{m/s}$$

$$v_r=\frac{v_e}{\sin(180°-\beta-\theta)}\sin\theta=\frac{r\omega\sin 75°}{\sin(20°+75°)}=11.04\ \mathrm{m/s}$$

例 3-5　两轮船 A 和 B 分别以均匀速度 $v_A=v_B=36\ \mathrm{km/h}$ 行驶，如图 3-10(a)所示。A 船沿直线向东，B 船则沿以 O 为圆心、ρ 为半径的圆弧行驶。已知 $\rho=100\ \mathrm{m}$，设在图示时刻，$\varphi=30°$，$s=50\ \mathrm{m}$。试求此时刻：(1)B 船相对于 A 船的速度；(2)A 船相对于 B 船的速度。

解　(1)求 B 船相对于 A 船的速度。

①运动分析。

动点：取 B 船为动点；

动系：固连于 A 船(A 视为刚体)；

绝对运动：以 O 为圆心、ρ 为半径的圆周运动；

相对运动：平面曲线运动；

牵连运动：直线平动。

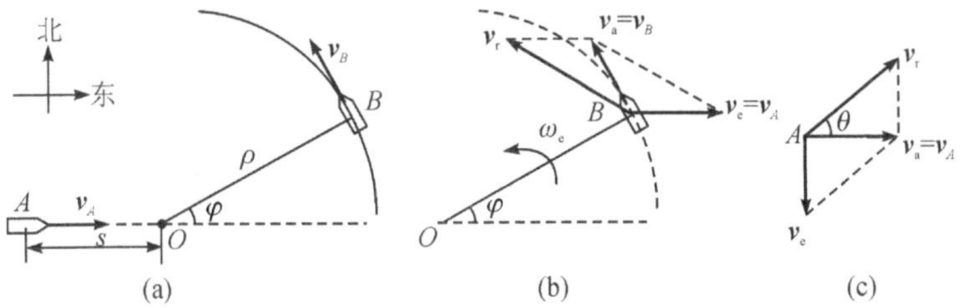

图 3-10

②速度分析。

绝对速度：$\boldsymbol{v}_a = \boldsymbol{v}_B$；

相对速度：$\boldsymbol{v}_r$ 大小、方向均未知；

牵连速度：$\boldsymbol{v}_e = \boldsymbol{v}_A$。

根据速度合成定理 $\boldsymbol{v}_a = \boldsymbol{v}_e + \boldsymbol{v}_r$ 作速度平行四边形，如图 3-10(b)所示。

根据几何关系可得 B 船相对于 A 船的速度

$$v_r = 2v_a\cos 30^\circ = 17.3 \text{ m/s}$$

$\boldsymbol{v}_r$ 的方向为北偏西 60°。

(2)求 A 船相对于 B 船的速度。

①运动分析。

动点：取 A 船为动点；

动系：固连于 B 船(B 视为刚体)；

绝对运动：匀速直线运动；

相对运动：平面曲线运动；

牵连运动：绕 O 轴转动，转动角速度为 $\omega_e = \dfrac{v_B}{\rho} = 0.1$ rad/s，转向为逆时针方向。

②速度分析。

绝对速度：$\boldsymbol{v}_a = \boldsymbol{v}_A$；

相对速度：$\boldsymbol{v}_r$ 大小、方向均未知；

牵连速度：该时刻的牵连点是动系(B 船延拓部分)上与动点 A 相重合的点，所以牵连速度的大小为

$$v_e = OA \cdot \omega_e = s\omega_e = 5 \text{ m/s}$$

方向垂直于 OA，指向如图 3-10(c)所示。

根据速度合成定理 $\boldsymbol{v}_a = \boldsymbol{v}_e + \boldsymbol{v}_r$ 作速度平行四边形，如图 3-10(c)所示。根据几何关系可得 A 船相对于 B 船的速度

$$v_r = \sqrt{v_a^2 + v_e^2} = \sqrt{v_A^2 + v_e^2} = 11.18 \text{ m/s}$$

$$\cos\theta = \frac{v_a}{v_r} = 0.8945,\ \theta = 26.56^\circ$$

即 $\boldsymbol{v}_r$ 的方向为东偏北 26.56°。

本例可见：A 船相对 B 船的速度与 B 船相对 A 船的速度有严格的运动学定义，两者之间不存在直观想象的“等值、反向”关系。

雨滴的相对运动

汽车静止时，车内的人从矩形车窗 $ABCD$ 看到窗外雨滴的运动方向如线段①所示。在汽车快速行驶过程中，乘客所看到车窗上的雨滴却总是向后倾斜运动的，这是为什么？

设在汽车从静止开始匀加速启动阶段的 t_l、t_2 两个时刻，看到雨滴的运动方向分别如线段②、③所示，图中 E 是 AB 的中点。请给出 t_l、t_2 之间的关系。

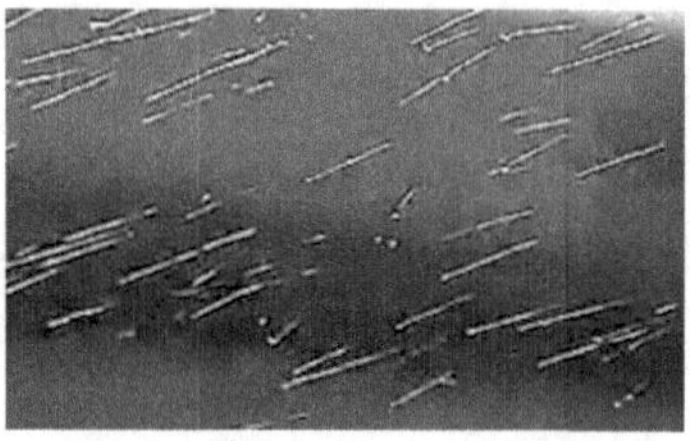

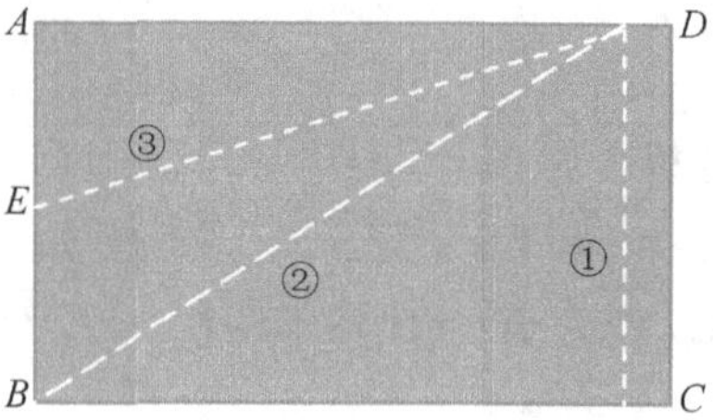

3.3 牵连运动为平动时的加速度合成定理

设动系 $O'x'y'z'$ 相对定系 $Oxyz$ 做平动，如图 3－11 所示，因而动系上各点的速度、加速度分别与 O' 点的速度、加速度相同，即

$$\boldsymbol{v}_e = \boldsymbol{v}_{O'},\quad \boldsymbol{a}_e = \boldsymbol{a}_{O'} = \frac{d\boldsymbol{v}_{O'}}{dt}$$

动点 M 的相对速度 $\boldsymbol{v}_r$、相对加速度 $\boldsymbol{a}_r$ 可分别以解析形式表示为

$$\boldsymbol{v}_r = \dot{x}'\boldsymbol{i}' + \dot{y}'\boldsymbol{j}' + \dot{z}'\boldsymbol{k}',\quad \boldsymbol{a}_r = \ddot{x}'\boldsymbol{i}' + \ddot{y}'\boldsymbol{j}' + \ddot{z}'\boldsymbol{k}'$$

其中，x'、y'、z' 为动点 M 在动系 $O'x'y'z'$ 中的三个坐标；$\boldsymbol{i}'$、$\boldsymbol{j}'$、$\boldsymbol{k}'$ 为动系 $O'x'y'z'$ 的三个单位矢量。

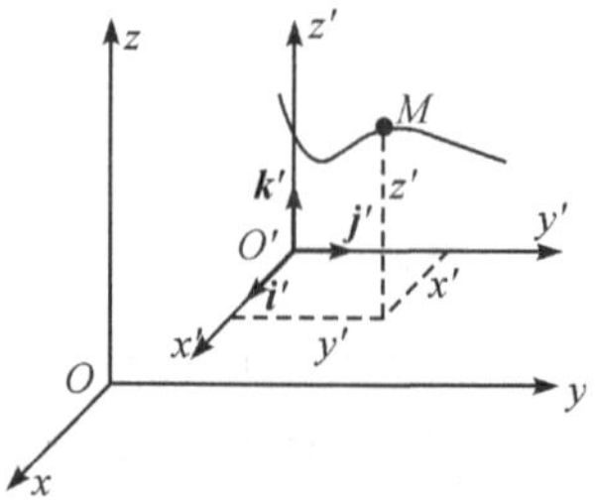

图 3－11

将速度合成定理式(3－2)对时间求导，并注意到平动系的三个单位矢量 $\boldsymbol{i}'$、$\boldsymbol{j}'$、$\boldsymbol{k}'$ 均为常矢量，对时间的导数为零，得

$$\begin{aligned}\frac{d\boldsymbol{v}_a}{dt} &= \frac{d\boldsymbol{v}_e}{dt} + \frac{d\boldsymbol{v}_r}{dt}\\ &= \frac{d\boldsymbol{v}_{O'}}{dt} + \frac{d}{dt}(\dot{x}'\boldsymbol{i}' + \dot{y}'\boldsymbol{j}' + \dot{z}'\boldsymbol{k}')\\ &= \frac{d\boldsymbol{v}_{O'}}{dt} + (\ddot{x}'\boldsymbol{i}' + \ddot{y}'\boldsymbol{j}' + \ddot{z}'\boldsymbol{k}')\end{aligned}$$

其中，等号左端项为动点的绝对加速度 $\boldsymbol{a}_a$，等号右端首项为动点的牵连加速度 $\boldsymbol{a}_e$；等号左端第二项为动点的相对加速度 $\boldsymbol{a}_r$。由此得

$$\boldsymbol{a}_a = \boldsymbol{a}_e + \boldsymbol{a}_r \tag{3-3}$$

即动系做平动时，动点的绝对加速度等于牵连加速度与相对加速度的矢量和。从表达形式而言，**牵连运动为平动时的加速度合成定理**式(3－3)与速度合成定理式(3－2)雷同，但就各式中的每一矢量来讲，一般情况下的加速度则包括了切向、法向两个分量。

例 3－6 半径为 R 的半圆形凸轮沿水平方向向右移动，使顶杆 AB 沿铅垂导轨滑动，如图 3－12(a)所示。在图示位置 $\varphi = 45°$ 时，凸轮具有速度 $\boldsymbol{v}_0$ 和加速度 $\boldsymbol{a}_0$，求该时刻顶杆 AB 的速度和加速度。

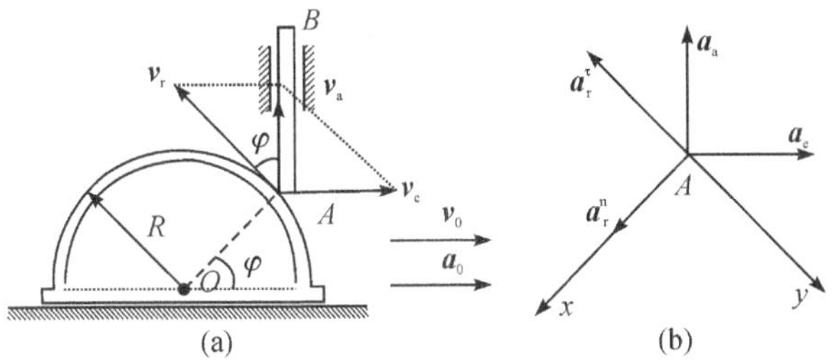

图 3－12

解　(1)运动分析。

动点:AB 杆上 A 点;

动系:半圆形凸轮;

绝对运动:沿铅垂方向的直线运动;

相对运动:以 O 为圆心,以 R 为半径的圆周运动;

牵连运动:随半圆形凸轮沿水平方向的平动。

(2)速度分析。

绝对速度 $\boldsymbol{v}_a$:大小未知,方向沿铅垂方向;

相对速度 $\boldsymbol{v}_r$:大小未知,方向垂直于 OA;

牵连速度 $\boldsymbol{v}_e$: $\boldsymbol{v}_e = \boldsymbol{v}_0$,大小方向均已知。

根据速度合成定理 $\boldsymbol{v}_a = \boldsymbol{v}_e + \boldsymbol{v}_r$ 作速度平行四边形,如图 3－12(a)所示,可求得相对速度

$$v_r = \frac{v_e}{\sin\varphi} = \frac{v_0}{\sin 45^\circ} = \sqrt{2}v_0$$

顶杆 A 点的绝对速度为

$$v_a = \tan\varphi \cdot v_e = v_0$$

因为顶杆 AB 做平动,故 v_a 就是顶杆运动的速度。

(3)加速度分析。根据牵连运动为平动时加速度合成定理

$$\boldsymbol{a}_a = \boldsymbol{a}_e + \boldsymbol{a}_r$$

其中,绝对加速度 $\boldsymbol{a}_a$ 大小未知,方向沿铅垂方向,指向假设向上;相对加速度 $\boldsymbol{a}_r$ 分为切向加速度 $\boldsymbol{a}_r^\tau$ 和法向加速度 $\boldsymbol{a}_r^n$,且 $\boldsymbol{a}_r^\tau$ 大小未知,方向沿 A 点切线方向,指向假设沿左上方向;$\boldsymbol{a}_r^n = \dfrac{v_r^2}{R} = \dfrac{2v_0^2}{R}$,方向沿半径 AO 指向圆心 O;牵连加速度 $\boldsymbol{a}_e = \boldsymbol{a}_0$。

作加速度矢量图,如图 3－12(b)所示,将加速度矢量式在 Ax 轴上投影得

$$-a_a\sin\varphi = -a_e\cos\varphi + a_r^n$$

当 $\varphi = 45^\circ$ 时,解出动点 A 的绝对加速度

$$a_a = a_0\cot\varphi - \frac{2v_0^2}{R\sin\varphi} = a_0 - \frac{2\sqrt{2}v_0^2}{R}$$

因为顶杆 AB 做平动,故 a_a 就是顶杆的加速度。

若将加速度矢量式在 Ay 轴上投影,可求得动点的相对切向加速度 a_r^τ 的大小,请读者自行分析。

思考:本题若以凸轮圆心 O 为动点,动系固连于顶杆 AB,是否可行?

*3.4 科氏加速度

本节仅以实例引出科氏加速度的概念，相关详细推导，请读者参阅参考文献[1]。

图 3-13 所示的小球 M 用细绳静止悬挂于天花板上，水平圆盘绕垂直于盘面的中心轴 O 以均匀角速度 ω 转动。设小球 M 距 O 轴的距离为 r，则小球相对于圆盘做圆周运动。若取小球为动点，圆盘为动系，天花板为静系，则小球的绝对速度恒等于零，即 $v_a \equiv 0$，由速度合成定理，得 $v_r = v_e = r\omega$，方向与 $\boldsymbol{v}_e$ 相反；小球的绝对加速度也恒等于零，即 $a_a \equiv 0$，牵连加速度大小为 $a_e^n = r\omega^2$，沿 $\overrightarrow{MO}$ 方向，相对加速度大小为 $a_r^n = r\omega^2$，同样沿 $\overrightarrow{MO}$ 方向，由此判定，小球必然具有方向沿 $\overrightarrow{OM}$、大小等于 $2r\omega^2$ 的另一加速度分量存在，该分加速度用 $\boldsymbol{a}_c$ 表示，由法国科学家科里奥利于 1835 年发现，因而命名为科里奥利加速度，简称**科氏加速度**。

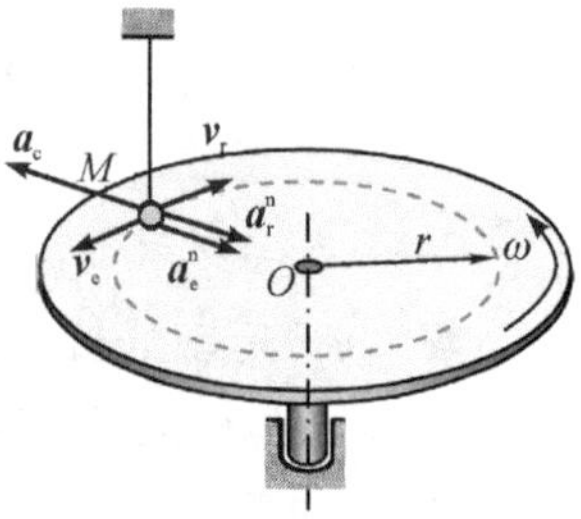

图 3-13

图 3-13 所示的相对速度矢量 $\boldsymbol{v}_r$ 就在 ω 的转动平面内，这种情况在工程中最为常见。此时的科氏加速度 $\boldsymbol{a}_c$ 可由以下简单方法确定

$$
\begin{aligned}
&\text{大小：}\quad a_c = 2\omega v_r \\
&\text{方向：由 } \boldsymbol{v}_r \text{ 顺 } \omega \text{ 转过 } 90^\circ
\end{aligned}
\tag{3-4}
$$

上述情况可视为 $\boldsymbol{\omega} \perp \boldsymbol{v}_r$ 的情况。一般情况下，科氏加速度 $\boldsymbol{a}_c$ 可用矢积表示为

$$\boldsymbol{a}_c = 2\boldsymbol{\omega} \times \boldsymbol{v}_r \tag{3-5}$$

牵连运动为转动时的加速度合成在考虑牵连、相对加速度的基础上，还必须考虑科氏加速度，具体表达式如下

$$\boldsymbol{a}_a = \boldsymbol{a}_e + \boldsymbol{a}_r + \boldsymbol{a}_c \tag{3-6}$$

例 3-7 试求例 3-1 所示刨床急回机构中，摇杆 O_1B 在图示时刻的角加速度 α_1。

解 以滑块 A 为动点，动系固连于摇杆 O_1B，定系固连于机架。运动分析及速度分析同例 3-1，且已求得

$$v_r = v_a \cos\varphi = \frac{rl\omega}{\sqrt{r^2 + l^2}}$$

方向如图 3-14(a)所示。O_1B 杆的角速度 $\omega_1 = \dfrac{r^2\omega}{r^2 + l^2}$。

根据牵连运动为转动时的加速度合成定理有

$$\boldsymbol{a}_a^\tau + \boldsymbol{a}_a^n = \boldsymbol{a}_e^n + \boldsymbol{a}_e^\tau + \boldsymbol{a}_r + \boldsymbol{a}_c$$

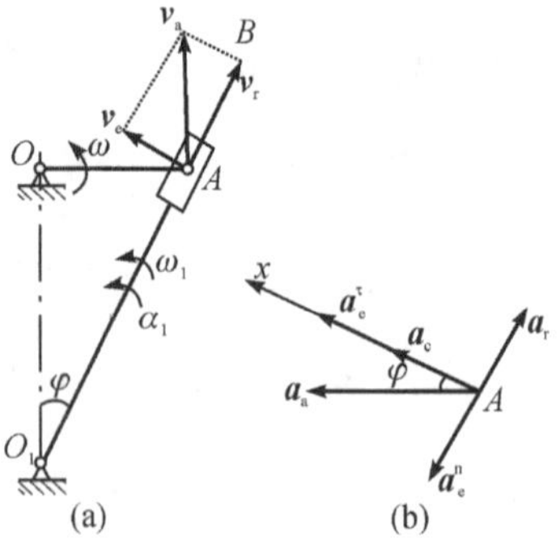

图 3-14

其中，因为 ω 为常量，所以绝对加速度 $a_a = a_a^n = r\omega^2$，方向沿 AO 指向 O 点；

相对加速度大小未知，方向沿 O_1B，指向假设向上；

牵连加速度为法向分量 $\boldsymbol{a}_e^n$ 的大小 $a_e^n = O_1A \cdot \omega_1^2$，沿 AO_1 指向 O_1；切向分量 $\boldsymbol{a}_e^\tau$ 的大小未知，方向垂直于 O_1B；

科氏加速度大小为 $a_c = 2\omega_1 v_r$，方向为由 $\boldsymbol{v}_r$ 顺 ω_1 转过 90°的方向。

加速度矢量如图 3 - 14(b)所示。

选取投影轴 Ax，将加速度矢量向 Ax 轴上投影，得

$$a_a\cos\varphi = a_e^\tau + a_c$$

解出

$$a_e^\tau = a_a\cos\varphi - a_c = r\omega^2\cos\varphi - 2\omega_1 v_r$$

由于

$$a_e^\tau = O_1A \cdot \alpha_1$$

于是可得摇杆的角加速度

$$\alpha_1 = \frac{rl\omega^2(l^2 - r^2)}{(r^2 + l^2)^2}$$

由于上式为正值，故 α_1 转向与假设相同，为逆时针方向。

思考题

思考 3 - 1　牵连点与动点有何区别？如何确定动点的牵连点？

思考 3 - 2　应用速度合成定理解题的步骤有哪几步？在动坐标系做平移或转动时有没有区别？

思考 3 - 3　图中的速度平行四边形有无错误？若有，错在哪里？

思考 3 - 4　图中曲柄 OA 以均匀角速度转动，(a)、(b)两图中哪一种分析正确？

(1)以 OA 上的 A 点为动点，BC 为动参考系；

(2)以 BC 上的 A 点为动点，OA 为动参考系。

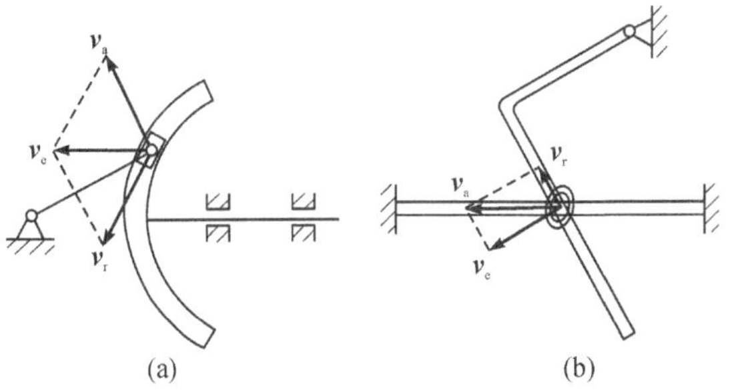

思考 3 - 3 图

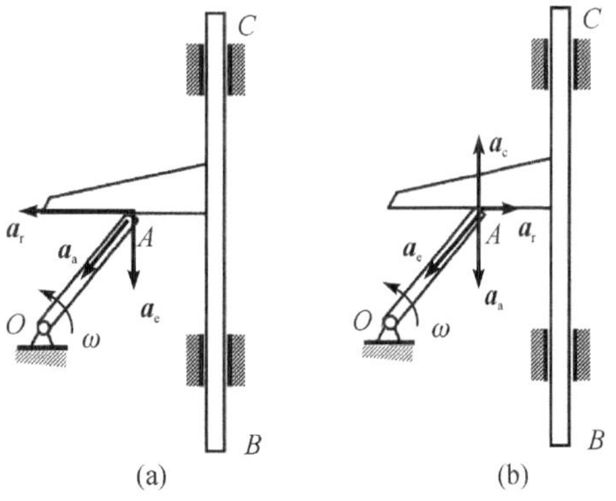

思考 3 - 4 图

习　题

3 - 1　图示自动切料机构中，凸轮 B 沿水平方向做往复移动，通过滑块 C 使切刀 A 的推杆在固定滑道内滑动，从而实现切刀的切料动作。设凸轮的移动速度为 $\boldsymbol{v}$，凸轮斜槽与水平方向的夹角为 φ，试求切刀的速度。

3 - 2　图示曲柄滑道机构中，杆 BC 水平，而杆 DE 保持铅垂，曲柄长 $OA = 10$ cm，并以均匀角速度 $\omega = 20$ rad/s 绕 O 轴顺时针方向转动，通过滑块 A 使杆 BC 做往复运动。求当曲柄与水平线夹角分别为 $\varphi = 0°$、30°、90°时杆 BC 的速度。

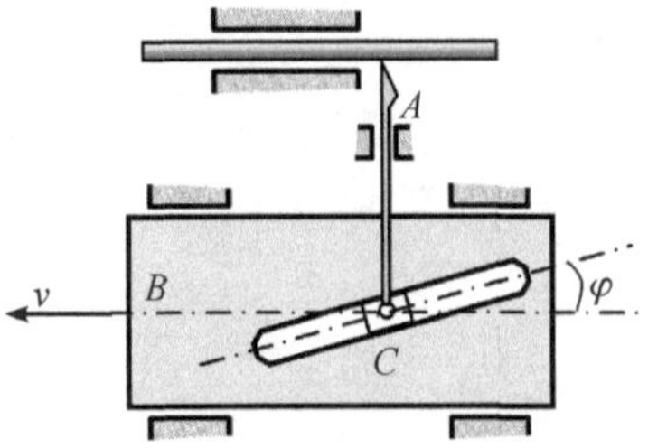

习题 3-1 图

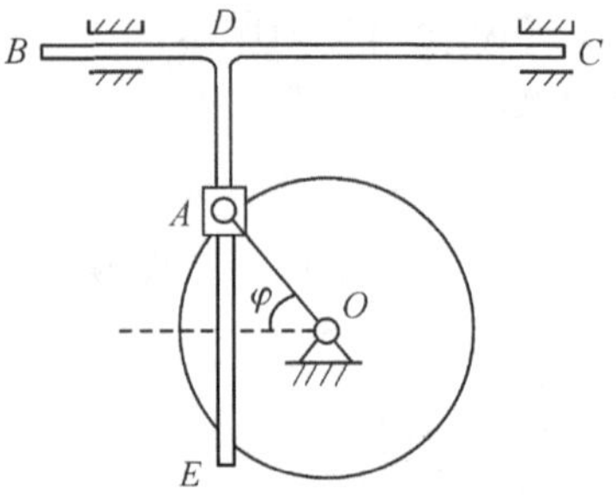

习题 3-2 图

3-3　在滑道连杆机构中，当曲柄 OC 绕垂直于图面的轴 O 摆动时，滑块 A 就在曲柄 OC 上滑动，并带动连杆 AB 铅垂运动。设 $OK=l$，试求：滑块 A 对机架及对曲柄 OC 的速度。曲柄的角速度 ω 与转角 φ 已知，ω 为逆时针方向。

3-4　车厢在弯道上行驶，轨道平均曲率半径为 R，图中车厢中点 D 的速度为 $\boldsymbol{u}$。在直路 AB 上有一自行车亦以速度 $\boldsymbol{u}$ 运动。将自行车视为质点，车厢视为刚体，求当 ODM 成一直线、$OM \perp AB$ 时，自行车相对于车厢的速度（已知 $DM=c$）。

3-5　平面凸轮机构中，曲柄 OA 及 O_1B 可分别绕水平轴 O 及 O_1 转动，带动三角形平板 ABC 运动，平板的斜面 BC 又推动顶杆 DE 沿导轨做垂直运动。已知 $OA=O_1B$，$AB=OO_1$，在图示位置时，OA 铅垂，$AB \perp OA$，OA 的角速度 $\omega_0=2$ rad/s，逆时针方向转动。图中尺寸单位为 cm，试计算图示时刻 DE 杆上 D 点的速度。

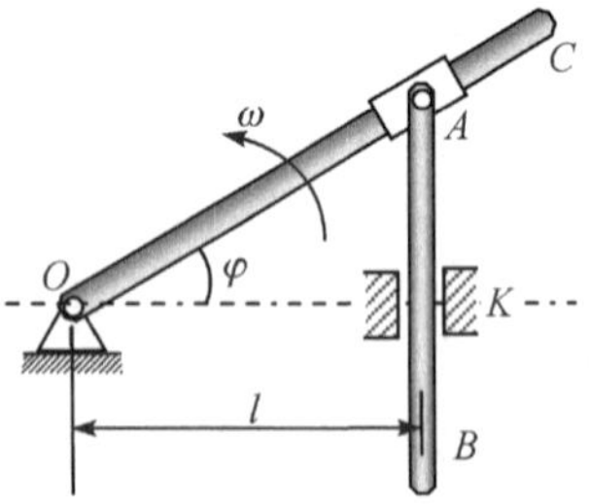

习题 3-3 图

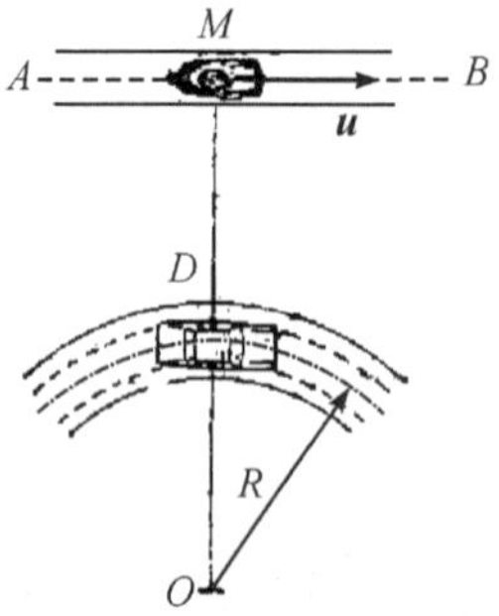

习题 3-4 图

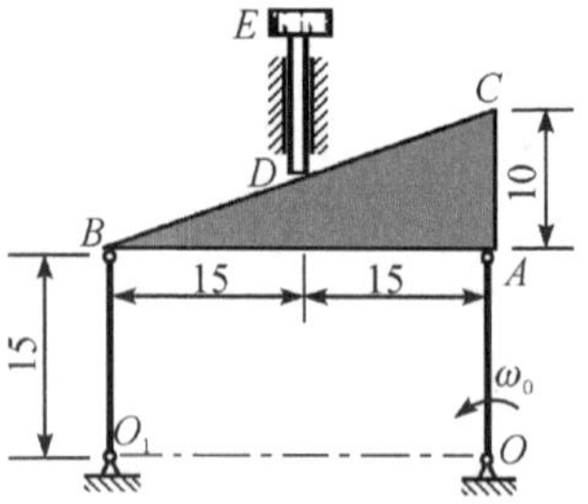

习题 3-5 图

3-6　车床主轴的转速 $n=30$ r/min，工件的直径 $d=4$ cm，若车刀轴向走刀速度为 $v=1$ cm/s，求车刀对工件的相对速度（大小及方向）。

3-7　矿砂从传送带 A 落到另一传送带 B 的绝对速度 $v_1=4$ m/s，其方向与铅垂线成 30°角。设传送带 B 与水平面成 15°角，其速度 $v_2=2$ m/s。求：

(1)矿砂对于传送带 B 的相对速度 $\boldsymbol{v}_r$；

(2)当传送带 B 的速度为多大时，矿砂的相对速度才能与它垂直？

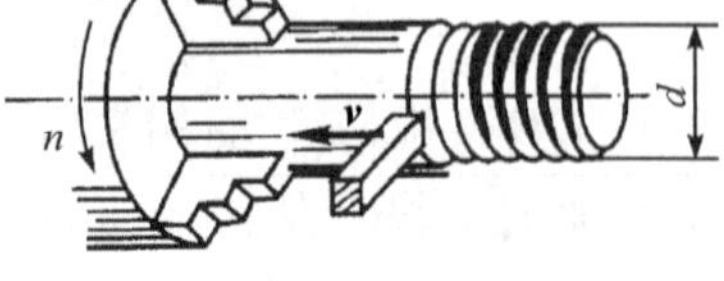

习题 3-6 图

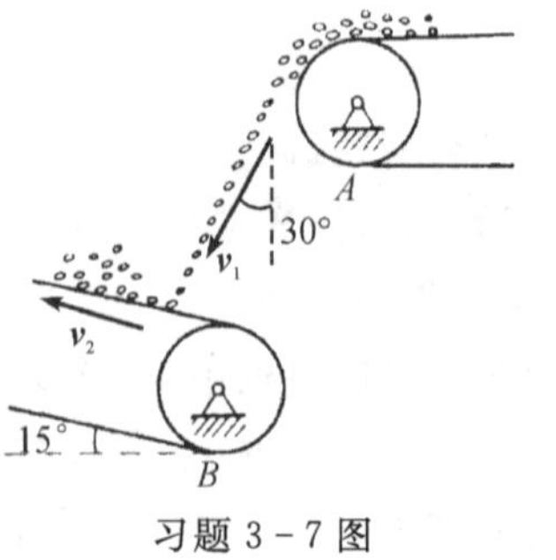

习题 3-7 图

3-8　在水涡轮中，水自导流片由外缘进入动轮。为避免入口处水的冲击，轮叶应恰当地安装，使水的相对速度 $\boldsymbol{v}_r$ 恰与叶面相切。如水在入口处的绝对速度 $v_a = 15\ \text{m/s}$，并与半径成 $\theta = 60°$ 夹角；动轮的顺时针方向转速 $n = 30\ \text{r/min}$，入口处的半径 $R = 2\ \text{m}$。求水在动轮入口处的相对速度 $\boldsymbol{v}_r$ 的大小和方向。

3-9　图示为间歇运动机构。在主动轮 O_1 的边缘上有一销子 A，当进入轮 O_2 的导槽后，带动轮 O_2 转动。转过 90°后，销子与导槽脱离，轮 O_2 就停止转动。主动轮 O_1 继续转动，当销子 A 再次进入轮 O_2 的另一导槽后，轮 O_2 又被带动。已知轮 O_1 做匀角速度转动，$\omega_1 = 10\ \text{rad/s}$，曲柄 $\overline{O_1A} = R = 50\ \text{mm}$，两轴距离 $O_1O_2 = L = \sqrt{2}R$。求当 $\theta = 30°$ 时，轮 O_2 转动的角速度及销子 A 相对于轮 O_2 的速度。

3-10　急回机构如图示，曲柄长 $OA = 12\ \text{cm}$，以均匀等角速度 $\omega = 7\ \text{rad/s}$ 绕 O 轴转动，通过滑块 A 带动摇杆 O_1B 绕 O_1 轴摆动。已知 $OO_1 = 20\ \text{cm}$，求：当 $\varphi = 0°$、90°时，摇杆的角速度。

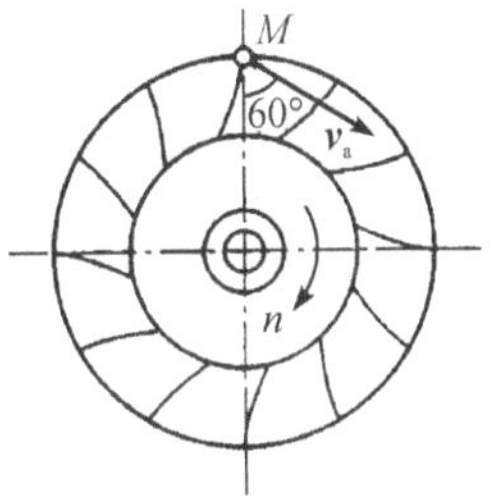

习题 3-8 图

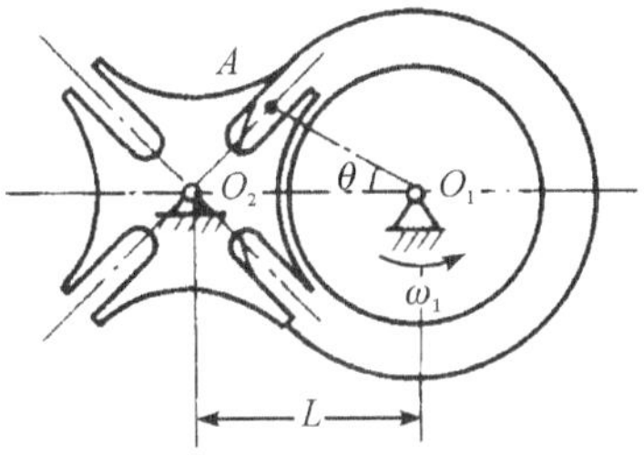

习题 3-9 图

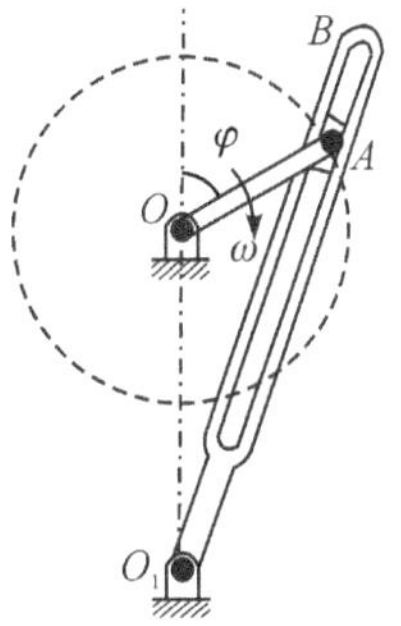

习题 3-10 图

3-11　图示铰接四边形机构中，$O_1A = O_2B = 10\ \text{cm}$，$O_1O_2 = AB$，并且杆 O_1A 以匀角速度 $\omega = 2\ \text{rad/s}$ 绕 O_1 轴转动。AB 杆上有一套筒 C，与 CD 杆相接。求：当 $\varphi = 60°$ 时，CD 杆的速度和加速度。

3-12　小车沿水平方向向右做加速运动，其加速度 $a = 0.493\ \text{m/s}^2$。在小车上有一轮绕 O 轴转动，转动的规律为 $\varphi = t^2$（t 以 s 计，φ 以 rad 计）。当 $t = 1$ s 时，轮缘上点 A 的位置如图所示。如轮的半径 $r = 0.2$ m，求此时点 A 的绝对加速度。

3-13　图示机构中，$AB = CD = GE = r$。设在图示位置，$\theta = \varphi = 45°$，杆 EG 的角速度为 ω，角加速度为零。试求此时杆 AB 的角速度与角加速度。

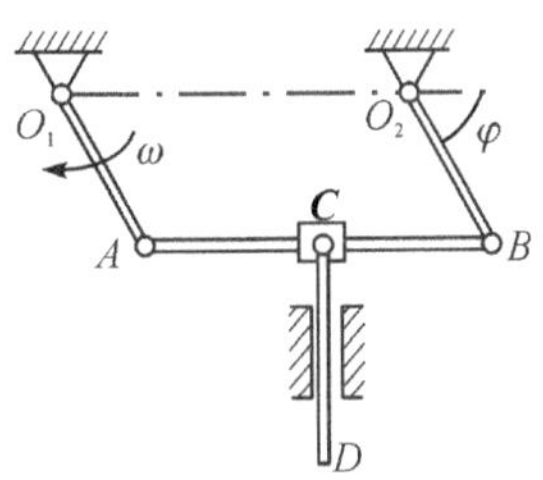

习题 3-11 图

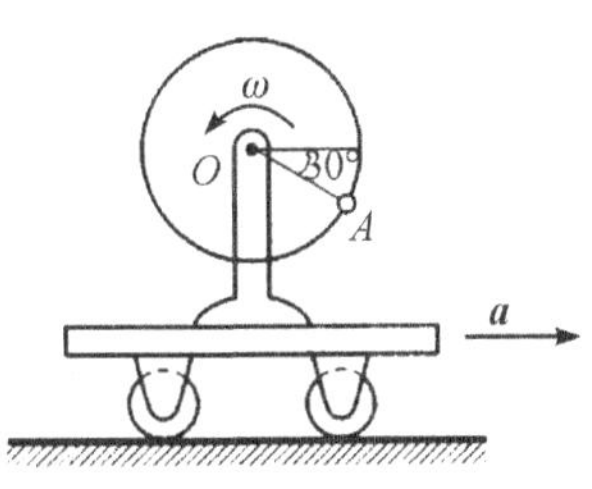

习题 3-12 图

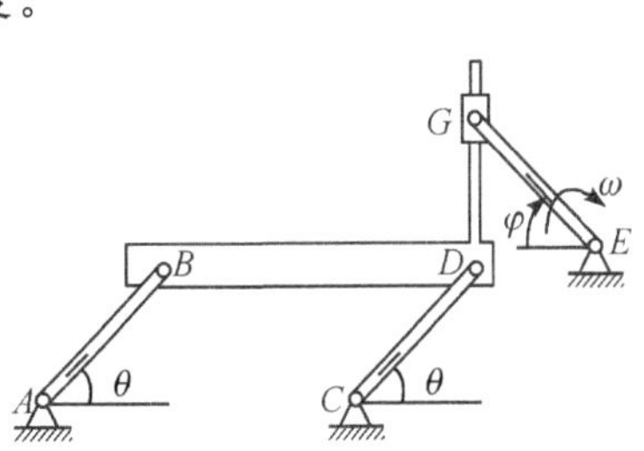

习题 3-13 图

3-14　图示为一种刨床机构。已知机构的尺寸为 $OA=25$ cm，$OO_1=60$ cm，$O_1B=100$ cm。曲柄做匀角速转动，角速度 $\omega=10$ rad/s。试分析当 $\varphi=60°$ 时，刨头 CD 运动的速度和加速度。

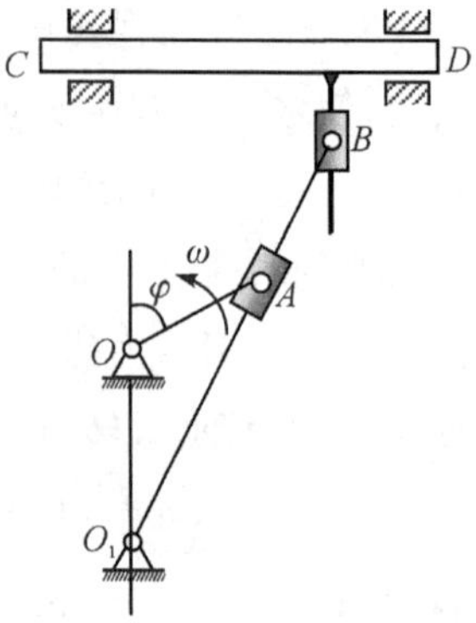

习题 3-14 图

*3-15　曲杆 OBC 绕 O 轴转动，使套在其上的小环 M 沿固定直杆 OA 滑动。已知：$OB=10$ cm，OB 与 BC 垂直，曲杆 OBC 的角速度 $\omega=0.5$ rad/s，求：$\varphi=60°$ 时，小环 M 的速度和加速度。

*3-16　图示机构中，圆盘 O_1 绕其中心以均匀角速度 $\omega_1=3$ rad/s转动。已知 $r=20$ cm，$l=30$ cm。当圆盘转动时，通过圆盘上的销子 M_1 与导槽 CD 带动水平杆 AB 往复运动。同时，在 AB 杆上有一销子 M_2 带动杆 O_2E 绕 O_2 轴摆动。设 $\theta=30°$、$\varphi=30°$，求此时刻杆 O_2E 的角速度与角加速度。

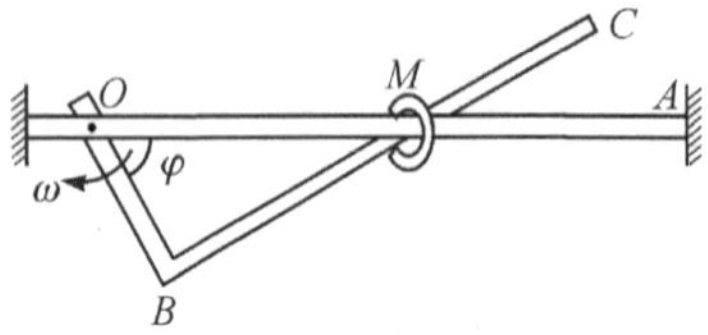

习题 3-15 图

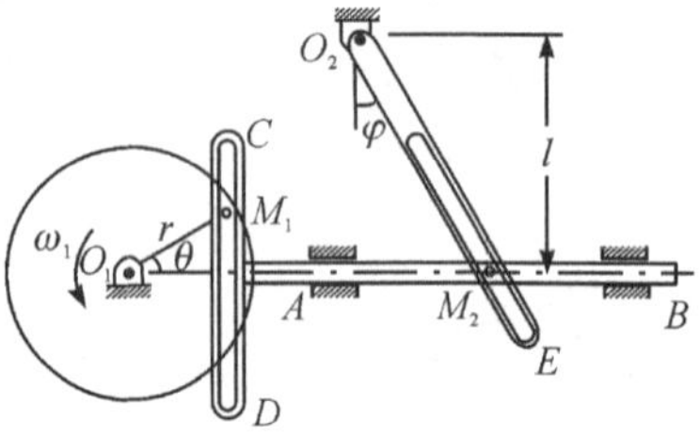

习题 3-16 图

第 4 章　静力分析基础

本章介绍工程中常见约束的性质及物体的受力分析。

公理是人们在长期的生活与生产中经过观察、实践和实验所总结出的若干结论，经过严格的科学抽象和表述，其正确性已被公认。本章介绍的公理为建立静力分析理论提供了物理学依据，在建立力学模型中具有重要的指导意义。

4.1　力及其表示方法

4.1.1　力的概念　作用反作用原理

力是物体之间相互的机械作用，它的效果是改变物体的运动状态（**外效应**）或使物体变形（**内效应**）。例如，机床、汽车等在刹车后速度会很快减小，直到静止；吊车横梁在跑车起吊重物时将产生弯曲，等等。

实践表明，力对物体的作用效果取决于**三个要素**：①力的大小；②力的方向；③力的作用点。这意味着任何一个要素的改变或误判，都将导致该力的效果发生改变。在国际单位制(SI)中力的单位是牛顿(N)或千牛顿(kN)。

力的三要素说明，从几何学角度上力可以用一段矢量线（带有箭头的有向线段）来表示：线段长度依比例表示力的大小，矢量线方向即代表力的方向，矢量线的起点（或终点）则代表力的作用点位置，并用符号 $\boldsymbol{F}_A$ 表示。其中黑斜体的英文大写字母 $\boldsymbol{F}$ 表示力矢量的大小和方向，下标 A 表示力 $\boldsymbol{F}$ 的作用点（图 4-1）。在运算表达式中也可将其视为一般的数学矢量。

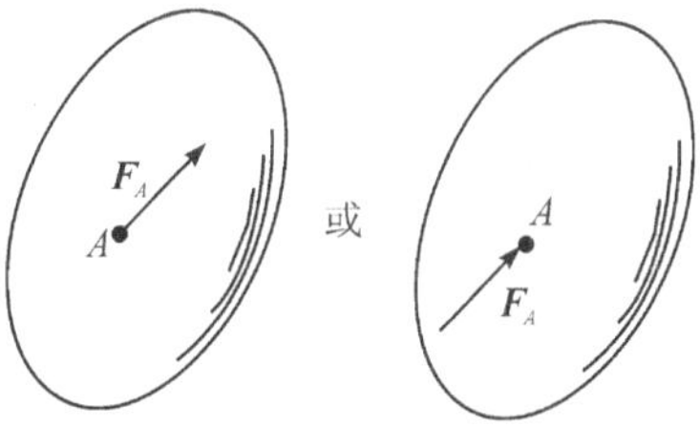

图 4-1

力是物体之间相互的机械作用，服从牛顿第三定律，本课程中称之为作用反作用原理。

作用反作用原理　当甲物体对乙物体施加作用力的同时，甲物体也受到来自乙物体的反作用力；作用力与反作用力必定是同时出现，且大小相等、方向相反、沿同一直线的。

在对物体进行受力分析时必须遵循这一原理；否则会给解决问题造成致命性的错误。

4.1.2　力的投影和分析表示法

数学中已给出了矢量在给定轴或平面上的投影的定义。据此，在建立直角坐标系后，即可计算力在坐标轴上的投影。

设力 $\boldsymbol{F}$ 与 x、y、z 轴正向的夹角分别为 α、β、γ，如图 4-2(a)所示，则力在坐标轴上的投影为

$$\left.\begin{aligned}F_x &= F\cos\alpha \\ F_y &= F\cos\beta \\ F_z &= F\cos\gamma\end{aligned}\right\} \tag{4-1}$$

称为**一次(直接)投影法**。

当力 $\boldsymbol{F}$ 与 Ox、Oy 之间的夹角不确定时，若已知力 $\boldsymbol{F}$ 与 z 轴的锐角夹角为 γ，力 $\boldsymbol{F}$ 和 z 轴所确定的平面与 x 轴的锐角夹角为 φ，则可先将力 $\boldsymbol{F}$ 投影到 xOy 平面上，得投影力 $\boldsymbol{F}_{xy}$，然后再将 $\boldsymbol{F}_{xy}$ 投影到 x、y 轴上，如图 4-2(b)所示，故力在 x、y、z 轴上的投影为

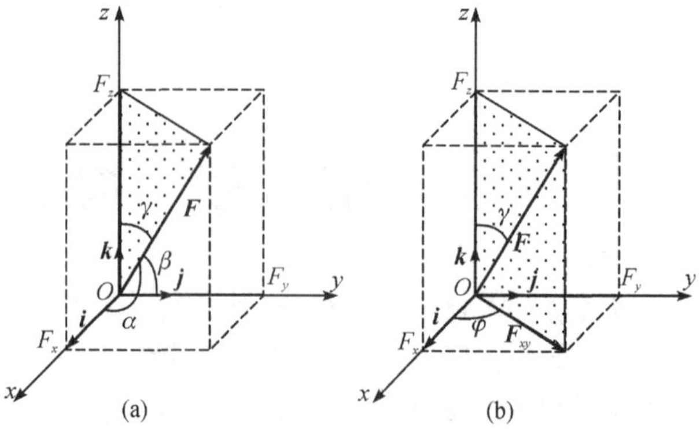

图 4-2

$$\left.\begin{aligned}F_x &= F\sin\gamma\cos\varphi \\ F_y &= F\sin\gamma\sin\varphi \\ F_z &= F\cos\gamma\end{aligned}\right\} \tag{4-2}$$

称为**二次(间接)投影法**。

力在坐标轴上的投影为标量。在具体计算时可以先依据力与坐标轴的正向夹角确定投影的正负(锐角为正、钝角为负)，再利用几何关系求得投影的大小。

力的大小与投影之间的关系为

$$F = \sqrt{F_x^2 + F_y^2 + F_z^2} \tag{4-3}$$

如图 4-2 所示，设 x、y、z 轴的单位矢量分别为 $\boldsymbol{i}$、$\boldsymbol{j}$、$\boldsymbol{k}$，则力矢量与其投影之间的关系就可以表达为

$$\boldsymbol{F} = F_x\boldsymbol{i} + F_y\boldsymbol{j} + F_z\boldsymbol{k} \tag{4-4}$$

称为**力的分析表达式**。

力的分析表示法只描述了力的方向及大小，力的作用点仍需通过受力图反映。

4.2 共点力系

力系是指作用在研究物体上的一群力。若两个力系分别作用于同一物体的效果相同，则称此两力系为**等效力系**。如果一个力和一个力系等效，则称此力为该力系的**合力**。

各力作用于物体的同一点的力系称为**共点力系**。

4.2.1 共点二力的合成

作用于物体上一点的二力合成理论即物理中通过实验归纳出的力的平行四边形法则，在本课程中称为力的平行四边形公理。

力的平行四边形公理 作用在物体上一点 A 的两个力 $\boldsymbol{F}_1$ 和 $\boldsymbol{F}_2$ 可以合成一个合力 $\boldsymbol{F}_R$；该合力仍作用于 A 点，大小方向由以 $\boldsymbol{F}_1$ 和 $\boldsymbol{F}_2$ 为邻边所作平行四边形的对角线表示(图 4-3)。

此公理是讨论力系合成简化的物理基础。对它的全面理解包括：适用条件，合成结果，合力的大小、方向及作用点。从数学角度看，合力 $\boldsymbol{F}_R$ 的大小和方向(即合力矢量)等于 $\boldsymbol{F}_1$、$\boldsymbol{F}_2$ 的矢量和，即

$$\boldsymbol{F}_R = \boldsymbol{F}_1 + \boldsymbol{F}_2$$

若先画出第一个矢量，再把第二个矢量的起点置于第一个矢量的终点，则从第一矢量的起点指向第二个矢量终点的矢量即表示合力的大小和方向(图 4-4)，此方法称为**力的三角形方法**。

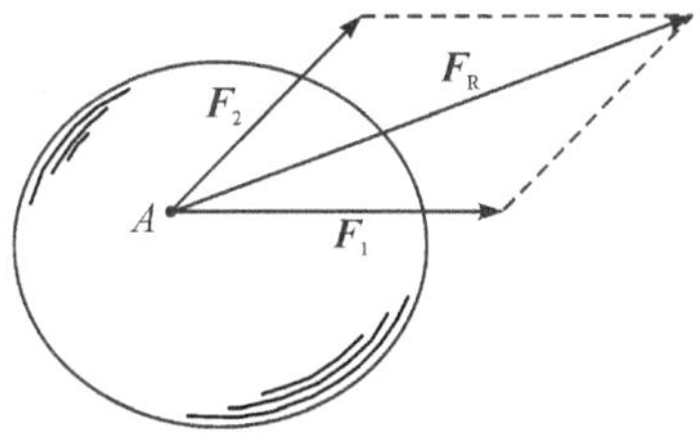

图 4-3

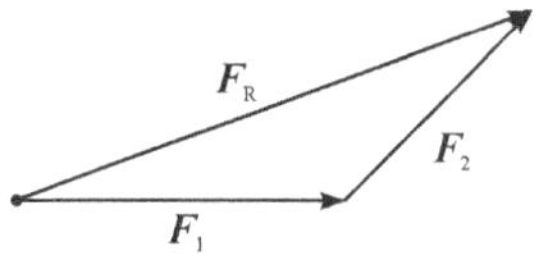

图 4-4

反之，也可以把一个力按平行四边形法则进行正交分解，并用来表示待求的未知约束力或计算力的投影或力矩等，但不提倡直接用力的分解求解平衡问题。

4.2.2 共点力系的合成

给定作用于物体上的共点力系($\boldsymbol{F}_1, \boldsymbol{F}_2, \boldsymbol{F}_3, \cdots, \boldsymbol{F}_n$)(图 4-5)。可以运用力的平行四边形公理求得 $\boldsymbol{F}_1$、$\boldsymbol{F}_2$ 的合力，再求此合力与 $\boldsymbol{F}_3$ 的合力，……依此类推。可得出以下结论：一般情况下一个共点力系可合成一个合力；此合力的作用点即力系中各力的共同作用点，合力的大小、方向等于力系中各力的矢量和，即

$$\boldsymbol{F}_R = \sum \boldsymbol{F}_i \tag{4-5}$$

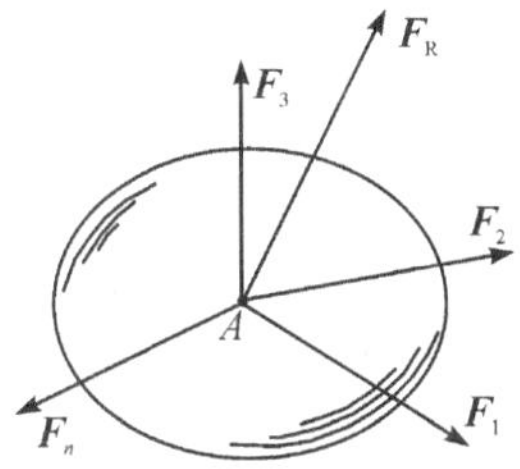

图 4-5

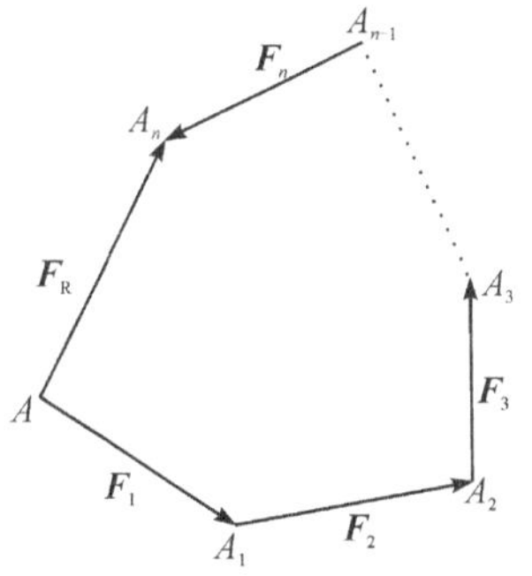

图 4-6

力矢量求和可用几何方法完成，如图 4-6 所示，先作出代表 $\boldsymbol{F}_1$ 的矢量 $\overrightarrow{AA_1}$，再以 A_1 为起点作代表 $\boldsymbol{F}_2$ 的矢量 $\overrightarrow{A_1A_2}$，依此类推得到一组折线 $A_1A_2\cdots A_n$ 构成的多边形，称为**力多边形**，该方法称为**力多边形方法**。矢量 $\overrightarrow{AA_n}$ 称为力多边形的封闭边，即代表了力系合力的大小及方向。

力多边形法是数学中矢量运算的一种方法。当力多边形为特殊的三角形、矩形、正方形、正多边形时，用几何法可方便地求得力系的合力大小和方向。

思考：若变动求和次序，力多边形的形状也随之改变，是否会影响最终的合成结果？为什么？

建立直角坐标系 $Oxyz$，将式(4-5)投影到 x、y、z 轴，则得到

$$\left.\begin{aligned}F_{Rx} &= \sum F_x \\ F_{Ry} &= \sum F_y \\ F_{Rz} &= \sum F_z\end{aligned}\right\} \tag{4-6}$$

即共点力系合力在某一轴上的投影等于力系中各力在同一轴上投影的代数和。式中为了简化，略去了下标 i。

4.2.3　共点力系的平衡条件

若一个力系施加在物体上不改变物体原有的运动状态，则称此力系为平衡力系。由于共点力系最终合成为一个合力，所以共点力系平衡的充分必要条件是其合力为零，即

$$\sum \boldsymbol{F}_i = 0 \tag{4-7}$$

在几何方法中表现为力多边形的最后一个力矢量的终点与第一个力矢量的起点重合，构成一个封闭的力多边形。于是，共点力系平衡的几何条件是力多边形自行封闭(图 4-7)。

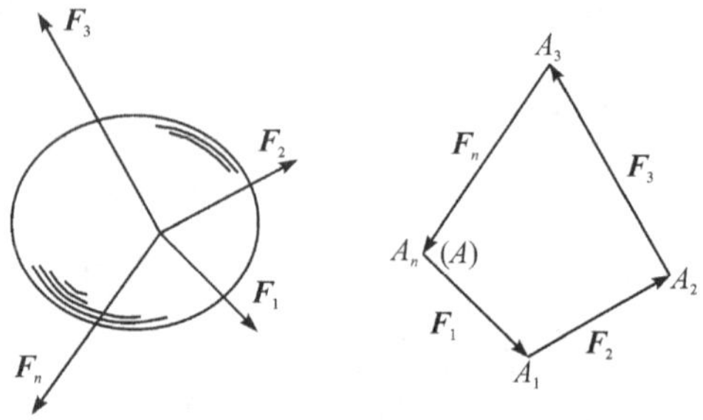

图 4-7

将式(4-7)投影到 x、y、z 轴，即可得到共点力系平衡的分析条件

$$\left.\begin{aligned}\sum F_x &= 0 \\ \sum F_y &= 0 \\ \sum F_z &= 0\end{aligned}\right\} \tag{4-8}$$

即共点力系平衡的分析条件是各力在 x、y、z 轴上投影的代数和分别等于零。式(4-8)称为共点力系的平衡方程。这是相互独立的三个方程，由此可求解三个未知量。

4.3　作用于刚体的力的基本性质

刚体，在绪论中已有定义。在此还可以换个提法，是指受力作用后，物体内任意两点间距离不会改变的物体。忽略变形这一次要因素是一种简化，正是这种简化使我们找到了力系等效的方法，并进一步得到描述平衡问题的基本方程。

作用于刚体上的力，除遵循上面所述的作用反作用原理及平行四边形公理两条性质外，还具有以下性质。

二力平衡公理　刚体在两个力作用下平衡的充分必要条件是此两力大小相等(等值)、方向相反(反向)、作用在同一直线上(共线)，如图 4-8 所示。

由此可知，对于刚体而言，等值、反向、共线的一对力组成了最基本的平衡力系，在分析受力及力系等效简化中会经常用到。

在一根处于自然状态的静止弹簧上施加一对等值、反向、共线的力[图 4－9(a)]。经验告诉我们，弹簧将不再保持平衡，并开始变形，直到变形达到一定程度才有可能在新的位置上实现平衡[图 4－9(b)]。此时如果同时缓慢改变两个力的大小，虽仍保持两力相等，但弹簧在此位置将不再保持平衡。由此可知，如果弹簧在两力作用下已处于平衡，则此两力一定等值、反向、共线。反之，如果只知道两力等值、反向、共线，则弹簧未必能处于平衡。因此，二力平衡条件对刚体平衡是充分必要条件；对变形体平衡只是必要条件，未必充分。

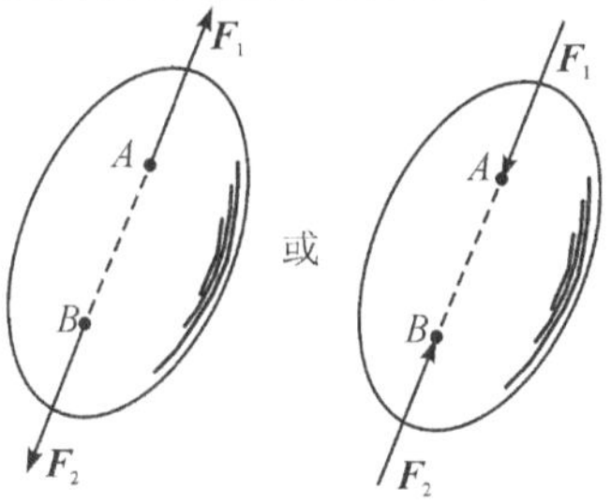

图 4－8

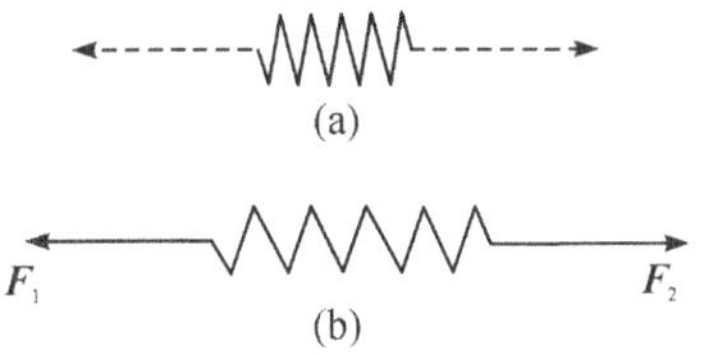

图 4－9

加减平衡力系公理　在作用于刚体上的已知力系上添加或减去任意平衡力系，不改变原力系对刚体的作用效果。或者说形成的新力系与原力系等效。

该公理给出了刚体上力系等效替换的重要依据。但在静止的变形体上添加平衡力系后，变形体会出现新的变形，在当前位置上也不再保持静止。因此，不能按此思路去研究变形体上力系的等效问题。

力的可传性原理　作用在刚体上的力，可沿其作用线在刚体内任意移动，并不改变该力对刚体的作用。

读者不难通过添加平衡力系($\boldsymbol{F}'$, $\boldsymbol{F}''$)，再去掉平衡力系($\boldsymbol{F}''$, $\boldsymbol{F}$)的途径自行证明(图 4－10)。由此可知，决定**力对刚体作用的要素**是力的大小、方向及作用线位置。

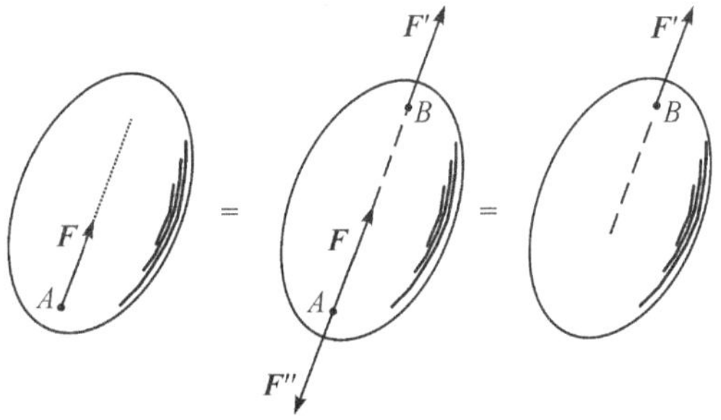

图 4－10

三力平衡汇交定理　若刚体在三个力作用下处于平衡，且其中两个力的作用线已知相交于一点，则此三力共面，且作用线汇交于一点。读者可以依据力的可传性原理、平行四边形公理及二力平衡公理自行证明(图4－11)。此定理主要用于分析物体受力，特别需要注意定理的完整表述。如果单独抽出“刚体在三力作用下处于平衡”与“此三力汇交于一点”两个事件，则两者之间并不存在确定的因果关系；既非充分条件，也非必要条件。

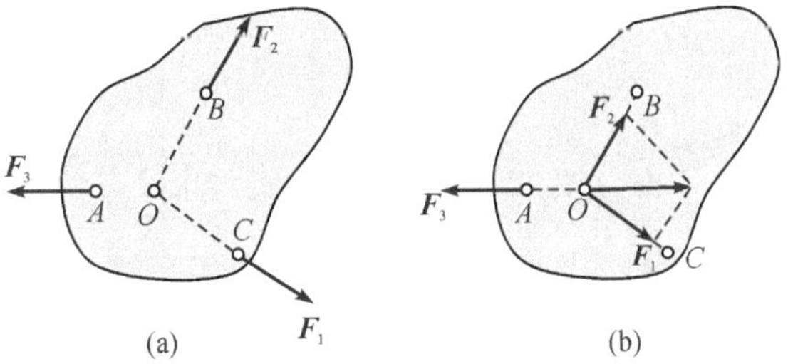

图 4－11

由前述可知，当变形体在两个力作用下处于平衡时一定满足刚体的二力平衡条件。事实上，当变形体在其它力系作用下处于平衡时，类似的结论也是成立的。本教材将其归纳为刚化原理。

刚化原理　变形体在某力系作用下处于平衡时，若将此变形体假想成刚体，则此刚体在该力系作用下仍将保持平衡。

可见,变形体平衡时必满足刚体的平衡条件。依据该原理,在研究变形体的平衡问题时,就可以引用刚体的平衡条件,从而将静力学所建立的刚体平衡条件扩展为描述物体平衡问题的普遍性方法。正如前面指出:刚体的平衡条件仅为变形体平衡的必要条件,并非充分条件。

在处理变形体平衡问题时,必须注意不要轻易改动所受力系中各力的要素。例如,不要轻易把汇交力系转化成共点力系等。

4.4　常见约束　约束反力

工程中物体所受各力的要素,是在建立力学模型的过程中经过分析得到的,为此就需要考察物体之间的相互关系。

4.4.1　自由体　非自由体　约束

有些物体在空间的位置或位移是不受限制的。例如,空中飞行的飞机、断了线的氢气球等,这类物体称为**自由体**。反之,有些物体的位置或位移(包括转角)受到来自其它物体的强制性限制,这类物体称为**非自由体**。例如,日光灯用挂链系于天花板上[图 4-12(a)],火车车轮只能在铁轨的限制下运动[图 4-12(b)],古栈道的横梁插在岩壁的方孔中,既不允许梁有位移,也不允许梁有转角[图 4-12(c)]。

限制非自由体位置或位移(包括转角)的其它物体称为该非自由体的**约束**。如此,上述的挂链对日光灯、铁轨对火车车轮、岩壁方孔对栈道的横梁均构成了约束。从力学角度看,约束对被约束物体的作用就是施加了相应的力。约束作用于非自由体的力称为**约束力**或**约束反力**。约束反力的大小一般未知,方向原则上必然与能够阻止的物体位移方向相反,由约束性质而定。

(a)　　(b)　　(c)

图 4-12

下面介绍工程中常见的几类约束及其约束反力的确定方法。

4.4.2　常见约束及其约束反力

1. 柔索(包括绳索、链条、皮带)

由于柔索柔软且不可伸长,故只限制物体沿柔索拉长方向的位移。约束反力为沿柔索方向的拉力(图 4-13)。如带轮所受到的皮带拉力必定沿着带轮的切线方向且背离带轮(图 4-13(b))。

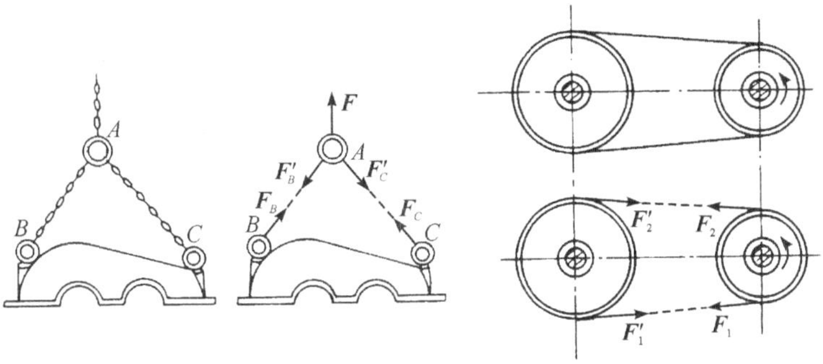

(a)　(b)

图 4－13

2. 光滑接触面

所谓光滑，是忽略了物体接触面之间实际存在的摩擦，这是从力学模型角度进行的一种合理简化。

图 4－14(a)、(b)中约束面只限制物体沿法线方向指向约束面的位移，这种约束属于**单面约束**。约束反力过接触点、沿接触面公法线方向、指向被约束物体。单面约束的约束反力方向是确定的。

图 4－14(c)中物体被“夹”在两个约束面之间，限制了物体沿接触面法线两种指向的位移，这种约束属于**双面约束**。约束反力沿约束面公法线方向，指向有两种可能。分析物体受力时可事先假设指向，其大小由平衡方程计算。如果计算结果得到负值，则表示实际指向与事先假设的指向相反。

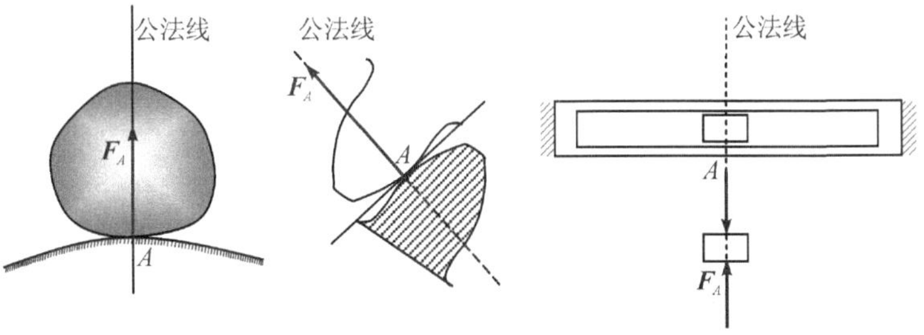

(a)　(b)　(c)

图 4－14

3. 光滑圆柱铰链和光滑球铰链

光滑圆柱铰链是以销、孔配合的方式把两个活动构件或一个活动构件与一个固定支座相连接的约束形式[图 4－15(a)、(b)]，前者简称为**铰链**，后者简称为**固定铰链支座**。连接点可位于构件的端部或中间，简图分别如图 4－15(c)、(d)、(e)所示。如无特别要求，销钉不必单独取出，而是依附于其中一个构件或支座上。销与孔间可视为光滑接触面约束，具体的接触点位置将由构件所受主动力的作用形式和具体方向决定。

若在与销钉轴线垂直的 xOy 平面内研究构件 AB，则约束允许构件在此平面内自由转动，不允许铰接点 A 在此平面内有任意方向的位移。由此可知，当构件所受其它外力尚未确定时，铰链约束反力的作用线过销、孔中心，可能在与销孔轴线垂直的平面内取任何方向[图 4－16(a)]，图中 θ 并不代表 $\boldsymbol{F}_A$ 的真实方向，只表示 θ 可在 0～360°范围内任意取值。也可以

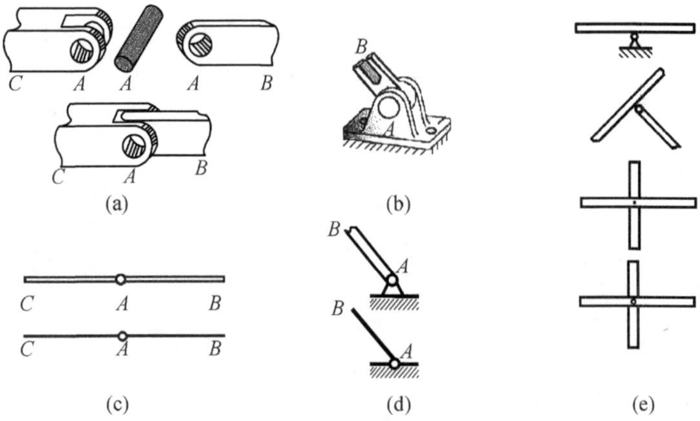

图 4-15

把此力分解为两个方向确定、大小未知的正交力[图 4-16(b)]，力的指向为假设，大小可正可负。其中图 4-16(a)仅是一种“过渡性”的表示法，在考察物体的全部外力后，归结为二力平衡、三力平衡汇交等特殊情况，才能最终确定 $\boldsymbol{F}_A$ 的确切方向。

图 4-17 所示的三个杆件 AB、AC、AD 在 A 处用同一销钉相连。如果需要对三杆分别进行分析时，销钉具体附在哪个杆件上可有三种不同的选择。图中以销钉附在杆件 AD 上为例，约束反力分析中体现了作用反作用原理。

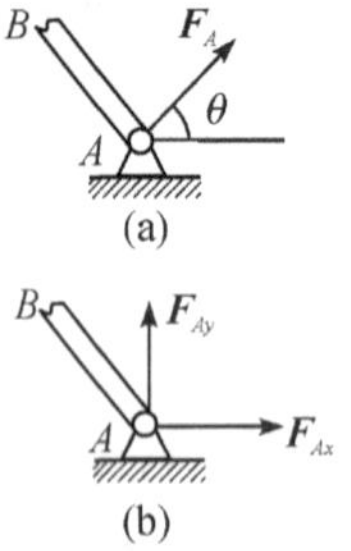

图 4-16

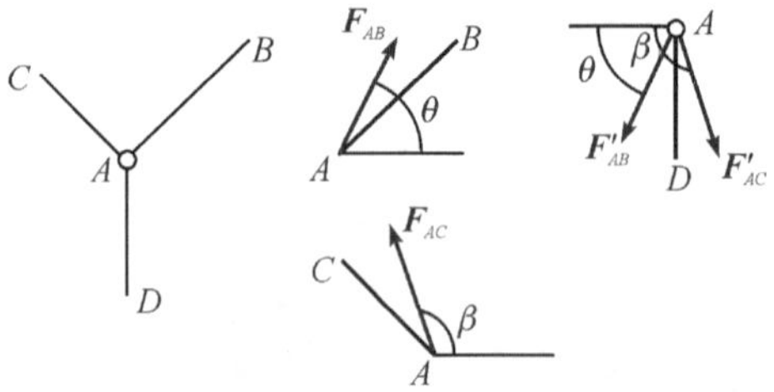

图 4-17

在土木工程结构中，理想铰链及固定铰链支座并不多见，大都是实际工程结构的简化。例如图 4-18(a)所示置于杯形基础中的预制混凝土柱体，其四周与杯口间由沥青麻丝填实。这样的柱体只能相对杯口中心产生微小转动，而不能上下左右位移，故柱体与基础可简化为固定铰链支座约束，如图 4-18(b)所示。再如图 4-19(a)所示的铆接结构，当连接部分的尺寸远小于被连接的杆件长度时，约束可以提供的阻碍杆件相对转动的力矩非常有限，为了简化，也将杆件间的连接简化为铰链约束，如图 4-19(b)所示。

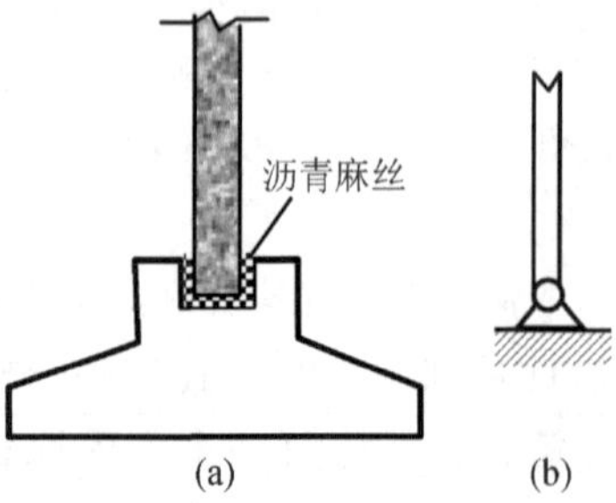

图 4-18

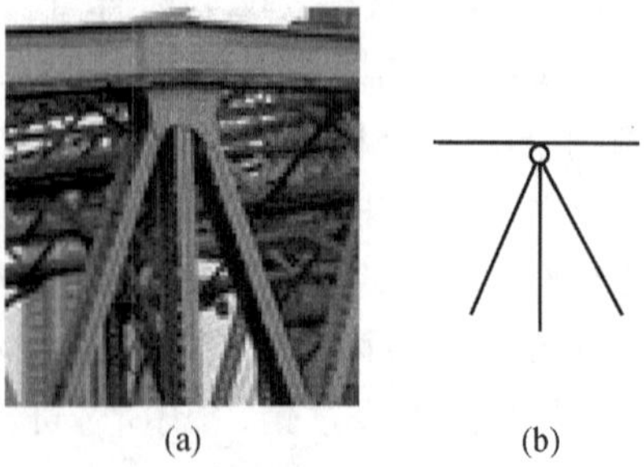

图 4-19

构件之间也可以通过球体与球窝之间的配合相连接(图 4-20),称为**光滑球铰链**。如果其中球窝为固定件,则称为**球铰支座**[图 4-21(a)]。球铰约束允许物体在空间自由转动,而不允许铰接点有任何方向的位移。约束反力作用线过球体中心,可以在空间取任何方向[图 4-21(b)]。也可以用三个方向确定、大小未知的正交分力表示[图 4-21(c)]。

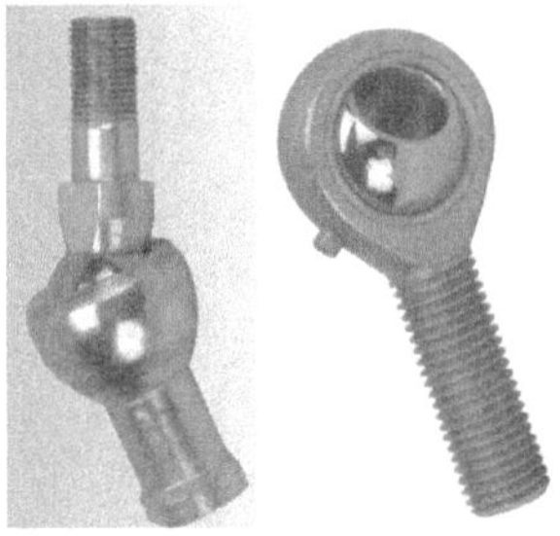

图 4-20

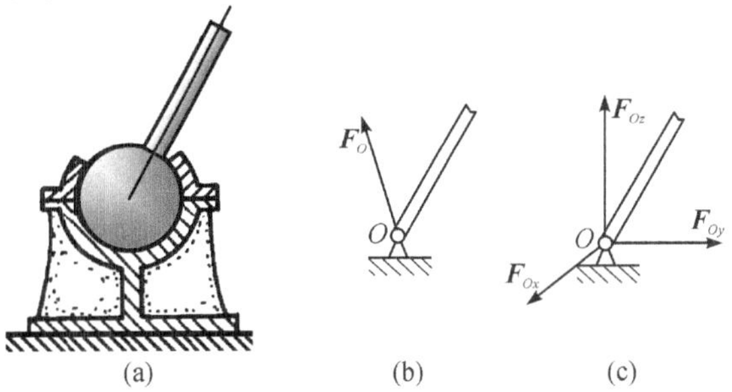

图 4-21

4. 滚动支座(辊轴支座)

在支座与固定面间安装辊轴构成滚动支座[图 4-22(a)]。简图可表示成图 4-22(b)所示的三种形式之一。

这种约束允许构件绕铰链自由转动且沿支承面自由运动,只限制沿支承面法线方向的位移。支承面可以是单面或双面约束,视工程需要而定。由此可知,约束反力作用线过铰链中心,沿支承面法线方向[图 4-22(c)]。

对单跨度的梁桥,常常一端采用固定铰链支座,而另一端则采用滚动支座(图 4-23),以确保温度变化时梁桥可以自由胀缩。

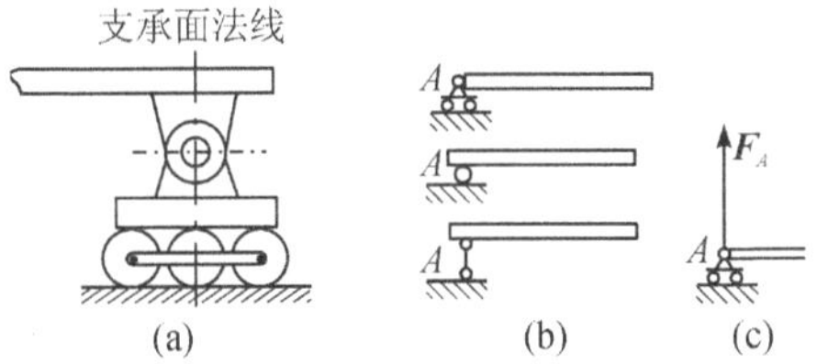

图 4-22

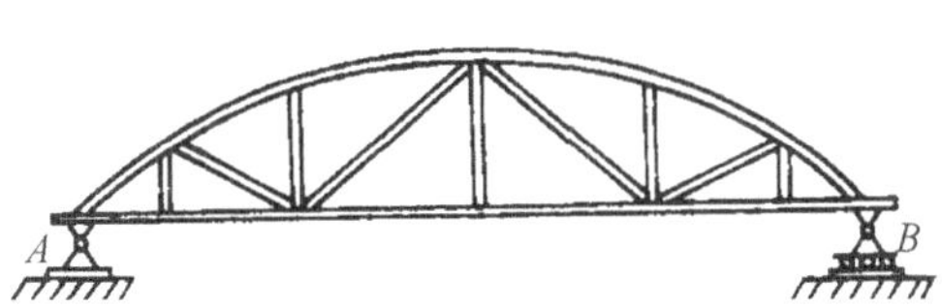

图 4-23

5. 颈轴承和止推轴承

轴承的功用是支承轴及轴上零件,保持轴的旋转精度,减少转轴与支承之间的摩擦和磨损,只允许轴的自由转动,而不允许有径向和轴向的位移。根据轴与机架之间的接触形式不同,轴承可以分为滑动轴承与滚动轴承两大类;根据承载方向的不同,轴承又分为**颈轴承**和**止推轴承**。

颈轴承的结构和简图如图 4-24 所示。只限制轴在支承处沿半径方向的位移,而不限制沿轴向的位移。故颈轴承的约束反力沿轴半径方向,可用两个方向确定、大小未知、通过轴线的正交力表示。

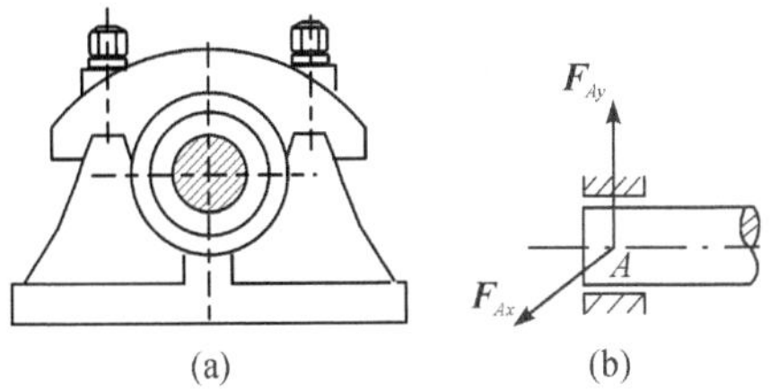

图 4-24

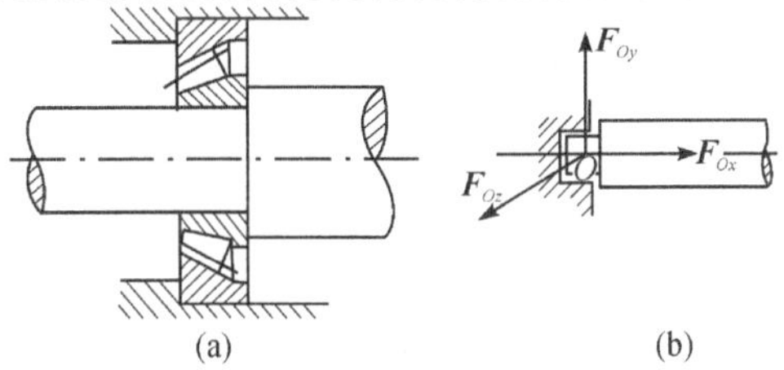

图 4-25

止推轴承除限制轴在支承处的径向位移外还通过轴肩与轴承的配合，限制轴的轴向位移(单向或双向)，如图 4-25 所示。止推轴承的约束反力可用通过轴线的三个正交力表示，其中两个沿径向，一个沿轴向。

工程中的转轴通常采用颈轴承与止推轴承配对安装。读者不难分析其中的原因。

6. 链杆

自重忽略不计的刚性直杆或曲杆仅在两端通过光滑铰链(圆柱铰链或球铰链)与其它物体相连接，且不再受其它力的作用，这样的杆件称为**链杆**。取出图 4-26 中的链杆 BC 单独分析。如前所述，可以将 B、C 处铰链约束力分别以一个大小、方向待定的力表示，则 BC 在二力作用下处于平衡。由二力平衡公理可知，链杆两端的约束反力等值、反向，作用线必过两铰中心，具体指向可以根据受力情况判别或假设。准确地识别链杆约束和其它处于二力平衡的物体(统称为**二力构件**)在分析受力中十分重要。需要特别提醒，链杆约束力的特点是由二力平衡公理得出的，在进行动力分析时不能简单套用。

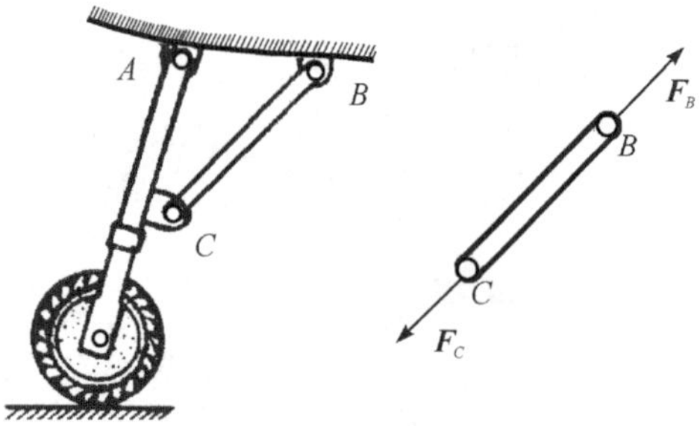

图 4-26

以上各类约束可看成由实际存在的约束抽象出的力学模型，抽象过程中作了简化。例如，认为绳索不可伸长、链杆的长度保持不变、接触面及铰链光滑等。这些简化在后面的研究中有深远影响，我们把前述各类约束归纳为**理想约束**。必须考虑磨擦因素时的研究方法及意义将在之后的章节中介绍。

4.5 受力图

作用在物体上的力可分为两类。一类力的要素已知，称为**主动力**，如重力、压力、驱动力等；另一类即为待求的约束反力，其作用点和方向由约束的性质决定，大小取决于主动力和物体的运动状态，需通过静力平衡方程或动力分析的相关定理求解。因此，正确地分析物体受力是解决力学问题的关键所在。

为了清晰表示物体的受力情况，需要将该物体(称为研究对象)从周围的约束中分离出来，并画出它的简图，称为取**分离体**，然后画出分离体所受的所有主动力和约束反力。这种图形称为**受力图**。

物体的受力图能全面、形象地反映物体的真实受力信息，正确绘图时需要把握以下四个方面。

(1)对所研究的系统全面观察，识别解决问题的关键所在，合理选取研究对象。

(2)将研究对象与系统内的其它物体完全隔离，单独绘出简图；将研究对象所受全部主动力及约束反力按照力的三要素逐一在研究对象的简图中以矢量表示，并相应标出矢量名称。

(3)由于力不能脱离物体而单独存在，所以在分析受力时要充分注意各力的施力物体；约束反力的要素务必要与约束特性相一致；不同研究对象之间互为作用与反作用的一对力务必保证反向，并用同一英文字母表示，以示两者等值。

(4)不同研究对象的受力图必须分别单独绘制，不允许混在一起画。

例 4-1 如图 4-27(a)所示，重量为 P 的碾子中心受拉力 $\boldsymbol{F}$ 作用滚压路面，受到石块的阻挡。不计摩擦，试画出碾子的受力图。

解　(1)取碾子为研究对象,并单独画出其简图。

(2)画主动力,包括地球对碾子的重力 **P** 和碾子中心的拉力 **F**。

(3)画约束反力。因碾子在 A 和 B 两点是点接触,且忽略摩擦,故认为碾子与石块和地面为光滑接触。分别过接触点、沿公法线作法向反力 $\boldsymbol{F}_{NA}$ 和 $\boldsymbol{F}_{NB}$,方向指向碾子。

碾子的受力如图 4-27(b)所示。

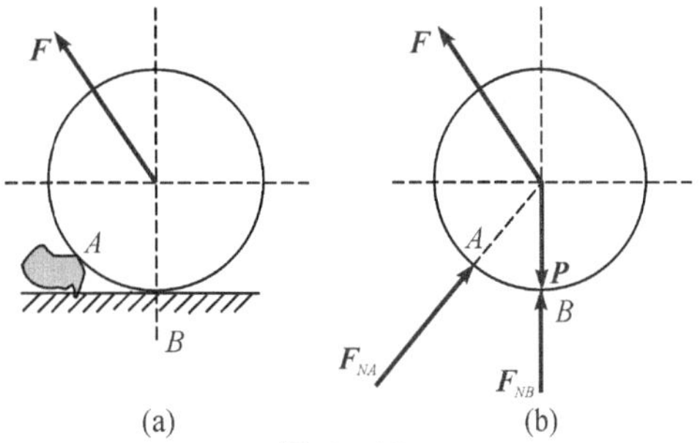

图 4-27

例 4-2　图 4-28(a)所示系统中物体所受重力为 **P**,其余自重不计。分别画出整体及 ACD 杆(含滑轮重物)的受力图。

解　(1)观察系统,BCE 杆虽在 B、C 处与其它物体铰接,但 E 处尚有绳的约束反力,故 BCE 不是链杆。B、C、A 处铰链均按一般铰链看待。

(2)作整体受力图如图 4-28(b)所示。

(3)作 ACD(含滑轮、重物)的受力图如图 4-28(c)所示。

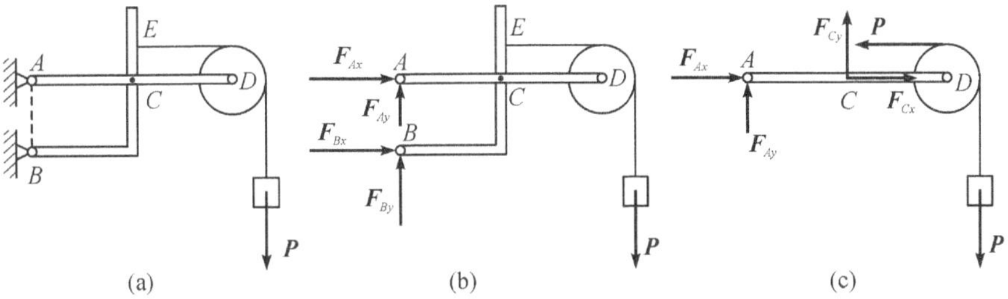

图 4-28

例 4-3　图 4-29(a)中电机所受重力为 **P**,其余自重不计。分别作 AB 梁(含电机)及整体的受力图。

解　(1) CD 为链杆,受力如图 4-29(b)所示。

(2)AB 梁 (含电机)的受力图如图 4-29(c)所示。

(3)整体的受力图如图 4-29(d)所示。

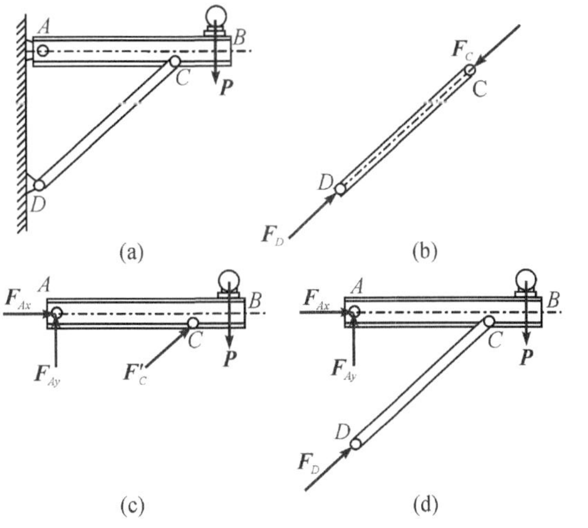

图 4-29

例 4-4 图 4-30(a)所示系统自重不计。分别画出其整体、AC、BC 的受力图。

解 (1)观察系统，DE 为链杆，B 处为光滑接触。销钉 C 连接了杆 AC、BC 和滑轮三个物体。一般若无特别要求，滑轮及所带绳索不必单独作为研究对象。因为隔离出滑轮后，增加了未知力个数，而对寻找解决问题的突破口往往帮助不大。考虑到 AC 在 G 处尚有绳索与滑轮联系，故当以 AC 为研究对象时包含了滑轮、绳及销钉 C 在内。

(2)作整体受力图如图 4-30(b)所示。

(3)作 AC 及滑轮(含绳索及销钉 C)的受力图如图 4-30(c)所示。

(4)作 BC 的受力图如图 4-30(d)所示。

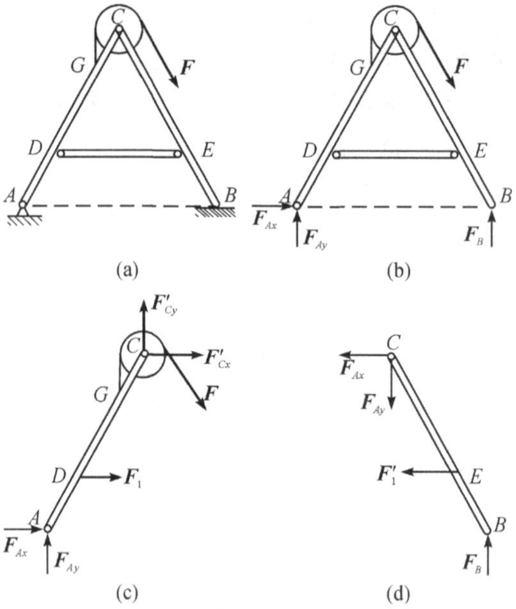

图 4-30

例 4-5 分别画出图 4-31(a)所示系统的整体、DG、BC、AC 的受力图。

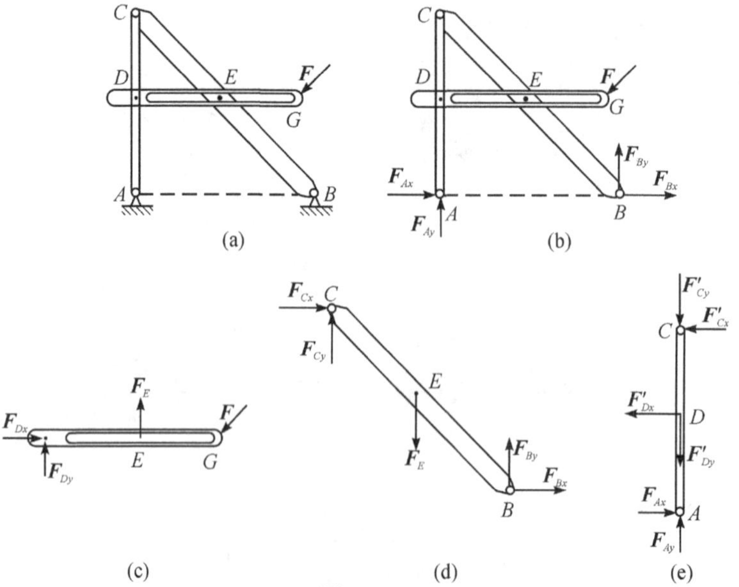

图 4-31

解　图 4-31(b)～(e)是正确答案。请读者自己分析本题关键点所在。应特别注意销钉 D、E 的受力差别，以及图(c)、(d)、(e)中作用力与反作用力的对应关系与表示方式。

例 4-6　如图 4-32(a)所示，折梯的两部分 AC 和 BC 在点 C 铰接，在 D、E 两点用水平绳连接。梯子放在光滑水平面上，若其自重不计，且在 BC 上点 H 处作用一铅直载荷 $\boldsymbol{F}$。试分别画出绳子 DE 和梯子的 AC、BC 部分，以及整个系统的受力图。

解　图 4-32(b)～(e)是正确答案。

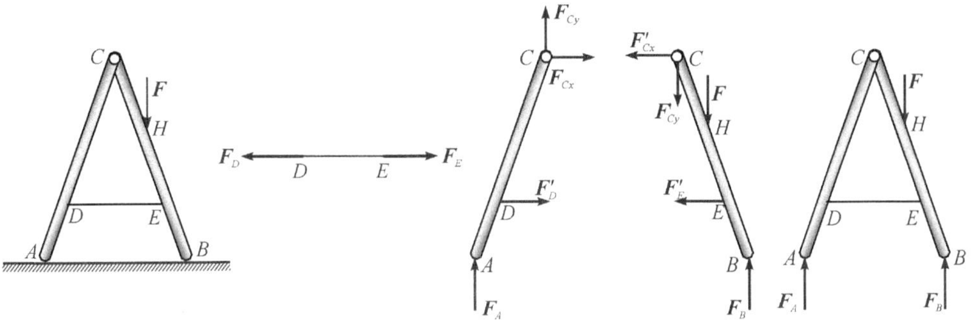

(a)　(b)　(c)　(d)　(e)

图 4-32

必须强调：画受力图时，一定要严格按照各类约束的性质分析约束力，绝不能单凭主观臆断或想当然地决定约束反力的方向，否则就会产生错误。

图 4-33 中的虚矢量为初学者分析物体受力时常出现的一些错误，请读者自行分析原因并纠错。

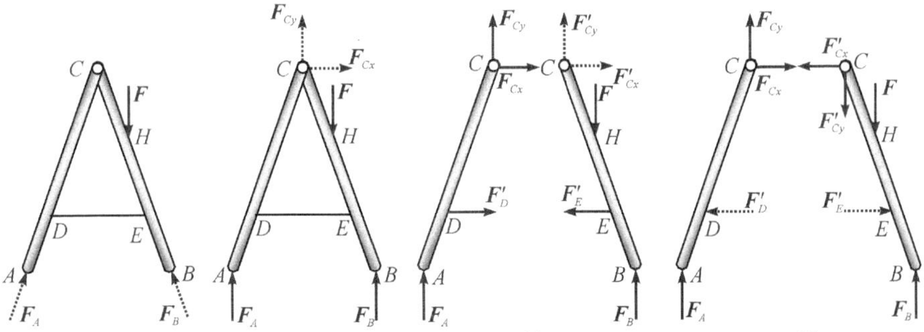

(a)　(b)　(c)　(d)

图 4-33

吊锤不用钉子

你能不用钉子就可以将小锤挂于桌沿吗？请分别对一次性筷子、小锤，以及筷子与小锤组成的系统进行受力分析。

思考题

思考 4 - 1　为什么说二力平衡公理、力的可传性原理只适用于刚体？

思考 4 - 2　作用于刚体上的平衡力系，如果作用到变形体上，则变形体是否也一定平衡？

思考 4 - 3　二力平衡条件与作用反作用原理都是二力等值、反向、共线，二者有什么区别？

思考 4 - 4　试区分 $F_R = F_1 + F_2$ 和 $\boldsymbol{F}_R = \boldsymbol{F}_1 + \boldsymbol{F}_2$ 两个等式的意义。

思考 4 - 5　什么情况下力在轴上的投影等于力的大小？什么情况下力在轴上的投影等于零？同一个力在两条相互平行的轴上的投影有何关系？

思考 4 - 6　判断下列论述是否正确：

(1)合力一定大于分力；

(2)一力在某轴上的投影的绝对值一定等于此力沿该轴分解的分力的大小。

思考 4 - 7　如思考 4 - 7 图所示，给定力 $\boldsymbol{F}$ 与 x 轴的夹角为 θ，试问力在 x 轴上的投影是否确定？力沿 x 轴方向的分力是否也确定了？

思考 4 - 8　试分别计算思考 4 - 8 图(a)、(b)两种情况下的力 $\boldsymbol{F}$ 在两坐标轴上的投影与沿两坐标轴的分力，并说明在这两种情况下投影与分力关系的区别。

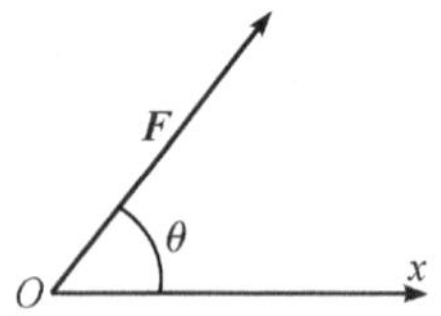

思考 4 - 7 图

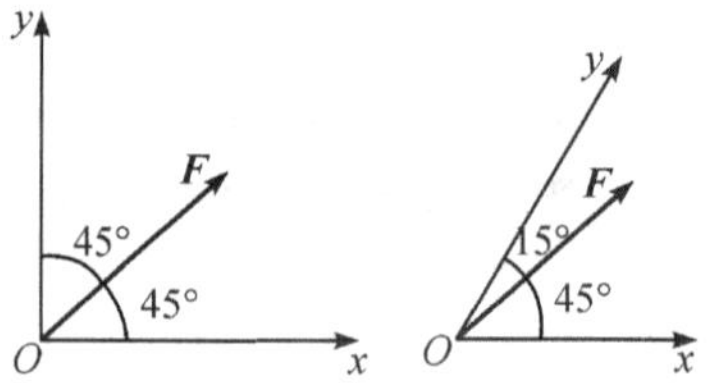

(a)　(b)

思考 4 - 8 图

习　题

4 - 1　画出习题 4 - 1 图中所示各物体的受力图。其中的链杆不必单独作为研究对象，没有标出重力 $\boldsymbol{G}$ 的物体不考虑其所受重力。

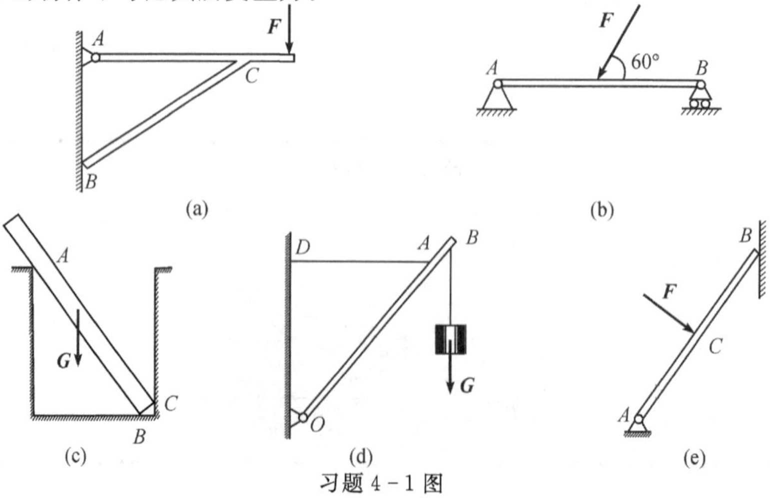

习题 4 - 1 图

4－2　分别画出习题 4－2 图中各指定物体的受力图。未标自重的物体自重均不计，所有接触面光滑。

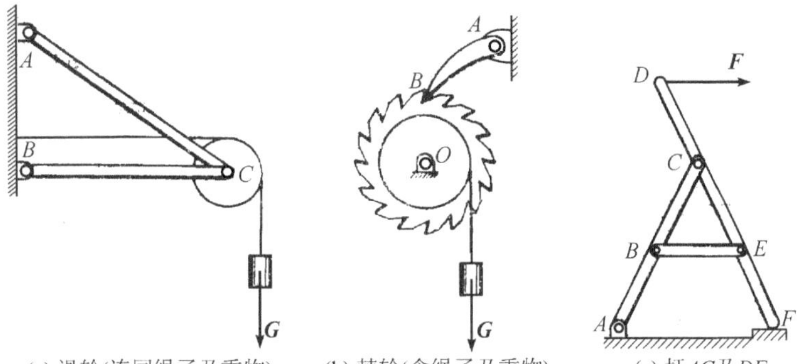

(a) 滑轮(连同绳子及重物)　　(b) 棘轮(含绳子及重物)　　(c) 杆AC及DF

习题 4－2 图

4－3　分别画出习题 4－3 图中各物体的受力图。未标自重的物体自重均不计，所有接触面光滑。

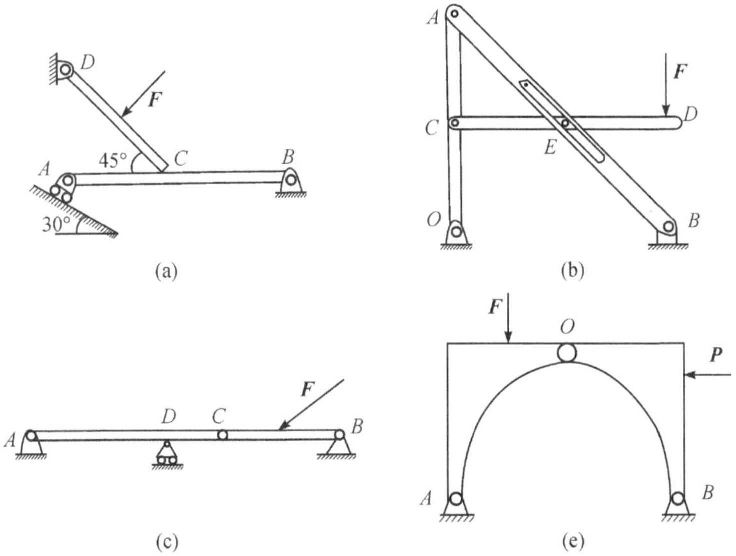

习题 4－3 图

第 5 章　基本力系

基本力系包括汇交力系和力偶系。本章讨论作用于刚体的基本力系合成方法与平衡条件，所得结论除了可以直接应用于工程实际，还将在讨论复杂力系的等效简化中被直接应用。

5.1　汇交力系

各力作用线交于同一点的力系，称为**汇交力系**。根据各力作用线的空间分布不同，又可分为空间汇交力系和平面汇交力系。

5.1.1　汇交力系的合成

设刚体受到汇交于点 O 的汇交力系($\boldsymbol{F}_1, \boldsymbol{F}_2, \cdots, \boldsymbol{F}_n$)作用，如图 5-1(a)所示。利用刚体上力的可传性，可以将各力沿其作用线传递到点 O，等效成一个共点力系($\boldsymbol{F}'_1, \boldsymbol{F}'_2, \cdots, \boldsymbol{F}'_n$)[图 5-1(b)]，且有矢量关系 $\boldsymbol{F}'_1=\boldsymbol{F}_1, \boldsymbol{F}'_2=\boldsymbol{F}_2, \cdots, \boldsymbol{F}'_n=\boldsymbol{F}_n$。

由共点力系的合成的结果[式(4-5)]可知：作用于刚体上的汇交力系可以合成一个合力；合力作用线通过力系的汇交点，合力的大小、方向等于力系中各力的矢量和[图 5-1(c)]。即

$$\boldsymbol{F}_{\mathrm{R}} = \sum \boldsymbol{F}_i \tag{5-1}$$

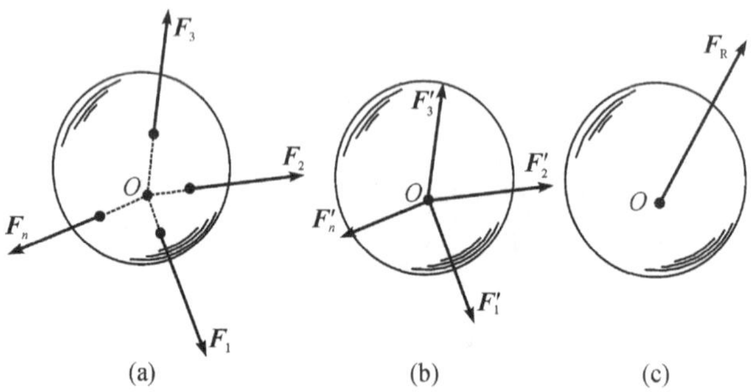

图 5-1

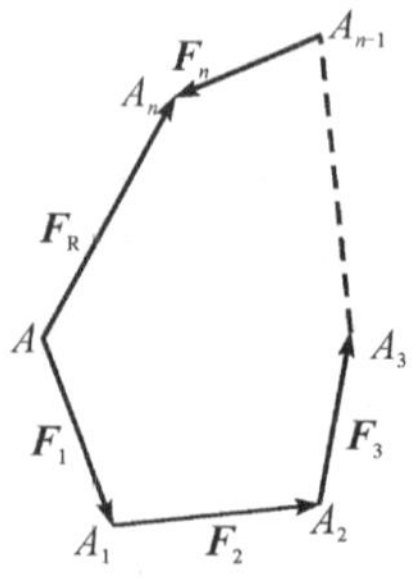

图 5-2

矢量求和可借助于力多边形方法(图 5-2)。

将式(5-1)投影到 x、y、z 轴，即可得到投影形式

$$\left.\begin{aligned} F_{\mathrm{R}x} &= \sum F_x \\ F_{\mathrm{R}y} &= \sum F_y \\ F_{\mathrm{R}z} &= \sum F_z \end{aligned}\right\} \tag{5-2}$$

为了简化，式中略去了下标 i。

设 $\boldsymbol{i}$、$\boldsymbol{j}$、$\boldsymbol{k}$ 分别为沿 x、y、z 轴的单位矢量，则由式(5-2)可计算出合力 $\boldsymbol{F}_{\mathrm{R}}$ 的大小及方向余

弦分别为

$$\left.\begin{aligned}&F_{\mathrm{R}}=\sqrt{\left(\sum F_x\right)^2+\left(\sum F_y\right)^2+\left(\sum F_z\right)^2}\\&\cos(\boldsymbol{F}_{\mathrm{R}},\boldsymbol{i})=\frac{\sum F_x}{F_{\mathrm{R}}},\cos(\boldsymbol{F}_{\mathrm{R}},\boldsymbol{j})=\frac{\sum F_y}{F_{\mathrm{R}}},\cos(\boldsymbol{F}_{\mathrm{R}},\boldsymbol{k})=\frac{\sum F_z}{F_{\mathrm{R}}}\end{aligned}\right\}\tag{5-3}$$

5.1.2　汇交力系的平衡

可见，作用于刚体上的汇交力系等价于共点力系，由此依据共点力系的平衡条件可得：汇交力系平衡的几何条件为力多边形自行封闭；汇交力系平衡的分析条件为各力在 x、y、z 轴上投影的代数和分别等于零，即

$$\left.\begin{aligned}\sum F_x=0\\\sum F_y=0\\\sum F_z=0\end{aligned}\right\}\tag{5-4}$$

式(5-4)称为汇交力系的平衡方程。共包括 3 个独立方程，可求解 3 个未知量。

平面汇交力系的诸力均作用在同一平面内，故平面汇交力系的平衡方程为

$$\left.\begin{aligned}\sum F_x=0\\\sum F_y=0\end{aligned}\right\}\tag{5-5}$$

共包括 2 个独立方程，可求解 2 个未知量。

例 5-1　图 5-3(a)表示一个不计自重的托架，B 为铰链支座，A 处光滑接触；托架在荷载 $P=2$ kN 的作用下处于平衡。求 A、B 两处的约束反力。

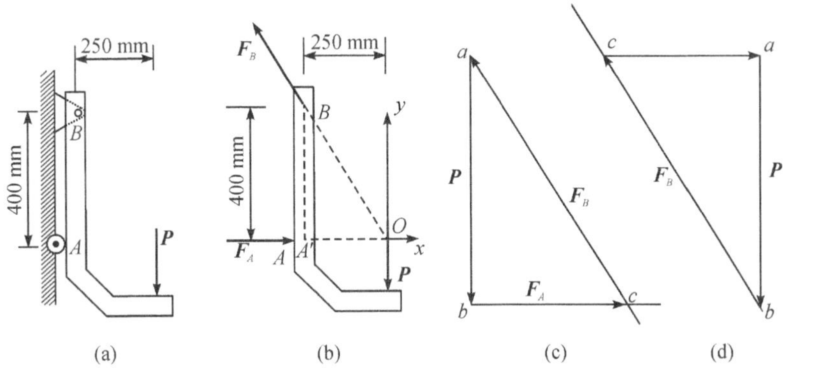

图 5-3

解　取托架为研究对象。

受力分析如图 5-3(b)所示。因为 A 处是光滑接触，接触面公法线是一水平线，故约束反力 $\boldsymbol{F}_A$ 水平向右(指向托架)；主动力 $\boldsymbol{P}$ 铅直向下，与约束反力 $\boldsymbol{F}_A$的作用线相交于 O 点；B 处为固定铰链支座，其约束反力 $\boldsymbol{F}_B$ 的作用线方位可应用三力平衡汇交定理确定，即沿 B、O 两点连线，但指向事先不能确定。

(1)首先，用几何法作封闭的力三角形。按一定的比例，由任一点 a 作矢量 $\overrightarrow{ab}$ 平行且等于已知力 $\boldsymbol{P}$，过 b、a 两点分别平行于力 $\boldsymbol{F}_A$、$\boldsymbol{F}_B$作射线相交于点 c，即得△abc。再根据力多边形自

行封闭的力系平衡几何条件，由已知力 $\boldsymbol{P}$ 的指向就可以确定力 $\boldsymbol{F}_B$ 的指向，如图 5-3(c)所示。

然后用三角公式计算未知力的大小。由图 5-3(b)、(c)可知，Rt△abc 与 Rt△$BA'O$ 相似，所以

$$\frac{F_A}{P}=\frac{OA'}{A'B}=\frac{250}{400};\quad \frac{F_B}{P}=\frac{OB}{A'B}=\frac{\sqrt{A'B^2+OA'^2}}{A'B}=\frac{\sqrt{400^2+250^2}}{400}$$

求得

$$F_A=1.25\ \text{kN},F_B=2.40\ \text{kN}$$

显然，封闭力三角形也可作成图 5-3(d)所示形式，计算结果与上述相同。

(2)解析法列平衡方程。取图 5-3(b)所示投影轴。

$$\sum F_x=0,\ F_A-F_B\sin\angle OBA=0$$

$$\sum F_y=0,\ F_B\cos\angle OBA-P=0$$

由上两式得

$$\frac{F_A}{P}=\tan\angle OBA=\frac{250}{400}$$

$$F_A=1.25\ \text{kN},F_B=2.40\ \text{kN}$$

拔河比赛有技巧

拔河是历史悠久的民间体育活动，深受广大民众喜爱。试利用力学知识分析赢得比赛需掌握的技巧。

5.2 力偶系

5.2.1 力偶及其基本性质

在人们的日常生活和生产实践中，用双手向方向盘施加一对等值、反向的力($\boldsymbol{F}_1,\boldsymbol{F}_1'$)来控制汽车转向，实现安全驾驶(图 5-4)；钳工师傅用双手在绞杠的两端施加一对等值、反向的力($\boldsymbol{F}_2,\boldsymbol{F}_2'$)来轻轻转动丝锥(图 5-5)，顺利完成攻丝加工。在这些实例中，均蕴含着力偶的概念及其应用。

1. 力偶

由大小相等、方向相反且不共线作用的两个力组成的力系称为**力偶**(图 5-6)，记作($\boldsymbol{F},\boldsymbol{F}'$)。组成力偶的两力作用线之间的垂直距离 d 称为**力偶臂**，力偶中两力作用线所决定的平面称为**力偶的作用面**。

由于 $\boldsymbol{F}=-\boldsymbol{F}'$，且作用线不重合，所以 $\boldsymbol{F}$ 与 $\boldsymbol{F}'$ 既不平衡（不满足二力平衡条件）又不能合成为一个力。由此可见，力偶不能用一个力来等效替换。故力偶是继力之后，力学中的又一个基本作用量。

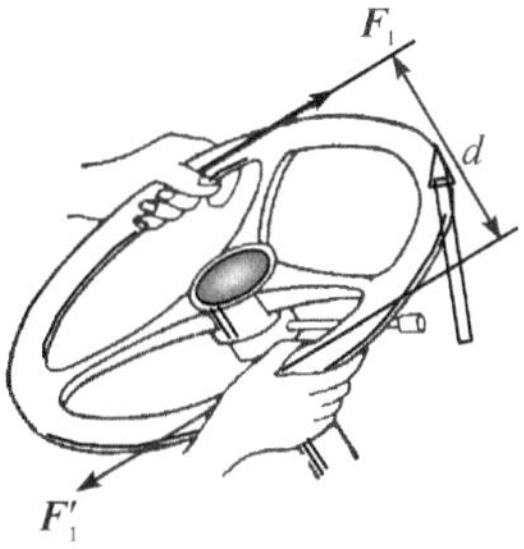

图 5-4

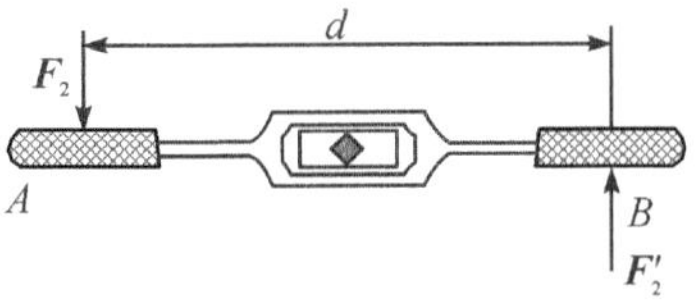

图 5-5

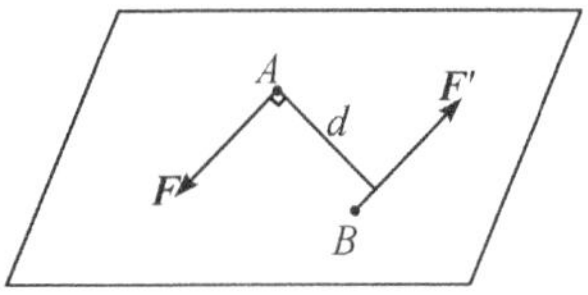

图 5-6

2. 力偶矩

力偶是一特殊力系，它只能使刚体产生纯转动效应，其大小可用力偶矩进行度量。

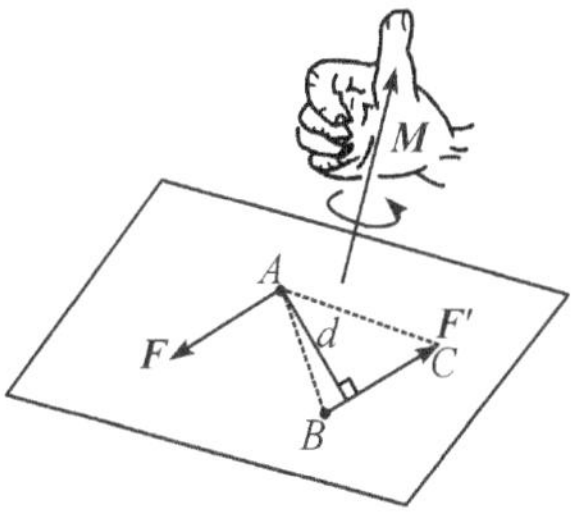

图 5-7

空间作用的力偶对刚体的转动效应不但取决于力偶中力的大小与力偶臂的乘积，而且还与力偶作用面在空间的方位有关，因此空间作用的力偶矩用矢量表示，记为 $\boldsymbol{M}$，如图 5-7 所示。力偶矩（矢量）取决于下列三个要素：

(1)矢量的模，即力偶矩的大小

$$M = F \cdot d = 2S_{\triangle ABC} \tag{5-6}$$

(2)矢量与力偶作用面垂直；

(3)矢量的指向依力偶的转向服从右手螺旋法则。

平面内作用的力偶对刚体的转动效应由以下两个因素确定：

(1)力偶矩的大小；

(2)力偶在作用面内的转向。

因力偶在其作用面内的转向只有逆时针和顺时针两种可能，因此力偶矩可用一标量表示

$$M = \pm F \cdot d = \pm 2S_{\triangle ABC} \tag{5-7}$$

并约定，力偶有使刚体做逆时针方向转动趋势时，力偶矩取正值，反之则取负值。

在国际单位制中，力偶矩的单位是牛顿·米(N·m)。

3. 力偶的性质

下面介绍的力偶的两条性质是讨论力偶系合成和平衡的物理依据。

定理一　只要保持力偶矩（大小和转向）不变，作用在刚体上的力偶可在其作用面内任意移转或同时改变力和力偶臂的大小，不会改变其对刚体的作用。

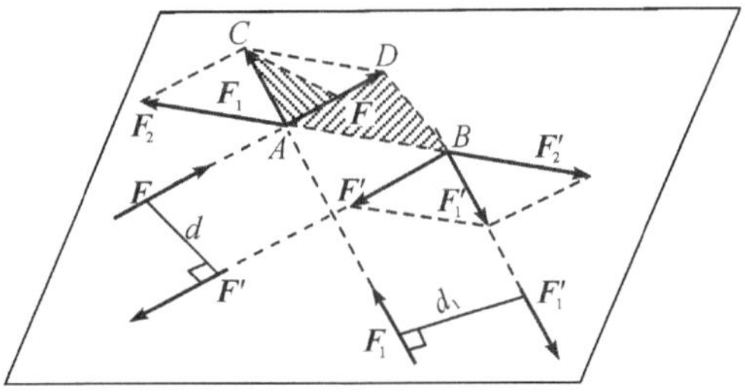

图 5-8

证明：如图 5-8 所示，设在同一平面内有力偶矩相等的两个力偶 $(\boldsymbol{F}_1,\boldsymbol{F}_1')$ 与 $(\boldsymbol{F},\boldsymbol{F}')$，且力偶中力的作用线分别相交于点 A 和点 B。将力 $\boldsymbol{F}$、$\boldsymbol{F}'$、

$\boldsymbol{F}_1$、$\boldsymbol{F}_1'$分别沿作用线移到 A 点和 B 点，并在 A 点以 $\boldsymbol{F}_1$为对角线、$\boldsymbol{F}$ 为一条边作平行四边形；在 B 点以 $\boldsymbol{F}_1'$为对角线、以 $\boldsymbol{F}'$为一条边作平行四边形，则有

$$\boldsymbol{F}_1 = \boldsymbol{F} + \boldsymbol{F}_2$$
$$\boldsymbol{F}_1' = \boldsymbol{F}' + \boldsymbol{F}_2'$$

因力偶矩大小 $Fd = F_1 d_1$，即有 $S_{\triangle ABD} = S_{\triangle ABC}$；因 $\triangle ABD$ 与 $\triangle ABC$ 同底、等高，故有 $CD \mathbin{/\mkern-6mu/} AB$，即 $\boldsymbol{F}_2$、$\boldsymbol{F}_2'$均沿 AB 作用，从而构成一对等值、反向、共线的平衡力。可见，力偶($\boldsymbol{F}_1$，$\boldsymbol{F}_1'$)与($\boldsymbol{F}$,$\boldsymbol{F}'$)仅相差一个平衡力系($\boldsymbol{F}_2$，$\boldsymbol{F}_2'$)。由加减平衡力系公理可知两者等效。从而定理一得证。

定理二 可以将作用在刚体上的力偶搬移到刚体内与原力偶作用面平行的任一平面内，不会改变其对刚体的作用。

证明：在刚体的平面Ⅰ内作用已知力偶($\boldsymbol{F}_1$，$\boldsymbol{F}_1'$)(图 5－9)。将线段 AB 平移至平行于平面Ⅰ的平面Ⅱ上的 $A'B'$ 处。则 $BAA'B'$ 为平行四边形，对角线在 O 点互相平分。在 A'、B' 点添加两对等值反向的平行力，$\boldsymbol{F}_2 = \boldsymbol{F}_3 = -\boldsymbol{F}_2' = -\boldsymbol{F}_3' = \boldsymbol{F}_1$，则力系($\boldsymbol{F}_1$，$\boldsymbol{F}_1'$，$\boldsymbol{F}_2$，$\boldsymbol{F}_2'$，$\boldsymbol{F}_3$，$\boldsymbol{F}_3'$)与力偶($\boldsymbol{F}_1$，$\boldsymbol{F}_1'$)等效。等值同向平行力 $\boldsymbol{F}_1$与 $\boldsymbol{F}_3$，$\boldsymbol{F}_1'$与 $\boldsymbol{F}_3'$分别合成为作用于 O 点的力 $\boldsymbol{F}_R$、$\boldsymbol{F}_R'$。而 $\boldsymbol{F}_R$、$\boldsymbol{F}_R'$ 等值反向共线，组成平衡力系。去掉 ($\boldsymbol{F}_R$，$\boldsymbol{F}_R'$) 后只剩下力偶 ($\boldsymbol{F}_2$，$\boldsymbol{F}_2'$)。这样就证明了力偶 ($\boldsymbol{F}_2$，$\boldsymbol{F}_2'$) 与 ($\boldsymbol{F}_1$，$\boldsymbol{F}_1'$) 等效。

由上述力偶的性质可知，力偶矩矢量可在其作用面内及平行平面之间自由搬移，故为**自由矢量**。在受力图中表示力偶时可不必画出具体的力和力偶臂，而只需标出力偶的作用面和力偶矩(图 5－10)。

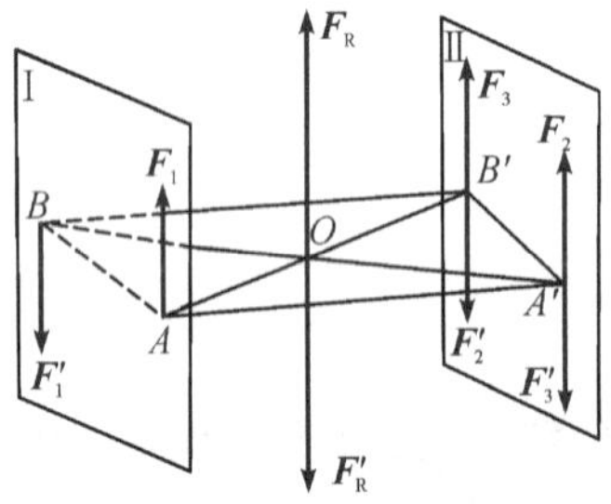

图 5－9

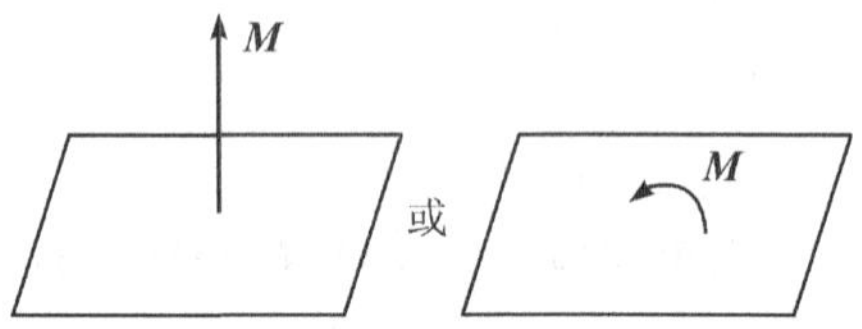

图 5－10

5.2.2 力偶系的合成

刚体上同时作用的一群力偶称为**力偶系**。若各力偶均位于同一平面内则为平面力偶系，否则为空间力偶系。

已经证明，力偶矩矢量为自由矢量。还可以进一步证明，力偶矩矢量满足矢量的加法运算规则。设力偶矩矢量分别为 $\boldsymbol{M}_1$、$\boldsymbol{M}_2$、…、$\boldsymbol{M}_n$ 的空间力偶系作用于刚体，如图 5－11 所示。根据自由矢量性质，分别将 $\boldsymbol{M}_1$、$\boldsymbol{M}_2$、…、$\boldsymbol{M}_n$ 搬移到刚体内任意点 O，并根据多边形规则将力偶系合成

$$\boldsymbol{M} = \boldsymbol{M}_1 + \boldsymbol{M}_2 + \cdots + \boldsymbol{M}_n = \sum \boldsymbol{M}_i \tag{5-8}$$

即：空间力偶系的合成结果是一个合力偶，合力偶矩矢量等于各分力偶矩的矢量和。

将式(5－8)投影到坐标轴 x、y、z 上，得合力偶矩矢量 $\boldsymbol{M}$ 的投影式

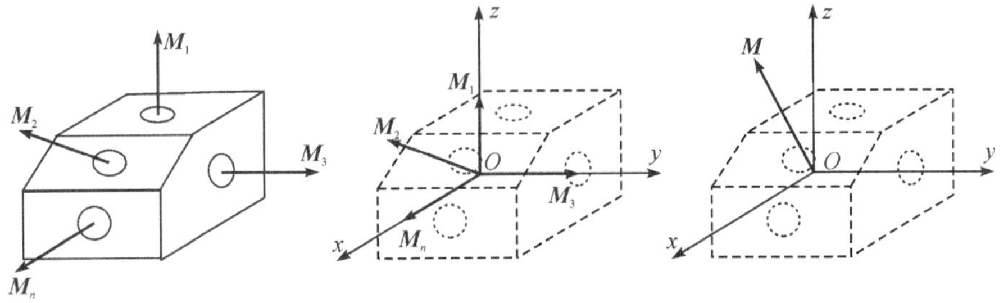

图 5 - 11

$$\left.\begin{aligned} M_x &= \sum M_{ix} \\ M_y &= \sum M_{iy} \\ M_z &= \sum M_{iz} \end{aligned}\right\} \tag{5-9}$$

合力偶矩矢量的分析表达式为

$$\boldsymbol{M} = M_x\boldsymbol{i} + M_y\boldsymbol{j} + M_z\boldsymbol{k} \tag{5-10}$$

合力偶矩矢量 $\boldsymbol{M}$ 的大小和方向可由以下式子确定

$$M = \sqrt{M_x^2 + M_y^2 + M_z^2} = \sqrt{(\sum M_{ix})^2 + (\sum M_{iy})^2 + (\sum M_{iz})^2} \tag{5-11}$$

$$\cos(\boldsymbol{M},\boldsymbol{i}) = \frac{M_x}{M},\ \cos(\boldsymbol{M},\boldsymbol{j}) = \frac{M_y}{M},\ \cos(\boldsymbol{M},\boldsymbol{k}) = \frac{M_z}{M} \tag{5-12}$$

作为空间力偶系的特例，平面力偶系合成的结果是位于各分力偶作用平面内的一个合力偶，该合力偶的力偶矩等于各分力偶矩的代数和，即

$$M = M_1 + M_2 + \cdots + M_n = \sum M_i \tag{5-13}$$

例 5 - 2　如图 5 - 12(a)所示，横截面为等腰三角形的直三棱柱 *ABC-DEF* 的三个铅垂侧面内各作用一力偶，力偶矩大小分别为 $M_1 = 50\ \text{N}\cdot\text{m}$，$M_2 = 50\ \text{N}\cdot\text{m}$，$M_3 = 50\sqrt{2}\ \text{N}\cdot\text{m}$，转向如图 5 - 12(a)所示。求此力偶系的合成结果。

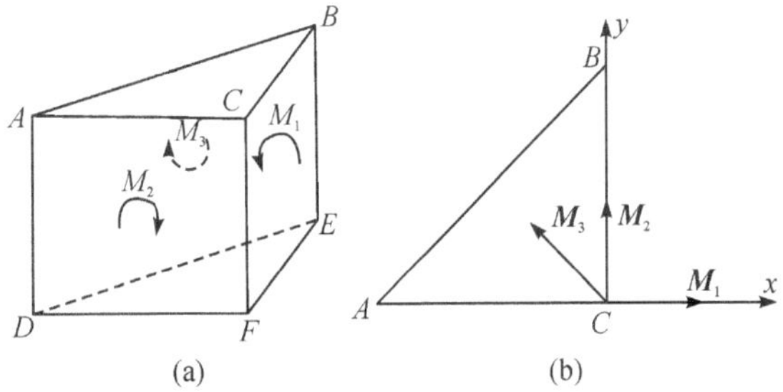

图 5 - 12

解　在 C 点作出三个力偶的力偶矩矢量 $\boldsymbol{M}_1$、$\boldsymbol{M}_2$、$\boldsymbol{M}_3$，它们恰好位于同一平面内，如图 5 - 12(b)所示。

取坐标系 xCy，根据式(5 - 9)有如下投影式

$$M_x = \sum M_{ix} = M_1 - M_3\cos 45^\circ = 0$$

$$M_y = \sum M_{iy} = M_2 + M_3\sin 45^\circ = 100\ \text{N}\cdot\text{m}$$

故

$$\boldsymbol{M} = 100\boldsymbol{j}\ \text{N}\cdot\text{m}$$

即合力偶矩矢量的大小为 100 N · m，方向与 y 轴正向一致。

5.2.3　力偶系的平衡

作用于刚体上的力偶系可合成一合力偶，因此空间力偶系平衡的必要和充分条件是：合力

偶矩矢量等于零，即

$$\boldsymbol{M} = \sum \boldsymbol{M}_i = 0 \tag{5-14}$$

写成解析形式，有

$$\left.\begin{aligned} \sum M_{ix} &= 0 \\ \sum M_{iy} &= 0 \\ \sum M_{iz} &= 0 \end{aligned}\right\} \tag{5-15}$$

即空间力偶系平衡的分析条件是力偶系中所有力偶矩矢量分别在三个坐标轴上投影的代数和等于零。此式即为空间力偶系的平衡方程，可求解三个未知量。

平面力偶系平衡的必要和充分条件是：各分力偶矩的代数和等于零，即

$$M = \sum M_i = 0 \tag{5-16}$$

上式只能求解一个未知量。

例 5-3 三铰拱的 AC 部分上作用有力偶，其力偶矩为 M［图 5-13(a)］。已知两个半拱的直角边比例为 $a : b = c : a$，略去三铰拱自身的重量。求 A、B 两处的约束反力。

解 右半拱 BC 为二力构件，选左半拱 AC 为研究对象。

AC 的受力如图 5-13(b)所示。主动力为力偶 $\boldsymbol{M}$；BC 为二力构件，决定了 C 点约束力 $\boldsymbol{F}'_C$ 必沿 BC 连线；铰链 A 的约束反力可以用一个力 $\boldsymbol{F}_A$ 表示，这样 AC 就在一个力偶和两个力 $\boldsymbol{F}_A$、$\boldsymbol{F}_C$ 作用下处于平衡，且其中力 $\boldsymbol{F}_C$ 的方位已知。根据力偶平衡条件，只有在力 $\boldsymbol{F}_A$ 与 $\boldsymbol{F}_C$ 组成力偶的情况下才能与力偶 $\boldsymbol{M}$ 平衡。这样就确定了 $\boldsymbol{F}_A$ 的作用线的方位及 $\boldsymbol{F}_A$、$\boldsymbol{F}_C$ 的指向。

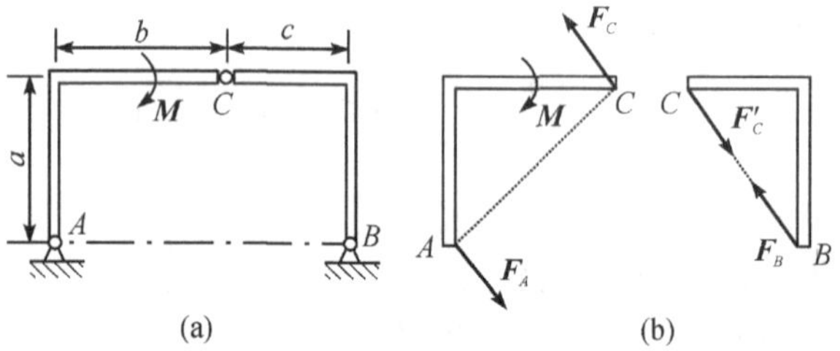

图 5-13

由于 $a : b = c : a$，可知 $\boldsymbol{F}_A$、$\boldsymbol{F}_C$ 垂直于 AC，$\boldsymbol{F}_A$、$\boldsymbol{F}_C$ 构成的力偶的力偶矩大小为 $F_A \cdot AC = F_A \cdot \sqrt{a^2 + b^2}$。

这属平面力偶系的平衡问题，可列一个平衡方程：

$$\sum M_i = 0, \qquad -M + F_A \cdot \sqrt{a^2 + b^2} = 0$$

解得

$$F_A = \frac{M}{\sqrt{a^2 + b^2}}$$

由于 BC 为二力构件，有 $F_B = F'_C = F_C = F_A$

方向如图 5-13(b)所示。

思考题

思考 5－1　所受重力为 $\boldsymbol{P}$ 的圆柱放在 V 形槽中，如思考 5－1 图所示。试问平衡时 $F_{NA}=F_{NB}=P\cos\theta$ 是否正确？为什么？

思考 5－2　何为力偶？在什么条件下两个力偶等效？力偶能否与一个力等效？

思考 5－3　如思考 5－3(a)图所示，在自由刚体上 A、B、C、D 四点上分别施加作用力 $\boldsymbol{F}_1$、$\boldsymbol{F}_2$、$\boldsymbol{F}_3$、$\boldsymbol{F}_4$。已知 $\boldsymbol{F}_1$ 与 $\boldsymbol{F}_3$，$\boldsymbol{F}_2$ 与 $\boldsymbol{F}_4$ 分别大小相等、方向相反。显然这四个力所构成的力多边形封闭，如思考 5－3(b)图所示，问刚体能否平衡？为什么？

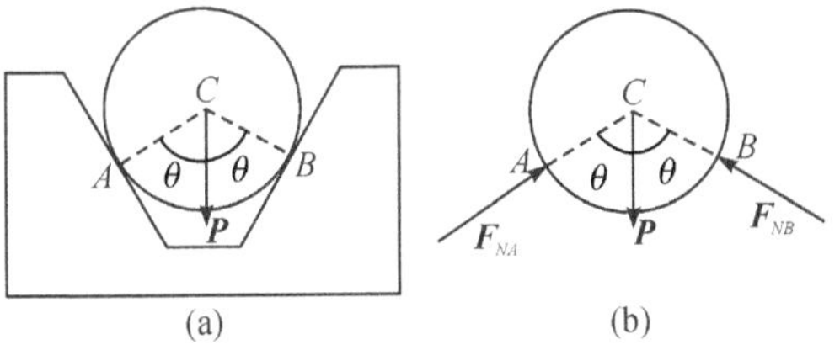

思考 5－1 图

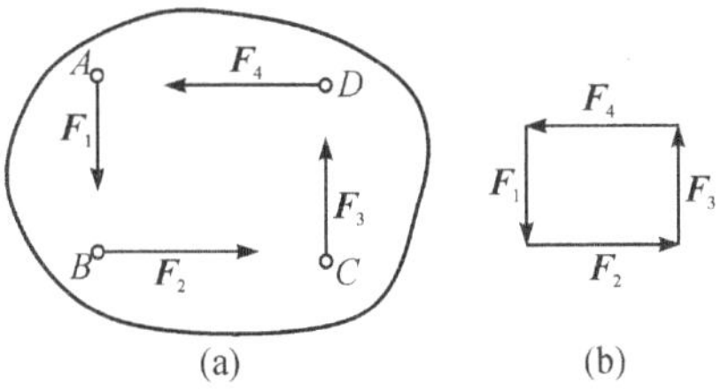

思考 5－3 图

习　题

5－1　如图所示简易拔桩装置中，AB 和 AC 是绳索，两绳索连接于点 A，B 端固结于支架上，C 端连接于桩头上。当 $F=5\ \text{kN}$，$\theta=10°$时，求绳 AB 和 AC 的张力。

5－2　如图所示起重机架可借绕过滑轮 A 的绳索将重 $W=20\ \text{kN}$ 的物体吊起，滑轮 A 用不计自重的杆 AB、AC 支承。不计滑轮的大小和重量，试求杆 AB 和 AC 所受的力。

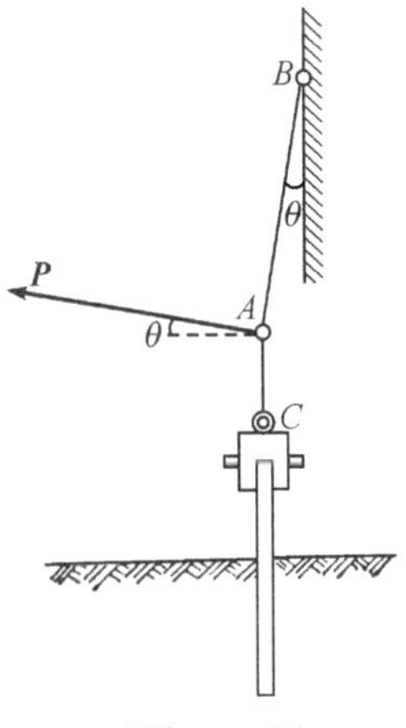

习题 5－1 图

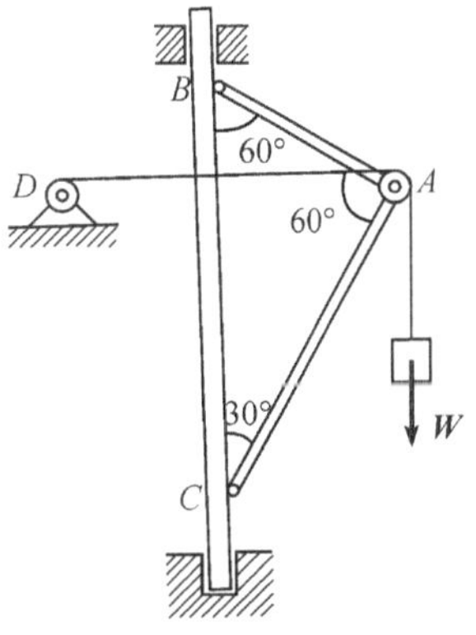

习题 5－2 图

5－3　吊桥 AB 长 L，所受重力为 $\boldsymbol{W}$（重力可看成作用在 AB 中点），一端用铰链 A 固定于地面，另一端用绳子吊住，绳子跨过光滑滑轮 C，并在其末端挂一所受重力为 P 的重物，且 $AC=AB$，如图所示。求平衡时吊桥 AB 的位置角度 θ 和 A 处的反力。

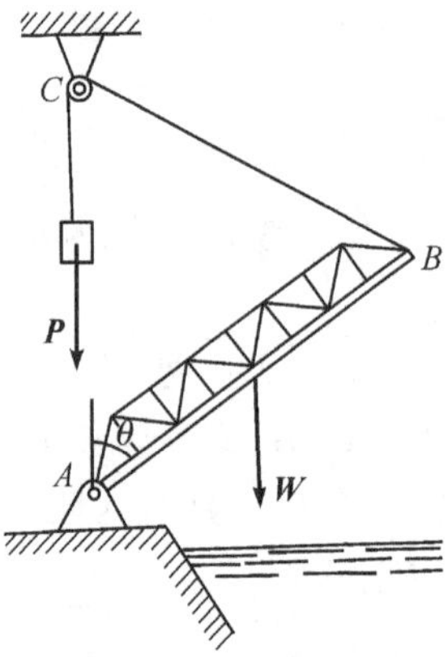

习题 5-3 图

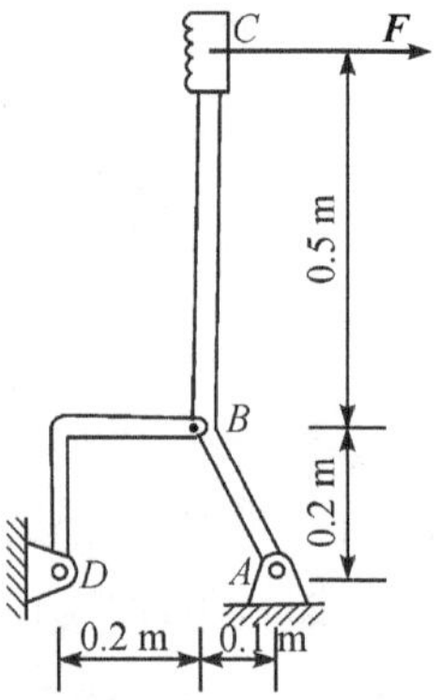

习题 5-4 图

5-4　手柄 ABC 的 A 端是铰链支座，B 处与折杆 BD 用铰链 B 连接。各杆自重均不计，力 F=400 N，手柄在习题 5-4 图所示位置平衡。求 A 处的反力。

5-5　图示液压夹紧机构中，D 为固定铰链，B、C、E 为活动铰链。力 $\boldsymbol{F}$ 已知，机构平衡时角度如图所示，求此时工件 H 所受的压紧力。

5-6　铰链四杆机构 $CABD$ 的 CD 边固定，在铰链 A、B 处受力 $\boldsymbol{F}_1$、$\boldsymbol{F}_2$ 作用，如图所示。该机构在图示位置平衡，杆重略去不计。求力 $\boldsymbol{F}_1$ 与 $\boldsymbol{F}_2$ 的关系。

5-7　图示直角杆 AB 上作用一力偶矩为 $\boldsymbol{M}$ 的力偶，试求直角杆在图示三种不同支承情况下所受的约束反力。

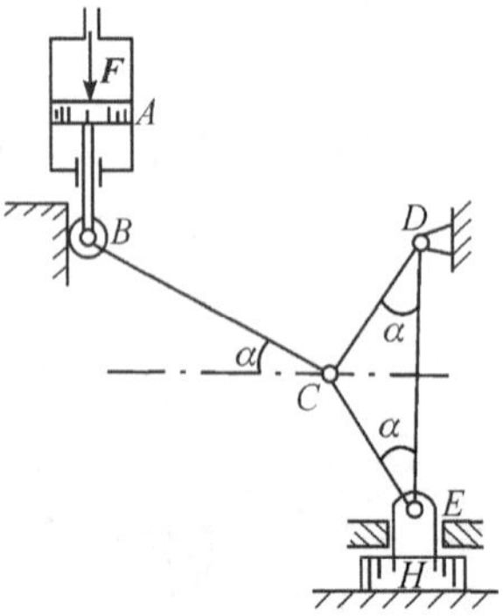

习题 5-5 图

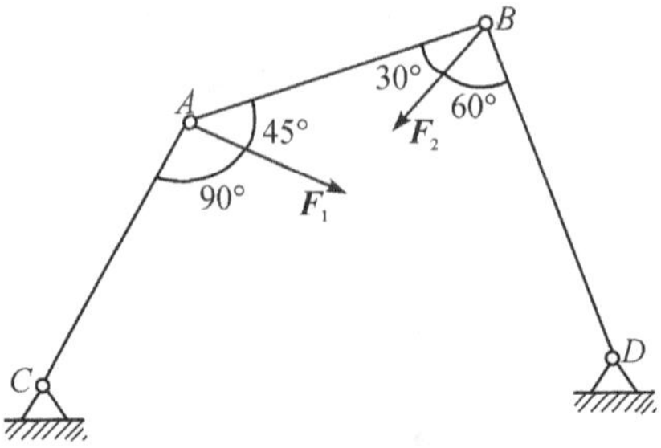

习题 5-6 图

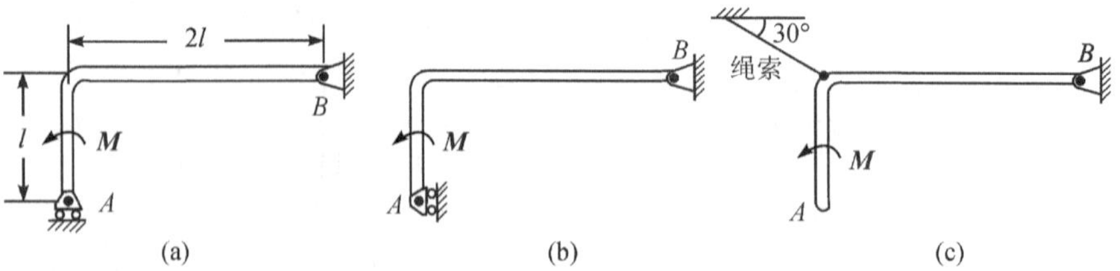

习题 5-7 图

5-8　图示构架不计自重，$F=F'$，求 C、D 处反力。

5-9　在图示机构中，a =12 cm，b =30 cm，M_1=200 N·m，M_2=1000 N·m，求支座 A、C 的反力。

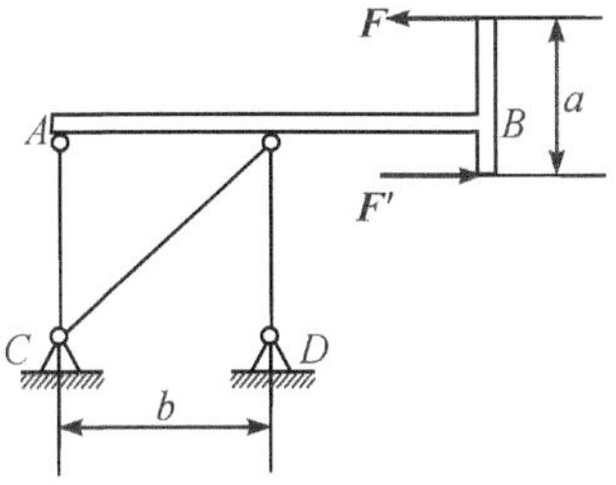

习题 5 - 8 图

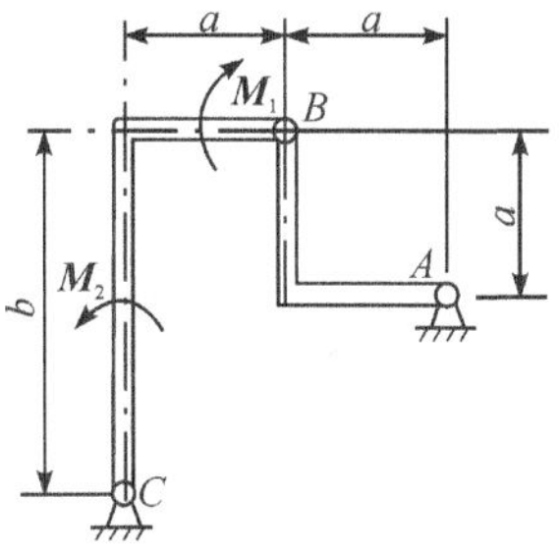

习题 5 - 9 图

5 - 10 图示杆 AB 有一导槽，该导槽套于杆 CD 的销钉 E 上。今在杆 AB、CD 上分别作用一力偶，如图所示，已知其中力偶矩 $M_1 = 1000\ \mathrm{N \cdot m}$，不计杆重及摩擦。试求力偶矩 $\boldsymbol{M}_2$ 的大小。

5 - 11　铰链四杆机构 $OABO_1$ 在图示位置平衡。已知：$OA = 0.4\ \mathrm{m}$，$O_1B = 0.6\ \mathrm{m}$，在 OA 上作用力偶的力偶矩为 $M_1 = 1\ \mathrm{N \cdot m}$。各杆的重量不计。试求力偶矩 $\boldsymbol{M}_2$ 的大小和杆 AB 的受力。

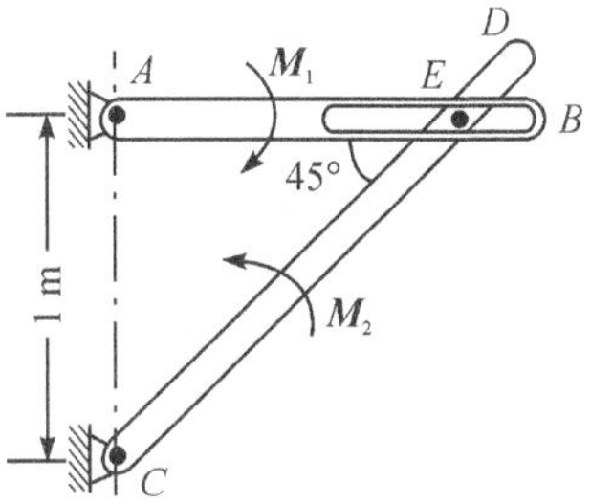

习题 5 - 10 图

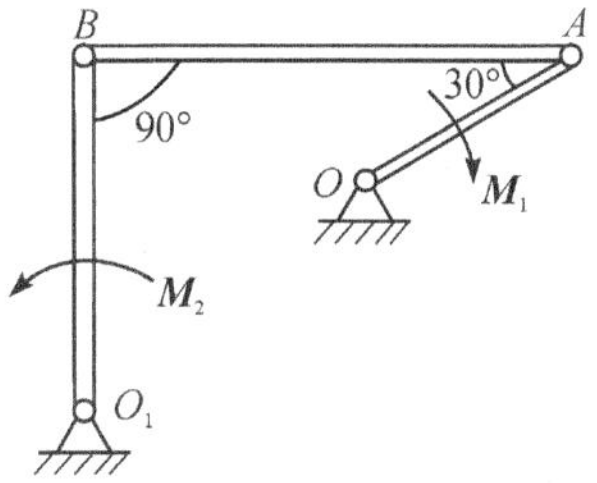

习题 5 - 11 图

第6章　作用于刚体的力系的等效简化

工程实际问题中，研究对象的受力可能相当复杂。本章研究作用于刚体的力系的等效简化，揭示决定力系对刚体作用的本质性要素，为研究物体的静力分析和动力分析问题提供理论依据。

6.1　力　矩

力对刚体的作用效应包括移动和转动两种，其中力对刚体产生的移动效应可用力矢量度量；力对刚体产生的转动效应可用**力矩**来度量。可视不同情况，分别用矢量或标量表示。

6.1.1　空间力对点之矩

作用于刚体上的力可以使刚体绕一点转动。空间力对刚体绕一点的转动效应不仅与力的大小、方向和矩心到力作用线的距离有关，而且还与矩心与力矢量所决定的平面有关。因此空间的力对点之矩要用一个矢量表示。

如图 6-1 所示，空间力 $\boldsymbol{F}$ 对点 O 之矩矢量 $\boldsymbol{M}_O(\boldsymbol{F})$ 的定义为

$$\boldsymbol{M}_O(\boldsymbol{F}) = \boldsymbol{r} \times \boldsymbol{F} \tag{6-1}$$

其中，O 表示矩心；$\boldsymbol{r}$ 为力 $\boldsymbol{F}$ 作用点相对矩心 O 的矢径。力矩矢量与 $\boldsymbol{r}$ 和 $\boldsymbol{F}$ 所决定的平面相垂直，指向按右手螺旋法则确定。力矩矢量的模(即大小)为

$$|\boldsymbol{M}_O(\boldsymbol{F})| = Fr\sin\alpha = Fh = 2S_{\triangle OAB} \tag{6-2}$$

其中，h 为矩心 O 至力 $\boldsymbol{F}$ 作用线的距离，称为**力臂**。当力作用线通过矩心时，力臂为零，从而力矩等于零。

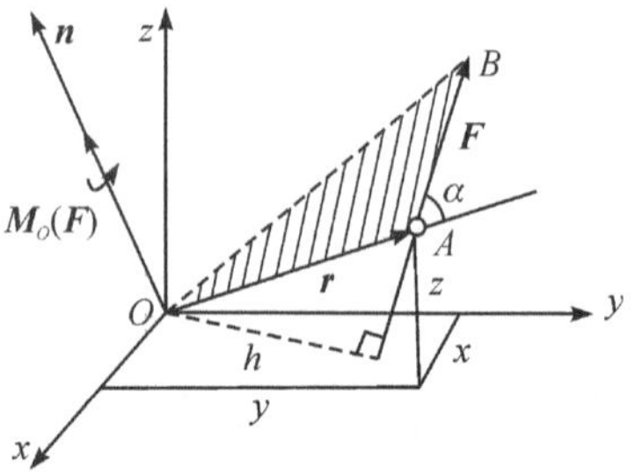

图 6-1

在国际单位制中，力矩的单位是牛顿·米(N·m)。

由于力矩矢量 $\boldsymbol{M}_O(\boldsymbol{F})$ 的大小和方向均与矩心 O 的位置有关，因此，空间的力矩是定位矢量，必须由矩心引出。

以 O 为原点建立直角坐标系 $Oxyz$，如图 6-1 所示，设 $\boldsymbol{i}$、$\boldsymbol{j}$、$\boldsymbol{k}$ 分别为三个坐标轴的单位向量，则有

$$\boldsymbol{r} = x\boldsymbol{i} + y\boldsymbol{j} + z\boldsymbol{k}\,,\quad \boldsymbol{F} = F_x\boldsymbol{i} + F_y\boldsymbol{j} + F_z\boldsymbol{k}$$

代入式(6-1)，得力 $\boldsymbol{F}$ 对点 O 之矩的解析表达式为

$$\boldsymbol{M}_O(\boldsymbol{F}) = \boldsymbol{r} \times \boldsymbol{F} = \begin{vmatrix} \boldsymbol{i} & \boldsymbol{j} & \boldsymbol{k} \\ x & y & z \\ F_x & F_y & F_z \end{vmatrix}$$

$$= (yF_z - zF_y)\boldsymbol{i} + (zF_x - xF_z)\boldsymbol{j} + (xF_y - yF_x)\boldsymbol{k}$$

单位矢量 $\boldsymbol{i}$、$\boldsymbol{j}$、$\boldsymbol{k}$ 前面的系数分别表示力矩矢量 $\boldsymbol{M}_O(\boldsymbol{F})$ 在 x、y、z 轴上的投影，即

$$\left.\begin{aligned}[\boldsymbol{M}_O(\boldsymbol{F})]_x &= yF_z - zF_y \\ [\boldsymbol{M}_O(\boldsymbol{F})]_y &= zF_x - xF_z \\ [\boldsymbol{M}_O(\boldsymbol{F})]_z &= xF_y - yF_x\end{aligned}\right\} \tag{6-3}$$

6.1.2 平面内力对点之矩

特殊情况下，作用于刚体上的各力作用线与矩心 O 在同一平面内，此时各力对 O 点之矩矢量共线，故用正负号即可表达力矩的转向。例如人们手握扳手拧动螺帽时就只有拧紧和松动两种可能(图 6-2)。因此平面内的力对点之矩是一标量，其大小等于力的大小与力臂的乘积，其正负号约定为：力使刚体具有逆时针方向转动趋势时取正，反之则取负，即

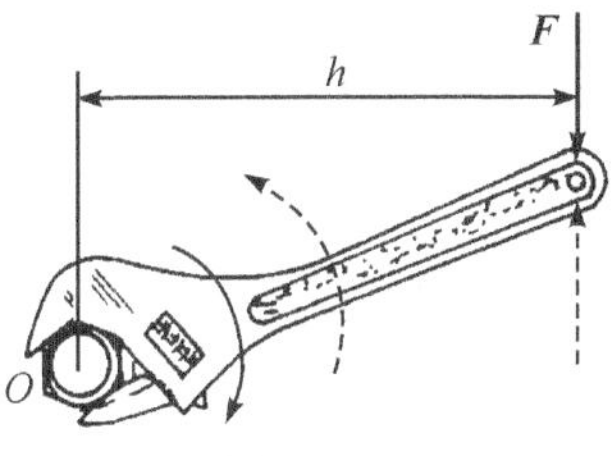

图 6-2

$$M_O(\boldsymbol{F}) = \pm Fh \tag{6-4}$$

6.1.3 合力矩定理

设共点力系 $\boldsymbol{F}_1, \boldsymbol{F}_2, \cdots, \boldsymbol{F}_n$ 作用于刚体上 A 点，$\boldsymbol{r}$ 为 A 点相对某点 O 的位置矢径。则其合力 $\boldsymbol{F}_R = \sum_{i=1}^{n} \boldsymbol{F}_i$ 仍作用于该点。于是，力系诸力对 O 点的力矩之和为

$$\sum_{i=1}^{n} \boldsymbol{M}_O(\boldsymbol{F}) = \sum_{i=1}^{n} \boldsymbol{r} \times \boldsymbol{F}_i = \boldsymbol{r} \times \sum_{i=1}^{n} \boldsymbol{F}_i = \boldsymbol{r} \times \boldsymbol{F}_R = \boldsymbol{M}_O(\boldsymbol{F}_R)$$

即

$$\boldsymbol{M}_O(\boldsymbol{F}_R) = \sum_{i=1}^{n} \boldsymbol{M}_O(\boldsymbol{F}_i) \tag{6-5}$$

式(6-5)可归纳为：力系的合力对任一点之矩等于该力系各力对同一点之矩的矢量和。该结论称为**合力矩定理**。

当共点力系中诸力作用线位于同一平面时，式(6-5)变为

$$M_O(\boldsymbol{F}_R) = \sum_{i=1}^{n} M_O(\boldsymbol{F}_i) \tag{6-6}$$

例 6-1　槽形杆用螺钉固定于点 O，如图 6-3 所示。力 $\boldsymbol{F}$ 作用于杆的端点 A，其大小为 400 N，试求力 $\boldsymbol{F}$ 对点 O 的矩。

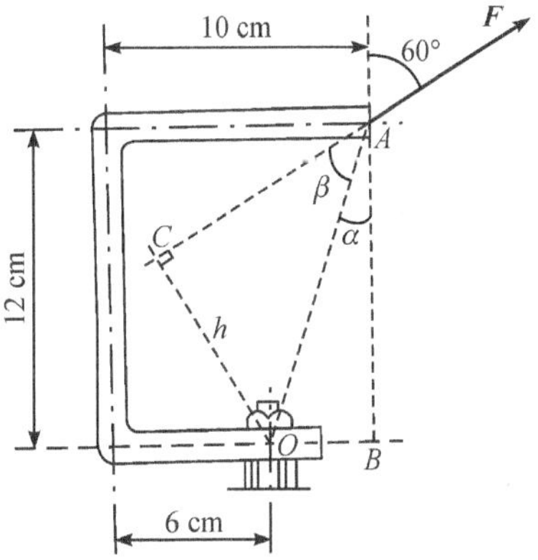

图 6-3

解法一　直接根据定义式(6-4)求解。

$\boldsymbol{F}$ 的大小和方向已知，要计算力 $\boldsymbol{F}$ 对点 O 的矩，关键是找出力臂的长度 h。由给定的几何参数可得

$$\tan\alpha = \frac{(10-6)\text{cm}}{12\ \text{cm}} = 0.333$$

$$\alpha = 18.43^\circ$$

$$AO = \frac{BO}{\sin\alpha} = \frac{4\ \text{cm}}{0.3162} = 12.65\ \text{cm}$$

$$\beta = 60^\circ - \alpha = 41.57^\circ$$

$$h = AO\sin\beta = 12.65\ \text{cm} \cdot \sin 41.57^\circ = 8.39\ \text{cm}$$

于是力 $\boldsymbol{F}$ 对点 O 的矩为

$$M_O(\boldsymbol{F}) = -Fh = -400\ \text{N} \times 8.39\ \text{cm}$$
$$= -3356\ \text{N} \cdot \text{cm} = -33.56\ \text{N} \cdot \text{m}$$

可见，直接应用力矩的定义计算力臂比较麻烦。

解法二　通过合力矩定理求解。

将力 $\boldsymbol{F}$ 分解为水平力 $\boldsymbol{F}_x$ 与铅垂力 $\boldsymbol{F}_y$（图 6-4）

$$F_x = F\sin 60° = 346.4\ \text{N}$$
$$F_y = F\cos 60° = 200\ \text{N}$$

由式(6-6)得

$$M_O(\boldsymbol{F}) = M_O(\boldsymbol{F}_x) + M_O(\boldsymbol{F}_y)$$
$$= -346.4\ \text{N} \times 12\ \text{cm} + 200\ \text{N} \times (10-6)\text{cm}$$
$$= -3356\ \text{N} \cdot \text{cm} = -33.56\ \text{N} \cdot \text{m}$$

两种不同途径，得到了相同的计算结果。但后者更加简单明了。

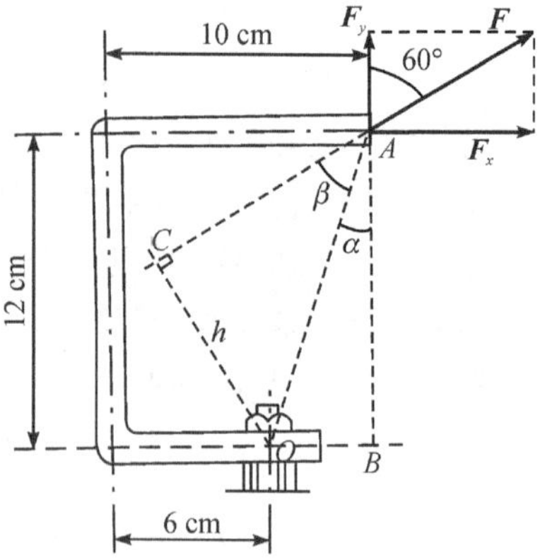

图 6-4

例 6-2　图 6-5(a)所示的圆柱直齿轮受到啮合力 $\boldsymbol{F}$ 的作用。设 $F=1400$ kN，压力角 $\alpha=20°$，齿轮的啮合圆半径 $r=60$ mm，试求力 $\boldsymbol{F}$ 对轴心 O 的力矩。

解　通过合力矩定理计算。

将力 $\boldsymbol{F}$ 分解为圆周力 $\boldsymbol{F}_t$ 和径向力 $\boldsymbol{F}_r$[图 6-5(b)]。

由于径向力 $\boldsymbol{F}_r$ 通过矩心 O，则

$$M_O(\boldsymbol{F}) = M_O(\boldsymbol{F}_t) + M_O(\boldsymbol{F}_r)$$
$$= M_O(\boldsymbol{F}_t) = Fr\cos\alpha$$
$$= 1400\ \text{kN} \times 60\ \text{mm} \times \cos 20° = 78.93\ \text{kN} \cdot \text{m}$$

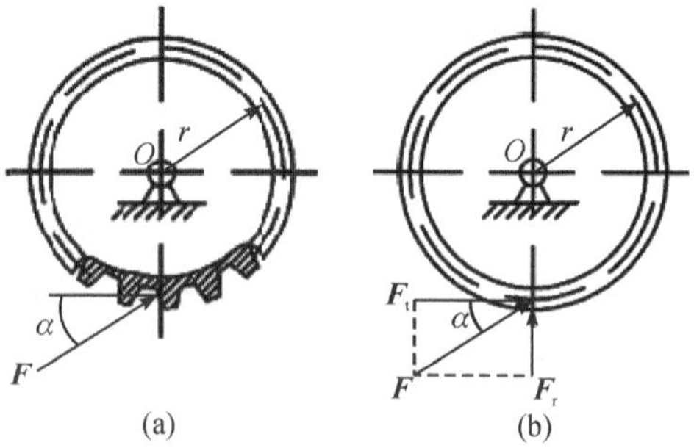

图 6-5

6.1.4　力对轴之矩

日常生活与工程实际中，力使刚体绕轴转动的实例很多。例如人们通过门把手对门施力，就可以开门或关门；通过带轮上的皮带拉力或齿轮之间的啮合力，可带动转子转动等。力使物体绕某轴转动的效应可用力对轴之矩进行量度。

设力 $\boldsymbol{F}$ 作用于刚体上的 A 点，其作用线与 z 轴既不平行也不相交，如图 6-6 所示。通过 A 点作平面 xOy 与 z 轴相垂直，O 表示该平面与 z 轴的交点。将力 $\boldsymbol{F}$ 正交分解为两个分力 $\boldsymbol{F}_z$ 和 $\boldsymbol{F}_{xy}$，其中的分力 $\boldsymbol{F}_{xy}$ 即为力 $\boldsymbol{F}$ 在 xOy 平面上的投影。实践表明，分力 $\boldsymbol{F}_z$ 对刚体绕 z 轴无转动效应，所以分力 $\boldsymbol{F}_{xy}$ 对 O 点之矩即可度量力 $\boldsymbol{F}$ 使刚体绕 z 轴的转动效应。由此定义：力对某轴之矩是力使刚体绕该轴转动效应的度量，它等于该力在垂直于该轴平面上的投影对轴与平面交点之矩。力对轴之矩是标量，可表示为

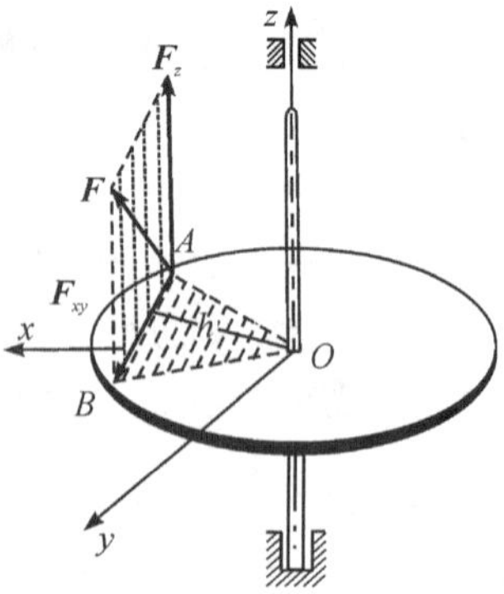

图 6-6

$$M_z(\boldsymbol{F}) = M_O(\boldsymbol{F}_{xy}) = \pm F_{xy} \cdot h = \pm 2S_{\triangle OAB} \qquad (6-7)$$

z 轴称为**矩轴**。式中的正负号表示力 $\boldsymbol{F}$ 使静止刚体绕矩轴转动的方向，通常按右手螺旋法则确定，即，从 z 轴的正端向负端看，分力 $\boldsymbol{F}_{xy}$ 使刚体绕轴有逆时针的转动趋势时，$M_z(\boldsymbol{F})$ 取正值，反之取负值。直接应用该式求解时，建议先由右手螺旋法则判断力矩的正负，再计算其大小。

由式(6－7)可知，力对轴之矩等于零的情形为：①力与矩轴相交($h=0$)；②力与矩轴平行($F_{xy}=0$)。可概括为：力与轴共面时，力对该轴之矩等于零。

力对轴之矩的单位是 N·m。

6.1.5　力对点之矩与力对轴之矩关系定理

设 O 为 z 轴上一点(图 6－7)，平面Ⅰ过 O 点与 z 轴垂直。从几何角度看

$$|\boldsymbol{M}_O(\boldsymbol{F})| = 2S_{\triangle OAB}$$
$$|M_z(\boldsymbol{F})| = |M_O(\boldsymbol{F}_{xy})| = 2S_{\triangle OA_1B_1}$$

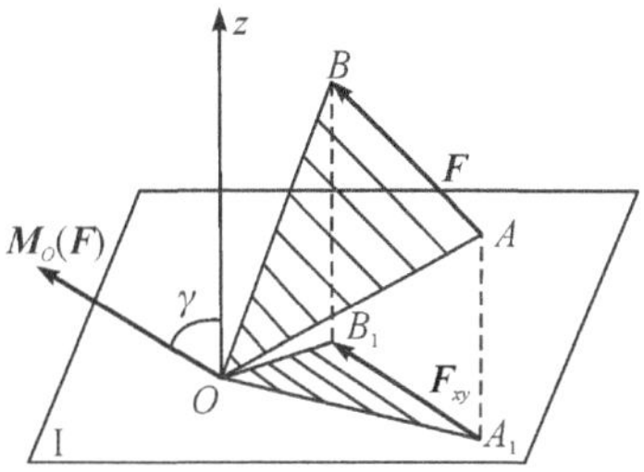

图 6－7

而 $\triangle OA_1B_1$ 恰为 $\triangle OAB$ 在平面Ⅰ上的投影；进一步可验证：当 $\boldsymbol{M}_O(\boldsymbol{F})$ 与 z 轴正向夹角 γ 为锐角时 $M_z(\boldsymbol{F})$ 为正，而 γ 为钝角时 $M_z(\boldsymbol{F})$ 为负。故有

$$M_z(\boldsymbol{F}) = |\boldsymbol{M}_O(\boldsymbol{F})| \cdot \cos\gamma = [\boldsymbol{M}_O(\boldsymbol{F})]_z \tag{6-8}$$

即：力对点之矩矢量在经过该点的轴上的投影等于该力对该轴之矩。该结论又称为**力矩关系定理**。当 x、y、z 为过 O 点的三个满足右手螺旋法则的正交坐标轴时，则有

$$\left.\begin{aligned}[\boldsymbol{M}_O(\boldsymbol{F})]_x &= M_x(\boldsymbol{F})\\ [\boldsymbol{M}_O(\boldsymbol{F})]_y &= M_y(\boldsymbol{F})\\ [\boldsymbol{M}_O(\boldsymbol{F})]_z &= M_z(\boldsymbol{F})\end{aligned}\right\} \tag{6-9}$$

于是力对点之矩的分析表达式又可直接表示为

$$\boldsymbol{M}_O(\boldsymbol{F}) = M_x(\boldsymbol{F})\boldsymbol{i} + M_y(\boldsymbol{F})\boldsymbol{j} + M_z(\boldsymbol{F})\boldsymbol{k} \tag{6-10}$$

例 6－3　试分别计算图 6－8 中作用于 A 点的力 $\boldsymbol{F}_1$、$\boldsymbol{F}_2$、$\boldsymbol{F}_3$ 对各坐标轴之矩的和。其中 $F_1=10$ kN，$F_2=5$ kN，$F_3=20$ kN。尺寸如图所示。

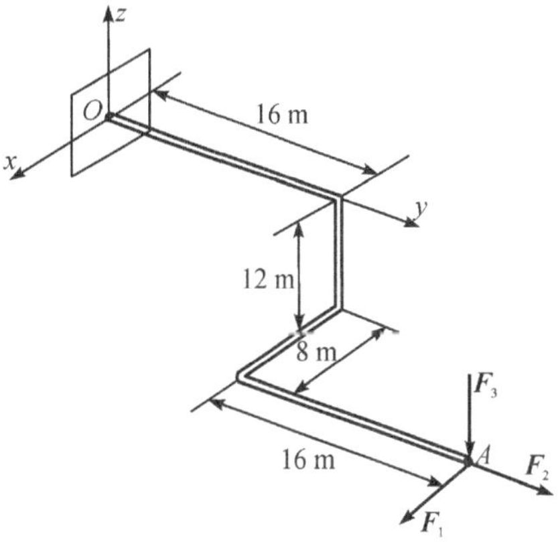

图 6－8

解　本题有两种解法。

解法一　直接根据力对轴之矩的定义计算

$$\sum M_x(\boldsymbol{F}) = M_x(\boldsymbol{F}_1) + M_x(\boldsymbol{F}_2) + M_x(\boldsymbol{F}_3)$$
$$= 0 + 12F_2 - 32F_3 = -580\ \text{kN}\cdot\text{m}$$

$$\sum M_y(\boldsymbol{F}) = M_y(\boldsymbol{F}_1) + M_y(\boldsymbol{F}_2) + M_y(\boldsymbol{F}_3)$$
$$= -12F_1 + 0 + 8F_3 = 40\ \text{kN}\cdot\text{m}$$

$$\sum M_z(\boldsymbol{F}) = M_z(\boldsymbol{F}_1) + M_z(\boldsymbol{F}_2) + M_z(\boldsymbol{F}_3)$$
$$= -32F_1 + 8F_2 + 0 = -280\ \text{kN}\cdot\text{m}$$

解法二　先计算力对点 O 之矩在 x、y、z 轴上的投影，再利用力矩关系定理得到力对 x、y、z 轴之矩。

力作用点 A 的坐标为　　$x=8$ m，$y=32$ m，$z=-12$ m

力在坐标轴上的投影为

$$F_x=F_1=10\ \text{kN}, F_y=F_2=5\ \text{kN}, F_z=-F_3=-20\ \text{kN}$$

将以上数值代入式(6-3),得

$$\sum[\boldsymbol{M}_O(\boldsymbol{F})]_x=32\ \text{m}\times(-20\ \text{kN})-(-12\ \text{m})\times 5\ \text{kN}=-580\ \text{kN}\cdot\text{m}$$

$$\sum[\boldsymbol{M}_O(\boldsymbol{F})]_y=(-12\ \text{m})\times 10\ \text{kN}-8\ \text{m}\times(-20\ \text{kN})=40\ \text{kN}\cdot\text{m}$$

$$\sum[\boldsymbol{M}_O(\boldsymbol{F})]_z=8\ \text{m}\times 5\ \text{kN}-32\ \text{m}\times 10\ \text{kN}=-280\ \text{kN}\cdot\text{m}$$

再由式(6-9)得

$$\sum M_x(\boldsymbol{F})=-580\ \text{kN}\cdot\text{m}, \sum M_y(\boldsymbol{F})=40\ \text{kN}\cdot\text{m}, \sum M_z(\boldsymbol{F})=-280\ \text{kN}\cdot\text{m}$$

6.2 力的平移定理

根据力的可传性原理,作用于刚体的力沿其作用线移动而对刚体的作用效果不变。若平行移动,则必须添加一定的附加条件才能保持等效。

设有作用于刚体上 A 点的力 $\boldsymbol{F}$(图 6-9),为实现将其平行移动到刚体上的另一点 B,根据加减平衡力系公理,可在 B 点加上一对平衡力 $\boldsymbol{F}'$、$\boldsymbol{F}''$,且 $\boldsymbol{F}=\boldsymbol{F}'=-\boldsymbol{F}''$。则力 $\boldsymbol{F}''$ 与 $\boldsymbol{F}$ 组成力偶,其力偶矩 $\boldsymbol{M}$ 的大小为 $Fh=M_B(\boldsymbol{F})$。

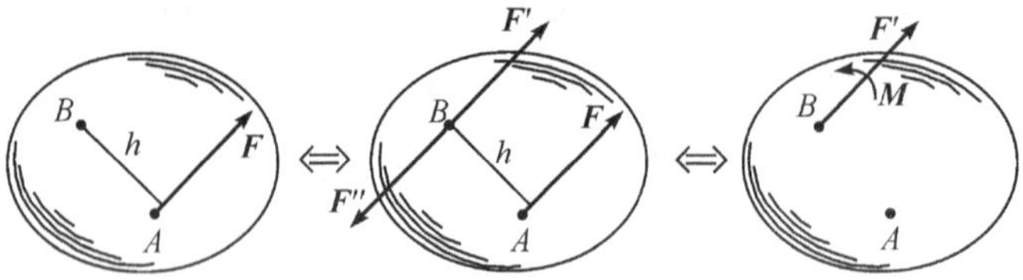

图 6-9

由于 $\boldsymbol{F}=\boldsymbol{F}'$,于是,作用于刚体上 A 点的力 $\boldsymbol{F}$ 就平移到了 B 点,但同时多出了一个附加力偶。由此得结论:作用于刚体上的力可以等效地平移到刚体内任一指定点,但必须在力与指定点所确定的平面内附加一个力偶,其力偶矩等于该力对指定点之矩。并称为**力的平移定理**。

显然,图 6-9 的逆过程同样成立。即平面内的一个力和一个力偶总可以进一步经过平移等效简化为一个力。该力的大小、方向保持不变,作用线平行移动了一个距离 d,其大小为

$$d=\frac{M}{F} \tag{6-11}$$

力的平移定理是一般力系简化的重要依据。

6.3 力系向一点简化

力的作用线在空间任意分布的力系称为**空间任意力系**,通常简称为**空间力系**。空间力系是力系中最一般的情况,其它力系均是它的特例。

6.3.1 空间力系向指定点简化

作用于刚体的空间任意力系 $\boldsymbol{F}_1,\boldsymbol{F}_2,\cdots,\boldsymbol{F}_n$ 如图 6-10 所示。任选一指定点 O,称为**简化**

中心。根据力的平移定理，将力系中各力平行移动到 O 点，同时各附加一相应的力偶。于是得到一个作用于 O 点的共点力系 $\boldsymbol{F}'_1, \boldsymbol{F}'_2, \cdots, \boldsymbol{F}'_n$ 和一个由附加力偶组成的空间力偶系 $\boldsymbol{M}_1, \boldsymbol{M}_2, \cdots, \boldsymbol{M}_n$。其中：

$$\boldsymbol{F}'_1 = \boldsymbol{F}_1, \boldsymbol{F}'_2 = \boldsymbol{F}_2, \cdots, \boldsymbol{F}'_n = \boldsymbol{F}_n$$

$$\boldsymbol{M}_1 = \boldsymbol{M}_O(\boldsymbol{F}_1), \boldsymbol{M}_2 = \boldsymbol{M}_O(\boldsymbol{F}_2), \cdots, \boldsymbol{M}_n = \boldsymbol{M}_O(\boldsymbol{F}_n)$$

共点力系可合成作用于简化中心 O 的一个力，其大小和方向为

$$\boldsymbol{F}_R = \sum \boldsymbol{F}'_i = \sum \boldsymbol{F}_i$$

空间力偶系可合成一个力偶，其力偶矩矢量

$$\boldsymbol{M}_O = \sum \boldsymbol{M}_i = \sum \boldsymbol{M}_O(\boldsymbol{F}_i)$$

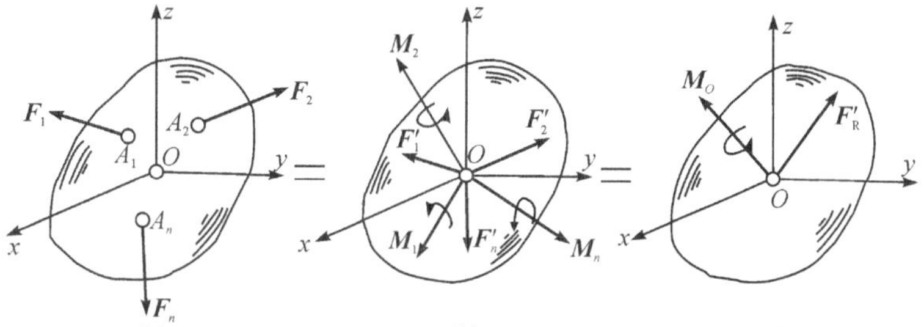

图 6-10

由此得出结论：空间力系向任一指定点简化，一般情况下可得到一个力和一个力偶，该力通过简化中心，其大小和方向等于力系各力的矢量和；该力偶的力偶矩矢量等于各力对简化中心之矩的矢量和。

6.3.2　主矢和主矩

空间力系各力的矢量和称为力系的**主矢量**，简称为**主矢**，即

$$\boldsymbol{F}'_R = \sum \boldsymbol{F}_i \tag{6-12}$$

对于给定的力系，主矢的大小和方向仅决定于力系中各力的大小和方向，而与简化中心的选择无关。主矢在三个坐标轴上的投影分别为

$$\left.\begin{aligned} F'_{Rx} &= \sum F_{ix} \\ F'_{Ry} &= \sum F_{iy} \\ F'_{Rz} &= \sum F_{iz} \end{aligned}\right\} \tag{6-13}$$

根据式(6-13)，读者还可进一步计算出主矢的大小及方向余弦。

空间力系中各力对简化中心 O 之矩的矢量和称为力系对简化中心 O 的**主矩矢量**，简称为**主矩**，即

$$\boldsymbol{M}_O = \sum \boldsymbol{M}_O(\boldsymbol{F}_i) \tag{6-14}$$

力系的主矩一般随简化中心选取的不同而不同，故与简化中心选择有关。主矩在三个坐标轴上的投影分别为

$$\left.\begin{aligned} M_{Ox} &= \left[\sum \boldsymbol{M}_O(\boldsymbol{F}_i)\right]_x = \sum M_{ix} \\ M_{Oy} &= \left[\sum \boldsymbol{M}_O(\boldsymbol{F}_i)\right]_y = \sum M_{iy} \\ M_{Oz} &= \left[\sum \boldsymbol{M}_O(\boldsymbol{F}_i)\right]_z = \sum M_{iz} \end{aligned}\right\} \tag{6-15}$$

由式(6－15)，读者同样可进一步计算出主矩矢量的大小及方向余弦。

对于给定力系而言，力系的主矢与对某点的主矩均为不变量。从而力系对刚体的移动效应与绕某点的转动效应也相应确定。因此，力系的主矢和主矩矢是表征力系特性的两个特征量。

不难验证：组成力偶的二力，主矢量恒等于零，对任一点的主矩恒等于力偶矩矢量。从而表明：组成力偶的二力在任意轴上的投影之和恒等于零，对任一点之矩的和恒等于其力偶矩。

空间力系的简化结果还可进一步表述为：空间力系向任一指定点简化，一般情况下可得到一个力和一个力偶，该力通过简化中心，其大小和方向等于力系的主矢；该力偶的力偶矩矢量等于该力系对简化中心的主矩。

6.3.3 平面力系向指定点简化

力系中各力的作用线都位于同一个平面内的力系称为**平面力系**。工程中的各种平面结构、平面机构均受平面力系作用，是最常见的力系之一。

平面力系属于空间力系的一种特例。因此不难推断：平面力系向任一指定点简化，一般情况下得到一个力和一个力偶，且力和力偶作用在同一平面内。该力通过简化中心，大小和方向等于力系的主矢；该力偶的力偶矩等于力系对简化中心的主矩(图 6－11)。

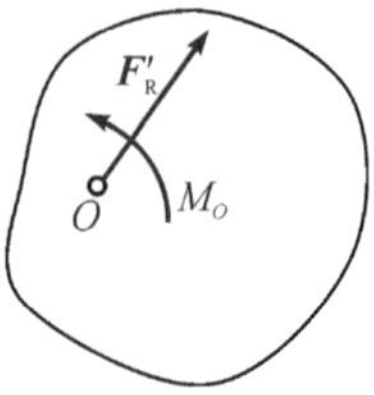

图 6－11

平面力系对简化中心 O 的主矩 M_O 是标量，且有

$$M_O = \sum M_O(\boldsymbol{F}_i) \tag{6-16}$$

6.4 平面力系简化结果的讨论

平面力系的主矢 $\boldsymbol{F}'_R$ 与对简化中心 O 的主矩 M_O 在同一平面内。

力系的最终合成结果取决于力系主矢 $\boldsymbol{F}'_R$ 和主矩 M_O。

1. 合成为一合力偶

当主矢 $\boldsymbol{F}'_R=0$，主矩 $M_O \neq 0$ 时，平面力系的最终简化结果是一个合力偶，其力偶矩就是力系对简化中心的主矩。在这种情况下，主矩与简化中心的选择无关。

2. 合成为一合力

力系主矢 $\boldsymbol{F}'_R \neq 0$，则力系将合成一个合力。

(1)力系对简化中心 O 的主矩 $M_O=0$，则力系简化为一个通过 O 点的力 $\boldsymbol{F}_R=\boldsymbol{F}'_R$，即力系的合力。

(2)力系对简化中心 O 的主矩 $M_O \neq 0$，则力系简化后得到一个力和一个力偶[图 6－12(a)]。由于力和力偶在同一平面内，可进一步合成一个合力 $\boldsymbol{F}_R$[图 6－12(b)、(c)]。$\boldsymbol{F}_R$ 到 O 点的距离

$$d=\frac{M_O}{F_R}=\frac{M_O}{F'_R} \tag{6-17}$$

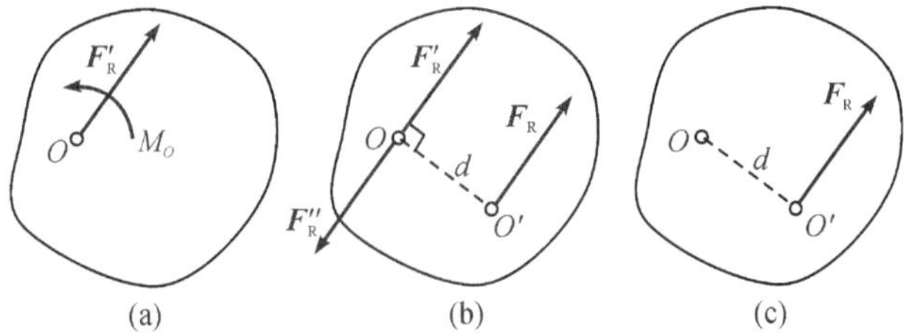

图 6－12

在求解工程实际问题时，常会遇到像结构的自重、风载、水压等分布载荷作用，这类载荷在一定范围之内连续作用，称为**分布力**或**分布载荷**。描述分布力的大小用作用在单位面积（或单位长度、体积）上的载荷表示，称为**载荷集度** q。作为平面力系简化理论的具体应用，请读者自行证明以下平面分布载荷的合成结果。

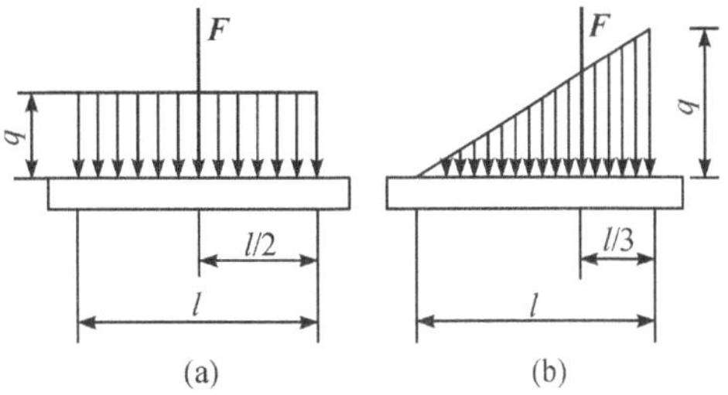

图 6－13

(1)图 6－13(a)所示的**均布载荷**，载荷集度为 q，作用线长度为 l，其合力大小为 $F=ql$，作用于长度 l 的中点处。

(2)图 6－13(b)所示为**三角形分布载荷**（又称**线布载荷**），其合力大小为 $F=ql/2$，作用于距最大载荷集度作用点 $l/3$ 处。

为简化计算，上述结果将在后面的讨论中直接引用。

3. 平面力系平衡

当主矢 $\boldsymbol{F}'_R=0$，主矩 $M_O=0$ 时，平面力系平衡（将在第 7 章讨论）。

6.5　固定端约束

固定端约束（或称**插入端约束**）是工程中常见的一种约束形式。如地面对线杆，汽轮机叶轮对叶片，放置于杯形基础中用细石混凝土填实的基础对混凝土柱体，以及车床刀架对车刀（图 6－14）等均构成此种约束。该约束限制了被约束物体任何方向的移动和转动。下面应用空间力系简化理论来分析该约束的约束反力。

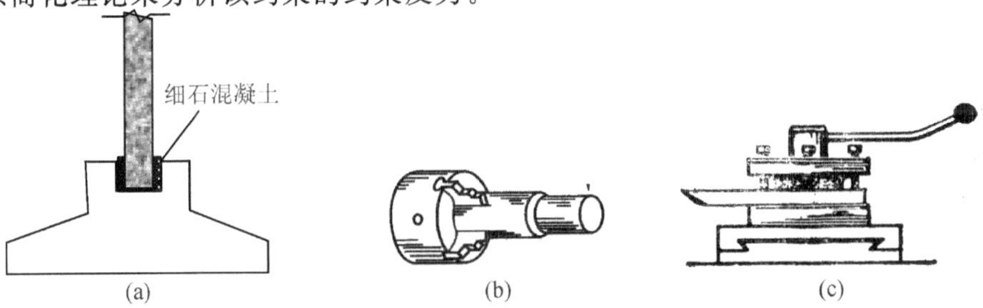

图 6－14

如图 6－15 所示，设 AB 杆的 A 端受固定端约束。当杆受到空间主动力系作用时，固定端必受到另一空间约束力系作用。将该约束力系向固定端的一点 A 进行简化，得到一个过点 A 的约束反力 $\boldsymbol{F}_R$ 和一个约束反力偶 $\boldsymbol{M}_A$，它们均为空间矢量，通常将它们沿三个坐标轴分解，分别得到正交的三个分力 $\boldsymbol{F}_x$、$\boldsymbol{F}_y$、$\boldsymbol{F}_z$ 和三个力偶 M_x、M_y、M_z。

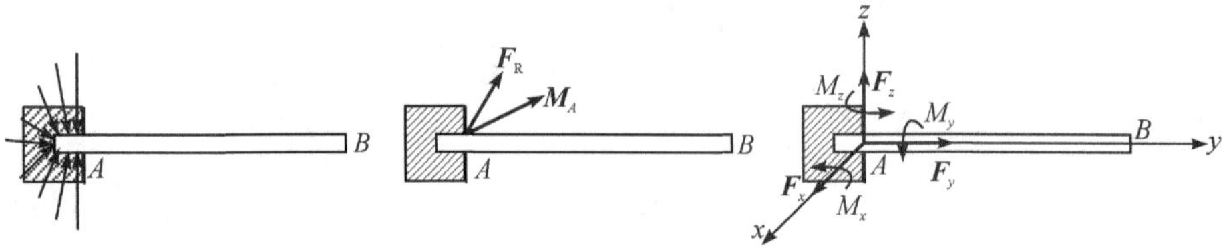

图 6－15

若主动力系在 xOy 平面内，则平面的固定端约束只提供平面约束分力 $\boldsymbol{F}_x$、$\boldsymbol{F}_y$ 和平面内力偶 M。

思考题

思考 6－1　力对轴之矩和力对点之矩有什么区别和联系？

思考 6－2　什么情况下力对轴之矩等于零？

思考 6－3　从力偶理论知道，一力不能与力偶平衡。为什么图示的轮子上的力偶 M 似乎与物体所受重力 $\boldsymbol{P}$ 平衡呢？这种说法错在哪里？

思考 6－4　图示为三铰拱，在构件 AC 上作用有一力 $\boldsymbol{F}$，试问当求铰链 A、B、C 的约束力时，能否按力的平移定理将力 $\boldsymbol{F}$ 移到构件 BC 上？为什么？

思考 6－5　某力系向 A、B 两点简化的主矩均为零，则该力系合成的结果是什么？

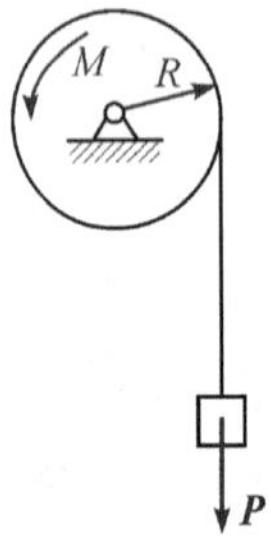

思考 6－3 图

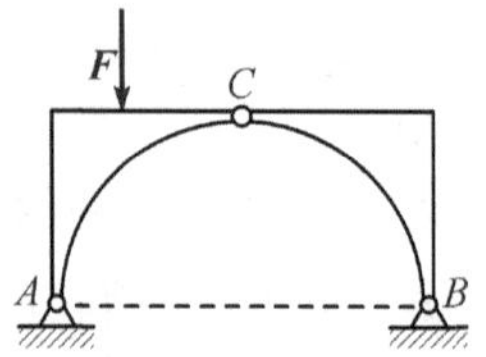

思考 6－4 图

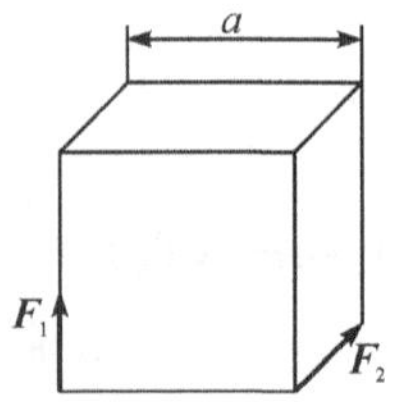

思考 6－7 图

思考 6－6　某平面力系向同一平面内任一点简化的结果都相同，则该力系最终的合成结果是什么？

思考 6－7　在边长为 a 的立方体上作用大小均为 F 的两个力 $\boldsymbol{F}_1$、$\boldsymbol{F}_2$，试讨论此力系的合成结果。

习　题

6－1　试计算下列各图中力 $\boldsymbol{F}$ 对 O 点之矩。

6－2　作用在手柄上的力 $F = 100$ N 如图，求力 $\boldsymbol{F}$ 对 x 轴之矩。

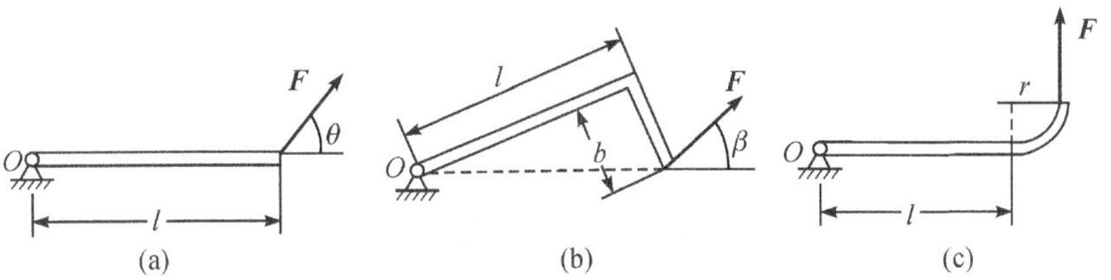

习题 6-1 图

6-3　力 $\boldsymbol{F}$ 作用于水平圆盘边缘上一点，并垂直于半径，其作用线在过该点而与圆周相切的平面内。已知圆盘半径为 r，$OO_1 = a$。试求力 $\boldsymbol{F}$ 对 x、y、z 轴之矩。

6-4　在图示长方体的顶点 B 处作用一力 $\boldsymbol{F}$。已知 $F = 700$ N。分别求力 $\boldsymbol{F}$ 对各坐标轴之矩，并写出力 $\boldsymbol{F}$ 对点 O 之矩矢量 $\boldsymbol{M}_O(\boldsymbol{F})$ 的解析表达式。

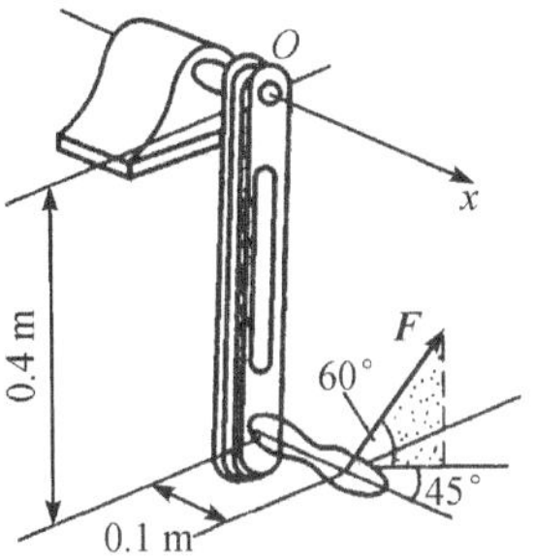

习题 6-2 图

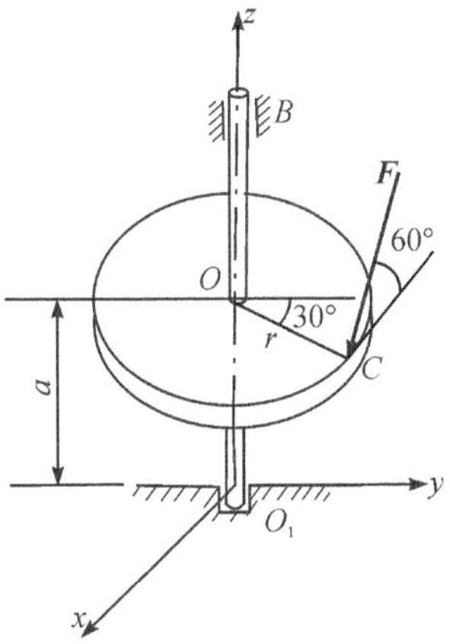

习题 6-3 图

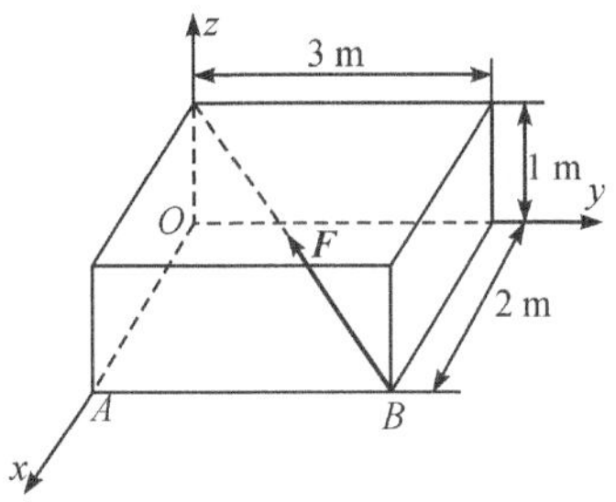

习题 6-4 图

6-5　立柱 OAB 垂直固定在地面上，柱上作用两力的大小分别为 $F_1 = 4$ kN，$F_2 = 6$ kN。结构和受力情况如图所示。设 $a = 3$ m。试分别求这两力对 O 点之矩。

6-6　图示载荷 $F_1 = 100\sqrt{2}$ N，$F_2 = 200\sqrt{3}$ N，分别作用在正方体的顶点 A 和 B 处。试将此力系向 O 简化，并求其最终合成结果。

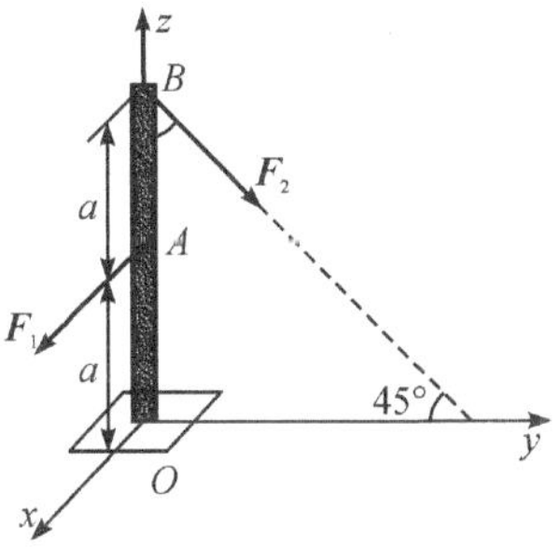

习题 6-5 图

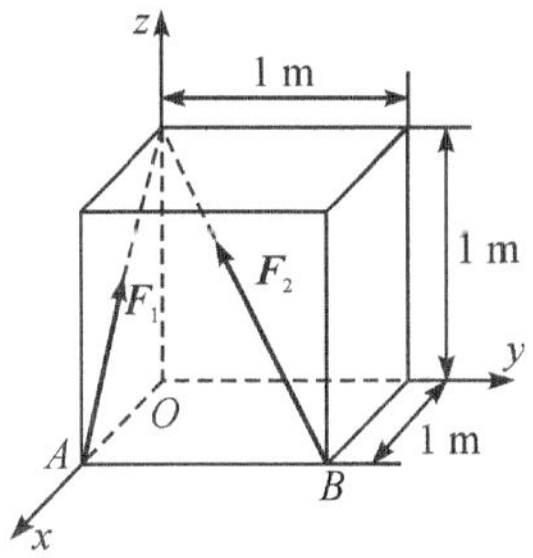

习题 6-6 图

第 7 章　力系的平衡

作用于刚体的力系，主矢 $\boldsymbol{F}'_R$ 和对任一点 O 的主矩 $\boldsymbol{M}_O$ 分别等于零，则说明力系向一点简化所得到的汇交力系和力偶系各自平衡，从而力系必定平衡。反之也充分成立。

由小变形假设和刚化原理可知，本章所建立的刚体平衡条件，也可直接用于求解变形固体的平衡问题。

7.1　空间力系平衡方程

7.1.1　空间一般力系平衡方程

在上一章已经得出结论：空间一般力系平衡的必要和充分的条件是力系的主矢和力系对任一点O的主矩分别等于零。即

$$\left.\begin{aligned} \boldsymbol{F}'_R &= \sum \boldsymbol{F}_i = 0 \\ \boldsymbol{M}_O &= \sum \boldsymbol{M}_O(\boldsymbol{F}_i) = 0 \end{aligned}\right\} \tag{7-1}$$

设 x、y、z 为过 O 点的三个正交坐标轴，将上式分别向 x、y、z 轴投影，并应用力矩关系定理，得空间一般力系的**平衡方程**为

$$\left.\begin{aligned} &\sum F_x = 0, \quad \sum F_y = 0, \quad \sum F_z = 0 \\ &\sum M_x(\boldsymbol{F}) = 0, \sum M_y(\boldsymbol{F}) = 0, \sum M_z(\boldsymbol{F}) = 0 \end{aligned}\right\} \tag{7-2}$$

式中为了便于书写，略去了下标 i。空间一般力系具有 6 个独立平衡方程，可以解 6 个未知量。

7.1.2　空间平行力系平衡方程

各力的作用线平行的空间力系，称为**空间平行力系**。取 z 轴与各力平行，则式(7 - 2)中的 $\sum F_x = 0$，$\sum F_y = 0$，$\sum M_z(\boldsymbol{F}) = 0$ 均为恒等式。故空间平行力系的独立平衡方程只有三个，即

$$\sum F_z = 0, \quad \sum M_x(\boldsymbol{F}) = 0, \quad \sum M_y(\boldsymbol{F}) = 0 \tag{7-3}$$

同理，也可以由式(7 - 2)导出**空间汇交力系**的平衡方程为

$$\sum F_x = 0, \sum F_y = 0, \sum F_z = 0 \tag{7-4}$$

例 7 - 1　图 7 - 1(a)所示为水轮机涡轮转子结构。已知大锥齿轮 D 上受到的啮合反力可分解为：圆周力 $\boldsymbol{F}_t$，轴向力 $\boldsymbol{F}_a$，径向力 $\boldsymbol{F}_r$；且有比例关系：$F_t : F_a : F_r = 1 : 0.32 : 0.17$；转动力矩 $M_z = 1.2$ kN·m。转动轴及附件总重量 $G = 12$ kN；锥齿轮的平均半径为 $DE = r = 0.6$ m，其余尺寸如图所示。试求 A、B 两轴承处的约束反力。

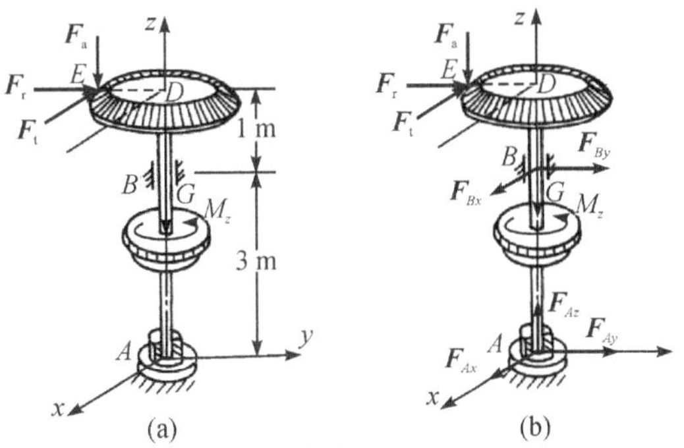

图 7－1

解　(1)选取整体为研究对象，建立图 7－1 所示直角坐标系。

(2)受力分析。A 处为止推轴承，B 处为颈轴承，受力分析如图 7－1(b)所示。

(3)列平衡方程。先对 z 轴列力矩平衡方程，求出 F_t

$$\sum M_z(\boldsymbol{F})=0,\quad M_z-F_t\cdot r=0$$

$$F_t=\frac{M_z}{r}=\frac{1.2\ \text{kN}\cdot\text{m}}{0.6\ \text{m}}=2\ \text{kN}$$

由三个力之间的比例关系可解得

$$F_a=0.32F_t=0.64\ \text{kN}\qquad F_r=0.17F_t=0.34\ \text{kN}$$

再分别对 y 轴和 x 轴列力矩平衡方程，求解 F_{Bx} 和 F_{By}

$$\sum M_y(\boldsymbol{F})=0,\quad F_{Bx}\times 3-F_t\times 4=0$$

$$\sum M_x(\boldsymbol{F})=0,\quad F_a\times 0.6-F_r\times 4-F_{By}\times 3=0$$

得

$$F_{Bx}=2.67\ \text{kN},\ F_{By}=-0.325\ \text{kN}$$

列出三个投影方程，求得其余 3 个未知力

$$\sum F_z=0,\quad F_{Az}-F_a-G=0$$

$$\sum F_x=0,\quad F_{Ax}+F_{Bx}-F_t=0$$

$$\sum F_y=0,\quad F_{Ay}+F_{By}+F_r=0$$

求得

$$F_{Az}=12.64\ \text{kN},\ F_{Ax}=-0.67\ \text{kN},\ F_{Ay}=-0.015\ \text{kN}$$

F_{By}、F_{Ax}、F_{Ay} 计算结果为负，说明图示假设方向与实际方向相反。

例 7－2　图 7－2 所示水平传动轴上装有两个皮带轮，直径分别为 $D_1=40$ cm，$D_2=50$ cm。与轴承 A 的距离分别为 $a=1$ m，$b=3$ m。轴承 A 与 B 间距离 $l=4$ m，均为向心轴承。轮 1 上皮带与铅垂线的夹角 $\theta=20°$，轮 2 上的皮带水平放置。已知皮带张力 $F_1=200$ N，$F_2=400$ N，$F_3=500$ N。设工作时传动轴受力平衡，轴及带轮的自重略去不计。试求张力 $\boldsymbol{F}_4$ 及两轴承反力。

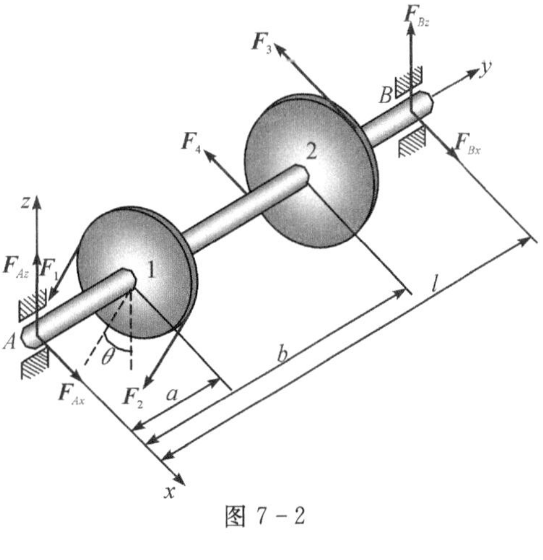
图 7－2

解　以传动轴 AB 为研究对象。

受力分析如图 7－2 所示。除皮带拉力 $\boldsymbol{F}_1$、$\boldsymbol{F}_2$、$\boldsymbol{F}_3$、$\boldsymbol{F}_4$之外，还有轴承 A、B 的约束反力 $\boldsymbol{F}_{Ax}$、$\boldsymbol{F}_{Az}$及 $\boldsymbol{F}_{Bx}$、$\boldsymbol{F}_{Bz}$。

选取图示坐标系，列平衡方程

$$\sum M_x(\boldsymbol{F}) = 0,\quad -F_1\cos\theta\cdot a - F_2\cos\theta\cdot a + F_{Bz}\cdot l = 0$$

$$\sum M_y(\boldsymbol{F}) = 0,\quad -F_1\cdot D_1/2 + F_2\cdot D_1/2 - F_3\cdot D_2/2 + F_4\cdot D_2/2 = 0$$

$$\sum M_z(\boldsymbol{F}) = 0,\quad F_1\sin\theta\cdot a + F_2\sin\theta\cdot a + F_3\cdot b + F_4\cdot b - F_{Bx}\cdot l = 0$$

$$\sum F_x = 0,\quad -F_1\sin\theta - F_2\sin\theta - F_3 - F_4 + F_{Ax} + F_{Bx} = 0$$

$$\sum F_z = 0,\quad -F_1\cos\theta - F_2\cos\theta + F_{Az} + F_{Bz} = 0$$

解得

$$F_{Bz}=141\ \text{N},\ F_4=340\ \text{N},\ F_{Bx}=681\ \text{N},\ F_{Ax}=364\ \text{N},\ F_{Az}=423\ \text{N}$$

例 7－3 图 7－3 所示的三轮小车，自重 $P=8$ kN，作用于点 E，载荷 $P_1=10$ kN，作用于点 C。求小车静止时地面对车轮的约束力。

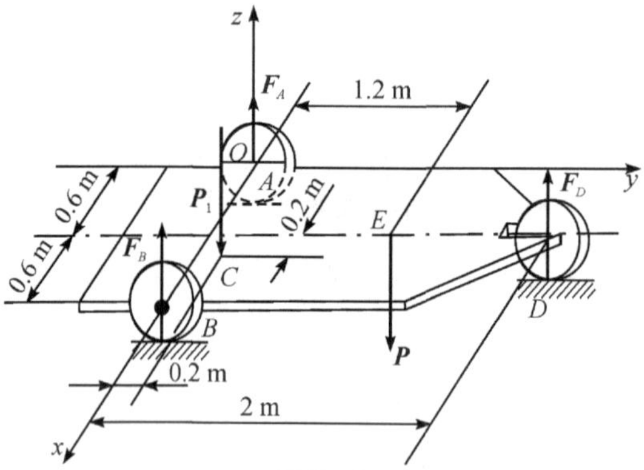

图 7－3

解 研究对象：小车。

受力分析：如图 7－3 所示。其中 $\boldsymbol{P}$ 和 $\boldsymbol{P}_1$是主动力，$\boldsymbol{F}_A$、$\boldsymbol{F}_B$、$\boldsymbol{F}_D$为地面的约束力，此 5 个力相互平行，组成空间平行力系。

列平衡方程：对图示坐标系 $Oxyz$，有

$$\sum M_x(\boldsymbol{F}) = 0,\quad -0.2P_1 - 1.2P + 2F_D = 0$$

$$\sum M_y(\boldsymbol{F}) = 0,\quad 0.8P_1 + 0.6P - 1.2F_B - 0.6F_D = 0$$

$$\sum F_z = 0,\quad -P_1 - P + F_A + F_B + F_D = 0$$

解得

$$F_D=5.8\ \text{kN},\ F_B=7.777\ \text{kN},\ F_A=4.423\ \text{kN}$$

7.2 平面力系平衡方程

7.2.1 平面一般力系平衡方程

由平面力系的合成结果讨论可知：平面力系的主矢 $\boldsymbol{F}'_R$ 和主矩 $\boldsymbol{M}_O$ 只要其中一个不为零，

力系将最终合成一个合力或者一个合力偶。所以平面力系平衡的必要条件是力系的主矢和主矩同时等于零；反之，如果平面力系的主矢 $\boldsymbol{F}'_{\mathrm{R}}$ 和主矩 $\boldsymbol{M}_O$ 都等于零，则说明力系向一点简化所得到的汇交力系和力偶系各自平衡，从而确定与之等效的原平面力系也必定平衡。所以，平面力系平衡的充分与必要条件是力系的主矢和主矩同时等于零。即：

$$\left.\begin{aligned}\sum \boldsymbol{F}_i &= 0\\ \sum M_O(\boldsymbol{F}_i) &= 0\end{aligned}\right\}\qquad(7-5)$$

在直角坐标轴上投影式为

$$\left.\begin{aligned}\sum F_x &= 0\\ \sum F_y &= 0\\ \sum M_O(\boldsymbol{F}) &= 0\end{aligned}\right\}\qquad(7-6)$$

表达了各力在任意轴上的投影代数和与对任一点之矩的代数和分别等于零。式(7-6)称为平面力系的**平衡方程**，为方便书写，式中略去了下标 i。可见平面力系的平衡方程为三个独立的代数方程，可求解三个未知量。这种二个投影式和一个矩式组成的平衡方程是平面力系平衡方程的**基本形式**。

由于投影轴和矩心可以任取，故对同一平面平衡力系而言，即可列出无数个“平衡方程”，显然其中有许多方程并不独立，但从中总可选出独立的三个。由此可见，平衡方程可有多种形式，除式(7-6)外，还有以下两种表达形式

$$\left.\begin{aligned}\sum F_x &= 0\\ \sum M_A(\boldsymbol{F}) &= 0\\ \sum M_B(\boldsymbol{F}) &= 0\end{aligned}\right\}\qquad(7-7)$$

式(7-7)称为平面力系平衡方程的**两矩一投影式**，其适用条件是：A、B 两矩心的连线不能与 x 轴垂直。因为虽满足 $\sum M_A(\boldsymbol{F})=0$，但该力系有可能简化为一通过 A 点的合力 $\boldsymbol{F}_A$；若还满足 $\sum M_B(\boldsymbol{F})=0$，则力系仍有可能简化为一通过 A、B 两点的合力；此时如果 x 轴与 AB 垂直，则此合力在 x 轴上的投影必然为零，即恒有 $\sum F_x=0$，从而力系在满足式(7-7)的条件下，并不能排除存在通过 A、B 两点的合力的可能性。故要求 x 轴不垂直于 A、B 连线。

$$\left.\begin{aligned}\sum M_A(\boldsymbol{F}) &= 0\\ \sum M_B(\boldsymbol{F}) &= 0\\ \sum M_C(\boldsymbol{F}) &= 0\end{aligned}\right\}\qquad(7-8)$$

式(7-8)称为平面力系平衡方程的**三矩式**，其适用条件是：A、B、C 三矩心不共线。读者可用上述类似的方法自行论证。

7.2.2　平面平行力系平衡方程

各力作用线都处在同一个平面内且相互平行的力系称为**平面平行力系**。平面平行力系是平面力系的一种特殊情况。若取 x 轴与平面平行力系各力作用线平行，由于各力作用线与 y

轴垂直，故有 $\sum F_y \equiv 0$，所以平面平行力系只有两个独立的平衡方程：

$$\left.\begin{aligned}\sum F_x = 0\\ \sum M_O(\boldsymbol{F}) = 0\end{aligned}\right\} \tag{7-9}$$

此形式为平面平行力系的基本形式。平面平衡力系的平衡方程也可写成两矩式：

$$\left.\begin{aligned}\sum M_A(\boldsymbol{F}) = 0\\ \sum M_B(\boldsymbol{F}) = 0\end{aligned}\right\} \tag{7-10}$$

式(7-10)的适用条件是：A、B 两点的连线不与力作用线平行。

例 7-4　起重机重 $P_1=10$ kN，可绕铅直轴 AB 转动；起重机的挂钩上挂一重 $P_2=40$ kN 的重物，如图 7-4 所示。起重机的重心 C 到转动轴的距离为 1.5 m，其它尺寸如图所示。求在止推轴承 A 和轴承 B 处的约束反力。

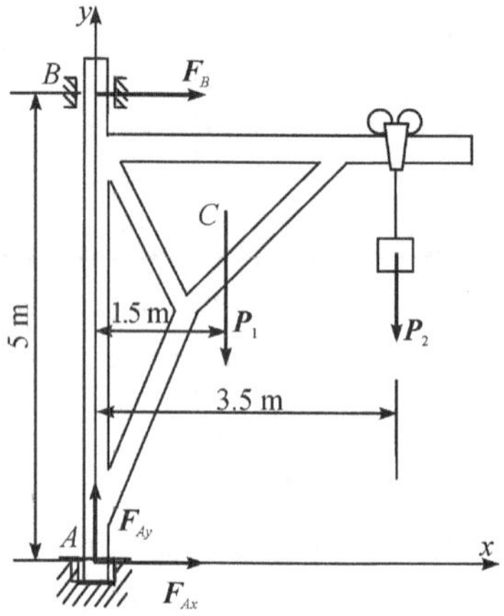

图 7-4

解　研究对象：起重机整体。

受力分析：所受主动力有 $\boldsymbol{P}_1$ 和 $\boldsymbol{P}_2$。止推轴承 A 处有两个约束反力 $\boldsymbol{F}_{Ax}$、$\boldsymbol{F}_{Ay}$，轴承 B 处只有一个与转轴垂直的约束力 $\boldsymbol{F}_B$，这是一个平面任意力系，如图 7-4 所示。

列平衡方程：取图示坐标轴，有

$$\sum F_x = 0, F_{Ax} + F_B = 0$$

$$\sum F_y = 0, F_{Ay} - P_1 - P_2 = 0$$

$$\sum M_A(\boldsymbol{F}) = 0, -F_B \times 5 - P_1 \times 1.5 - P_2 \times 3.5 = 0$$

解方程得

$$F_{Ay}=50 \text{ kN}, F_B=-31 \text{ kN}, F_{Ax}=31 \text{ kN}$$

F_B数值为负，说明它的实际方向与假设的方向相反。

例 7-5　如图 7-5(a)所示，AC 梁重 $W = 6$ kN，作用力 $P = 6$ kN，力偶矩 $M = 4$ kN·m，均布载荷集度 $q = 2$ kN/m。若 $\theta = 30°$，求支座 A、B 的约束反力。

解　研究对象：AC 梁。

受力分析：铰链 A 处的约束反力用 F_{Ax}、F_{Ay} 表示，B 处的约束反力为 F_B，指向均为假设。分布载荷可用一个作用于 BC 中点、大小为 $F_1 = q \cdot BC$ 的合力代替。如图 7-5(b)所示。

列平衡方程：取坐标系 xCy 如图 7-5(b)所示。

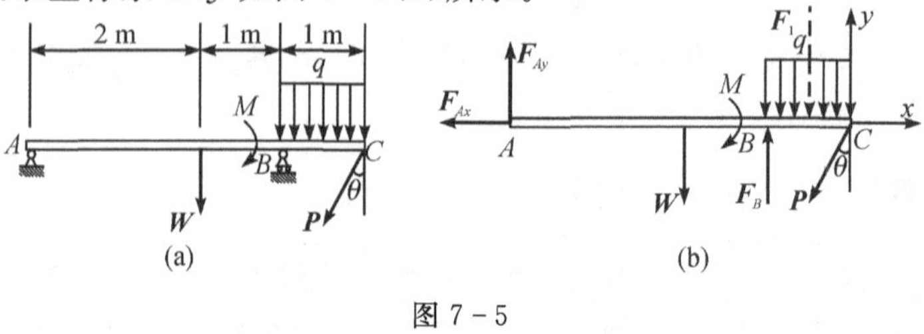

图 7-5

$$\sum M_A(\boldsymbol{F})=0,\quad -W\times 2-M+F_B\times 3-F_1\times 3.5-P\cos\theta\times 4=0$$

$$\sum F_x=0,\quad -F_{Ax}-P\sin\theta=0$$

$$\sum F_y=0,\quad F_{Ay}-W+F_B-F_1-P\cos\theta=0$$

解上述平衡方程，得

$$F_B=\frac{23+12\sqrt{3}}{3}\ \text{kN}=14.6\ \text{kN}$$

$$F_{Ax}=-3\ \text{kN}$$

$$F_{Ay}=\frac{1-3\sqrt{3}}{3}\ \text{kN}=-1.4\ \text{kN}$$

负号表示 $\boldsymbol{F}_{Ax}$、$\boldsymbol{F}_{Ay}$ 的真实方向与受力图中假设的指向相反。

例 7-6　汽车起重机重 $P_1=20$ kN，重心在 C 点，平衡块 B 重 $P_2=20$ kN。尺寸如图 7-6 所示。求保证汽车起重机安全工作的最大起吊重量 $P_{3\max}$ 及前后轮间的最小距离 $x_{\min}$。

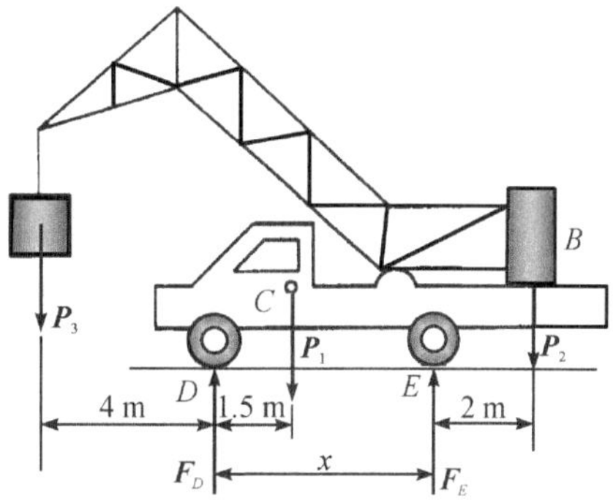

图 7-6

解　研究对象：汽车起重机。

受力分析：重力 $\boldsymbol{P}_1$、$\boldsymbol{P}_2$，载荷 $\boldsymbol{P}_3$，以及前后轮所受到的约束力 $\boldsymbol{F}_D$、$\boldsymbol{F}_E$。如图 7-6 所示。

列平衡方程：保证汽车起重机安全工作，必须综合考虑以下两种因素。

(1)空载时($P_3=0$)，如果前后轮间的距离过小，起重机将绕后轮 E 向后翻倒。当两轮间的距离达到极小值 $x_{\min}$时，起重机处于临界平衡状态，此时有 $F_D=0$。

$$\sum M_E(\boldsymbol{F})=0,(x_{\min}-1.5)P_1-2P_2=0 \tag{7-11}$$

(2)工作过程中，如果载荷过大，起重机将绕前轮 D 向前翻倒。当载荷达到最大值 $P_{3\max}$时，起重机处于临界平衡状态，此时有 $F_E=0$。

$$\sum M_D(\boldsymbol{F})=0,\ 4P_{3\max}-1.5P_1-(x_{\min}+2)P_2=0 \tag{7-12}$$

联立式(7-11)和式(7-12)，并将 $P_1=P_2=20$ kN 代入，得

$$x_{\min}=3.5\ \text{m},\ P_{3\max}=35\ \text{kN}$$

7.3　物体系统的平衡　静定与静不定问题

在工程实际中，更多遇到的是由多个物体组成的物体系统平衡问题，简称**系统平衡问题**。这类问题在工程实际中经常遇到，例如：一辆汽车、一台机器、一座大桥等，它们的平衡问题都是物体系统平衡的例子。

系统平衡时，系统内每一物体必然处于平衡状态。系统以外物体作用于系统上的力称为**系统外力**；系统内部各物体之间相互作用的力称为**系统内力**，显然，每一对系统内力均构成作用与反作用，必然成对出现，且满足大小相等、方向相反、作用线共线。

研究这类问题，不仅需要求出作用于系统上的未知外力，还常常需要求出系统的内力。因此，不仅要研究系统的整体平衡问题，还要研究系统内每个物体的平衡问题。

求解物体系统平衡问题的最简单的方法就是将整个系统拆成单个物体，分别列出各自相应的平衡方程，然后联立求解全部的未知量。设系统由 n 个物体组成，受平面任意力系作用，则共有 $3n$ 个独立方程。如果系统中有部分物体受平面汇交力系或平面平行力系作用，则系统的独立平衡方程数目相应减少。

在工程实际中，有时为了提高结构的可靠性或减小结构变形量，往往会采用增加约束的方法，致使结构中未知量的个数多于可列的独立平衡方程个数。根据未知量个数和独立平衡方程个数的关系，将静力平衡问题分为静定问题和静不定问题。

静定问题：系统所包含的未知量个数等于独立的平衡方程个数，全部未知量都能由平衡方程求解的平衡问题；**静不定问题**：系统所包含的未知量个数大于独立的平衡方程个数，所有未知量不能由平衡方程全部求解的平衡问题。静不定问题也称为**超静定问题**。未知量个数与系统独立平衡方程数之差称为**静不定次数**或**超静定次数**。

例如，重量为 $\boldsymbol{P}$ 的重物用两根钢丝绳悬挂，如图 7－7(a)所示，重物受到平面汇交力系的作用而处于平衡，可列出两个独立的平衡方程，而所含未知量也是两个，故属于静定问题；若为了安全，用三根钢丝绳悬吊该重物，如图 7－7(b)所示，则此重物仍受平面汇交力系的作用，可列出的独立的平衡方程数仍为两个，但未知量增为三个，此时问题属于静不定问题。

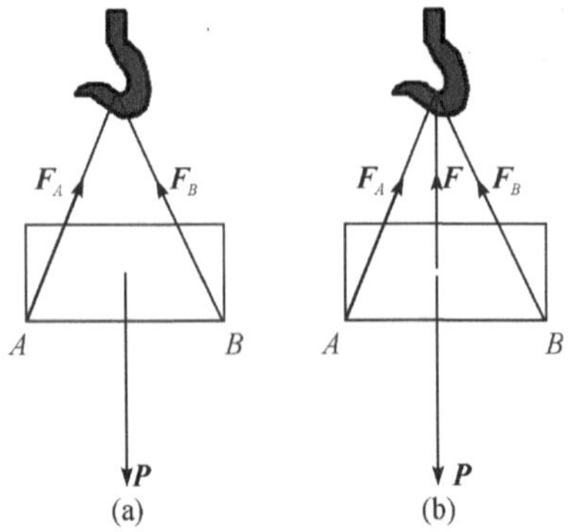

图 7－7

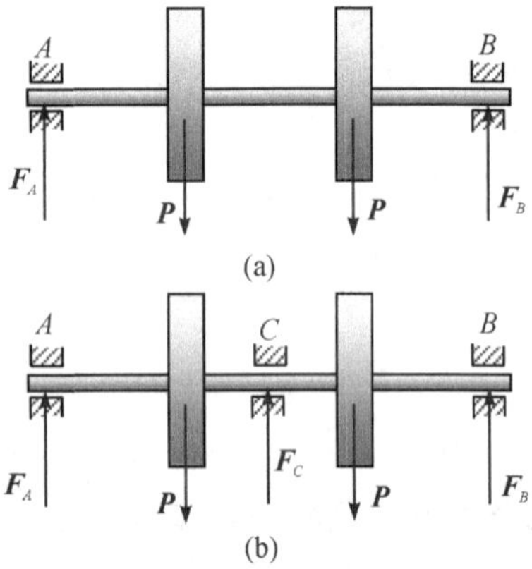

图 7－8

又如，图 7－8(a)所示的转子在 A、B 两端受到轴承支承而处于平衡，轮盘重 $\boldsymbol{P}$（轴重力不计）。因为转子受平面平行力系作用处于平衡，可列出的独立平衡方程个数与未知量个数同为两个，故属于静定问题；若用三个轴承进行支承，如图 7－8(b)所示，则此时转子仍受平面平行力系的作用，独立的平衡方程式个数未变，而未知量增为三个，故此时的问题属于静不定问题。

静不定问题必然满足平衡条件，在求解时还必须考虑物体的变形，以便得到相应的补充方程。此类问题将在后面相关章节进行讨论。

求解静定系统的平衡问题时，可以选取每个物体作为研究对象，以便列出与物体个数相应的全部平衡方程联立求解。该方法虽然可行，但缺乏针对性，还增加了求解的工作量和难度。因此，针对求解问题，合理选取研究对象，灵活应用平衡条件，寻求并掌握一定的求解技巧，无疑对快捷、正确求解大有益处。

下面通过例题进行说明。

例 7-7　三铰拱架如图 7-9(a)所示。拱架左右对称，均重 $\boldsymbol{P}$；A、B 为固定铰支座，刚架之间以铰链连接。左架在高 h 处受水平力 $\boldsymbol{F}$ 的作用，其它尺寸如图所示。求：铰链 A、B 处的约束反力。

解　本题是由两个刚体组成的系统平衡问题。

解法一　(1)选取左刚架为研究对象，受力如图 7-9(b)所示。取 C 为矩心列平衡方程：

$$\sum F_x = 0,\quad F_{Ax} + F + F_{Cx} = 0$$

$$\sum F_y = 0,\quad -F_{Ay} - P + F_{Cy} = 0$$

$$\sum M_C(\boldsymbol{F}) = 0,\quad F_{Ax} \cdot H + F_{Ay} \cdot l/2 + P \cdot (l/2 - a) + F(H - h) = 0$$

(2)选取右刚架为研究对象，受力如图 7-9(c)所示。左右刚架间相互作用力应满足作用和反作用公理。取 C 为矩心列平衡方程：

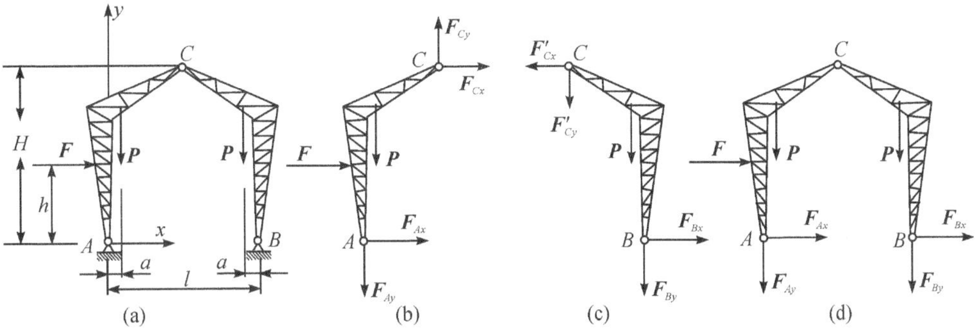

图 7-9

$$\sum F_x = 0,\quad F_{Bx} - F'_{Cx} = 0$$

$$\sum F_y = 0,\quad -F_{By} - P - F'_{Cy} = 0$$

$$\sum M_C(\boldsymbol{F}) = 0,\quad F_{Bx} \cdot H - F_{By} \cdot l/2 - P \cdot (l/2 - a) = 0$$

每个方程中都包含两个未知数，联立求解上述六个方程同时考虑作用力和反作用力大小相等，可得待求的四个未知力：

$$F_{Ax} = [2Pa - F(2H - h)]/(2H)$$

$$F_{Ay} = Fh/l - P$$

$$F_{Bx} = -(Fh + 2Pa)/(2H)$$

$$F_{By} = -P + Fh/l$$

解法二　(1)以整体为研究对象，受力如图 7-9(d)所示。分别以 A、B 为矩心列平衡方程：

$$\sum M_B(\boldsymbol{F}) = 0,\quad F_{Ay} \cdot l + P \cdot (l - a) + P \cdot a - F \cdot h = 0 \tag{7-13}$$

$$\sum M_A(\boldsymbol{F}) = 0,\quad F_{By} \cdot l + P \cdot (l - a) + P \cdot a + F \cdot h = 0 \tag{7-14}$$

$$\sum F_x = 0,\quad -F_{Ax} + F_{Bx} + F = 0 \tag{7-15}$$

由式(7-13)解出　$F_{By} = -P + Fh/l$

由式(7-14)解出 $F_{Ay}=Fh/l-P$

(2)选取右刚架为研究对象，受力如图 7-9(c)所示，列平衡方程：

$$\sum M_C(\boldsymbol{F})=0,\quad F_{Bx}\cdot H-F_{By}\cdot l/2+P\cdot(l/2-a)=0 \tag{7-16}$$

由式(7-16)解出： $F_{Ax}=[2Pa-F(2H-h)]/(2H)$

代入式(7-15)解出： $F_{Bx}=-(Fh+2Pa)/(2H)$

讨论：解法二中先后取两次研究对象，由四个有效方程解四个待求未知力，且未出现联立方程求解。主要得益于合理地选取研究对象和恰当地选择平衡方程形式。具体体现在：

①以整体为研究对象，不涉及未知内力 $\boldsymbol{F}_{Cx}$、$\boldsymbol{F}_{Cy}$；整体受到四个未知约束力作用，分别以其中三个未知力的交点为矩心建立力矩平衡方程，可方便求出其中的两个待求未知力；

②以右刚架为研究对象时，以不需求解的未知内力 $\boldsymbol{F}_{Cx}$、$\boldsymbol{F}_{Cy}$ 的交点 C 为矩心，该两力在力矩平衡方程中不出现；

③求得三个未知力后，即可代入形式比较简单的方程(7-15)，求得最后的待求未知力 $\boldsymbol{F}_{Bx}$。

思考 1 若以整体为研究对象，建立四个“平衡方程”，这样取一次研究对象就能解出待求的四个未知力吗？

思考 2 若分别取整体、左刚架、右刚架为研究对象，这样就可列出 9 个平衡方程，它们之间相互独立吗？

例 7-8 系统结构与尺寸如图 7-10(a)所示，杆件 AB 与 BC 通过铰链连接，自重不计。均布载荷集度为 q，力偶矩大小为 M，转向如图所示。求 A、C 处的约束反力。

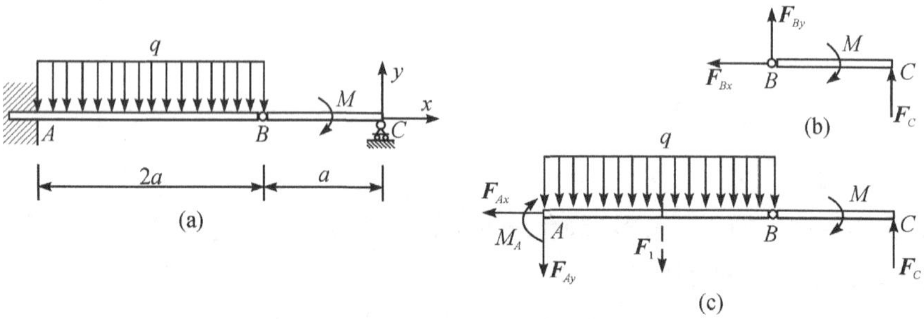

图 7-10

解 A 处为平面插入端约束，约束反力既包括力 $\boldsymbol{F}_{Ax}$、$\boldsymbol{F}_{Ay}$ 也包括力偶 M_A。

(1)首先选取杆件 BC 为研究对象，受力如图 7-10(b)所示。取 B 为矩心列平衡方程：

$$\sum M_B(\boldsymbol{F})=0,\quad F_C\cdot a-M=0$$

求得

$$F_C=\frac{M}{a}$$

(2)选取整体为研究对象，受力如图 7-10(c)所示。分布力可用一个作用于 AB 中点、大小为 $F_1=q\cdot AB$ 的力代替。列平衡方程如下

$$\sum F_x = 0, \qquad -F_{Ax} = 0$$

$$\sum F_y = 0, \qquad -F_{Ay} - F_1 + F_C = 0$$

$$\sum M_A(\boldsymbol{F}) = 0, \qquad F_C \times 3a - M - F_1 \cdot a - M_A = 0$$

由此三个平衡方程可依次求得

$$F_{Ax} = 0$$

$$F_{Ay} = M/a - 2qa$$

$$M_A = 2M - 2qa^2$$

思考　本例与例 7－7 的解法二对比，由于插入端约束的存在，求解策略有何调整？

例 7－9　如图 7－11(a)所示构架，杆 AB 与 CE 在中点以销钉 D 连接，已知物重 $P = 10$ kN，$AD = DB = 2$ m，$CD = DE = 1.5$ m，不计摩擦及杆、滑轮的重量。求杆 BC 内力及 AB 杆作用于销钉 D 处力的大小。

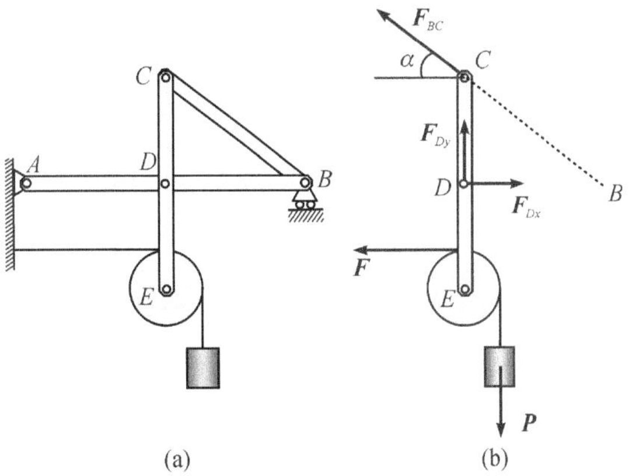

图 7－11

解　选取研究对象：杆 CE（带有销钉 D）以及滑轮、绳索、重物组成的系统。

受力分析如图 7－11(b)所示，$\boldsymbol{F}_{BC}$ 为链杆 BC 的约束力，$\boldsymbol{F}_{Dx}$、$\boldsymbol{F}_{Dy}$ 为 AB 杆作用于销钉 D 的力，绳的拉力 $F = P$。研究对象在平面力系下处于平衡，分别以未知力的交点 D、C、B 为矩心列平衡方程：

$$\sum M_D(\boldsymbol{F}) = 0, \qquad F_{BC}\cos\alpha \cdot CD - F \cdot (DE - R) - P \cdot R = 0$$

$$\sum M_C(\boldsymbol{F}) = 0, \qquad F_{Dx} \cdot CD - F \cdot (CE - R) - P \cdot R = 0$$

$$\sum M_B(\boldsymbol{F}) = 0, \qquad -F_{Dy} \cdot DB - F \cdot (DE - R) - P \cdot (DB - R) = 0$$

其中，R 为滑轮半径。由几何关系 $\cos\alpha = CD/BC = 0.8$，解上述方程，可得

$$F_{BC} = 12.5\ \text{kN}, F_{Dx} = 20\ \text{kN}, F_{Dy} = 2.5\ \text{kN}$$

由以上例题可以看出，在研究系统平衡问题时，研究对象及平衡方程应根据题意灵活选取，以便用最简便的方法求得要求未知量。

7.4　有摩擦存在的平衡问题

摩擦是一种普遍存在的自然现象。只是在机械工程中，部分物体的接触面之间均具有较好的润滑，此时摩擦对物体的运动影响甚微，故在讨论约束时抽象出了光滑面之类的常见约束。然而在有些机械工程中，摩擦却对物体的运动起着决定性的作用。例如制动器依靠摩擦力来实现刹车；摩擦离合器依靠摩擦来传递运动；再如发动机的活塞与气缸壁之间，会因摩擦而导致发热与磨损；转轴与轴承座之间会因摩擦而导致轴承烧瓦等。对于这类问题的研究若再略去摩擦，将会得到理论与实际不符的错误结果，甚至还会导致事故原因的误判。

本节仅结合摩擦的性质，讨论考虑摩擦时的物体平衡问题，而不涉及摩擦产生的机理。

7.4.1 滑动摩擦性质

滑动摩擦是指两相互接触的物体之间具有相对滑动的趋势或相对滑动时，在其接触处的公切面内所产生的相互阻碍现象。产生这一现象的阻力称为摩擦力，当物体之间仅具有相对滑动趋势时，该阻力称为静摩擦力，本书以 $\boldsymbol{F}_s$ 表示；当物体间已发生相对滑动时，该阻力称为动摩擦力，本书以 $\boldsymbol{F}_d$ 表示。

在图 7－12(a)中，将静止物体放在粗糙的水平面上，摩擦力等于零；而在图 7－12(b)中，在该物体上施加一个大小可变的水平力 $\boldsymbol{F}$，并由零逐渐增大，只要不超过某一临界值 F_C，物体仅有滑动趋势，但仍将保持静止。故静摩擦力 $\boldsymbol{F}_s$ 与主动力 $\boldsymbol{F}$ 保持大小相等、方向相反。可见静摩擦力具有约束力的特征，它随主动力 $\boldsymbol{F}$ 的增大而增大。但静摩擦力 $\boldsymbol{F}_s$ 不可能随主动力 $\boldsymbol{F}$ 的增大而无限地增大。当 $F=F_C$ 时，物块达到平衡的临界状态，此时的静摩擦力达到最大值，称为**最大静摩擦力**，以 $\boldsymbol{F}_{max}$ 表示。当 $F>F_C$ 后，物块开始滑动，动摩擦力 $\boldsymbol{F}_d$ 产生。由此得出以下经验结论。

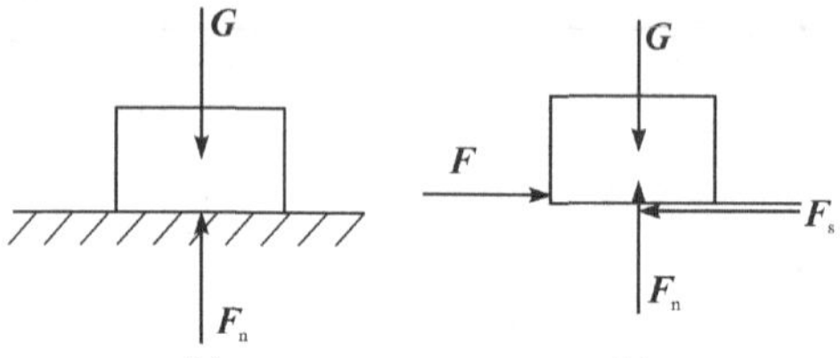

图 7－12

(1)静摩擦力 $\boldsymbol{F}_s$ 沿接触面的公切线，方向与物块的相对滑动趋势方向相反；大小可在零与最大值之间随主动力的变化而变，即

$$0 \leqslant F_s \leqslant F_{max} \tag{7-17}$$

(2)实验表明，最大静摩擦力 $\boldsymbol{F}_{max}$ 的大小与正压力 $\boldsymbol{F}_n$ 的大小成正比，即

$$F_{max} = f_s F_n \tag{7-18}$$

上式称为**静摩擦定律或库仑摩擦定律**。式中 f_s 为无量纲比例常数，称为**静摩擦系数**，取决于两接触物体的材料和接触表面的状态(粗糙程度、温度、湿度等)，而与接触面积的大小无关，一般由实验测定。常用材料的摩擦系数见表 7－1。

(3)动摩擦力 $\boldsymbol{F}_d$ 的方向与物块的相对滑动方向相反，大小与正压力 $\boldsymbol{F}_n$ 的大小成正比，即

$$F_d = fF_n \tag{7-19}$$

其中 f 为**动摩擦系数**。一般情况下，动摩擦系数略小于静摩擦系数。

表 7－1　常用材料的摩擦系数

接触物的材料	静摩擦系数		接触物的材料	静摩擦系数	
	无润滑剂	有润滑剂		无润滑剂	有润滑剂
钢-钢	0.15	0.10～0.12	青铜-青铜		0.1
钢-青铜	0.15	0.10～0.12	皮革-铸铁	0.4	0.15
钢-铸铁	0.3		木材-木材	0.6	0.1
铸铁-铸铁		0.18	砖-混凝土	0.76	

7.4.2　考虑摩擦的平衡问题

考虑摩擦时的平衡问题也是通过平衡条件解决的，只是在受力分析和建立平衡方程时需将摩擦力考虑在内，因此，正确分析摩擦力对求解非常重要。原则上摩擦力总是沿着接触面的切线并与物体相对滑动趋势相反，它的大小一般都是未知的，要应用平衡条件来确定。只有在物体处于平衡的临界状态时，才可以由式(7－18)列出补充方程。必须指出，由于摩擦力 F_s 可以在零到 F_{max} 之间变化，因此，考虑摩擦的平衡问题，其解也必定有一个范围，即所谓平衡范围。在受力简单的问题中，可以直接将不等关系式(7－17)与平衡方程联立求解得出平衡范围；但更多情况下则事先假定物体处于平衡的临界状态，由相应的滑动趋势确定最大静摩擦力的真实方向，并补充关系等式(7－18)，再与平衡方程联立求解，最后根据物理概念判断出平衡范围。

例 7－10　重 $P=980$ N 的物体，放在一倾角 $\alpha=30°$ 的斜面上，已知接触面间的摩擦系数 $f_s=0.2$，今有一大小为 $F=588$ N 的力沿斜面推物体，如图 7－13(a)所示。问物体在斜面上处于静止还是运动？若静止其摩擦力为多大？

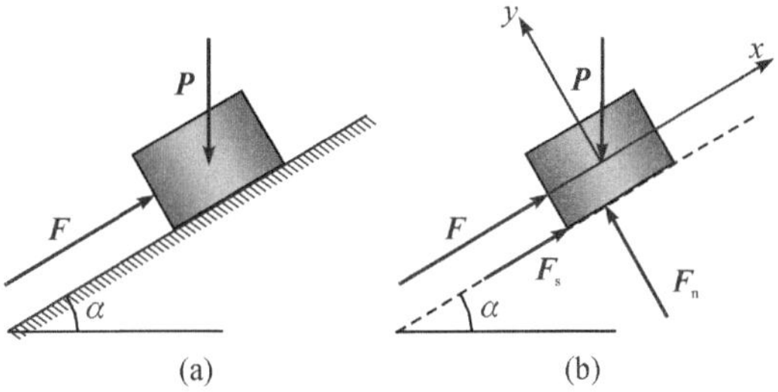

图 7－13

解：此类问题属于"判定物体平衡，求摩擦力"问题。求解这类问题时，可先假定物体静止，计算出静摩擦力 F_s 和最大静摩擦力 F_{max}，比较 F_s 和 F_{max} 即可确定物体的运动状况。

研究对象：物块。

受力分析：物块受主动力 $\boldsymbol{P}$、$\boldsymbol{F}_s$ 及反力 $\boldsymbol{F}_n$、$\boldsymbol{F}$ 作用。假设物块静止但有下滑趋势，则静摩擦力 $\boldsymbol{F}_s$ 的方向应向上，其受力图如图 7－13(b)所示。

平衡方程：

$$\sum F_x = 0, F + F_s - P\sin\alpha = 0 \tag{7-20}$$

$$\sum F_y = 0, F_n - P\cos\alpha = 0 \tag{7-21}$$

由式(7－20)求得

$$F_s = P\sin\alpha - F = -98 \text{ N}$$

由式(7－21)求得

$$F_n = P\cos\alpha = 848.7 \text{ N}$$

据此，得

$$F_{max} = f_s F_n = 169.72 \text{ N}$$

因为

$$|F_s| = 98 \text{ N} < F_{max} = 169.72 \text{ N}$$

所以物体在斜面上处于静止，静摩擦力的大小 $F_s=98$ N，方向沿斜面向下(与图设相反)。

例 7－11　某变速机构中滑移齿轮如图 7－14(a)所示。已知齿轮孔与轴间的静摩擦系数为 f_s，齿轮与轴接触面的长度为 b。问：拨叉(图中未画出)作用在齿轮上的 $\boldsymbol{F}$ 力到轴线的距离 a 为多大，齿轮才不会被卡住？设齿轮的重量忽略不计。

解　此类问题属于“求物体平衡范围”问题。求解这类问题，一般先假定物体处于平衡的临界状态，此时的摩擦力达到最大值，大小由式(7-18)确定，方向与临界滑动的趋势方向相反，然后通过平衡方程求出对应的极值，再根据题意用不等式表示平衡的取值范围。

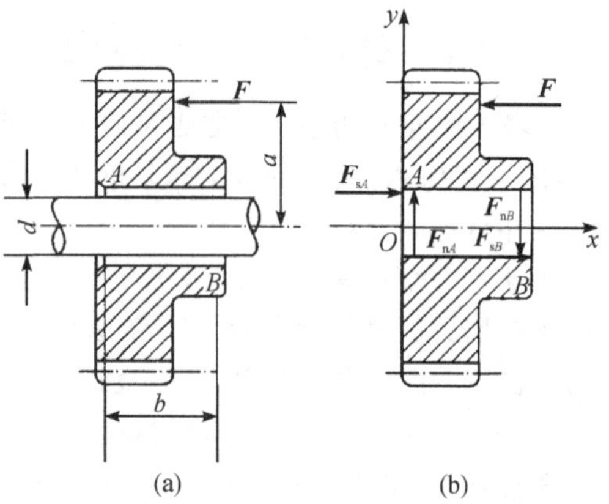

图 7-14

研究对象：齿轮。

受力分析：实际上，齿轮孔与轴之间一般都有间隙，齿轮在拨叉的推动下要发生倾斜，此时齿轮与轴就在 A、B 两点接触。先考虑平衡的临界情况(即齿轮有向左移动趋势，处于将动而尚未动时)，A、B 两点的摩擦力均达到最大值，方向均水平向右。齿轮的受力如图 7-14(b)所示。

平衡方程：

$$\sum F_x = 0, F_{sA} + F_{sB} - F = 0$$

$$\sum F_y = 0, F_{nA} - F_{nB} = 0$$

$$\sum M_O(\boldsymbol{F}) = 0, Fa - F_{nB}b - F_{sA}\frac{d}{2} + F_{sB}\frac{d}{2} = 0$$

补充条件：

$$F_{sA} = f_s F_{nA}$$

$$F_{sB} = f_s F_{nB}$$

联立以上五式，可解得

$$a = \frac{b}{2f_s}$$

由经验可知，距离 a 取值越大，齿轮就越容易被卡。因此，保证齿轮不被卡住的条件是

$$a < \frac{b}{2f_s}$$

例 7-12　制动器的构造及尺寸如图 7-15(a)所示。制动块 C 与鼓轮表面间的摩擦系数为 f_s，试求制动鼓轮逆时针转动所需的最小力 $\boldsymbol{F}_{min}$。

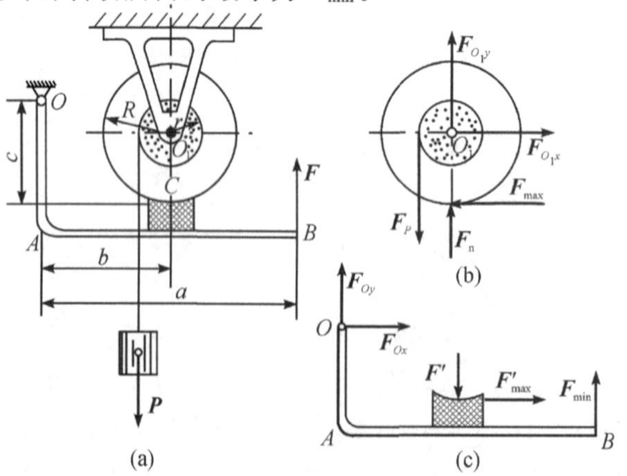

图 7-15

解　此类问题属“求物体的平衡临界状态的临界极值”问题，也可视为是“求物体平衡范围”问题的一种特殊情况。

研究对象：鼓轮。

受力分析：如图 7－15(b)所示。注意当 $\boldsymbol{F}$ 为最小值时，鼓轮将处于平衡临界状态，有逆时针转动趋势；此时摩擦力达最大值，其方向水平向左。

平衡方程：$\sum M_{O_1}(\boldsymbol{F})=0,\quad F_P r - F_{\max}R = 0$

研究对象：制动杆。

受力分析：如图 7－15(c)所示。对应临界平衡状态时的制动力为最小值。

平衡方程：$\sum M_O(\boldsymbol{F})=0,\quad F_{\min}a + F'_{\max}c - F'_{n}b = 0$

补充条件：$F_{\max} = F'_{\max} = f_s F_n,\quad F'_n = F_n,\quad F_P = P$

联立以上方程解得　$F_{\min} = \dfrac{Pr}{aR}\left(\dfrac{b}{f_s} - c\right)$

7.4.3　摩擦角与自锁现象

静摩擦力 $\boldsymbol{F}_s$ 与法向约束力 $\boldsymbol{F}_n$ 的合力 $\boldsymbol{F}_{Rs}$ 称为全约束力，全约束力与接触面的公法线成一偏角 α，$\tan\alpha = F_s/F_n$，如图 7－16(a)所示。当物块处于平衡的临界状态时，静摩擦力达到最大值，偏角 α 也达到最大值 φ，如图 7－16(b)所示。全约束力与法线间的夹角的最大值 φ 称为**摩擦角**。以公法线为轴、2φ 为顶角的正圆锥称为**摩擦锥**。显然

$$\tan\varphi = \frac{F_{\max}}{F_n} = \frac{f_s F_n}{F_n} = f_s \tag{7-22}$$

即摩擦角的正切等于静摩擦系数 f_s。

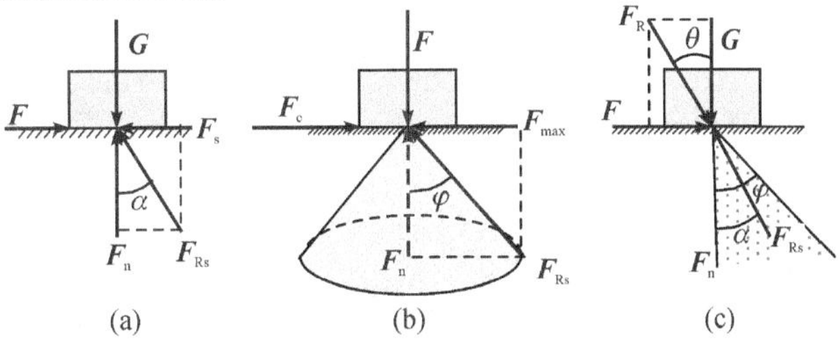

图 7－16

物体平衡时，静摩擦力 F_s 总是小于或等于最大静摩擦力 $F_{\max}$，因而全约束力 $\boldsymbol{F}_{Rs}$ 与接触面法线间的夹角 α 也总是小于或等于摩擦角 φ，即

$$\alpha \leqslant \varphi \tag{7-23}$$

上式表明，在任何载荷下，全约束力 $\boldsymbol{F}_{Rs}$ 的作用线永远处于摩擦锥之内。

可见，作用于物体的主动力的合力 $\boldsymbol{F}_R$ 的作用线只要位于摩擦锥之内，则无论该合力有多大，摩擦面总能产生相应的全约束力 $\boldsymbol{F}_{Rs}$，与之形成二力平衡。这种现象称为**自锁**，如图 7－16(c)所示。

反之，如果作用于物体的主动力的合力的作用线一旦位于摩擦锥之外，则无论该合力有多小，摩擦面都不能产生相应的全约束力与之形成二力平衡，此时的物体必然产生运动。

摩擦自锁现象在日常生活和工程技术领域都有许多应用。例如工程中利用自锁条件来设计一些夹具，使它们在工作时能夹紧工件。为确保图 7 - 17 所示的螺旋千斤顶能安全承载，设计时要求螺杆 2 的螺纹升角 φ 必须小于螺杆与螺母 3 之间的摩擦角。与此相反的是在有些问题中则要求避免自锁或“卡住”。例如儿童乐园内的滑梯，无论儿童的体重如何均应能轻松滑动。

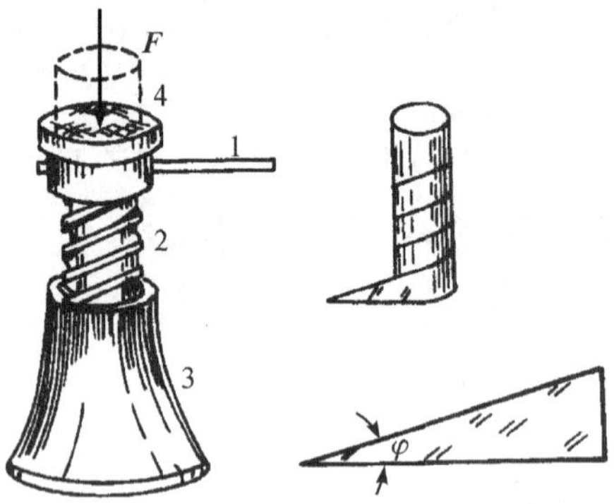

图 7 - 17

机车的牵引力

实际应用的**机车牵引力**按照力的传递过程可分为以下几种：由电能（电力机车）或燃料的化学能（热力机车）转变为使动轮旋转的内力矩，最终通过轮轨黏着关系形成作用于动轮轮周上的切向外力，称为**轮周牵引力**；牵引列车的机车牵引力等于轮周牵引力减去机车全部运行阻力，称为**车钩牵引力**（或称挽钩牵引力）。

请问：机车的重量越轻，机车的牵引力就越大，是这样吗？为什么？

机车的牵引力一般随着速度的增大而减小，试分析其中的主要原因。

思考题

思考 7 - 1　大小相等的 3 个力分别沿等边三角形的 3 条边作用，如图所示，该力系是否为平衡力系？

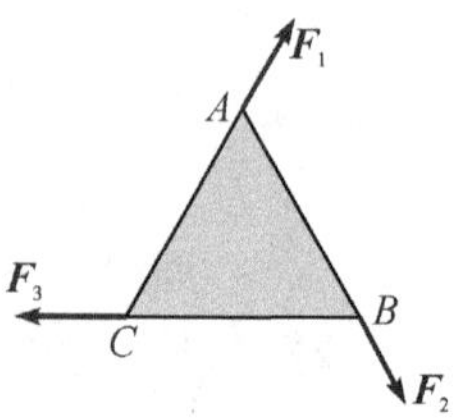

思考 7 - 1 图

思考 7 - 2　平面汇交力系的平衡方程中，可否取两个力矩方程，或一个力矩方程和一个投影方程？这时，其矩心和投影轴的选择有什么限制？

思考 7 - 3　传动轴用两个止推轴承支承，每个轴承有三个未知力，共

6 个未知量。而空间任意力系的平衡方程恰好有 6 个，是否为静定问题？

思考 7-4　物体所受摩擦力的方向与物体运动的方向永远相反，此说法是否正确？

思考 7-5　静止的物体一定受到静摩擦力吗？运动的物体一定不受静摩擦力吗？

思考 7-6　如图所示，物块重 $\boldsymbol{W}$，与水平面间的摩擦系数为 f，要使物块向右移动，则在图示两种施力方式中，哪种更省力？

思考 7-7　物块重 $\boldsymbol{W}$，置于粗糙平面上。一作用力 $\boldsymbol{F}$ 的作用线在摩擦角之外，如图所示。若该力极其微小，问物块是否能够平衡？为什么？

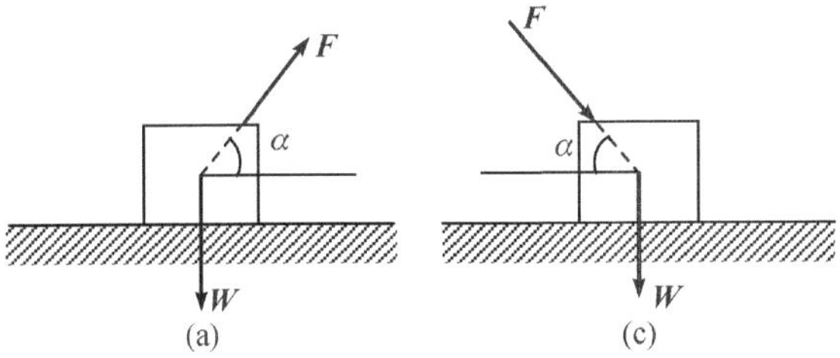

思考 7-6 图

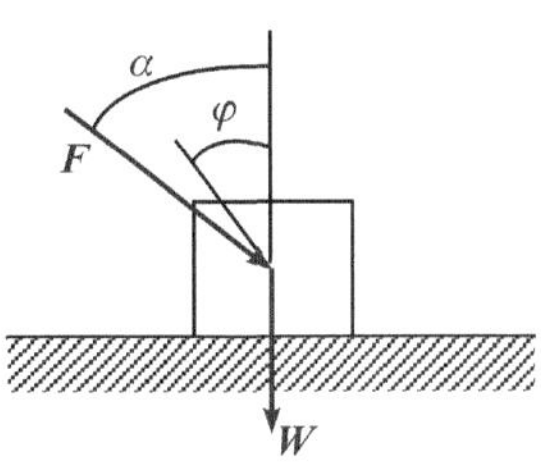

思考 7-7 图

习　题

7-1　电线杆 AB 长 10 m，其顶端受大小等于 8.4 kN 的水平力 $\boldsymbol{F}$ 作用。杆的底端 A 可视为球铰链，并由 BD、DE 两钢索维持杆的平衡，如图所示。试求钢索的拉力和 A 支座的反力。

7-2　边长为 a 的等边三角形板 ABC 用两端是铰链的三根铅直杆 1、2、3 和三根与水平面成 30°的斜杆 4、5、6 支承在水平位置。在板面内作用一矩为 M 的力偶，转向如图所示。如板和杆的重量不计，求各杆的内力。

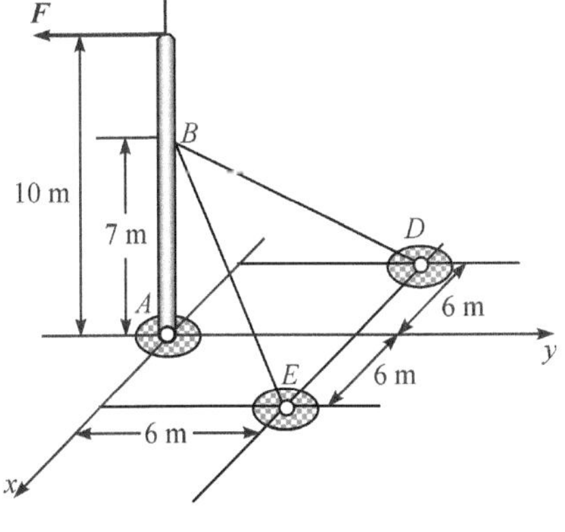

习题 7-1 图

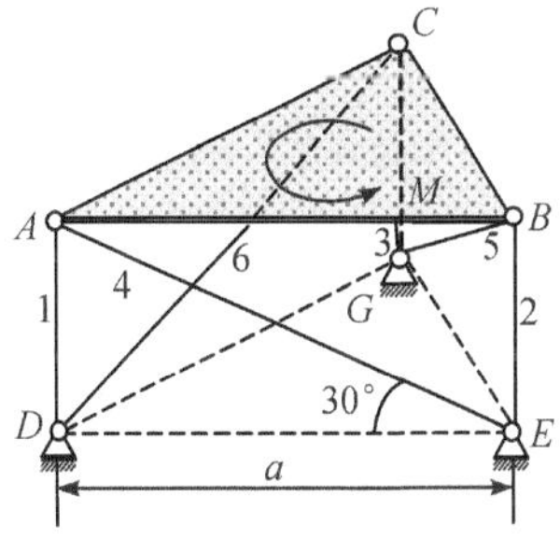

习题 7-2 图

7-3　作用于齿轮上的啮合力 $\boldsymbol{F}$ 推动带轮 D 绕水平轴 AB 做匀速转动。已知紧边带的拉力为 200 N，松边带的拉力为 100 N，尺寸如图所示。求力 $\boldsymbol{F}$ 的大小和轴承 A、B 的约束力。

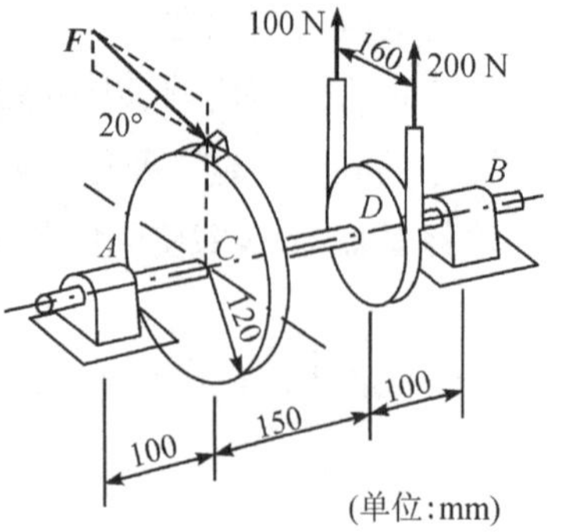

习题 7－3 图

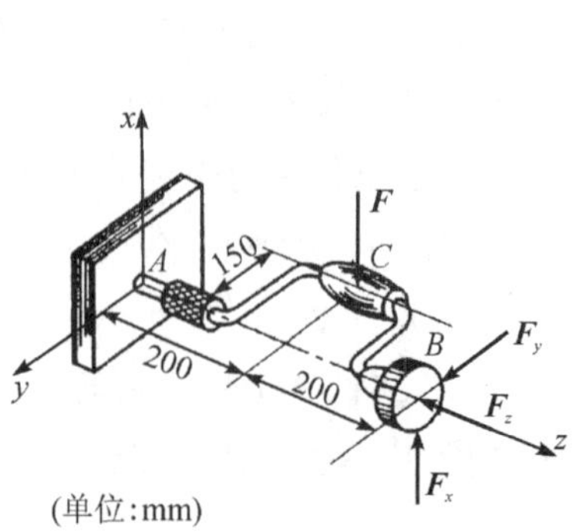

习题 7－4 图

7－4　图示手摇钻由支点 B、钻头 A 和一个弯曲的手柄组成。当支点 B 处加压力 $\boldsymbol{F}_x$、$\boldsymbol{F}_y$ 和 $\boldsymbol{F}_z$，并且手柄上施加力 $\boldsymbol{F}$ 后，即可带动钻头绕轴 AB 转动钻孔。已知 $F_z=50$ N，$F=150$ N。求：①钻头受到的阻抗力偶矩 M；②材料对钻头的反力 $\boldsymbol{F}_{Ax}$、$\boldsymbol{F}_{Ay}$ 和 $\boldsymbol{F}_{Az}$ 的值；③压力 $\boldsymbol{F}_x$ 和 $\boldsymbol{F}_y$ 的值。

7－5　如图所示，已知镗刀杆的刀头受切削力 $F_z=500$ N、径向力 $F_x=150$ N、轴向力 $F_y=75$ N，刀尖位于 xOy 平面内，其坐标 $x=75$ mm，$y=200$ mm。刀杆重量不计，试求刀杆左端 O 处的约束力。

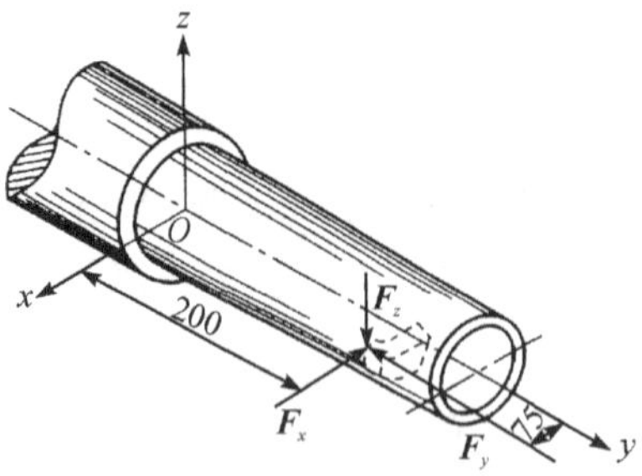

习题 7－5 图

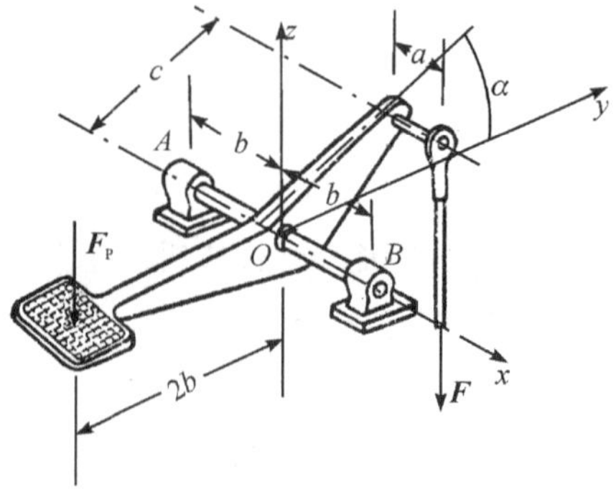

习题 7－6 图

7－6　脚踏式操纵装置如图所示。已知 $F_P=300$ N，$\alpha=30°$，$a=9$ cm，$b=15$ cm，$c=18$ cm。当装置平衡时，求铅直操纵杆上产生的拉力 $\boldsymbol{F}$ 和轴承 A、B 的反力。

7－7　某传动轴装有皮带轮，其半径分别为 $r_1=20$ cm，$r_2=25$ cm。轮Ⅰ的皮带是水平的，其张力 $F_1=2F_1'=5000$ N；轮Ⅱ的皮带与铅垂线的夹角 $\beta=30°$，其张力 $F_2=2F_2'$。求传动轴匀速转动时的张力 F_2、F_2' 和轴承反力。图中长度单位为 mm。

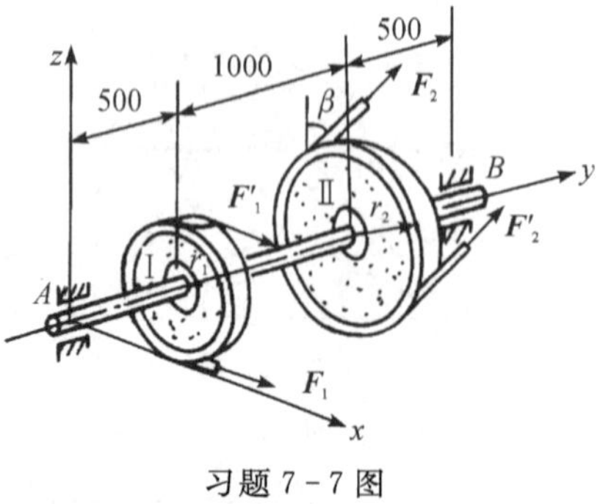

习题 7－7 图

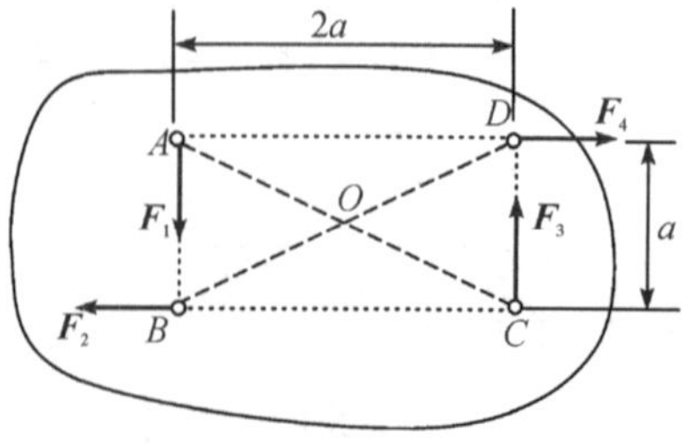

习题 7－8 图

7－8　如图所示刚体上 A、B、C、D 四点连线构成一矩形，并分别作用着大小均等于 F 的力 $\boldsymbol{F}_1$、$\boldsymbol{F}_2$、$\boldsymbol{F}_3$ 和 $\boldsymbol{F}_4$。试求该力系向矩形中心 O 点的简化结果。

7－9　如图所示正方形边长为 1 m，受三力作用。已知各力的大小均为 10 N。求此力系向 A 点简化的结果，并给出此力系最终的合成结果。

7－10　水平梁 AB 由铰链 A 和柔索 BC 所支持，如图所示。在梁上 D 处用销子安装半径 $r=0.1$ m 的滑轮。有一跨过滑轮的绳子，其一端水平地系于墙上，另一端悬挂有重 $G=1800$ N 的重物。如 $AD=0.2$ m，$BD=0.4$ m，$\alpha=45°$，且不计梁、杆、滑轮和绳的重量，求铰链 A 和柔索 BC 对梁的约束反力。

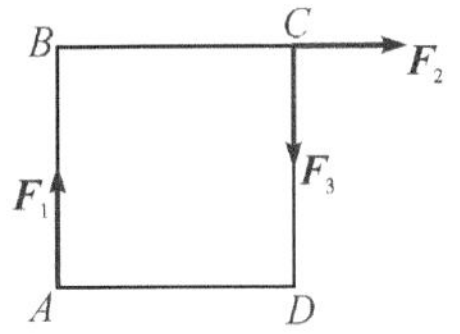

习题 7－9 图

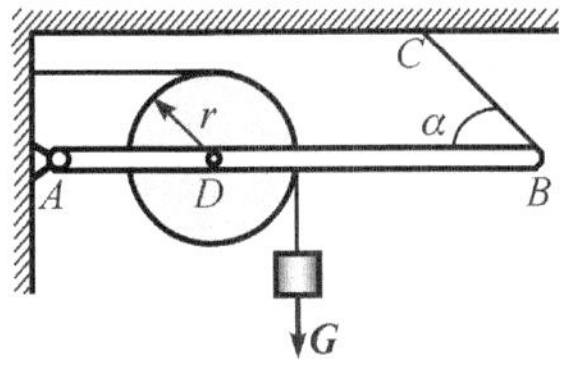

习题 7－10 图

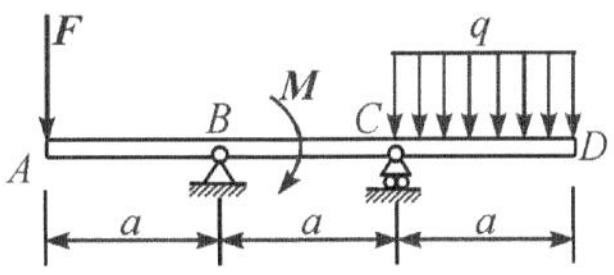

习题 7－11 图

7－11　已知 $F=1.5$ kN，$q=0.5$ kN/m，$M=2$ kN·m，$a=2$ m。求支座 B、C 上的约束反力。

7－12　已知均质物体重 $G=10$ kN，水平力 $F=3$ kN，各杆重量不计，有关尺寸如图所示。求杆 AC、BD、BC 的受力。

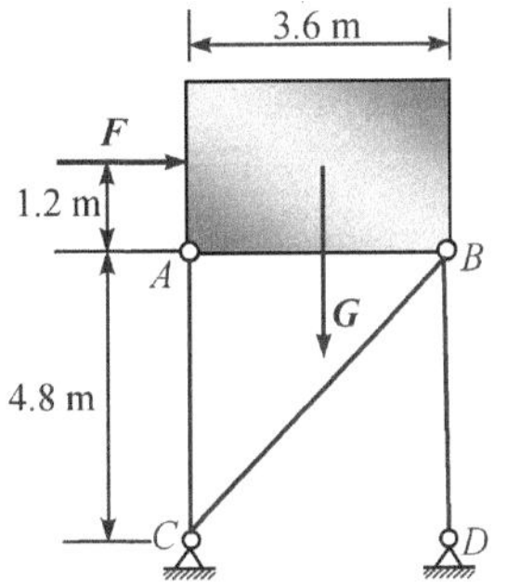

习题 7－12 图

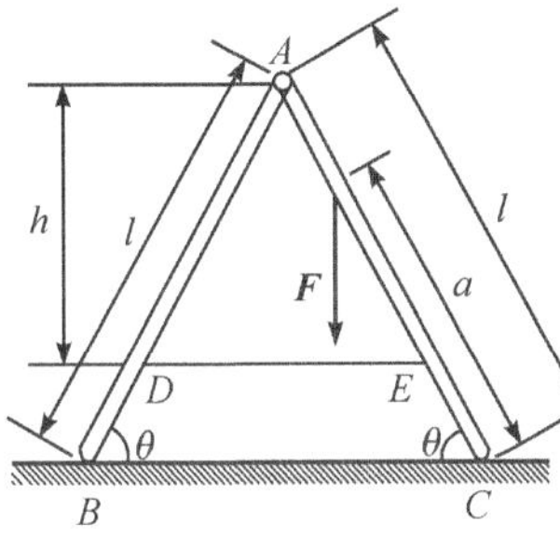

习题 7－13 图

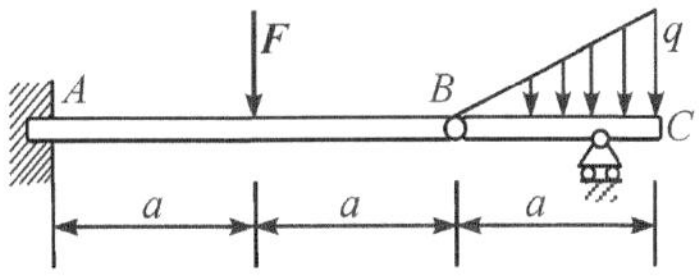

习题 7－14 图

7－13　不计自重的梯子的两部分 AB 和 AC 在点 A 铰接，在 D、E 两点用水平绳连接，如图所示。梯子放在光滑的水平面上，其一边作用有铅垂力 $\boldsymbol{F}$，几何尺寸如图所示。求绳的张力大小。

7－14　组合梁 ABC 上作用一集中力 $\boldsymbol{F}$ 和三角形分布载荷，最大载荷集度为 $q=2F/a$，其支承及载荷如图所示。求 A、C 处的约束反力。

7－15　三铰刚架的尺寸、支承及载荷如图所示。已知 $F_1=10$ kN，$F_2=12$ kN，力偶矩 $M=25$ kN·m，均布载荷集度 $q=2$ kN/m，$\theta=60°$。不计构件自重，求 A、B 处的约束反力。

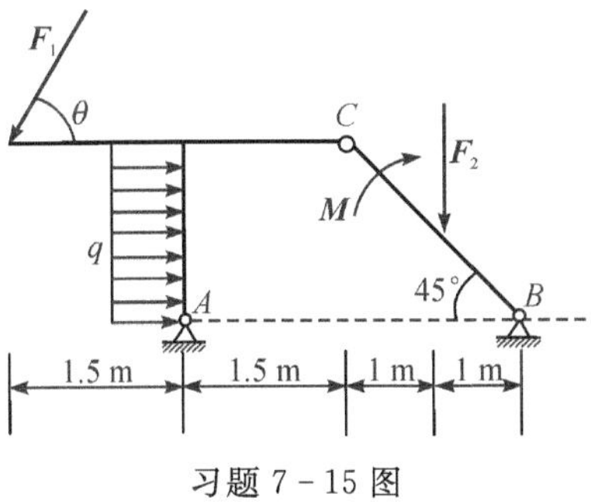

习题 7－15 图

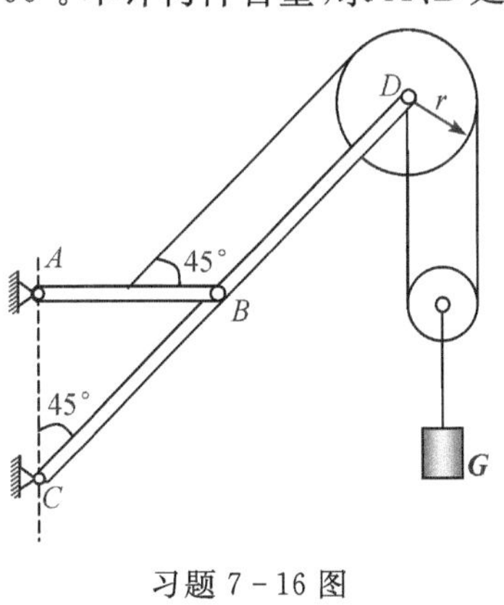

习题 7－16 图

7-16　如图所示重 G 的物体由不计重量的杆 AB、CD 和滑轮支撑。已知 $AB=AC=a$，$CB=BD$，$r=a/2$。求 A、C 处的约束反力。

7-17　图示构架由杆 AB 和杆 BC 铰接组成。已知 $P=20$ kN，$AD=DB=1$ m，$AC=2$ m，两滑轮半径皆为 30 cm，不计摩擦以及滑轮和杆的重量。求 A、C 处的约束反力。

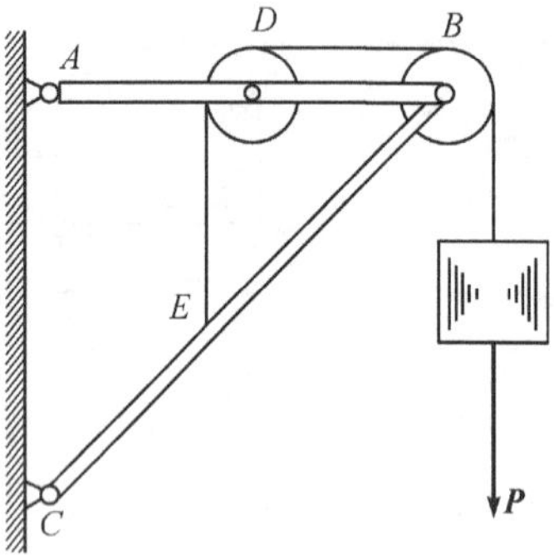

习题 7-17 图

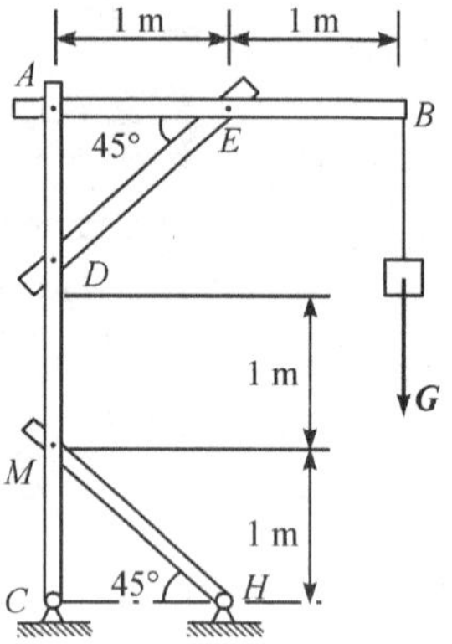

习题 7-18 图

7-18　支架由四杆 AB、AC、DE、MH 所组成。各部分均用光滑铰链相连，AC 杆铅垂，在水平杆 AB 的 B 端悬挂一重物，其重量为 $G=500$ N，各杆重量不计，求斜杆 DE、MH 的内力及 C 处的约束反力。

7-19　如图所示构架 ABC 由 AB、AC 和 DF 组成，DF 上的销钉 E 可在 AC 的槽内滑动。求在 DF 的一端作用铅直力 $\boldsymbol{P}$ 时，AB 上的点 A 、D 和 B 所受的力。

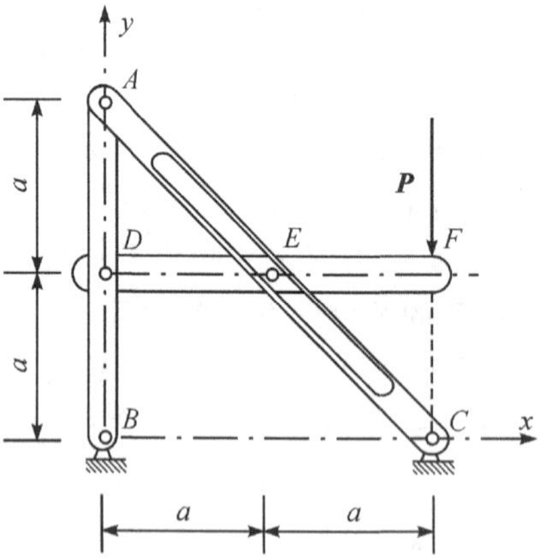

习题 7-19 图

7-20　图示平面结构由 ADC 与 CB 铰接而成，自重不计。已知：$F=100$ kN，$q=50$ kN/m，$M=40$ kN·m，$l=1$ m。试求固定端 A 处的约束反力。

7-21　图示结构由丁字形梁 ABC、直梁 CE 与支杆 DH 组成，C、D 点为铰接，均不计自重。已知 $q=200$ kN/m，$F=100$ kN，$M=50$ kN·m，$L=2$ m。试求固定端 A 处的反力。

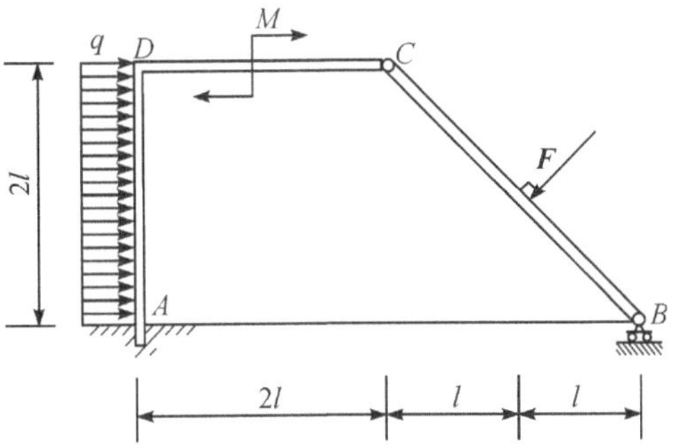

习题 7－20 图

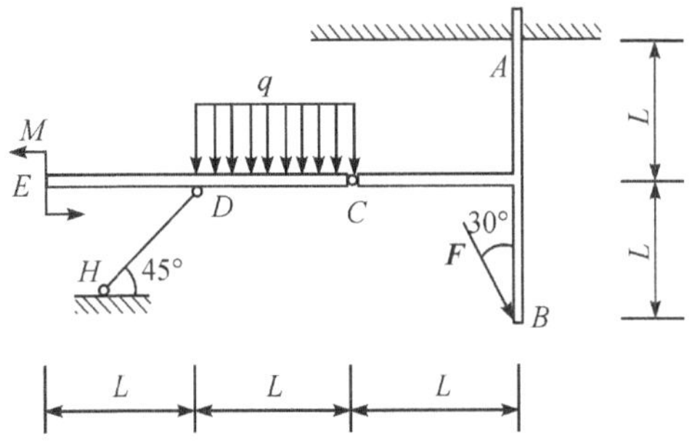

习题 7－21 图

7－22　图示斜面上的物块重 $W=980$ N，物块与斜面间的静摩擦系数 $f_s=0.2$，动摩擦系数 $f_d=0.17$。当水平主动力分别为 $F=500$ N 和 $F=100$ N 两种情况时：①问物块是否滑动；②求实际的摩擦力的大小和方向。

7－23　一均匀平板利用两个支柱搁在粗糙的水平面上，板重 $G=100$ N，两支柱与固定平面的静摩擦系数分别为 $f_{s1}=0.2$ 和 $f_{s2}=0.3$。其尺寸如图所示，单位为 m。求平板仍处于平衡时的最大水平拉力 F。

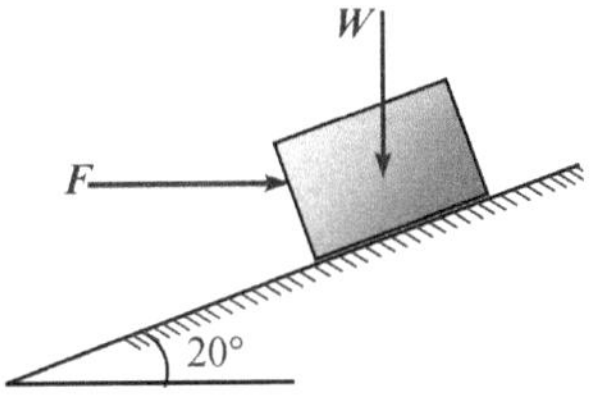

习题 7－22 图

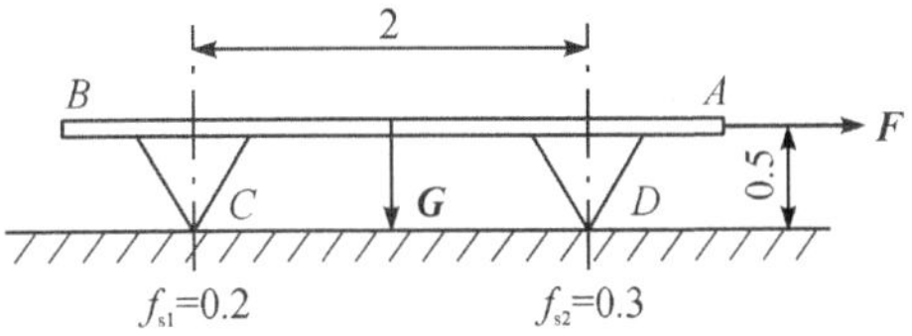

习题 7－23 图

7－24　绞车的制动器由带制动块 D 的杠杆和鼓轮 C 组成，尺寸如图所示。已知制动块与鼓轮间静摩擦系数为 f_s，提升的物体重 G，不计杠杆及鼓轮重量，问：在杆端 B 最少应加多大的铅垂力 $\boldsymbol{F}$ 方能安全制动？

7－25　图示为一机床夹具中常用的偏心夹紧装置，转动偏心轮手柄，就可升高 O_1 点，使杠杆压紧工件。已知偏心轮半径为 r，与台面间静摩擦系数为 f_s。若不计偏心轮自重，要在图示位置夹紧工件后不致自动松开，偏心距 e 应为多少？

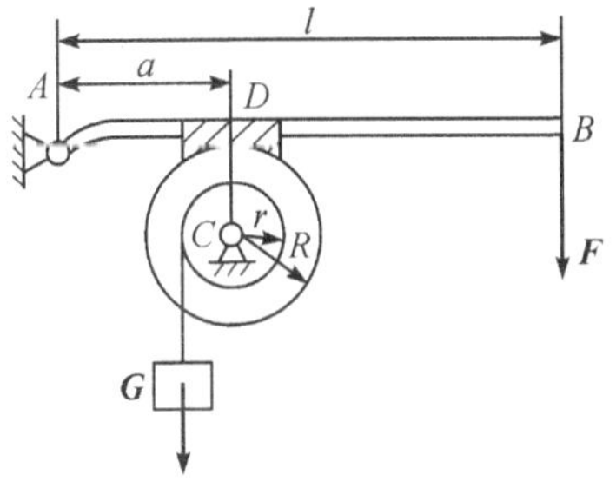

习题 7－24 图

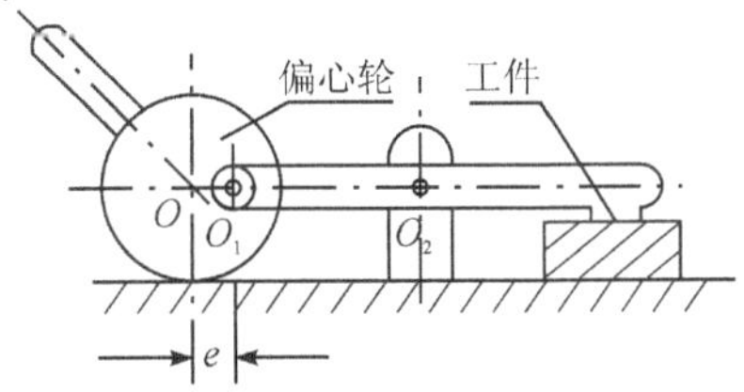

习题 7－25 图

7－26　压延机由直径均为 $d=50$ cm 的两轮构成，两轮反向转动如图所示。两轮间的间隙 $a=0.5$ cm，烧红的钢板与轮间的摩擦系数 $f_s=0.1$。问能压延的钢板厚度是多少？

7－27　砖夹的宽度为 0.25 m，曲杆 AGB 与 $GCED$ 在 G 点铰接，尺寸如图所示。设砖重 $P=120$ N，提起砖的力 $\boldsymbol{F}$ 作用在砖夹的中心线上，砖夹与砖之间的静摩擦系数 $f_s=0.5$。求

距离 b 为多大才能把砖夹起。

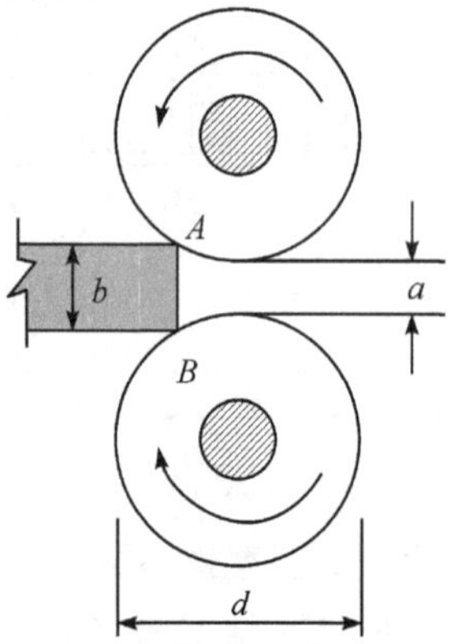

习题 7-26 图

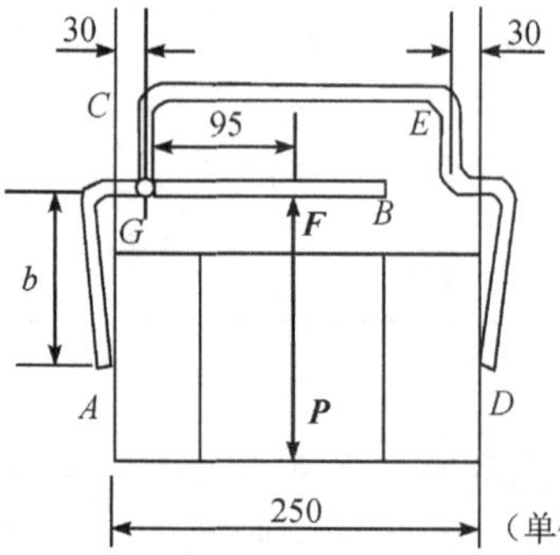

习题 7-27 图

第 8 章　构件的内力计算

物体受力作用，变形必然存在，只有当变形因素对问题的研究可以忽略不计时，方可被视为“刚体”。

本章介绍构件基本变形时的内力分析计算方法。为进一步研究构件的承载能力作准备。

8.1　杆件的基本变形形式

工程中的多数关键性构件都可简化为杆件，例如发动机的连杆、汽车的传动轴、机床的主轴、行车的大梁和电动机的转子等。杆件在任意受力情况下的变形形式比较复杂，但它可以看作是几种简单变形形式的不同组合。杆件基本变形形式可归纳为拉压、剪切、扭转和平面弯曲四种，分别见表 8－1 的说明。

表 8－1　杆件基本受力与变形形式

变形形式	受力及变形图	说　明
拉伸 压缩	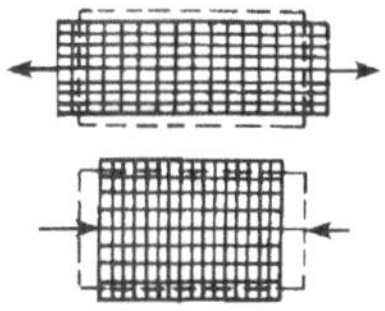	杆两端沿杆轴线受一对方向相反的轴向力作用，拉伸（压缩）时杆轴向尺寸伸长（缩短），横向尺寸减小（增大）
剪切	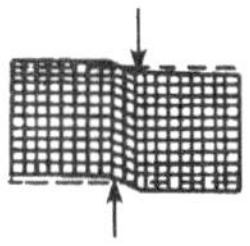	杆受一对垂直于轴线、相距很近、方向相反的横向力作用，受力处杆的横截面沿横向力方向产生相对错动
扭转	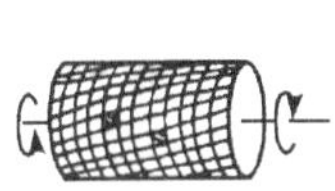	杆两端受一对作用面垂直于杆轴线、转向相反的力偶作用，杆件任意两截面发生绕轴线的相对转动，变形前杆的母线在变形后成为曲线
平面弯曲	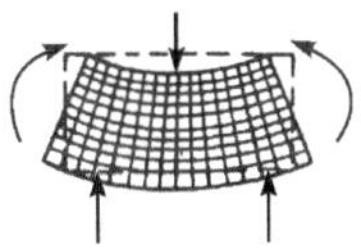	杆在其轴线所在的同一纵向对称平面内，受垂直于轴线的外力或外力偶作用，轴线由直变弯，横截面发生相对转动

8.2　内力与截面方法

8.2.1　内力的概念

根据固体材料的微观结构，物体在未受外加载荷时，内部的材料质点均以一定间距处于引力与斥力平衡的位置上。当物体受外力作用而变形时，内部各质点间因相对位置的改变将引起相互作用力的改变。这种由外力作用所引起的物体内部各质点之间相互作用力的改变量，称为附加内力，通常简称为**内力**。该内力随着外力的增大而增大，达到某一限度时会引起零件损伤，直至发展到破坏。可见内力的大小和其分布方式与零件的承载大小和形式密切相关。

8.2.2 计算内力的基本方法——截面法

为了显示内力并确定其大小，通常采用截面法。如图 8-1(a)所示，零件在外力作用下处于平衡。欲求截面 $m—m$ 上的内力，可假想用截面将构件一分为二，任意选取其中一部分研究，弃去部分对保留部分的作用以内力系来代替，显然该内力系为截面上的分布力系。根据力系的简化理论，将该内力系向截面中心 O 进行简化，可得到过 O 点的力 F_R 与力偶矩 M_O[图 8-1(b)]。力 F_R 沿 x 轴向的分量 F_N 称为轴力，垂直于轴向的分量 F_{Sy}、F_{Sz} 称为剪力，内力偶矩 M_O 沿轴向的分量 T 称为扭矩，垂直于轴向的分量 M_y、M_z 称为弯矩[图 8-1(c)]。

由于在外力作用下处于平衡的零件被假想一截为二后，其中任一部分仍应处于平衡，故各内力分量的大小可通过力系的平衡条件确定，即

$$\left.\begin{aligned} F_N = \sum F_x, \quad F_{Sy} = \sum F_y, \quad F_{Sz} = \sum F_z \\ T = \sum M_x(\boldsymbol{F}), M_y = \sum M_y(\boldsymbol{F}), M_z = \sum M_z(\boldsymbol{F}) \end{aligned}\right\} \tag{8-1}$$

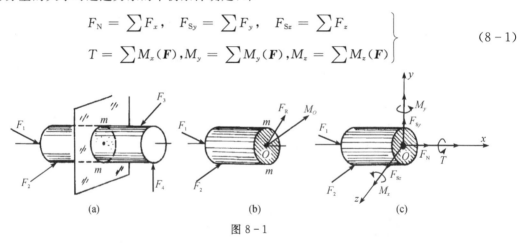

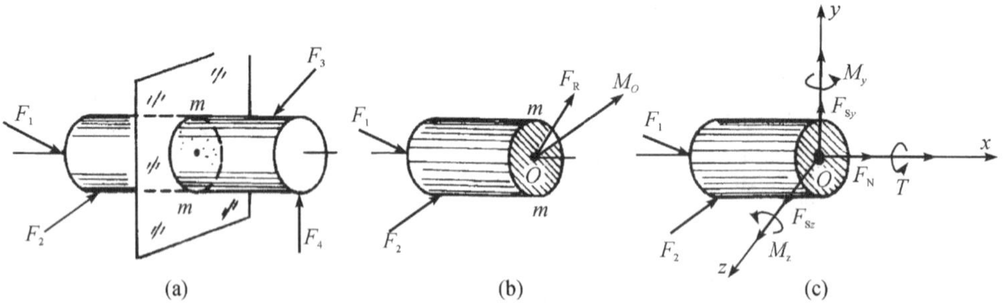

图 8-1

综上所述，截面法求内力的步骤如下。

(1) 截开：在需求内力的截面处假想用截面将零件一分为二，任取其中一部分作为研究对象。

(2)设正：以相应内力代替弃去部分对所取部分的作用；截面上的内力一般总是按规定的正值方向假设(根据具体变形而定)。

(3)平衡：根据所取部分所受的全部外力及弃去部分所提供的内力正确绘制受力图；建立平衡方程，求出截面上的内力值。

(4)绘图：工程上常以图线来表示杆件内力沿杆长的变化。为此，在内力设正的前提下，由平衡方程求得的内力，按一定比例将正值标在横坐标 x 轴的上侧、负值标在下侧，所绘出的内力分布图称为**内力图**。

下面将按杆件基本变形形式分别介绍内力的计算方法。

8.3 轴向拉伸(压缩)的内力计算

轴向拉伸与压缩变形是受力杆件中最简单的变形，其受力特点是：杆件沿杆轴线方向受到一对大小相等、方向相反力的作用。若两力方向背离杆端时，杆件纵向尺寸伸长、横向缩小，这种变形称为轴向拉伸变形，如图 8-2(a)所示；若两力方向指向杆端，则杆件纵向尺寸缩短、横向变大，这种变形称为轴向压缩变形，如图 8-2(b)所示。

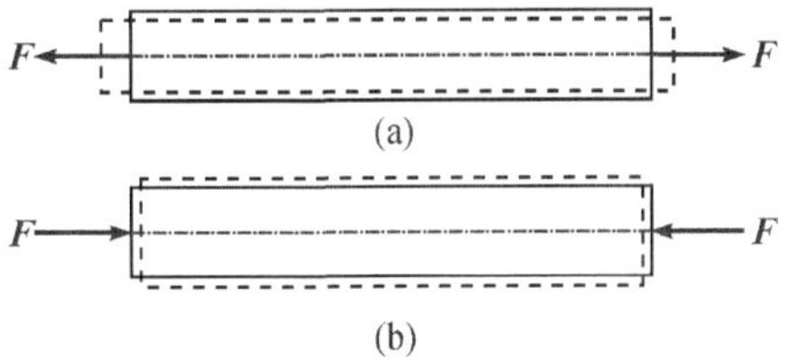

图 8-2

直杆仅受轴向载荷作用，所以横截面上的内力必沿轴向，用 F_N 表示，称为轴力。

在分析轴力时，一律以 F_N 背离截面设正，即设杆件受拉伸，其值为一标量，由平衡条件求得。因构件内力直接关系到今后的强度计算，所以坚持内力按规定设正务必引起足够重视。

8.3.1 直杆拉伸(压缩)的内力与内力图

下面结合实例，根据上节所介绍的内力求解步骤，介绍轴向拉压变形的杆件轴力的具体求解方法。

例 8-1 试用截面法求图 8-3(a)所示阶梯直杆中 1—1、2—2、3—3 截面的轴力，并绘内力图。

解 (1)截开：将杆分别在横截面 1—1、2—2 处切开，分别研究左段的平衡[图 8-3(b)、(c)]；将杆在截面 3—3 处切开，研究右段平衡[图 8-3(d)]。

(2)设正：假设轴力 F_{N1}、F_{N2}、F_{N3} 分别背离截面 1—1、2—2、3—3。

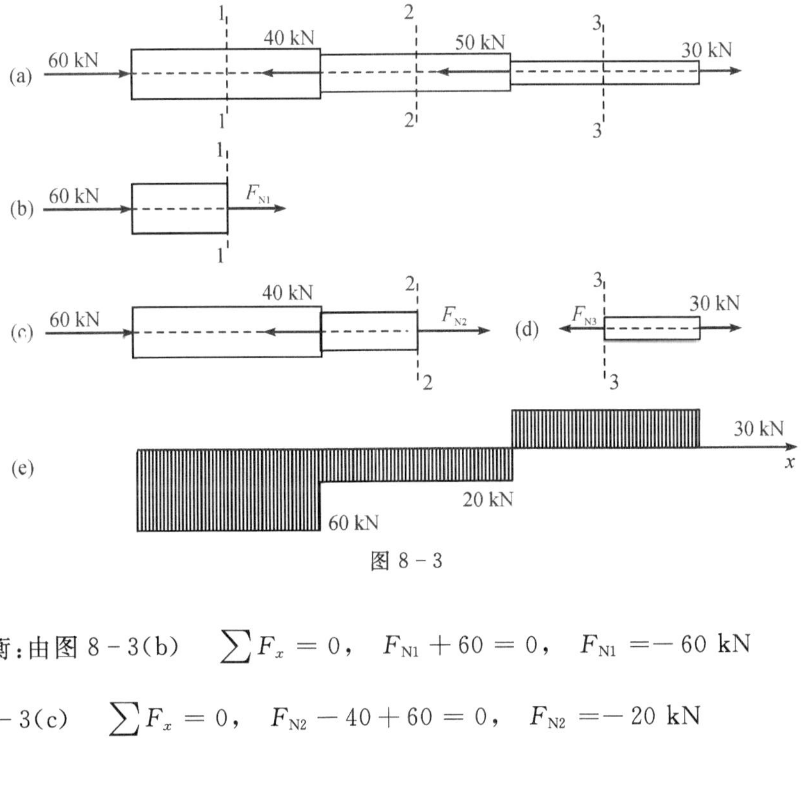

图 8-3

(3)平衡：由图 8-3(b) $\sum F_x = 0$， $F_{N1} + 60 = 0$， $F_{N1} = -60\ \text{kN}$

由图 8-3(c) $\sum F_x = 0$， $F_{N2} - 40 + 60 = 0$， $F_{N2} = -20\ \text{kN}$

由图 8-3(d) $\sum F_x = 0,\quad 30 - F_{N3} = 0,\quad F_{N3} = 30\ \text{kN}$

(4)绘图:由各截面上轴力数值作内力图,如图 8-3 (e)所示。

*8.3.2 平面简单桁架的内力计算

桁架是由若干直杆在两端通过焊接、铆接所构成的几何形状不变的工程承载结构。其优点是杆件主要承受拉力或压力,能够充分发挥一般钢材抗拉压性能强的优势,具有用料省、自重轻、承载能力强等优点,因此在工程中应用广泛。起重机架、高压线塔、油田井架及铁路桥梁等,多采用这种结构。

各杆件轴线都在同一平面内的桁架,称为**平面桁架**;各杆件轴线不在同一平面内的桁架,称为**空间桁架**。桁架中各杆轴线的交点称为**节点**。一般说来,由三根杆与三个节点组成一个基本三角形后,如果再附加杆件便形成更多的三角形,则所构成的桁架称为**简单桁架**,如图 8-4 所示。

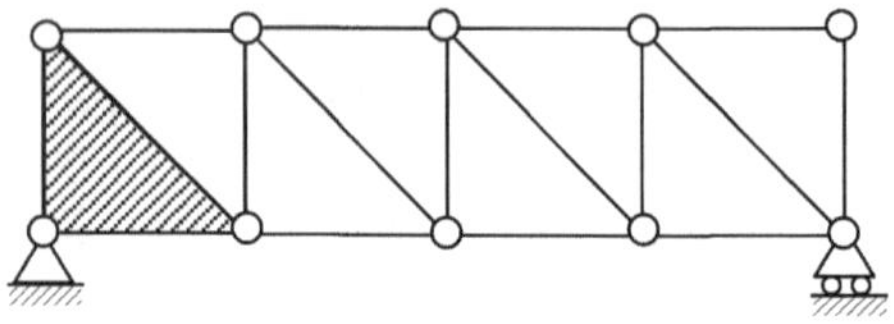

图 8-4

工程实际中,桁架中的杆件连接形式各不相同,但测试结果显示,在相同载荷作用下,不同连接形式下的同一杆件内力误差并不大;而且误差还随着载荷的增大而减小;杆件愈细、愈长误差相对愈小。因此,为了简化理论分析计算,建立桁架的力学模型时,采用以下的假设:

(1)桁架中每根杆件的两端均为理想铰链连接,即各杆件能绕节点自由转动;

(2)桁架中的每根杆件的轴线均为一条直线;

(3)所有杆件的轴线均相交于理想铰链的几何中心;

(4)各杆件自重不计,外载荷均加在理想绞链的几何中心,即桁架的节点上。

满足以上假设的桁架称之为**理想桁架**。理想桁架的各杆件均为二力杆件,只产生轴向的拉压变形。可以证明,理想桁架为静定问题。

对桁架的内力计算,其目的是要求出每根杆件的内力大小及受力特性(拉力或压力),从而为设计杆件的材料、尺寸与承载能力(强度、刚度和稳定性)的校核提供依据。对于简单理想桁架,各杆件所传递的力均可通过力系的平衡方程来计算。通常采用的方法有节点法与截面法两种。无论采用哪种方法,一般都应首先求得支座的约束反力。为了便于通过计算结果的正、负号来判断各杆件的受力特性,在分析受力时,注意应坚持对各杆内力设正。

节点法是以节点作为研究对象求解各杆件受力的方法。其要点是:依次取各节点为研究对象并画出相应的受力图;应用汇交力系的平衡条件列平衡方程求出各杆件的未知力。该方法一般适用于桁架的设计计算。对于平面理想桁架,各节点受平面汇交力系作用,对应有 2 个平衡方程。因此应注意正确选取研究节点的顺序,以使所取节点既有已知力作用,又使未知力数目与平衡方程数目相等,从而避免求解联立方程,简化计算过程。

截面法是假想通过一个截面截取桁架的某一部分作为研究对象,求解被截杆件的受力的求解方法。此时被截杆件的内力作为研究对象的外力,可应用相应力系的平衡条件列平衡方程求出。该方法一般适用于桁架的校核或某些指定杆件内力的计算。对于平面理想桁架,研究对象受平面一般力系作用,对应有 3 个平衡方程。因此,一般说来,被截杆件的数目不应超过相应的平衡方程个数。

例 8－2　试用节点法和截面法求出图 8－5 所示的平面桁架中的 7、8 杆件的内力，并假设各杆件的长度为 a。

解　(1)求支座约束反力：以整体作为研究对象，受力分析如图 8－5 所示。

由平面力系的平衡条件列平衡方程，得

$$\sum M_A(\boldsymbol{F}) = 0,\ 3aF_G - aW = 0$$

$$F_G = W/3$$

(2)节点法求解内力：依次取节点 G、F、E、D、C、B 为研究对象，受力分析分别如图 8－6 所示。

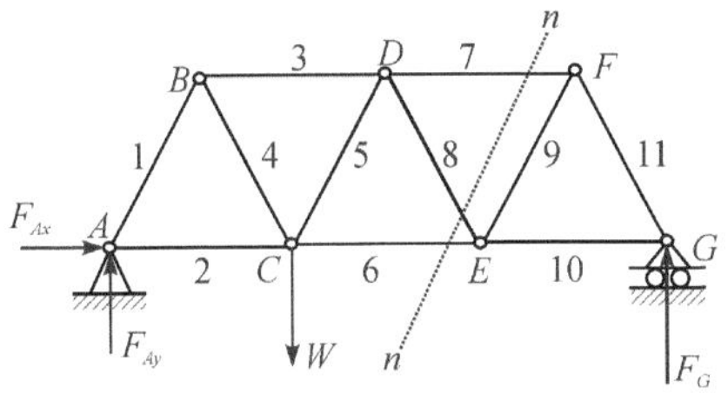

图 8－5

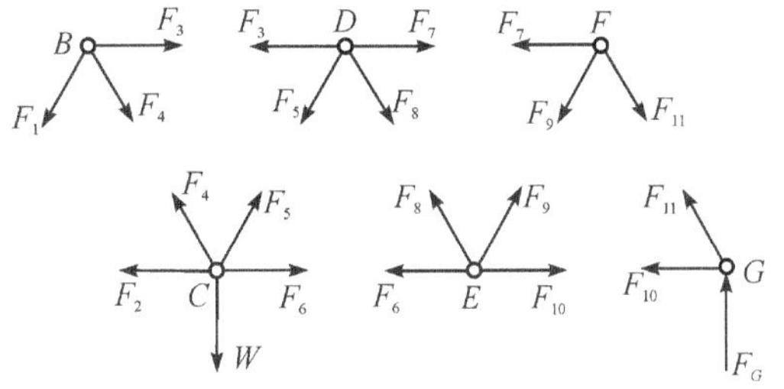

图 8－6

对节点 G，由平面汇交力系的平衡条件列平衡方程，有

$$\sum F_y = 0,\quad F_G + F_{11}\sin 60^\circ = 0$$

$$\sum F_x = 0,\quad -F_{10} - F_{11}\cos 60^\circ = 0$$

得
$$F_{11} = -\frac{F_G}{\sin 60^\circ} = -\frac{2}{9}\sqrt{3}\,W,\ F_{10} = \frac{1}{9}\sqrt{3}\,W$$

对节点 F，由平面汇交力系的平衡条件列平衡方程

$$\sum F_y = 0,\quad -F_{11}\sin 60^\circ - F_9\sin 60^\circ = 0$$

$$\sum F_x = 0,\quad F_{11}\cos 60^\circ - F_7 - F_9\cos 60^\circ = 0$$

得
$$F_9 = -F_{11} = \frac{2}{9}\sqrt{3}\,W,\ F_7 = -\frac{2}{9}\sqrt{3}\,W$$

对节点 E，由平面汇交力系的平衡条件列平衡方程

$$\sum F_y - 0,\quad F_8\sin 60^\circ + F_9\sin 60^\circ - 0$$

$$\sum F_x = 0,\quad F_{10} + F_9\cos 60^\circ - F_6 - F_8\cos 60^\circ = 0$$

得
$$F_8 = -F_9 = -\frac{2}{9}\sqrt{3}\,W,\ F_6 = \frac{1}{3}\sqrt{3}\,W$$

依次对节点 D、C、B 列平衡方程，即可求得全部杆件的内力。

(3)截面法求解内力：用假想截面 n—n 将整个桁架分为两个部分，如图 8－5 所示，取右边部分作为研究对象，受力分析如图 8－7 所示。

分别以未知力的汇交点 D、E 为矩心列平衡条件和平衡方程

$$\sum M_D(\boldsymbol{F}) = 0,\quad 1.5aF_G - \frac{\sqrt{3}}{2}aF_6 = 0$$

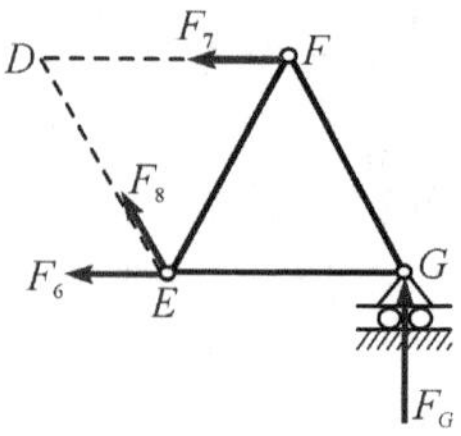

图 8-7

得
$$F_6=\frac{\sqrt{3}}{3}W$$

$$\sum M_E(\boldsymbol{F})=0,\quad aF_G+\frac{\sqrt{3}}{2}aF_7=0$$

得
$$F_7=-\frac{2}{9}\sqrt{3}\,W$$

$$\sum F_x=0, -F_6-F_7-F_8\cos 60°=0$$

得
$$F_8=-\frac{2}{9}\sqrt{3}\,W$$

零杆及其判定

桁架中的**零杆**指的是在某种荷载作用下轴力为零的杆件。

零杆的判断对于桁架的内力求解有很大的帮助，因此不论是用节点法还是用截面法求解桁架内力都应该把零杆判断作为第一步。

桁架中常有一些特殊形状的节点，掌握了这些节点的平衡规律，可以快速判断出零杆，给计算带来很大的方便。

(1)“L”形节点。不共线的两杆节点不受外力作用时，两杆皆为零杆，若其中一杆与外力共线，则此杆内外力相等，不与外力共线的一杆为零杆。

(2)“T”形节点。无外力作用的连接三杆的节点，若其中两杆在一直线上，则不共线一杆必为零杆，而共线的两杆内力相等且性质相同。

(3)“X”形节点。无外力作用的连接四杆的节点，若两两杆件共线，则同一直线上的两杆内力相等且性质相同。

(4)“K”形节点。四杆相交成对称 K 形的节点，无荷载作用时，两斜杆轴力异号等值。对称桁架在对称荷载作用下，若对称轴上的 K 形节点无荷载作用时，则该节点上的两根斜杆为零杆。

(5)对称桁架在反对称荷载作用下，与对称轴重合或垂直相交的杆件为零杆。

试根据以上方法判定图示桁架中的零杆。

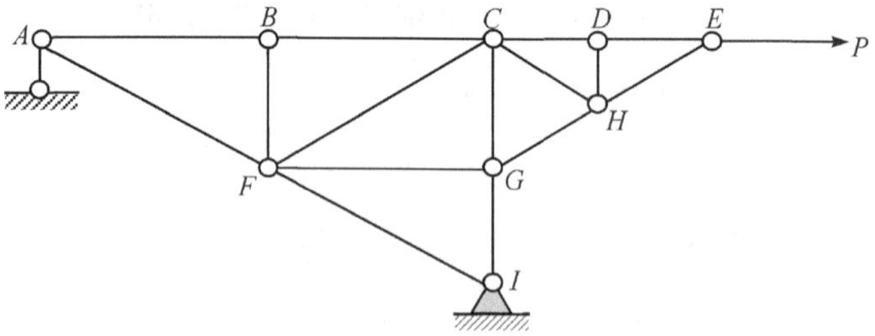

8.4　扭转轴的扭矩与扭矩图

在工程中，常遇到承受扭转变形的杆件，例如汽车方向盘的操纵杆[图 8-8(a)]和传动轴等。这些杆件受力的特点是：外力是一对大小相等、转向相反的力偶，分别作用在垂直于杆轴线的平行平面内；其变形的特点是各横截面绕轴线相对转动[图 8-8(b)]。杆件的这种变形形式称为**扭转**,以扭转变形为主的杆件称为**轴**。

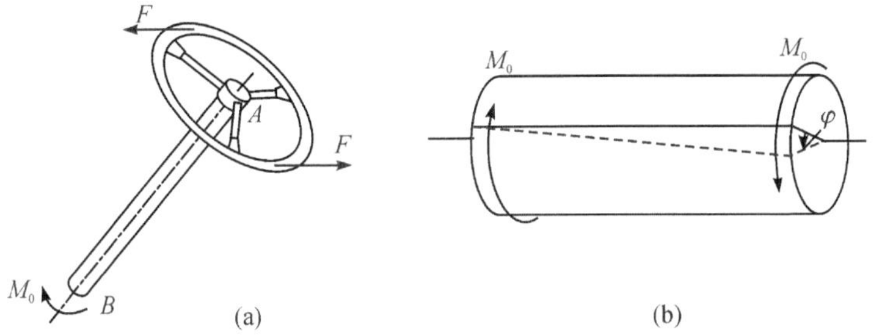

图 8-8

8.4.1　功率、转速与外力偶矩间的关系

在工程实际中,作用在扭转轴上的外力偶矩往往并不直接给出,而要通过给定的转轴传递功率 P 和轴的转速 n 换算得到。设轴所传递的功率为 P,轴的转速为 n,则外力偶矩 M 由下式计算

$$M = 9550\frac{P}{n}\ (\mathrm{N \cdot m}) \tag{8-2}$$

其中,力偶矩 M 的单位为 N·m;功率 P 的单位是 kW;转速 n 的单位是 r/min。式(8-2)的具体推导将在第 17 章进行。由该式确定的输入外力偶矩转向与主动轴的转向一致,而输出功率换算得到的外力偶矩转向与主动轴的转向相反。

8.4.2　扭矩和扭矩图

确定了外力偶矩之后,便可计算内力。图 8-9(a)所示圆轴 AB 在外力偶作用下处于平衡状态,为求其内力,可用截面法在任意横截面 1—1 处将轴分为两段。取左段为研究对象[图 8-9(b)],为保持平衡,截面 1—1 上的分布内力必合成一个内力偶 T,它是右段对左段的作用。由平衡条件

$$\sum M_x = 0, T - M_0 = 0$$

得

$$T = M_0$$

横截面上的内力偶矩 T 称为**扭矩**。如取右段为研究对象[图 8-9(c)],则求得 1—1 截面的扭矩将与上述扭矩大小相等、转向相反。

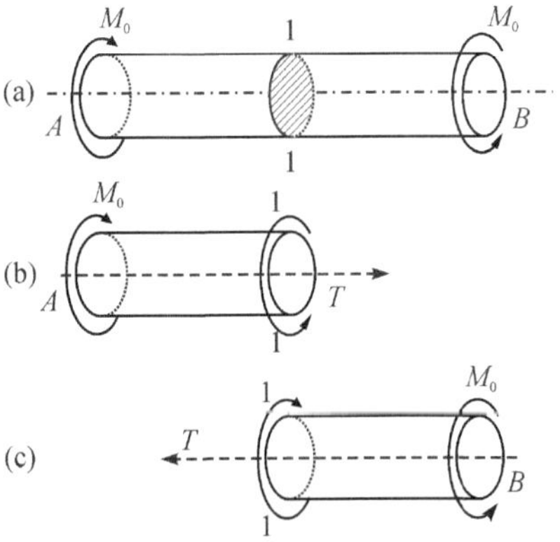

图 8-9

为使上述两种方法在同一截面上所得扭矩正负号一致,特设定:按右手螺旋法则扭矩用矢量(虚线箭头)背离截面为正扭矩,反之为负扭矩。按此规定,图 8-9(b)、(c)所示扭矩均为正值。

在一般情况下,各横截面上的扭矩不相同。为了形象地表示扭矩沿轴线的变化情况,以便找出最大扭矩所在横截面,通常仿照作轴力图的方法,绘制**扭矩图**。下面通过例题来说明。

例 8-3　已知图 8-10(a)所示传动轴转速 $n=955$ r/min,功率由主动轮 B 输入,$P_B=100$ kW,通过从动轮 A、C 输出,$P_A=40$ kW,$P_C=60$ kW,求轴的扭矩并绘扭矩图。

解 (1)外力偶矩计算。由式(8-2)得

$$M_B = 9550\frac{P_B}{n} = 9550\times\frac{100}{955} = 1000\ \text{N}\cdot\text{m}$$

$$M_A = 9550\frac{P_A}{n} = 9550\times\frac{40}{955} = 400\ \text{N}\cdot\text{m}$$

$$M_C = 9550\frac{P_C}{n} = 9550\times\frac{60}{955} = 600\ \text{N}\cdot\text{m}$$

M_B为主动力偶矩，与轴转向相同，M_A、M_C为输出力偶矩，与轴转向相反[图 8-10(b)]。

(2)扭矩计算。

截开：将轴在横截面 1—1 处切开，研究左段的平衡；将轴在横截面 2—2 处切开，研究右段的平衡[图 8-10(c)]。

设正：设扭矩 T_1背离截面 1—1；扭矩 T_2背离截面 2—2[图 8-10(c)]。

平衡：由平衡条件 $\sum M_x=0$，可得

$$T_1=-M_A=-400\ \text{N}\cdot\text{m}$$

$$T_2=M_C=600\ \text{N}\cdot\text{m}$$

式中负号表示扭矩的转向与假设相反。

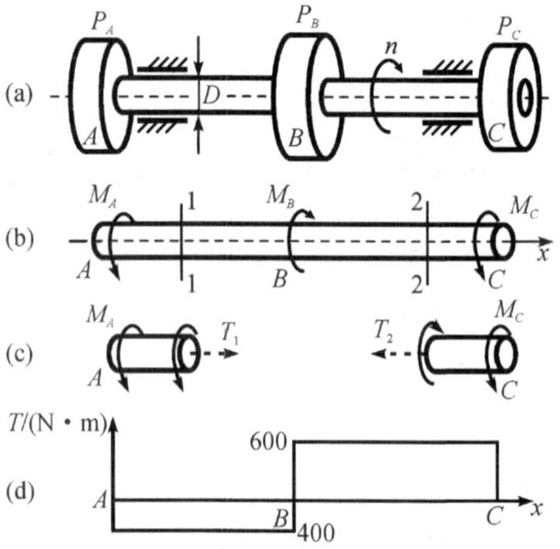

图 8-10

作图：由各截面上扭矩数值，作扭矩图如图 8-10(d)。从图中可看出，危险截面在 BC 段。

讨论：若将主动轮 B 和从动轮 A 或 C 互换位置，其结果将如何？这种设计是否合理？

8.5 平面弯曲梁的弯矩、剪力与弯矩图、剪力图

8.5.1 平面弯曲的概念

工程中经常遇到受弯构件，如图 8-11(a)所示的铁路桥梁，图 8-11(b)所示的火车轮轴，图 8-11(c)所示的飞行中的飞机机翼等。这些构件受力的特点是：外力是垂直于杆轴线的**横向力**或作用在其轴线平面内的力偶。变形的特点是：杆轴线弯呈曲线。这种变形形式称为**弯曲**，以弯曲变形为主的杆件称为**梁**。

工程中采用的梁的截面多为图 8-12 所示的各种对称形状，可见这些梁都具有一个以上的**纵向对称平面**。当外力都作用在梁的某一纵向对称平面内时，其轴线就在该平面内弯成为一平面曲线(图 8-13)，这种弯曲称为**平面弯曲**。平面弯曲在工程中最为常见，故本章主要讨论梁在平面弯曲下的内力计算，它是梁的强度和刚度设计的重要基础。在分析计算时，通常用轴线代替实际梁，取两个支承中线间的距离作为梁的长度 l，称为**跨度**[图 8-11(a)、(b)]。

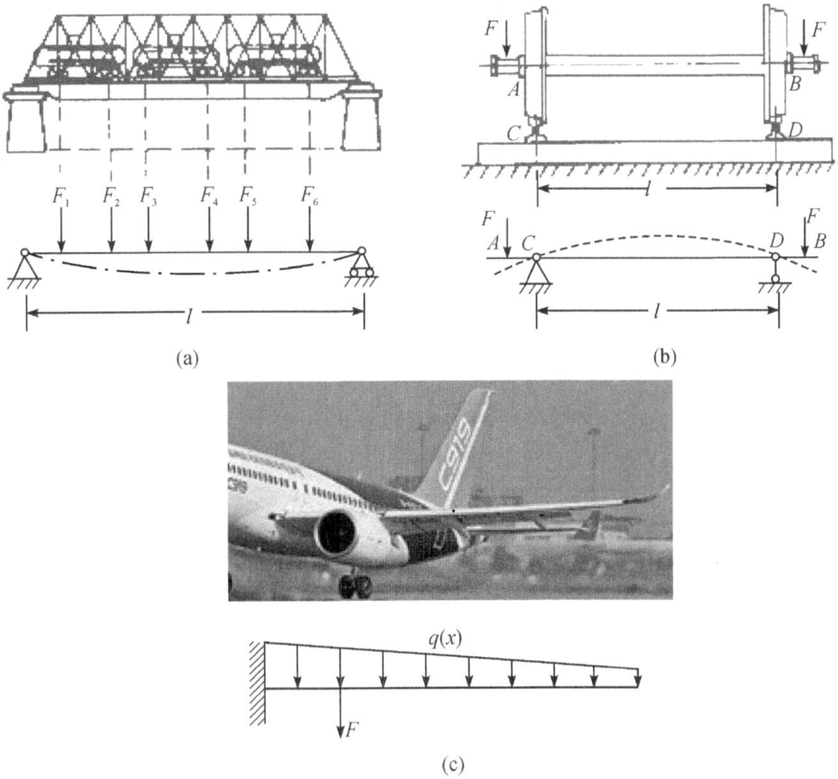

图 8 - 11

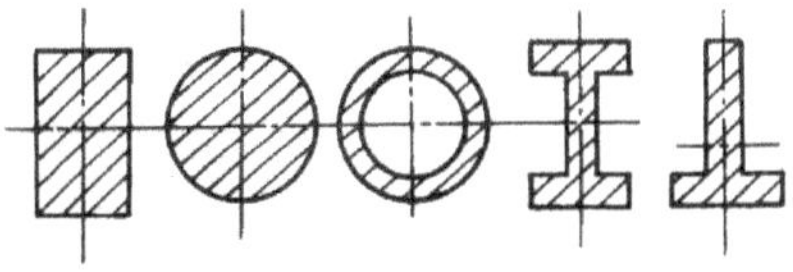

图 8 - 12

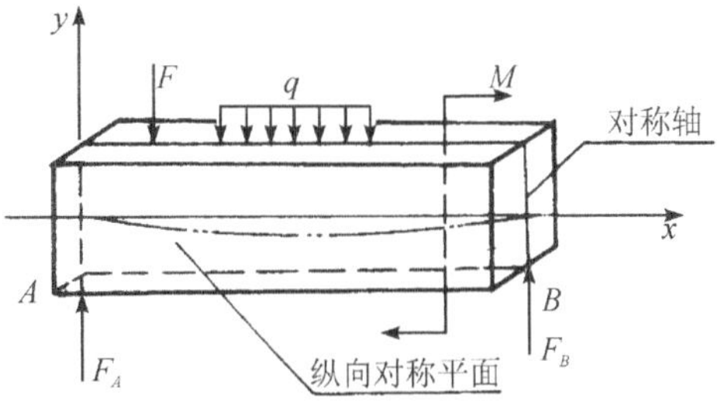

图 8 - 13

8.5.2　梁的典型形式

根据支座的类型和位置,静定梁可分为三种基本形式。

(1)简支梁：一端为固定铰支座,另一端为可动铰支座的梁,如图 8 - 11(a)所示。

(2)外伸梁：具有一个或两个外伸部分的简支梁,如图 8 - 11(b)所示。

(3)悬臂梁：一端固定另一端自由的梁。如图 8 - 11(c)所示。

其它形式的静定梁可以看作是这三种静定梁的组合。

8.5.3　梁的内力和正负号规则

在外力作用下,梁的各部分之间将产生相互作用的内力。在平面弯曲时,梁的横截面上通常有两个内力分量:位于横截面上的剪力 F_S和作用在纵向平面内的弯矩 M。

以图 8-14(a)所示简支梁 AB 为例,设其上外力 F 已知,则通过梁的平衡条件即可求出支座反力 F_A和 F_B。

为了确定梁的内力,假想将梁在横截面 m—m 处截开,取左段作为研究对象。为了使左段能够平衡,则在该截面上必然有剪力 F_S和弯矩 M,如图 8-14 (b)。由静力平衡条件得

$$\sum F_y = 0, F_A - F_S = 0$$

$$\sum M_C(\boldsymbol{F}) = 0, M - F_A x = 0$$

解得　　　$F_S = F_A, M = F_A x$

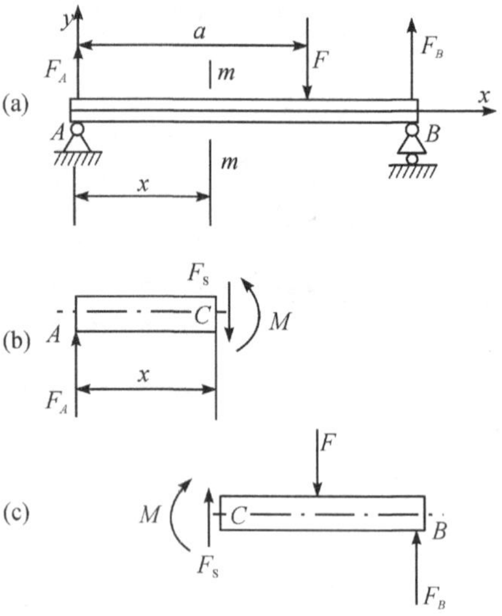

图 8-14

同样,若以右段梁作为研究对象,如图 8-14 (c),也将得到与上述数值相等的剪力与弯矩。为使同一横截面上的内力在左、右两段梁上的符号也一致,通常规定:从梁中任意截取长为 dx 的微段,凡使该微段发生左侧截面向上、右侧截面向下相对错动的剪力为正值[图 8-15(a)],可简单概括为"左上或右下"剪力为正值;使微段弯曲变形凹面向上的弯矩为正值[图 8-15(b)],可简单概括"上凹或下凸"弯矩为正值。按此规定,图 8-14(b)、(c)所示的剪力与弯矩均为正值。

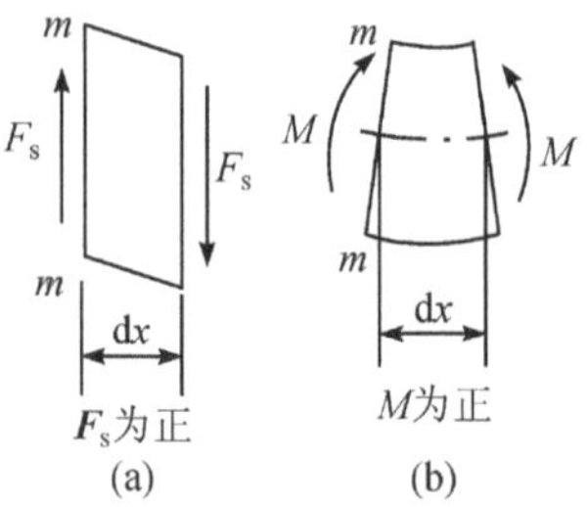

图 8-15

8.5.4　剪力方程和弯矩方程　剪力图和弯矩图

在梁的不同横截面上,剪力和弯矩一般均不相同,即剪力和弯矩沿梁的轴线是变化的。

如果沿梁的轴线方向选取坐标轴 x,以梁的左端为坐标原点,则坐标 x 就表示梁的横截面位置,且梁内各横截面的剪力和弯矩可以表示为坐标 x 的函数,即

$$F_S = F_S(x),\quad M = M(x)$$

上述关系称为**剪力方程**和**弯矩方程**。该方程也可用图线表示:即以沿轴线的 x 轴为横坐标轴,一般取向右为正;F_S或 M 为纵坐标轴,取向上为正。所画出的 F_S、M 沿轴线变化的图线称为**剪力图**和**弯矩图**。从 F_S、M 图上就可直观地识别剪力和弯矩沿梁长方向的变化。

例 8-4　图 8-16(a)所示悬臂梁 AB 受均匀分布载荷 q 作用。试求梁的剪力方程和弯矩方程,并画出梁的剪力图与弯矩图。

解　(1)截开:在与左端 A 相距 x 处取一截面,从该处将梁切为两段,并取左段进行研究[图 8-16(b)];

(2)设正:根据"右下"原则设定该截面上的剪力 $F_S(x)$方向向下;根据"上凹"原则设定该截面的弯矩 $M(x)$为逆时针方向[图 8-16(b)]。

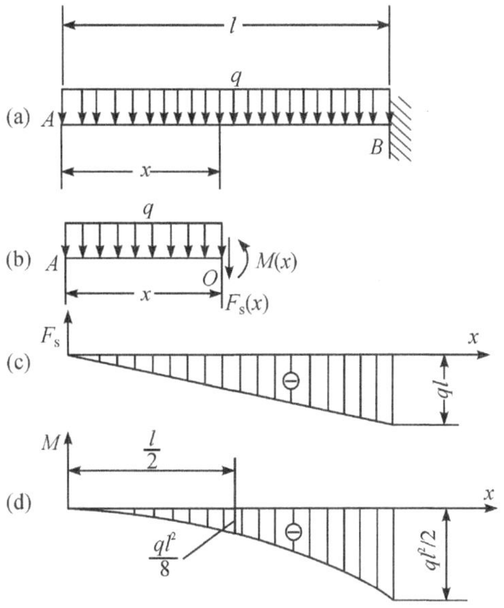

图 8 - 16

(3)平衡：

$$\sum F_y = 0, \qquad -F_S(x) - qx = 0$$

$$\sum M_O(\boldsymbol{F}) = 0, \quad M(x) + qx \cdot \frac{x}{2} = 0$$

得

$$F_S(x) = -qx \quad (0 \leqslant x < l) \qquad (8-3)$$

$$M(x) = -\frac{1}{2}qx^2 \quad (0 \leqslant x < l) \qquad (8-4)$$

(4)绘图：由于剪力方程(8－3)是 x 的一次式，故知剪力图是一斜直线，只要确定直线上的两点即可作图，如

$$x = 0, \quad F_S(0) = 0; \quad x = l, \quad F_S(l) = -ql$$

由此画出剪力图，如图 8－16(c)所示。由图可见，在固定端处左侧截面的剪力数值最大，为

$$|F_S|_{max} = ql$$

由于弯矩方程(8－4)是 x 的二次式，故知弯矩图为二次抛物线，为此先确定该曲线上的几点，如

$$M(0) = 0; \quad M(\frac{l}{2}) = -\frac{1}{8}ql^2; \quad M(l) = -\frac{1}{2}ql^2$$

由此可大致画出弯矩图，如图 8－16(d)所示。可见，在固定端处左侧截面上，弯矩达最大值，为

$$|M|_{max} = \frac{1}{2}ql^2$$

8.5.5　弯曲内力与载荷集度之间的关系

如果对上述结果作进一步的分析不难发现，均布载荷集度 q、剪力 $F_S(x)$和弯矩 $M(x)$三者之间存在如下关系：

$$\frac{dF_S(x)}{dx} = -q(x) \qquad (8-5)$$

$$\frac{dM(x)}{dx} = F_S(x) \qquad (8-6)$$

$$\frac{d^2M(x)}{dx^2} = -q(x) \qquad (8-7)$$

可以证明，上述的微分关系是一种普遍规律。

由式(8－5)可知，梁上任一截面上剪力对 x 的一阶导数等于作用在该截面处的分布载荷集度。式中的负号表示该例中的分布载荷指向向下。

由式(8－6)可知，梁上任一截面上的弯矩对 x 的一阶导数等于该截面上的剪力。

由式(8－7)可知，梁上任一截面上的弯矩对 x 的二阶导数等于作用在该截面处的分布载荷集度。

利用这些规律可以校核所画的弯曲内力图。请读者通过以下例题作进一步的验证。

例 8-5　试建立图 8-17(a)所示简支梁 AB 承受集中载荷 F 的剪力方程与弯矩方程，并画出梁的剪力图与弯矩图。

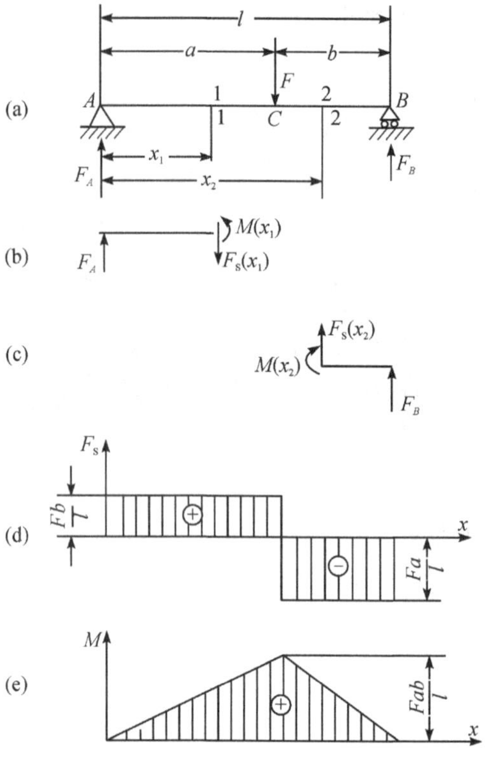

图 8-17

解　(1)求支座反力：考虑梁 AB 平衡[图 8-17(a)]，并由梁的静力平衡方程求得

$$F_A=\frac{Fb}{l},\quad F_B=\frac{Fa}{l}$$

(2)列出剪力方程和弯矩方程：仍根据截面法求内力的具体步骤进行。

由于梁上 C 点受集中力 F 作用，故 AC 段与 CB 段的剪力方程和弯矩方程必须分段建立。

对于 AC 段梁：从 1—1 截面处将梁切开，考虑左段[图 8-17(b)]的平衡，得

$$F_S(x_1)=F_A=\frac{Fb}{l}\quad(0<x_1<a)\tag{8-8}$$

$$M(x_1)=F_Ax_1=\frac{Fb}{l}x_1\quad(0\leqslant x_1\leqslant a)\tag{8-9}$$

对于 BC 段梁：从 2—2 截面处将梁切开，考虑右段[图 8-17(c)]的平衡，得

$$F_S(x_2)=-F_B=-\frac{Fa}{l}\quad(a<x_2<l)\tag{8-10}$$

$$M(x_2)=F_B(l-x_2)=\frac{Fa}{l}(l-x_2)\quad(a\leqslant x_2\leqslant l)\tag{8-11}$$

(3) 绘剪力图与弯矩图：由式(8-8)、式(8-10)可以看出，AC 和 CB 两段梁的剪力方程都等于常数，故剪力图都是与横坐标轴相平行的水平线[图 8-17(d)]。由图可见，在集中力作用点处左、右横截面上剪力值发生突变，且突变值等于集中力的值。

由式(8-9)、式(8-11)可以看出，AC 和 CB 两段梁的弯矩方程都是坐标 x 的一次函数，故弯矩图均为斜直线[图 8-17(e)]。由图可见，最大弯矩 $M_{max}=Fab/l$ 发生在集中力作用处的 C 截面上。

例 8-6　图 8-18(a)所示简支梁的 C 点处受一集中力偶 M_0 作用，试建立梁的剪力方程、弯矩方程，并画出梁的剪力图与弯矩图。

解　(1)求支座反力：梁 AB 平衡，如图 8-18(a)所示，由平衡方程求得

$$F_A=F_B=\frac{M_0}{l}$$

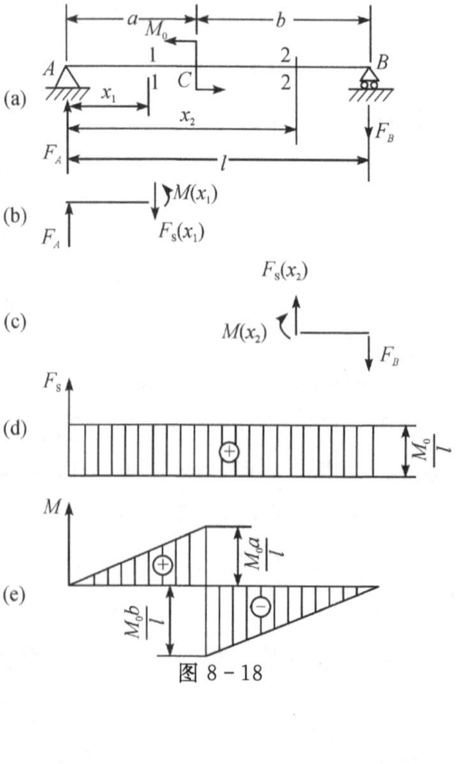

图 8-18

(2)列出剪力方程与弯矩方程：因梁上 C 处作用着集中力偶 M_0，故 AC 段与 CB 段的剪力方程和弯矩方程必须分别建立。

对于 AC 段：由图 8-18(b)所示梁段的平衡方程求得

$$F_S(x_1)=F_A=\frac{M_0}{l}\quad(0<x_1\leqslant a)\tag{8-12}$$

$$M(x_1)=F_Ax_1=\frac{M_0}{l}x_1\quad(0\leqslant x_1<a)\tag{8-13}$$

对于 CB 段：由图 8-18 (c)所示梁段的平衡方程得

$$F_S(x_2)=F_B=\frac{M_0}{l}\quad(a\leqslant x_2<l)\tag{8-14}$$

$$M(x_2)=-F_B(l-x_2)=-\frac{M_0}{l}(l-x_2)\quad(a<x_2\leqslant l)\tag{8-15}$$

(3)绘剪力图与弯矩图：根据式(8-12)、式(8-14)画出剪力图[图 8-18 (d)]；根据式(8-13)、式(8-15)画出弯矩图[图 8-18(e)]。由图可见，梁的各截面上剪力值为常数；在 $b>a$ 的情况下，在集中力偶作用处稍微偏右的截面上弯矩数值最大，为 $|M|_{\max}=\frac{M_0}{l}b$。在集中力偶作用处，弯矩值有突变，突变量等于集中力偶矩 M_0。

由上述两例可以看出，在梁上受集中载荷作用处的横截面上，内力值发生突跳，无确定值[图 8-17(d)和图 8-18(e)]。但事实上，真正集中作用于一点的载荷是不存在的，它只是作用在很短一段梁上分布载荷的一种简化。以集中力为例，如果把它看成图 8-19(a)所示的均布力，由例 8-4 可知，此段梁的剪力图连续且按线性规律变化，如图 8-19 (b)所示。同理，集中力偶也是一种简化的结果，在集中力偶作用处截面上弯矩值实际上也应是连续的。

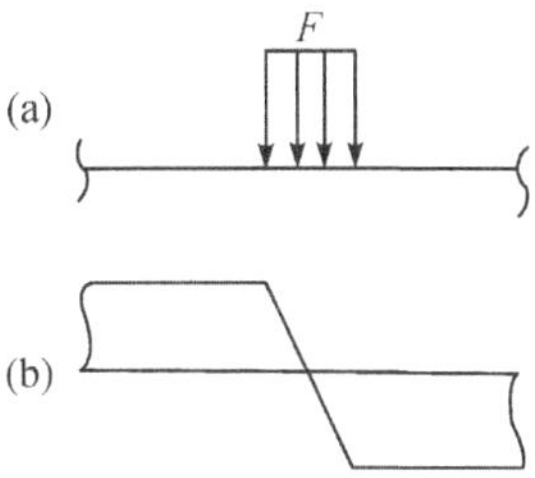

图 8-19

8.6 应力的概念

承载零件往往因某一点的强度不够而导致破坏。截面法可以确定构件截面上分布内力系的合力，但不能确定内力在截面内某一点的分布集度，为此还必须引入应力的概念。

在图 8-20(a)所示 m—m 截面上任一点 C 处取微小面积 ΔA，并设 ΔA 上内力的合力为 ΔF(图 8-20 (b))，则比值

$$p_m=\frac{\Delta F}{\Delta A}$$

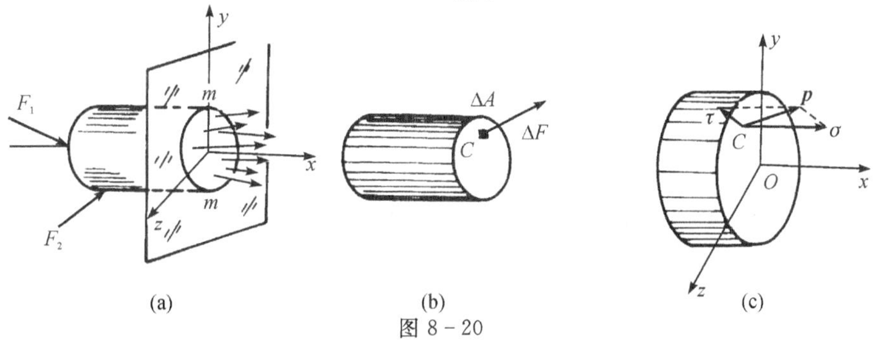

图 8-20

称为 ΔA 上的**平均应力**。一般情况下，内力沿截面并非均匀分布，平均应力 p_m 的大小及方向随所取面积 ΔA 的大小而变化，为了精确反映该点处的内力分布集度，应使 ΔA 趋近于零，由此得极限

$$p = \lim_{\Delta A \to 0} \frac{\Delta F}{\Delta A} = \frac{dF}{dA} \tag{8-16}$$

称为 C 点的**全应力**。全应力 p 是个矢量，其方向就是 ΔF 的极限方向。全应力通常可分解成与截面垂直、相切的两个分量，其大小分别用 σ 和 τ [图 8-20(c)]表示，分别称为**正应力**和**切应力**。

应力的单位是牛顿/米²(N/m^2)，称为帕斯卡或简称为帕(Pa)。工程中常用单位为 MPa 和 GPa，它们的关系如下

$$1\ \text{MPa} = 10^6\ \text{Pa},\ 1\ \text{GPa} = 10^9\ \text{Pa}$$

由内力分量与应力分量的定义可知，内力等于应力沿整个截面的积分。设 C 点在图 8-20(c)所示的坐标系中的坐标为(y,z)，τ_y、τ_z分别表示切应力沿 y、z 轴的分量的大小，则内力分量与应力分量的关系可表示为

$$\left.\begin{aligned} F_N = \int_A \sigma dA, F_{Sy} = \int_A \tau_y dA, F_{Sz} = \int_A \tau_z dA \\ T = \int_A (\tau_z y - \tau_y z) dA, M_y = \int_A \sigma z dA, M_z = \int_A \sigma y dA \end{aligned}\right\} \tag{8-17}$$

其中 A 为横截面总面积。

思考题

思考 8-1　试用功率、转速和外力偶矩之间的关系[式(8-2)]解释：车床变速箱中的齿轮轴在传递相同的功率时，为何转速高的轴的直径比转速低的轴的直径小？

思考 8-2　何谓平面弯曲？平面弯曲产生的条件是什么？

思考 8-3　静定梁有哪几种基本形式？如何确定剪力和弯矩的大小和正负号？

思考 8-4　梁在集中力和集中力偶作用下，剪力图和弯矩图发生突跳的规律是什么？

习　题

8-1　试求图示各杆 1—1，2—2，3—3 截面的轴力并画出杆的轴力图。

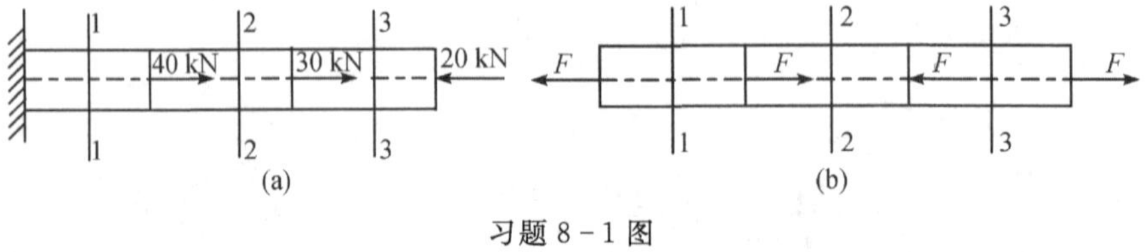

习题 8-1 图

8-2　平面桁架结构如图所示。节点 D 上作用载荷 P，求各杆内力。

8-3　试求图示桁架上 4、5、6 杆件的内力(图中长度单位为 m)。

8-4　平面桁架尺寸及所受载荷如图所示。试求杆件 1、2 和 3 的内力。

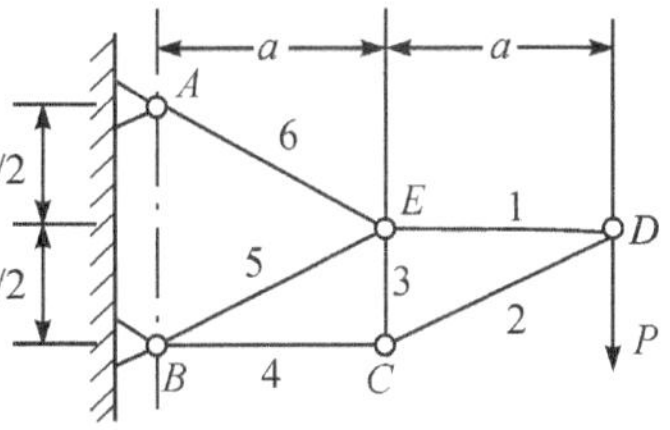

习题 8-2 图

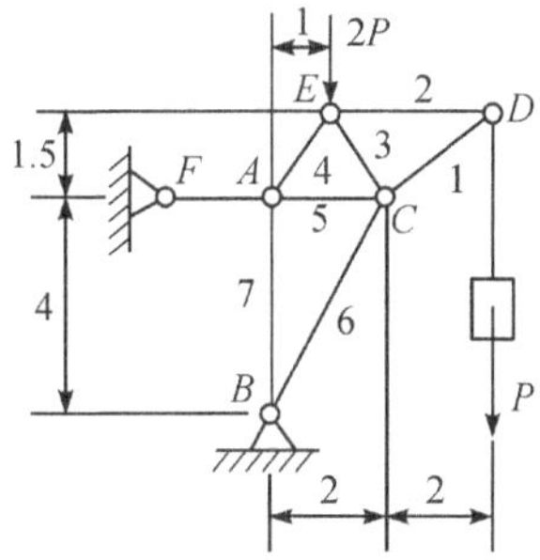

习题 8-3 图

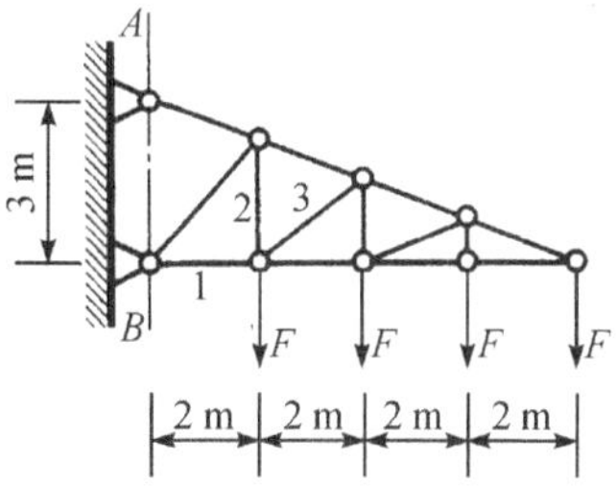

习题 8-4 图

8-5　试画出图示各杆的扭矩图,并确定最大扭矩。($M_0=10$ N·m)

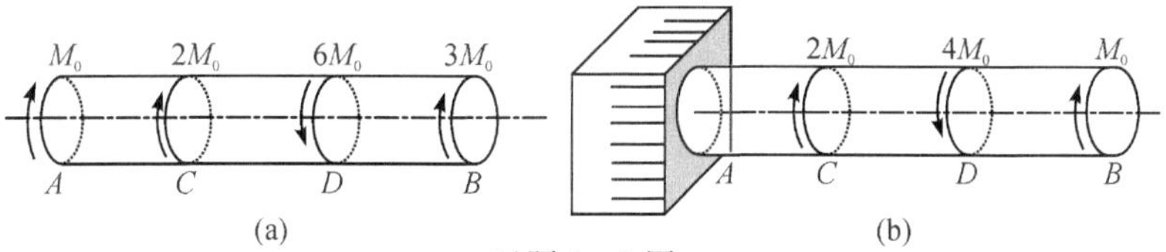

习题 8-5 图

8-6　求下列各梁的剪力方程和弯矩方程,作剪力图和弯矩图,并求出$|F_S|_{max}$和$|M|_{max}$。

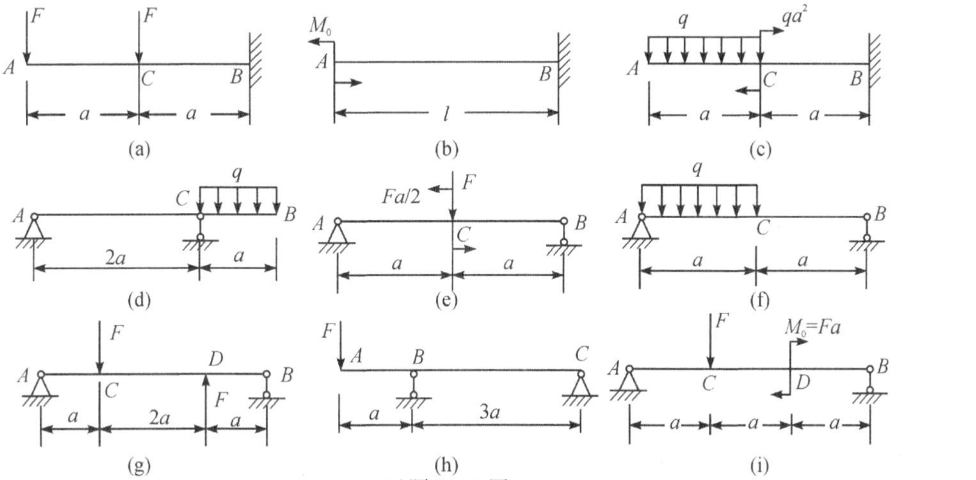

习题 8-6 图

8-7　试利用剪力、弯矩与载荷集度间的微分关系,指出并改正图示梁内力图中的错误。

8-8　图示桥式起重机的小车 CD 在大梁 AB 上行走,设小车的每个轮子对大梁的压力为 F,小车轮距为 d,大梁的跨度为 l。试问:小车在什么位置时梁内的弯矩最大?最大弯矩等于多少?

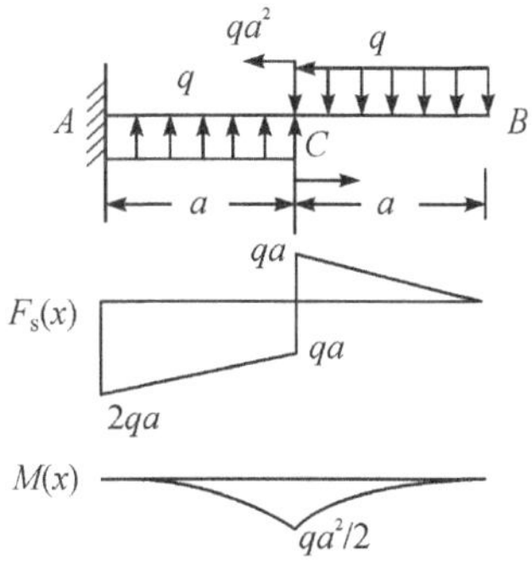

习题 8-7 图

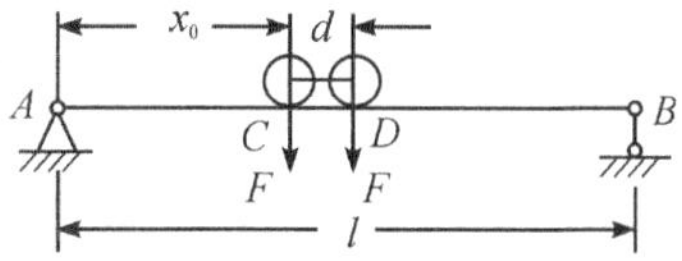

习题 8-8 图

第 9 章　轴向拉伸与压缩

拉伸和压缩是杆件基本受力变形的最简单形式之一。

本章主要研究杆件受拉伸与压缩的应力、变形计算及强度设计问题；介绍材料拉伸与压缩时的一些力学性能及应力集中等概念。虽然所涉及的一些基本原理与方法比较简单，但对研究构件的承载能力却具有一定的普遍意义。

9.1　轴向拉伸和压缩时杆件的应力

9.1.1　横截面上的应力

实验表明：如力 F 的作用线与直杆的轴线重合，则在离杆端一定距离（相当于横向尺寸的 1～1.5 倍）之外，横截面上各点的变形是均匀的[图 9-1(a)]，各点的应力也应是均匀的，并垂直于横截面，即为正应力，如图 9-1(b)所示。设杆的横截面面积为 A，则有

$$\sigma = \frac{F_N}{A} \tag{9-1}$$

不难看出，这里 $F_N = F$。对承受轴向压缩的杆，上式同样适用。σ 与 F_N 有一致的符号规定：拉应力为正，压应力为负。

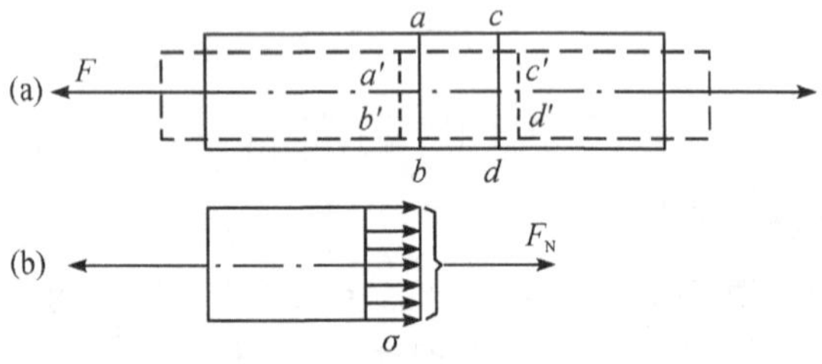

图 9-1

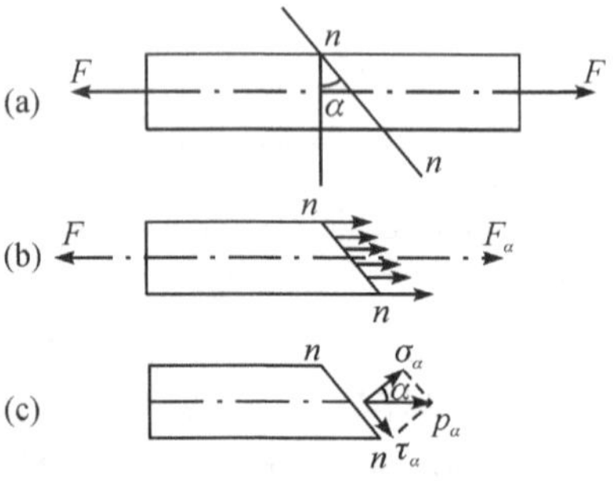

图 9-2

9.1.2　斜截面上的应力

对于不同材料的实验表明，拉、压杆的破坏有时是沿斜截面发生的，为了弄清引起材料“破坏”的力学原因，有必要研究斜截面上的应力。

对于轴向拉伸杆件，在图 9-2(a)所示倾角为 α 的 n—n 斜截面上，由于杆内各点的变形是均匀的，因而同一斜截面上的应力也均匀分布，如图 9-2(b)所示。由平衡条件可得斜截面上的内力 $F_\alpha = F$，且斜截面的面积 $A_\alpha = A/\cos\alpha$，于是，在斜截面上的全应力为

$$p_\alpha = \frac{F_\alpha}{A_\alpha} = \frac{F}{A}\cos\alpha = \sigma\cos\alpha \tag{9-2}$$

其中，A 为杆横截面面积；σ 为杆横截面上的正应力。

把全应力分解为垂直于斜截面的正应力 σ_α 与沿斜截面的切应力 τ_α，如图 9 - 2 (c)，可得

$$\left.\begin{aligned}\sigma_\alpha &= p_\alpha\cos\alpha = \sigma\cos^2\alpha = \frac{\sigma}{2}(1+\cos2\alpha)\\ \tau_\alpha &= p_\alpha\sin\alpha = \sigma\sin\alpha\cos\alpha = \frac{\sigma}{2}\sin2\alpha\end{aligned}\right\} \tag{9-3}$$

切应力的正负号规定如下：截面外法线顺时针转 90°后，其方向和切应力相同时，该切应力为正值，如图 9 - 3(a)所示；逆时针转 90°后，其方向和切应力相同时，该切应力为负值，如图 9 - 3(b)所示。

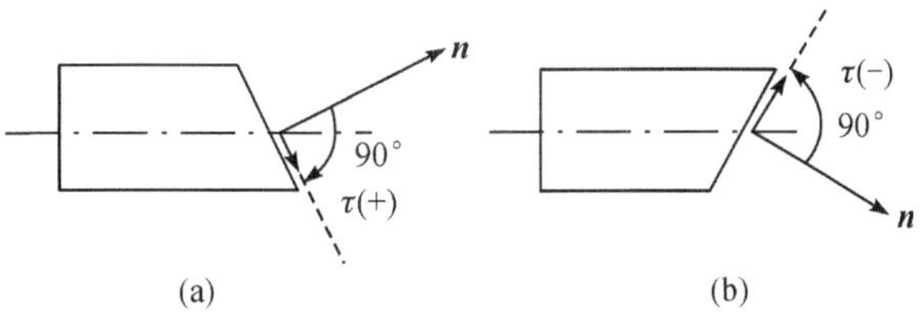

图 9 - 3

由式(9 - 3)得

$$\alpha = 0,\quad \sigma_\alpha = \sigma_{\max} = \sigma$$

$$\alpha = 45°,\quad \tau_\alpha = \tau_{\max} = \frac{\sigma}{2}$$

由此表明：轴向拉伸(压缩)时，在杆横截面上的正应力为最大值；在与轴线成 45°夹角的斜截面上切应力为最大值，且其值为横截面上正应力的一半。零件若抗拉(压)能力不足，则会沿横截面发生断裂破坏；若抗剪能力不足，则会沿 45°斜截面发生破坏。可见零件的承载能力与材料的机械性质密切相关。

9.2　材料受拉伸和压缩时的力学性能

材料的力学性能又称为材料的机械性质，主要是指材料在受力和变形过程中所具有的特性指标，这些特性指标主要依靠试验来测定。拉伸与压缩时的受力情况最简单，最易于在试验机上实现。常温(即室温)、静载(即缓慢加载)下的拉伸试验是最基本、最重要的试验。材料的许多重要力学性能可通过这一试验测定。

9.2.1　材料拉伸时的力学性能

按国家标准 (GB/T 2281—2010)规定的形状和尺寸制作的试件称为标准试件。对于金属材料，圆形截面的标准试件如图 9 - 4 所示，两端较粗部分夹装在试验机的夹头中，中部较细的等截面部分为试验段，取长度为 l 的一段作为测量伸长量的原长，称为标距。

标距 l 和直径 d 有两种比例，由此可获得两种试件：5 倍试件($l=5d$)；10 倍试件($l=10d$)。

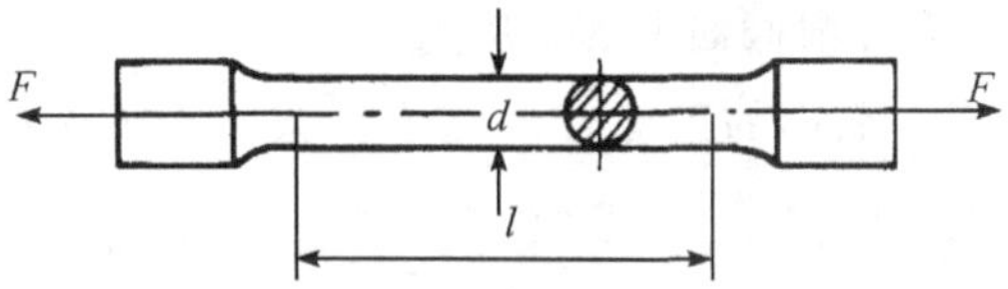

图 9-4

进行试验时，将试件装在试验机上，开动机器，使试件受到自零逐渐缓慢增加的拉力 F，其大小可由测力装置读出。与此同时，试件标距段所产生的轴向变形量 Δl 可用引伸仪测得。将直至试件拉断前这一过程中的拉力值 F 与对应的变形量 Δl 记录下来，并以 Δl 为横坐标、F 为纵坐标，即可画出 $F-\Delta l$ 曲线(称为拉伸图)。

1. 低碳钢拉伸时的力学性能

低碳钢是指碳的质量分数小于 0.25% 的碳素钢，在工程上被广泛使用，其力学性能具有典型性。图 9-5 所示为低碳钢 F 与 Δl 的对应关系，称为低碳钢的拉伸图。可见拉伸图与试件标距 l 和截面积 A 有关。

为消除试件尺寸的影响，可将拉力 F 除以试件横截面的原始面积 A(即横截面上的正应力 σ)并把轴向变形量 Δl 除以标距 l，用 ε 表示，即

$$\varepsilon = \frac{\Delta l}{l} \tag{9-4}$$

称为轴向**线应变**，为无量纲量。从而得到 $\sigma-\varepsilon$ 曲线(图 9-6)。此曲线称为应力-应变图。

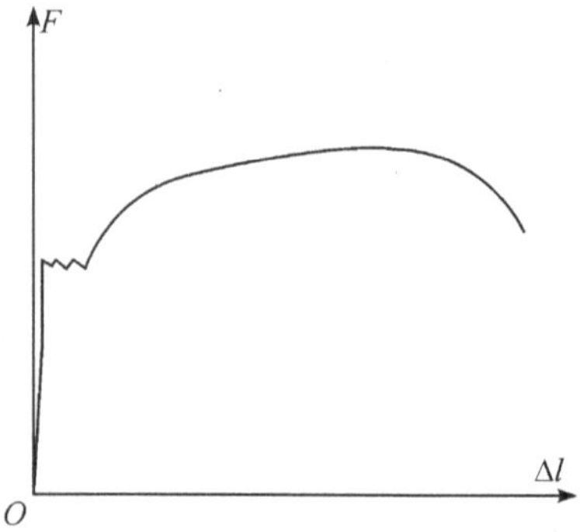

图 9-5

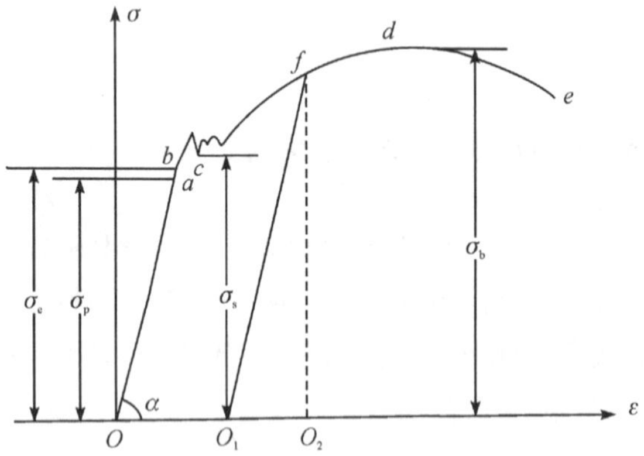

图 9-6

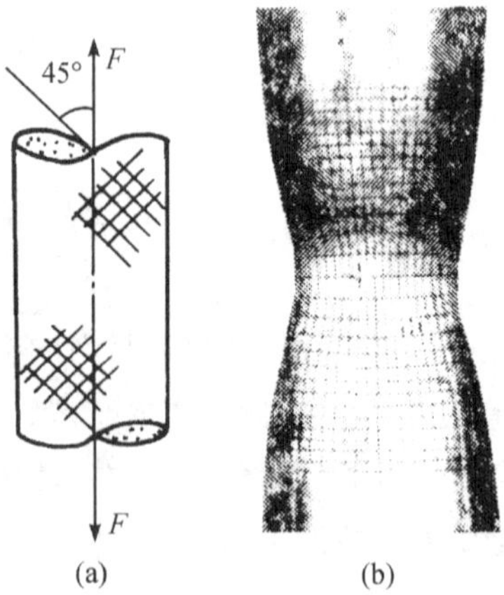

图 9-7

整个拉伸过程大致分为四个阶段。

(1)弹性阶段。该阶段材料处于弹性变形阶段。由图 9-6 可见，其中的 Oa 段呈直线，应力与应变呈线性关系，故称为线性弹性变形阶段，简称为线弹阶段。与 a 点对应的应力 σ_p 称为**比例极限**，是应力与应变呈线性关系的最大应力。该阶段的应力应变表示为

$$\sigma = E\varepsilon \tag{9-5}$$

式(9-5)表明在线弹阶段的应力与应变成正比，称为**拉压胡克定律**。其中的比例系数 E 称为

材料的**拉压弹性模量**，由图中 α 角的正切获得

$$\tan\alpha = \frac{\sigma}{\varepsilon} = E \tag{9-6}$$

应力超过比例极限以后，曲线微弯，但只要不超过 b 点，材料仍是弹性的，即卸载后，变形能够完全恢复。b 点对应的应力 σ_e 称为**弹性极限**，它是材料只产生弹性变形的最大应力。由于一般材料 a、b 两点相当接近，所以工程中常认为两点是重合的。

(2)屈服阶段。当应力继续增加到 c 点后，这时变形继续增长而应力几乎不增加，材料暂时失去抵抗变形的能力，这种现象称为屈服或流动，c 点所对应的应力 σ_s 称为**屈服极限**。

在屈服阶段，在经过磨光的试件表面上可看到与试件轴线成 45°的条纹[图 9-7(a)]，通常称为滑移线。这说明此时在与杆成 45°的斜截面上有最大切应力作用，从而使材料内部晶格在此方向有较大的相对滑移，最终显示于试件表面上。

当应力达到屈服极限时，材料将发生明显的塑性变形。工程中大多数构件产生较大的塑性变形后，就不能正常工作。因此，屈服极限常作为这类零件是否破坏的强度指标。

(3)强化阶段。超过屈服阶段后，在 $\sigma-\varepsilon$ 曲线上 cd 段，材料又恢复了对变形的抵抗，要使它继续变形就必须增加拉力，这种现象称为材料的强化。$\sigma-\varepsilon$ 曲线的最高点 d 所对应力 σ_b 称为**强度极限**，是材料能承受的最大应力，它是衡量材料力学性能的另一个强度指标。

(4)局部变形阶段。应力达到强度极限后，变形就集中在试件某一局部区域内，截面横向尺寸急剧缩小，形成颈缩现象[图 9-7(b)]，最后试件在颈缩处被拉断。

试件拉断后，弹性变形消失，其标距由原长 l 变为 l_1，l_1-l 是残余伸长，它与 l 之比的百分率称为**延伸率**，用 δ 表示，即

$$\delta = \frac{l_1 - l}{l} \times 100\% \tag{9-7}$$

延伸率表示材料塑性变形的程度，它是衡量材料塑性大小的指标。工程上通常将 $\delta \geqslant 5\%$ 的材料称为**塑性材料**，将 $\delta < 5\%$ 的材料称为**脆性材料**。低碳钢的 δ 值为 20%～30%，是典型的塑性材料。必须指出，现代实验的结果表明，材料的力学性质在很大程度上可以随外界条件而转化。如低温下的高速试验能使塑性很好的低碳钢发生脆性破坏，相反，高温也可以使脆性材料软化。另外，材料的力学性质还与受力情况有关。如大理石三个方向同时压缩时，会发生很大的塑性变形。因此，材料作塑性或脆性的分类，是有条件性的。

衡量材料塑性的另一指标是**断面收缩率** Ψ，即

$$\Psi = \frac{A - A_1}{A} \times 100\% \tag{9-8}$$

其中，A 为试件的初始横截面面积；A_1 为试件被拉断后颈缩处的最小横截面面积。低碳钢的 Ψ 值为 60%～70%。

2. 卸载与冷作硬化

当应力超过屈服极限到达 f 点后卸载，则试件的应力、应变将沿着与直线 Oa 近似平行的直线 fO_1 回到 O_1 点(图 9-6)。若卸载后重新加载，试件的应力、应变将基本上沿着卸载时的同一直线 O_1f 上升到 f 点，然后沿着原来的 $\sigma-\varepsilon$ 曲线变化。

如果把卸载后重新加载的曲线 O_1fd 和原来的拉伸曲线相比较，可以看出比例极限有所提高，而断裂后的残余变形减小了，这种现象称为**冷作硬化**。工程上常利用冷作硬化来提高钢

筋、钢缆绳等在弹性阶段内的承载能力。

冷作硬化提高了材料的比例极限，但同时降低了材料的塑性，增加了脆性。如要消除这一现象，材料需要经过退火处理。

3. 灰铸铁拉伸时的力学性能

灰铸铁（简称铸铁）是工程上广泛应用的一种材料。铸铁拉伸时的 $\sigma-\varepsilon$ 曲线如图 9－8 所示。图中没有明显的直线部分，即不符合胡克定律，工程上常用 $\sigma-\varepsilon$ 曲线的割线来代替图中曲线的开始部分。铸铁试件受拉伸直到断裂变形很不明显，没有屈服阶段，也没有颈缩现象，其延伸率＜1%，是典型的脆性材料，强度极限 σ_b 是衡量其强度的唯一指标。显然，铸铁的拉伸强度极限很低，所以不宜用来制作受拉零件。然而若对其加以改进，例如在铁水中加入一定量的球化剂，就可以改变其内部结构，得到机械性质与钢相近的球墨铸铁。目前这种材料已广泛用于代替低碳钢，制成曲轴、齿轮等部分抗拉零件。

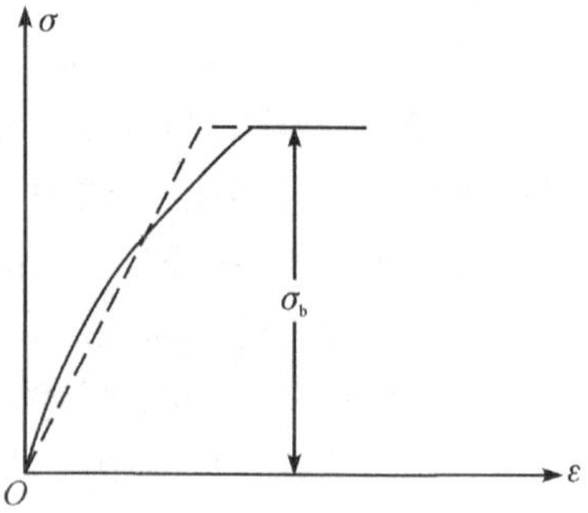

图 9－8

4. 其它塑性材料拉伸时的力学性能

工程中常用的塑性材料除低碳钢外，还有中碳钢、合金钢、铝合金及铜合金等。图 9－9 给出几种塑性材料的 $\sigma-\varepsilon$ 曲线，其中有些材料，如 16Mn 钢和低碳钢的力学性能相似，有明显的弹性阶段、屈服阶段、强化阶段和颈缩阶段。

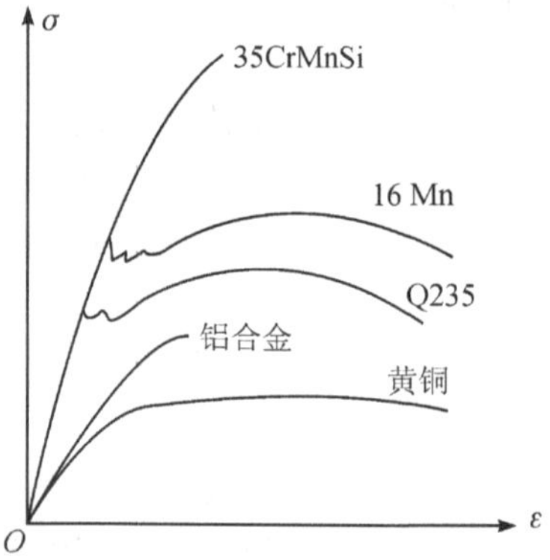

图 9－9

有些材料，如黄铜、铝合金等，则没有明显的屈服阶段。对于这类没有明显屈服阶段的塑性材料，通常以产生 0.2%残余应变时所对应的应力值作为屈服极限，以 $\sigma_{0.2}$ 表示（图 9－10），称为**名义屈服极限**。它与屈服极限 σ_s 一样，都是衡量材料强度的一个重要指标。

图 9－11 所示为用途日益广泛的塑料（聚乙烯 PVC 硬片与共混型工程塑料 ABS）在常温下受拉伸时的 $\sigma-\varepsilon$ 曲线。可见它们在屈服前的弹性都相当好，塑性也不错，只是弹性模量 E 比较低。

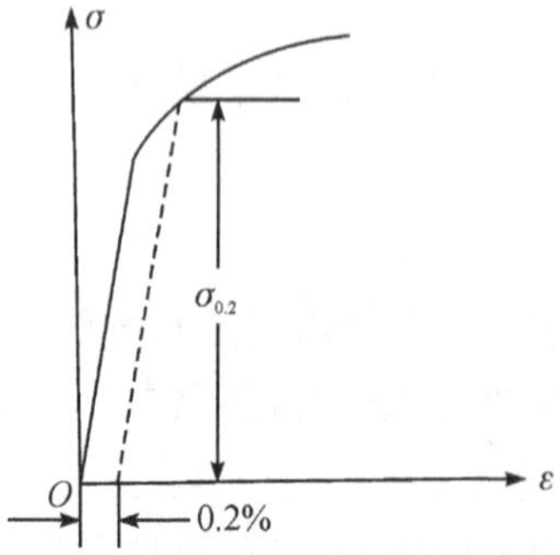

图 9－10

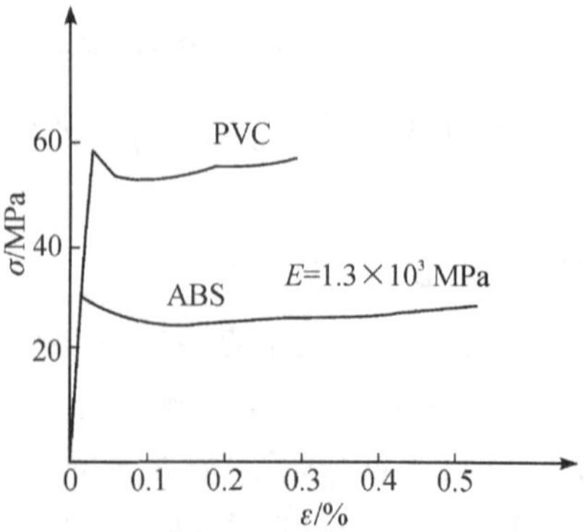

图 9－11

9.2.2　材料压缩时的力学性能

一般金属材料的压缩试件都做成圆柱形，为了避免压弯，试件的高度只有直径的 2.5～3.5 倍。图 9-12 是低碳钢压缩时的 $\sigma-\varepsilon$ 曲线。可见这类材料压缩时的屈服极限 σ_s 与拉伸时相同。在达到屈服极限以前，拉伸与压缩时的 $\sigma-\varepsilon$ 曲线是重合的，但在强化阶段中，压缩试件愈压愈平，既无颈缩，又不断裂，所以测不出强度极限。

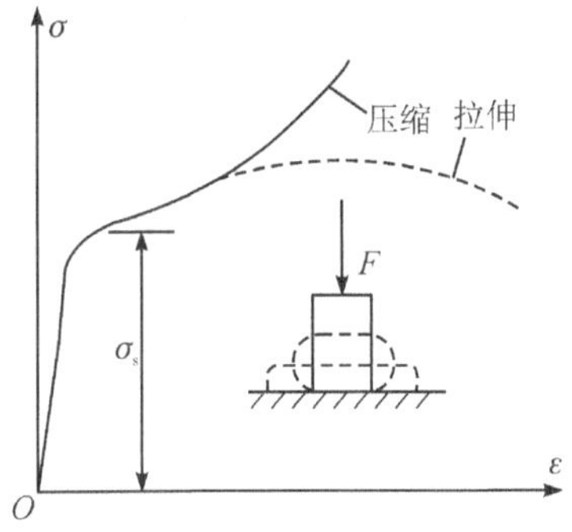

图 9-12

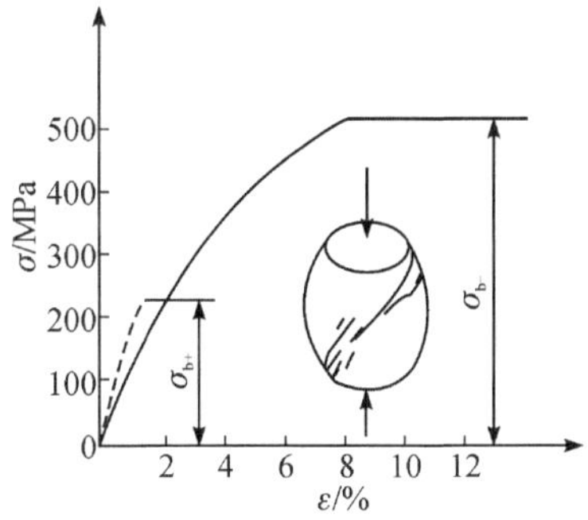

图 9-13

图 9-13 是铸铁压缩时的 $\sigma-\varepsilon$ 曲线（虚线表示拉伸时的 $\sigma-\varepsilon$ 曲线）。由图可见，整个压缩过程中的曲线与拉伸时相似，但压缩时的延伸率 δ 要比拉伸时的大，压缩时的强度极限约为拉伸时的 2～3 倍。一般脆性材料的抗压能力显著高于抗拉能力，故广泛用于制造承压零部件。

铸铁压缩时断口与轴线约成 45°角，这表明在 45°的斜面上作用着最大切应力，即铸铁在轴向压缩下的破坏方式为剪切破坏。

表 9-1 给出了几种常用材料的主要力学性能。

表 9-1　几种常用材料的主要力学性能

材料名称	牌号	σ_s/MPa	σ_b/MPa①	δ_5/%②
普通碳素钢	Q215	215	335～450	26～31
	Q235	235	375～500	21～26
	Q255	255	410～550	19～24
	Q275	275	490～630	15～20
优质碳素钢	25	275	450	23
	35	315	530	20
	45	355	600	16
	55	380	645	13
低合金钢	15MnV	390	530～680	18
	16Mn	345	510～660	22
合金钢	20Cr	540	835	10
	40Cr	785	980	9
	30CrMnSi	885	1080	10
铸钢	ZG200-400	200	400	25
	ZG270-500	270	500	18

续表

材料名称	牌号	σ_s/MPa	σ_b/MPa①	δ_5/%②
灰口铸铁	HT150	—	150	—
	HT250	—	250	—
铝合金	LY12(2A12)	274	412	19

注：①σ_b为拉伸强度极限。

②δ_5表示标距 $l=5d$ 的标准试样的延伸率。

9.2.3 许用应力

工程中决不允许零件出现断裂或产生显著塑性变形。通常认为，塑性材料以屈服作为破坏状态，以屈服极限 σ_s（或 $\sigma_{0.2}$）作为破坏应力；脆性材料以脆断作为破坏状态，拉伸时以强度极限 σ_{b+} 作为破坏应力，压缩时以强度极限 σ_{b-} 作为破坏应力。破坏应力又称**极限应力**。为了保证零件具备足够的强度，其工作应力必须低于破坏应力，而且还要留有余地给强度以必要的储备，以应付其它各种无法避免因素的影响。为此，一般把极限应力除以大于 1 的系数 n，作为设计时允许的最高值。这个最大的允许应力称为**许用应力**，以$[\sigma]$表示，则

$$\left.\begin{aligned}[\sigma]&=\sigma_s/n_s \quad \text{（塑性材料）}\\ [\sigma]&=\sigma_b/n_b \quad \text{（脆性材料）}\end{aligned}\right\} \tag{9-9}$$

其中，n_s、n_b分别是按屈服极限、强度极限规定的安全系数。其选定必须体现既经济又安全的原则。取值过大会浪费材料，过小又影响安全。确定时应考虑以下因素：①载荷估计的准确性；②模型建立的合理性和计算方法的精确度；③材料的质量优略等级；④零件的重要程度。此外还要考虑零件的工作环境与使用寿命等。一般机械设计时，静载下大致取值范围为 $n_s=1.4\sim2.2$，$n_b=2.5\sim5$。表 9-2 列出了几种常用材料在常温、静载及一般工作条件下的基本许用应力约值。

表 9-2 在常温、静载及一般工作条件下几种常用材料的基本许用应力的约值

<table>
<tr><th rowspan="2">材料</th><th colspan="2">许用应力[σ]/MPa</th></tr>
<tr><th>拉　伸</th><th>压　缩</th></tr>
<tr><td>灰铸铁</td><td>41.4～78.4</td><td>118～147</td></tr>
<tr><td>Q215A 钢</td><td colspan="2">137</td></tr>
<tr><td>Q235A 钢</td><td colspan="2">157</td></tr>
<tr><td>16Mn</td><td colspan="2">235</td></tr>
<tr><td>45 钢</td><td colspan="2">186</td></tr>
<tr><td>铜</td><td colspan="2">29.4～118</td></tr>
<tr><td>强铝</td><td colspan="2">78.4～147</td></tr>
<tr><td>木材(顺纹)</td><td>6.86～11.8</td><td>9.9～11.8</td></tr>
<tr><td>混凝土</td><td>0.098～0.686</td><td>0.98～8.82</td></tr>
</table>

汽车保险杠

20 世纪 80 年代之前，汽车保险杠主要以金属材料为主，其加工工艺是以钢板冲压成型后再与车架纵梁铆接或是焊接。而随着科学技术的不断发展，汽车保险杠选材已逐渐淘汰了传统的金属材料。你知道在现代汽车制造中，越来越多的汽车保险杠采用什么材料吗？相比传统的金属材料，其优势是什么？

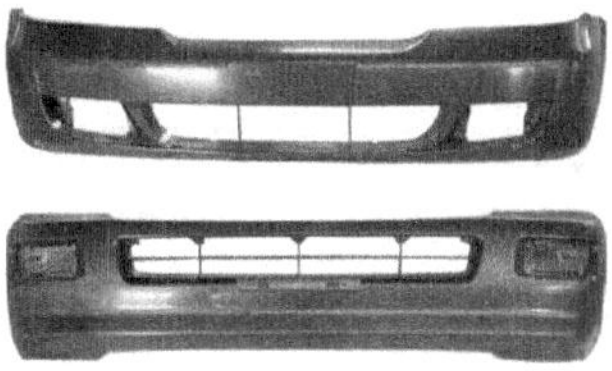

9.3　轴向拉伸(压缩)时的强度计算

拉伸或压缩杆件的强度条件是最大工作应力不超过许用应力，即

$$\sigma_{\max} = \left|\frac{F_N}{A}\right|_{\max} \leqslant [\sigma] \tag{9-10}$$

上式称为杆件在受轴向拉伸或压缩时的**强度条件**，可用于解决三方面的强度计算问题。

(1)强度校核。当零件截面尺寸、载荷情况和材料型号已知时，可计算出轴力并确定相应最大应力，通过式(9－10)校核构件的强度安全性。

(2)设计截面。当载荷与材料型号已知时，可将式(9－10)改写成

$$A \geqslant \frac{F_N}{[\sigma]} \tag{9-11}$$

由上式可确定零件所需截面积的大小，从而设计截面尺寸。

(3)确定许可载荷。当零件截面尺寸和材料型号已知时，式(9－10)可改写成

$$F_N \leqslant A[\sigma] \tag{9-12}$$

由上式可以求出零件所能承受的最大轴力，从而确定强度条件所许可的载荷最大值，即许可载荷。

例 9－1　图 9－14(a)所示气缸内径 $D=140$ mm，缸内气压 $p=0.6$ MPa。活塞杆材料的许用应力$[\sigma]=80$ MPa。试设计活塞杆直径 d。

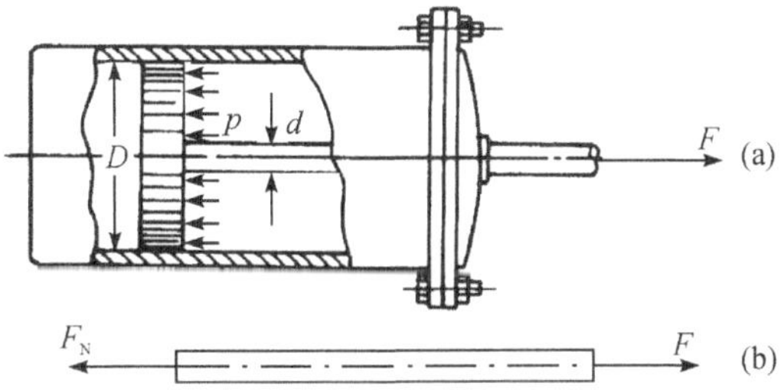

图 9－14

解　活塞杆左端受的拉力来自作用于活塞上的气体压力，右端受外加拉力作用，该杆的变形为轴向拉伸，如图 9－14(b)所示。活塞杆的横截面积远小于活塞端面积，故计算气体压力时可略去。根据平衡条件可以求得

$$F_N = F = p \times \frac{\pi}{4}D^2$$

$$= 0.6 \times 10^6 \times \frac{\pi}{4}(140 \times 10^{-3})^2 = 9230 \text{ N}$$

由强度条件式(9－11)，得活塞杆横截面面积为

$$A = \frac{\pi}{4}d^2 \geqslant \frac{F_N}{[\sigma]} = \frac{9230}{80 \times 10^6} = 1.15 \times 10^{-4} \text{ m}^2$$

上式取等号计算，求得活塞杆必须具有的最小直径为

$$d \approx 0.012\ \text{m} = 12\ \text{mm}$$

例 9-2 某打包机的曲柄滑块机构如图 9-15(a)所示。打包过程中，连杆接近铅垂位置，包的反力 $F = 3.78 \times 10^3$ kN，连杆横截面为矩形，$h = 240$ mm，$b = 180$ mm，材料的许用应力 $[\sigma] = 90$ MPa。试校核该连杆的强度。

解 由于打包时连杆接近铅垂位置，故连杆受力近似等于包的反力 F，如图 9-15(b)所示，其轴力为

$$F_N = F = 3.78 \times 10^6\ \text{N}$$

由式(9-1)得

$$\sigma = \frac{F_N}{A} = \frac{3.78 \times 10^6}{240 \times 180 \times 10^{-6}} = 87.5\ \text{MPa}$$

因为连杆工作应力 $\sigma = 87.5$ MPa $< [\sigma] = 90$ MPa，故强度足够。

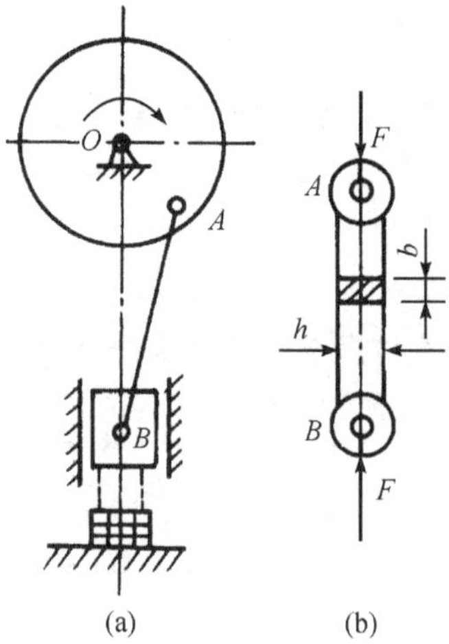

图 9-15

9.4 轴向拉伸(压缩)时的变形计算

杆件拉伸时，将引起轴向尺寸的伸长和横向尺寸的缩小；压缩时，将引起轴向尺寸的缩短和横向尺寸的增大。

设杆件原长为 l，变形后的长度为 l_1，则由式(9-4)得杆件的轴向应变为

$$\varepsilon = \frac{l_1 - l}{l} = \frac{\Delta l}{l}$$

显然，杆件拉伸时，Δl 为正值，ε 亦为正值，压缩时则均为负值。

在比例极限范围内，由式(9-5)有 $\sigma = E\varepsilon$，且由式(9-1)知 $\sigma = F_N/A$，一并代入上式，即得杆件变形为

$$\Delta l = \frac{F_N l}{EA} \tag{9-13}$$

该式为拉压胡克定律的又一表达形式。可见，杆件的轴向弹性变形与 EA 成反比，即 EA 愈大，愈不容易变形，因此将材料拉压弹性模量 E 与杆件截面积 A 的乘积 EA 称为杆件的**抗拉(压)刚度**。

若杆件原始直径为 d，变形后直径为 d_1，则杆件的横向线应变为

$$\varepsilon' = \frac{d_1 - d}{d} = \frac{\Delta d}{d}$$

显然，杆件拉伸时，Δd 为负值，ε' 亦为负值，压缩时则为正值。

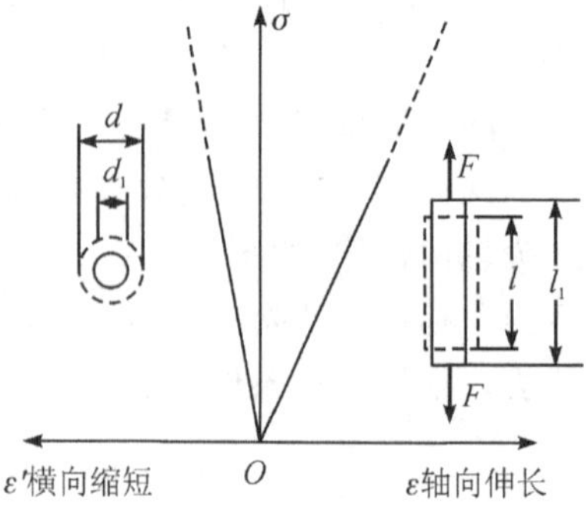

图 9-16

实验结果表明，在比例极限范围内，不但杆件的轴向应变 ε 与应力 σ 成正比，而且杆件的横向应变 ε' 亦与应力 σ 成正比(图 9-16)。可见横向应变与轴向应变之比的绝对值亦为常值，即

$$\mu = \left| \frac{\varepsilon'}{\varepsilon} \right| \tag{9-14}$$

μ 称为**泊松比或横向变形系数**。考虑到两个应变的符号恒相反，故有

$$\varepsilon' = -\mu\varepsilon \tag{9-15}$$

上式表明：在比例极限范围内，横向应变与轴向应变成正比。

弹性模量 E 和泊松比 μ 是材料的两个弹性常数。几种常用材料的泊松比见表 9-3。

表 9-3　材料的弹性模量 E、切变模量 G 及泊松比 μ

材　料	E/GPa	G/GPa	μ
碳钢	196～206	78.4～79.4	0.24～0.28
合金钢	186～216	79.4	0.24～0.33
铸铁	113～157	44.1	0.23～0.27
球墨铸铁	157	60.8～62.7	0.25～0.29
铜及其合金	73～157	39.2～45.1	0.31～0.42
铝及其合金	71	25.5～26.5	0.33
材料：顺纹	9.8～11.8	0.539	—
横纹	0.49	—	—
混凝土	14～35	—	0.16～0.18
橡胶	0.078	—	0.47

例 9-3　M12 的螺栓小径 $d=10.1$ mm，拧紧后在计算长度 $l=80$ mm 内总伸长为 0.03 mm，钢的弹性模量 $E=210$ GPa。试计算螺栓内的应力和螺栓的预紧力。

解　拧紧后的螺栓应变为

$$\varepsilon = \frac{\Delta l}{l} = 0.000375$$

由胡克定律式(9-5)得

$$\sigma = E\varepsilon = 78.8 \text{ MPa}$$

由式(9-1)得螺栓预紧力

$$F_N = A\sigma = \frac{\pi}{4}(10.1\times10^{-3})^2\times78.8\times10^6 = 6.31 \text{ kN}$$

9.5　简单拉压超静定问题

9.5.1　超静定问题的求解方法

超静定的概念已在 7.3 节中提出。本节介绍简单拉压超静定问题求解的一般方法。

图 9-17(a)所示两端固定杆件，弹性模量为 E，AC 段杆长为 l_1，横截面面积为 A_1，BC 段杆长为 l_2，横截面面积为 A_2。现求施加轴向力 F 后各段的内力。

(1)静力平衡方程：设 F_A、F_B分别为 A、B 两端的支反力，则静力平衡方程为

$$F_A + F_B - F = 0 \tag{9-16}$$

两个未知力，只有一个静力平衡方程，是一次超静定问题。因此，需建立一个补充方程。

(2)变形几何条件：由于杆件两端固定，总长不变，即$\Delta l=0$，也就是 AC、CB 段变形的代数和为零：

$$\Delta l = \Delta l_1 + \Delta l_2 = 0 \tag{9-17}$$

这便是变形几何条件。由于式中不出现未知力，因此需要研究变形和力之间的关系。

(3) 物理条件：在杆 AC 和 CB 段内依次沿 1—1 和 2—2 截面截开，分别研究上段和下段，各自受力如图 9-17(b)所示，由静力平衡条件可得两段轴力为

$$F_{N1}=F_A,\ F_{N2}=-F_B \tag{9-18}$$

根据胡克定律得物理方程

$$\Delta l_1=\frac{F_{N1}l_1}{EA_1}=\frac{F_Al_1}{EA_1},\quad \Delta l_2=\frac{F_{N2}l_2}{EA_2}=-\frac{F_Bl_2}{EA_2} \tag{9-19}$$

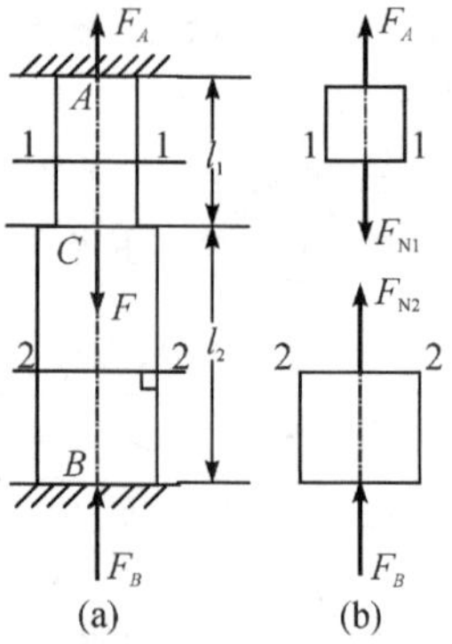

图 9-17

把式(9-19)代入式(9-17)，并化简得补充方程

$$F_A\,l_1\,A_2-F_B\,l_2\,A_1=0 \tag{9-20}$$

将式(9-16)、(9-20)联立，解之得

$$F_A=\frac{l_2A_1}{l_2A_1+l_1A_2}F,\qquad F_B=\frac{l_1A_2}{l_2A_1+l_1A_2}F \tag{9-21}$$

所得 F_A 和 F_B 均为正值，说明假设方向与实际情况一致。由式(9-18)得 AC 段轴力 $F_{N1}=F_A$ 为正值，杆段受到拉伸；CB 段轴力 $F_{N2}=-F_B$ 为负值，杆段受到压缩。

综上所述，求解超静定问题的一般方法是：首先依据研究对象的受力分析列出相应的平衡方程，并判定超静定次数；其次要根据具体约束情况，补充相应数目的变形几何关系；在依据截面法求出内力后，建立内力和变形之间的物理关系；最终联立求解。

9.5.2　装配应力和温度应力概念

超静定结构的另一个特性是：由于杆件在制造中的误差，装配时在结构中将产生应力，称为装配应力；另外，由于温度的变化，在超静定结构中也将产生应力，称为温度应力(或变温应力)。而这两种应力在静定结构中都不会产生。

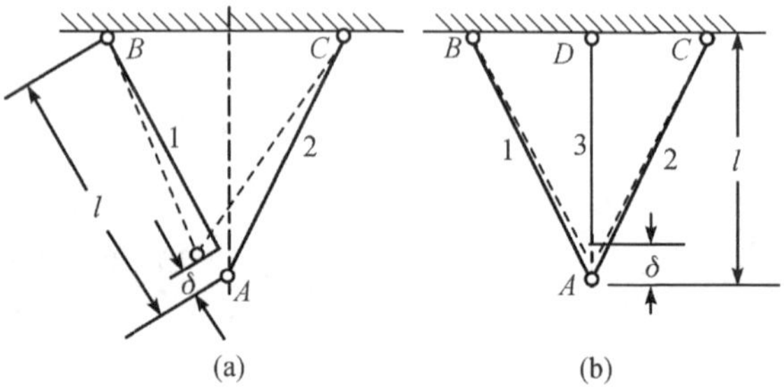

图 9-18

图 9-18(a)所示静定结构中，若杆 1 比设计长度 l 短了 $\delta(\delta\ll l)$，装配后结构形式如虚线所示，在无荷载时，两杆均无应力。在图 9-18(b)所示的超静定结构中，若杆 3 比设计长度 l 短了 $\delta(\delta\ll l)$，装配后，杆 3 被拉长，杆 1 和杆 2 被压短(如图中虚线所示)。这样，虽无荷载作用，但在杆中已产生了**装配应力**。

图 9-19(a)所示有自由端的等直杆，不计杆的自重，当温度升高时，杆将自由膨胀，但杆内无应力。如果把 B 端也固定，成为超静定结构[图 9-19(b)]。当温度升高时，由于热膨胀受到阻碍，杆端将有支反力作用，从而在杆内产生**温度应力**。工程中，常采用一些措施来减少和避免过高的温度应力。例如，在钢轨的各段之间留伸缩缝，桥梁一端采用活动铰链支座，在蒸汽管道中利用伸缩节(图 9-20)，等等。

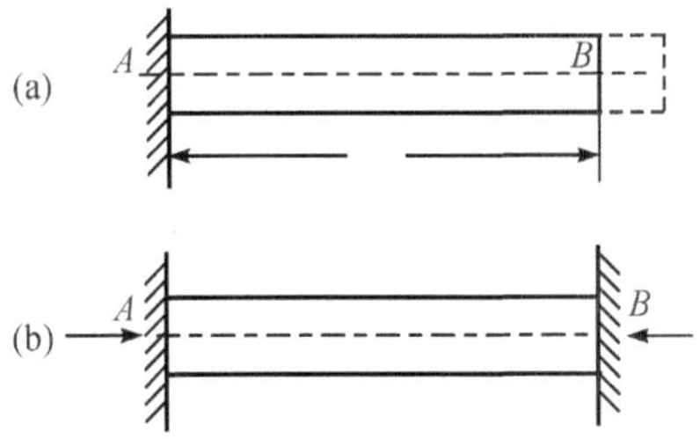

图 9-19

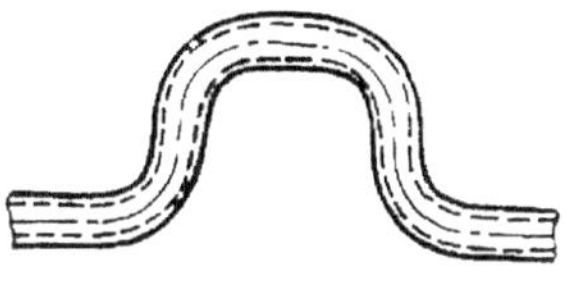

图 9-20

9.6　应力集中概念

等截面直杆受轴向拉伸或压缩时，若由于切口、钻孔、开槽及螺纹等使截面尺寸发生突变，实验和理论分析都表明，在这样的横截面上，应力不是均匀分布的。如图 9-21(a)所示的钻孔板条，当受轴向拉伸时，在圆孔附近的局部区域内，应力的数值将急剧增加，如图 9-21(b)所示；在离开这一区域较远处，应力迅速降低并趋于均匀。这种因截面尺寸的突变而引起的应力局部急剧增大的现象，称为**应力集中**。该现象在其它变形形式中也会存在。

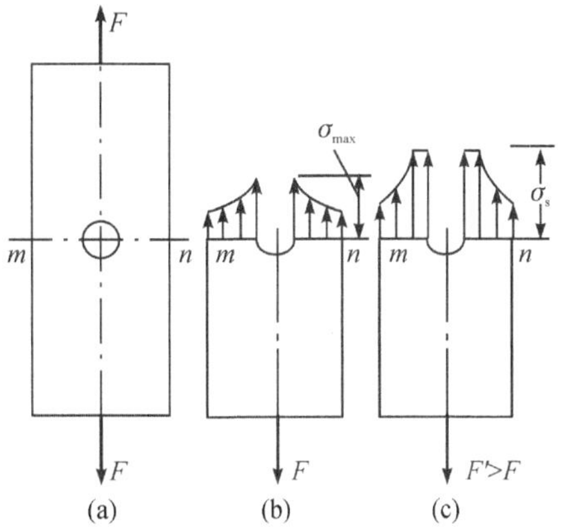

图 9-21

应力集中的程度，常以最大局部应力 σ_{max} 与被削弱截面上的平均应力 σ_0 之比来衡量，称为理论**应力集中系数**，常以 α 表示，即

$$\alpha=\frac{\sigma_{max}}{\sigma_0} \tag{9-22}$$

大量实验数据表明，截面尺寸改变越急剧、孔越小、缺口角越尖锐，应力集中的程度就越严重。因此要求零件上尽可能避免带尖角、小孔和槽；相邻两段截面不同时，要用圆弧进行过渡，并在结构允许的情况下，尽量使过渡圆弧的半径增大。

对于塑性材料，因为有较长的屈服阶段，所以当孔边的最大应力 σ_{max} 达到屈服极限 σ_s 之后，若继续增加 F，则孔边缘的变形仍处于屈服阶段之内，故应力并不增加，致使屈服区域不断扩展，如图 9-21(c)所示。因此，塑性材料的屈服阶段可对应力集中起着平均化(重分配)的作用。一般在常温静载下可不考虑应力集中对塑性材料的影响。

对脆性材料，随外力的增长，孔边应力急剧上升并始终保持为最大值，当达强度极限时，该处首先破裂。所以脆性材料对应力集中十分敏感。即使在常温、静载下，应力集中也影响到脆性材料零件的承载能力。但对灰铸铁，由于其内部组织本来就不均匀，细小的孔洞甚多，应力集中已很严重，致使零件对因截面尺寸突变所引起的应力集中反应并不敏感，故可不再考虑。

大量实验还表明，零件受周期性变化或冲击载荷的作用时，无论是塑性材料还是脆性材料，应力集中对零件都有严重的影响。因此，应力集中现象应引起我们的足够重视。

思考题

思考 9-1　试述应力公式 $\sigma = F_N/A$ 的适用条件。应力超过弹性极限后该条件是否适用？

思考 9-2　两根拉杆的长度、横截面面积及载荷均相等，一个是钢质杆，一个是铝质杆。试说明两杆的应力和伸长是否相等，两杆的强度是否相同。

思考 9-3　胡克定律有哪两种表达形式？其适用范围各是什么？

思考 9-4　试指出下列概念的区别：轴向变形与线应变；比例极限与弹性极限；破坏应力、许用应力与工作应力；线应变与伸长率。

思考 9-5　试述低碳钢拉伸过程的四个阶段，并说明 σ_p、σ_e、σ_s 和 σ_b 的物理意义是什么？

思考 9-6　塑性材料与脆性材料如何界定？试比较两者力学性质的差异。

思考 9-7　材料的强度指标与塑性指标有哪些？塑性材料与脆性材料的破坏应力如何选取？

思考 9-8　与静定问题相比较，超静定问题有何特点？其求解的主要步骤是什么？

习　题

9-1　已知图示螺旋压板夹紧装置中螺栓为 M20（螺纹小径 $d = 17.3$ mm），许用应力 $[\sigma] = 50$ MPa。若工件所受的夹紧力为 2.5 kN，试校核螺栓的强度。

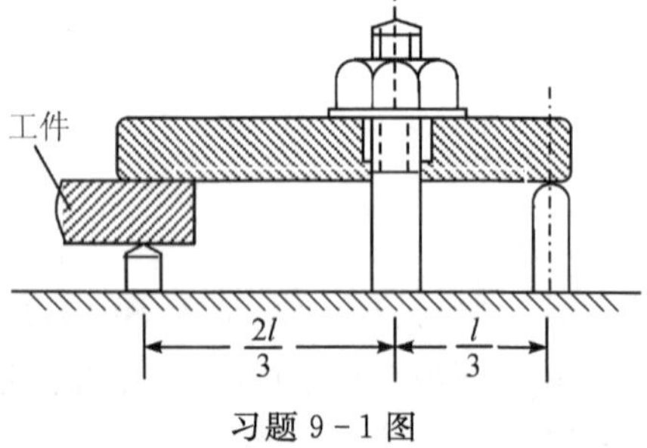

习题 9-1 图

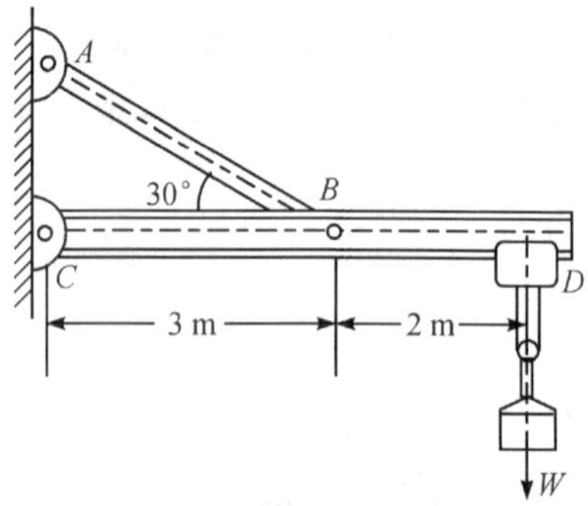

习题 9-2 图

9-2　一吊车如图所示，最大起吊重量 $W = 20$ kN，斜钢杆 AB 的截面为圆形，$[\sigma] = 160$ MPa。试设计 AB 杆的直径。

9-3　图示吊环最大起吊重量 $W = 900$ kN，$\alpha = 24°$，许用应力 $[\sigma] = 140$ MPa。两斜杆有相同的矩形截面且 $h/b = 3.4$，试设计斜杆的截面尺寸 h 及 b。

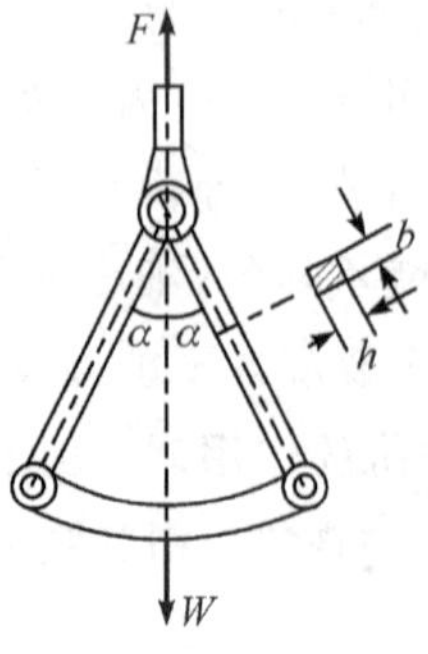

习题 9-3 图

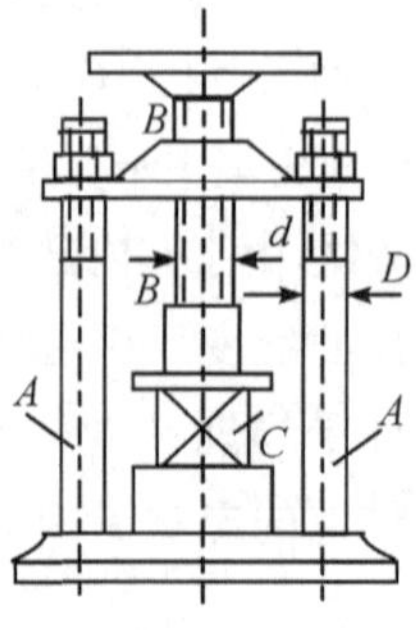

习题 9-4 图

9－4　图示为一手动压力机，在物体 C 上所加的最大压力为 150 kN，已知立柱 A 和螺杆 BB 所用材料的许用应力 $[\sigma]=160$ MPa。①试按强度要求设计立柱 A 的直径 D；②若螺杆 BB 的小径 $d=40$ mm，试校核其强度。

9－5　图示支架上，AB 为钢杆，BC 为铸铁杆。已知两杆横截面面积均为 $A_0=400\ \mathrm{mm}^2$，钢的许用应力 $[\sigma]=160$ MPa，铸铁的许用拉应力 $[\sigma^+]=30$ MPa、许用压应力 $[\sigma^-]=90$ MPa。试求许可载荷 F。如将 AB 改用铸铁杆，BC 改用钢杆，这时许可载荷又为多少？

9－6　图示结构中 AC 为钢杆，横截面面积 $A_1=200\ \mathrm{mm}^2$，许用应力 $[\sigma_1]=160$ MPa；BC 为铜杆，横截面面积 $A_2=300\ \mathrm{mm}^2$，许用应力 $[\sigma_2]=100$ MPa。试求许用载荷 F。

9－7　变截面直杆如图所示，$F_1=120$ kN，$F_2=60$ kN，横截面面积 $A_1=400\ \mathrm{mm}^2$，$A_2=250\ \mathrm{mm}^2$，$l_1=2$ m，$l_2=1$ m，材料的弹性模量 $E=200$ GPa。试求杆的总伸长。

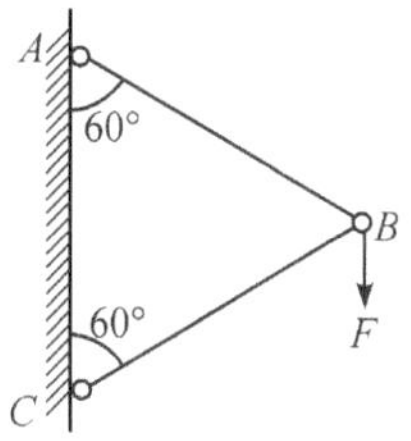

习题 9－5 图

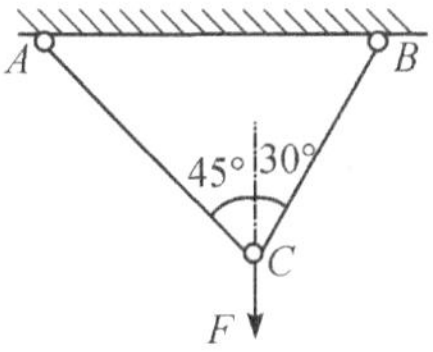

习题 9－6 图

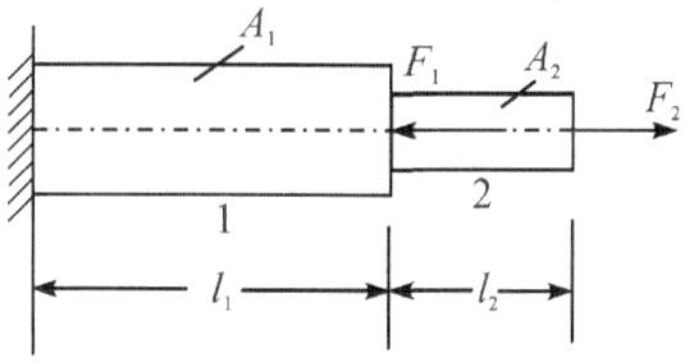

习题 9－7 图

9－8　图示中 AB 为刚性杆。1、2 两杆材料相同。已知 $F=40$ kN，$E=200$ GPa，$[\sigma]=160$ MPa。求所需的两杆截面面积；如要求 AB 杆只做向下平移，不做转动，此两杆的横截面面积应为多少？

9－9　某拉伸试验机的结构示意图如图所示。设试验机的 CD 杆与试件 AB 材料均为低碳钢，其 $\sigma_p=200$ MPa，$\sigma_s=240$ MPa，$\sigma_b=400$ MPa。试验机最大拉力为 100 kN。试求：

(1)若设计时取试验机的安全系数 $n=2$，则 CD 杆的横截面面积应为多少？

(2)用这一试验机做拉断试验时，试件的直径最大可达多大？

(3)若试件直径 $d=10$ mm，欲测弹性模量 E，则所加载荷最大不能超过多少？

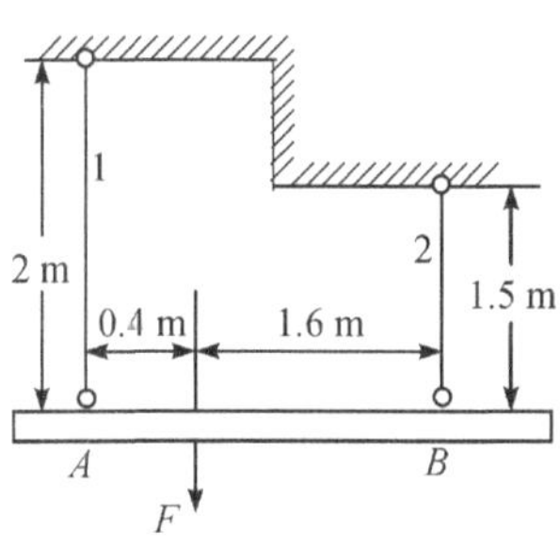

习题 9－8 图

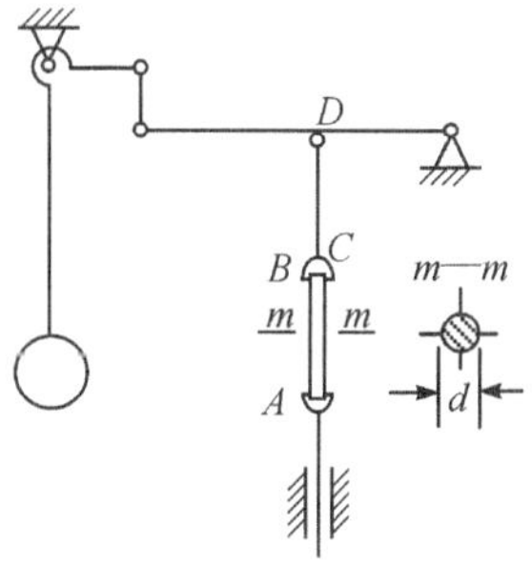

习题 9－9 图

9－10　一拉伸钢试件，$E=200$ GPa，比例极限 $\sigma_p=200$ MPa，直径 $d=10$ mm，在标距 $l=100$ mm 长度上测得伸长量 $\Delta l=0.05$ mm。试求该试件沿轴线方向的线应变 ε、所受拉力及横截面上的应力。

9－11　一低碳钢拉伸试件，试验前测得试件的直径 $d=10$ mm，长度 $l=50$ mm，试件拉断后测得颈缩处的直径 $d_1=6.2$ mm，杆的长度 $l_1=58.3$ mm。屈服阶段最小的载荷 $F_s=19.6$ kN，拉断试件的最大载荷 $F_b=33.8$ kN。试求材料的屈服极限、强度极限、伸长率及断面收缩率。

9－12　刚性板重量为 32 kN，由三根立柱支承，长度均为 4 m，左右两根为混凝土柱，弹性模量 $E_1=20$ GPa，横截面面积 $A_1=8\times10^4\ mm^2$；中间一根为木柱，弹性模量 $E_2=12$ GPa，横截面面积 $A_2=4\times10^4\ mm^2$。试求每根立柱所受的压力。

9－13　刚性横梁 AB 和 CD 相距 200 mm，用 $\phi10$ 的钢螺栓 1、2 联结，弹性模量 $E_1=E_2=200$ GPa。

(1)如将长度为 200.2 mm，截面积 $A=600\ mm^2$ 的铜杆 3 安装在图示位置，$E_3=100$ GPa。试求所需的拉力 F 的大小？

(2)如杆 3 安装好后将力 F 去掉，这时各杆的应力将为多少？

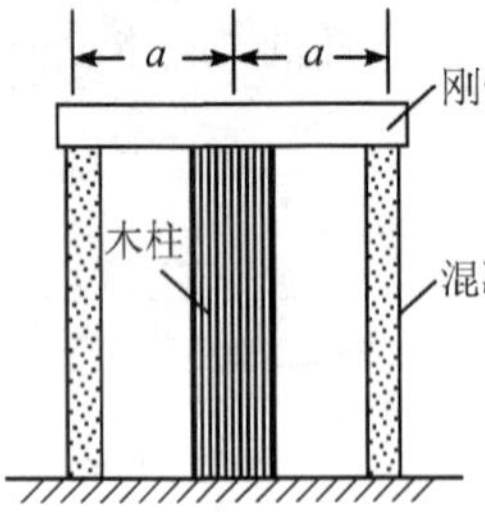

题 9－12 图

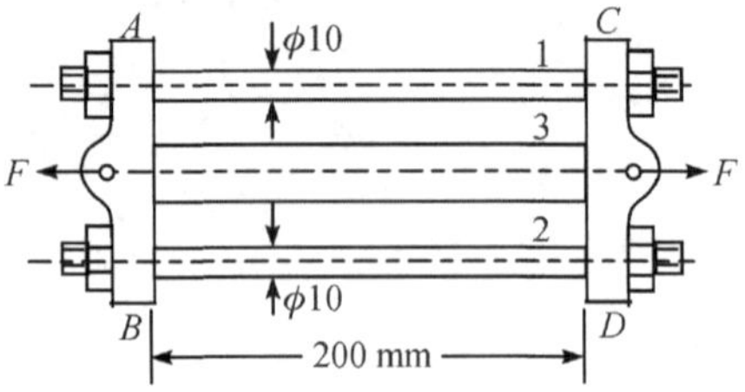

题 9－13 图

第 10 章　连接件的剪切与挤压计算

工程中广泛应用的连接件实际受力与变形较为复杂。因此从理论角度分析其真实的工作应力十分困难。本章将在实验和经验的基础上进行一定的假设，给出简化的计算方法。

10.1　剪切与挤压概念

如图 10－1 所示，工程中受拉(压)的零件与其它零件之间多用销钉、铆钉或螺栓连接，受扭的转轴与齿轮、带轮间多用键连接，转轴与转轴之间多用联轴器连接等。这些连接件主要承受着剪切与挤压。

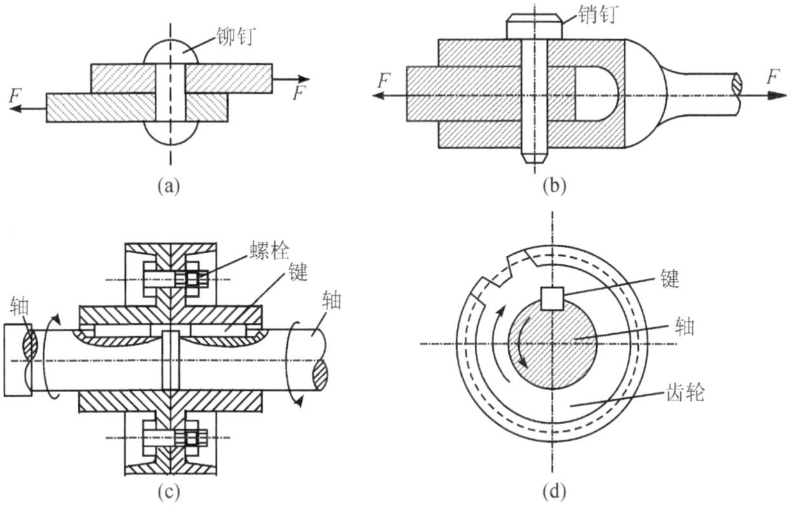

图 10－1

图 10－2(a)所示为两块用螺栓连接的钢板。当连接后的钢板两端受到拉力 F 的作用时，螺栓的两侧就分别受到合力大小等于 F 的分布压力作用，且这两个合力的大小相等、方向相反、其作用线相距很近[图 10－2(b)]，从而引起螺栓 m—m 截面两侧的材料发生错动，有将螺栓在该截面处被剪断的趋势。这种变形形式即称为**剪切**。截面 m—m 称为**剪切面**。

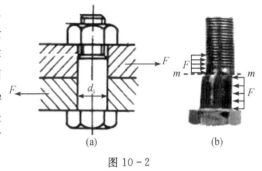

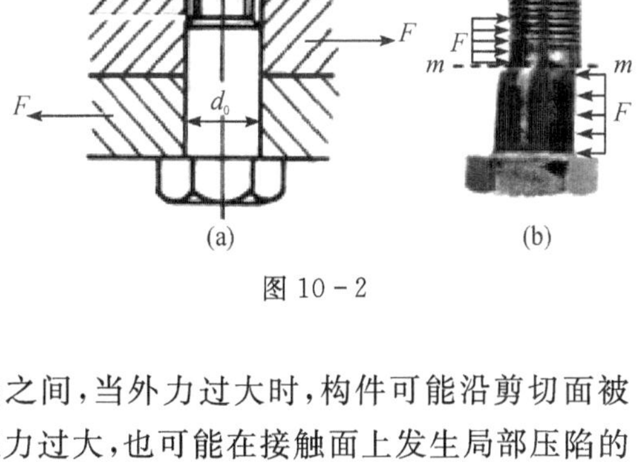

图 10－2

由受剪零件的受力和变形特点可知，剪切面总是与作用力平行，且位于两反向作用力的作用线之间，当外力过大时，构件可能沿剪切面被剪断。另外，如果连接件和被连接件的接触面上压力过大，也可能在接触面上发生局部压陷的塑性变形而导致破坏(称为**挤压破坏**)。因此,对受剪零件必须进行剪切强度和挤压强度的计算。

10.2 剪切与挤压的实用计算

工程中常根据实践经验和构件的受力特点作出一些假设进行简化计算,这种简化计算称为**实用计算**。

10.2.1 剪切的实用计算

在进行受剪切的零件的强度计算时,首先要分析其内力和应力。用截面法将图 10-3(a)所示的铆钉沿剪切面 $m—m$ 切开,并保留下部,如图 10-3(c)所示。由平衡条件可知,在剪切面 $m—m$ 上必有剪力 F_s存在,且

$$F_s=F$$

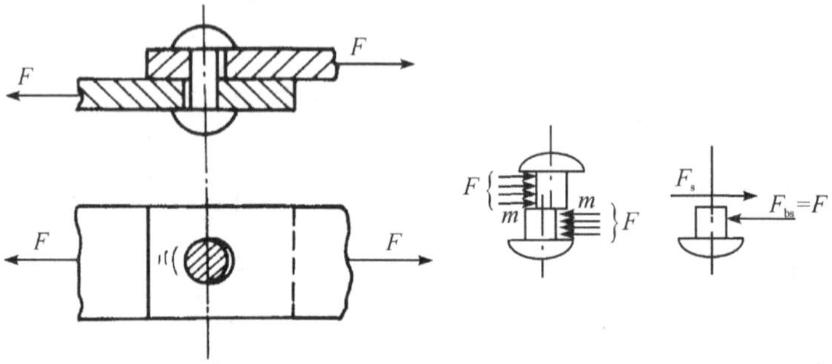

图 10-3

剪切面上的切应力分布情况较为复杂,实用计算假定剪切面上的切应力在剪切面上均匀分布,则

$$\tau=\frac{F_s}{A} \tag{10-1}$$

其中 A 为**剪切面面积**。

实际上,剪切面上切应力并非均匀分布,由式(10-1)算得的只是平均切应力,因此通常称之为**名义切应力**,并以此作为**工作切应力**。另一方面,通过剪切破坏试验,测出破坏时的载荷,用同样的方法由破坏时的载荷确定出材料的极限切应力,然后再除以安全系数 n,即可得到材料的许用切应力[τ]。于是剪切实用计算的强度条件为

$$\tau=\frac{F_s}{A}\leqslant[\tau] \tag{10-2}$$

一般工程规范中规定

$$[\tau]=\begin{cases}(0.6\sim0.8)[\sigma] & (\text{塑性材料})\\(0.8\sim1.0)[\sigma] & (\text{脆性材料})\end{cases}$$

其中[σ]为材料的许用拉应力。

10.2.2　挤压的实用计算

连接件除存在剪切变形外，在局部表面间还可能发生相互挤压。当压力过大时，挤压处的局部区域将产生塑性变形，从而造成零件失效。图 10－3(a)中，力 F 是通过钢板孔壁与铆钉的半圆柱表面之间的挤压传递到铆钉上去的。铆钉和钢板孔的半圆柱面间所发生的局部受压现象，称为**挤压**。挤压面上总压紧力称为**挤压力**，用 F_{bs}表示。由图 10－3 (c)可见

$$F_{bs}=F$$

挤压面上的压强称为**挤压应力**，用 σ_{bs}表示。连接件和被连接件相互挤压的接触面称为**挤压面**。挤压应力在挤压面上的分布较为复杂，挤压应力在圆孔和圆柱面上的分布大致如图 10－4 (b)所示。为了简便，计算时同样采用实用计算法，假设挤压应力在挤压面上均匀分布，即

$$\sigma_{bs}=\frac{F_{bs}}{A_{bs}} \tag{10-3}$$

其中 A_{bs}为**挤压面计算面积**，它一般与外力方向垂直。由式(10－3)求得的挤压应力也是**名义挤压应力**，并以此为**工作挤压应力**。

挤压面计算面积 A_{bs}的计算，要由接触面的情况而定。当为平面接触时(如键连接)，以接触面积为挤压面计算面积；当接触面是圆柱面的一部分时，则用接触面在挤压力垂直方向上的投影面作为挤压面计算面积，如图 10－4(a)所示。理论分析表明，对圆柱形接触面，挤压应力的分布情况如图 10－4 (b)所示，最大挤压应力发生于半圆柱接触面的中线上，其大小与按式(10－3)求得的大致相等，故挤压实用计算的强度条件为

$$\sigma_{bs}=\frac{F_{bs}}{A_{bs}}\leqslant[\sigma_{bs}] \tag{10-4}$$

材料的许用挤压应力$[\sigma_{bs}]$可从有关规范或手册中查得。对于钢材一般可取

$$[\sigma_{bs}]=(1.7\sim 2.0)[\sigma]$$

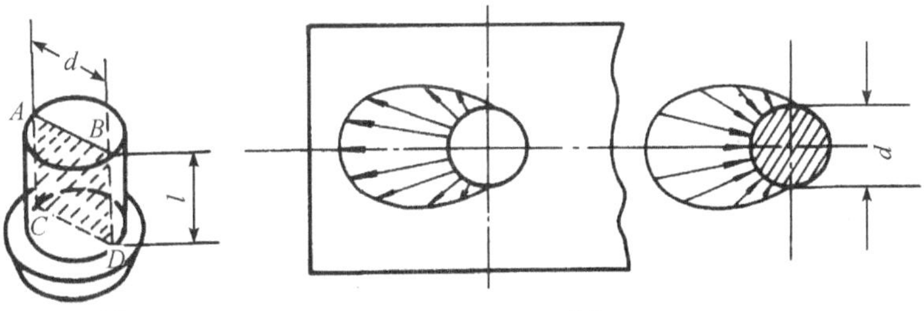

(a)　(b)

图 10－4

例 10－1　电瓶车牵引板与拖车挂钩间用插销连接，如图 10－5(a)所示。已知 $b=8$ mm，插销材料的许用应力$[\tau]=30$ MPa，$[\sigma_{bs}]=100$ MPa，牵引力 $F=15$ kN。试确定插销直径。

解　插销受力情况如图 10－5 (b)所示。由平衡条件可得

$$F_{bs}=\frac{F}{2}=7.5\ \text{kN}$$

(1)先按剪切强度条件设计插销直径

$$A\geqslant\frac{F_{bs}}{[\tau]}=\frac{7500\ \text{N}}{30\times10^{6}\ \text{Pa}}=250\ \text{mm}^{2}$$

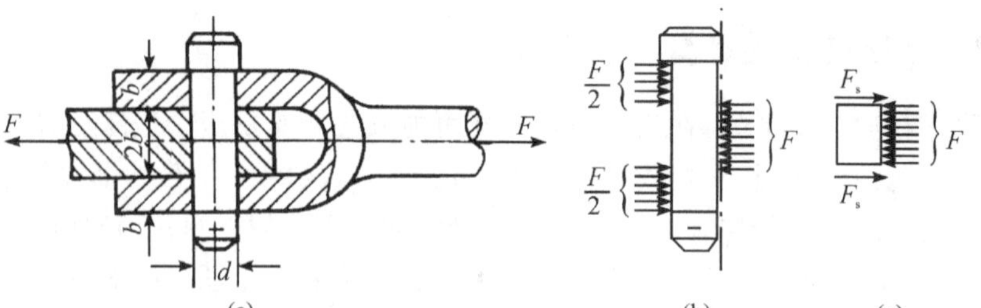

图 10－5

将 $A=\pi d^2/4$ 代入上式，得

$$d \geqslant 17.8\ \mathrm{mm}$$

(2)再由挤压强度条件进行校核

$$\sigma_{bs}=\frac{F_{bs}}{A_{bs}}=\frac{F}{2bd}=\frac{15000\ \mathrm{N}}{2\times 8\ \mathrm{mm}\times 17.8\ \mathrm{mm}\times 10^{-6}}=52.7\ \mathrm{MPa}<[\sigma_{bs}]$$

故挤压强度足够。查机械设计手册，采用 $d=20$ mm 的标准圆柱销。

此题也可分别按剪切和挤压的强度条件计算出插销直径，然后通过比较，取较大的值进行设计。

例 10－2　在厚度 $t=5$ mm 的钢板上，冲成直径 $d=18$ mm 的圆孔[图 10－6(a)]，钢板的极限切应力 $\tau^0=400$ MPa。试求冲床的冲压力 F。

解　钢板的剪切面面积等于圆孔侧面的面积[图 10－6(b)]，即 $A=\pi dt$。要在钢板上冲成圆孔，圆板侧面所受的切应力 τ 应达到钢板的极限切应力 τ^0，即

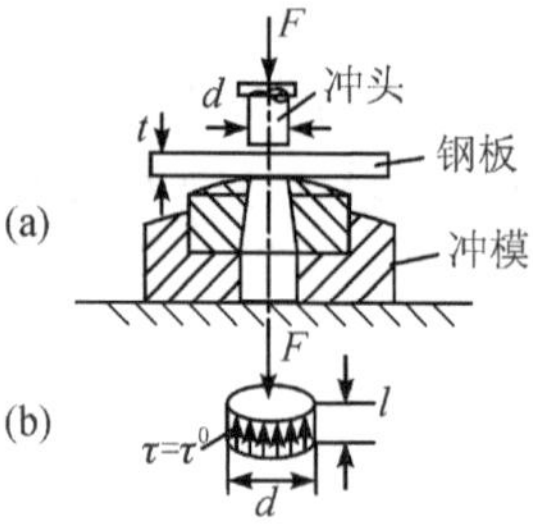

图 10－6

$$\tau=\frac{F_s}{A}=\frac{F}{A}=\tau^0$$

所以，冲床所需的冲压力为

$$F=\tau^0 A=\tau^0\pi dt=400\ \mathrm{MPa}\times\pi\times 18\ \mathrm{mm}\times 5\ \mathrm{mm}=113\ \mathrm{kN}$$

10.3　切应力互等定理

为了进一步分析受剪构件的受力和变形情况，在图 10－7(a)所示的构件中，围绕 A 点截取一个无限小的正六面体(称为**单元体**)，并将其放大[图 10－7(b)]。由上述讨论可知，在单元体的左、右两个面(构件的横截面)上的切应力应等值反向，用 τ 表示，方向与横截面上的剪力一致。为了保持单元体的平衡状态，上、下两面必定有切应力存在，根据 x 方向力的平衡，也应等值反向，用 τ' 表示。单元体的这种受力状态称为**纯剪切**。由单元体对 z 轴的合力矩为零，有

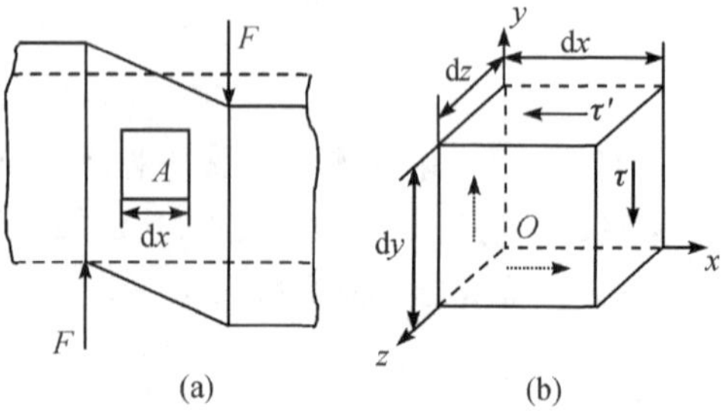

图 10－7

$$\tau\, \mathrm{d}y\mathrm{d}z \cdot \mathrm{d}x - \tau' \mathrm{d}x\mathrm{d}z \cdot \mathrm{d}y = 0$$

得

$$\tau = \tau' \qquad (10-5)$$

上式表明：在单元体互相垂直的截面上，垂直于截面交线的切应力必定成对存在，大小相等，方向则均指向或都背离此交线。该结论称为**切应力互等定理**。

思考题

思考 10－1　何谓剪切？受剪构件的受力和变形特点是什么？

思考 10－2　何谓挤压？挤压和杆件受轴向压缩变形有何区别？

思考 10－3　如何判别剪切面和挤压面？对于圆形截面的连接件，挤压面的计算面积如何计算？

思考 10－4　何谓剪切和挤压的实用计算？

思考 10－5　以图 10－1(d)为例，分析键有哪几种可能的破坏形式。

习　题

10－1　试指出图中各零件的剪切面、挤压面，并写出切应力和挤压应力的表达式。

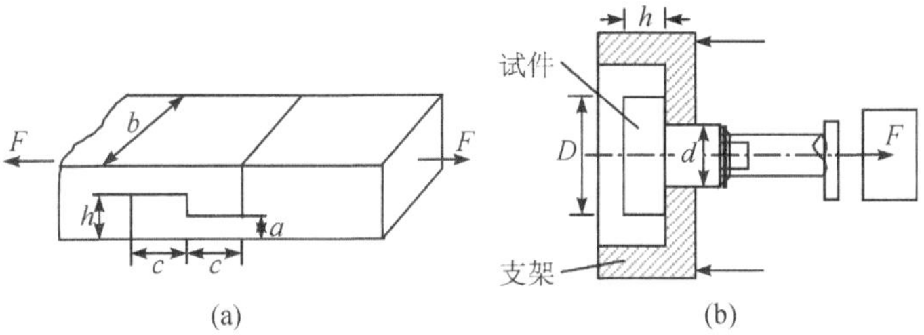

习题 10－1 图

10－2　螺栓连接如图所示，已知外力 $F = 200$ kN，厚度 $t = 20$ mm，板与螺栓的材料相同，其许用切应力$[\tau] = 80$ MPa，许用挤压应力$[\sigma_{bs}] = 200$ MPa。试设计螺栓的直径。

10－3　图示一螺栓受拉力 $F=40$ kN 作用，螺栓头的直径 $D = 32$ mm，$h = 12$ mm，螺栓杆的直径 $d = 20$ mm，许用切应力$[\tau] = 120$ MPa，许用挤压应力$[\sigma_{bs}] = 300$ MPa，$[\sigma] = 160$ MPa。试求：(1)剪切面和挤压面的面积；(2)校核螺栓的剪切、挤压和拉伸强度。

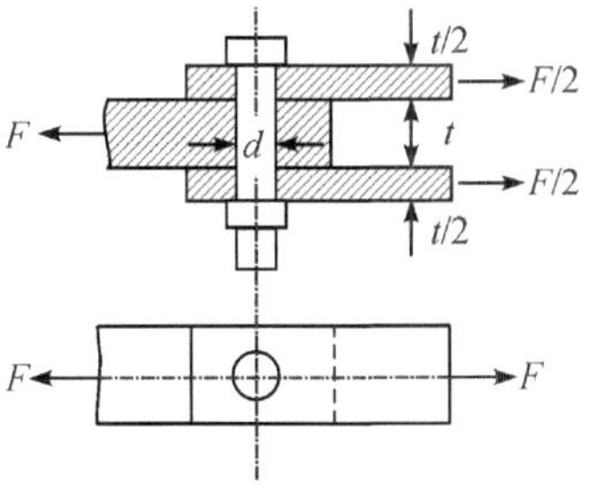

习题 10－2 图

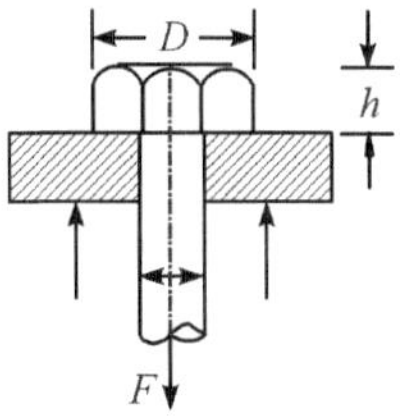

习题 10－3 图

10－4　两矩形截面木杆用两块钢板连接，如图所示，设截面的宽度 $b = 150$ mm，承受轴

向拉力 $F=60$ kN，木材的许用拉应力$[\sigma]=8$ MPa，许用切应力$[\tau]=1$ MPa，许用挤压应力$[\sigma_{bs}]=10$ MPa。试求：(1)剪切面、挤压面和拉断面的面积；(2)接头处所需的尺寸 δ、l 和 h。

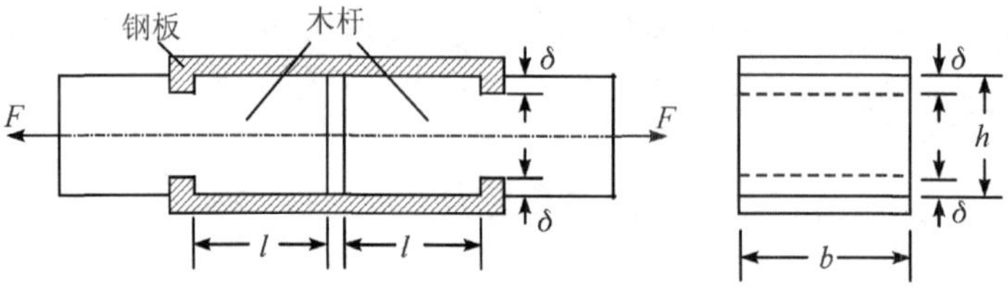

习题 10-4 图

10-5　图示直径为 30mm 的心轴上安装着一个手摇柄，两者用键 K 连接，键长 36 mm，截面是边长为 8 mm 的正方形，材料的许用切应力$[\tau]=56$ MPa，许用挤压应力$[\sigma_{bs}]=200$ MPa。若 $F=300$ N，试校核键的强度。

10-6　车床的传动光杆装有安全联轴器如图所示，当超过一定载荷时，安全销即被剪断。已知安全销的平均直径为 $d=6$ mm，材料的极限切应力 $\tau^0=370$ MPa。试求安全联轴器所能传递的最大力偶矩 M_0。

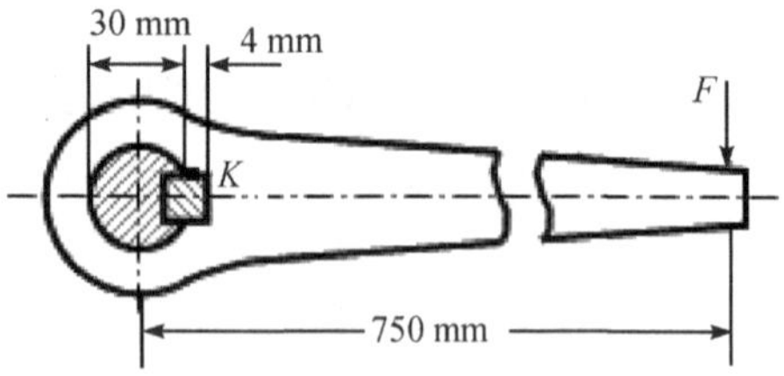

习题 10-5 图

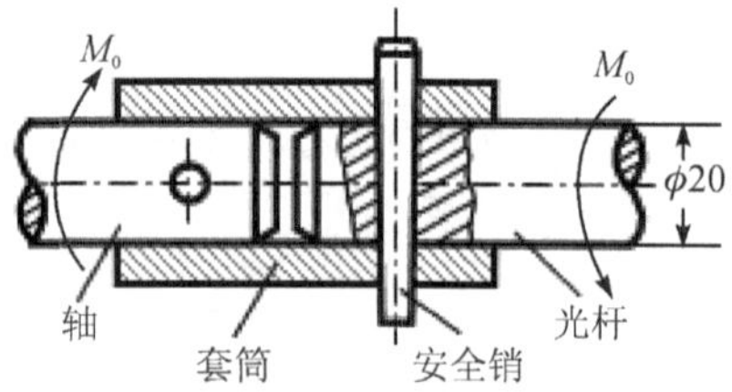

习题 10-6 图

10-7　在厚度 $t=5$ mm 的钢板上，冲成如图所示形状的孔，钢板的极限切应力 $\tau^0=320$ MPa。试求冲床的冲压力 F。

10-8　图示两块钢板用直径 $d=17$ mm 的铆钉搭接，钢板与铆钉材料相同。已知 $F=60$ kN，两板尺寸相同，厚度 $t=10$ mm，宽度 $b=60$ mm，许用拉应力$[\sigma]=160$ MPa，许用切应力$[\tau]=140$ MPa，许用挤压应力$[\sigma_{bs}]=280$ MPa。试校核该铆接件的强度(假定每个铆钉受力相等)。

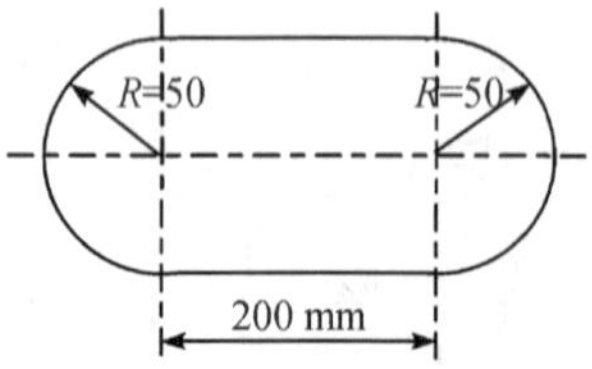

习题 10-7 图

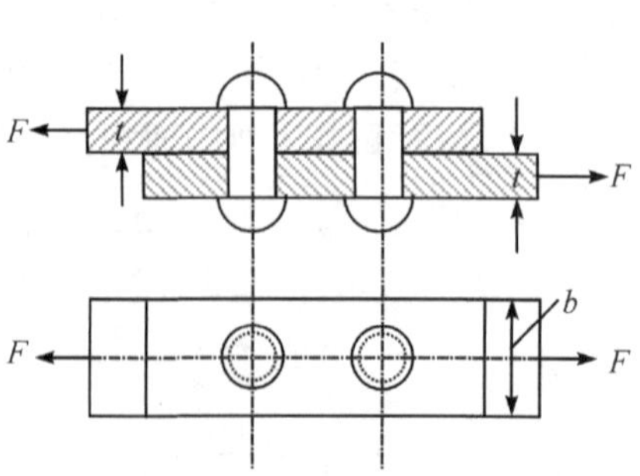

习题 10-8 图

第 11 章 扭 转

本章重点讨论圆轴受扭转变形时的强度和刚度计算。所得结论不适用于非圆截面轴。有一些杆件，如齿轮轴、汽轮机轴及车床主轴等，除承受扭转变形外，还有弯曲等变形，这类组合变形问题将在第 14 章中讨论。

11.1 圆轴扭转时的应力与强度条件

本节讨论等直圆轴受扭时横截面上的应力及其强度计算。与研究拉伸(压缩)时横截面上的应力相似，解决这一问题需从研究变形入手，并利用应力和应变间的关系及静力条件进行综合分析。

11.1.1 变形的几何关系

图 11-1(a)为一端固定的直圆轴，加载前，先在圆轴表面画上许多纵向线与圆周线。然后在外伸端施加力偶矩 M 使轴发生扭转变形，如图 11-1(b)所示。在变形微小的情况下可以观察到：

(1)各圆周线的形状、大小和间距均未改变，仅绕轴线相对地转了一个角度；

(2)各纵线则倾斜了同一微小角度 γ，变形前轴表面上由纵向线与圆周线所形成的矩形网格歪斜成平行四边形。

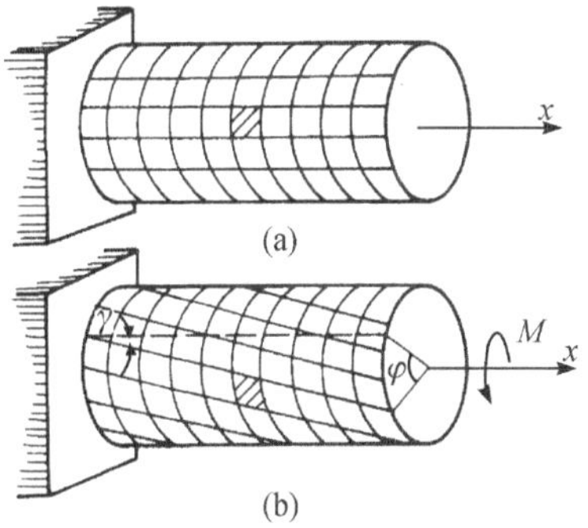

图 11-1

由此可得出如下结论：

(1)由于横截面的间距不变，线应变 $\varepsilon=0$，所以横截面上没有正应力；

(2)由于横截面像刚性平面一样绕轴线做相对转动，圆柱面上小矩形沿圆周方向发生相对错动，其直角产生了微小的改变，出现了切应变 γ。从而表明横截面上必有切应力 τ 存在。

圆轴扭转变形后，右端截面相对左端截面转过的角度 φ[图 11-1(b)]称为相对扭转角或简称**扭转角**。扭转角用弧度(rad)来度量。

现从长度为 $\mathrm{d}x$ 的轴段中切取一楔块 O_2O_1ABCD[图 11-2(a)]，则楔块变形后如图 11-2(b)中虚线所示：轴表层的矩形 $ABCD$ 变为平行四边形 $ABC'D'$，距轴线 ρ 处的矩形 $EFGH$ 变为平行四边形 $EFG'H'$。圆轴表面上任意点的直角改变量 γ 称为该点的**切应变**。由图 11-2(b)可得

$$\gamma \approx \tan\gamma = \frac{DD'}{AD} = \frac{R\mathrm{d}\varphi}{\mathrm{d}x}$$

轴内距轴线 ρ 处的切应变为

$$\gamma_\rho = \rho \frac{d\varphi}{dx} \tag{11-1}$$

其中，$\frac{d\varphi}{dx}$ 代表扭转角沿杆轴线的变化率，用 θ 表示，单位为 rad/m。对于给定横截面，$\theta = \frac{d\varphi}{dx}$ 为一常数。上式表明：横截面上任意点的切应变 γ_ρ 与该点到圆心的距离成正比。

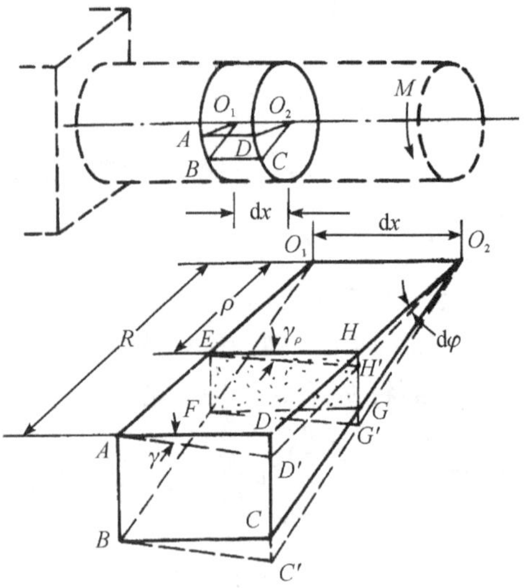

图 11-2

11.1.2　应力与应变间的关系

实验表明，大多数工程材料在纯剪状态下，当切应力不超过材料的剪切比例极限时，切应力与切应变成线性关系，即

$$\tau = G\gamma \tag{11-2}$$

其中，G 为表征材料剪切弹性变形能力的材料常量，称为**切变模量**，它的单位与切应力单位相同，即 Pa。式(11-2)称为**剪切胡克定律**。实验与理论均可证明，对于各向同性材料，反映材料弹性性能的三个材料常数 E、G 和 μ 之间存在着如下关系：

$$G = \frac{E}{2(1+\mu)} \tag{11-3}$$

常用材料的弹性常数见第 9 章表 9-3。

根据胡克定律，由式(11-1)、式(11-2)可得

$$\tau_\rho = G\gamma_\rho = G \cdot \rho \frac{d\varphi}{dx} = G\rho\theta \tag{11-4}$$

表明横截面上的切应力与该点到轴线的距离成正比。因切应变 γ_ρ 发生在垂直于半径的平面内，故切应力方向垂直于半径(图 11-3)。

由于 $d\varphi/dx$ 尚未求出，因此还无法通过式(11-4)定量求得切应力的大小，还需结合静力关系作进一步的研究。

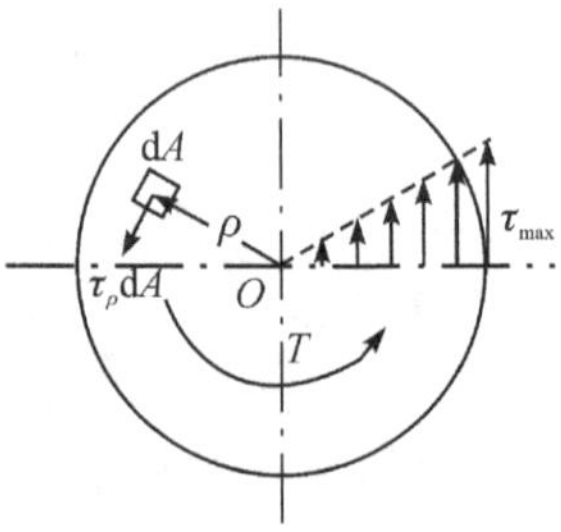

图 11-3

11.1.3　静力关系

如图 11-3 所示，在横截面上距圆心 ρ 处取微面积 dA，其上内力 $\tau_\rho dA$，该力对圆心的微力矩为 $(\tau_\rho dA)\rho$，于是整个横截面上的微力矩之和与扭矩 T 应满足如下静力关系

$$T = \int_A \rho \cdot \tau_\rho dA$$

其中 A 为横截面面积。将式(11-4)代入上式，得

$$T = G\theta \int_A \rho^2 dA \tag{11-5}$$

积分 $\int_A \rho^2 dA$ 体现了截面的一种几何性质，仅与横截面尺寸有关，称为该截面的**极惯性矩**，用 I_P 表示，即

$$I_p = \int_A \rho^2 \mathrm{d}A \tag{11-6}$$

代入式(11 - 5),可得

$$\theta = \frac{\mathrm{d}\varphi}{\mathrm{d}x} = \frac{T}{GI_p} \tag{11-7}$$

将式(11 - 7)代入式(11 - 4),便可得到横截面上的切应力计算公式

$$\tau_\rho = \frac{T\rho}{I_p} \tag{11-8}$$

可见,横截面上各点的切应力与该截面上的扭矩成正比,与极惯性矩成反比,与该点到截面圆心的距离成正比。当 ρ 达到最大值 R 时,切应力为最大切应力 τ_{max},即

$$\tau_{max} = \frac{TR}{I_p} = \frac{T}{W_p} \tag{11-9}$$

其中 W_p 称为**抗扭截面系数**,且

$$W_p = \frac{I_p}{R} \tag{11-10}$$

11.1.4　I_p 与 W_p 的计算

根据式(11 - 6)和式(11 - 10),取厚度为 $\mathrm{d}\rho$ 的圆环作微面积 $\mathrm{d}A$ [图 11 - 4(a)],即 $\mathrm{d}A = 2\pi\rho \cdot \mathrm{d}\rho$,从而得圆截面的极惯性矩为

$$I_p = \int_A \rho^2 \mathrm{d}A = \int_0^{\frac{D}{2}} \rho^2 \cdot 2\pi\rho \cdot \mathrm{d}\rho = \frac{\pi D^4}{32}$$

由此可得圆截面的抗扭截面系数

$$W_p = \frac{I_p}{R} = \frac{\pi D^3}{16}$$

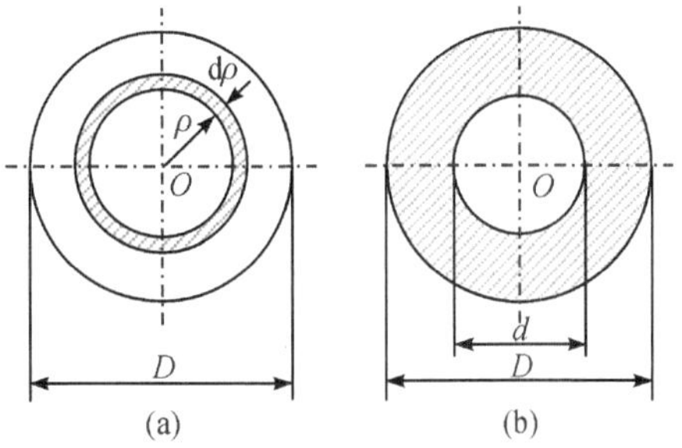

图 11 - 4

对于空心圆轴[图 11 - 4(b)],设内、外径分别为 d 和 D,其比值 $\alpha = d/D$,可得

$$I_p = \int_A \rho^2 \mathrm{d}A = \int_{\frac{d}{2}}^{\frac{D}{2}} \pi\rho^3 \cdot \mathrm{d}\rho = \frac{\pi D^4}{32}(1 - \alpha^4)$$

抗扭截面系数则为

$$W_p = \frac{I_p}{R} = \frac{I_p}{D/2} = \frac{\pi D^3}{16}(1 - \alpha^4)$$

I_p 的量级是长度的四次方,单位是 m^4 或 mm^4;W_p 的量级是长度的三次方,单位是 m^3 或 mm^3。

11.1.5　强度条件

为了保证扭转时的强度,必须使最大切应力不超过许用切应力[τ]。在等直圆轴的情况下,τ_{max} 发生在 $|T|_{max}$ 所在截面的周边各点处,其强度条件为

$$\tau_{max} = \frac{|T|_{max}}{W_p} \leqslant [\tau] \tag{11-11}$$

在阶梯轴的情况下,因为各段的 W_p 不同,τ_{max} 不一定发生在 $|T|_{max}$ 所在截面上,必须综合考虑

W_p及 T 两个因素来确定，其强度条件为

$$\tau_{max}=\left(\frac{T}{W_p}\right)_{max}\leqslant[\tau] \tag{11-12}$$

其中，$[\tau]$为材料的许用切应力，其值可通过试验并考虑安全系数后确定，在静载荷的情况下，它与许用正应力$[\sigma]$的大致关系如下

对于塑性材料 $[\tau]=(0.5\sim0.6)[\sigma]$

对于脆性材料 $[\tau]=(0.8\sim1.0)[\sigma]$

例 11－1 汽车传动轴 AB 如图 11－5 所示。外径$D=90$ mm，壁厚 $t=2.5$ mm，使用时的最大转矩为$M_0=1.5$ kN·m，许用切应力$[\tau]=60$ MPa。

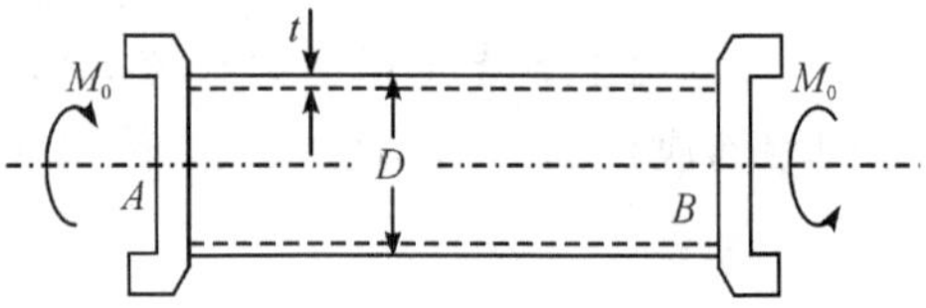

图 11－5

(1)校核 AB 轴的强度；

(2)若改为实心轴，且要求它与空心轴的最大切应力相同，试确定实心轴直径 D_1；

(3)求实心轴与空心轴的重量比。

解 (1)强度校核。依题意有

$$\alpha=\frac{d}{D}=\frac{D-2t}{D}=\frac{90\ \text{mm}-2\times2.5\ \text{mm}}{90\ \text{mm}}=0.944$$

由式(11－9)得空心轴最大切应力为

$$\tau_{max}=\frac{T}{W_p}=\frac{16M_0}{\pi D^3(1-\alpha^4)}=\frac{16\times1.5\times10^3}{\pi\times90^3\times10^{-9}\times(1-0.944^4)}=50.9\ \text{MPa}\leqslant[\tau]$$

所以，空心轴强度足够。

(2)设计实心轴直径 D_1。依题意，实心轴最大切应力 $\tau_{1max}=\tau_{max}$，由此得

$$\tau_{1max}=\frac{T}{W_{p1}}=\frac{16M_0}{\pi D_1^3}=\tau_{max}=\frac{16M_0}{\pi D^3(1-\alpha^4)}$$

所以 $$D_1^3=D^3(1-\alpha^4)$$

$$D_1=D\sqrt[3]{1-\alpha^4}=90\times\sqrt[3]{1-0.944^4}=53.1\ \text{mm}$$

(3)求两轴的重量比。由于两轴材料和长度相同，所以重量比即为截面面积比，则

$$\frac{A_{实心}}{A_{空心}}=\frac{\pi D_1^2/4}{\pi D^2(1-\alpha^2)/4}=\frac{D_1^2}{D^2(1-\alpha^2)}=\frac{53.1^2\ \text{mm}^2}{90^2\ \text{mm}^2\times(1-0.944^2)}=3.2$$

讨论 由计算结果可知，在承载能力相同的条件下，采用空心轴较经济。这可以从扭转理论得到解释：由切应力的分布规律(图 11－3)可知，实心轴中心部分切应力很小，其材料没有充分发挥作用，如将它移到外层，则可做到物尽其用，这就是工程中往往采用空心轴的原因。

例 11－2 一阶梯轴的计算简图如图 11－6(a)所示，已知许用切应力$[\tau]=60$ MPa，求许可的最大外力偶矩 M_0。已知 $D_1=22$ mm，$D_2=18$ mm。

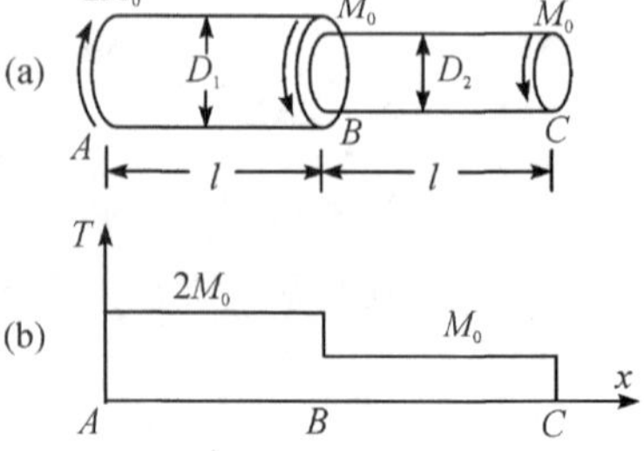

图 11－6

解 (1)作扭矩图如图 11－6(b)所示，虽然 BC 段扭矩比 AB 段小，但其直径也比 AB 段小，因此两段轴的强度都必须考虑。

(2)确定许可载荷。由 AB 段的强度条件

$$\tau_{1\max}=\frac{T_1}{W_{p1}}=\frac{2M_0}{\frac{\pi D_1^3}{16}}\leqslant[\tau]$$

得

$$M_0\leqslant[\tau]\cdot\frac{\pi D_1^3}{32}=60\times10^6\ \text{Pa}\times\frac{\pi\times(22\times10^{-3}\ \text{m})^3}{32}=62.7\ \text{N}\cdot\text{m}$$

由 BC 段的强度条件

$$|\tau|_{2\max}=\frac{|T_2|}{W_{p2}}=\frac{M_0}{\frac{\pi D_2^3}{16}}\leqslant[\tau]$$

得

$$M_0\leqslant[\tau]\cdot\frac{\pi D_2^3}{16}=60\times10^6\ \text{Pa}\times\frac{\pi\times(18\times10^{-3}\ \text{m})^3}{16}=68.7\ \text{N}\cdot\text{m}$$

故许可的最大外力偶矩为 $M_0=62.7\ \text{N}\cdot\text{m}$

11.2 圆轴扭转时的变形与刚度条件

11.2.1 圆轴的扭转变形

轴的扭转变形用扭转角 φ 进行度量。由式(11-7)可求得长为 l 的圆轴扭转角计算公式

$$\varphi=\int_0^{\varphi}\mathrm{d}\varphi=\int_0^{l}\frac{T}{GI_p}\mathrm{d}x$$

对于用同一材料制成的等截面圆轴，若只在两端受外力偶作用，由于 T、G、I_p 均为常数，于是上式求积分得

$$\varphi=\frac{T}{GI_p}l \tag{11-13}$$

可见，扭转角 φ 的大小与扭矩 T 和长度 l 成正比，与乘积 GI_p 成反比。在 T 和 l 为定值时，GI_p 愈大，φ 就愈小。所以乘积 GI_p 反映了圆轴抵抗扭转变形的能力，被称为截面的**抗扭刚度**。对于阶梯圆轴，或扭矩分段变化的情况，则应先分段计算扭转角，再求其代数和。

顺便指出，非圆横截面杆的扭转与圆轴有明显差异。如图 11-7(a)所示的矩形截面杆受扭后的变形情况如图 11-7(b)所示，此时横截面产生了明显的翘曲。由试验及弹性力学的推证知，矩形截面直杆扭转时的应力分布如图 11-7 (c)所示。因而，圆轴扭转时的应力与变形公式不再适用于非圆截面杆。

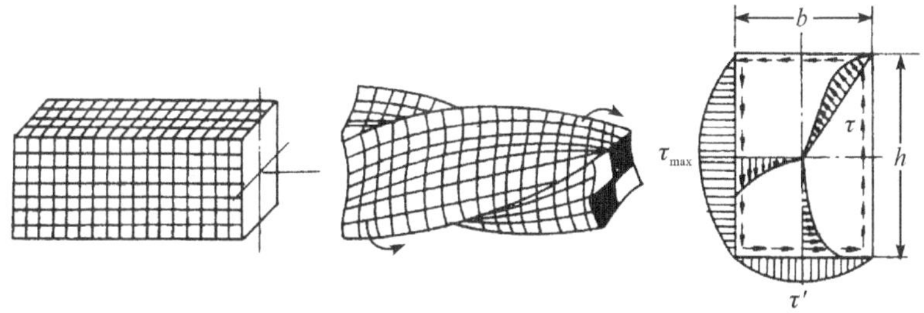

(a) (b) (c)

图 11-7

11.2.2 圆轴扭转时的刚度条件

工程上，通常用**单位长度的扭转角** Φ 来度量圆轴扭转变形的严重程度，为了防止因过大的扭转变形而影响机器的正常工作，必须对某些圆轴的单位长度扭转角 Φ 加以限制，使其不超过某一规定的许用值$[\Phi]$，即刚度条件为

$$\Phi = \frac{\varphi}{l} = \frac{T}{GI_p} \leqslant [\Phi] \quad (\text{rad/m}) \tag{11-14}$$

或

$$\Phi = \frac{T}{GI_p} \times \frac{180}{\pi} \leqslant [\Phi] \quad (°/\text{m}) \tag{11-15}$$

其中，$[\Phi]$为**单位长度许用扭转角**，是根据载荷性质及圆轴的使用要求来规定的。精密机器轴的$[\Phi]$常取 0.25°/m～0.5°/m，一般传动轴则可取 2°/m 左右，具体数值可查有关机械设计手册。

例 11-3 如已知材料的切变模量 $G = 80$ GPa，$l = 1$ m，试计算例 11-2 中阶梯轴在许可外力偶作用下，AC 两端的相对扭转角。

解：因为扭矩和 I_p 沿轴线变化，因此扭转角需分段计算，再求其代数和，由式(11-13)得

$$\varphi_{CA} = \varphi_{BA} + \varphi_{CB} = \frac{T_1 l}{GI_{p1}} + \frac{T_2 l}{GI_{p2}}$$

将 $T_1 = 2M_0 = 2\times 62.7$ N·m，$T_2 = M_0 = 62.7$ N·m，$I_p = \pi D^4/32$ 代入上式得

$$\varphi_{CA} = \frac{2\times 62.7\times 1}{80\times 10^9 \times \dfrac{\pi(22\times 10^{-3})^4}{32}} + \frac{62.7\times 1}{80\times 10^9\times \dfrac{\pi(18\times 10^{-3})^4}{32}}$$

$$= 0.0682 + 0.0761 = 0.1443 \text{ rad}(\text{转向与扭矩方向一致})$$

例 11-4 一钢制的电动机转轴，直径 $d = 40$ mm，传递功率为 30 kW，转速 $n = 1400$ r/min。轴的许用切应力$[\tau] = 40$ MPa，$[\Phi] = 2°/\text{m}$，材料的切变模量 $G = 80$ GPa，试校核轴的强度和刚度。

解 (1)计算外力偶矩和扭矩。

外力偶矩 $$M = 9550\frac{P}{n} = 9550\times\frac{30}{1400} = 0.205 \text{ kN·m}$$

扭矩 $$T = M = 0.205 \text{ kN·m}$$

(2)强度校核。

$$W_p = \frac{\pi d^3}{16} = \frac{\pi}{16}\times 40^3 = 1.256\times 10^4 \text{ mm}^3$$

$$\tau_{max} = \frac{T}{W_p} = \frac{0.205\times 10^6}{1.256\times 10^4} = 16.32 \text{ MPa} < [\tau] = 40 \text{ MPa}$$

故传动轴满足强度条件。

(3)刚度校核。

$$I_p = \frac{\pi d^4}{32} = \frac{\pi}{32}\times 40^4 = 2.51\times 10^5 \text{ mm}^4$$

$$\Phi = \frac{T}{GI_p}\times\frac{180}{\pi} = \frac{0.205\times 10^6}{80\times 10^3\times 2.51\times 10^5}\times\frac{180}{\pi}$$

$$= 0.058\times 10^{-2}\,°/\text{mm} = 0.58°/\text{m} < 2°/\text{m}$$

故传动轴也满足刚度条件。

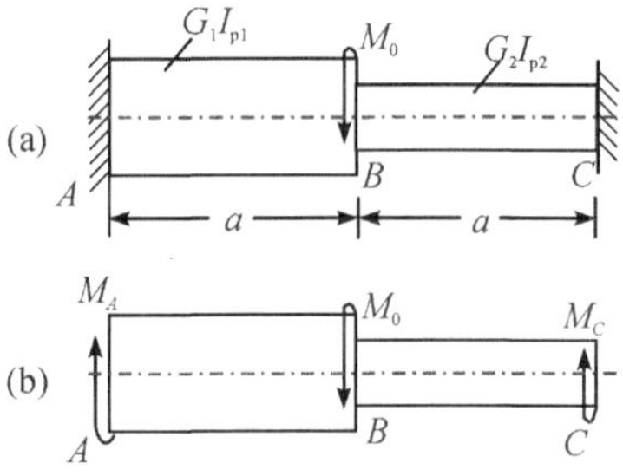

图 11-8

* **例 11-5**　两端固定的阶梯圆杆[图 11-8(a)],在 B 处受一力偶矩 M_0 作用,求支反力偶矩。

解　(1)静力平衡条件。设 A、B 两端的支反力偶矩分别为 M_A 和 M_C[图 11-8(b)],则杆的平衡方程为

$$\sum M_x = 0,\quad M_A + M_C - M_0 = 0 \qquad (11-16)$$

一个方程、两个未知量,属于一次超静定问题,需要建立一个补充方程。

(2)变形几何条件。由杆两端的约束条件可知,A 和 C 处截面的相对扭转角 φ_{AC} 为零,故变形协调方程为

$$\varphi_{AC} = \varphi_{AB} + \varphi_{BC} = 0 \qquad (11-17)$$

(3)物理条件。杆左右两端扭矩分别为 $T_1 = M_A$,$T_2 = -M_C$,由式(11-13)得

$$\varphi_{AB} = \frac{T_1 a}{G_1 I_{p1}} = \frac{M_A a}{G_1 I_{p1}},\qquad \varphi_{BC} = \frac{T_2 a}{G_2 I_{p2}} = -\frac{M_C a}{G_2 I_{p2}} \qquad (11-18)$$

(4)补充方程。将式(11-18)代入式(11-17),得补充方程

$$\frac{M_A a}{G_1 I_{p1}} - \frac{M_C a}{G_2 I_{p2}} = 0 \qquad (11-19)$$

联立求解式(11-16)和式(11-19)得

$$M_A = \frac{G_1 I_{p1}}{G_1 I_{p1} + G_2 I_{p2}} M_0,\qquad M_C = \frac{G_2 I_{p2}}{G_1 I_{p1} + G_2 I_{p2}} M_0$$

由上述结果可知,扭转超静定杆件的扭矩与杆的刚度比有关,刚度 GI_p 愈大,分配的扭矩愈大。

思考题

思考 11-1　两根直径和长度相同而材料不同的圆轴,承受相同扭矩时,它们的最大切应力和扭转角是否相同?为什么?

思考 11-2　图示空心圆轴承受扭转变形,试指出图示沿半径 OAB 的六种切应力分布哪一个是正确的,并定性说明理由。

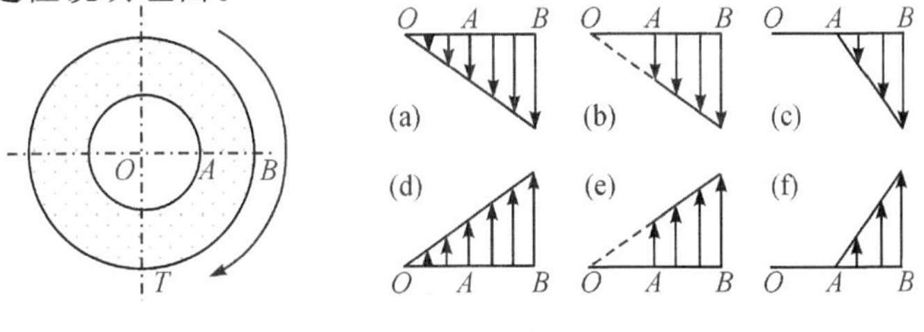

思考 11-2 图

习　题

11-1　图示传动轴转速 $n=100$ r/min，B 为主动轮，输入功率 100 kW，A、C、D 为从动轮，输出功率分别为 50 kW、30 kW 和 20 kW。(1)试画出轴的扭矩图；(2)若$[\tau]=60$ MPa，试设计轴的直径 d；(3)若将 A、B 轮位置互换，试分析轴的受力是否合理。

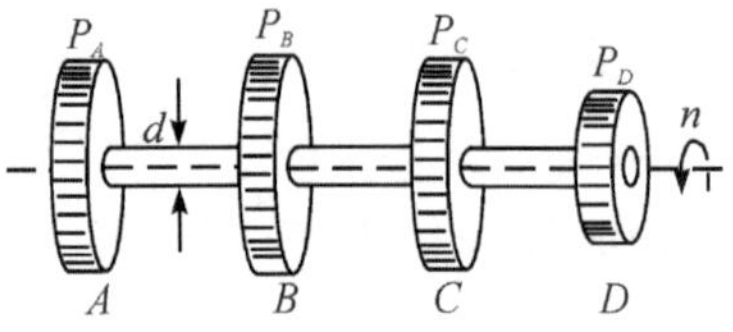

习题 11-1 图

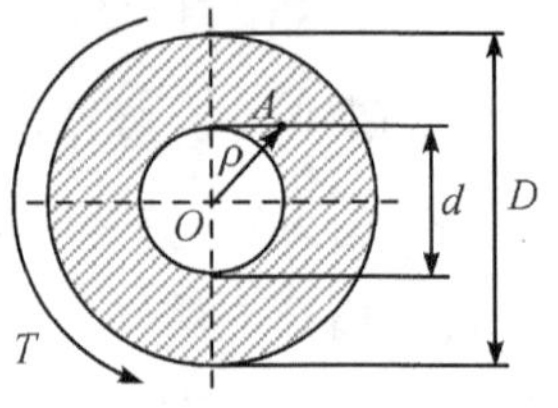

习题 11-2 图

11-2　图示空心圆轴外径 $D=10$ cm，内径 $d=8$ cm，扭矩 $T=6$ kN·m，$G=80$ GPa，试求：

(1)横截面上 A 点($\rho=45$ mm)的切应力和切应变；

(2)横截面上最大和最小的切应力；

(3)画出横截面上切应力沿直径的分布图。

11-3　截面为空心和实心的两根受扭圆轴，材料、长度和受力情况均相同，空心轴外径为 D，内径为 d，且 $d/D=0.8$。试求当两轴具有相同强度($\tau_{实\max}=\tau_{空\max}$)时，实心轴与空心轴的重量比。

11-4　实心轴和空心轴通过牙嵌式离合器连接在一起。已知轴的转速 $n=98$ r/min，传递功率 $P=7.35$ kW，材料的许用切应力$[\tau]=40$ MPa。试选择实心轴直径 d_1 及内外径比值为 1/2 的空心轴的外径 D_2。

习题 11-4 图

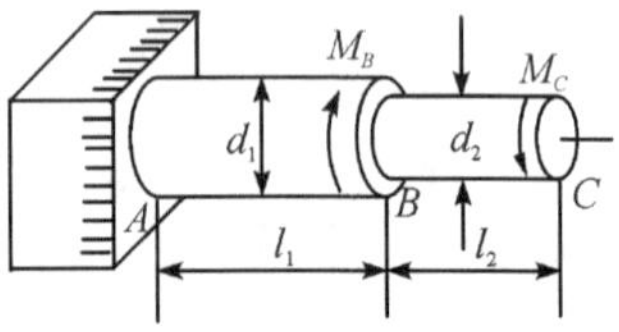

习题 11-5 图

11-5　图示阶梯形圆杆受扭转，已知 $M_B=1.8$ kN·m，$M_C=1.2$ kN·m，$l_1=750$ mm，$l_2=500$ mm，$d_1=75$ mm，$d_2=50$ mm，$G=80$ GPa。求 C 截面对 A 截面的相对扭转角和轴的最大单位长度扭转角 $\Phi_{\max}$。

11-6　一钢轴直径 $d=50$ mm，转速 $n=120$ r/min，若轴的最大切应力等于 60 MPa，问此时该轴传递的功率是多少 kW？当转速提高一倍，其余条件不变时，轴的最大切应力为多少？

11-7　一空心圆轴，外径 $D=50$ mm，内径 $d=25$ mm，受扭转力偶矩 $T=1$ kN·m 作用时，测出相距 2 m 的两个横截面的相对扭转角 $\varphi=2.5°$。

(1)试求材料的切变模量 G；

(2)若外径 $D=100$ mm，其余条件不变，则相对扭转角是否为 $\varphi/16$？为什么？

11-8　阶梯轴直径分别为 $d_1=40$ mm，$d_2=70$ mm，轴上装有三个轮盘如图所示，从轮 B

输入功率 $P_B=30\ \mathrm{kW}$，轮 A 输出功率 $P_A=13\ \mathrm{kW}$，轴做匀速转动，转速 $n=200\ \mathrm{r/min}$，$[\tau]=60\mathrm{MPa}$，$G=80\ \mathrm{GPa}$，单位长度许用扭转角$[\Phi]=2°/\mathrm{m}$，试校核轴的强度与刚度。

*11－9　一阶梯形圆截面杆，两端固定后，在 C 处受一扭转力偶矩 M_0。已知 M_0、GI_p及 a。试求支反力偶矩 M_A和 M_B。

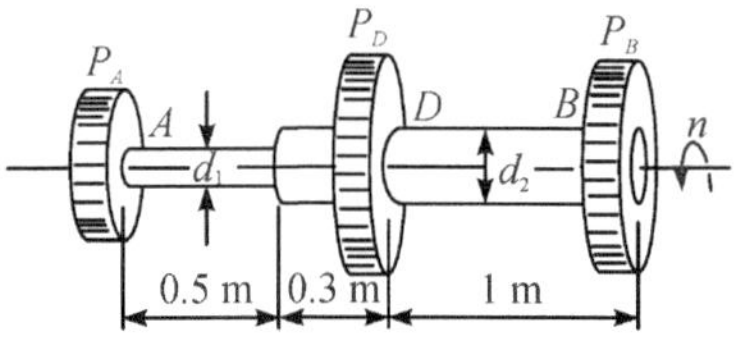

习题 11－8 图

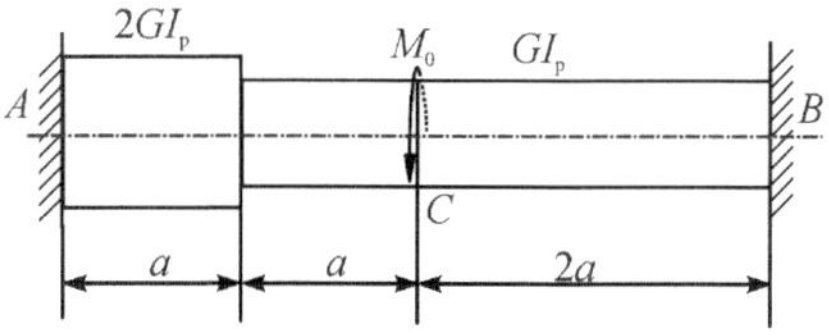

习题 11－9 图

第 12 章　弯曲梁的强度计算

本章着重讨论平面弯曲条件下，梁的应力在横截面上的分布规律，建立应力计算公式并进行梁的强度计算。

12.1　剪切弯曲和纯弯曲的概念

图 12-1(a)所示的矩形截面简支梁，外力为垂直于轴线的横向力，其作用面与梁的纵向对称平面重合；梁的计算简图、剪力图和弯矩图分别如图 12-1(b)、(c)和(d)所示。在 AC 和 BD 段内，各横截面上既有弯矩又有剪力，同时发生弯曲变形和剪切变形，这种弯曲称为**剪切弯曲**。在 CD 段内只有弯矩而无剪力，只发生弯曲变形，这种弯曲称为**纯弯曲**。由静力关系可知，弯矩 M 是横截面上法向分布内力组成的合力偶矩，而剪力 F_s 则是横截面上切向分布内力组成的合力。因此，梁在剪切弯曲时，横截面上一般既有正应力又有切应力。为了方便起见，本章先研究梁在纯弯曲下的正应力，然后再研究剪切弯曲下的正应力和切应力。

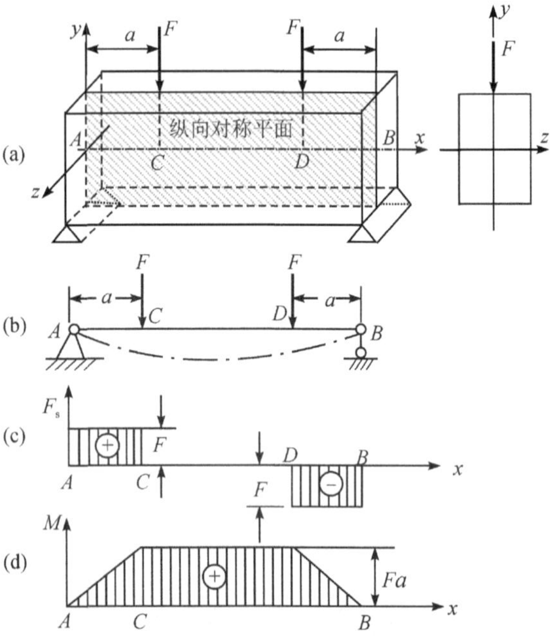

图 12-1

12.2　纯弯曲时梁横截面上的正应力

为了便于分析弯曲梁各横截面上的正应力，本节先取纯弯曲情况进行讨论。类似于对扭转轴的切应力公式的推导，这里也将从变形的几何关系、物理关系和静力关系等三个方面来考虑。

12.2.1　纯弯曲的变形规律

观察图 12-2(a)所示的矩形截面等直梁的变形情况，加载前在其表面上分别画上与梁轴线相垂直的横线 $m—m$ 和 $n—n$，以及与梁轴线平行的纵线 $a—a$ 和 $b—b$，前者代表梁的横截面，后者代表梁的纵向纤维。然后在梁的两端加一对大小相等、转向相反，且同作用在梁的纵向对称面内的外力偶矩 M[图 12-2(b)]。

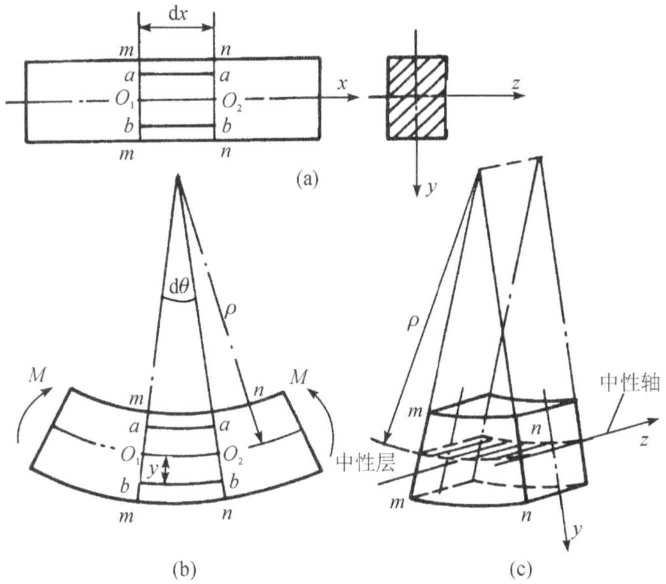

图 12 - 2

可以观察到以下主要现象：

(1)纵线 a—a 和 b—b 变成弧线，且靠近顶面的纵线 a—a 缩短，而靠近底面的纵线 b—b 伸长；

(2)横线 m—m 和 n—n 仍保持为直线，但彼此相对转动了微角 $\mathrm{d}\theta$，且仍然与弯曲后的纵线 a—a 和 b—b 正交。

根据上述观察到的梁表面变形现象，可对梁的内部变形情况作如下假设：

(1)所有横截面在梁变形后仍保持为平面，但相互之间有相对转动，且这种转动后的横截面仍垂直于变形后梁的轴线，这一假设称为平面截面假设；

(2)梁的所有与轴线平行的各纵向纤维间互不挤压，其变形为轴向拉伸或压缩，这一假设称为单向受力假设。

根据上述假设，把梁看成是由无数纵向纤维所组成，靠近梁底部的各层伸长，靠近顶部的各层缩短。由于材料是连续的，所以中间必有一层既不伸长也不缩短。这一层称为中性层。中性层与横截面的交线称为中性轴[图 12 - 2(c)]。梁在变形时，横截面绕中性轴转动。

12.2.2　正应力计算公式

1. 变形几何关系

取相距 $\mathrm{d}x$ 的两横截面 m—m 和 n—n 间的微段[图 12 - 2(b)]。以横截面的铅垂对称轴为 y 轴，中性轴为 z 轴[图 12 - 2(c)]。若变形后两横截面间的相对转角为 $\mathrm{d}\theta$，中性层的曲率半径为 ρ，则距中性层为 y 的任一纵向纤维段 b—b，由原长 $\mathrm{d}x=\rho\mathrm{d}\theta$ 变为 $(\rho+y)\mathrm{d}\theta$，因此该纤维段的纵向线应变为

$$\varepsilon=\frac{(\rho+y)\mathrm{d}\theta-\rho\mathrm{d}\theta}{\rho\mathrm{d}\theta}=\frac{y}{\rho} \tag{12-1}$$

上式说明梁内任一层的线应变 ε 与该层到中性层的距离 y 成正比，与中性层的曲率半径 ρ 成

反比。

2. 物理关系

因梁的各纵向纤维的变形都是轴向拉伸或压缩，当正应力没有超过材料的比例极限时，则可应用胡克定律并由式(12－1)得

$$\sigma = E\varepsilon = E\frac{y}{\rho} \tag{12-2}$$

这表明，横截面上的正应力与该点到中性轴的距离成正比(图 12－3)。显然，中性轴上各点的正应力为零，离中性轴愈远，该点正应力的绝对值愈大。

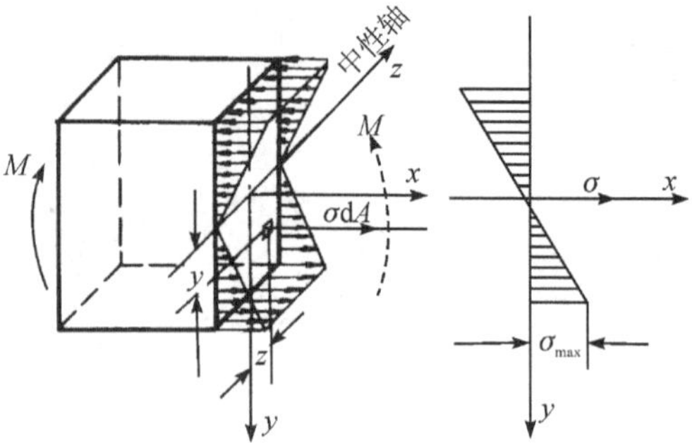

图 12－3

式(12－2)虽已反映了正应力的变化规律，但中性轴的位置及曲率半径尚未确定，故还不能直接用于计算各点的正应力，需通过静力关系来解决。

3. 静力关系

在横截面上取微面积 dA，作用于 dA 上的微内力为 $\sigma\,dA$(图 12－3)。横截面上所有微内力都与 x 轴平行，从而构成一空间的平行力系。由于纯弯曲梁的横截面上没有轴力，只有弯矩 M，因此，根据应力与内力的静力关系，有

$$F_N = \int_A \sigma dA = 0 \tag{12-3}$$

$$M = \int_A (\sigma dA)y = \int_A \sigma y dA \tag{12-4}$$

将式(12－2)代入式(12－3)得

$$\frac{E}{\rho}\int_A y dA = 0 \tag{12-5}$$

其中定积分 $\int_A y dA$ 是整个横截面面积对中性轴 z 的**静矩**。因 $\frac{E}{\rho} \neq 0$，故静矩必为零，即中性轴过截面形心。从而中性轴的位置确定。

将式(12－2)代入式(12－4)，得

$$\frac{E}{\rho}\int_A y^2 dA = \frac{E}{\rho}I_z = M \tag{12-6}$$

式中

$$I_z = \int_A y^2 dA \tag{12-7}$$

可见 I_z是一个仅与截面的形状和大小有关的几何量，称为横截面对中性轴 z 的轴**惯性矩**，单位为 m^4。由式(12－6)可得中性层的曲率

$$\frac{1}{\rho} = \frac{M}{EI_z} \tag{12-8}$$

上式是研究梁弯曲变形的一个基本公式。它表明曲率 $\frac{1}{\rho}$ 与弯矩 M 成正比，与乘积 EI_z成反比。故 EI_z 称为梁的**抗弯刚度**，其数值表示梁抵抗弯曲变形能力的大小。

将式(12－8)代入式(12－2)，得

$$\sigma = \frac{My}{I_z} \tag{12-9}$$

式(12－9)即为纯弯曲梁横截面上任意一点的正应力计算公式。在应用该公式时，M 和 y 均以绝对值代入，至于所求点的正应力为拉应力还是压应力，可根据梁的具体变形情况判断确定。

由式(12－9)可知，横截面上的最大正应力发生在梁的上、下边缘各点处，即

$$\sigma_{\max} = \frac{My_{\max}}{I_z} = \frac{M}{W} \tag{12-10}$$

式中

$$W = I_z / y_{\max} \tag{12-11}$$

称为**抗弯截面系数**，其单位为 m^3。与截面的惯性矩 I_z 同为衡量截面抗弯能力的几何参数，可用积分法或有关定理计算求得。工程中常用截面的惯性矩与抗弯截面系数见表 12－1。

表 12－1　常用截面的惯性矩与抗弯截面系数

截面图形	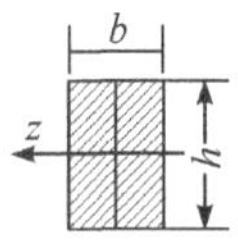	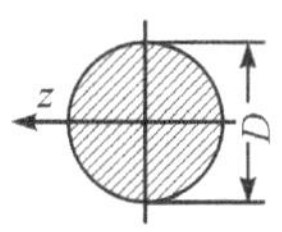	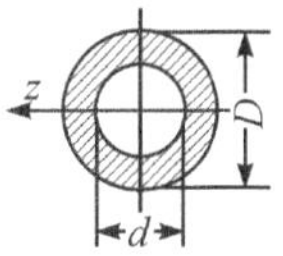	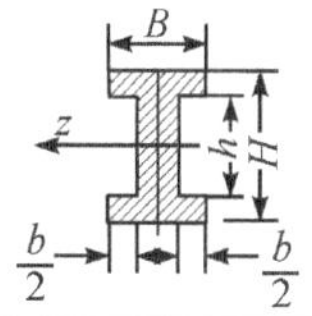	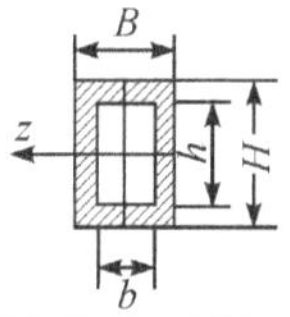
惯性矩 I_z	$\frac{bh^3}{12}$	$\frac{\pi D^4}{64}$	$\frac{\pi}{64}(D^4-d^4)$	$\frac{BH^3-bh^3}{12}$	
抗弯截面系数 W	$\frac{bh^2}{6}$	$\frac{\pi D^3}{32}$	$\frac{\pi(D^4-d^4)}{32D}$	$\frac{BH^3-bh^3}{6H}$	

12.2.3　正应力公式的应用条件及讨论

推导公式(12－9)时，用到了胡克定律，而且截面上各点处的弹性模量均取同一数值，因此这些公式只适用于线弹性材料，且拉伸与压缩弹性模量相等的情况。

式(12－9)是在等直梁受纯弯曲条件下导出的，实验和进一步分析表明，对于一般的细长梁(梁的跨度和高度之比 $l/h>5$)，剪力对正应力分布规律影响很小，可以略去不计，因此式(12－9)可推广应用于剪切弯曲时梁的正应力计算。

梁轴线曲率半径 ρ 与梁截面高度 h 之比大于 5 的曲杆称为**小曲率杆**(或**微曲率杆**)。对于小曲率杆上述公式也可以近似应用，其误差在工程允许范围之内。

例 12－1　钢制等截面简支梁受均布载荷 q 作用，横截面为满足 $h=2b$ 的矩形(图 12－4)。求：

(1)梁按图 12－4(c)放置时的最大正应力；

(2)梁按图 12－4(d)放置时的最大正应力。

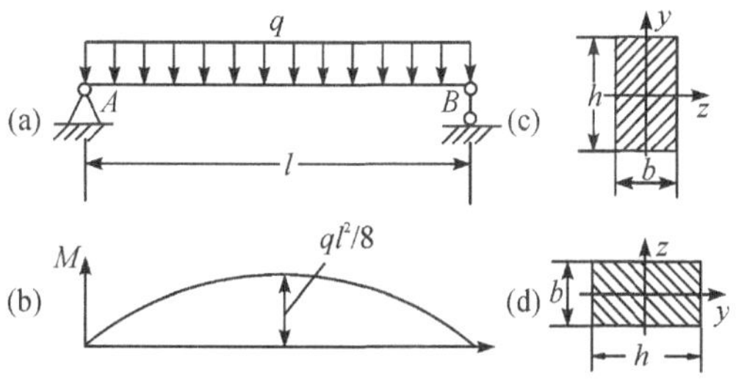

图 12－4

解　(1) 作弯矩图。如图 12－4(b)所示，最大弯矩在梁的中点，其值为 $M_{\max}=ql^2/8$。

(2)应力计算。根据式(12－10)计算最大弯

曲正应力。

按图 12 - 4(c)放置

$$\sigma_{max}=\frac{M_{max}}{W}=\frac{ql^2/8}{bh^2/6}=\frac{3ql^2}{4b(2b)^2}=\frac{3ql^2}{16b^3}$$

按图 12 - 4(d)放置

$$\sigma_{max}=\frac{M_{max}}{W}=\frac{ql^2/8}{hb^2/6}=\frac{3ql^2}{4\times 2bb^2}=\frac{3ql^2}{8b^3}$$

讨论 (1)由计算结果可知,图 12 - 4(c)梁的承载能力比图 12 - 4(d)梁的承载能力高,为什么?

(2)由上式可知,在均布载荷作用下,当跨度 l 增大一倍时(其余条件不变),最大正应力将增大为 4 倍。若梁受集中力作用,结论又如何?

12.3 弯曲正应力的强度计算

由于最大弯曲正应力发生在横截面的边缘各点,而这些点的切应力一般又等于零或者很微小(将在 12.4 节讨论),所以最大正应力作用各点的应力状态均可视为受单向拉压。这样,梁的弯曲正应力强度条件为

$$\sigma_{max}=\left|\frac{M}{W}\right|_{max}\leqslant[\sigma] \tag{12-12}$$

对于等截面直梁,其最大弯曲正应力发生在弯矩(绝对值)最大的横截面的上、下边缘各点处,这时式(12 - 12)直接成为

$$\sigma_{max}=\frac{|M|_{max}}{W}\leqslant[\sigma] \tag{12-13}$$

材料的许用弯曲正应力$[\sigma]$一般近似等于许用拉(压)应力,或按设计规范选取。

对于抗拉和抗压许用应力相同的塑性材料(低碳钢等),为使横截面上最大拉应力和最大压应力同时达到相应的许用应力,通常将梁的截面设计为对称于中性轴的形状,如圆形、圆环形、矩形和工字形等。

对于脆性材料,因其抗拉和抗压的许用应力不相同,为了充分利用材料,常将横截面设计成与中性轴不对称的形状,如 T 字形等,并使中性轴靠近最大拉应力一侧(图 12 - 5)。其最大拉应力和最大压应力值,可分别由将 y_1 和 y_2 值代入式(12 - 9)得出。故其强度条件为

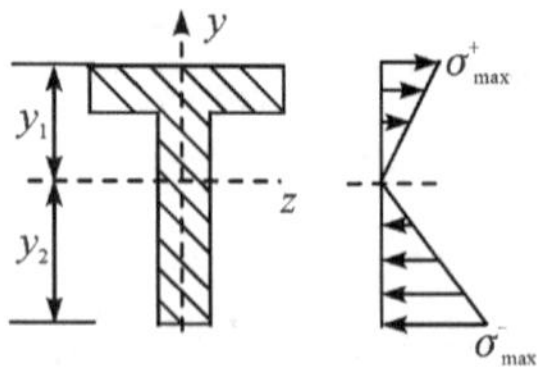

图 12 - 5

$$\left.\begin{aligned}\sigma^+_{max}&=\frac{M_{max}y_1}{I}\leqslant[\sigma^+]\\ \sigma^-_{max}&=\frac{M_{max}y_2}{I}\leqslant[\sigma^-]\end{aligned}\right\} \tag{12-14}$$

其中$[\sigma^+]$、$[\sigma^-]$分别表示材料的许可拉应力与许可压应力。

由式(12 - 12)~式(12 - 14)即可按正应力进行强度校核、选择截面尺寸或确定许可载荷。

例 12 - 2 图 12 - 6(a)所示的辊轴中段 BC 受均布载荷作用。已知载荷集度 $q=1$ kN/mm,许用应力$[\sigma]=140$ MPa。试确定辊轴的直径。(图中尺寸单位为 mm)

解 轴的计算简图和弯矩图分别如图 12 - 6(b)和(c)所示,且有:

$$M_{\max}=455\ \text{kN}\cdot\text{m}$$
$$M_B=M_C=210\ \text{kN}\cdot\text{m}$$

将圆截面的抗弯截面系数 $W=\dfrac{\pi d^3}{32}$ 代入弯曲正应力强度条件式(12－13)，得辊轴中段 BC 直径

$$d_1\geqslant\sqrt[3]{\frac{32M_{\max}}{\pi[\sigma]}}=\sqrt[3]{\frac{32\times455\times10^3}{\pi\times140\times10^6}}=321\ \text{mm}$$

取　　$d_1=325$ mm

AB 段(或 CD 段) 直径

$$d_2\geqslant\sqrt[3]{\frac{32M_B}{\pi[\sigma]}}=\sqrt[3]{\frac{32\times210\times10^3}{\pi\times140\times10^6}}=248\ \text{mm}$$

取　　$d_2=250$ mm

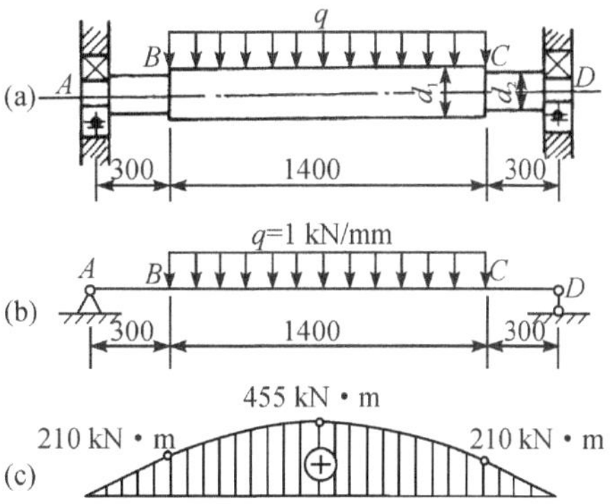

图 12－6

例 12－3　图 12－7(a)为一用工字钢制成的吊车梁，其跨度 $l=10.5$ m，许用应力 $[\sigma]=140$ MPa，工字钢的抗弯截面系数 $W=1430\ \text{cm}^3$，小车自重 $G=15$ kN，起重量为 F，梁的自重不计。求许可载荷 $[F]$。

解　(1) 作弯矩图。吊车梁可简化为简支梁，如图 12－7(b)所示。当小车行驶到梁中点 C 时引起的弯矩最大，这时的弯矩图如图 12－7(c)所示，且有：

$$M_{\max}=\frac{(F+G)}{4}l \qquad (12-15)$$

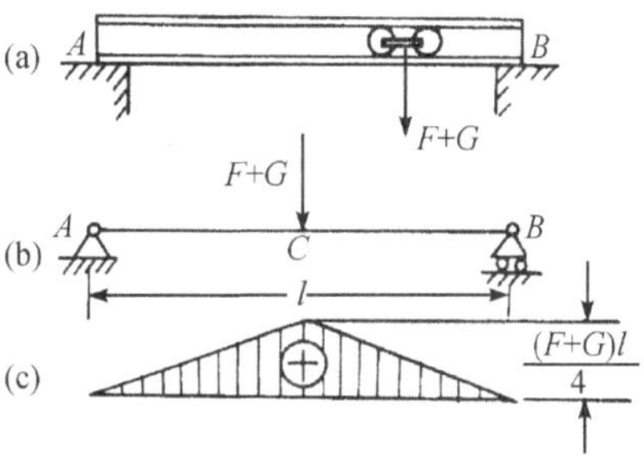

图 12－7

(2)计算许可载荷。由式(12－13)可得梁允许的最大弯矩为

$$M_{\max}\leqslant[\sigma]\cdot W=140\times10^6\ \text{Pa}\times1430\times10^{-6}\ \text{m}^3$$
$$=200\ \text{kN}\cdot\text{m}$$

由式(12－15)可得

$$F=\frac{4M_{\max}}{l}-G\leqslant\frac{4\times200\ \text{kN}\cdot\text{m}}{10.5\ \text{m}}-15\ \text{kN}=61.3\ \text{kN}$$

故吊车梁允许吊运的最大重量为 61.3 kN，即许可载荷 $[F]=61.3$ kN。

例 12－4　图 12－8(a)所示 T 字形铸铁悬臂梁，受集中力作用。已知 $F_1=3$ kN，$F_2=6.5$ kN，C 为截面形心，$y_1=50$ mm，$y_2=82$ mm，惯性矩 $I_z=800\ \text{cm}^4$，铸铁许用压应力 $[\sigma^-]=80$ MPa，许用拉应力 $[\sigma^+]=35$ MPa，试校核梁的强度。

解　(1) 作弯矩图确定危险截面。由图 12－8(b)弯矩图可知，C 和 B 截面上分别有最大正、负弯矩，$M_C=3\ \text{kN}\cdot\text{m}$，$M_B=-4\ \text{kN}\cdot\text{m}$，由于铸铁的拉伸和压缩许用应力不同，且截面对中性轴 z 不对称，该两处都有可能发生破坏，都应作为危险截面。

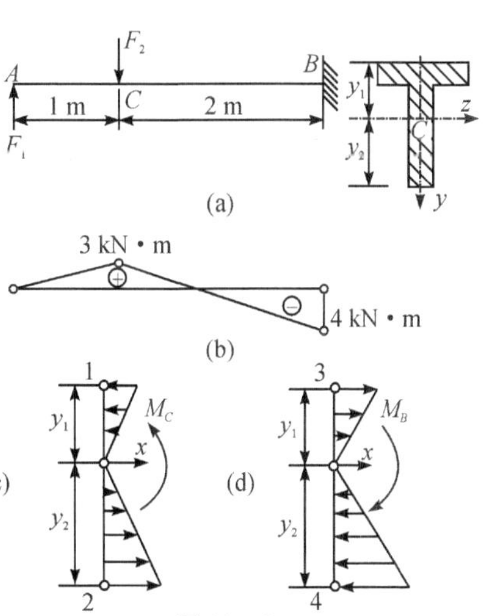

图 12－8

(2)应力分析确定危险点。C截面受正弯矩作用,上面受压下面受拉;B截面受负弯矩作用,上面受拉下面受压。应力分布分别如图 12－8(c)、(d)所示。梁中最大拉应力由 2、3 两点确定,最大压应力由 1、4 两点确定,它们有可能是最先破坏的部位,称为危险点。

(3) 强度计算。由式(12－9)可得上述各点的正应力分别为

$$\sigma_1^- = \frac{M_C y_1}{I} = \frac{3\times10^6\ \text{N}\cdot\text{mm}\times 50\ \text{mm}}{800\times10^4\ \text{mm}^4} = 18.8\ \text{MPa}$$

$$\sigma_2^+ = \frac{M_C y_2}{I} = \frac{3\times10^6\ \text{N}\cdot\text{mm}\times 82\ \text{mm}}{800\times10^4\ \text{mm}^4} = 30.8\ \text{MPa}$$

$$\sigma_3^+ = \frac{M_B y_1}{I} = \frac{4\times10^6\ \text{N}\cdot\text{mm}\times 50\ \text{mm}}{800\times10^4\ \text{mm}^4} = 25\ \text{MPa}$$

$$\sigma_4^- = \frac{M_B y_2}{I} = \frac{4\times10^6\ \text{N}\cdot\text{mm}\times 82\ \text{mm}}{800\times10^4\ \text{mm}^4} = 41\ \text{MPa}$$

由此可得

$$\sigma_{\max}^+ = \sigma_2^+ = 30.8\ \text{MPa} < [\sigma^+],\ \sigma_{\max}^- = \sigma_4^- = 41\ \text{MPa} < [\sigma^-]$$

所以梁的弯曲强度足够。

例 12－5　钢制等截面悬臂梁受均布载荷 q 作用[图 12－9(a)]。已知材料许用应力$[\sigma]=160$ MPa,$l=2$ m,$q=10$ kN/m。求:(1)选工字钢的型号;(2)若横截面为高宽比等于 2 的矩形,设计截面的宽度 b;(3)若截面为圆形,设计直径 d。

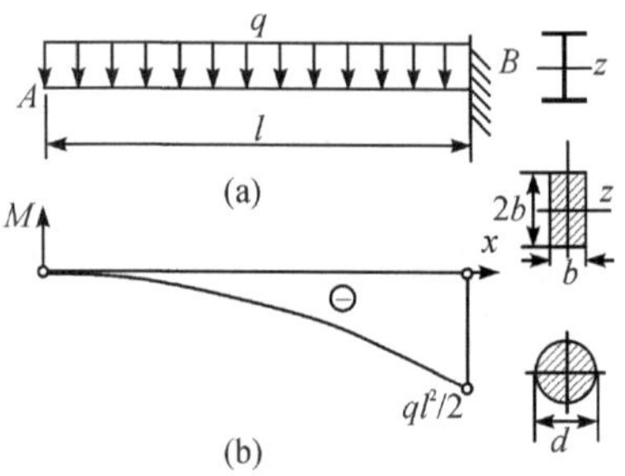

图 12－9

解　(1) 作弯矩图。如图 12－9(b)所示,危险截面位于插入端 B,最大弯矩 $M_{\max}=M_B=ql^2/2$。

(2)强度计算。由式(12－13)得抗弯截面系数为

$$W_z \geqslant \frac{M_{\max}}{[\sigma]} = \frac{ql^2}{2[\sigma]} = \frac{10\times10^3\times2^2}{2\times160\times10^6} = 125\ \text{cm}^3$$

选工字钢型号:查型钢表,选用 16 号工字钢较合理,有

$$W_z = 141\ \text{cm}^3,\text{横截面面积 } A_1 = 26.1\ \text{cm}^2$$

设计矩形截面:$W_z = bh^2/6 = 2b^3/3$,故

$$b = \sqrt[3]{3W_z/2} = \sqrt[3]{3\times125/2} = 5.72\ \text{cm},\text{横截面面积 } A_2 = b\cdot 2b = 65.5\ \text{cm}^2$$

设计圆形截面:$W_z = \pi d^3/32$,所以

$$d = \sqrt[3]{32W_z/\pi} = \sqrt[3]{32\times125/\pi} = 10.8\ \text{cm},\text{横截面面积 } A_3 = \pi d^2/4 = 91.6\ \text{cm}^2$$

讨论　由计算结果可知,三种截面面积之比为 $A_1 : A_2 : A_3 = 1 : 2.5 : 3.5$。即在强度相同的情况下,工字梁最省材料,矩形截面梁次之,圆形梁最差。试分析原因。

*12.4　弯曲切应力简介

横截面上的剪力 F_s是该截面上切应力的总效果。如表 12－2 中各图所示,一般假设弯曲切应力平行于截面周边并沿宽度均匀分布。这样的假设对于窄长(高与宽之比较大)的矩形和薄壁截面(如工字形截面的腹板部分)无疑是合理的,并由此推得了与弹性力学精确解同样的结果,对于宽度较大的截面(如圆截面),则精度较差。但是,对于截面为圆形、矩形等实心细长梁(梁长比截面宽度大得多),切应力与其弯曲正应力相比一般又可忽略不计。切应力计算公

式的推导在材料力学教材中一般均可查到，此处从略。工程中常见截面的弯曲切应力的分布规律及最大切应力计算公式见表 12－2。

可以看出，横截面内切应力一般呈抛物线分布，τ_{max}发生于中性轴处。

表 12－2　常见截面的弯曲切应力的分布

截面形状与应力分布规律	最大切应力值
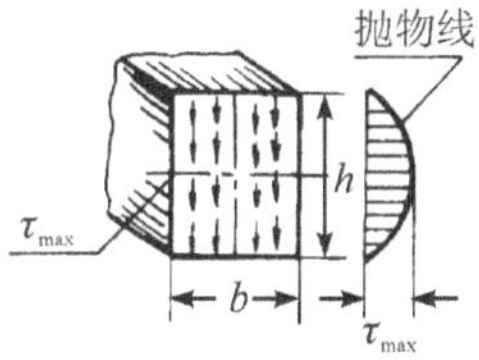	$\tau_{max}=\dfrac{3}{2}\dfrac{F_s}{A}$ $A=hb$
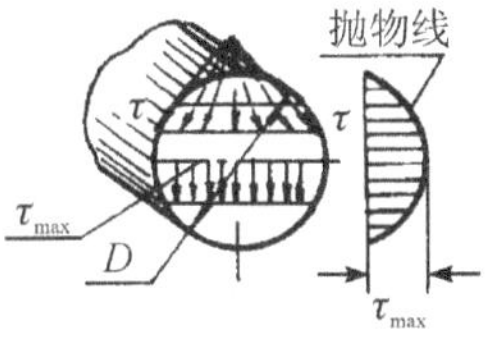	$\tau_{max}=\dfrac{4}{3}\dfrac{F_s}{A}$ $A=\dfrac{\pi}{4}D^2$
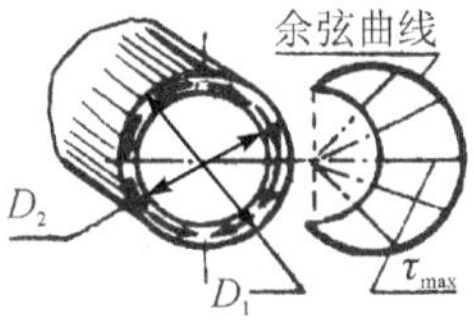	$\tau_{max}=2\dfrac{F_s}{A}$ $A=\dfrac{\pi}{4}(D_1^2-D_2^2)$
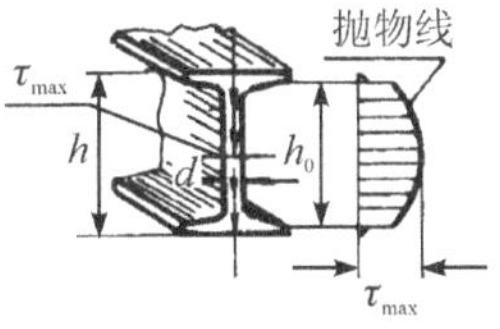	$\tau_{max}\approx\dfrac{F_s}{A_0}$ $A_0=h_0 d$
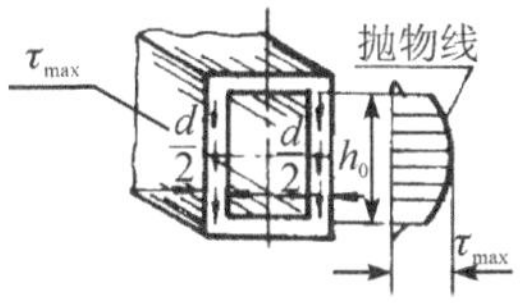	

例 12－6　通过查型钢表可知，10 号工字钢 $h=10\ \mathrm{cm}$，$W=49\ \mathrm{cm}^3$，$A_0=3.816\ \mathrm{cm}^2$，试比较图 12－10 所示细长梁（$l/h\geqslant5$）分别采用矩形截面与 10 号工字钢截面时的 σ_{max} 与 τ_{max} 的比值。

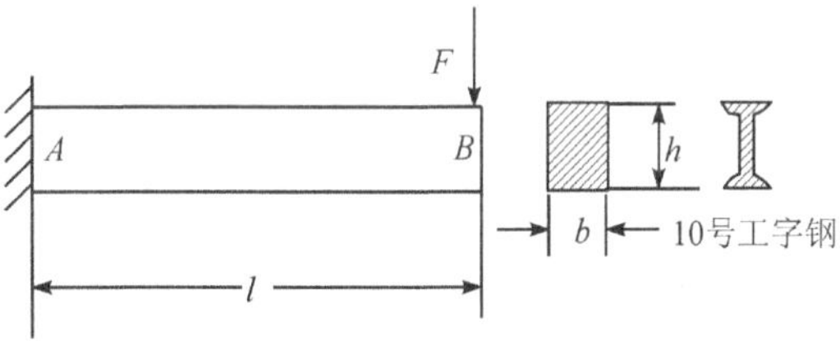

图 12－10

解　悬臂梁固定端附近截面处最大弯矩和最大剪力分别为

$$|M|_{max}=Fl,\quad |F_s|_{max}=F$$

对于图示矩形截面，

$$\sigma_{\max}=\frac{|M|_{\max}}{W}=\frac{Fl}{\frac{1}{6}bh^2}=\frac{6Fl}{bh^2}$$

$$\tau_{\max}=\frac{3}{2}\frac{|F_s|_{\max}}{A}=\frac{3F}{2bh}$$

$$\sigma_{\max}/\tau_{\max}=4l/h\geqslant 20$$

可见，此时的切应力为次要因素。对于图示 10 号工字钢截面，已知 $h=10\ \text{cm}$，有

$$l\geqslant 5h=50\ \text{cm}$$

$$\sigma_{\max}=\frac{|M|_{\max}}{W}=\frac{Fl}{W}=\frac{50}{49}F=1.02F$$

$$\tau_{\max}=\frac{|F_s|_{\max}}{A_0}=\frac{F}{3.816}=0.262F$$

$$\sigma_{\max}/\tau_{\max}=3.9$$

可见，对于薄壁截面的工字钢，切应力相对正应力的比例较前者已大为提高。

一般情况下，对于用各向同性材料制成的实心截面细长梁，其切应力为强度的次要因素；对于型钢，一般在设计其尺寸时，已经考虑到了控制切应力的因素，故切应力仍为强度的次要因素；只有对受较大横向力作用的短梁、非标准的薄壁截面梁和具有较弱抗剪能力的各向异性材料等，才需要考虑其切应力存在对梁的强度所带来的影响。此种情况下，通常是先按正应力的强度条件初步设计截面，然后再用切应力强度条件进行校核，经过必要的调整，最终确定同时满足正应力与切应力强度条件的截面。

由于最大切应力在中性轴上，此处的正应力恰为零，因此处于纯剪状态，故弯曲切应力的强度条件为

$$\tau_{\max}\leqslant[\tau] \tag{12-16}$$

其中$[\tau]$为材料的许用切应力。

思考题

思考 12-1　试说明下列概念的区别：纯弯曲与剪切弯曲；中性轴与形心轴；截面抗弯刚度与抗弯截面系数；惯性矩和极惯性矩；危险截面与弯矩最大的截面。

思考 12-2　弯曲正应力公式(12-9)的应用条件是什么？最大的弯曲正应力是否一定发生在弯矩最大的截面上？剪切弯曲时，最大正应力和最大切应力各发生在横截面的何处？该处受力有什么特点？哪些情况下需要进行弯曲切应力强度校核？

思考 12-3　一空心圆截面梁承受弯曲，若外径增大一倍，其余条件不变，梁的承载能力是否增大为原来的 8 倍？如果是实心圆截面梁，结果又如何？

思考 12-4　简支梁受集中力作用，若梁的长度增大一倍，其它条件不变，最大正应力是原来的几倍？若梁受均布载荷或集中力偶作用，结果又如何？

思考 12-5　一钢筋混凝土复合梁，受力后弯矩图如图所示。为了发挥钢筋(图中虚线所示)的抗拉性能，最合理的配筋方案是图(　　)。

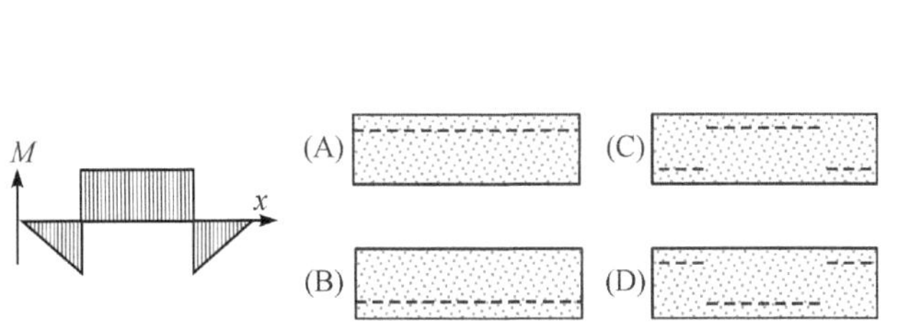

思考 12 - 5 图

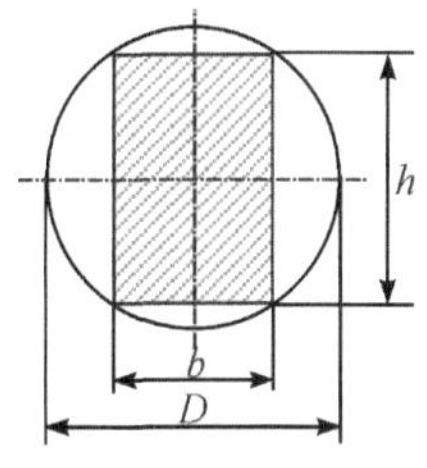

思考 12 - 6 图

思考 12 - 6　我国宋代杰出的建筑师李诚在其所著的《营造法式》中曾提出，将圆木加工成矩形截面梁时，为了提高木梁的承载能力，合理的高宽比应为 3∶2。请读者根据弯曲理论分析这个结论的合理性。（提示：使 W 最大）

习　题

12 - 1　铸铁梁弯矩图和横截面形状如图所示，z 为中性轴。

（1）画出图中各截面在梁上 A 处沿截面竖线 1—1 和 2—2 的正应力分布。

（2）从正应力强度考虑，图中何种截面形状的梁最合理？

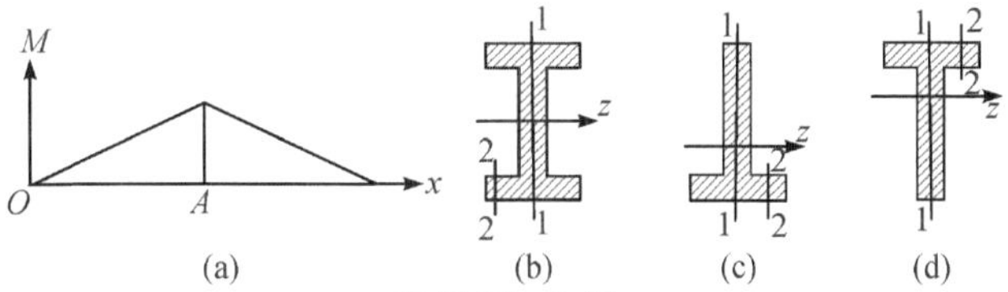

习题 12 - 1 图

12 - 2　铸铁制成的槽形截面梁，C 为截面形心，$I_z = 40\times10^6\ \text{mm}^4$，$y_1 = 140\ \text{mm}$，$y_2 = 60\ \text{mm}$，$l = 4\ \text{m}$，$F = 30.6\ \text{kN}$，$M_0 = 20\ \text{kN}\cdot\text{m}$，$[\sigma^+] = 40\ \text{MPa}$，$[\sigma^-] = 150\ \text{MPa}$。

（1）作出最大正弯矩和最大负弯矩所在截面的应力分布图，并标明应力数值；

（2）校核梁的强度。

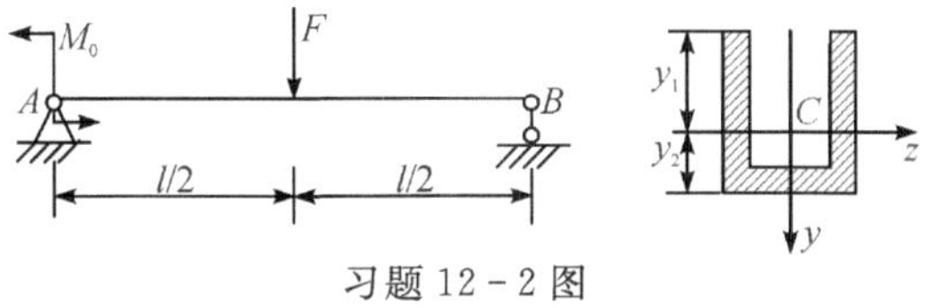

习题 12 - 2 图

12 - 3　矩形截面钢梁受力如图所示。已知 $F = 10\ \text{kN}$，$q = 5\ \text{kN/m}$，$a = 1\ \text{m}$，$[\sigma] = 160\ \text{MPa}$。试确定截面尺寸 b。

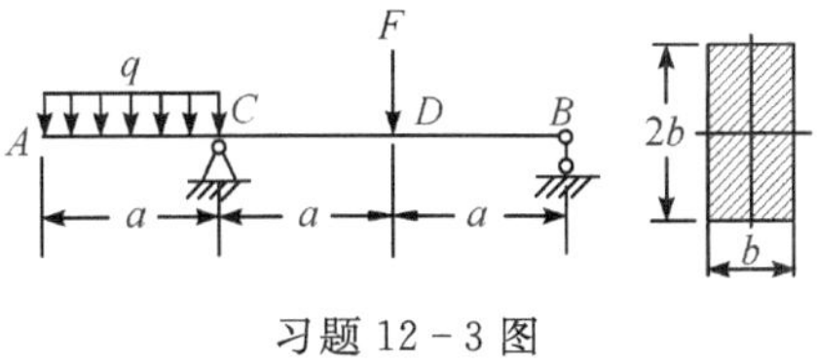

习题 12 - 3 图

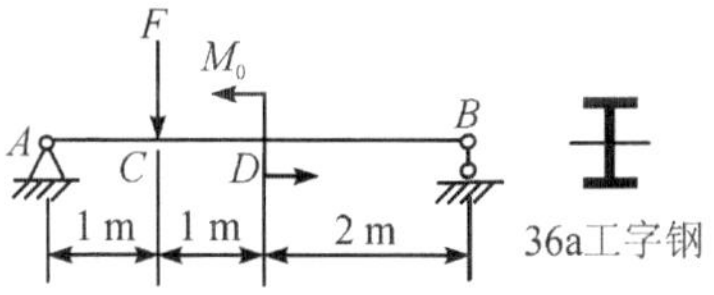

习题 12 - 4 图

12 - 4　图示简支梁由 36a 工字钢制成。已知 $F = 40\ \text{kN}$，$M_0 = 150\ \text{kN}\cdot\text{m}$，$[\sigma] = 160\ \text{MPa}$。试校核梁的正应力强度。

12 - 5　如图所示简支梁承受均布载荷。若分别采用面积相等的实心和空心圆截面，且

$D_1=40$ mm，$d/D=0.6$，$l=2$ m。试分别计算它们的最大正应力；若许用应力为$[\sigma]$，空心截面的许可载荷是实心截面的几倍？

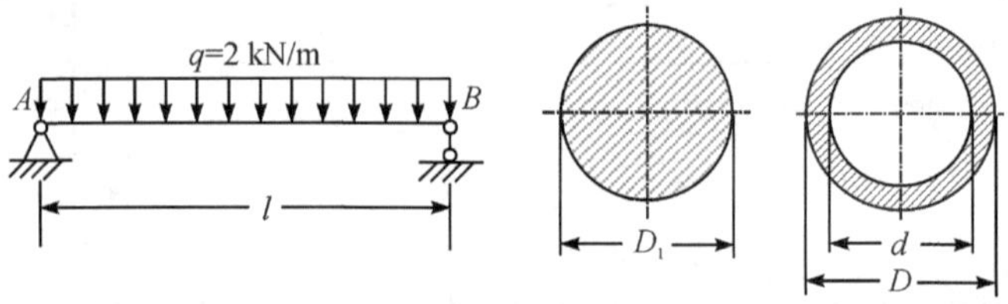

习题 12－5 图

12－6　一正方形截面木梁，受力如图所示，$q=2$ kN/m，$F=5$ kN，木料的许用应力$[\sigma]=10$ MPa。若在 C 处截面的高度中间沿 z 方向钻一直径为 $d=115$ mm 的横孔，试校核梁在横孔处的正应力强度。

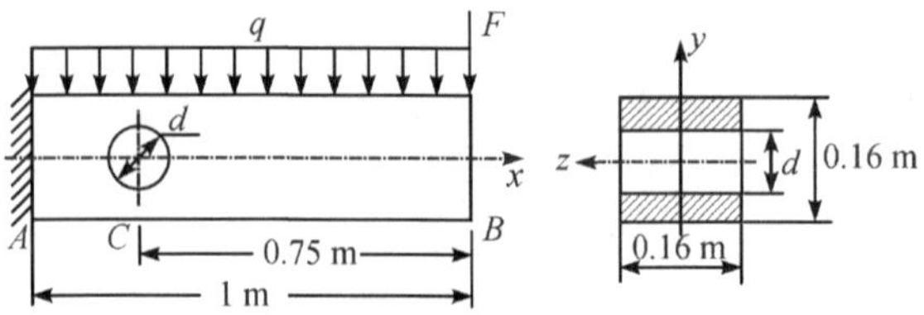

习题 12－6 图

12－7　图示 22a 工字钢梁，全跨受均布载荷 q 作用，梁的上、下用钢板加强，钢板厚度 $t=10$ mm，宽度 $b=75$ mm，$l=6$ m，$[\sigma]=160$ MPa。试求梁 C 截面与中间截面的最大正应力之比。

12－8　矩形截面简支梁在中点受集中载荷 F 作用。为了测量 F 的大小，在 C—C 截面下沿的 K 点处沿平行于轴线方向贴一应变片，测得线应变为 ε。已知梁长 l、矩形截面高 h、宽 b 和材料弹性模量 E。试求 $\boldsymbol{F}$ 的大小。

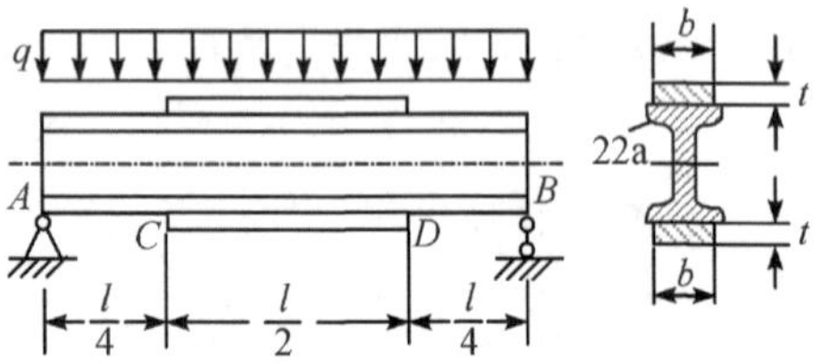

习题 12－7 图

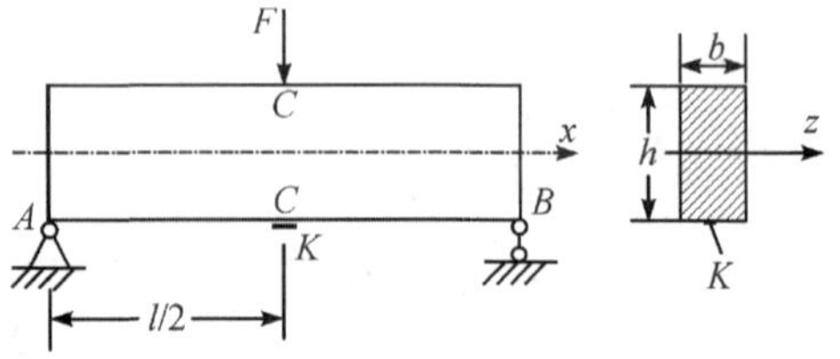

习题 12－8 图

12－9　图示矩形截面简支梁受均布载荷 q 作用。已知梁长 l、截面尺寸 b 和 h，以及材料的弹性模量 E，若 $l=5h$，求梁内最大弯曲正应力和最大弯曲切应力之比。

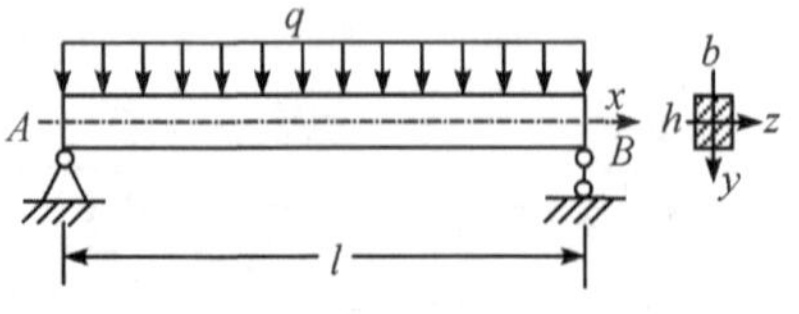

习题 12－9 图

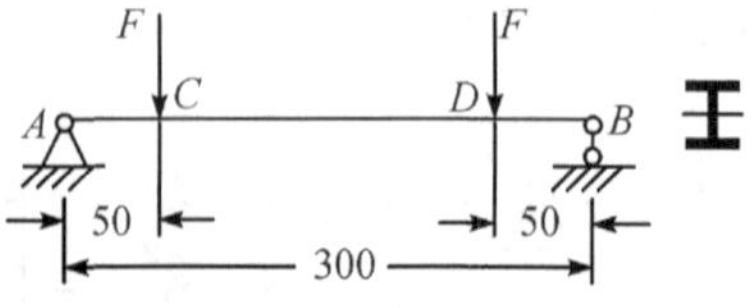

习题 12－10 图

12－10　简支梁受力如图所示，截面为工字钢。已知 $F=200$ kN，$[\sigma]=160$ MPa，$[\tau]=100$ MPa。试按正应力强度选用工字钢型号，并按剪应力强度条件进行校核。

第 13 章　弯曲梁的变形计算

本章重点介绍计算梁变形的积分法和叠加法，最后还将讨论简单超静定梁的求解问题。

13.1　概　述

在许多工程问题中，只考虑梁的强度是不够的。例如，图 13-1 所示的齿轮轴，若弯曲变形过大将造成轴承严重磨损、齿轮啮合不良，并产生振动和噪声；机床的主轴变形过大会影响加工精度；轧钢机的轧辊如果变形过大，轧出的钢板厚薄就不均匀，还有如板簧一类的机械零件，其工作能力的设计主要就是依据其变形量进行的。因此对某些受弯构件，不仅要求具有一定的强度，还必须限制它们的变形。

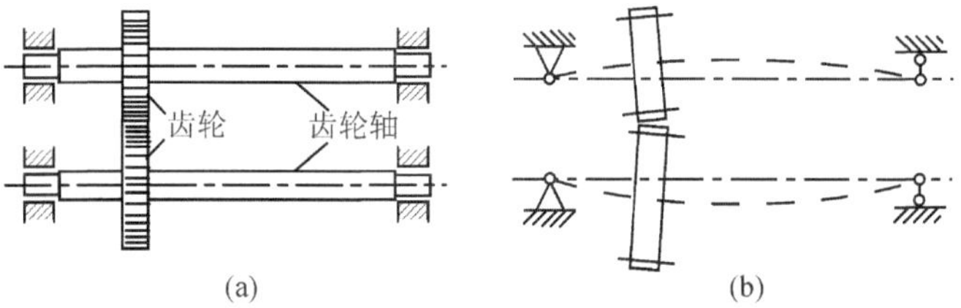

图 13-1

此外，在求解弯曲超静定问题和冲击问题时，也需要考虑梁的变形。

研究梁的变形，首先必须确定度量变形的物理量。在图 13-1 齿轮轴的变形中，若以变形前的杆轴线为 x 轴，杆左端横截面的纵向对称轴为 y 轴，发生平面弯曲时，杆轴线在 xOy 平面内弯成一条曲线，称为**挠曲线**，如图 13-2 所示。横截面形心在垂直于 x 轴方向的线位移 y 称为**挠度**，横截面绕中性轴转过的角度 θ 称为**转角**。转动后的横截面仍与挠曲线正交。向上挠度规定为正，逆时针转动的转角规定为正，反之为负。挠度和转角是度量弯曲变形的两个基本量。下面讨论挠度和转角的变化规律及其与外力的关系。

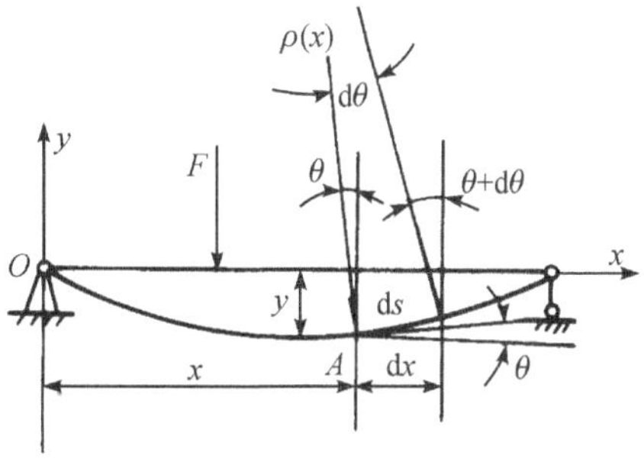

图 13-2

13.2　挠曲线近似微分方程

梁变形后的挠曲线是一条连续而光滑的曲线，挠度和转角随截面位置而变化，于是挠度方程可分别表示为

$$y = f(x) \tag{13-1}$$

由图 13 - 2 可知，挠曲线上任一点 A 的法线与 y 轴的夹角即为 A 点处截面的转角，同时也是挠曲线在 A 点的切线与 x 轴之间的夹角。由于挠曲线的曲率(弯曲程度)很小，θ 角甚微，且 A 点沿 x 方向的位移为高阶无穷小，可略去不计，故在小变形条件下有

$$\theta \approx \tan\theta = \frac{\mathrm{d}y}{\mathrm{d}x} = f'(x) \tag{13-2}$$

即挠曲线上任一点处切线的斜率，等于该点处横截面的转角。对细长梁，剪力对梁变形影响很小，因此纯弯曲的曲率公式(12 - 8)仍可应用于剪切弯曲，但应改写成

$$\frac{1}{\rho(x)} = \frac{M(x)}{EI} \tag{13-3}$$

由图 13 - 2 可见，$\rho(x)\mathrm{d}\theta = \mathrm{d}s$。因挠曲线的曲率很小，故可用 $\mathrm{d}x$ 近似替代 $\mathrm{d}s$，于是有

$$\frac{1}{\rho(x)} = \frac{\mathrm{d}\theta}{\mathrm{d}x} \tag{13-4}$$

将式(13 - 2)代入(13 - 4)式后，得

$$\frac{\mathrm{d}^2 y}{\mathrm{d}x^2} = \frac{1}{\rho(x)} \tag{13-5}$$

将式(13 - 5)代入式(13 - 3)，得

$$\frac{\mathrm{d}^2 y}{\mathrm{d}x^2} = \frac{M(x)}{EI} \tag{13-6}$$

上式表达了挠曲线上各点挠度 y 与弯矩 M 的关系，称为梁的**挠曲线近似微分方程**。它是研究弯曲变形的基本方程式，式中的 $M(x)$ 为梁的弯矩方程。因而求解梁弯曲变形的问题就归结为一个积分问题。

13.3　用积分法求梁的变形

对于均质等截面梁，EI 为常量，式(13 - 6)可改写成

$$EI\,\frac{\mathrm{d}^2 y}{\mathrm{d}x^2} = M(x)$$

对 x 积分一次，得转角方程

$$EI\,\frac{\mathrm{d}y}{\mathrm{d}x} = EI\theta = \int M(x)\,\mathrm{d}x + C \tag{13-7}$$

再对 x 积分一次，得挠曲线方程

$$EIy = \int\left[\int M(x)\,\mathrm{d}x + C\right]\mathrm{d}x + D \tag{13-8}$$

其中，C、D 为积分常数，可由边界条件确定。例如铰链支座处的边界条件为 $y=0$，固定端处的边界条件为 $y = 0$、$\theta = \frac{\mathrm{d}y}{\mathrm{d}x} = 0$。

当梁上作用有集中力、集中力偶和间断分布力时，各段梁的弯矩方程不同，从而梁的挠度与转角也具有不同的函数形式。对各段梁积分时，都将出现两个积分常数。此时仅以边界条件已不能确定所有常数，必须同时利用连续条件，即左、右梁段在交界处具有相等的挠度和转角来共同确定全部的积分常数。

例 13 - 1　图 13 - 3 所示悬臂梁，其自由端 B 受一集中力 F。试求此梁的挠曲线方程和转

角方程，并确定其最大挠度 $y_{\max}$ 和最大转角 $\theta_{\max}$。设 EI=常量。

解 取坐标系如图 13-3 所示。梁的弯矩方程为

$$M(x) = -F(l-x) \tag{13-9}$$

由式(13-6)可得挠曲线的近似微分方程为

$$EIy'' = -F(l-x) \tag{13-10}$$

积分一次得

$$EIy' = -Flx + \frac{1}{2}Fx^2 + C \tag{13-11}$$

再积分一次得

$$EIy = -\frac{1}{2}Flx^2 + \frac{1}{6}Fx^3 + Cx + D \tag{13-12}$$

确定积分常数的边界条件是：固定端 A 处截面的转角和挠度都等于零，即在 $x=0$ 处

$$\theta\big|_{x=0} = 0, \quad y\big|_{x=0} = 0$$

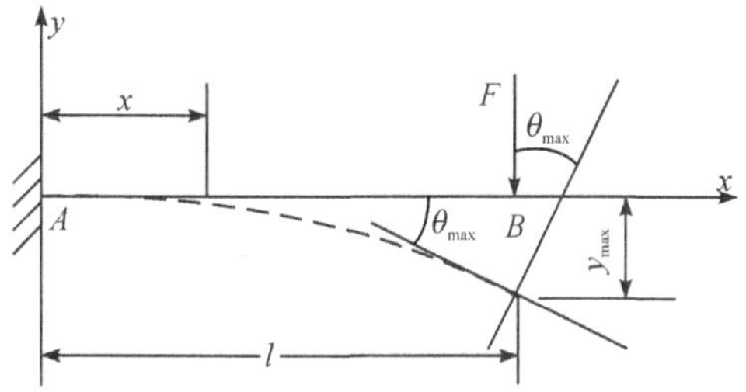

图 13-3

将此边界条件代入式(13-11)和式(13-12)，可得 $C=0$ 和 $D=0$。故梁的转角方程和挠曲线方程分别为

$$\theta = y' = \frac{1}{EI}\left(-Flx + \frac{1}{2}Fx^2\right) \tag{13-13}$$

$$y = \frac{1}{EI}\left(-\frac{1}{2}Flx^2 + \frac{1}{6}Fx^3\right) \tag{13-14}$$

由图 13-3 可见，梁自由端 B 处的转角和挠度最大。将 $x=l$ 代入式(13-13)和式(13-14)，可得

$$\theta_{\max} = \theta_B = \frac{1}{EI}\left(-Fl^2 + \frac{1}{2}Fl^2\right) = -\frac{Fl^2}{2EI}$$

$$y_{\max} = y_B = \frac{1}{EI}\left(-\frac{1}{2}Fl^3 + \frac{1}{6}Fl^3\right) = -\frac{Fl^3}{3EI}$$

其中，θ_B 的符号为负，表示截面 B 的转角是顺时针方向的；y_B 也是负值，说明梁变形后，截面 B 的形心向下移动。

例 13-2 试求图 13-4 所示简支梁中点 C 的挠度与 A、B 端的转角。已知 q、l，且 EI=常量。

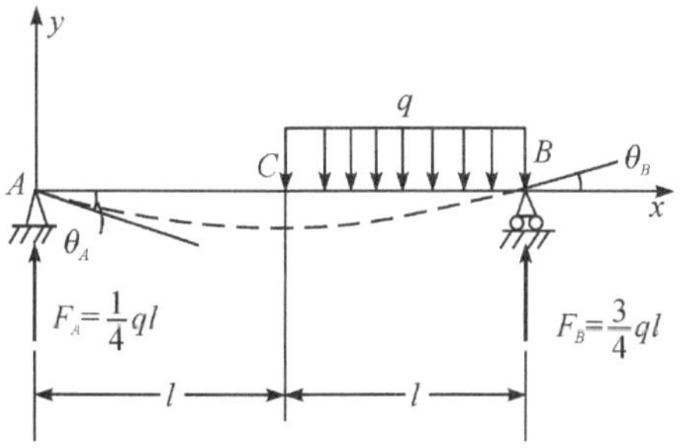

图 13-4

解 取坐标系如图 13-4 所示。由于整个梁上的载荷在图示 C 处不连续，所以必须用 $M(x_1)$、$M(x_2)$ 分别表示 AC 段与 CB 段的弯矩，分段积分。取梁整体为研究对象，由梁的平衡方程求得约束反力如图所示。于是

$$M(x_1) = \frac{1}{4}qlx_1 \quad (0 \leqslant x_1 \leqslant l)$$

$$EI\frac{\mathrm{d}y_1}{\mathrm{d}x} = \frac{1}{8}qlx_1^2 + C_1 \tag{13-15}$$

$$EIy_1 = \frac{1}{24}qlx_1^3 + C_1x_1 + D_1 \tag{13-16}$$

$$M(x_2)=\frac{1}{4}qlx_2-\frac{1}{2}q(x_2-l)^2 \quad (l\leqslant x_2\leqslant 2l)$$

$$EI\frac{\mathrm{d}y_2}{\mathrm{d}x}=\frac{1}{8}qlx_2^2-\frac{1}{6}q(x_2-l)^3+C_2 \tag{13-17}$$

$$EIy_2=\frac{1}{24}qlx_2^3-\frac{1}{24}q(x_2-l)^4+C_2x_2+D_2 \tag{13-18}$$

四个积分常数可由 A、B 处的两个约束条件和 C 截面处的两个连续条件共同确定。

$$y_1(0)=0,\ y_2(2l)=0$$

$$y_1(l)=y_2(l),\quad \theta_1(l)=\theta_2(l)$$

代入式(13-15)～式(13-18),可得

$$D_1=D_2=0,\ C_1=C_2=-\frac{7ql^2}{48}$$

最后求得

$$\theta_A=\theta_1(0)=-\frac{7ql^3}{48EI},\ \theta_B=\theta_2(2l)=\frac{9ql^3}{48EI}$$

$$y_C=y_1(l)=y_2(l)=-\frac{5ql^4}{48EI}$$

通过上例可以看到,在多个不同载荷作用下,梁的挠度与转角方程总可以通过分段的 $M(x)$求得。确定积分常数仍然用边界条件(包括连续条件)。所以,必须会写不同约束的约束条件与连续条件。积分法作为基本方法,运用了许多关于弯曲变形与位移的基本概念,这些概念是重要的。但当只需求出个别特定截面的挠度或转角时,积分法就显得过于累赘。

13.4 用叠加法求梁的变形

从积分法求得的位移可知,在线弹性范围内和小变形条件下,梁的各种载荷作用下的位移是载荷的线性函数,且各种载荷对梁共同作用产生的位移等于各种载荷单独作用下产生的相对位移的叠加。因而工程上常利用**叠加法**求多个载荷作用下梁的挠度与转角,并将简单载荷作用下均质等截面直梁的挠度和转角的计算结果列成表 13-1,供叠加时直接选用。

表 13-1 简单载荷作用下梁的变形

序号	梁的简图	挠曲线方程	端截面转角	挠度
1	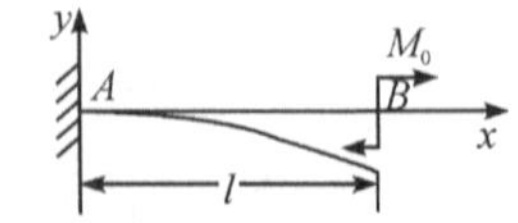	$y=-\frac{M_0x^2}{2EI}$	$\theta_B=-\frac{M_0l}{EI}$	$y_B=-\frac{M_0l^2}{2EI}$
2	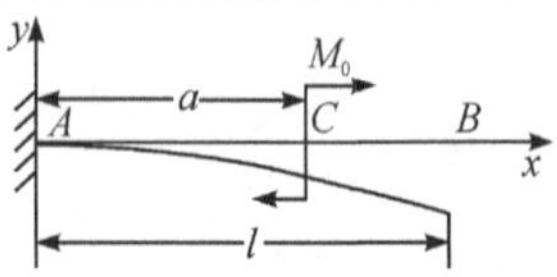	$y=-\frac{M_0x^2}{2EI},0\leqslant x\leqslant a$ $y=-\frac{M_0a}{EI}\left(x-\frac{a}{2}\right)$, $a\leqslant x\leqslant l$	$\theta_B=\frac{-M_0a}{EI}$	$y_B=-\frac{M_0a}{EI}\left(l-\frac{a}{2}\right)$
3	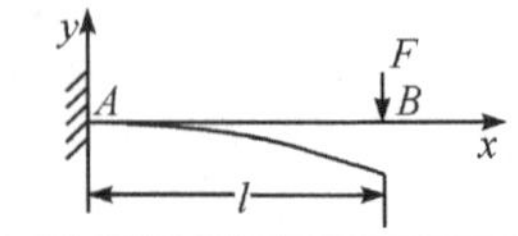	$y=-\frac{Fx^2}{6EI}(3l-x)$	$\theta_B=-\frac{Fl^2}{2EI}$	$y_B=-\frac{Fl^3}{3EI}$

续表

序号	梁的简图	挠曲线方程	端截面转角	挠度
4	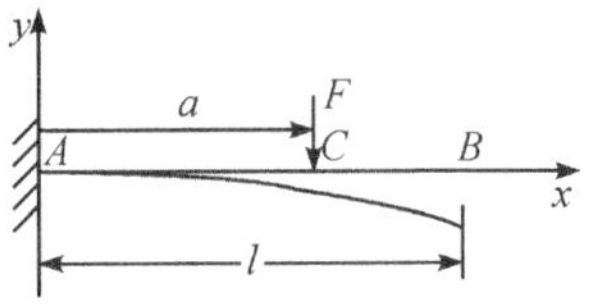	$y=-\frac{Fx^2}{6EI}(3a-x)$， $0\leqslant x\leqslant a$ $y=-\frac{Fa^2}{6EI}(3x-a)$， $a\leqslant x\leqslant l$	$\theta_B=-\frac{Fa^2}{2EI}$	$y_B=\frac{-Fa^2}{6EI}(3l-a)$
5	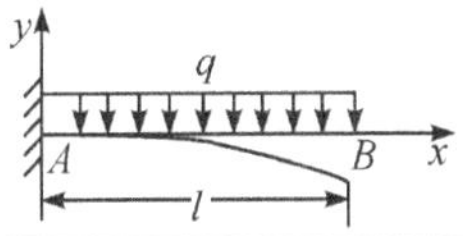	$y=\frac{-qx^2}{24EI}(x^2-4lx+6l^2)$	$\theta_B=-\frac{ql^3}{6EI}$	$y_B=\frac{-ql^4}{8EI}$
6	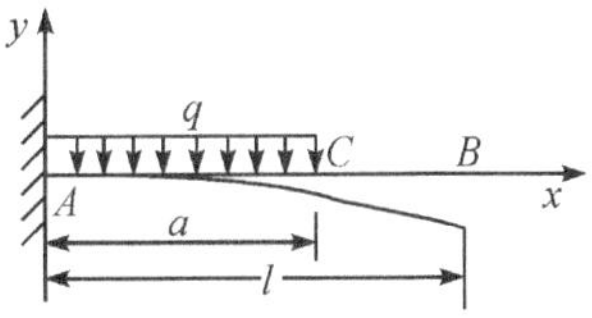	$y=-\frac{qx^2}{24EI}(x^2-4ax+6a^2)$， $0\leqslant x\leqslant a$ $y=-\frac{qa^3}{24EI}(4x-a)$， $a\leqslant x\leqslant l$	$\theta_B=-\frac{qa^3}{6EI}$	$y_B=\frac{-qa^3}{24EI}(4l-a)$
7	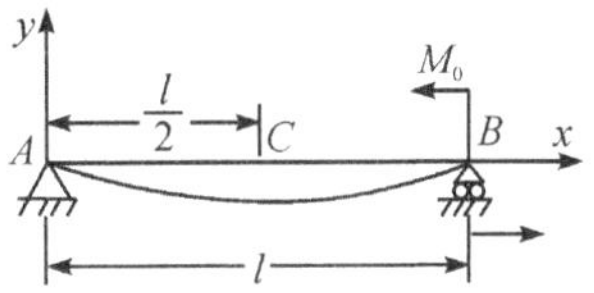	$y=-\frac{M_0x}{6EIl}(l^2-x^2)$	$\theta_A=-\frac{M_0l}{6EI}$ $\theta_B=\frac{M_0l}{3EI}$	$y_{\max}=-\frac{M_0l^2}{9\sqrt{3}EI}$ （在 $x=\frac{l}{\sqrt{3}}$处） $y_C=-\frac{M_0l^2}{16EI}$
8	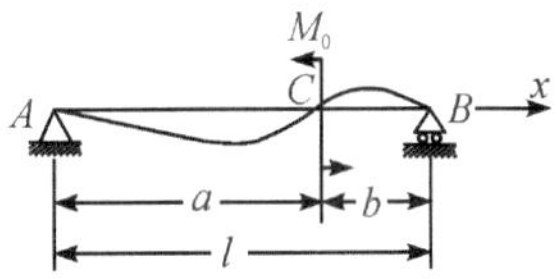	$y=-\frac{M_0x}{6EIl}(l^2-3b^2-x^2)$， $0\leqslant x\leqslant a$ $y=\frac{M(l-x)}{6EIl}(2lx-x^2-3a^2)$， $a\leqslant x\leqslant l$	$\theta_A=\frac{-M_0}{6EIl}(l^2-3b^2)$ $\theta_B=-\frac{M_0}{6EIl}(l^2-3a^2)$	
9	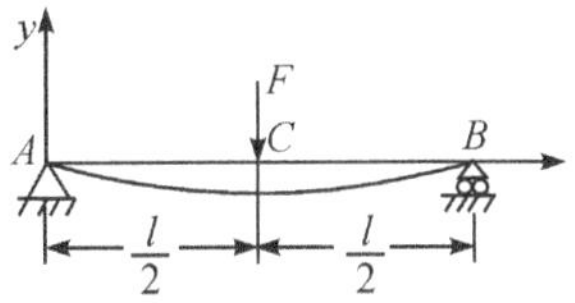	$y=-\frac{Fx}{48EI}(3l^2-4x^2)$， $0\leqslant x\leqslant\frac{l}{2}$	$\theta_A=-\theta_B=-\frac{Fl^2}{16EI}$	$y_C=-\frac{Fl^3}{48EI}$
10	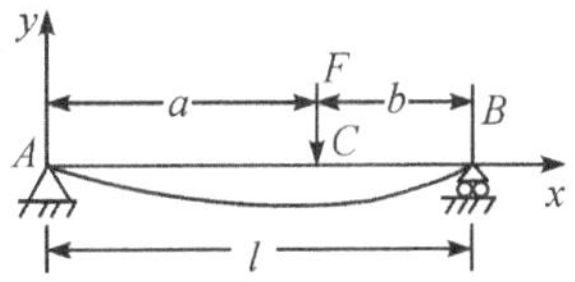	$y=-\frac{Fbx}{6EIl}(l^2-x^2-b^2)$， $0\leqslant x\leqslant a$ $y=-\frac{Fb}{6lEI}[(l^2-b^2)x$ $-x^3+\frac{l}{b}(x-a)^3]$， $a\leqslant x\leqslant l$	$\theta_A=-\frac{Fab(l+b)}{6EIl}$ $\theta_B=\frac{Fab(l+a)}{6EIl}$	$y_{\max}=-\frac{Fb(l^2-b^2)^{3/2}}{9\sqrt{3}EIl}$ （$a>b$，在 $x=\sqrt{\frac{l^2-b^2}{3}}$处） $y_{\frac{l}{2}}=-\frac{Fb(3l^2-4b^2)}{48EI}$
11	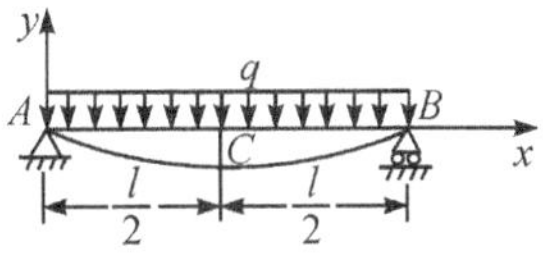	$y=-\frac{qx}{24EI}(l^3-2lx^2+x^3)$	$\theta_A=-\theta_B=-\frac{ql^3}{24EI}$	$y_C=-\frac{5ql^4}{384EI}$

续表

序号	梁的简图	挠曲线方程	端截面转角	挠度
12	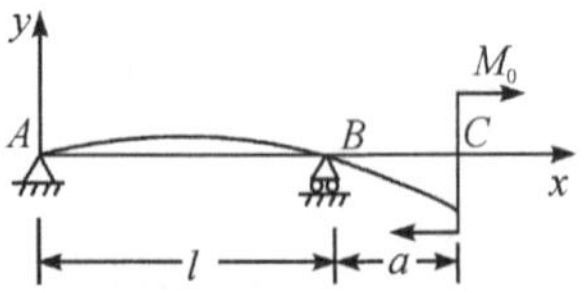	$y=-\frac{M_0x}{6EIl}(x^2-l^2)$, $0\leqslant x\leqslant l$ $y=-\frac{M_0}{6EI}(3x^2-4xl+l^2)$, $l\leqslant x\leqslant(l+a)$	$\theta_A=-\frac{1}{2}\theta_B=\frac{M_0l}{6EI}$ $\theta_C=-\frac{M_0}{3EI}(l+3a)$	$y_C=-\frac{M_0a}{6EI}(2l+3a)$
13	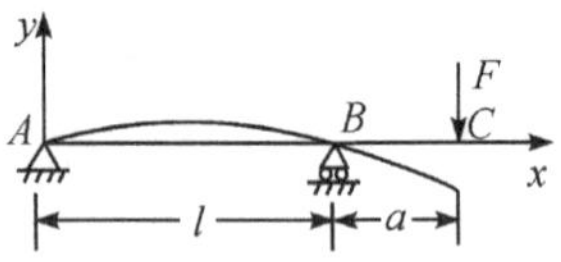	$y=\frac{Fax}{6EIl}(l^2-x^2)$, $0\leqslant x\leqslant l$ $y=-\frac{F(x-l)}{6EI}$ $\times[a(3x-l)-(x-l)^2]$, $l\leqslant x\leqslant(l+a)$	$\theta_A=-\frac{1}{2}\theta_B=\frac{Fal}{6EI}$ $\theta_C=-\frac{Fa}{6EI}(2l+3a)$	$y_C=-\frac{Fa^2}{3EI}(l+a)$
14	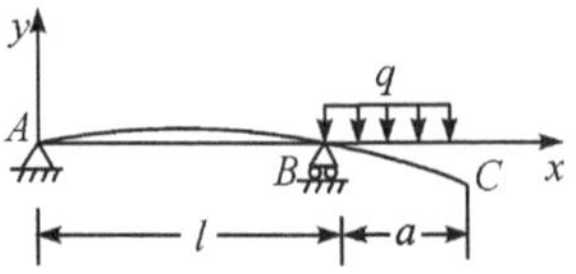	$y=-\frac{qa^2x}{12EIl}(l^2-x^2),0\leqslant x\leqslant l$ $y=-\frac{q(x-l)}{24EI}$ $\times[2a^2(3x-l)+(x-l)]^2$ $\times(x-l-4a)]$, $l\leqslant x\leqslant(l+a)$	$\theta_A=-\frac{1}{2}\theta_B=\frac{qa^2l}{12EI}$ $\theta_C=-\frac{qa^2}{6EI}(l+a)$	$y_C=-\frac{qa^3}{24EI}(3a+4l)$

例 13－3　简支梁受力如图 13－5(a)所示。试用叠加法求梁跨中点的挠度 y_C 和支座处横截面的转角 θ_A、θ_B。

解　梁上的载荷可以分为两项简单的载荷，如图 13－5(b)、(c)所示。由表 13－1 查出它们分别作用时的相应位移值，然后叠加求代数和。

$$y_C=y_{Cq}+y_{CM}=-\frac{5ql^4}{384EI}-\frac{M_0l^2}{16EI}$$

$$\theta_A=-\frac{ql^3}{24EI}-\frac{M_0l}{3EI}$$

$$\theta_B=-\frac{ql^3}{24EI}+\frac{M_0l}{6EI}$$

例 13－4　悬臂梁受力如图 13－6(a)所示，EI、l、F、q 为已知。试用叠加法求 y_B 和 θ_B。

解　将梁上载荷分解为图 13－6(b)、(c)两种受力形式的叠加，于是有 $y_B=y_{Bq}+y_{BF}$，查表得

$$y_{Bq}=-\frac{ql^4}{8EI},\quad y_{BF}=-\frac{Fl^3}{3EI}$$

所以

$$y_B=-\frac{ql^4}{8EI}-\frac{Fl^3}{3EI}$$

同理

$$\theta_B=\theta_{Bq}+\theta_{BF}=-\frac{ql^3}{6EI}-\frac{Fl^2}{2EI}$$

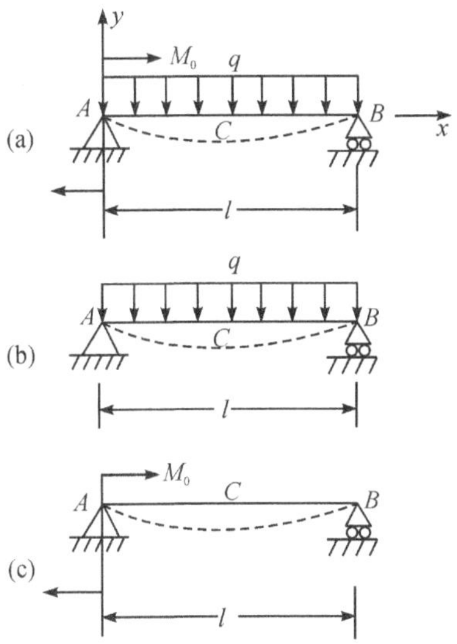

图 13 - 5

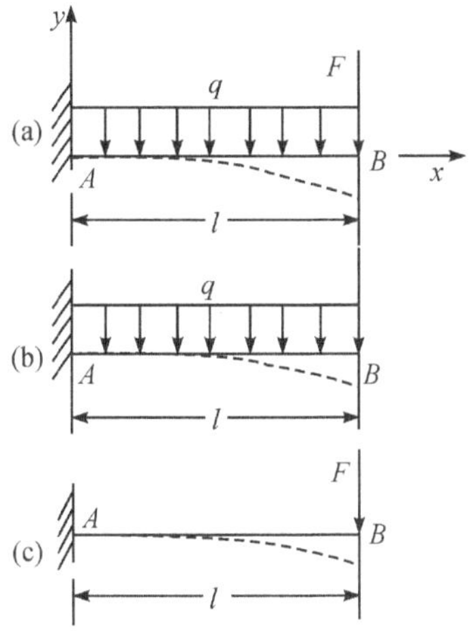

图 13 - 6

13.5　梁的刚度条件

为了确保机械的正常运转和结构物的安全，往往还要对由强度条件设计出的梁进行刚度校核，把梁的最大挠度与最大转角（或特定截面处的挠度与该截面的转角）限制在一定的范围之内，即满足梁的刚度条件

$$\left.\begin{aligned}|y_{\max}| &\leqslant [y] \\ |\theta_{\max}| &\leqslant [\theta]\end{aligned}\right\} \tag{13-19}$$

其中，$[y]$为梁的**许用挠度**，单位为 mm；$[\theta]$为梁的**许用转角**，单位为 rad；l 为梁的跨度，即支承间的距离。在各类工程设计中，根据梁的工作情况，$[y]$与$[\theta]$值有各种不同的规定，可由有关的规范查得，例如：

一般的轴	$[y]=(0.0003\sim0.0005)l$
刚度要求较高的轴	$[y]=0.0002l$
滑动轴承处	$[\theta]=0.001\ \text{rad}$
向心球轴承处	$[\theta]=0.005\ \text{rad}$
齿轮处	$[\theta]=(0.001\sim0.002)\text{rad}$

13.6　提高弯曲梁承载能力的合理途径

机械与结构设计的原则是在安全、可靠的条件下力求经济、美观。这就要求在满足强度与刚度条件的基础上，尽可能地节约材料，减小自重。由表 13 - 1 可见，梁的变形量与载荷成正比，与跨度 l 的高次方成正比，与截面惯性矩 I 成反比；又由强度条件式（12 - 13）可知，降低最大弯矩$|M|_{\max}$或增大抗弯截面系数 W 均能提高强度。由此可见，提高梁的承载能力，除合理地施加载荷和合理地安排支承位置，以减小弯矩和变形外，还应增大 I 和 W，以使梁的设计经济合理。

1. 合理设计截面形状

为了能够充分利用材料，工程上将梁的截面设计成工字形、箱形和圆管形等，由于它们均具有“空心、薄壁”的特点，故材料距中性轴较远，I 与 W 比面积（重量）相同的实心截面要大，故抗弯能力较好。例如 10 号工字钢的横截面积 $A=14.3\ \text{cm}^2$，而 $I=245\ \text{cm}^4$。具有相同面积的矩形截面（$h/b=2$）的 $I=34\ \text{cm}^4$，圆形截面的 $I=16.2\ \text{cm}^4$，分别相差 7 与 15 倍。

此外，合理的截面形状还应使截面上最大拉、压应力同时达到各自的许用值。对于抗拉、抗压强度相等的塑性材料，梁的截面应对称于中性轴（如工字形）；对于抗拉、抗压强度不等的脆性材料等，梁的截面不应对称于中性轴（图 13-7），其中性轴的位置可按下面的关系确定

$$\frac{\sigma_{+\max}}{\sigma_{-\max}}=\left(\frac{M_{\max}y_1}{I}\right)\Big/\left(\frac{M_{\max}y_2}{I}\right)=\frac{y_1}{y_2}=\frac{[\sigma_+]}{[\sigma_-]} \tag{13-20}$$

其中，$[\sigma_+]$和$[\sigma_-]$分别表示拉伸和压缩时的弯曲许用应力。

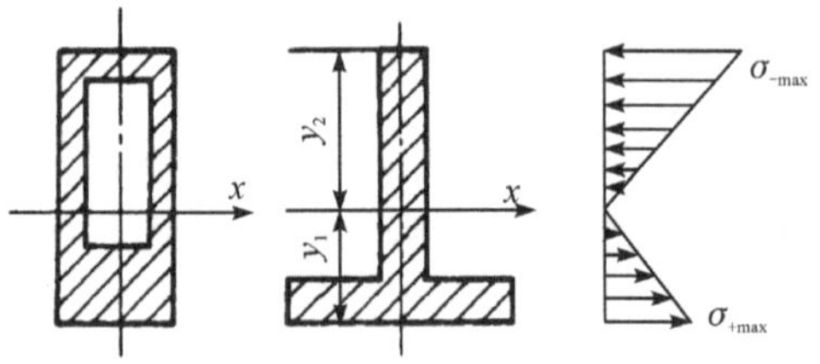

图 13-7

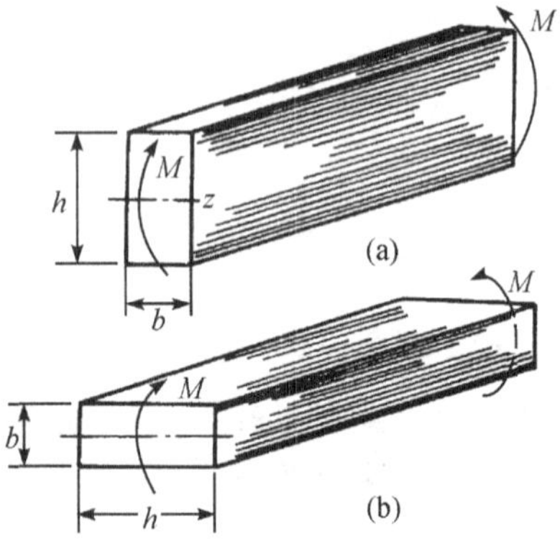

图 13-8

选用合理截面形状还应注意截面的合理安放位置，如图 13-8 中所示的尺寸及材料完全相同的两矩形截面梁，竖放时[图 13-8(a)] $W_1=bh^2/6$，横放时[图 3-8(b)] $W_2=b^2h/6$。设 $h/b=2$，则两者之比是 $W_1/W_2=h/b=2$，所以竖放比横放更为合理。

2. 采用变截面梁

等截面梁的截面尺寸是由最大弯矩决定的，故除 $M_{\max}$所在截面外，其余部分的材料并未得到充分的利用。为节省材料并减轻重量，可根据弯矩的变化规律设计成变截面的“等强度梁”。于是工程上就出现了图 13-9(a)所示的阶梯轴、图 13-9(b)所示的鱼腹梁、图 13-9(c)所示的汽车板簧和图 13-9(d)所示的飞机机翼梁等。等强度梁的设计原则是力求使每个截面上的最大正应力都等于许用值，即

$$\sigma_{\max}=M(x)/W(x)=[\sigma] \tag{13-21}$$

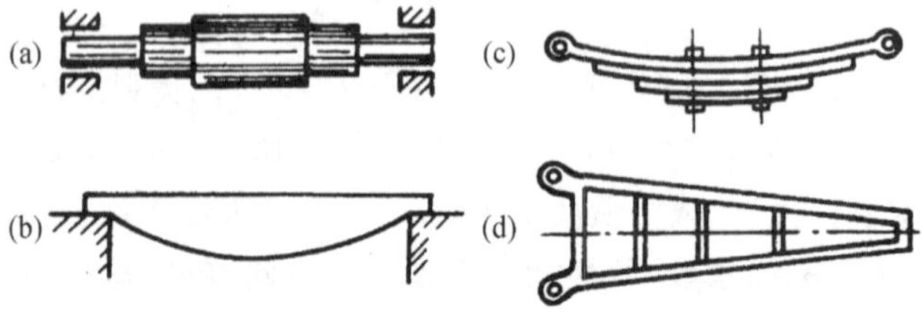

图 13-9

3. 合理地布置载荷和支承

改善梁的受力方式和约束情况，可降低梁上的最大弯矩。梁的最大弯矩不但与梁上的外力(载荷及约束反力)的大小有关，而且和载荷与支座的相对位置有关。例如，图 13－10(a)所示在跨度中点承受集中力的简支梁，其最大弯矩 $M_{max}=\frac{1}{4}Fl$；若把载荷 F 平移至左端 $\frac{1}{6}l$ 处，如图 13－10(b)所示，则最大弯矩降至 $\frac{5}{36}Fl$。由此可见，将载荷尽量靠近支座布置，可显著降低最大弯矩。在一些机械中，应尽可能地将齿轮、皮带轮布置在靠近轴承的位置上，以提高梁的强度。

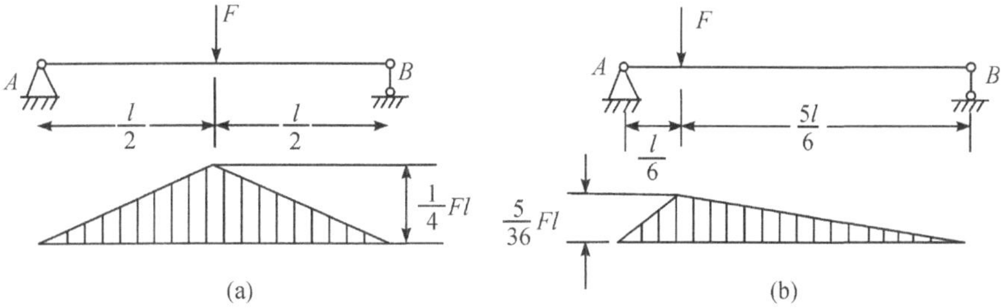

(a)　　(b)

图 13－10

某些情况下，改变加载方式，如在图 13－10 所示简支梁上设置一半跨长的副梁[图 13－11(a)]，或将集中载荷换成分布载荷[图 13－11 (b)]，都能有效地降低弯矩，提高强度。还可证明，梁的刚度也同时得到了明显的加强。

如果将图 13－11(b)所示均布载荷作用下的简支梁两端支座向里各移动 0.2l，如图 13－12 所示，则最大弯矩又可减小到前者的 1/5。也就是说，按图 13－12 布置支座，载荷还可提高四倍。由计算还可得到，最大挠度下降到前者的 1/13。可见，合理地布置支承，对改善梁的承载能力潜力很大。

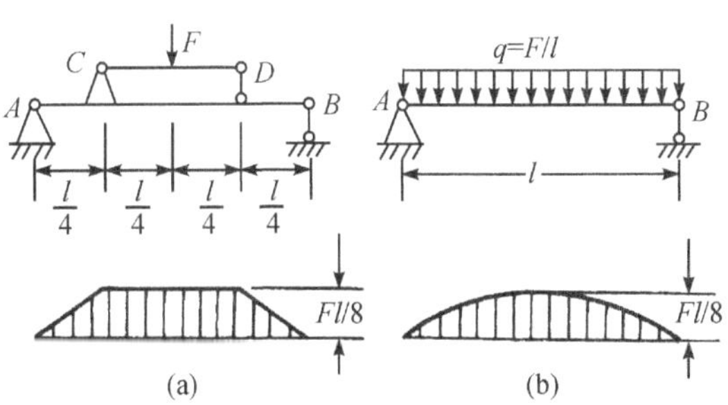

(a)　　(b)

图 13－11

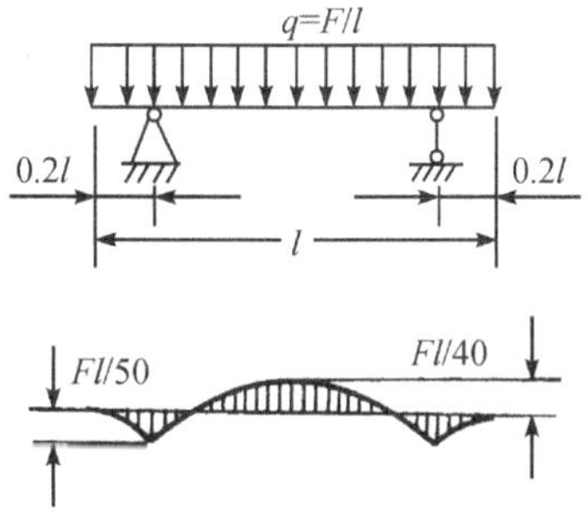

图 13－12

另外，载荷的方向对最大弯矩值也会产生影响。例如，一根轴受两个集中力作用，如图 13－13所示，若集中力的作用点不变，只是将其中一个力反向(相当于改变齿轮啮合点的位置)，两者的弯矩可相差两倍之多。

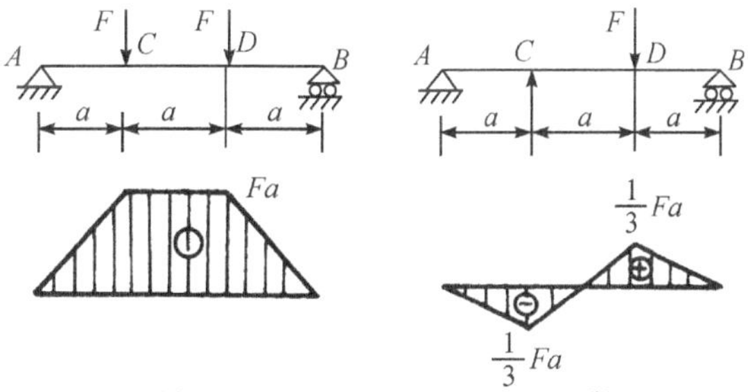

(a)　　(b)

图 13－13

4. 合理地使用材料

不同材料的力学性能不同，应尽量利用每一种材料的长处。例如混凝土的抗拉能力远低于它的抗压能力，在用它制造梁时，可在梁的受拉区域放置钢筋，组成钢筋混凝土梁，如图 13 - 14(a)所示。在这种梁中，钢筋承受拉力，混凝土承受压力，它们合理地组成一个整体，共同承受着载荷的作用。又如夹层梁，它由表层和芯子[图 13 - 14(b)]所组成。芯子通常为轻质低强度的填充材料，表层则为高强度的材料。这种梁既能大大降低自重，又有足够的强度和刚度。

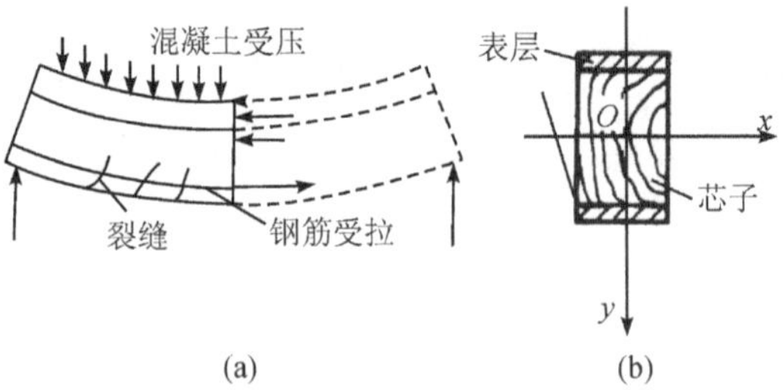

图 13 - 14

5. 减小跨度或增加支承

因梁的挠度与梁的跨度的高次方成正比，故减小跨度是提高梁的抗弯刚度的有效措施。例如图 13 - 11 (b)所示简支梁，若将跨度减小一半，则在原载荷不变的情况下，最大挠度可减小到原来的 1/16。

增加支座也是提高抗弯刚度的有效途径。例如，车削细长轴时，为了避免由于工件的弯曲变形而使车削出的轴有锥度，可在工件的自由端加装尾架顶针，精度可明显提高。减小跨度和增加支承还可降低 M_{max} 值，故在提高刚度的同时，也提高了强度。

由竹子结构看高层建筑设计的合理性

从力学角度考虑，竹子的每个竹节就相当于一个横向抗扭箱，抵抗水平方向上的扭矩，同时能大大提高竹子横向抗挤压和抗剪切的能力。竹子在风载作用下各段抵抗弯曲变形能力基本相同，相当于一种阶梯状变截面杆，是一种近似的“等强度杆”。而其下粗上细的特点也刚好适应下部弯矩大、上部弯矩小的需要，所以其在风雨中也不会折断受损。

可以这样想象，竹的纤维相当于混凝土中的钢筋，其它本质部相当于混凝土，引用仿生学原理，就可以将竹子结构的良好力学模型应用于高层建筑设计，从而建造出稳定性强，抗风、抗震能力好的高层建筑来。

13.7 简单超静定梁

如上所述，为了提高梁的刚度，可采用增加支座的方法。如图 13－15(a)所示简支梁，由于增加了中间支座，支反力由两个变为三个，但平衡方程只有两个，支反力不能由静力平衡条件唯一确定，这种梁就是**超静定梁**。由于支座 C 对于保持梁的静力平衡是“多余”的，故称它为“多余约束”。相应的支反力称为“多余约束力”。与拉压超静定问题类似，求解超静定梁的关键是寻找变形条件，建立补充方程。首先可解除多余约束并去掉载荷 q，使其变为静定梁，如图 13－15(b)所示，称为**静定基本系统**(简称**静定基**)；然后加上多余的约束力 F_C 和载荷 q，使其与原梁受力相同，如图 13－15(c)所示，称为相当系统。显然，相当系统的变形应和原梁完全相同，因此，要求相当系统在 C 处的挠度为零，即 $y_C=0$，这就是变形协调条件。若将多余约束力 F_C 看作载荷，则有 $y_C=f(q,F_C)$，代入变形条件便可建立补充方程，求出 F_C。这种方法称为变形比较法。下面举例说明。

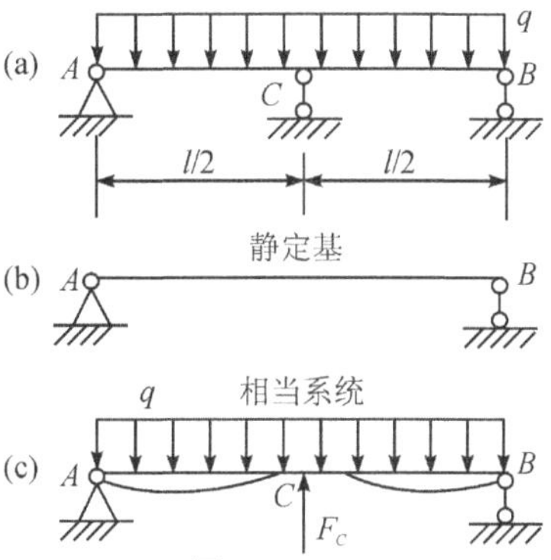

图 13－15

例 13－5　超静定梁受力如图 13－16(a)所示。已知均布载荷 q、梁长 l 和 EI，试求支反力。

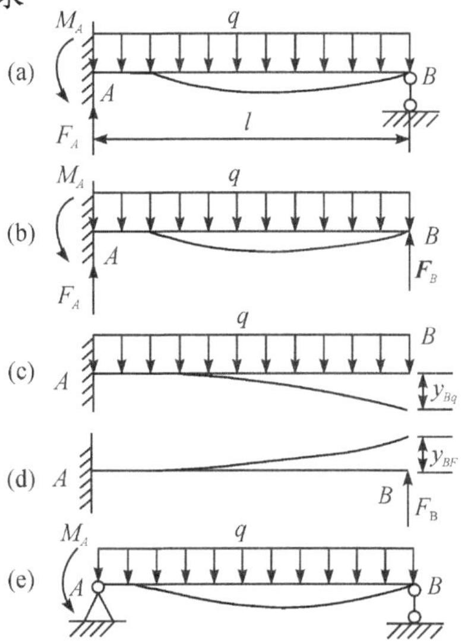

图 13－16

解　(1) 选 B 处支座为多余约束，建立相当系统如图 13－16(b)所示。

(2)列变形条件。比较相当系统和原结构的变形情况可知，B 处的挠度应为零。由叠加原理，B 点挠度是载荷 q 和未知力 F_B 产生的挠度 y_{Bq} 和 y_{BF} 的代数和[图 13－16(c)、(d)]，故变形条件为

$$y_B=y_{Bq}+y_{BF}=0 \tag{13-22}$$

(3)物理条件。由表 13－1 查得

$$y_{Bq}=-\frac{ql^4}{8EI}\ (\downarrow),\quad y_{BF}=\frac{F_Bl^3}{3EI}\ (\uparrow) \tag{13-23}$$

(4)将式(13－23)代入式(13－22)得补充方程

$$y_B=\frac{F_Bl^3}{3EI}-\frac{ql^4}{8EI}=0$$

解得

$$F_B=\frac{3}{8}ql$$

(5)A 处支反力可由静力平衡条件求得

$$F_A=ql-F_B=\frac{5}{8}ql\ (\uparrow)$$

$$M_A=\frac{ql^2}{2}-F_Bl=\frac{ql^2}{8}\ (\circlearrowright)$$

讨论:本例题的相当系统也可以取图 13－16(e)所示的简支梁。此时,多余约束是固定端的转动约束,多余约束力是集中力偶 M_A,变形条件是 $\theta_A=0$。

例 13－6　一实心钢轴的直径 $d=6$ cm,长 $l=20$ cm,弹性模量 $E=200$ GPa,装配时中间轴承偏离 AB 连线 $\delta=0.1$ mm,如图 13－17(a)所示。试求轴的装配应力。

解　(1)建立相当系统,列变形条件。解除支座 C,以支反力 F_C 为多余未知力,相当系统如图 13－17(b)所示。比较图 13－17(a)、(b)所示两梁在 C 处的变形,可得变形条件为

$$y_C=\delta \tag{13-24}$$

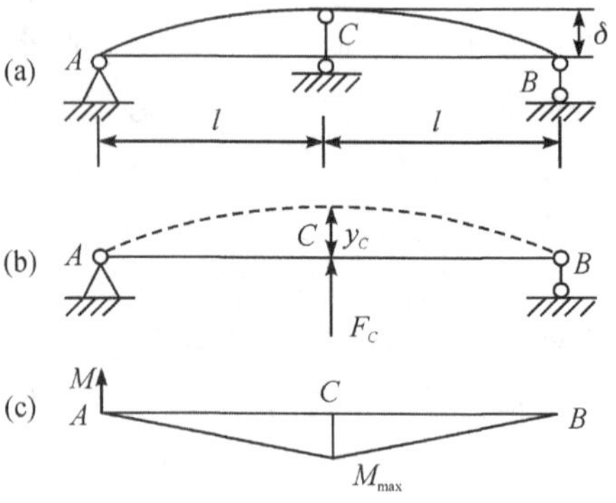

图 13－17

(2)求 F_C。查表 13－1 得图 13－17(b)梁在 C 处的挠度为

$$y_C=\frac{F_C\,(2l)^3}{48EI} \tag{13-25}$$

将式(13－25)代入式(13－24)得

$$F_C=\frac{6EI\delta}{l^3} \tag{13-26}$$

(3)应力计算。梁的弯矩图如图 13－17(c)所示,最大弯矩和最大正应力分别为

$$M_{max}=\frac{1}{2}F_C l=\frac{3EI}{l^2}\delta$$

$$\sigma_{max}=\frac{M_{max}}{W}=\frac{3E\delta}{l^2}\left(\frac{d}{2}\right)=\frac{3\times 200\times 10^9\times 0.1\times 10^{-3}}{0.2^2}\left(\frac{0.06}{2}\right)=45\text{ MPa}$$

讨论　(1)由此例可见,在超静定结构中微小的装配误差将产生可观的装配应力。因此,在设计超静定结构时,必须对制造和安装提出较高的精度要求。

(2)该题能否选择支座 A(或支座 B)作为多余约束?变形条件应如何建立?

思考题

思考 13－1　什么是梁的挠曲线、挠度和转角?它们之间有何关系?挠曲线近似微分方程(13－6)的应用条件是什么?

思考 13－2　用积分法求挠度和转角时,积分常数如何确定?它们的物理意义是什么?

思考 13－3　梁的刚度条件是什么?提高弯曲强度与刚度的主要措施有哪些?

思考 13－4　梁弯曲变形时,最大挠度是否一定发生在转角为零的截面上?最大转角是否一定发生在弯矩为零的截面上?试说明理由,并各举一例。

思考 13－5　例 13－1 中的悬臂梁可作为车刀车削工件时的计算简图。F 为切削力,当车刀移动时,进刀量相同,但工件的变形量不同,因而造成加工误差。试定性画出加工后工件的形状。在加工细长工件时为提高加工精度,可采取什么措施?

思考 13－6　两根不同材料制成的梁,其尺寸、形状、受力和支座情况完全相同,试问两梁的最大弯曲正应力和最大挠度是否相同?为什么?

习　题

13－1　用直接积分法求下列各梁的挠曲线方程和最大挠度。梁的抗弯刚度 EI 为已知。

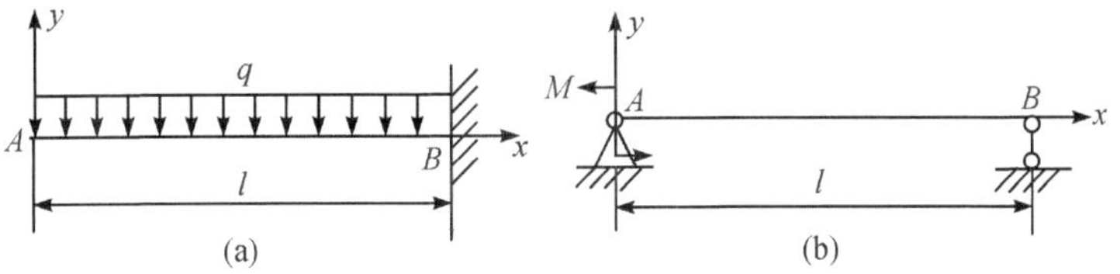

习题 13－1 图

13－2　写出下列各梁的边界条件，并根据弯矩图和支座情况画出挠度曲线的大致形状。

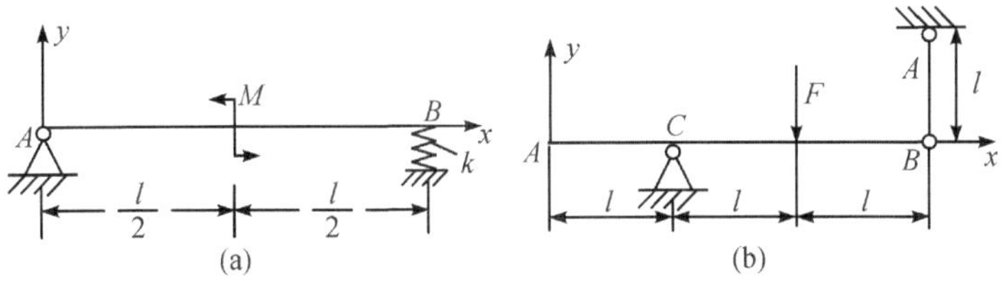

习题 13－2 图

13－3　用叠加法求下列各梁 C 截面的挠度和转角。梁的抗弯刚度 EI 为已知。

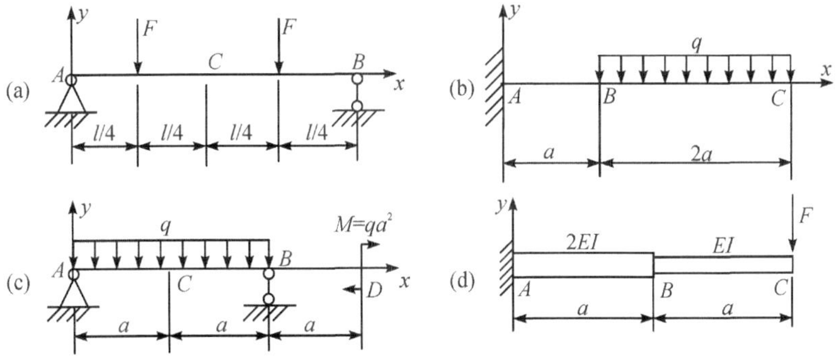

习题 13－3 图

13－4　图示简支梁由两根槽钢组成，已知 $l=4\ \text{m}$，$F=20\ \text{kN}$，$E=210\ \text{GPa}$，许用挠度 $[y]=l/400$，试按刚度条件选择槽钢的型号。

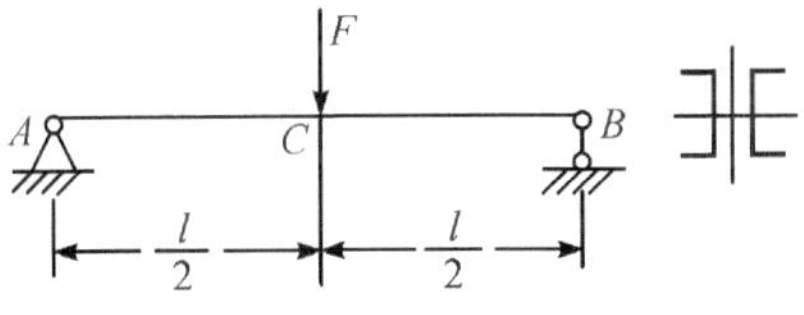

习题 13－4 图

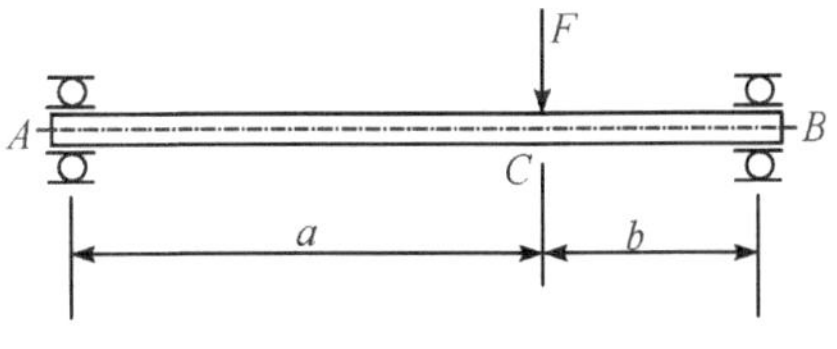

习题 13－5 图

13－5　图示实心圆截面轴，两端用轴承支撑，已知 $F=20\ \text{kN}$，$a=400\ \text{mm}$，$b=200\ \text{mm}$。轴承处许用转角 $[\theta]=0.05\ \text{rad}$，许用应力 $[\sigma]=60\ \text{MPa}$，材料弹性模量 $E=200\ \text{GPa}$，试确定轴的直径 d。

*13－6 试求图示各超静定梁的支反力，并作弯矩图。抗弯刚度 EI 为已知。

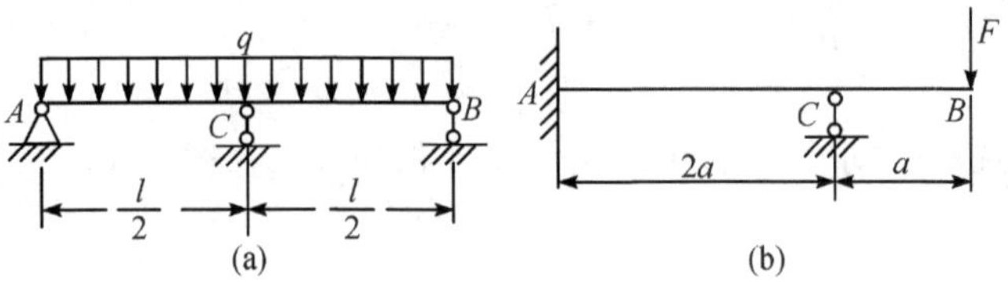

习题 13－6 图

第 14 章　组合变形

本章讨论工程中常见的拉压与弯曲、弯曲与扭转两种组合变形的应力分析和强度计算，其方法和步骤也适用于其它形式的组合变形。

14.1　概　述

构件在外力作用下同时产生两种或两种以上基本变形的变形，称为**组合变形**。如图 14－1(a)所示汽轮机叶片、图 14－1(b)所示建筑工程中的厂房牛腿形立柱，它们是拉伸(或压缩)与弯曲的组合变形；图 14－1(c)所示的皮带轮传动轴，承受的是弯曲和扭转的组合变形；图 14－1(d)所示的船舶螺旋桨轴，承受的是弯曲、扭转和压缩的组合变形。

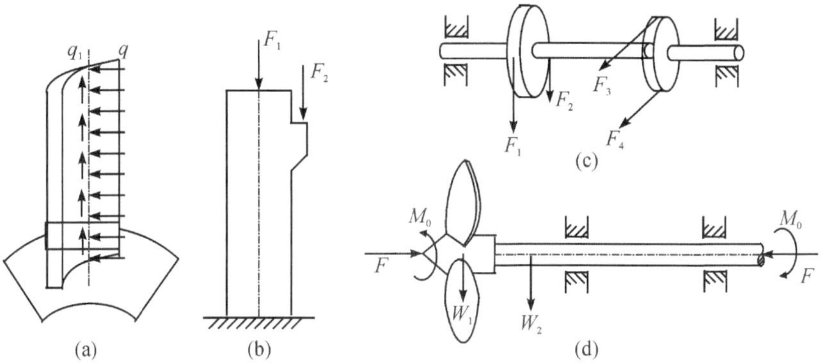

图 14－1

在线弹性、小变形条件下，组合变形中各个基本变形引起的应力和变形，可以认为是各自独立互不影响的，因此可运用叠加原理，分别计算各个基本变形的应力，然后再将同一截面同一点的应力叠加得到组合变形下的应力。

14.2　拉(压)与弯曲的组合变形

14.2.1　拉(压)与弯曲组合变形应力与强度计算

如图 14－2(a)所示的矩形截面悬臂梁，其自由端受轴向力 F_x 和横向力 F_y 作用。轴向力 F_x 使梁拉伸[图 14－2(b)]，横向力 F_y 使梁弯曲[图 14－2(c)]，因此它是轴向拉伸和弯曲的组合变形。

在 F_x 的作用下，各截面的轴力相同，$F_N=F_x$，横截面的应力均匀分布，如图 14－2(e)所示，其值为 $\sigma_{拉}=F_N/A$(A 为横截面面积)。横向力 F_y 所产生的弯矩在固定端最大，$M_{max}=F_y l$。

该截面上最大弯曲正应力发生在上、下边缘处，如图 14－2(f)所示，其值为 $\sigma_{弯}=M_{max}/W$。

由于变形很小，拉伸和弯曲变形各自独立，即轴力引起的正应力和弯曲引起的正应力互不影响，因此同一个截面上同一点的应力可以叠加。如图 14－2(d)所示。危险截面 B 上、下边缘处的最大正应力分别为

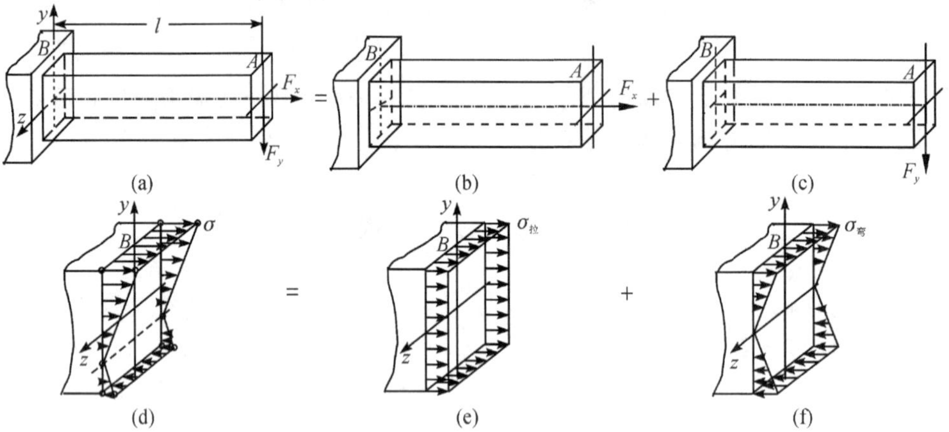

图 14－2

$$\sigma_{max}^{+}=\frac{F_N}{A}+\frac{M_{max}}{W},\qquad \sigma_{max}^{-}=\left|\frac{F_N}{A}-\frac{M_{max}}{W}\right| \tag{14-1}$$

不难推断，轴向压缩与弯曲组合变形时危险截面上的最大应力为

$$\sigma_{max}^{+}=-\frac{F_N}{A}+\frac{M_{max}}{W},\qquad \sigma_{max}^{-}=\left|-\frac{F_N}{A}-\frac{M_{max}}{W}\right| \tag{14-2}$$

截面上各点均处于单向拉压状态，所以对于轴向拉伸与弯曲组合变形的强度条件为

$$\left.\begin{aligned}\sigma_{max}^{+}&=\frac{F_N}{A}+\frac{M_{max}}{W}\leqslant[\sigma^{+}]\\ \sigma_{max}^{-}&=\left|\frac{F_N}{A}-\frac{M_{max}}{W}\right|\leqslant[\sigma^{-}]\end{aligned}\right\} \tag{14-3}$$

轴向压缩与弯曲组合变形的强度条件为

$$\left.\begin{aligned}\sigma_{max}^{+}&=-\frac{F_N}{A}+\frac{M_{max}}{W}\leqslant[\sigma^{+}]\\ \sigma_{max}^{-}&=\left|-\frac{F_N}{A}-\frac{M_{max}}{W}\right|\leqslant[\sigma^{-}]\end{aligned}\right\} \tag{14-4}$$

具体应用式(14－1)～式(14－4)计算时，式中各量均以绝对值代入。

例 14－1　简易摇臂吊车受力如图 14－3(a)所示，已知吊重 $F=8$ kN，$\alpha=30°$，横梁 AB 由 18 号工字钢组成，$[\sigma]=120$ MPa，试按正应力强度条件校核横梁 AB 的强度。

解　(1)外力分析。取横梁为研究对象，其受力如图 14－3(b)所示。拉杆 CD 对横梁的拉力 F_C 可分解为 F_{Cx} 和 F_{Cy}。轴向力 F_{Cx} 和 A 端的支反力 F_{Ax} 使横梁 AC 受压缩，而吊重 F、F_{Cy} 和 F_{Ay} 使梁发生弯曲变形，因此 AC 梁是压缩和弯曲的组合变形。由平衡条件可得 F_{Cx}、F_{Cy}、F_{Ax} 和 F_{Ay}，即

$$\sum M_A=0,\qquad F_{Cy}\times 2.5\ \text{m}-F\times 4\ \text{m}=0$$

得

$$F_{Cy}=12.8\ \text{kN}$$

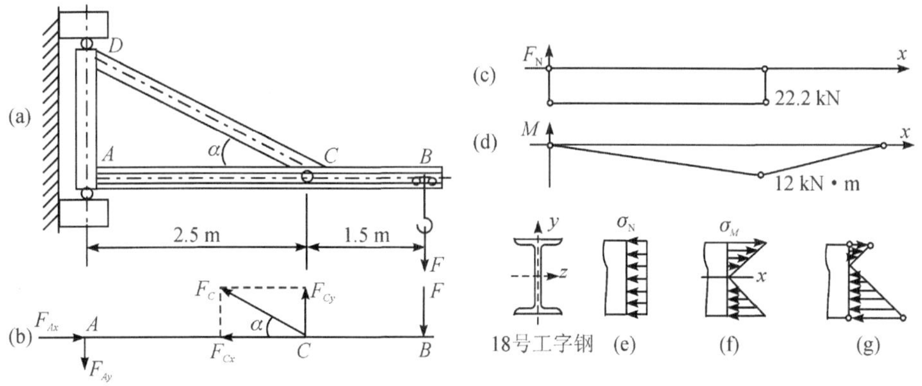

图 14－3

又　　$F_{Cx}=F_{Cy}\cot 30°=12.8\times 1.73=22.2\ \text{kN}$(压)

支座 A 的约束反力为　$F_{Ax}=F_{Cx}=22.2\ \text{kN}$，　$F_{Ay}=F_{Cy}-F=4.8\ \text{kN}$

(2)内力分析确定危险截面，分别计算每组外力引起的内力。作横梁 AB 的轴力图和弯矩图如图 14－3(c)、(d)所示。由图可知，C 截面为危险截面，其轴力和弯矩大小分别为

$$F_N=22.2\ \text{kN}\ ,\qquad M_{max}=M_C=12\ \text{kN}\cdot\text{m}$$

(3)应力分析确定危险点。C 截面上的压缩应力和弯曲应力的分布如图 14－3(e)、(f)所示。查型钢表可得 18 号工字钢的截面积和抗弯截面系数分别为 $A=30.6\ \text{cm}^2$，$W=185\ \text{cm}^3$。C 截面的压缩应力和最大弯曲应力分别为

$$\sigma_N=\frac{F_N}{A}=\frac{22.2\times 10^3\ \text{N}}{30.6\times 10^2\ \text{mm}^2}=7.26\ \text{MPa}\ ,\qquad \sigma_M=\frac{M}{W}=\frac{12\times 10^6\ \text{N}\cdot\text{mm}}{185\times 10^3\ \text{mm}^3}=64.9\ \text{MPa}$$

将 C 截面上的两种正应力叠加，如图 14－3(g)所示，显然下边缘各点是危险点，由式(14－2)计算最大压应力为

$$\sigma_{max}^{-}=\left|-\frac{F_N}{A}-\frac{M_{max}}{W}\right|=|-7.26-64.9|\ \text{MPa}=72.2\ \text{MPa}$$

(4)校核强度。根据式(14－4)，因为

$$\sigma_{max}^{-}=72.2\ \text{MPa}\leqslant[\sigma]=120\ \text{MPa}$$

所以横梁强度足够。

14.2.2　偏心拉(压)应力与强度计算

当轴向外力 F 的作用线与杆的轴线偏离时称为**偏心拉压**，如图 14－1(b)所示的厂房牛腿形立柱，杆的横截面上除轴力 F_N 外还有弯矩 M 存在，该弯矩称为**偏心弯矩**，所以偏心拉压也属于拉压与弯曲的组合变形。下面通过例题说明其应力和变形的分析方法。

例 14－2　图 14－4(a)所示为矩形截面的厂房立柱，若 $F_1=200\ \text{kN}$，$F_2=100\ \text{kN}$，自重不计，截面宽高分别为 b、h。试问 F_2 偏心距 e 为多少时 m—n 截面上不会产生拉应力？

解　(1)内力分析。通过截面法可知，立柱 m—n 截面上的内力如图 14－4(b)所示，内力分量分别为

$$F_N=F_1+F_2=300\ \text{kN},\qquad M=F_2e$$

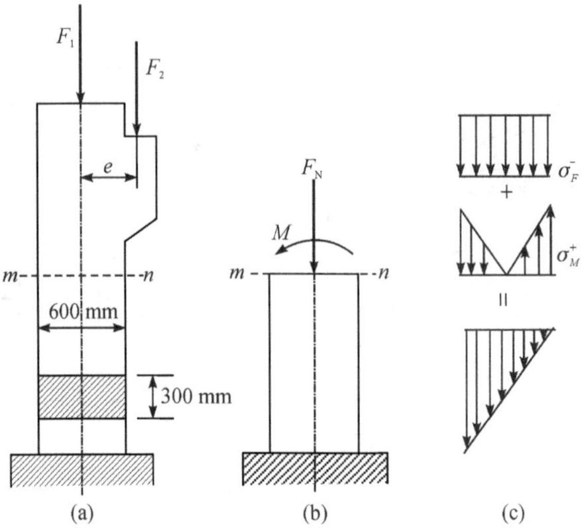

图 14-4

(2)应力分析。轴向压缩的正应力均匀分布,对称弯曲时呈线性分布[图 14-4(c)],且

$$\sigma_M^+ = \frac{M}{W} = \frac{6F_2 e}{bh^2}, \quad \sigma_F^- = \frac{F_N}{A} = \frac{F_1 + F_2}{bh}$$

(3)偏心距计算。由题意,m—n 截面上不会产生拉应力的条件为 $\sigma_M^+ = \sigma_F^-$,即

$$\frac{6F_2}{bh^2}e = \frac{F_1 + F_2}{bh}$$

解得

$$e = 30 \text{ mm}$$

14.3　弯曲与扭转的组合变形

传动轴、齿轮轴等轴类构件,在传递扭矩时,往往还同时发生弯曲变形,所以它们通常是弯曲与扭转组合变形的构件。下面以操纵手柄[图 14-5(a)]为例,说明这种组合变形下的应力和强度计算的方法。

手柄的 AB 段为等直圆杆,直径为 d,A 端的约束可视为固定端约束。现在讨论在集中力 F 作用下,AB 杆的受力情况。

(1)外力简化。将 F 向 AB 杆 B 端截面形心简化,AB 杆的受力简图如图 14-5(b)所示。根据变形的类型可将外力分为两组,一组是横向 F,使杆发生弯曲,一组是作用在杆端 yAz 平面内的力偶 Fa,使杆发生扭转,因此 AB 杆是弯曲和扭转的组合变形。

(2)内力分析确定危险截面。由截面法可知杆横截面上有弯矩 M 和扭矩 T。其扭矩图和弯矩图如图 14-5(c)、(d)所示。

显然 A 截面的内力最大,是危险截面,其扭矩和弯矩分别为

$$T = Fa, \quad M = Fl$$

(3)应力分析确定危险点。画出弯曲正应力 σ 和扭转切应力 τ 在危险截面上的分布,如图 14-5(e)所示,由图可知,在 A 点处截面的铅垂直径两端点 k_1、k_2 处,σ、τ 都达到最大,对于抗拉、压能力相等的构件,它们都是危险点。在 k_1 点用横截面、径向纵截面和同轴圆柱面取出单

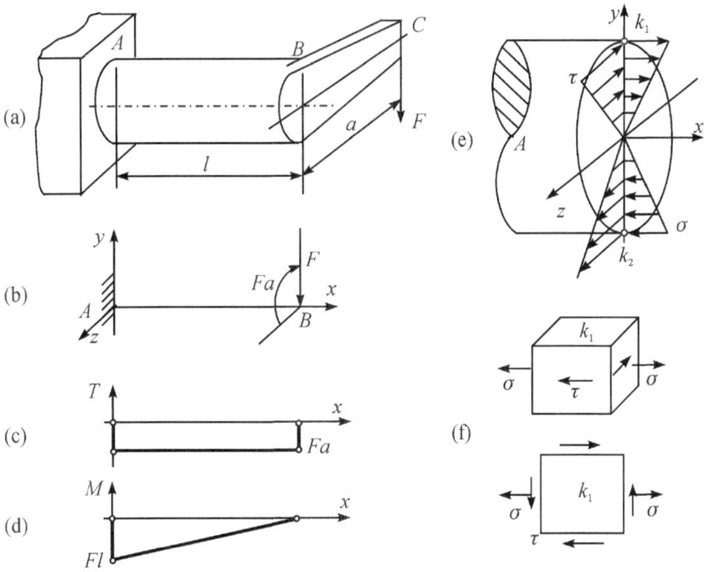

图 14 - 5

元体，受力如图 14 - 5(f)所示。该点的切应力和正应力可分别按扭转和弯曲应力公式计算，其值分别为

$$\tau = \frac{T}{W_p}, \quad \sigma = \frac{M}{W} \tag{14-5}$$

(4)强度计算。对于受弯、扭组合的圆轴，其危险点同时存在 σ、τ 时，显然不能采用应力叠加的方法(因为 σ 和 τ 的方向不同)，也不能分别按式(14 - 6)、(14 - 7)来进行强度计算

$$\sigma = \frac{M}{W} \leqslant [\sigma] \tag{14-6}$$

$$\tau = \frac{T}{W_p} \leqslant [\tau] \tag{14-7}$$

因为即使满足了上述两式，也不一定能保证构件的强度安全。这就引出了一个新问题：对于像 k_1、k_2 这种同时受 σ 和 τ 作用的危险点，强度条件应该如何建立？

经过长期的生产实践和科学实验，人们对于这种复杂受力的危险点提出了几种不同的强度理论，并建立了相应的强度条件。对于钢材等塑性材料，目前认为按第三强度理论(即最大切应力理论)或第四强度理论(即最大形状改变比能理论)较为接近实际。下面直接给出第三和第四强度理论的强度条件(推导从略)。

第三强度理论的强度条件是

$$\sigma_{r3} = \sqrt{\sigma^2 + 4\tau^2} \leqslant [\sigma] \tag{14-8}$$

第四强度理论的强度条件是

$$\sigma_{r4} = \sqrt{\sigma^2 + 3\tau^2} \leqslant [\sigma] \tag{14-9}$$

上两式中的 σ 和 τ 分别是危险点的正应力和切应力；σ_{r3} 和 σ_{r4} 分别称为第三强度理论和第四强度理论的**相当应力**，也就是说，在复杂受力的情况下，从强度观点考虑，其危险程度完全相当于应力值为 $\sigma_{r3} = \sqrt{\sigma^2 + 4\tau^2}$ 或 $\sigma_{r4} = \sqrt{\sigma^2 + 3\tau^2}$ 的简单拉伸的情况。

对于工程中常用的圆轴而言，将式(14 - 5)代入式(14 - 8)和(14 - 9)，并注意到 $W_p =$

2W，即可得到圆轴仅受弯扭组合变形时以内力表示的第三、第四强度理论条件分别为

$$\left.\begin{aligned}\sigma_{r3}&=\frac{1}{W}\sqrt{M^2+T^2}\leqslant[\sigma]\\\sigma_{r4}&=\frac{1}{W}\sqrt{M^2+0.75T^2}\leqslant[\sigma]\end{aligned}\right\}\qquad(14-10)$$

其中，M 和 T 分别为危险截面的弯矩和扭矩；W 为圆轴抗弯截面系数。利用上两式可省去应力计算，只要求出圆轴危险截面上的弯矩 M 和扭矩 T，就可直接写出强度条件。但应注意，如果圆轴除了受弯曲和扭转外，还兼有轴向拉伸或压缩，这时式(14－10)不再适用，而应采用公式(14－8)或式(14－9)，其中 σ 应是弯曲正应力和拉(压)应力之和。

例 14－3　由电动机带动的传动轴如图 14－6(a)所示。皮带轮重 $G=2$ kN，直径 $D=380$ mm，紧边拉力 $F_1=6$ kN，松边拉力 $F_2=4$ kN，轴的直径 $d=60$ mm，材料的许用应力 $[\sigma]=160$ MPa，试按第三强度理论校核该主轴强度。

解　(1)外力简化。将轮上皮带拉力向轴线简化。以作用在轴线的集中力 F 和转矩 M_0 来代替。轴的计算简图如图 14－6(b)所示。计入带轮的自重并根据力系简化理论，轴在 C 处所承受的横向力为

$$F=F_1+F_2+G=(6+4+2)\ \text{kN}=12\ \text{kN}$$

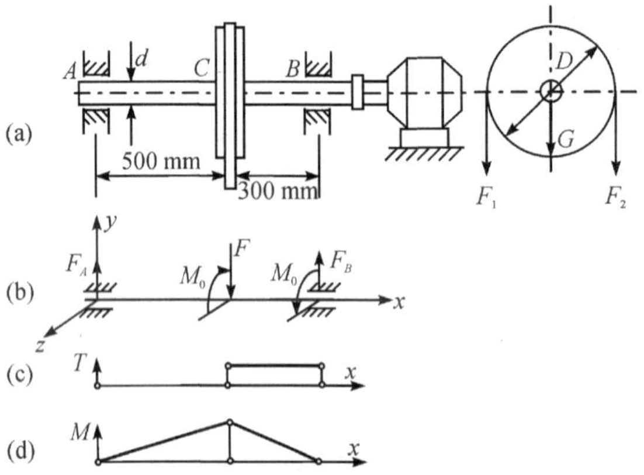

图 14－6

皮带拉力对轴所产生的转矩

$$M_0=(F_1-F_2)\times D/2=(6-4)\ \text{kN}\times 0.38\ \text{m}/2=0.38\ \text{kN}\cdot\text{m}$$

轴承反力由轴的平衡条件求得

$$F_A\times 0.8\ \text{m}=12\ \text{kN}\times 0.3\ \text{m},\qquad F_A=4.5\ \text{kN}$$

由受力简图 14－6(b)可知，横向力 F 使轴产生弯曲，而转矩 M_0 使轴的 BC 段发生扭转，因此它是弯曲和扭转的组合变形。

(2)内力分析确定危险截面。作轴的扭矩图、弯矩图如图 14－6(c)、(d)所示。由图可见 C 截面是危险截面，其弯矩和扭矩分别为

$$M_{max}=F_A\times 0.5\ \text{m}=4.5\ \text{kN}\times 0.5\ \text{m}=2.25\ \text{kN}\cdot\text{m}$$

$$T=M_0=0.38\ \text{kN}\cdot\text{m}$$

(3)强度计算。将 M_{max}、T 和 $W=\pi d^3/32$ 代入式(14－10)得第三强度理论的相当应力

$$\sigma_{r3}=\frac{1}{W}\sqrt{M_{max}^2+T^2}$$

$$= \frac{32}{\pi \times (60 \times 10^{-3}\ \text{m})^3} \sqrt{(2.25\ \text{kN}\cdot\text{m})^2 + (0.38\ \text{kN}\cdot\text{m})^2} \times 10^3$$

$$= 108\ \text{MPa} < [\sigma]$$

所以轴的强度足够。

例 14－4　圆盘铣刀机刀杆 AB 受力如图 14－7(a)所示，电动机的驱动力矩为 M_0，铣刀片直径 $D = 90$ mm，铣刀切向切削力 $F_1 = 2.2$ kN，径向切削力 $F_2 = 0.7$ kN，$a = 160$ mm，刀杆材料的许用应力 $[\sigma] = 80$ MPa，试按第四强度理论设计刀杆的直径 d。

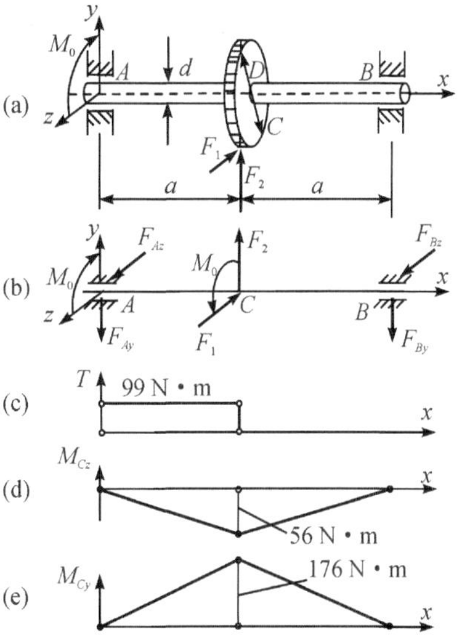

图 14－7

解　(1)外力简化。将刀片上的径向切削力 F_2 滑移到轴线上，切向切削力 F_1 向轴线简化，以集中力 F_1 和转矩 M_0 来代替。轴的计算简图如图 14－7(b)所示。

轴承反力由轴的平衡条件求得

$$F_{Ay} = F_{By} = F_2/2 = 0.35\ \text{kN}$$

$$F_{Az} = F_{Bz} = F_1/2 = 1.1\ \text{kN}$$

转矩由力的平移定理求得

$$M_0 = F_1 \times D/2 = 2.2\ \text{kN} \times 0.09\ \text{m}/2 = 0.099\ \text{kN}\cdot\text{m}$$

由图 14－7(b)可知，横向力 F_2 和 F_1 分别引起刀杆在 xAy 平面和 xAz 平面内产生弯曲，而转矩 M_0 使杆的 AC 段发生扭转，因此它是两个平面弯曲和扭转的组合变形。

(2)内力分析确定危险截面。作轴的扭矩图、弯矩图如图 14－7(c)、(d)、(e)所示。由图可见 C 截面是危险截面，其弯矩和扭矩分别为

$$M_{Cz} = F_{Ay} \times a = 0.35\ \text{kN} \times 0.16\ \text{m} = 0.056\ \text{kN}\cdot\text{m} = 56\ \text{N}\cdot\text{m}$$

$$M_{Cy} = F_{Az} \times a = 1.1\ \text{kN} \times 0.16\ \text{m} = 0.176\ \text{kN}\cdot\text{m} = 176\ \text{N}\cdot\text{m}$$

$$T = M_0 = 0.099\ \text{kN}\cdot\text{m} = 99\ \text{N}\cdot\text{m}$$

(3)强度计算。对于圆轴，危险截面 C 上两个相互垂直的弯矩可按矢量合成为一个合成弯矩，其作用平面仍在圆轴的纵向对称平面内，所产生的弯曲仍是平面弯曲。因此，圆轴弯扭组合变形的强度计算公式(14－10)可以直接应用。

危险截面 C 的合成弯矩

$$M_C = \sqrt{M_{Cy}^2 + M_{Cz}^2} = \sqrt{176^2 + 56^2}\ \text{N}\cdot\text{m} = 185\ \text{N}\cdot\text{m}$$

将 M_C 和 T 代入式(14－10)有

$$\sigma_{r4} = \frac{1}{W}\sqrt{M_C^2 + 0.75T^2} = \frac{32}{\pi d^3}\sqrt{185^2 + 0.75 \times 99^2}\ \text{Pa} \leqslant [\sigma] = 80 \times 10^6\ \text{Pa}$$

由此求得　$d \geqslant 2.96$ cm

为了加工方便，取　$d = 30$ mm

思考题

思考 14－1　如何求解组合变形问题？根据什么原理？其具体步骤是什么？

思考 14-2　构件发生拉(压)弯曲组合变形时,其横截面上有些什么内力和应力?危险点的受力状态如何?是否需要应用强度理论建立强度条件?

思考 14-3　钢制压力机立柱为箱形截面,在拉弯组合变形时,图示四种截面形状哪一种最合理?

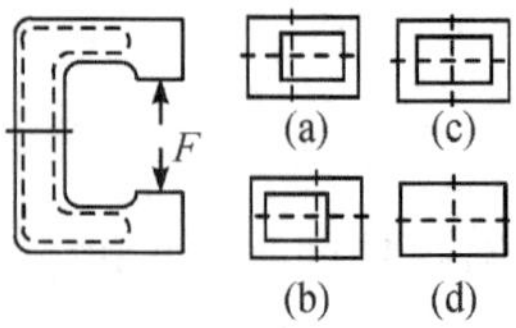

思考 14-3 图

思考 14-4　按第三强度理论得到的弯扭组合变形的下列两个强度条件,适用范围有何区别?

$$\sigma_{r3} = \sqrt{\sigma^2 + 4\tau^2} \leqslant [\sigma], \qquad \sigma_{r3} = \sqrt{M^2 + T^2}/W_z \leqslant [\sigma]$$

习　题

14-1　试分析下列构件在指定截面 A 的内力分量(判断基本变形)。

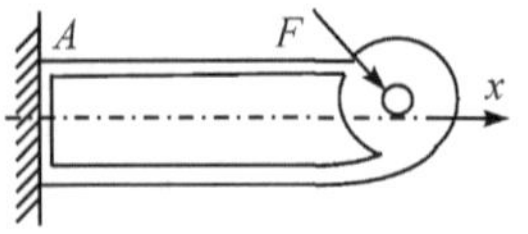

(a) 机械构件

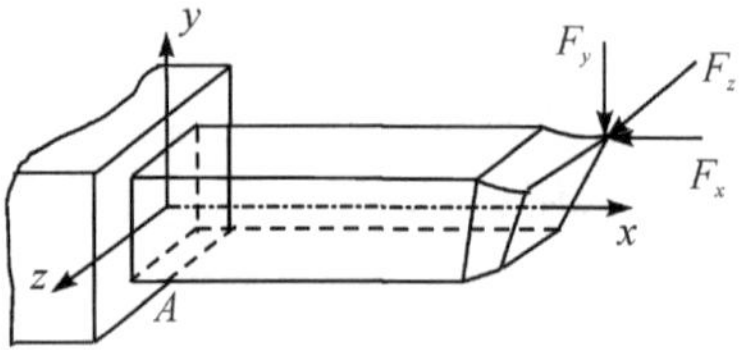

(b) 车刀

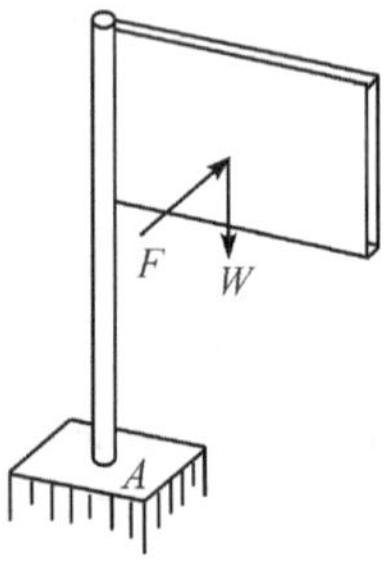

(c) 广告牌

习题 14-1 图

14-2　图示起重架的最大起吊重量(包括小车)为 $F=40$ kN,横梁 AB 由两根 18 号槽钢组成,$[\sigma]=120$ MPa,试校核横梁强度。

14-3　拆卸工具的勾爪受力如图,已知两侧爪臂截面为矩形,图中尺寸单位为 mm,$[\sigma]=180$ MPa,试按爪臂强度条件确定拆卸时的最大顶力 F。

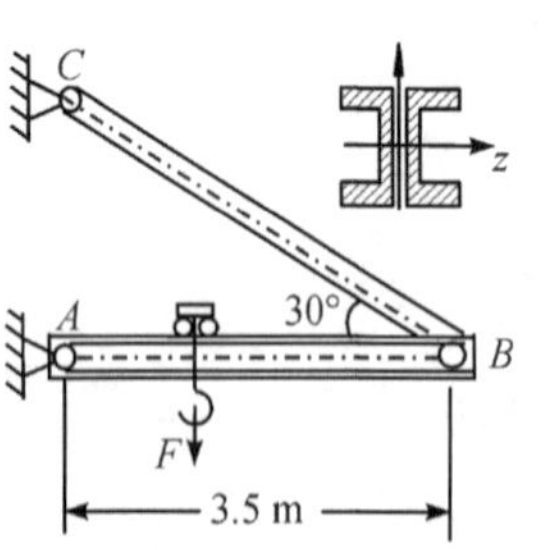

习题 14-2 图

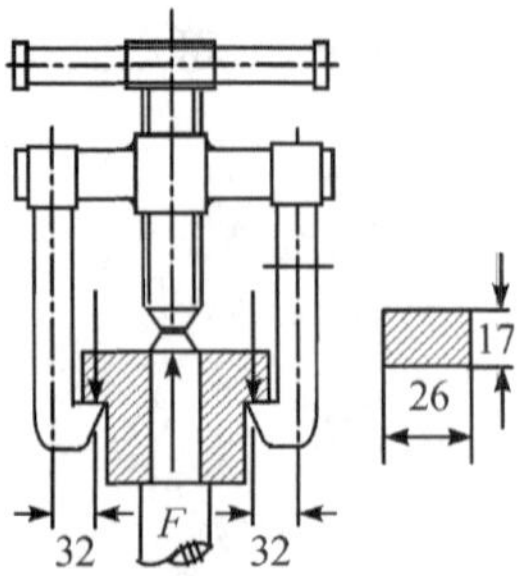

习题 14-3 图

14-4　压力机框架为铸铁材料,$[\sigma^+]=30$ MPa,$[\sigma^-]=80$ MPa,立柱截面尺寸如图所示,试校核框架立柱的强度。(图中尺寸单位为 mm)

14-5　图示矩形截面杆偏心受拉,由实验测得两侧的纵向应变分别为 ε_1 和 ε_2,试求偏心距 e。

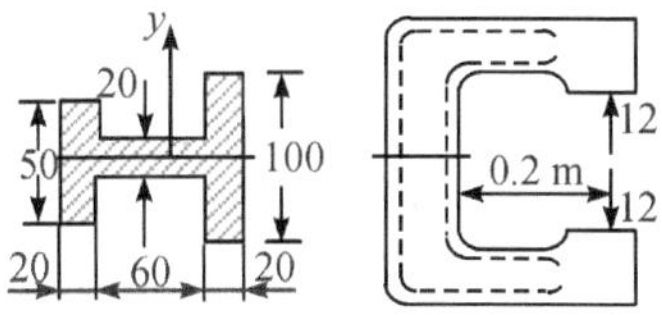

习题 14 - 4 图

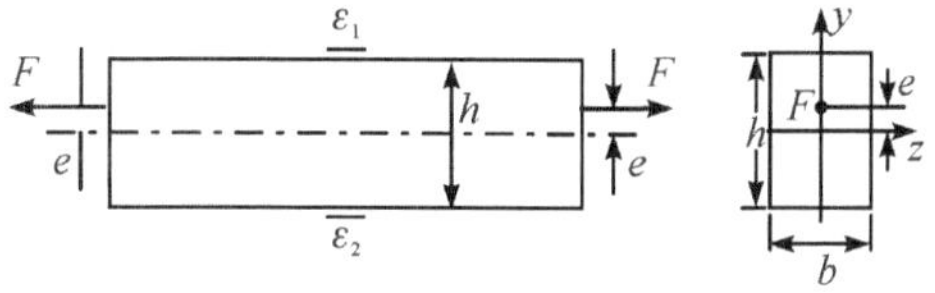

习题 14 - 5 图

14 - 6　求图示矩形截面杆固定端 A、B、C、D 四点的正应力。

14 - 7　电动机工作时的最大转矩 $M_0 = 120$ N · m，轴可简化为长度 $l = 120$ mm 的悬臂梁，轴的直径 $d = 40$ mm，皮带轮直径 $D = 250$ mm，皮带张力 $F_1 = 2F_2$，$[\sigma] = 60$ MPa，用第三强度理论校核该轴的强度。

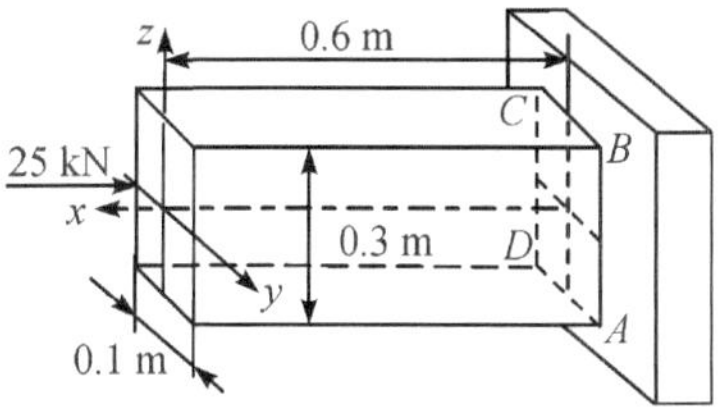

习题 14 - 6 图

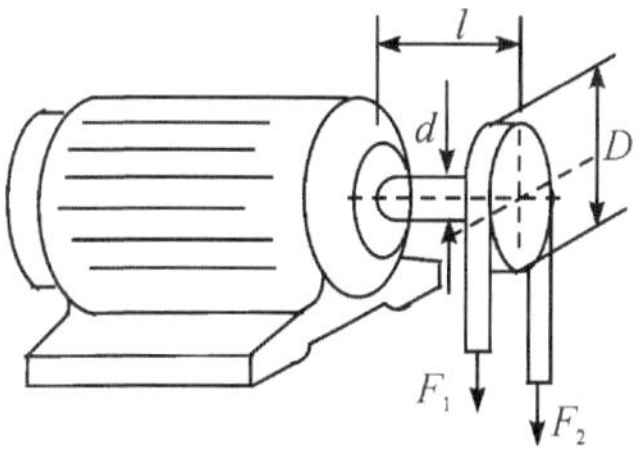

习题 14 - 7 图

14 - 8　齿轮轴受力如图所示，M_0 为电动机驱动转矩，已知 $[\sigma] = 100$ MPa，按第三强度理论确定轴的直径 d(图中尺寸单位为 mm)。

14 - 9　传动轴受力如图所示，M_0 为电动机驱动转矩，皮带轮自重 $G = 5$ kN，轴直径 $d = 80$ mm，已知 $[\sigma] = 80$ MPa，按第四强度理论校核轴的强度。(图中尺寸单位为 mm)

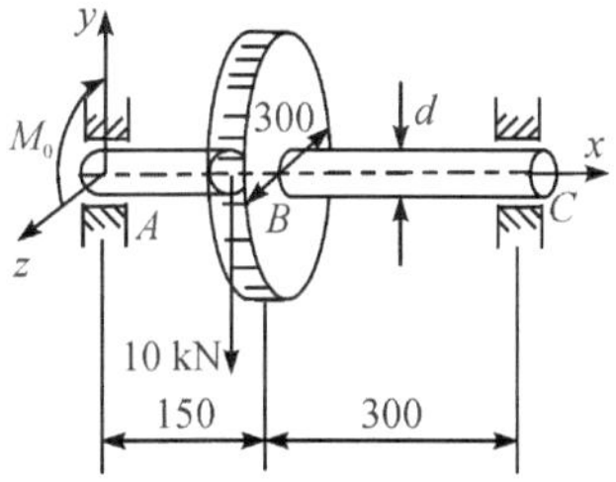

习题 14 - 8 图

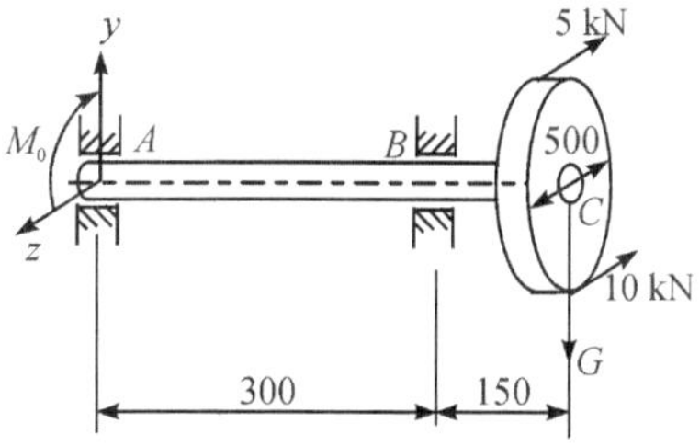

习题 14 - 9 图

第 15 章　压杆的稳定性

为确保构件的安全承载，工程中常用的受压细长杆件在必须满足强度条件的同时，一般还必须进行稳定性校核。本章只讨论压杆的稳定计算问题，但其中的一些基本概念和分析问题的方法，是研究其它稳定问题的基础。

15.1　压杆稳定的概念

前面在讨论直杆受压时，认为直杆在外力作用下，其轴线直到破坏始终保持为直线，在这种稳定的平衡形式下，杆的破坏是由于强度不足而引起的。

实际上，只有短而粗的压杆的承载能力才取决于材料的强度。对于受压的细长直杆，往往在载荷远未达到强度破坏的数值时，就有可能突然变弯而丧失平衡的稳定性，即发生失稳现象。

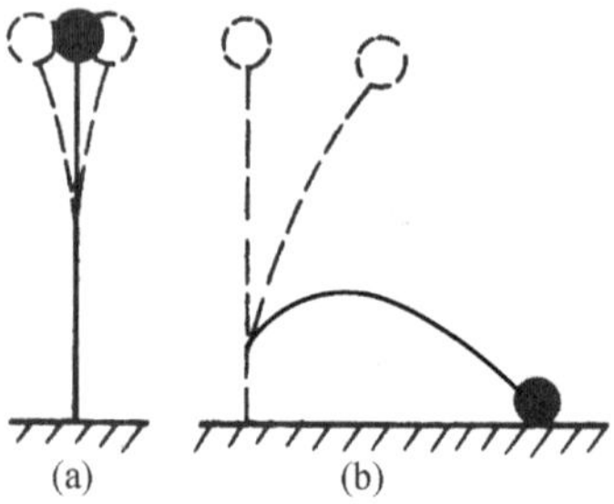
图 15－1

例如直径为 3.5 mm、长度为 850 mm、材料为 Q235 钢的杆件，将其下端固定，上端装一重为 4 N 的荷重。若在上端加一微小的横向力，使杆端稍有偏移，当横向微力除去后，杆就会在原来的位置附近摆动[图 15－1(a)]，最后回到原来的平衡状态，此时杆处于稳定平衡状态。若将装在杆上端的荷重增加到 6 N，这时钢杆就会被压弯，并迅速倒下，如图 15－1(b)所示。然而压弯前杆截面上的应力却只有

$$\sigma = \frac{F_N}{A} = \frac{6\ \text{N}}{\frac{\pi}{4}\times(3.5\ \text{mm})^2} = 0.624\ \text{MPa}$$

显然该数值远小于 Q235 钢的屈服极限($\sigma_s = 235$ MPa)。这说明细长杆丧失承载能力并非因强度不够，而是由于失稳所致。

实验指出，当细长压杆所受的轴向压力 F 较小时，压杆轴保持直线形状的平衡是稳定的。当压力 F 增大到某一定值时，压杆受到微小扰动就会失去其原来的直线平衡状态，从而表明此时压杆的平衡是不稳定的。压杆从稳定平衡过渡到不稳定平衡所对应的轴向压力称为**临界力**，用 F_{cr} 表示。即当 $F < F_{cr}$ 时，压杆保持稳定；当 $F \geqslant F_{cr}$ 时，压杆将发生失稳。

不仅压杆会发生失稳。截面的高度远大于宽度的梁，当载荷达到临界值时发生侧向弯曲[图 15－2(a)]；受压的薄壁圆筒[图 15－2(b)]，当载荷达到临界值时也会出现皱褶[图 15－2(c)]。这些都是

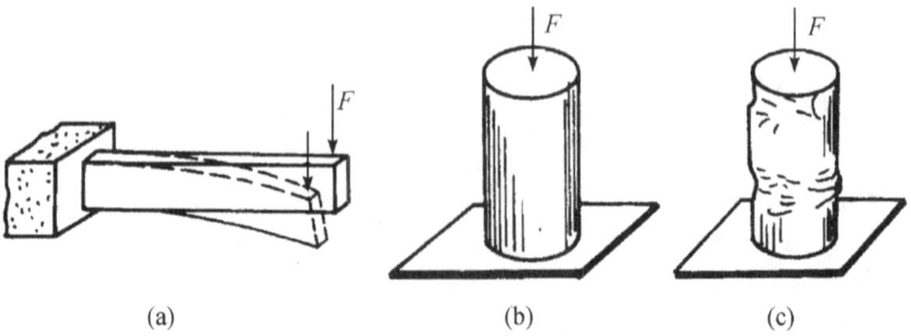

图 15－2

失稳的例子。

15.2　临界力的计算

由上述讨论可知，压杆稳定性的丧失，是由于承受的轴向力达到或超过临界力 F_{cr} 而造成的，因此，研究压杆稳定性的关键是临界力 F_{cr} 的确定。由实验知，临界力与下述因素有关。

1）材料

在压杆几何尺寸与杆端约束相同的情况下，临界力 F_{cr} 与材料的弹性模量 E 成正比。

2）横截面的尺寸与形状

在材料、杆长及约束相同的情况下，临界力 F_{cr} 与压杆惯性矩 I 成正比。

显然细长杆在轴向压力作用下发生的弯曲与梁在横向力作用下发生的弯曲，在本质上是不同的。前者是由于压杆原有直线平衡形状的变化而突然发生的；后者是横向力引起的正常变形，并发生在整个受力过程中。但二者又有共同点，即都是由直变弯。杆件抵抗弯曲变形的能力，是以抗弯刚度 EI 衡量的。因此抗弯刚度愈大，愈不易变弯。临界力 F_{cr} 与抗弯刚度 EI 成正比。

3）杆长

在其它条件相同的情况下，临界力 F_{cr} 与压杆长度 l 的平方成反比。

4）约束情况

在其它条件相同的情况下，杆端约束愈牢固，压杆愈不易丧失稳定，临界力也就愈大。例如在固定铰支座处，杆只能转动，不能移动；在固定端处既不能转动，又不能移动。所以后者比前者的约束牢固，临界力较大。

综上所述，在比例极限内，压杆的临界力与上述各因素之间的关系如下

$$F_{cr} = \frac{\pi^2 EI}{(\mu l)^2} = \frac{\pi^2 EI}{L^2} \tag{15-1}$$

此式称为**欧拉公式**，其中 μ 称为长度系数，其值与压杆的约束情况有关，可从表 15－1 中查得；$L=\mu l$ 称为计算长度。

表 15－1　压杆的长度系数

约束情况	一端自由，一端固定	两端铰支（球铰）	一端固定，一端只能移动，不能转动	一端铰支（球铰），一端固定	两端固定
失稳时挠度曲线形状	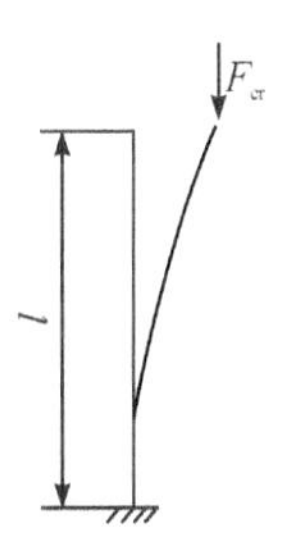	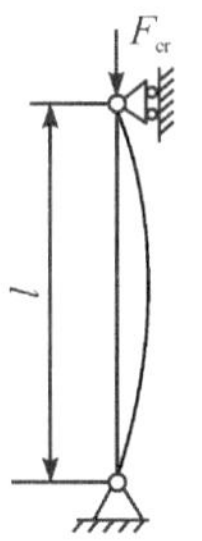		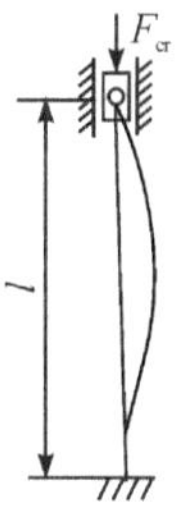	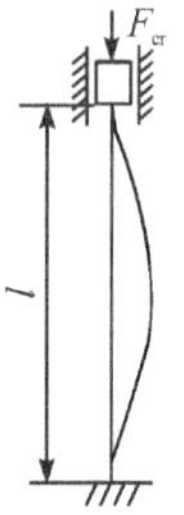
μ	2	1	1	0.7	0.5

例 15-1 压杆如图 15-3 所示。杆的截面为矩形，尺寸 $h=4$ cm，$b=2$ cm，长度 $l=100$ cm，$E=210$ GPa。杆的一端固定，另一端自由。试计算此压杆的临界力。

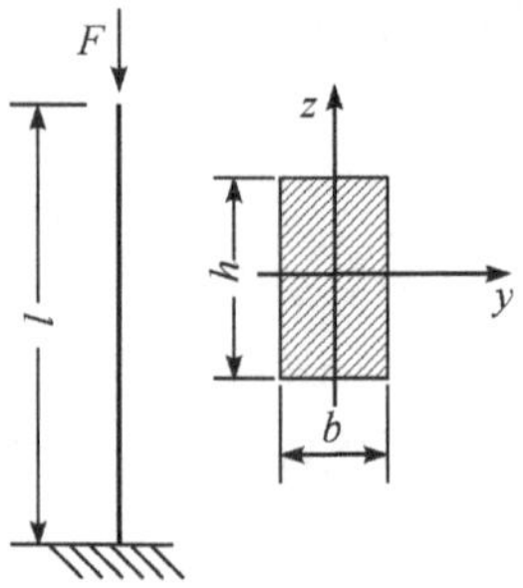

图 15-3

解 (1)确定长度系数 μ 并计算惯性矩 I。由表 15-1 查得 $\mu=2$，故计算长度为

$$L=\mu l=2\times 100\ \text{cm}=200\ \text{cm}=2\ \text{m}$$

压杆截面积为矩形，因此对于轴 y 和 z 的惯性矩为

$$I_y=\frac{bh^3}{12}=\frac{2\times 4^3}{12}\ \text{cm}^4$$

$$\approx 10.67\ \text{cm}^4=10.67\times 10^{-8}\ \text{m}^4$$

$$I_z=\frac{hb^3}{12}=\frac{4\times 2^3}{12}\ \text{cm}^4\approx 2.67\ \text{cm}^4=2.67\times 10^{-8}\ \text{m}^4$$

(2)计算临界力。因临界力与 EI 成正比，当压杆横截面对两个轴的惯性矩不相等时，必定绕惯性矩较小的轴发生失稳，所以

$$F_{cr}=\frac{\pi^2 EI_z}{(\mu l)^2}=\frac{3.14^2\times 210\times 10^9\times 2.67\times 10^{-8}}{2^2}\ \text{N}=13821\ \text{N}=13.82\ \text{kN}$$

可见，当杆横截面的惯性矩不相等时，临界力计算中应取小的惯性矩。

15.3 压杆的临界应力与临界应力总图

15.3.1 压杆的临界应力

当外加压力等于临界力 F_{cr}时，压杆横截面上的平均应力称为**临界应力**，用 σ_{cr}表示，即

$$\sigma_{cr}=\frac{F_{cr}}{A}=\frac{\pi^2 EI}{(\mu l)^2 A}$$

若将惯性矩以 $I=i^2A$ 代入上式，得

$$\sigma_{cr}=\frac{\pi^2 E}{(\mu l)^2}\cdot i^2=\frac{\pi^2 E}{\lambda^2} \tag{15-2}$$

式(15-2)称为**欧拉临界应力公式**，式中

$$i=\sqrt{\frac{I}{A}} \tag{15-3}$$

称为截面图形的**惯性半径**

$$\lambda=\frac{\mu l}{i} \tag{15-4}$$

称为压杆的**柔度**。λ 是一个无量纲的量，它综合地反映了杆端约束情况、杆的长度及横截面的形状、尺寸结构等因素对临界应力的影响。对于一定材料制成的压杆，π^2E 是常数，因此，压杆临界应力仅与柔度有关：λ 越大，σ_{cr}就越小，即越易失稳。

15.3.2 压杆的临界应力总图

由实验分析可知，只有当临界应力 σ_{cr}不超过材料的比例极限 σ_p时，欧拉公式才适用。

即

$$\sigma_{cr} = \frac{\pi^2 E}{\lambda^2} \leqslant \sigma_p$$

或

$$\lambda \geqslant \sqrt{\frac{\pi^2 E}{\sigma_p}} = \lambda_p \tag{15-5}$$

可见，λ_p仅与材料性质有关。只有当 $\lambda \geqslant \lambda_p$时，欧拉公式才是正确的。$\lambda \geqslant \lambda_p$的压杆，称为**细长杆**或**大柔度杆**。大柔度杆的破坏是由弹性范围内的失稳所致。

试验表明，当压杆的柔度小于某一数值 λ_s时，其破坏与否主要决定于强度，它的承压能力由杆件的抗压强度决定。$\lambda \leqslant \lambda_s$的压杆，称为**短粗杆**或**小柔度杆**。这时，对于由塑性材料制成的压杆，其临界应力 σ_{cr}为

$$\sigma_{cr} = \sigma_s \tag{15-6}$$

在工程实际中，常见压杆的柔度往往界于 λ_s和 λ_p之间，即 $\lambda_s < \lambda < \lambda_p$，这类压杆称为**中长杆**或**中柔度杆**。试验指出，中长杆受压失稳是超过比例极限的弹塑性失稳，此时的欧拉公式不再适用。在工程中通常按经验公式进行计算，如直线公式或抛物线公式等。计算临界应力的直线公式为

$$\sigma_{cr} = a - b\lambda \tag{15-7}$$

其中，常数 a、b 只与材料的力学性质有关，其单位为 MPa。几种常用材料的 a、b、λ_p和 λ_s值如表 15 - 2 所示。

表 15 - 2　常用材料 a、b、λ_p 和 λ_s 值

材料	a/MPa	b/MPa	λ_p	λ_s
碳钢 Q235 σ_s=235 MPa，$\sigma_b \geqslant$372 MPa	304	1.12	104	61.4
优质碳钢 σ_s=306 MPa，$\sigma_b \geqslant$470 MPa	460	2.57	100	60
硅钢 σ_s=353 MPa，$\sigma_b \geqslant$510 MPa	577	3.74	100	60
铬钼钢	980	5.29	55	—
硬铝	392	3.26	50	—
铸铁	332	1.45	80	—
松木	39.2	0.2	59	—

综上所述，可将压杆按其柔度值分为三类，并分别按不同公式确定临界应力，从而进一步求得临界力：

（1）细长杆（即大柔度杆，$\lambda \geqslant \lambda_p$）用欧拉公式

$$\sigma_{cr} = \frac{\pi^2 E}{\lambda^2}$$

（2）中长杆（即中柔度杆，$\lambda_s < \lambda < \lambda_p$）用直线公式

$$\sigma_{cr} = a - b\lambda$$

（3）短粗杆（即小柔度杆，$\lambda \leqslant \lambda_s$）用压缩强度公式

$$\sigma_{cr} = \sigma_s$$

对于塑性材料制成的压杆，其临界应力随柔度变化的曲线，可由图 15 - 4 所示的临界应力总图来表示。

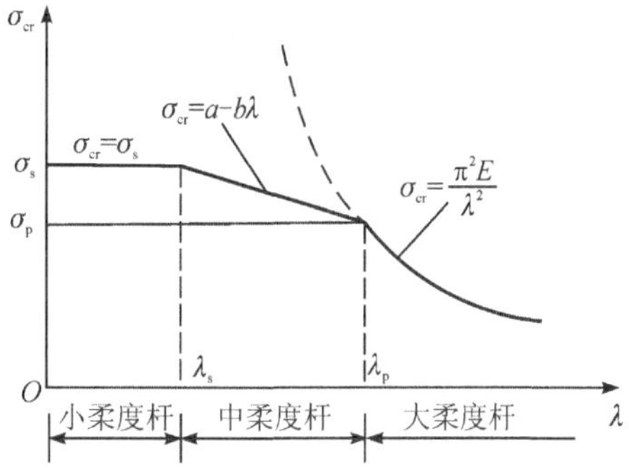

图 15 - 4

15.4　压杆稳定计算

为了保证细长杆有足够的稳定性，轴向压力 F 必须满足下列稳定条件：

$$F \leqslant \frac{F_{cr}}{[n_c]} \tag{15-8}$$

或

$$n_c = \frac{F_{cr}}{F} \geqslant [n_c] \tag{15-9}$$

其中，n_c为压杆工作时的实际稳定安全系数；$[n_c]$为规定的稳定安全系数。考虑到压杆的初始弯曲、加载偏心及材料的不均匀等因素对压杆的临界力影响较大，所以$[n_c]$应取得大些，在静载荷情况下，通常不小于下列数值：钢 1.8～2.0；铸铁 5.0～5.5；木材 2.8～3.2。

例 15-2　25CH 型叉车提升机构如图 15-5(a)所示。已知活塞杆上的轴向压力 $F=700$ kN。活塞杆外径 $D=150$ mm，内径 $d=120$ mm，材料为 Q235 钢，$E=210$ GPa。起重的最大高度为 $l=1760$ mm，规定的稳定安全系数$[n_c]=2$。试校核活塞杆的稳定性。

解　(1) 求活塞杆的柔度 λ。横截面的惯性半径

$$i = \sqrt{\frac{I}{A}} = \sqrt{\frac{\frac{\pi}{64}(D^4 - d^4)}{\frac{\pi}{4}(D^2 - d^2)}} = \frac{1}{4}\sqrt{D^2 + d^2} = 48 \text{ mm}$$

可把活塞杆简化为一端固定一端自由的压杆，如图 15-5(b)所示。由表 15-1 知活塞杆长度系数 $\mu=2$，于是活塞杆柔度为

$$\lambda = \frac{\mu l}{i} = \frac{2 \times 1760}{48} = 73$$

由表 15-2 可知，Q235 钢 $\lambda_p=104$，$\lambda_s=61.4$，这里 $\lambda_s<\lambda<\lambda_p$，可见此活塞杆属中长杆。

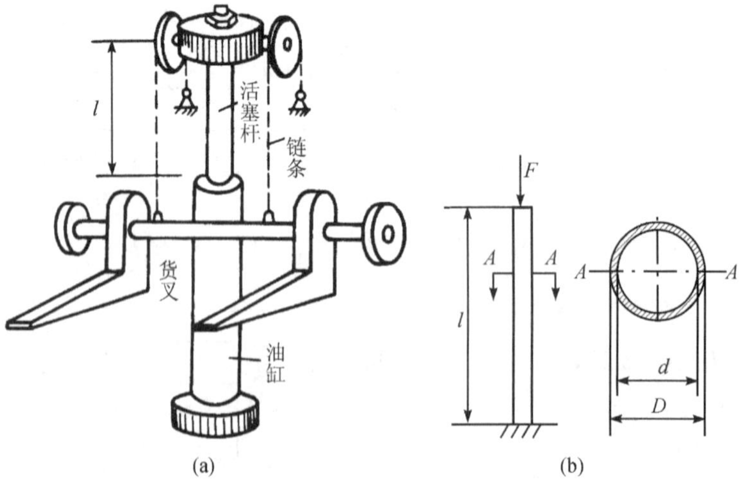

图 15-5

(2) 求临界应力和临界力。查表 15-2,得系数 $a=304$ MPa,$b=1.12$ MPa,由直线公式(15-7),得临界应力

$$\sigma_{cr}=a-b\lambda=304-1.12\times 73=222.24(\text{MPa})$$

临界力

$$F_{cr}=\sigma_{cr}A=\sigma_{cr}\cdot\frac{\pi}{4}(D^2-d^2)$$

$$=\frac{222.24\times 10^6\times\pi(150^2-120^2)}{4\times 10^6}=1413(\text{kN})$$

(3) 求实际安全系数。

$$n_c=\frac{F_{cr}}{F}=\frac{1413}{700}=2.02$$

因为

$$n_c=2.02>[n_c]=2$$

所以,活塞杆不会失稳。

例 15-3　图 15-6(a)所示结构由杆 AB 和刚性梁 CB 组成,杆 AB 材料为 Q235 钢,$E=200$ GPa,C 端为球铰支座,直径 $d=60$ mm,规定稳定安全因数$[n_c]=5$。试确定许可载荷 F。

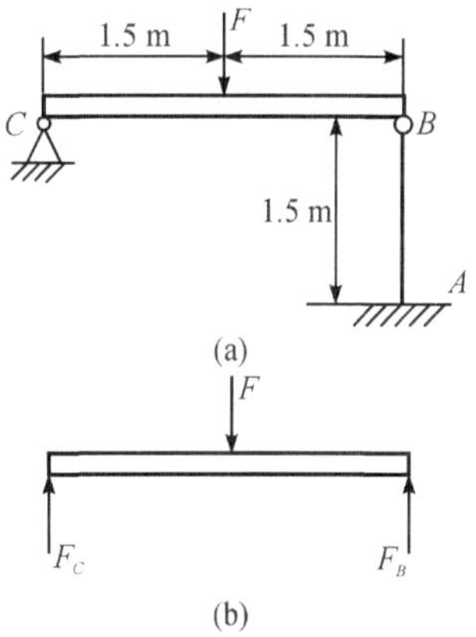

图 15-6

解　(1)计算柔度判别压杆类型。

杆 AB 一端固定、一端为铰支,长度系数

$$\mu=0.7$$

截面惯性半径

$$i=d/4=60/4=15(\text{mm})$$

柔度

$$\lambda=\mu l/i=0.7\times 1500/15=70$$

查表 15-2 得

$$\lambda_p=100,\lambda_s=61.4$$

故 AB 杆属于中长杆。

(2)计算临界应力。查表 15-2 得

$$a=304\text{ MPa},\ b=1.12\text{ MPa}$$

由直线公式(15-7)得

$$\sigma_{cr}=a-b\lambda=304-1.12\times 70=226(\text{MPa})$$

(3)计算压杆工作应力。由图 15-6(b),通过梁 CB 的平衡条件可得

$$F_B=F/2\text{ ,轴力 }F_N=F_B=F/2$$

压杆工作应力

$$\sigma=\frac{F_N}{A}=\frac{F}{2}\times\frac{4}{\pi d^2}=\frac{2F}{\pi d^2}$$

(4)稳定计算。由稳定性条件

$$n_c=\frac{\sigma_{cr}}{\sigma}=\frac{\sigma_{cr}\times\pi d^2}{2F}\geqslant[n_c]$$

得
$$F \leqslant \frac{\sigma_{cr} \times \pi d^2}{2[n_c]} = \frac{226 \times 10^6 \times \pi \times 60^2 \times 10^{-6}}{2 \times 5} = 256\ \mathrm{kN}$$

所以，许可载荷为 $F = 256\ \mathrm{kN}$。

15.5　提高压杆抵抗失稳能力的措施

要提高压杆抵抗失稳的能力，必须提高临界力 F_{cr}，而临界力与压杆的材料、约束条件及截面形状、压杆长度有关，现分别讨论。

1）压杆材料

对于柔度 $\lambda \geqslant \lambda_p$ 的细长杆，是用欧拉公式计算临界力的。这时临界力 F_{cr} 与材料的弹性模量 E 成正比。实验表明，各种钢材料的 $E=(196\sim216)$ GPa，变化不大。因此，细长压杆若采用优质高强度钢对提高抵抗失稳的意义并不大；然而选用优质高强度钢，可以有效提高中长压杆的稳定性。

2）约束条件及截面形状

由前面的讨论可知，约束得愈牢固、临界力愈大，压杆就愈不易丧失稳定，所以增强约束作用可以提高压杆抵抗丧失稳定的能力。若两个方向的约束不同，如长度系数 μ 不同的柱形铰，则可根据两个方向的约束情况，分别计算压杆在这两个方向的柔度。为使压杆在两个方向的柔度相近，压杆常设计成圆环形截面或型钢组合截面，如图 15－7 所示。

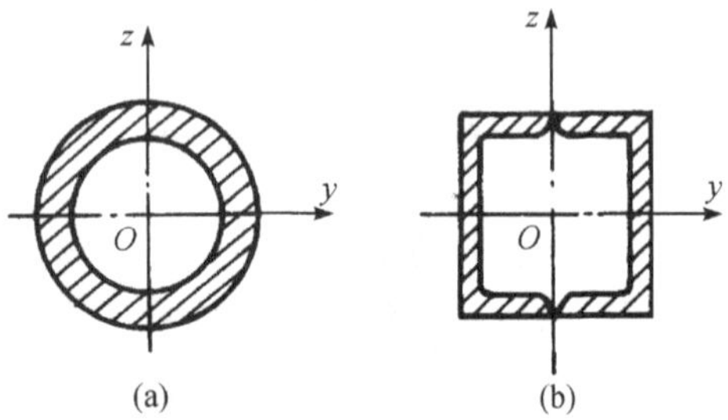

图 15－7

3）压杆长度

由欧拉公式可见，临界力 F_{cr} 与杆长 l 的平方成反比，所以在可能的情况下，应尽量缩短压杆的实际长度。

提高压杆抵抗失稳的措施，除应考虑以上几个方面外，还可以从结构方面考虑。例如将压杆换成拉杆就不会丧失稳定，从而大大改善了细长杆的承载能力。

思考题

思考 15－1　何谓失稳？如何区别压杆的稳定平衡和不稳定平衡？

思考 15－2　何谓临界力？它的大小与哪些因素有关？

思考 15－3　满足强度条件的压杆是否一定满足稳定性条件？为什么？

思考 15－4　何谓长度系数？何谓计算长度？何谓柔度？如何区分大、中、小柔度杆？

思考 15－5　欧拉公式的适用条件是什么？如何计算大、中、小柔度杆的临界力？

思考 15－6　对于中长杆，若误用欧拉公式计算其临界力，压杆是否安全？

思考 15－7　一实心圆形细长压杆的直径增大一倍，若其余条件不变，其临界力将如何变化？若杆长增大一倍，其余条件不变，其临界力又将如何变化？

习　题

15－1　两端铰支的圆截面细长压杆，直径 $d = 75$ mm，杆长 $l = 1.8$ m，弹性模量 $E = 200$ GPa，试求此压杆的临界力。

15－2　图示四根钢质圆截面细长压杆，直径均为 $d = 25$ mm，材料的弹性模量 $E = 200$ GPa，但各杆的支承和长度不同，试求各杆的临界力。

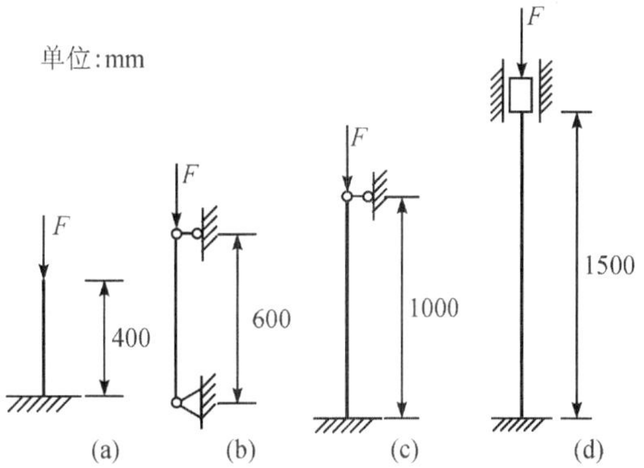

习题 15－2 图

15－3　已知柱的上端为铰支，下端固定，柱的外径 $D=200$ mm，内径 $d=100$ mm，长度 $l=9$ m，材料为 Q235 钢，$E = 200$ GPa，求柱的临界应力。

15－4　图示三根压杆长度均为 $l = 30$ cm，图(b)两端均为球铰，各杆截面尺寸如图(d)所示，材料为 Q235 钢，$E = 210$ GPa，试求各杆的临界力。

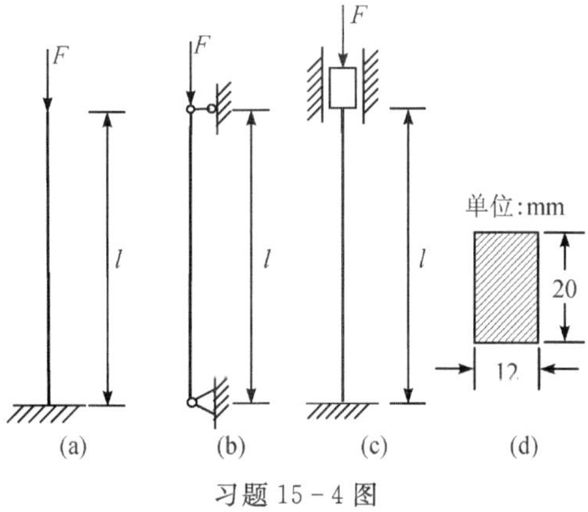

习题 15－4 图

15－5　图示空气压缩机的活塞杆 AB 承受压力 $F = 100$ kN，长度 $l = 110$ cm，直径 $d = 7$ cm，材料为碳钢，$E = 200$ GPa。规定稳定安全系数$[n_c] = 6$，试校核活塞杆的稳定性(活塞杆两端可简化成铰支座)。

15－6　梁柱结构受力如图所示，$F=10$ kN，AB 为刚性梁，立柱 CD 的直径 $d=2$ cm，$l=60$ cm，材料为 Q235 钢，$E = 200$ GPa。若规定稳定安全系数$[n_c]=2$，试校核立柱的稳定性。

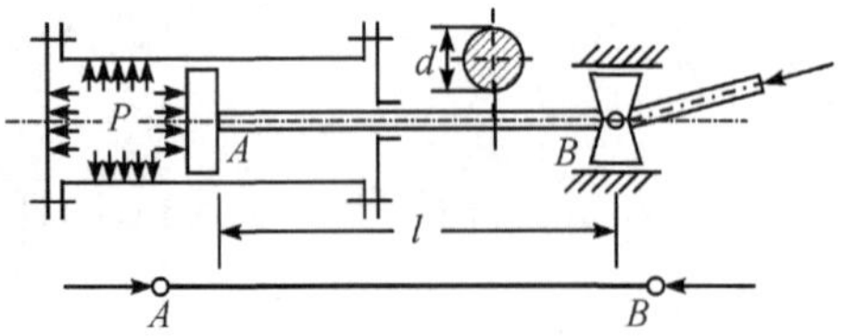

习题 15 - 5 图

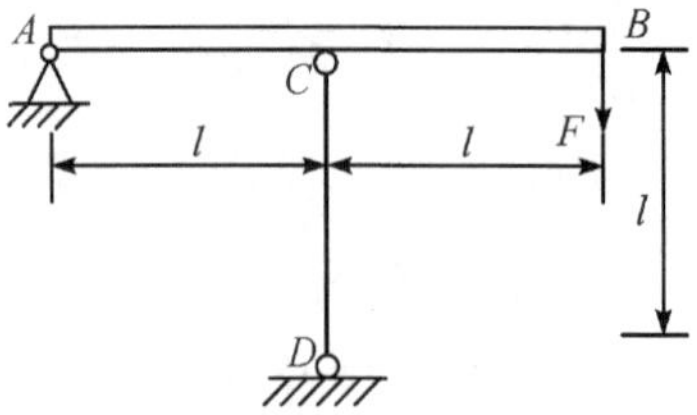

习题 15 - 6 图

15 - 7　图示结构中，横梁 AD 为刚性杆，BE 及 CG 为圆截面杆，已知两杆的直径 $d = 50\ \mathrm{mm}$，材料为 Q235 钢，若强度安全系数 $n = 3$，规定稳定安全系数 $[n_c] = 3$，求结构的许可载荷 $[F]$。

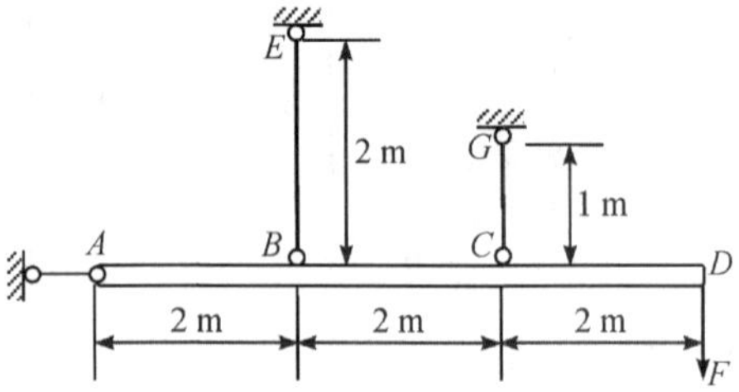

习题 15 - 7 图

第 16 章　动力分析基础

工程实际中，设备、结构的负载难免有波动，机器的运转很难做到绝对的平稳，加速启动与突然刹车也在所难免。因此多数的力学难题都属于动力分析范畴。本章将由牛顿定律建立动力学基本方程，并建立刚体做基本运动的动力分析基本方程。涉及知识既可直接用于解决工程实际问题，也为研究刚体复杂运动的动力分析打下基础。

16.1　动力分析基本理论

动力分析的基本理论即牛顿三大定律。

牛顿第一定律　任何质点如不受力的作用，将保持静止或匀速直线运动状态。

该定律给出了作用力与加速度之间的定性关系：力是改变物体运动的原因；物体具有保持其运动状态不变的固有属性，称为惯性。故牛顿第一定律又称为**惯性定律**。

牛顿第二定律　质点的质量与加速度大小的乘积，等于作用于质点的力的大小，加速度的方向与力的方向相同。数学表达式为

$$m\boldsymbol{a} = \boldsymbol{F} \tag{16-1}$$

该定律给出了作用力与加速度之间的定量关系。式(16－1)又称为**质点动力学基本方程**。

围绕定律说明三点：①定律适用于**惯性系**，一般取固联于地球或相对地球做匀速直线平动的坐标系作为惯性系；②力 $\boldsymbol{F}$ 为作用于质点力系的合力；③质量 m 为质点惯性大小的度量。

在国际单位中，质量单位为 kg，加速度单位为 $\mathrm{m/s^2}$，力的单位为 N(牛顿)，且 $1\ \mathrm{N}=1\ \mathrm{kg\cdot m/s^2}$。

牛顿第三定律　两物体间的作用力与反作用力大小相等、方向相反、沿同一直线，并同时分别作用在两物体上。

该定律即 4.1.1 节所介绍的**作用反作用原理**。

若以 $\boldsymbol{r}$ 表示质点相对惯性系原点的位置矢径，质点的加速度就可以位置矢径的二次导数形式表示，则式(16－1)又可写成

$$m\frac{\mathrm{d}^2\boldsymbol{r}}{\mathrm{d}t^2} = \boldsymbol{F} \tag{16-2}$$

称为**质点运动微分方程的矢量形式**。

将式(16－2)向惯性系的 x、y、z 轴投影，即得到**质点运动微分方程的直角坐标形式**

$$m\frac{\mathrm{d}^2 x}{\mathrm{d}t^2} = F_x \quad m\frac{\mathrm{d}^2 y}{\mathrm{d}t^2} = F_y \quad m\frac{\mathrm{d}^2 z}{\mathrm{d}t^2} = F_z \tag{16-3}$$

若质点相对惯性系的运动轨迹已知，则可建立以单位矢量 $\boldsymbol{\tau}$、$\boldsymbol{n}$、$\boldsymbol{b}$ 所代表的自然坐标系，并将式(16－1)向 $\boldsymbol{\tau}$、$\boldsymbol{n}$、$\boldsymbol{b}$ 方向投影，即得到**质点运动微分方程的自然坐标形式**

$$m\frac{\mathrm{d}v}{\mathrm{d}t} = m\frac{\mathrm{d}^2 s}{\mathrm{d}t^2} = F_\tau,\ m\frac{v^2}{\rho} = m\frac{\dot{s}^2}{\rho} = F_n,\ F_b = 0 \tag{16-4}$$

其中沿 $\boldsymbol{b}$ 方向的外力自相平衡。

由上述微分方程可以求解质点**两类动力分析问题**。第一类是已知质点的运动规律，求作用于质点上的力。这类问题比较简单，因为已知质点的运动规律，只需通过求导便可由运动微分方程求得作用于质点上的力；第二类是已知作用于质点上的力，求质点的运动规律。这类问题需要求解微分方程，较第一类问题复杂。特别当作用于质点上的力是时间、速度、坐标等的复杂函数时，质点运动微分方程的求解会变得十分困难，有时甚至只能求其近似解，或应用计算机求得其数值解。

在建立微分方程时，针对具体问题，还需在以下几方面具体化。

(1)根据质点的运动特点选择描述质点运动的具体方法，并确定坐标原点和坐标轴指向；

(2)在选定的坐标系下，把质点放在一般性位置上进行运动分析与受力分析，列出微分方程及初始条件；

(3)根据质点受力的函数关系式，选择相应的变量替换方法，必要时针对求解结果分情况进行讨论。

下面通过一些典型例题介绍质点动力学两类问题的求解方法。

1. 第一类问题举例

已知运动求力的问题，数学上归结为求导运算。只要列方程无误，一般求解的难度不太大。

例 16－1 图 16－1 所示为桥式起重机，其上小车起吊质量为 m 的重物，沿横向做匀速平动，速度为 v_0。由于突然急刹车，重物因惯性绕悬挂点 O 向前做圆周运动。设绳长为 l，试求钢丝绳的最大拉力。

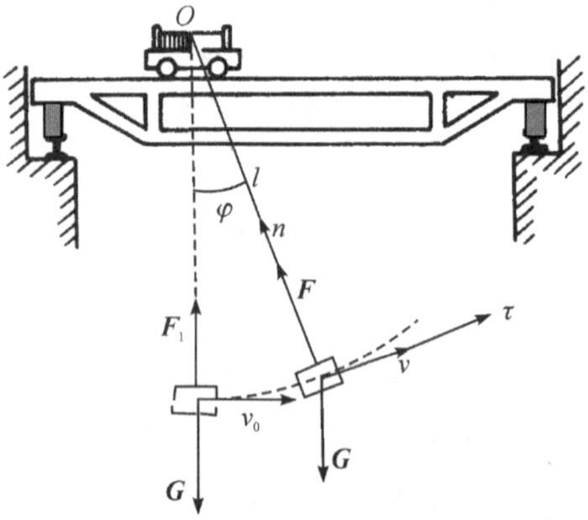

图 16－1

解 以重物为研究对象，其上作用有重力 $\boldsymbol{G}$、钢丝绳拉力 $\boldsymbol{F}$。

刹车后，小车不动，重物绕 O 点做圆周运动。由式(16－4)，得

$$m\frac{\mathrm{d}v}{\mathrm{d}t}=-G\sin\varphi \tag{16-5}$$

$$m\frac{v^2}{l}=F-G\cos\varphi \tag{16-6}$$

由式(16－6)可得

$$F=G\cos\varphi+m\frac{v^2}{l}$$

由式(16－5)知，重物做减速运动，故在刹车的瞬间，重物的速度具有最大值 v_0，且此时 $\varphi=0$，$\cos\varphi$ 取得最大值 1，因此，钢丝绳的拉力最大，其值为

$$F_1=F_{\max}=G+m\frac{v_0^2}{l}$$

由于刹车前重物做匀速直线运动，处于平衡状态，绳的拉力可通过平衡条件 $\sum F_n=0$ 求得

$$F_0=G=mg$$

$$F_{\max}/F_0=1+\frac{v_0^2}{gl}$$

若 $v_0=5\ \mathrm{m/s}$，$l=5\ \mathrm{m}$，则 $F_{\max}/F_0=1.51$，可见，这时刹车时钢丝绳的拉力突然增大了 51%。因此，桥式起重机的操作规程中对吊车的行走速度都进行了限制。此外，在不影响工作安全的条件下，钢绳应尽量长一些，以减小由于刹车而引起的钢丝绳的动拉力。

2. 第二类问题举例

已知力求运动的问题，数学上归结为积分运算，积分常数由运动的初始条件确定。该类问题不但列方程有一定难度，而且解方程也有一定难度。多数情况需借助于计算机进行数值求解。

例 16－2　没有前进速度的潜水艇，受到沉力 $\boldsymbol{P}$（重力和浮力之差）而向水底下沉，在沉力不大时，水的阻力可以视为与下沉速度的一次方成正比，并等于 ksv，其中 k 为比例常数，s 为潜水艇的水平投影面积，v 为下沉速度。如当 $t=0$ 时，$v=0$，求下沉速度。

解　把潜水艇看作质点，取为研究对象。如图 16－2 所示，潜水艇受沉力 $\boldsymbol{P}$ 及阻力 $\boldsymbol{F}$ 作用。取 $t=0$ 时质点的位置为坐标原点，x 轴铅垂向下，故当 $t=0$ 时，$x=0$。

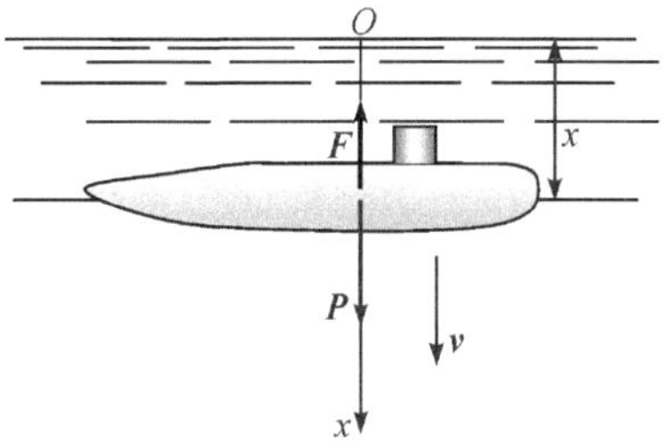

图 16－2

列质点运动微分方程

$$m\frac{\mathrm{d}^2x}{\mathrm{d}t^2}=P-F$$

改写成

$$m\frac{\mathrm{d}v}{\mathrm{d}t}=P-ksv$$

分离变量，积分

$$\int_0^v m\frac{\mathrm{d}v}{P-ksv}=\int_0^t \mathrm{d}t$$

得

$$\frac{m}{ks}\ln(P-ksv)+\frac{m}{ks}\ln P=t$$

故得

$$v=\frac{P}{ks}(1-\mathrm{e}^{-\frac{ks}{m}t})$$

这就是潜水艇下沉速度的变化规律。由于随时间的增加 $\mathrm{e}^{-\frac{ks}{m}t}$ 将趋近于零，于是得到最大的下沉速度为

$$v_{\max}=\frac{P}{ks}$$

上式即为介质阻力与物体沉力相平衡时所得到的下沉速度，称为**极限速度**，此时，物体的加速度等于零。

16.2　质点系质心

质点系的质量分布特征之一可用**质量中心**（简称**质心**）来描述。如图 16－3 所示，设质点系由 n 个质点组成，其中任一质点 M_i 的质量为 m_i，位置矢径为 $\boldsymbol{r}_i$，则质点系质心 C 的位置由下式决定

$$\boldsymbol{r}_C=\frac{\sum m_i\boldsymbol{r}_i}{\sum m_i}=\frac{\sum m_i\boldsymbol{r}_i}{m}\qquad(16-7)$$

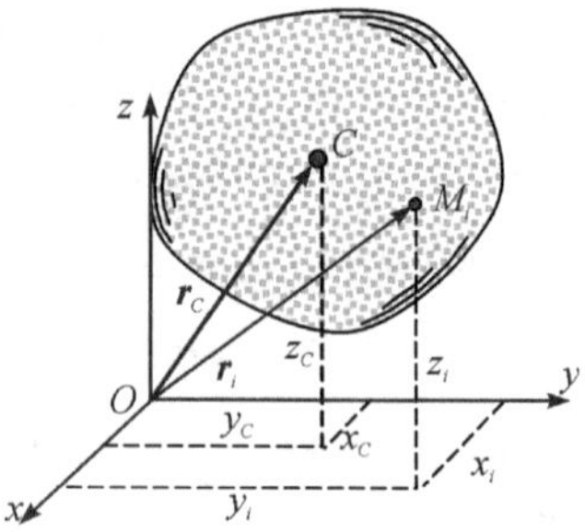

图 16-3

其中，$\boldsymbol{r}_C$ 为质心 C 的矢径；$m=\sum m_i$ 是质点系的质量。如以空间直角坐标表示质心的位置，质心的坐标 x_C、y_C、z_C可分别表示为

$$x_C=\frac{\sum m_ix_i}{m},y_C=\frac{\sum m_iy_i}{m},z_C=\frac{\sum m_iz_i}{m}\qquad(16-8)$$

对于均质的连续体，上式又可表示为

$$x_C=\frac{\int_m x\,\mathrm{d}m}{m},y_C=\frac{\int_m y\,\mathrm{d}m}{m},z_C=\frac{\int_m z\,\mathrm{d}m}{m}\qquad(16-9)$$

质心的位置在一定程度上反映了质点系各质点质量分布的情况。

如果质点系受重力的作用，则将式(16-8)右端的分子和分母同乘以重力加速度 g 后，即得大家所熟知的重心坐标公式。由此可见，在重力场中质点系的质心和重心重合。但应注意，因为重心是重力平行力系的中心，所以这个结论只有在地球表面附近才有意义，而质心的位置只与质量分布有关。在宇宙空间，重心已失去意义，而质心却依然存在。

16.3 质心运动定理

外界物体作用于质点系的力称为**系统外力**，外力的矢量和以 $\sum\boldsymbol{F}^{\mathrm{e}}$ 表示；质点系内各质点间的相互作用力称为**系统内力**，内力的矢量和以 $\sum\boldsymbol{F}^{\mathrm{i}}$ 表示。由于内力总是成对出现而自成平衡，故对整个质点系而言，$\sum\boldsymbol{F}^{\mathrm{i}}\equiv0$。

设质点系质量为 m，某时刻质心 C 的加速度为 $\boldsymbol{a}_C$，质点系第 i 质点($i=1,2,\cdots,n$)质量为 m_i，某时刻受系统外力 $\boldsymbol{F}_i^{\mathrm{e}}$ 和内力 $\boldsymbol{F}_i^{\mathrm{i}}$ 作用，加速度为 $\boldsymbol{a}_i$。则根据质点动力学基本方程式(16-1)，对第 i 质点，有

$$m_i\boldsymbol{a}_i=\boldsymbol{F}_i^{\mathrm{e}}+F_i^{\mathrm{i}}$$

对整个质点系，有

$$\sum m_i\boldsymbol{a}_i=\sum\boldsymbol{F}_i^{\mathrm{e}}$$

式(16-7)等号两端对时间 t 同时求导两次，整理得

$$m\boldsymbol{a}_C=\sum m_i\boldsymbol{a}_i$$

于是得**质心运动定理**表达式

$$m\boldsymbol{a}_C=\sum\boldsymbol{F}_i^{\mathrm{e}}\qquad(16-10)$$

即：质点系的质量与质心加速度的乘积，等于作用于质点系上所有外力的矢量和(或外力系的主矢量)。由于表达式(16-10)的形式与质点动力学基本方程类似，可见质心的运动可视为集中了质点系全部质量的“质点”，受大小、方向等于质点系所受外力系主矢的外力作用下的运动。由此可确定卫星的运动轨迹及炮弹的弹道。

具体应用时，常需写出质心运动定理表达式的直角坐标或自然坐标形式的投影式。

可见，质心的运动变化仅取决于外力系的作用。当质点系所受外力系的主矢量恒等于零

时,则质心做匀速直线运动;若开始静止,则质心位置始终保持不变。如果作用于质点系的所有外力在某轴上投影的代数和恒等于零,则质心速度在该轴上的投影保持为常量;若开始静止,则质心在该轴方向没有位移。上述结论称为**质心运动守恒定律**。例如炮弹发射后,若不计空气阻力,炮弹在高空中炸裂成许多碎片,但其质心仍将沿哑炮质心的抛物线运动轨迹运动;汽车只有借助于路面的摩擦力才能行驶,若遇上大雪天气,车轮打滑,就需要在轮胎外面安装防滑链,以增加车轮与路面间的摩擦系数。

质心运动定理描述了质点系质心的运动规律。刚体为不变质点系,无论做任何运动,其质心的运动必然遵循这一定理。

思考:(1)略去空气阻力,跳水运动员在空中做不同的翻滚转体动作,是否会影响到其质心离跳板的高度?运动员质心的入水位置取决于哪些因素?

(2)停在光滑冰面上的汽车,只要加大油门就可前进吗?防止汽车打滑的措施是什么?

例 16-3　电机置于弹性基础上,其力学简图如图 16-4 所示。假设定子部分质量为 m_1,转子部分的质量为 m_2,偏心距 $O_1C_2 = e$,基础的弹性系数为 k,阻尼力与电机定子的速度成正比,阻尼系数为 c。当转子以等角速度 ω 转动时,求电机做垂直振动的运动微分方程式。

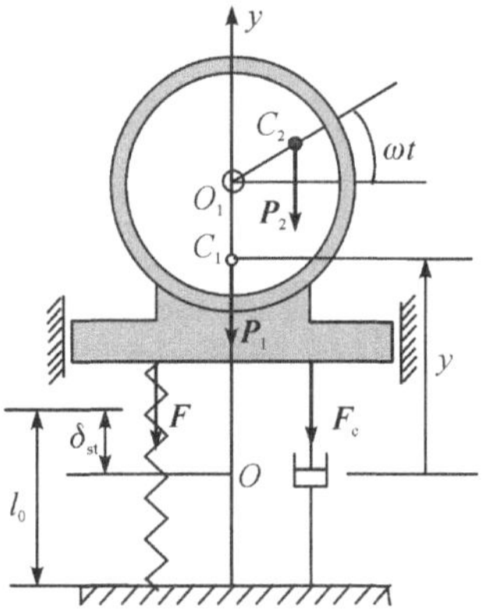

图 16-4

解　取电机作为研究质点系。设定子部分的质心位于 C_1 点,转子部分的质心位于 C_2 点。

质点系在铅垂方向受重力 $\boldsymbol{P}_1$、$\boldsymbol{P}_2$、弹性恢复力 $\boldsymbol{F}$,以及阻尼力 $\boldsymbol{F}_c$ 作用。

取系统静平衡时定子质心位置作为坐标原点,弹簧静变形为 δ_{st}。则任一瞬时系统质心的坐标 y_C 为

$$y_C = \frac{m_1 y + m_2(y + C_1O_1 + e\sin\omega t)}{m_1 + m_2}$$

对时间取二阶导数,注意到 C_1O_1 和 ω 为不变量,得

$$\ddot{y}_C = \frac{(m_1 + m_2)\ddot{y} - m_2 e\omega^2 \sin\omega t}{m_1 + m_2}$$

代入质心运动定理表达式,得

$$(m_1 + m_2)\ddot{y} - m_2 e\omega^2 \sin\omega t = -P_1 - P_2 - k(y - \delta_{st}) - c\dot{y}$$

因为 $P_1 + P_2 = k\delta_{st}$,所以

$$(m_1 + m_2)\ddot{y} + c\dot{y} + ky = m_2 e\omega^2 \sin\omega t$$

可见,这是一个非齐次的二阶常系数微分方程,电机在激振力作用下做受迫振动。

例 16-4　若上例中的电机不用螺栓固定,静止放在光滑水平面上,求通电后电机在水平方向的运动规律及电机不脱离地面的最大角速度。

解　取电机作为研究质点系。

质点系仅在铅垂方向受重力 $\boldsymbol{P}_1$、$\boldsymbol{P}_2$ 及光滑支撑面的约束力 $\boldsymbol{F}$(图 16-5)作用。因为在水平方向不受力,且初始静止,故系统质心在该方向位置守恒。

取系统静平衡时定子的质心位置为坐标原点,并设电机不跳离水平面,则任一时刻系统质心的坐标为

$$x_C=\frac{m_1x+m_2(x+e\cos\omega t)}{m_1+m_2},\ y_C=\frac{m_2(C_1O_1+e\sin\omega t)}{m_1+m_2}$$

在 x 方向系统质心位置不变，即 $x_C=x_{C0}=0$，由此得

$$x=-\frac{m_2}{m_1+m_2}e\cos\omega t$$

表明电机将在水平面上做往复运动。

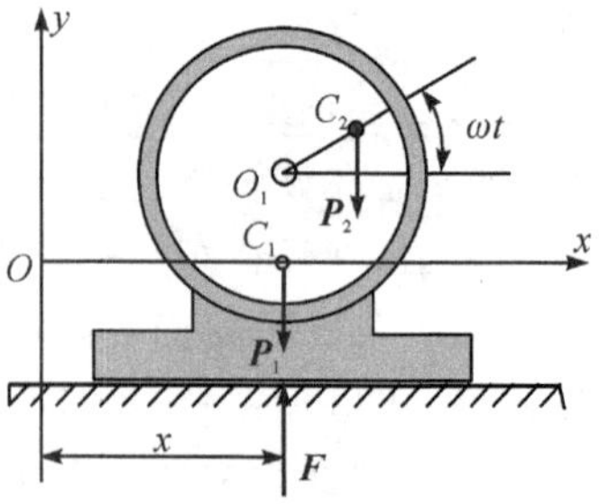

图 16－5

在 y 方向，由质心运动定理得

$$(m_1+m_2)\ddot{y}_C=-m_2e\omega^2\sin\omega t=-(P_1+P_2)+F$$

当 $\sin\omega t=1$ 时，支撑面的约束力达到最小值，即

$$F_{\min}=P_1+P_2-m_2e\omega^2$$

当 $F_{\min}\to 0$ 时，$\omega\to\omega_{\max}$，因此

$$\omega_{\max}=\sqrt{\frac{P_1+P_2}{m_2e}}$$

例 16－5 如图 16－6 所示，小船静止在水面上，船长为 $2a$，质量为 m_1，人的质量为 m_2。若不考虑水的阻力，试求人自船头走到船尾时，船移动的距离。

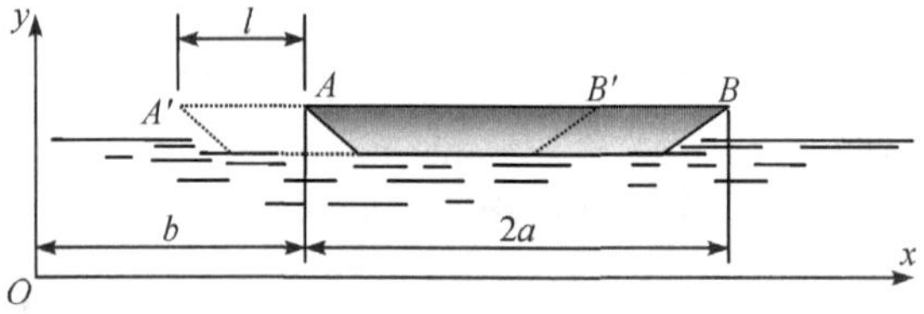

图 16－6

解 将人与船视为一质点系。作用于质点系的外力有人和船的重力及水对船的浮力，显然各力在水平轴上的投影均为零。根据质心运动守恒定律可知，质点系的质心的水平坐标 x_C 保持不变。

如图所示，当人在船头 A 处时，系统的质心坐标是

$$x_{C1}=\frac{m_1(b+a)+m_2b}{m_1+m_2}\tag{16-11}$$

当人走到船尾时，设船向左移动的距离为 l，这时船体处在 $A'B'$ 的位置，人在 B' 处，系统的质心坐标为

$$x_{C2}=\frac{m_1(b+a-l)+m_2(b+2a-l)}{m_1+m_2}\tag{16-12}$$

因系统质心位置不变，由 $x_{C1}=x_{C2}$，联立式(16－11)、式(16－12)有

$$\frac{m_1(b+a-l)+m_2(b+2a-l)}{m_1+m_2}=\frac{m_1(b+a)+m_2b}{m_1+m_2}$$

求解可得

$$l=2a\frac{m_2}{m_1+m_2}$$

定向爆破筑大坝

定向爆破筑坝是利用陡峻的岸坡布药，定向松动崩塌或抛掷爆落岩石至预定位置，拦断河道，然后通过人工修整达到坝的设计轮廓的筑坝技术。实施这项技术首先需建立抛距和耗药量（即抛出一方介质所用的药量）的关系，由工程需要的抛距来求出耗药量；其次根据工程需要的土石方量求出需要爆破的方量，从而大致确定药包的布置形式。你能指出这项技术所依据的力学原理么？

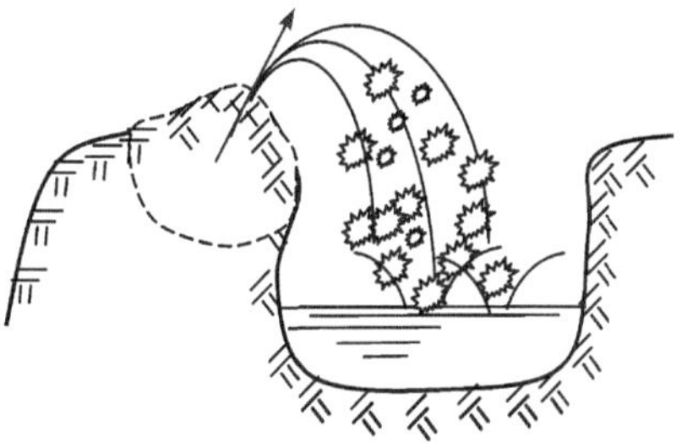

16.4　转动定理

工程中多数机器的主要零部件，如转子、飞轮和齿轮等，都在做定轴转动。转动定理建立了转动刚体运动变化与作用力矩之间的关系。

设刚体在力系（$\boldsymbol{F}_1,\boldsymbol{F}_2,\cdots,\boldsymbol{F}_n$）作用下绕定轴 z 转动（图 16－7），某时刻的角速度为 ω，角加速度为 α。刚体内质点 M_i 的质量为 m_i，到转轴的距离为 r_i，作用在该质点上的质点系内力为 $\boldsymbol{F}_i^{\mathrm{i}}$，外力为 $\boldsymbol{F}_i^{\mathrm{e}}$，则合力 $\boldsymbol{F}_i=\boldsymbol{F}_i^{\mathrm{e}}+\boldsymbol{F}_i^{\mathrm{i}}$。某时刻质点 M 具有切向加速度 $a_i^{\tau}=r_i\alpha$。

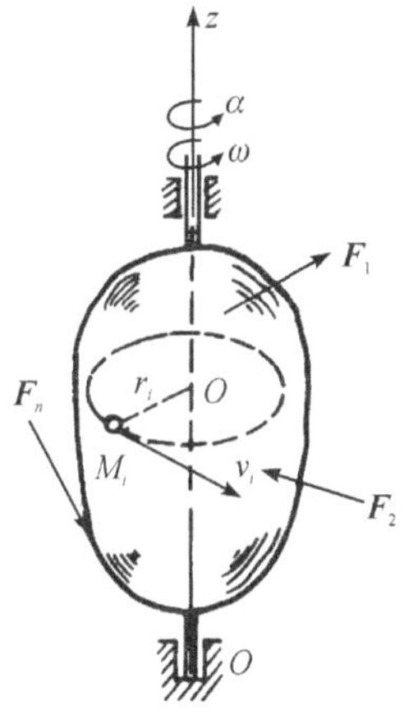

图 16－7

转动刚体内各点均做圆周运动。由质点动力学基本方程式（16－1），得

$$m_i a_i^{\tau}=m_i r_i\alpha=F_i^{\tau} \tag{16-13}$$

将上式等号两端同乘以 r_i，得

$$m_i r_i^2\alpha=F_i^{\tau}r_i \tag{16-14}$$

显然，等号右端

$$F_i^{\tau}r_i=M_z(\boldsymbol{F}_i)=M_z(\boldsymbol{F}_i^{\mathrm{e}})+M_z(\boldsymbol{F}_i^{\mathrm{i}})$$

对每个质点都写出上式并求和，注意到内力系对 z 轴之矩 $\sum M_z(\boldsymbol{F}^{\mathrm{i}})\equiv 0$，得

$$\sum m_i r_i^2\cdot\alpha=\sum M_z(\boldsymbol{F}_i^{\mathrm{e}}) \tag{16-15}$$

其中，$\sum m_i r_i^2$ 为刚体内各质点的质量与其到 z 轴的距离平方的乘积之和，称为刚体对 z 轴的**转动惯量**，用 J_z 表示，即

$$J_z=\sum m_i r_i^2 \tag{16-16}$$

代入式（16－15），得

$$J_z\alpha=\sum M_z(\boldsymbol{F}_i^{\mathrm{e}}) \tag{16-17}$$

表明转动刚体对转轴的转动惯量与角加速度的乘积等于作用于刚体的所有外力对转轴之矩的代数和，此结论即为**转动定理**。

例 16－6　某飞轮的转速为 n，对转轴的转动惯量为 J，制动力矩 M 为常量。要使飞轮在 t

秒内停止转动，试求该制动力矩的大小。

解　(1)研究对象：飞轮。

(2)受力分析：受制动力矩 M 和轴承反力 $\boldsymbol{F}_x$、$\boldsymbol{F}_y$ 及飞轮重力 $\boldsymbol{G}$ 作用(图 16-8)。

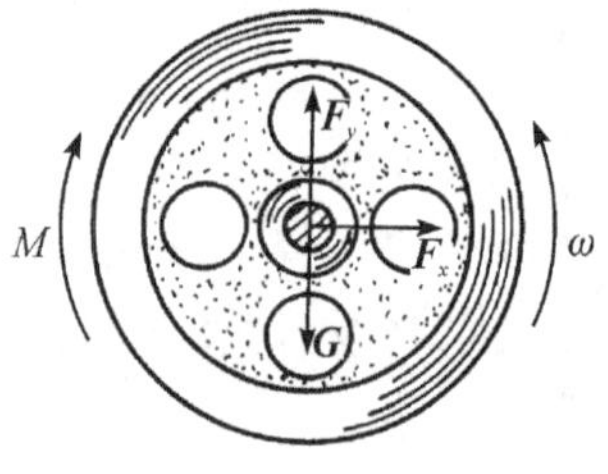

图 16-8

(3)列转动方程：

$$J_z\alpha = J_z\frac{\mathrm{d}\omega}{\mathrm{d}t} = -M$$

因 M、J_z 均为常量，且由题意可知，当 $t=0$ 时，$\omega_0=\dfrac{2\pi n}{60}$，当 $t=t$ 时，$\omega=0$，故有

$$J_z\int_{\omega_0}^{0}\mathrm{d}\omega = -M\int_0^t\mathrm{d}t$$

得

$$M = J_z\frac{\omega_0}{t} = J_z\frac{n\pi}{30t}$$

16.5　转动惯量

16.5.1　转动惯量的概念

由式(16-17)可知，在同样的外力矩作用下，刚体的转动惯量 J_z 愈大，则角加速度 α 愈小，表明愈难改变它的转动状态。这说明：转动惯量是刚体转动时惯性大小的度量。它不仅与刚体的质量有关，并且和刚体质量的分布情况有关。质量相同的刚体，转动惯量可以因其形状不同而不相同，质量分布距转轴 z 愈远，则 J_z 值就愈大，反之 J_z 值就愈小。此外，即使是同一个刚体，相对于不同的转动轴，质量分布一般并不相同，因此，各转动惯量之值也不相等。合理利用转动惯量的这种特性，对于改善机器的工作条件和提高结构物的承载能力都有重要实用价值。例如：为了提高机械运转的平稳度、消除驱动力的脉动现象，内燃机的曲轴上常装有转动惯量很大的飞轮(图 16-8)，用以保证转动件在运行中不致因角速度的突然变化而发生剧烈振动。相反，一些频繁启动和制动的机械，以及仪表中的一些转动零件，为了使其具有较高的灵敏度，要求对转轴的转动惯量尽量地小，为此，应尽量使其质量靠近转轴分布。

对于质量连续分布的刚体，式(16-16)可写为遍及整个刚体的定积分，即

$$J_z = \int_m r^2\,\mathrm{d}m \tag{16-18}$$

在国际单位制中，转动惯量的单位是千克·米²(kg·m²)。

16.5.2　简单形体的转动惯量

(1)均质薄圆环。质量为 m，半径为 R，z 轴过环中心且与环面垂直的均质薄圆环如图 16-9(a)所示。由于圆环很薄，故可认为各质点距 Oz 轴的距离均为 R，对 Oz 轴的转动惯量为

$$J_z = \sum m_i R^2 = (\sum m_i)R^2 = mR^2 \tag{16-19}$$

(2)均质圆柱体(圆盘)。质量为 m，半径为 R，z 轴过圆截面中心 O 且与圆截面垂直均质

圆柱体如图 16－9(b)所示。将圆柱体看成由半径为 $r(0\leqslant r\leqslant R)$，厚度为 $\mathrm{d}r$ 的薄圆环叠成。微元质量

$$\mathrm{d}m=\frac{m}{\pi R^2}2\pi r\cdot\mathrm{d}r=\frac{2m}{R^2}r\mathrm{d}r$$

则整个圆柱体(盘)对其中心轴的转动惯量为

$$J_z=\int_m r^2\mathrm{d}m=\frac{2m}{R^2}\int_0^R r^3\mathrm{d}r=\frac{1}{2}mR^2 \tag{16-20}$$

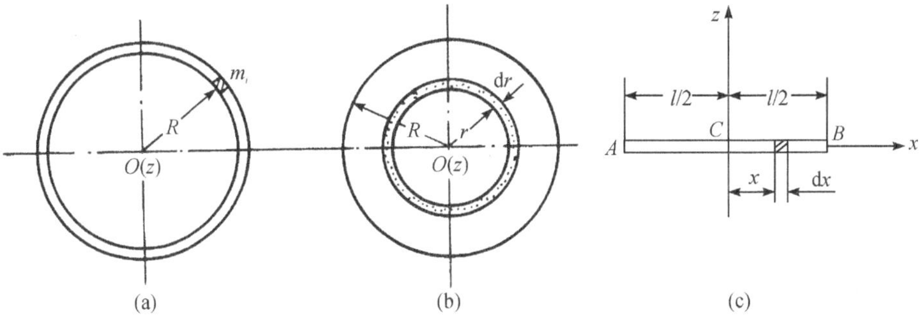

图 16－9

(3)均质细直杆。质量为 m，杆长为 l，z 轴过质心 C 且与杆垂直的均质细直杆如图 16－9(c)所示。距质心为 x 处取长度为 $\mathrm{d}x$ 的微段，则微元质量为

$$\mathrm{d}m=\frac{m}{l}\mathrm{d}x$$

杆对其对称轴 z 的转动惯量为

$$J_z=\int_m x^2\mathrm{d}m=\int_{-\frac{l}{2}}^{\frac{l}{2}}x^2\frac{m}{l}\mathrm{d}x=\frac{1}{12}ml^2 \tag{16-21}$$

各种简单形状均质物体的转动惯量均可按上述方法求得，计算结果在工程手册中可查到。部分常见均质物体的转动惯量如表 16－1 所示。

表 16－1　几种常见匀质刚体的转动惯量及回转半径

物体形状	简　图	轴	转动惯量	回转半径
细直杆	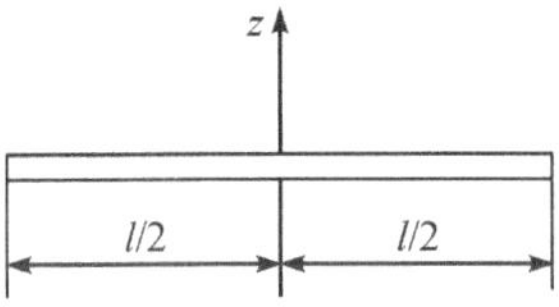	z	$J_z=\frac{m}{12}l^2$	$\rho_z=\frac{\sqrt{3}}{6}l$
细圆环	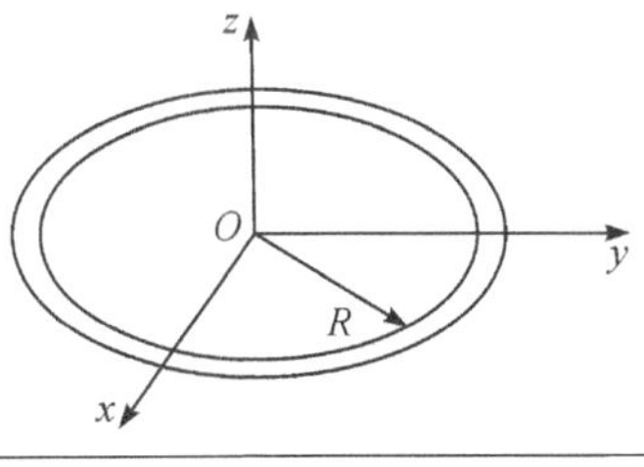	z	$J_z=mR^2$	$\rho_z=R$
		x	$J_x=\frac{m}{2}R^2$	$\rho_x=\frac{\sqrt{2}}{2}R$

续表

物体形状	简　图	轴	转动惯量	回转半径
圆盘	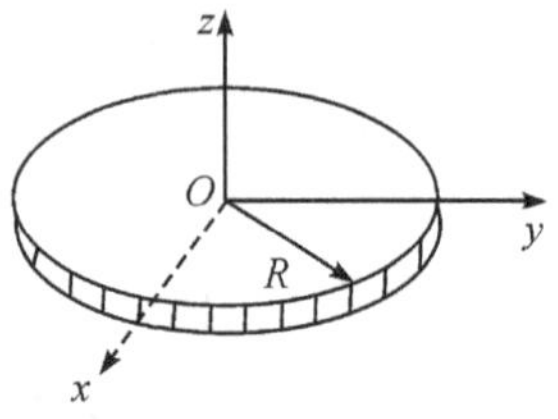	z	$J_z=\frac{m}{2}R^2$	$\rho_z=\frac{\sqrt{2}}{2}R$
		x	$J_x=\frac{m}{4}R^2$	$\rho_x=\frac{1}{2}R$
圆柱体	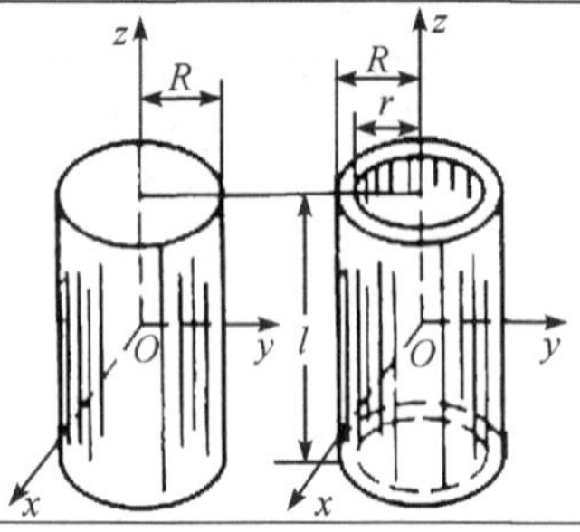	z	$J_z=\frac{m}{2}R^2$	$\rho_z=\frac{\sqrt{2}}{2}R$
		x	$J_x=\frac{m}{4}(R^2+\frac{l^2}{3})$	$\rho_x=\frac{1}{2}\sqrt{R^2+\frac{l^2}{3}}$
厚壁圆筒		z	$J_z=\frac{m}{2}(R^2+r^2)$	$\rho_z=\frac{\sqrt{2}}{2}\sqrt{R^2+r^2}$
		x	$J_x=\frac{m}{4}(R^2+r^2+\frac{l^2}{3})$	$\rho_x=\frac{1}{2}\sqrt{R^2+r^2+\frac{l^2}{3}}$
实心球	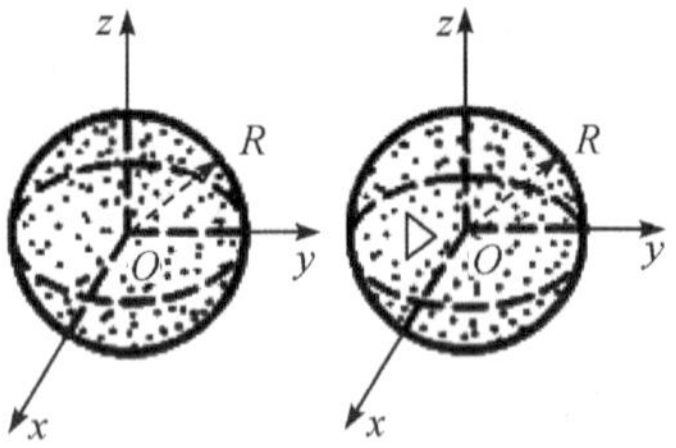	z	$J_z=\frac{2}{5}mR^2$	$\rho_z=\frac{\sqrt{10}}{5}R$
厚度很小的空心球		z	$J_x=\frac{2}{3}mR^2$	$\rho_z=\frac{\sqrt{6}}{3}R$

16.5.3　回转半径与平行移轴定理

(1)回转半径。在各种工程学科中,还常把刚体对 z 轴的转动惯量写成另一种形式

$$J_z=m\rho_z^2 \tag{16-22}$$

其中,m 表示回转体质量;ρ_z 称为刚体对 z 轴的**回转半径**。其物理意义在于,设想回转体是一个犹如薄圆环的飞轮,并使该飞轮对过质心且垂直于环面的 z 轴的转动惯量与回转体对同一轴的转动惯量相等,则该飞轮的半径即等于 ρ_z。

(2)平行轴定理。工程上有些物体的转轴并不通过质心,如转动的偏心凸轮等。工程手册中一般只列出物体对过质心 C 的 z 轴的转动惯量 J_z,而物体对于与 z 轴平行的 z'轴的转动惯量 $J_{z'}$,则需用平行移轴定理来求出。

设刚体的质量为 m,z 轴通过质心 C,z'与 z 轴平行且两轴间距离为 d(图 16-10),则

$$J_{z'}=J_z+md^2 \tag{16-23}$$

即:刚体对任一轴的转动惯量,等于刚体对通过其质心且与该轴平行的轴的转动惯量加上刚体的质量与两轴间距离平方的乘积,这就是转动惯量的**平行轴定理**。该定理可用下面的例子加以说明。

质量为 m、长度为 l 的均质细直杆如图 16-11 所示。由式(16-21)可知,杆对过其质心

且与杆垂直的 z 轴的转动惯量为 $J_z=\frac{1}{12}ml^2$。现求对过其端点，且与 z 轴平行的 z' 轴的转动惯量，可直接由式(16 - 23)求得

$$J_{z'}=J_z+md^2=\frac{1}{12}ml^2+m(\frac{l}{2})^2=\frac{1}{3}ml^2$$

再用积分法进行验证。取微元段如图 16 - 11 所示，则

$$J_{z'}=\int x^2\mathrm{d}m=\int_0^l \frac{m}{l}x^2\mathrm{d}x=\frac{1}{3}ml^2$$

两者结果一致。

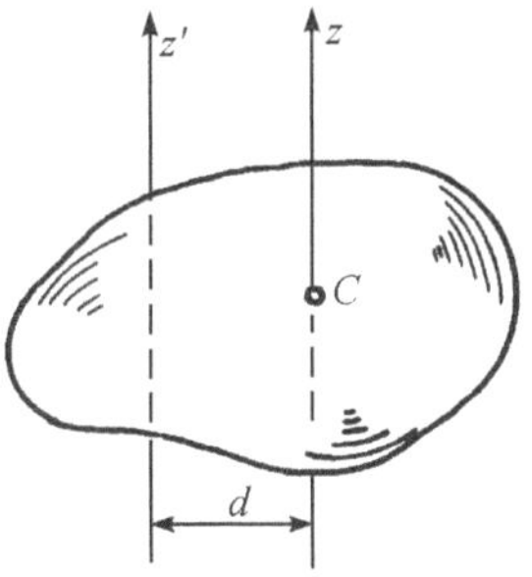

图 16 - 10

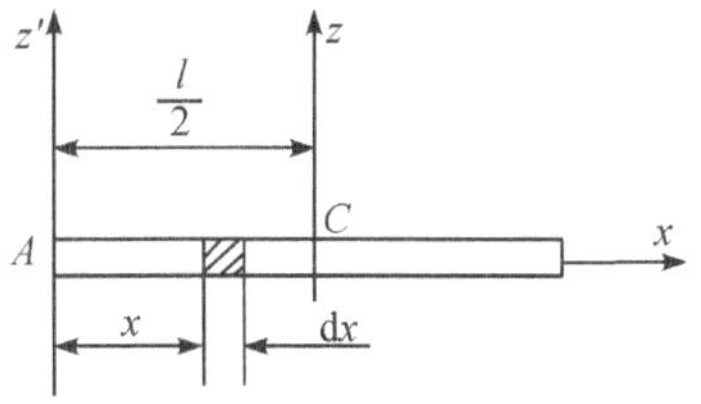

图 16 - 11

例 16 - 7　钟摆结构简化如图 16 - 12 所示。已知均质直杆 OA 长度为 l，质量为 m_1；均质圆盘直径为 d，质量为 m_2。求摆对通过悬挂点 O 的水平轴的转动惯量。

解　将钟摆结构分为细直杆 OA 和圆盘 C 两部分，它们对水平轴 O 的转动惯量分别用 J_1 和 J_2 表示，则

$$J_1=\frac{1}{3}m_1l^2$$

$$J_2=\frac{1}{2}m_2\left(\frac{d}{2}\right)^2+m_2\left(l+\frac{d}{2}\right)^2=m_2\left(\frac{3}{8}d^2+l^2+ld\right)$$

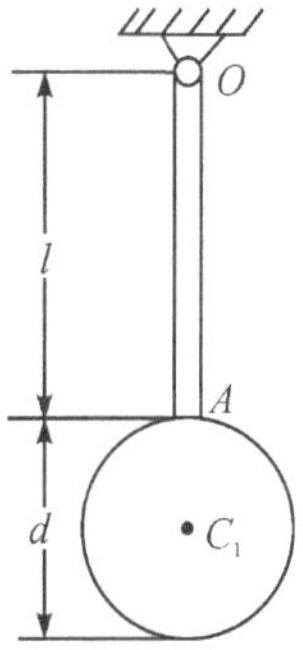

图 16 - 12

整个钟摆结构对水平轴 O 的转动惯量为

$$J=J_1+J_2=\frac{1}{3}m_1l^2+m_2\left(\frac{3}{8}d^2+l^2+ld\right)$$

芭蕾舞中的旋转

芭蕾舞演员旋转时，为了加快转速，往往单脚尖着地，并收拢双手臂及另一条腿，请分析其原因。

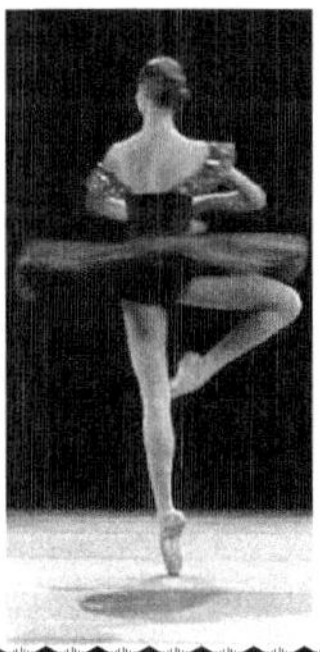

16.6 刚体基本运动的动力分析方程

16.6.1 刚体平动的动力分析方程

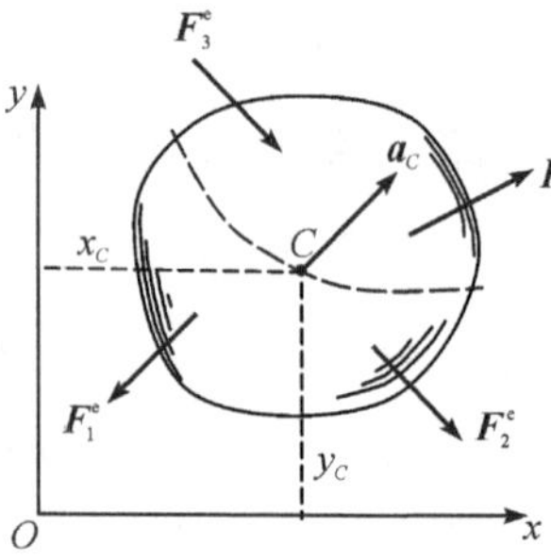

图 16-13

从运动合成的观点出发,刚体运动的动力分析问题均归结为随质心平动的动力分析与相对质心转动的动力分析合成问题。前者决定于外力系的主矢,后者则决定于外力系对质心的主矩。由刚体平动过程中相对质心无转动,因此在满足质心运动定理的同时,还必然满足外力系对质心 C 的主矩等于零。如图 16-13 所示,刚体在 xOy 平面内做平动的动力学方程可表示为

$$\left.\begin{aligned} ma_{Cx} &= m\ddot{x}_C = \sum F_x^e \\ ma_{Cy} &= m\ddot{y}_C = \sum F_y^e \\ \sum M_C(\boldsymbol{F}_i^e) &= 0 \end{aligned}\right\} \tag{16-24}$$

或写成以弧坐标表示的自然坐标形式的运动微分方程

$$\left.\begin{aligned} ma_C^{\tau} &= m\ddot{s}_C = \sum F_{\tau}^e \\ ma_C^{n} &= m\frac{\dot{s}_C^2}{\rho} = \sum F_n^e \\ \sum M_C(\boldsymbol{F}_i^e) &= 0 \end{aligned}\right\} \tag{16-25}$$

16.6.2 刚体转动的动力分析方程

刚体做定轴转动,在必然满足质心运动定理的同时,其整体转动的变化必然满足转动定理,故刚体转动的动力学方程如下

直角坐标形式

$$\left.\begin{aligned} ma_{Cx} &= m\ddot{x}_C = \sum F_x^e \\ ma_{Cy} &= m\ddot{y}_C = \sum F_y^e \\ J_z\alpha &= J_z\ddot{\phi} = \sum M_z(\boldsymbol{F}^e) \end{aligned}\right\} \tag{16-26}$$

自然坐标形式

$$\left.\begin{aligned} ma_C^{\tau} &= m\ddot{s}_C = \sum F_{\tau}^e \\ ma_C^{n} &= m\frac{\dot{s}_C^2}{\rho} = \sum F_n^e \\ J_z\alpha &= J_z\ddot{\phi} = \sum M_z(\boldsymbol{F}^e) \end{aligned}\right\} \tag{16-27}$$

应用式(16-24)至式(16-27),可分别解决刚体平动和转动的两类动力分析问题。在工程实际中,常会遇到各自的特殊情况,需要针对具体问题作具体的分析,灵活应用相应的方程进行求解。

例 16-8 高度为 $2h$,质量为 100 kg 的重物置于水平面上,受距平面高度 $h=1$ m 的水平力 $\boldsymbol{F}$ 作用。已知 $F=1$ kN,物体与平面间的动滑动摩擦系数 $f=0.2$。试求物体做平动的加速

度及质心到法向反力的距离 l。

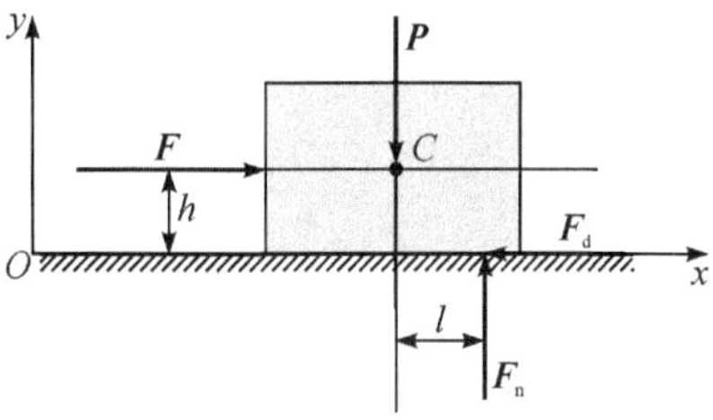

图 16－14

解:(1)研究对象:物体。

(2)受力分析:主动力 $\boldsymbol{F}$、重力 $\boldsymbol{P}$ 及法向约束力 $\boldsymbol{F}_n$、动滑动摩擦力 $\boldsymbol{F}_d$。如图 16－14 所示。

(3)运动分析:物体做平动。

(4)列动力学方程:取直角坐标系 xOy 如图 16－14 所示。

$$ma_{Cy} = \sum F_y^e,\ F_n - P = 0 \tag{16-28}$$

$$ma_{Cx} = \sum F_x^e,\ ma = F - F_d \tag{16-29}$$

$$\sum M_C(\boldsymbol{F}^e) = 0,\ F_n l - F_d h = 0 \tag{16-30}$$

由动滑动摩擦定律,补充

$$F_d = fF_n \tag{16-31}$$

将式(16－31)代入式(16－30),得

$$l = fh = 0.2 \times 1 = 0.2\ \text{m}$$

将式(16－28)代入式(16－31),解得

$$F_d = fF_n = fP = 0.2 \times 100 \times 9.8 = 196\ \text{N}$$

代入式(16－29),求得物体加速度

$$a = (F - F_d)/m = (1000 - 196)/100 = 8.04\ \text{m/s}^2$$

例 16－9　质量为 m 的物块置于倾角为 θ 的光滑斜面上,鼓轮半径为 r,转动惯量为 J,系于物块的细绳绕于鼓轮,如图 16－15(a)所示。如鼓轮上作用一不变的力矩 M,试求物块的加速度及绳子的拉力。(忽略摩擦和绳子质量。)

解　本题为一刚体组合系统,由转动的鼓轮和平动的物块组成。因为待求量为内力,故必须分别取物块和鼓轮为研究对象。

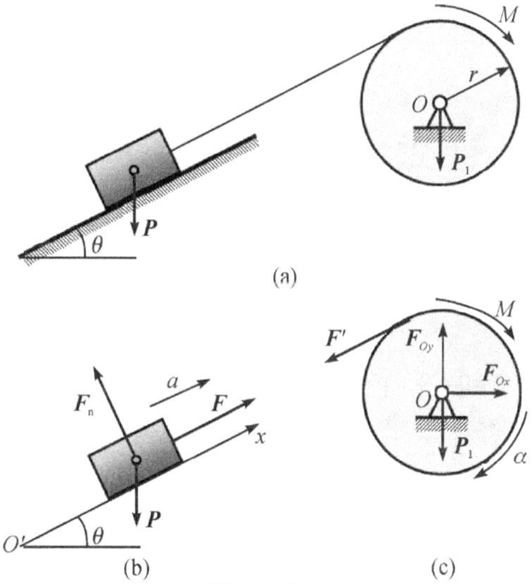

图 16－15

(1)研究物块。物块受重力 $\boldsymbol{P}$、法向反力 $\boldsymbol{F}_n$ 及绳子拉力 $\boldsymbol{F}$,如图 16－15(b)所示。

运动分析:物块沿斜面做直线平动,以加速度 a 沿斜面上升。

列刚体平动动力学方程:取 x 投影轴如图 16－15(b)所示,则有

$$ma_x = ma = F - P\sin\theta$$

即
$$F = ma + mg\sin\theta \tag{16-32}$$

式(16－32)中的加速度 a 与绳子拉力 F 均为未知量,由该方程不能直接求出结果,需与下列的转动动力方程联立求解。

(2)研究鼓轮。鼓轮受主动力矩 M,重力 $\boldsymbol{P}_1$ 及绳子拉力 $\boldsymbol{F}'$,轴承反力 $\boldsymbol{F}_{Ox}$、$\boldsymbol{F}_{Oy}$ 作用,如图 16－15(c)所示。

运动分析:鼓轮以角加速度 α 沿顺时针方向做加速转动,并设该转向为正,列刚体转动动力方程

$$J\alpha = \sum M_O(\boldsymbol{F}_i^e) = M - F'r$$

其中，$\alpha=\dfrac{a}{r}$，$F'=F$。一并代入后求得

$$J\frac{a}{r}=M-Fr \tag{16-33}$$

联立式(16－32)、式(16－33)求解得

$$a = \frac{Mr - mgr^2\sin\theta}{J + mr^2},\quad F = \frac{m(Mr + Jg\sin\theta)}{J + mr^2}$$

例 16－10 单摆由半径为 r 的均质圆盘 B 和长度为 $2r$ 的细直杆 OA 组成，并通过细绳将摆水平悬挂，如图 16－16 所示。已知盘的质量为 m，杆的质量忽略不计。试求突然剪断细绳的瞬间支座 O 处的约束反力。

解 (1)研究对象：单摆。

(2)受力分析：剪断细绳的瞬间，单摆受盘的重力及支座 O 的约束反力作用，如图 16－16 所示。

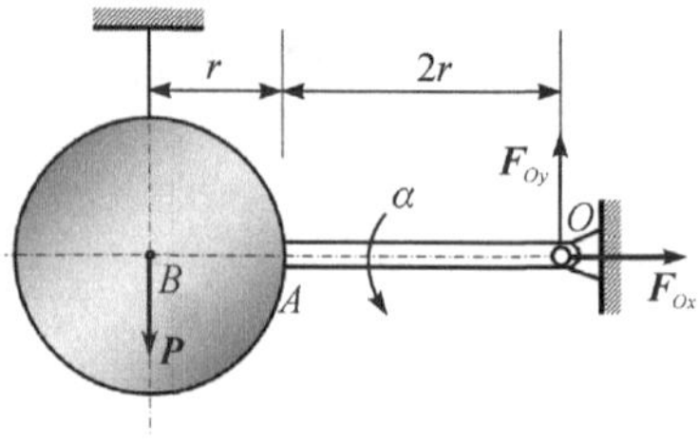

图 16－16

(3)运动分析：剪断细绳后，单摆将绕轴 O 转动。但在剪断细绳的瞬间，摆上各点位移为零，而加速度必然不为零，否则将意味着单摆下一时刻仍将静止，显然与实际相违背。因此，剪断细绳瞬间单摆的角速度 $\omega=0$，角加速度 $\alpha\neq0$。

(4)列动力方程：

$$J_O\alpha = \sum M_O(\boldsymbol{F}_i^e),\quad J_O\alpha = 3rP \tag{16-34}$$

$$ma_C^\tau = \sum F_\tau^e,\quad m\cdot 3r\alpha = 3mr\alpha = F_{Oy} - P \tag{16-35}$$

$$ma_C^n = \sum F_n^e,\quad 0 = F_{Ox} \tag{16-36}$$

由平行移轴定理，计算单摆对轴 O 的转动惯量

$$J_O = \frac{1}{2}mr^2 + m(3r)^2 = \frac{19}{2}mr^2$$

代入式(16－34)，且 $P=mg$，求得

$$\alpha = \frac{6g}{19r}$$

代入式(16－35)，求得

$$F_{Oy} = 3mr\frac{6g}{19r} + mg = \frac{37}{19}mg$$

由式(16－36)，得

$$F_{Ox} = 0$$

思考题

思考 16－1 三个质量相同的质点，在某时刻的速度分别如图所示，若对它们施加大小、方向相同的力 $\boldsymbol{F}$，问质点的运动情况是否相同？

思考 16－2 某人用枪瞄准了空中一悬挂的靶体。如在子弹射出的同时靶体开始自由下

落，不计空气阻力，问子弹能否击中靶体？

思考 16 - 3　如图所示，绳拉力 $F=2$ kN，物块Ⅱ重 1 kN，物块Ⅰ重 2 kN。若滑轮质量不计，在图(a)、(b)所示两种情况下，物块Ⅱ的加速度是否相同？两根绳中的张力是否相同？

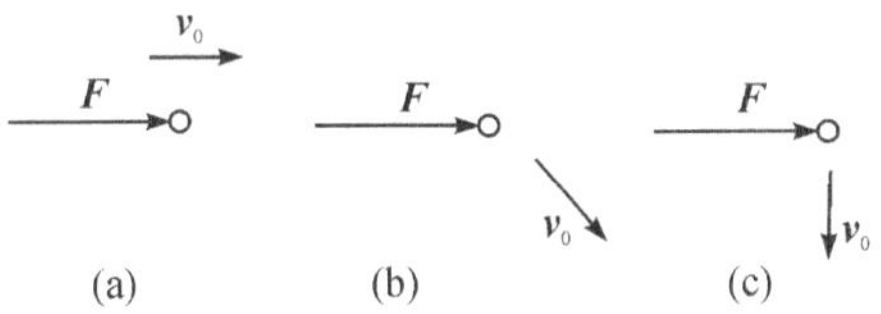

思考 16 - 1 图

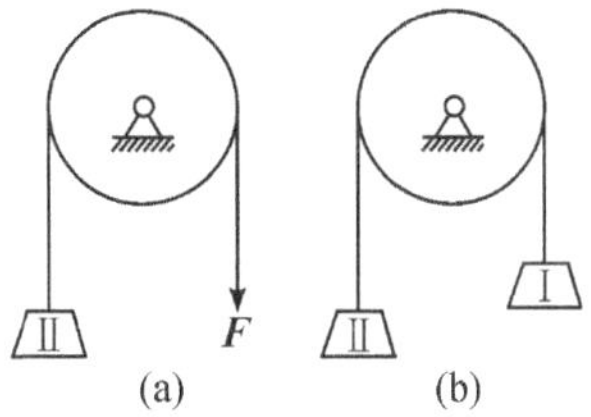

思考 16 - 3 图

思考 16 - 4　相同的两均质圆盘，平放在光滑水平面上，在盘的不同位置上，分别受大小和方向都相同的力 $\boldsymbol{F}$ 作用，同时由静止开始运动。试问哪个圆盘的质心运动得快？为什么？

思考 16 - 5　如何理解转动惯量是物体转动惯性的度量？物体对固定轴的转动惯量取决于哪些因素？

思考 16 - 6　如图所示的细直杆 AB 由铁质部分 AC 和木质部分 CB 组成，两段长度相等，都可视为均质。设杆的总质量为 m，则 $J_{z'}=J_z+ml^2$ 是否成立？

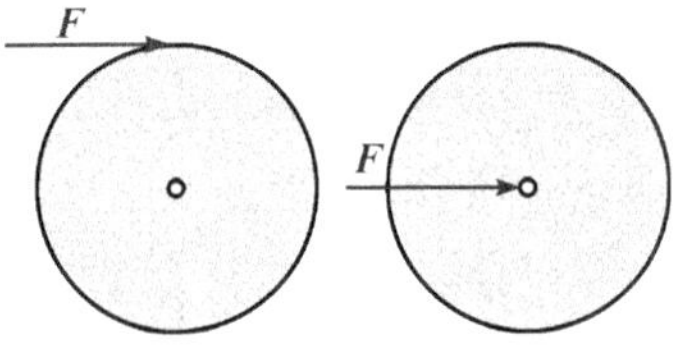

思考 16 - 4 图

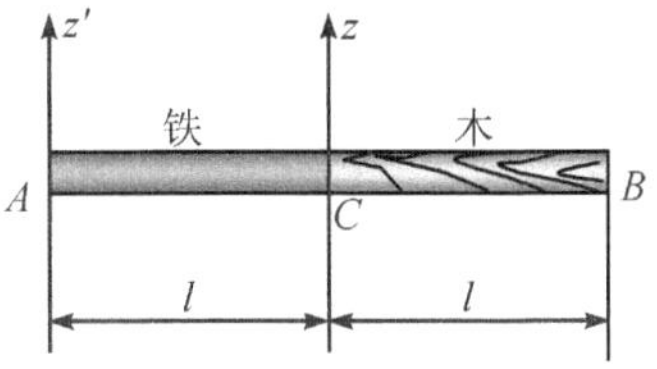

思考 16 - 6 图

思考 16 - 7　质量、半径相同的两轮，绕各自的轮心轴转动，一个可看作圆环，另一个可视为圆盘。若对它们施加同样大的力矩，经过相同时间后，哪个转动得快？

习　题

16 - 1　一质量为 3 kg 的小球连于绳的一端，可以在铅垂面内摆动，绳长 $l=0.8$ m。已知当 $\theta=60°$时绳内张力为 25 N，求此时刻小球的速度和加速度。

16 - 2　两根钢丝 AC 和 BC 的一端固定于铅垂轴线 AB 上，另一端均连接于 5 kg 的小球 C。小球以匀速 3.6 m/s 在水平面内绕 AB 做圆周运动。求每根钢丝的张力。

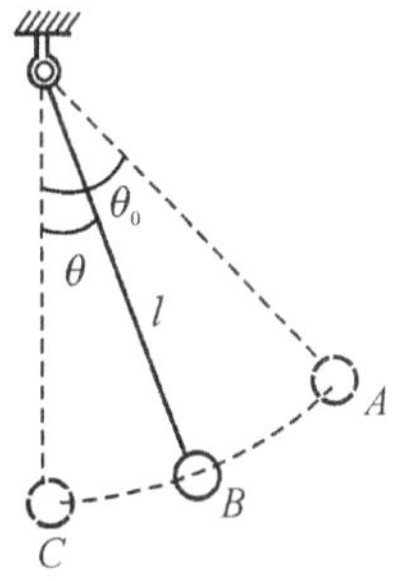

习题 16 - 1 图

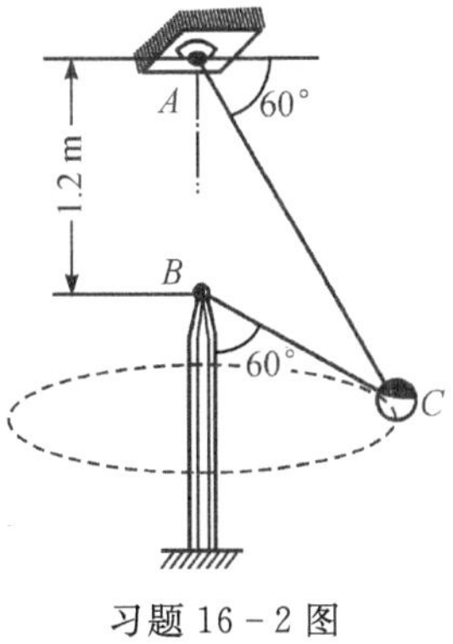

习题 16 - 2 图

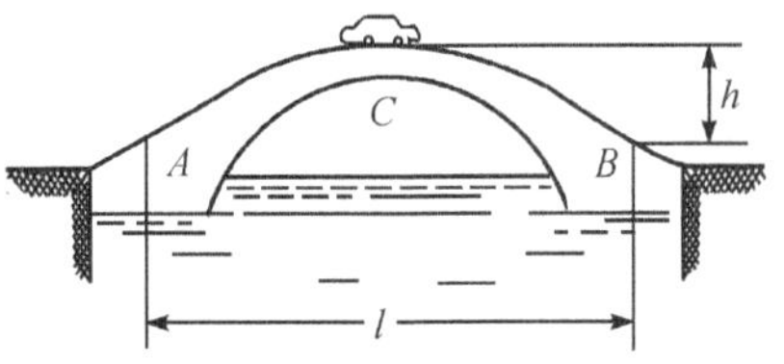

习题 16 - 3 图

16－3　汽车质量为 m，以匀速 v 驶过桥，桥面 ACB 呈抛物线形，其尺寸如图所示，求汽车过 C 点时对桥的压力。（提示：抛物线在 C 点的曲率半径 $\rho_C=\frac{l^2}{8h}$。）

16－4　一质量为 m 的物体放在匀速转动的水平转台上，物体与转轴的距离为 r。如物体与转台表面的摩擦系数为 f，求物体不致因转台旋转而滑出的最大速度。

16－5　质量为 300 kg 的导弹从时速为 1200 km/h 的飞机上发射，此时刻飞机高度为 300 m；设发射后的导弹由自身发动机获得一不变的水平推力 600 N，并保持对称轴处于水平方位，求：(1)落地前导弹飞过的水平距离；(2)落地时刻导弹的速度。

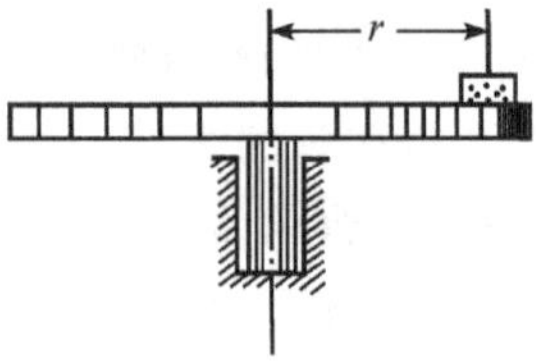

习题 16－4 图

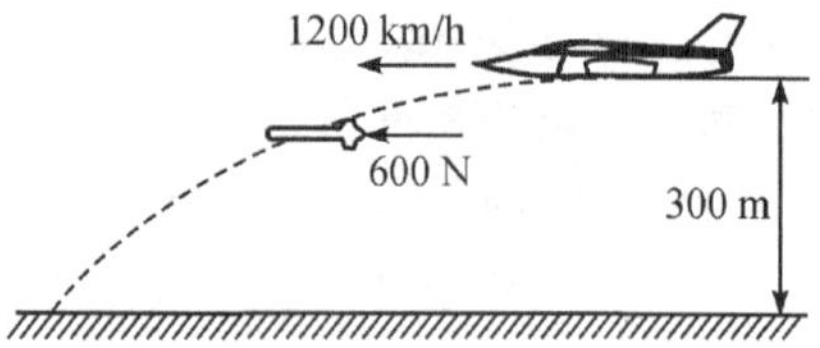

习题 16－5 图

16－6　物块 A、B 质量分别为 $m_A=20$ kg，$m_B=40$ kg，两物块用弹簧连接如图所示。已知物块 A 沿铅垂方向的运动规律为 $y=\sin 8t$，其中 y 以 cm 为单位，t 以 s 为单位。试求支承面 CD 的压力，并求它的最大与最小值。（弹簧质量略去不计）

16－7　定滑轮质量不计，不可伸长的绳子绕过滑轮，两端分别悬挂质量为 m_1 和 m_2 的重物，如图所示。已知，m_1 下降，m_2 上升。试求两物的加速度。

16－8　质量为 m 的汽车以加速度 a 沿水平直线行驶。汽车重心 C 离地面高度为 h，汽车的前、后轮轴到过重心垂线的距离分别等于 c 和 b，如图所示。求：其前、后轮的正压力；汽车应以多大的加速度行驶，方能使前、后轮的压力相等。

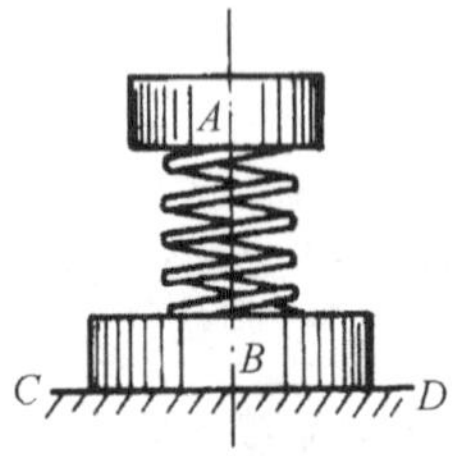

习题 16－6 图

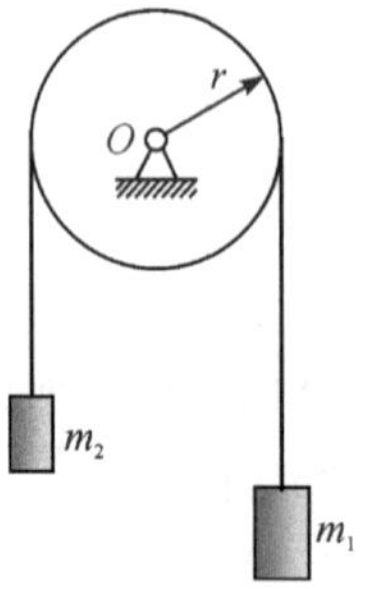

习题 16－7 图

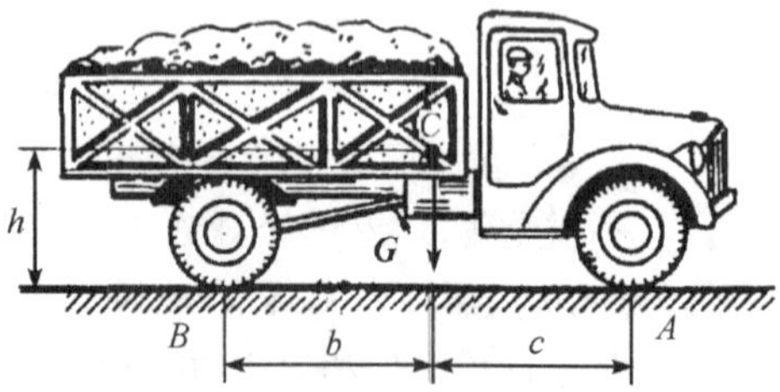

习题 16－8 图

16－9　图示质量 $m=50$ kg 的均质门板，通过滚轮 A、B 悬挂于静止水平轨道上。现有水平力 $F=100$ N 作用于门上，各尺寸如图所示。试求滚轮 A、B 处的反力（不计摩擦）及门板的加速度。

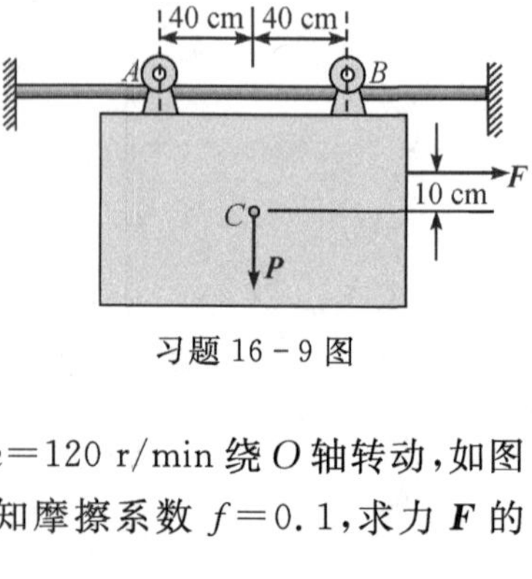

习题 16－9 图

16－10　匀质薄板 $ABCD$ 质量为 50 kg，用三根不计重量的刚杆 AE、BG、CH 悬于图示位置。求突然解除 AE 杆 A 处铰链的时刻，平板的加速度和杆 BG、CH 的受力。

16－11　质量为 100 kg、半径为 1 m 的均质圆轮，以转速 $n=120$ r/min 绕 O 轴转动，如图所示。设有一常力 $\boldsymbol{F}$ 作用于闸杆，轮经 10 s 后停止转动。已知摩擦系数 $f=0.1$，求力 $\boldsymbol{F}$ 的大小。

16－12　半径分别为 $R=1.2$ m 和 $r=0.4$ m 的两个滑轮固结在一起，可绕 O 轴转动，总质量 $m_1=90$ kg，回转半径 $\rho=0.3$ m。缠在滑轮上的两条绳子各挂一质量为 $m=20$ kg 的重物 A、B，如图所示。轴承处的摩擦和绳子质量均略去不计。试求重物 A 的加速度。

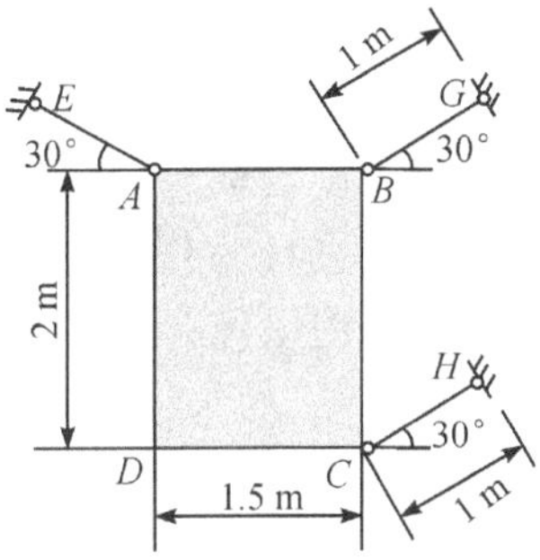

习题 16－10 图

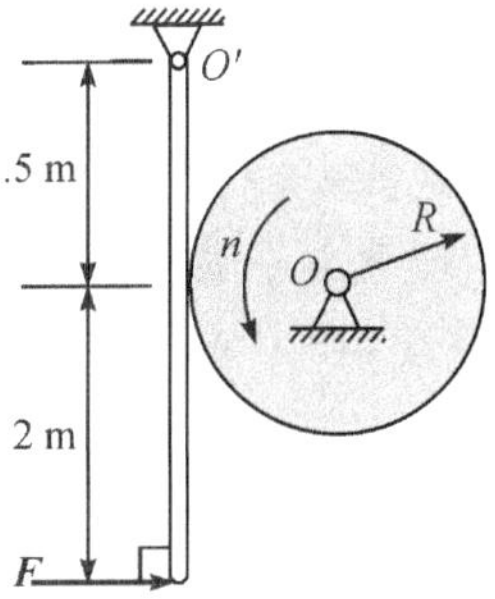

习题 16－11 图

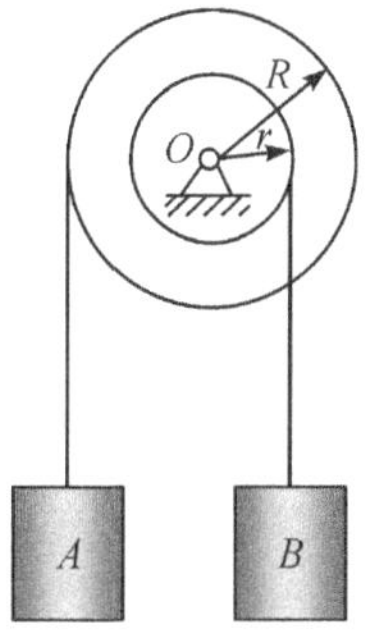

习题 16－12 图

16－13　均质细杆 AB 的质量为 5 kg；通过细绳悬挂使之处于水平静止，如图所示。如果绳 AD 突然被割断，求此时支座 O 处的约束反力。

16－14　图示电绞车提升一质量为 m 的物体，在其主动轴上作用有一转矩为 M 的主动力偶。已知主动轴和从动轴（连同安装在这两轴上的齿轮及其它附属零件）的转动惯量分别为 J_1 和 J_2；两轮的半径比 $r_2/r_1=i$；吊索缠绕在半径为 R 的鼓轮上。设轴承的摩擦和吊索的质量均略去不计，求重物的加速度。

16－15　绞车鼓轮质量 $m_1=400$ kg，绕在其上的钢绳末端系一质量 $m_2=3000$ kg 的重物 A，转矩 M 作用在鼓轮上，使重物 A 沿倾角 $\theta=45°$ 的光滑斜面以匀加速度 $a=5\ \text{m/s}^2$ 上升。求钢绳拉力和轴承反力。

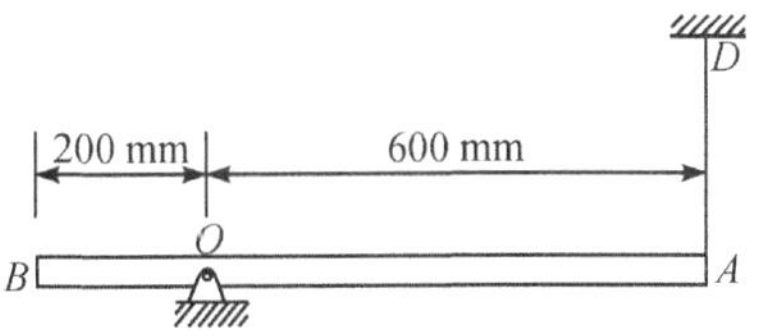

习题 16－13 图

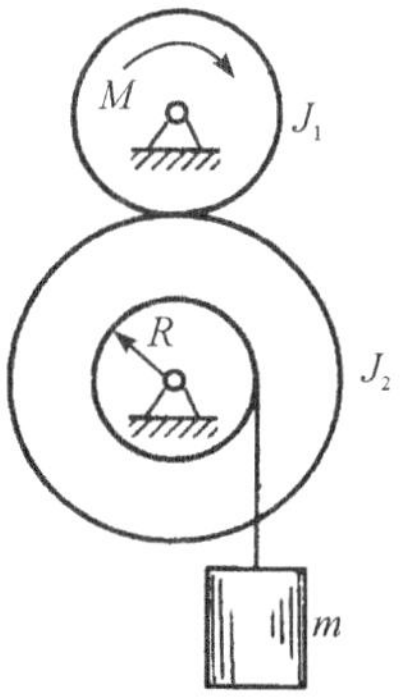

习题 16－14 图

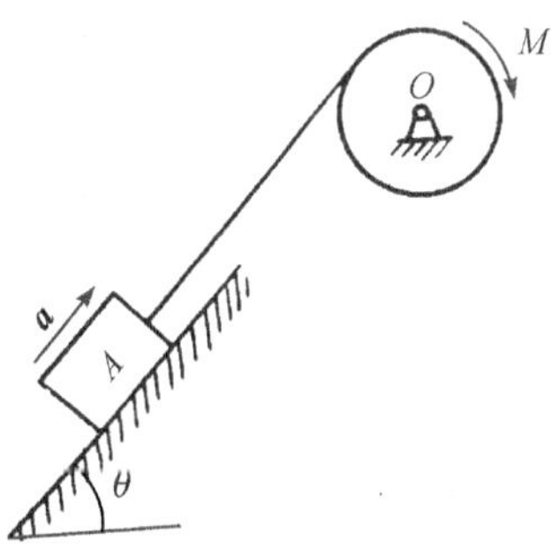

习题 16－15 图

第 17 章　动能定理

能量是物质运动的度量，功是能量变化的度量。从能量的角度看问题，物体动能发生改变，就必然有力做了功。动能定理建立了物体运动过程中的动能变化与作用力的功的关系。对工程中大量存在的单自由度系统，在力的功简单易算的情况下，用动能定理求解系统的运动问题就显得非常方便。

17.1　力的功

在力学中，作用在物体上**力的功**，表征了力在其作用点的运动路程中对物体作用的累积效果。在工程中遇到的力有常力、变力或力偶，而力的作用点的运动轨迹有直线也有曲线，下面将分别说明在各种情况下力的功的计算。

17.1.1　常力的功

设质点 M 在常力 $\boldsymbol{F}$ 作用下沿直线由 M_1 运动到 M_2，力 $\boldsymbol{F}$ 与位移 $\boldsymbol{s}$ 之间的夹角为 θ，如图 17－1 所示。则常力 $\boldsymbol{F}$ 在该位移上所做的功为

$$W=\boldsymbol{F}\cdot\boldsymbol{s}=Fs\cos\theta=F_\tau s \qquad (17-1)$$

其中，F_τ 为力 $\boldsymbol{F}$ 在位移方向的投影。由此可知：当 $\theta<90°$ 时，功 W 是正值；当 $\theta>90°$ 时，功 W 是负值，当 $\theta=90°$ 时，功 W 等于零。功不具有方向意义，所以功是标量。

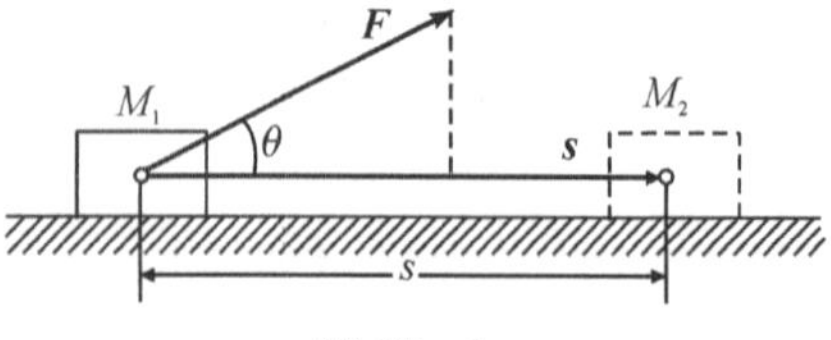

图 17－1

在国际单位制中，功的单位为焦耳(J)，1 J=1 N·m。

17.1.2　变力的功

设质点 M 在变力 $\boldsymbol{F}$ 作用下沿曲线 M_1M_2 运动，$\boldsymbol{F}$ 与质点运动方向(即速度方向)的夹角为 θ，如图 17－2 所示。取微路程 $\mathrm{d}s$，与之相对应的微位移为 $\mathrm{d}\boldsymbol{r}$。在微路程 $\mathrm{d}s$ 上，可将力 $\boldsymbol{F}$ 看作常力，微弧段 $\mathrm{d}s$ 可视为直线段，且与沿轨迹切线的微位移 $\mathrm{d}\boldsymbol{r}$ 大小相等。则力 $\boldsymbol{F}$ 在微路程 $\mathrm{d}s$ 上所做的功称为**力的元功**

$$\delta W=\boldsymbol{F}\cdot\mathrm{d}\boldsymbol{r}=F\cos\theta\mathrm{d}s=F_\tau\mathrm{d}s \qquad (17-2\mathrm{a})$$

其中，F_τ 为 $\boldsymbol{F}$ 在切线方向的投影。

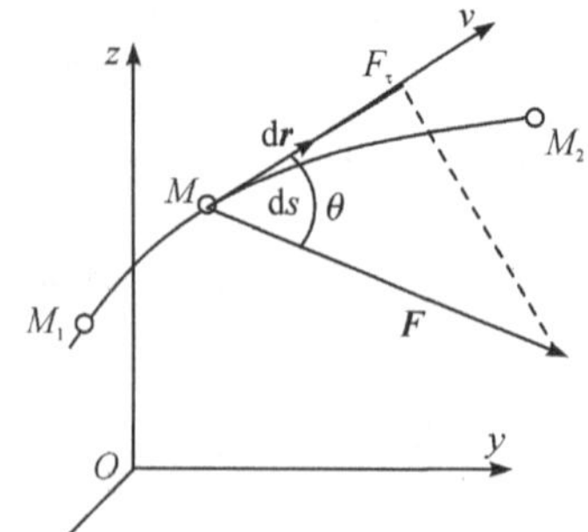

图 17－2

力的元功只有在某些条件下才有可能是某个多元函数的全微分。

建立直角坐标系 $Oxyz$，设 $\boldsymbol{i}$、$\boldsymbol{j}$、$\boldsymbol{k}$ 分别为 x、y、z 轴的单位矢量，则力 $\boldsymbol{F}$ 及作用点的微位移 $\mathrm{d}\boldsymbol{r}$ 的解析表达式分别为

$$\boldsymbol{F}=F_x\boldsymbol{i}+F_y\boldsymbol{j}+F_z\boldsymbol{k}$$

$$\mathrm{d}\boldsymbol{r} = \mathrm{d}x\boldsymbol{i} + \mathrm{d}y\boldsymbol{j} + \mathrm{d}z\boldsymbol{k}$$

则有

$$\delta W = \boldsymbol{F} \cdot \mathrm{d}\boldsymbol{r} = F_x \cdot \mathrm{d}x + F_y \cdot \mathrm{d}y + F_z \cdot \mathrm{d}z \tag{17-2b}$$

变力 $\boldsymbol{F}$ 在曲线路程 M_1M_2 上所做的功等于它在该路程上所做元功的总和，即

$$\left.\begin{aligned} W &= \int_{M_1M_2} (\boldsymbol{F} \cdot \mathrm{d}\boldsymbol{r}) = \int_{M_1M_2} (F_\tau \cdot \mathrm{d}s) \\ W &= \int_{M_1M_2} (F_x \cdot \mathrm{d}x + F_y \cdot \mathrm{d}y + F_z \cdot \mathrm{d}z) \end{aligned}\right\} \tag{17-3}$$

上述积分在数学上属于线积分，一般情况下，线积分与路径有关。

17.1.3　常见力的功

1. 重力的功

重力属于最常见的常力。设物重为 G，其重心 C 沿曲线从 M_1 点运动到 M_2 点(图 17-3)，取 z 轴铅垂向上，则 $F_x = F_y = 0, F_z = -G$，代入式(17-3)，得

$$W = -G(z_2 - z_1) \tag{17-4}$$

其中，z_1、z_2 分别为对应于起点、终点位置的重心的高度。可见，重力的功仅取决于物体初始、终了位置的重心高度差，而与重心运动的路径无关。

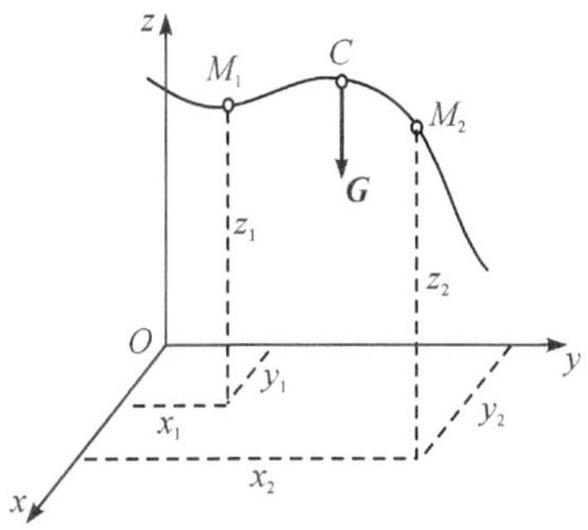

图 17-3

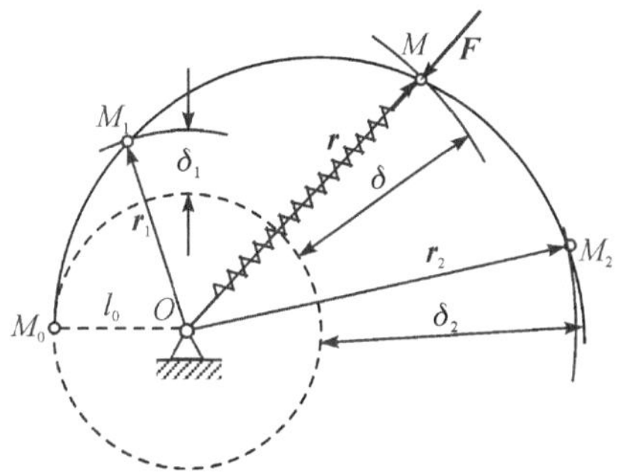

图 17-4

2. 弹性力的功

设弹簧的自然长度为 l_0，与质点 M 联结如图 17-4 所示。在弹性范围内，弹性力的大小与其变形量成正比，即

$$F = k(r - l_0)$$

其中，k 为**弹簧的刚度系数**，单位为牛顿/米(N/m)；r 为任意位置时弹簧的长度。弹性力 $\boldsymbol{F}$ 的方向与弹簧变形形式有关，当弹簧被拉伸时，$\boldsymbol{F}$ 与矢径 $\boldsymbol{r}$ 方向相反，当弹簧被压缩时，$\boldsymbol{F}$ 与 $\boldsymbol{r}$ 方向相同。因此，弹性力 $\boldsymbol{F}$ 可表示为

$$\boldsymbol{F} = -k(r - l_0)\frac{\boldsymbol{r}}{r}$$

元功　$$\delta W = \boldsymbol{F} \cdot \mathrm{d}\boldsymbol{r} = -k(r - l_0)\frac{\boldsymbol{r}}{r} \cdot \mathrm{d}\boldsymbol{r}$$

因为 $\dfrac{\boldsymbol{r}}{r} \cdot \mathrm{d}\boldsymbol{r} = \dfrac{\mathrm{d}(\boldsymbol{r} \cdot \boldsymbol{r})}{2r} = \dfrac{\mathrm{d}(r^2)}{2r} = \mathrm{d}r$，于是

$$\delta W = -k(r-l_0)\cdot \mathrm{d}r = -\frac{1}{2}k\mathrm{d}(r-l_0)^2$$

当质点由点 M_1 运动到 M_2 时，弹性力所做的功为

$$W = -\frac{1}{2}k\int_{(r_1-l_0)^2}^{(r_2-l_0)^2}\mathrm{d}(r-l_0)^2 = -\frac{1}{2}k[(r_2-l_0)^2-(r_1-l_0)^2]$$

或

$$W = \frac{1}{2}k(\delta_1^2-\delta_2^2) \tag{17-5}$$

其中，$\delta_1 = r_1 - l_0$、$\delta_2 = r_2 - l_0$ 分别为弹簧初始、终了位置的变形量。由此可见，弹性力做功只与弹簧的初始、终了变形量有关，而与其作用点的运动的路径无关。

大小和方向完全由受力质点的位置决定，且做功与质点运动路径无关的力称为**有势力**或**保守力**。

3. 作用于转动刚体上力的功及力偶的功

设刚体可绕固定轴 Oz 转动，力 $\boldsymbol{F}$ 作用于点 M 处，如图 17－5 所示。当刚体有一微小转角 $\mathrm{d}\varphi$ 时，力 $\boldsymbol{F}$ 作用点 M 对应的微小路程为 $\mathrm{d}s$，且

$$\mathrm{d}s = R\cdot \mathrm{d}\varphi$$

其中，R 为点 M 到 Oz 轴的距离。力 $\boldsymbol{F}$ 的元功为

$$\delta W = F_\tau\cdot \mathrm{d}s = F_\tau\cdot R\cdot \mathrm{d}\varphi = M_z(\boldsymbol{F})\cdot \mathrm{d}\varphi$$

刚体转角由 φ_1 到 φ_2 的过程中，力 $\boldsymbol{F}$ 所做的功为

$$W = \int_{\varphi_1}^{\varphi_2} M_z(\boldsymbol{F})\cdot \mathrm{d}\varphi \tag{17-6}$$

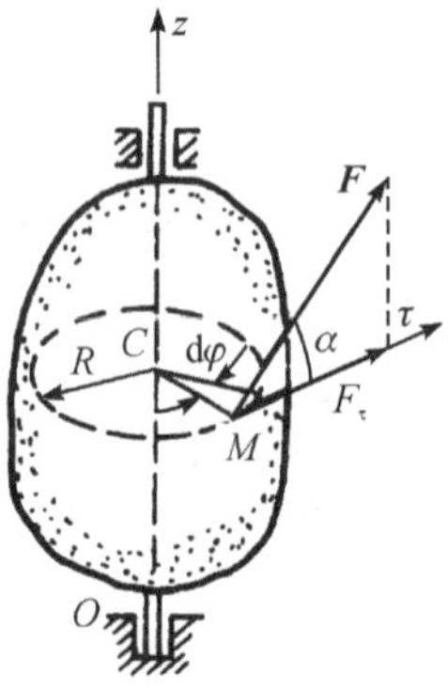

图 17－5

若刚体上作用一个力偶矩矢量与 Oz 平行的常力偶矩 M，则该力偶在刚体转角由 φ_1 到 φ_2 过程中所做的功为

$$W = \int_{\varphi_1}^{\varphi_2} M\cdot \mathrm{d}\varphi = M(\varphi_2-\varphi_1) \tag{17-7}$$

式(17－7)也适用于作用在平面运动刚体上的力偶做功。

17.1.4 质点系内力的功

图 17－6 中 A、B 为质点系内任意两质点，相对定点 O 的矢径分别为 $\boldsymbol{r}_A$ 和 $\boldsymbol{r}_B$。设相互作用力分别为 $\boldsymbol{F}_A$ 和 $\boldsymbol{F}_B$，由于互为作用力与反作用力，所以有 $\boldsymbol{F}_A = -\boldsymbol{F}_B$。这对内力的元功之和为

$$\begin{aligned}\sum \delta W &= \boldsymbol{F}_A\cdot \mathrm{d}\boldsymbol{r}_A + \boldsymbol{F}_B\cdot \mathrm{d}\boldsymbol{r}_B = \boldsymbol{F}_A\cdot(\mathrm{d}\boldsymbol{r}_A - \mathrm{d}\boldsymbol{r}_B)\\ &= \boldsymbol{F}_A\cdot \mathrm{d}(\boldsymbol{r}_A - \boldsymbol{r}_B)\\ &= -F_A\cdot \mathrm{d}BA\end{aligned}$$

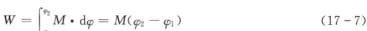

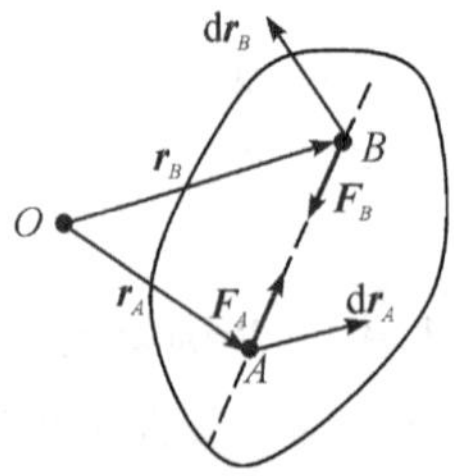

图 17－6

其中 BA 表示质点 B 到质点 A 间的距离。

刚体内任意两点间的距离不变，故刚体内力的功之和为零。

可变质点系内两点间的距离可变，因此，可变质点系内力的功一般不为零。前面已经得到的弹性力做功结论即为质点系内力做功的典型例证。

17.1.5　理想约束反力的功

在第 4 章中，曾将所介绍的常见约束归为理想约束。

如图 17－7 中，图(a)所示的光滑接触面约束、图(b)所示的固定支座或轴承、图(c)所示的滚动支座约束等，其约束力与元位移 d$\boldsymbol{r}$ 总是相互垂直，故约束力的元功等于零。

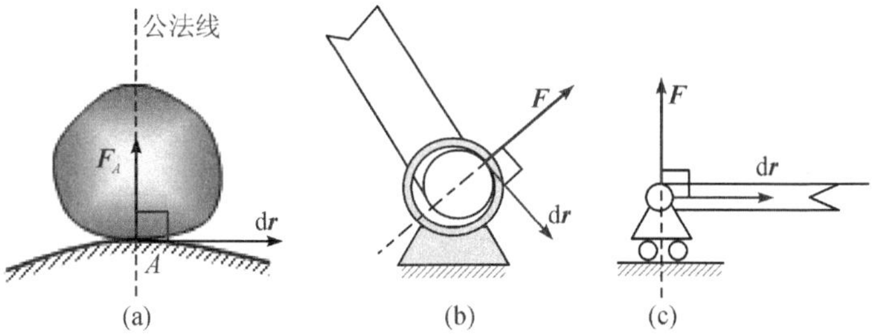

图 17－7

图 17－8(a)所示的铰链在空间的位移确定时，两构件各自受到的约束力元功并不等于零，但两者互为作用与反作用。作为铰链约束的一对内力，元功之和必等于零；对图 17－8(b)所示的链杆约束，由前述刚体内力之功的讨论，不难得出束力元功之和等于零；图 17－8(c)所示不计质量的绳索不可伸长，其上各点的位移沿绳索的投影相等，因绳索只能承受沿着绳索方向的拉力，故其约束力的元功也等于零。

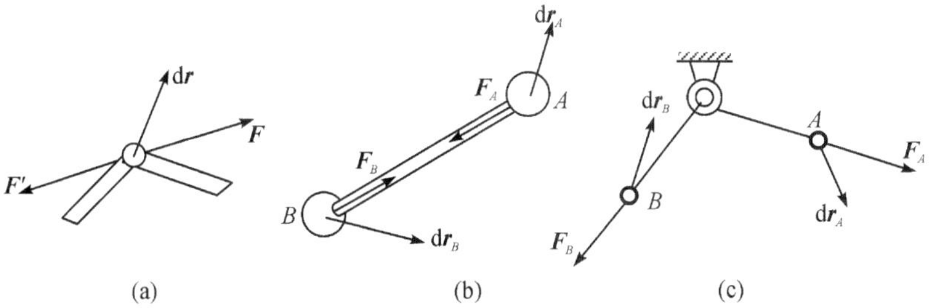

图 17－8

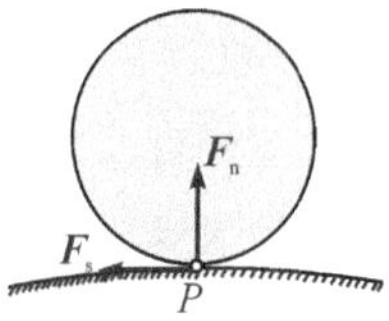

图 17－9

由此定义：约束反力元功之和等于零的约束为**理想约束**。

刚体沿固定面纯滚动时，约束反力的作用点即为速度瞬心 P(图 17－9)。由于速度瞬心的位移 d$\boldsymbol{r}_P=0$，故由支承面所提供的摩擦力 $\boldsymbol{F}_s$、法向反力 $\boldsymbol{F}_n$ 做功均为零，可归入理想约束反力功的计算；接触面之间存在相对滑动时，动滑动摩擦力恒做负功，可将其归入主动力做功。

例 17－1　两等长的杆 AB、CB 组成可动结构，如图 17－10 所示。A 处为固定铰支座，B 处为滚动铰支座，A、B 在同一水平面上，两杆在 C 处铰链连接，并悬挂质量为 m 的重物 D，以刚度系数为 k 的弹簧连于两杆的中点。弹簧的原长 $l_0=\dfrac{AC}{2}=\dfrac{BC}{2}$，不计两杆的重量。试求当 $\angle CAB$ 由 60°变为 30°时，重物 D 的重力和弹力所做的总功。

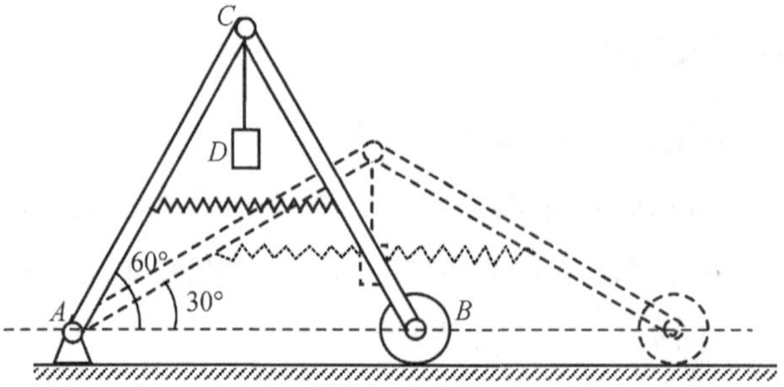

图 17-10

解　(1)求重物 D 的重力所做的功。由图 17-10 计算重物 D 下降的高度差为

$$z_1 - z_2 = 2l_0(\sin 60° - \sin 30°)$$
$$= (\sqrt{3}-1)l_0$$

则重力做的功为

$$W'_{12} = mg(z_1 - z_2) = mg(\sqrt{3}-1)l_0$$

(2)求弹力所做的功。由几何条件知:

当$\angle CAB = 60°$时,弹簧伸长量为

$$\delta_1 = 0$$

当$\angle CAB = 30°$时,弹簧伸长量为

$$\delta_2 = 2l_0\cos 30° - l_0 = (\sqrt{3}-1)l_0$$

则弹力所做的功为

$$W''_{12} = \frac{k}{2}(\delta_1^2 - \delta_2^2) = -\frac{k}{2}(\sqrt{3}-1)^2 l_0^2$$

系统总功为

$$W_{12} = W'_{12} + W''_{12} = mg(\sqrt{3}-1)l_0 - \frac{k}{2}(\sqrt{3}-1)^2 l_0^2$$

17.2　动　能

17.2.1　动能的定义

一切运动着的物体都具有一定的能量,运动着的汽锤可以改变锻件的形状并发声、发热。从高处下落的水流可以推动水轮机转动,等等。许多实际现象表明,物体的质量越大,运动速度越高,其能量相应就越大。

质点的动能等于质点的质量与其速度平方乘积的二分之一,即$\frac{1}{2}mv^2$。

质点系的动能等于质点系内各个质点动能的代数和,记作 T,即

$$T = \sum \frac{1}{2}m_i v_i^2 \tag{17-8}$$

其中,m_i、v_i分别为质点系内任一质点的质量与速度。

动能是标量，恒取正值。在国际单位制中的单位为焦耳(J)，$1\ \text{J}=1\ \text{kg}\cdot\text{m}^2/\text{s}^2=1\ \text{N}\cdot\text{m}$。

例 17－2　图 17－11 所示的质点系由三个质点组成，它们的质量分别为 m_1、m_2、m_3，且 $m_1=2m_2=4m_3$，绳子无弹性，绳子及滑轮的质量忽略不计。当 m_1 以速度 $\boldsymbol{v}$ 向下运动时，求系统此时所具有的动能。

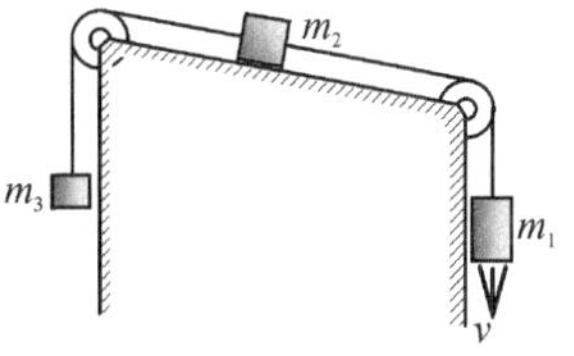

图 17－11

解　由于绳子不可伸长，所以三个质点的速度大小相等，即 $v_1=v_2=v_3=v$，于是得

$$T=\sum\frac{1}{2}m_iv_i^2=\frac{1}{2}m_1v_1^2+\frac{1}{2}m_2v_2^2+\frac{1}{2}m_3v_3^2=\frac{7}{2}m_3v^2$$

17.2.2　常见运动的刚体动能

刚体是不变质点系，无论刚体做何种运动，其各质点的速度之间必满足速度投影定理。

1. 平动刚体的动能

当刚体平动时，在任一时刻，各质点速度均等于质心速度，即 $v_i=v_C$，如图 17－12 所示。由式(17－8)，得

$$T=\sum\frac{1}{2}m_iv_i^2=\frac{1}{2}\left(\sum m_i\right)v_C^2=\frac{1}{2}mv_C^2 \tag{17-9}$$

其中 $m=\sum m_i$ 为整个刚体的质量。上式表明：平动刚体的动能等于刚体的质量与质心速度平方乘积的二分之一。

2. 定轴转动刚体的动能

设刚体绕定轴 z 转动，瞬时角速度为 ω，如图 17－13 所示。其内任一质点 M_i 的质量为 m_i，到转轴 z 的距离为 r_i，速度 $v_i=r_i\omega$，代入式(17－8)，得

$$T=\sum\frac{1}{2}m_i(r_i\omega)^2=\frac{1}{2}\left(\sum m_ir_i^2\right)\omega^2=\frac{1}{2}J_z\omega^2 \tag{17-10}$$

其中 $J_z=\sum m_ir_i^2$ 是刚体对于转轴 z 的转动惯量。上式表明：转动刚体的动能等于刚体对于转轴的转动惯量与角速度平方乘积的二分之一。

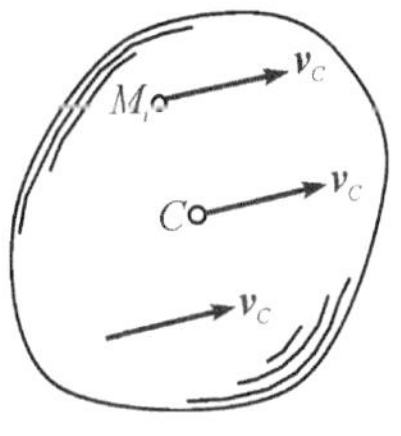

图 17－12

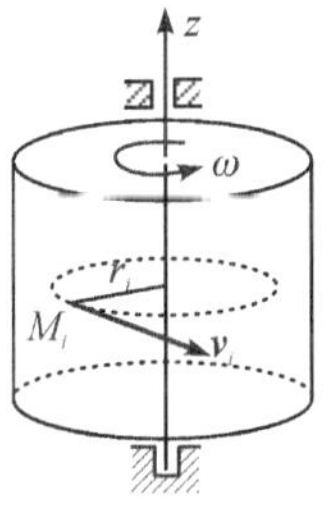

图 17－13

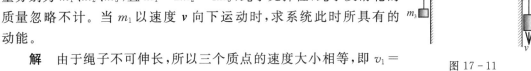

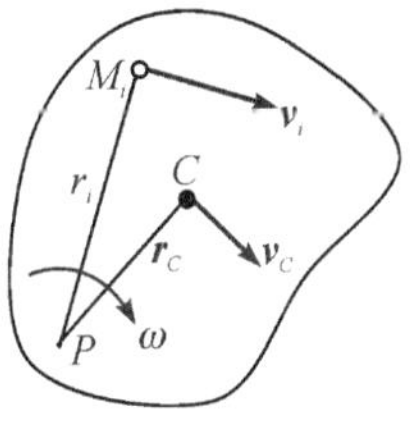

图 17－14

3. 平面运动刚体的动能

如图 17－14 所示，刚体质量为 m，做平面运动的角速度为 ω，某时刻的速度瞬心为点 P。其内任一质点的质量为 m_i，到点 P 的距离为 r_i，速度 $v_i=r_i\omega$，代入式(17－8)得

$$T=\sum\frac{1}{2}m_i(r_i\omega)^2=\frac{1}{2}\left(\sum m_ir_i\right)\omega^2=\frac{1}{2}J_P\omega^2 \tag{17-11}$$

其中，$J_P=\sum m_i r_i^2$，是刚体对通过速度瞬心 P 且与平面图形相垂直的轴的转动惯量。以 J_C 表示刚体对过质心 C 且与平面图形相垂直的轴的转动惯量，r_C 表示点 C 到点 P 的距离，则 $J_P=J_C+mr_C^2$，$v_C=r_C\omega$，代入式(17－11)并整理后得

$$T=\frac{1}{2}mv_C^2+\frac{1}{2}J_C\omega^2 \tag{17-12}$$

即：平面运动刚体的动能等于随质心平动的动能与绕质心转动的动能之和。

例 17－3 半径为 R、质量为 m 的均质圆轮沿地面做直线纯滚动，某时刻轮心速度为 $\boldsymbol{v}_O$（图 17－15）。求此时轮的动能。

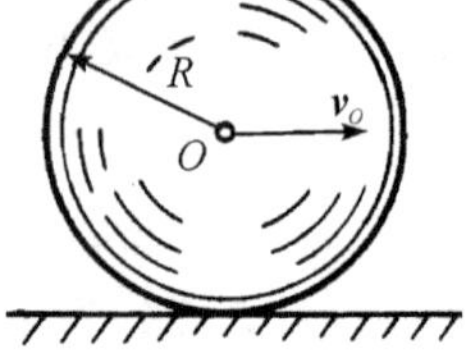

图 17－15

解 由式(17－12)得

$$T=\frac{1}{2}mv_O^2+\frac{1}{2}\left(\frac{1}{2}mR^2\right)\left(\frac{v_O}{R}\right)^2=\frac{3}{4}mv_O^2$$

请读者根据式(17－11)对上述计算结果进行验证。

17.3 动能定理的应用

将质点系的动能式(17－8)对时间微分，得

$$\mathrm{d}T=\mathrm{d}\left(\sum\frac{1}{2}m_iv_i^2\right)=\sum\mathrm{d}\left(\frac{1}{2}m_iv_i^2\right)=\sum m_iv_i\mathrm{d}v_i$$

利用关系 $v_i=\mathrm{d}s_i/\mathrm{d}t$，$\mathrm{d}v_i/\mathrm{d}t=a_{i\tau}$，$ma_{i\tau}=F_{i\tau}$，$F_{i\tau}\mathrm{d}s_i=\delta W_i$，进而得

$$\mathrm{d}T=\sum m_i\frac{\mathrm{d}s_i}{\mathrm{d}t}\mathrm{d}v_i=\sum m_ia_{i\tau}\mathrm{d}s_i=\sum F_{i\tau}\mathrm{d}s_i=\sum\delta W_i$$

即

$$\mathrm{d}T=\sum\delta W_i \tag{17-13}$$

表明质点系动能的微分等于作用在质点系上所有力的元功之和，称为质点系动能定理的**微分形式**。

以 T_1、T_2 分别表示质点系在起始和终止时具有的动能，$\sum W_i$ 代表作用在质点系上所有力在对应路程中所做的功，则对上式积分后，得

$$T_2-T_1=\sum W_i \tag{17-14}$$

表明运动过程中，质点系初始与终了位置的动能改变量，等于作用在质点系上的所有力在该过程中的做功总和，即为质点系动能定理的**积分形式**。

由于动能定理所建立的动力方程中理想约束力不出现，故为解决单自由度系统的动力分析问题提供了捷径，常用来求解速度、加速度（角速度、角加速度）。

例 17－4 图 17－16 所示汽车与载荷总重量为 G，轮胎与路面的动滑轮摩擦系数为 f，若以速度 $\boldsymbol{v}_0$ 沿水平直线公路行驶，且不计空气阻力，试求汽车前后轮同时制动到汽车停止所滑过的距离 s。

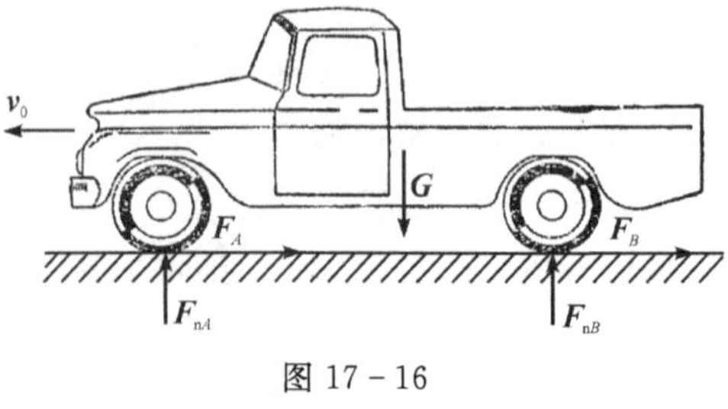

图 17－16

解 以汽车为研究对象，在刹车到停车这一过程中，车轮卡死与汽车一起做平动。故动能变化为

$$T_2 - T_1 = 0 - \frac{1}{2}\frac{G}{g}v_0^2$$

作用于汽车上的力有重力 $\boldsymbol{G}$,前后轮所受到的法向总反力 $\boldsymbol{F}_n$($F_n = F_{nA} + F_{nB} = G$)和动摩擦力 $\boldsymbol{F}_d$($F_d = F_A + F_B = fF_{nA} + fF_{nB} = fF_n$)。由于 $\boldsymbol{G}$ 与 $\boldsymbol{F}_n$ 均与运动方向垂直,故只有 $\boldsymbol{F}_d$ 做负功,即

$$\sum W_i = -F_d s = -fGs$$

根据动能定理 $T_2 - T_1 = \sum W_i$,得

$$-\frac{1}{2}\frac{G}{g}v_0^2 = -fGs$$

由此得到

$$s = \frac{v_0^2}{2gf}$$

一般情况下,汽车急刹车后滑行的距离 s 可通过在路面上所留下的刹车痕迹测得,这样通过上式即可求得汽车刹车前的行驶速度 $v_0 = \sqrt{2fgs}$。交警在处理交通事故时,可由此判断司机是否超速行驶。

例 17-5　如图 17-17 所示,摆锤由长为 $L=1$ m、重为 $P=400$ N 的均质直杆和半径为 $r=0.2$ m、重为 $G=800$ N 的均质圆盘组成。弹簧的一端与直杆 AB 的中点 D 连接,另一端固定于 E 点,其原长为 $l_0=0.6$ m,刚度系数为 $k=600$ N/m。求当摆从右侧水平位置无初速度地运动到图示铅垂位置时,摆锤的角速度 ω。

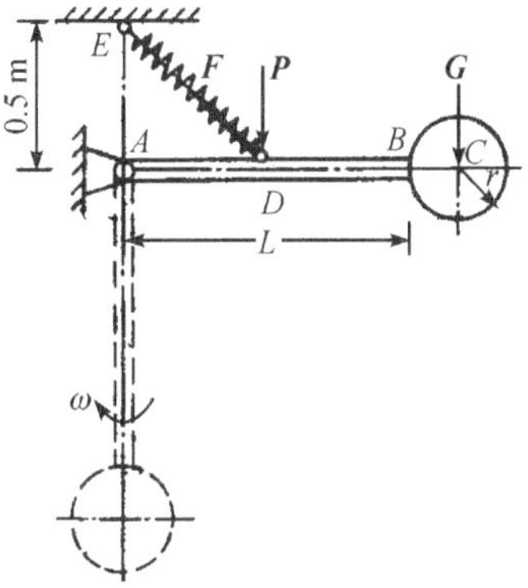

图 17-17

解　取摆为研究对象。系统受理想约束,只有重力 $\boldsymbol{P}$、$\boldsymbol{G}$ 及弹性力 $\boldsymbol{F}$ 做功

$$\sum W = P\frac{L}{2} + G(L+r) + \frac{1}{2}k(\delta_1^2 - \delta_2^2)$$

其中

$$\delta_1 = 0.5\sqrt{2} - 0.6 = 0.107 \text{ m}$$

$$\delta_2 = (0.5 + 0.5) - 0.6 = 0.4 \text{ m}$$

摆锤的初动能 $T_1=0$;当摆锤运动到铅垂位置时,其末动能

$$T_2 = \frac{1}{2}J_A\omega^2$$

其中,$J_A = \frac{1}{3}\frac{P}{g}L^2 + \left[\frac{1}{2}\frac{G}{g}r^2 + \frac{G}{g}(L+r)^2\right]$;$\omega$ 为摆锤的角速度。

根据动能定理 $T_2 - T_1 = \sum W_i$,有

$$\frac{1}{2}J_A\omega^2 = P\frac{L}{2} + G(L+r) + \frac{1}{2}k(\delta_1^2 - \delta_2^2)$$

将有关数据代入可解得 $\omega = 4.10$ rad/s。

例 17-6　如图 17-18 所示为在水平平面内的凸轮机构,凸轮使从动杆件 D 做往复运动,弹簧 E 保证从动杆件始终与凸轮接触,其刚性系数为 k,当从动杆件在极左位置时,弹簧已有压缩变形 $\delta_0=0.2r$。设凸轮质量为 m、半径为 r,偏心距 $e=O_1O_2=r/2$,不计摩擦及从动杆件质量,要求从动件由极左位置

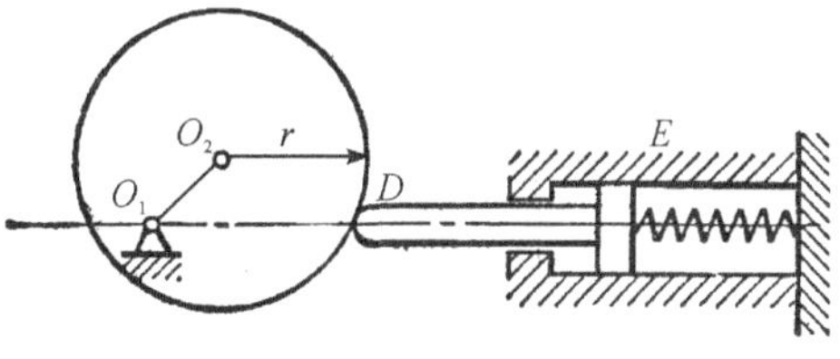

图 17-18

运动至极右位置，凸轮的初角速度 ω_0 至少应为多少？

解 (1)研究对象：系统。

(2)受力分析：由于机构在水平面内运动，且不计摩擦，故重力及所有约束反力均不做功，在运动过程中，只有弹性力做功。

(3)运动分析：凸轮转动，设在极左位置时具有初角速度 ω_0，系统具有初动能 T_1；在极右位置时角速度为零，动能 $T_2=0$，且

$$T_1 = \frac{1}{2}J_{O_1}\omega_0^2 = \frac{1}{2}\left[\frac{1}{2}mr^2 + m\left(\frac{r}{2}\right)^2\right]\omega_0^2 = \frac{3}{8}mr^2\omega_0^2$$

凸轮在极左位置时，弹簧的变形量 $\delta_0=0.2r$；在极右位置时，弹簧的变形量 $\delta_{\max}=\delta_0+2e=0.2r+r=1.2r$；在整个运动过程中，弹性力做功为

$$W=\frac{k}{2}(\delta_1^2-\delta_2^2)=\frac{k}{2}(\delta_0^2-\delta_{\max}^2)=-\frac{k}{2}\times1.4r^2=-0.7kr^2$$

根据动能定理 $T_2 - T_1 = \sum W_i$，得

$$-\frac{3}{8}mr^2\omega_0^2 = -0.7kr^2$$

由此解得

$$\omega_0 = 1.37\sqrt{k/m}$$

例 17-7 电动机带动卷扬机如图 17-19 所示。电机转矩为 M，视作不变量。主动轴 AB 和从动轴 CD 对各自中心轴的转动惯量分别为 J_1 和 J_2（包括装在轴上的所有转动件），卷筒半径为 R，两齿轮的节圆半径之比 $i=r_2/r_1$，提升重物质量为 m，略去轴承摩擦，系统由静止开始提升重物。求重物提升距离 s 时的加速度。

解 以系统研究对象。

在提升重物过程中，只有物体重力 $\boldsymbol{G}$ 及电机转矩 M 做功。

当重物提升距离 s 时，速度为 $\boldsymbol{v}$，加速度为 $\boldsymbol{a}$；从动轴 CD 相应转角为 φ_2，此时的角速度为 ω_2，主动轴 AB 相应的转角为 φ_1，此时的角速度为 ω_1，且

$$v=R\omega_2$$

$$r_1\omega_1=r_2\omega_2$$

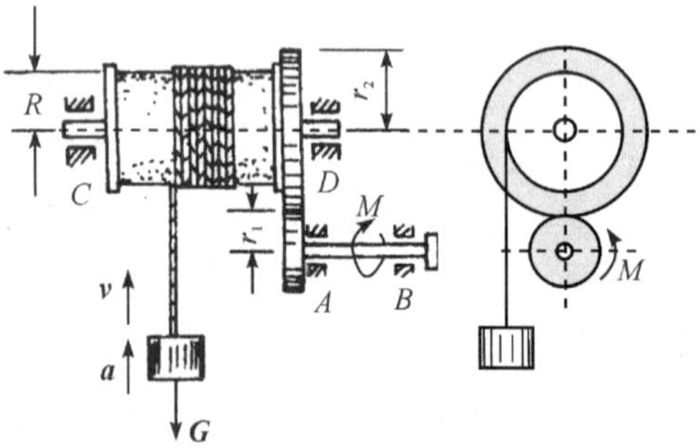

图 17-19

可得 $\omega_2=v/R,\ \omega_1=\dfrac{r_2}{r_1}\omega_2=i\dfrac{v}{R}$

系统动能为

$$T = \frac{1}{2}J_1\omega_1^2 + \frac{1}{2}J_2\omega_2^2 + \frac{1}{2}mv^2 = \frac{1}{2}\left(\frac{J_1 i^2}{R^2} + \frac{J_2}{R^2} + m\right)v^2$$

由

$$s = R\varphi_2,\ r_1\varphi_1 = r_2\varphi_2$$

得

$$\varphi_2 = s/R,\ \varphi_1 = \frac{r_2}{r_1}\varphi_2 = i\frac{s}{R}$$

在重物提升距离 s 过程中，力做功为

$$\sum W_i = M\varphi_1 - Gs = Mi\frac{s}{R} - Gs = \left(\frac{Mi}{R} - mg\right)s$$

根据质点系动能定理

$$T_2 - T_1 = \sum W_i$$

$$T_2 - T_1 = \frac{1}{2}(\frac{J_1 i^2}{R^2} + \frac{J_2}{R^2} + m)v^2 = (\frac{Mi}{R} - mg)s$$

上式建立了重物上升距离 s 与其对应速度 v 之间的函数关系。将等式两端对时间 t 求导数，并注意到 $v=\mathrm{d}s/\mathrm{d}t, a=\mathrm{d}v/\mathrm{d}t$，得

$$\frac{1}{2}(J_1 i^2 + J_2 + mR^2)2va = (Mi - mgR)Rv$$

于是，得

$$a = \frac{(Mi - mgR)R}{J_1 i^2 + J_2 + mR^2}$$

可见，重物上升的加速度与提升距离 s 无关，该结果适用于提升任意高度的情况。工程中常对重物提升的加速度有一定的极值限制，故由此可求出电动机应提供的转矩 M，以供选择电机的功率时参考。

例 17-8　卷扬机如图 17-20 所示。鼓轮在矩为 M 的力偶的作用下，将均质圆柱沿斜面上拉。已知鼓轮半径为 R_1、重为 G_1，质量均匀地分布在轮缘上；圆柱的半径为 R_2、重为 G_2，可沿倾角为 α 的斜面做纯滚动。系统从静止开始运动。不计绳重，求圆柱中心 C 经过路程为 l 时的速度和加速度。

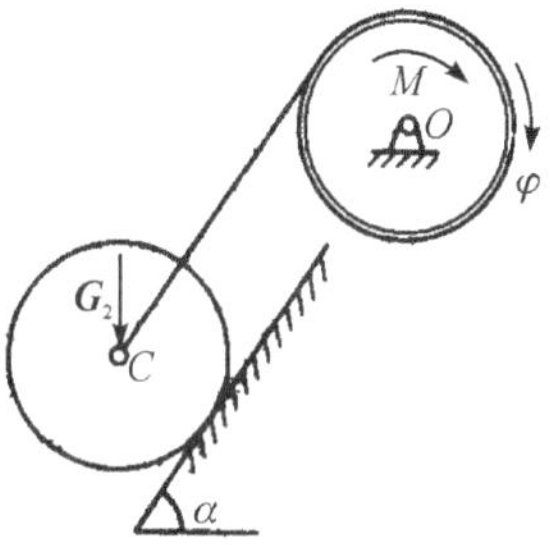

图 17-20

解　取由圆柱、鼓轮和绳索组成的系统为研究对象。系统受理想约束，只有力偶矩 M 及重力 $\boldsymbol{G}_2$ 做功。系统从静止开始运动到圆柱中心 C 经过路程 l 的过程中，所有力的功为

$$\sum W = M\varphi - G_2 l\sin\alpha = (M/R_1 - G_2\sin\alpha)l$$

其中 $\varphi = l/R_1$ 为鼓轮的转角。

质点系初始时刻的动能 $T_1 = 0$；设圆柱做平面运动的角速度为 ω_2，中心 C 经过路程 l 时的速度为 v_C；鼓轮做定轴转动的角速度为 ω_1，则系统的动能为

$$T_2 = \frac{1}{2}J_1\omega_1{}^2 + \frac{1}{2}J_2\omega_2^2 + \frac{1}{2}\frac{G_2}{g}v_C{}^2$$

其中，$J_1 = \frac{G_1}{g}R_1^2$、$J_2 = \frac{G_2}{2g}R_2^2$ 分别为鼓轮对中心轴 O 和圆柱对中心轴 C 的转动惯量。将运动关系 $\omega_1 = v_C/R_1, \omega_2 = v_C/R_2$ 代入，得

$$T_2 = \frac{1}{4}\frac{(2G_1 + 3G_2)}{g}v_C{}^2$$

根据质点系动能定理 $T_2 - T_1 = \sum W_i$，有

$$\frac{1}{4}\frac{(2G_1 + 3G_2)}{g}v_C{}^2 = (\frac{M}{R_1} - G_2\sin\alpha)l \tag{17-15}$$

求得

$$v_C = \sqrt{\frac{(M/R_1 - G_2\sin\alpha)gl}{2G_1 + 3G_2}}$$

式(17-15)对任何位置均成立，故两边对 t 求导，并注意到 $\mathrm{d}l/\mathrm{d}t = v_C$，得

$$\frac{2G_1+3G_2}{2g}v_C a_C=(M/R_1-G_2\sin\alpha)v_C$$

消去 v_C，解得圆柱中心的加速度为

$$a_C=\frac{2g(M/R_1-G_2\sin\alpha)}{2G_1+3G_2}$$

综合上述各例，归纳应用动能定理的解题基本步骤如下：

(1)根据题意，选取适当的质点系作为研究对象；

(2)分析全部做功的力，计算所有力的功；

(3) 分析质点系的运动及运动关系，计算选定过程起始、终止位置的动能；

(4) 运用动能定理的有限形式求出速度或角速度；

(5) 若动能及功为一般表达式，则可通过求导运算得到加速度或角加速度。

17.4　功率方程　机械效率

17.4.1　功率

在工程实际中，往往不仅要知道力做功的总量，而且还需要了解完成这些功所需的时间。力在单位时间内所做的功称为**功率**，用 P 表示。它表明了力做功的快慢，是衡量机器工作能力的一个重要指标。

功率的数学表达式为

$$P=\frac{\delta W}{\mathrm{d}t}=\frac{\boldsymbol{F}\cdot\mathrm{d}\boldsymbol{r}}{\mathrm{d}t}=\boldsymbol{F}\cdot\boldsymbol{v}=F_\tau v \tag{17-16}$$

其中，$\boldsymbol{v}$ 是 $\boldsymbol{F}$ 作用点的速度。由此可见，功率等于切向力与力作用点速度的乘积。例如，用机床加工零件时，如果切削力越大，切削速度越高，则要求机床的功率越大。又如汽车爬坡需要较大的驱动力，为了控制发动机功率不超过额定值，驾驶员一般选用低速挡。

作用在定轴转动刚体上的力的功率为

$$P=\frac{\delta W}{\mathrm{d}t}=M_z\frac{\mathrm{d}\varphi}{\mathrm{d}t}=M_z\omega \tag{17-17}$$

其中，M_z 是力对转轴 z 的矩；ω 是角速度。

在国际单位制中，功率的单位是瓦特(W)，1 W=1 J/s=1 N·m/s。工程中常用千瓦(kW)或兆瓦(MW)，1 MW=10^3 kW=10^6 W。

工程中电动机的额定功率 P(kW)和额定转速 n(r/min)通常已知，则由式(17-17)即可计算出电动机的输出力偶矩(转矩)为

$$M=\frac{1000P}{\omega}=\frac{60000P}{2\pi n}\approx 9550\,\frac{P}{n}\ (\mathrm{N\cdot m}) \tag{17-18}$$

盘山公路的奥秘

在科技和经济欠发达地区，需要翻越大山的公路一般修成S形，其中的奥秘是什么？

17.4.2　功率方程

取质点系动能定理的微分形式，两边同除以 $\mathrm{d}t$，得

$$\frac{\mathrm{d}T}{\mathrm{d}t}=\sum\frac{\delta W_i}{\mathrm{d}t}=\sum P_i \tag{17-19}$$

上式称为**功率方程**，即质点系动能对时间的变化率等于作用于质点系上所有力的功率的代数和。

对于车床等一般的工作机器，功率可分为三个部分，即：输入功率 $P_{输入}$（如电动机的功率），有用功率或输出功率 $P_{有用}$（例如切削阻力的功率），无用功率或损耗功率 $P_{无用}$（例如传动过程中的摩擦力功率）。考虑到上述功率的正、负，式(17-19)可写为

$$\frac{\mathrm{d}T}{\mathrm{d}t}=P_{输入}-P_{有用}-P_{无用} \tag{17-20}$$

或

$$P_{输入}=P_{有用}+P_{无用}+\frac{\mathrm{d}T}{\mathrm{d}t} \tag{17-21}$$

即系统的输入功率等于有用功率、无用功率和系统动能变化率的和。

一般来说，机器运转都有启动、正常稳定运转和制动三个阶段，这三个阶段称为机器运转的一个循环。

启动阶段，机器转速逐渐增加，故 $\frac{\mathrm{d}T}{\mathrm{d}t}>0$，这时

$$P_{输入}>P_{有用}+P_{无用}$$

即输入功率要大于有用功率与无用功率之和。

制动（或负荷突然增加时）阶段，机器做减速运动，故 $\frac{\mathrm{d}T}{\mathrm{d}t}<0$，这时

$$P_{输入}<P_{有用}+P_{无用}$$

即输入功率小于有用功率与无用功率之和。

正常稳定运转阶段，一般来说是机器匀速转动的阶数，故 $\frac{\mathrm{d}T}{\mathrm{d}t}=0$，此时输入功率等于有用功率和无用功率之和，即

$$P_{输入}=P_{有用}+P_{无用}$$

称为**机器平衡方程**。

17.4.3　机械效率

如前面所述，机器正常稳定运转阶段的有用功率总是比输入功率小。工程上以有用功率对输入功率之比，来衡量机器对输入功率的有效利用程度，并称为**机械效率**，以 η 表示

$$\eta=\frac{P_{有用}}{P_{输入}}=1-\frac{P_{无用}}{P_{输入}} \tag{17-22}$$

机械效率是评价一台机器工作性能的重要指标之一。由于摩擦是不可避免的，故机械效率 η 的值总是小于 1。机械效率愈接近于 1，有用功率愈接近于输入功率，摩擦所消耗的功率也就越小，机器的工作性能越好。

例 17-9　车床的电动机功率 $P_{输入}=5.4\ \mathrm{kW}$。由于传动零件之间的摩擦，损耗功率占输

入功率的 30%。设工件的直径 $d=100$ mm，请问转速分别为 $n=42$ r/min 及 $n'=112$ r/min 时，允许切削力的最大值各是多少？

解 由题意知，车床的输入功率 $P_{输入}=5.4$ kW，损耗的无用功率 $P_{无用}=P_{输入}\times 30\%=1.62$ kW。当工件匀速转动时，有用功率为

$$P_{有用}=P_{输入}-P_{无用}=3.78 \text{ kW}$$

设切削力为 $\boldsymbol{F}$，切削速度为 v，则

$$P_{有用}=Fv=F\frac{d}{2}\cdot\frac{\pi n}{30}$$

即

$$F=\frac{60}{\pi d n}P_{有用}$$

当 $n=42$ r/min 时，允许的最大切削力为

$$F=\frac{60}{\pi\times 0.1\times 42}\times 3.78=17.19 \text{ kW}$$

当 $n'=112$ r/min 时，允许的最大切削力为

$$F'=\frac{60}{\pi\times 0.1\times 112}\times 3.78=6.45 \text{ kW}$$

思考题

思考 17-1 摩擦力可能做正功吗？试举例说明。

思考 17-2 对系统用动能定理能否求出理想约束反力？

思考 17-3 弹簧由其自然位置拉长 10 mm 或压缩 10 mm，弹力做功是否相等？拉长 10 mm 和再拉长 10 mm，这两个过程中位移相等，弹力做功是否相等？

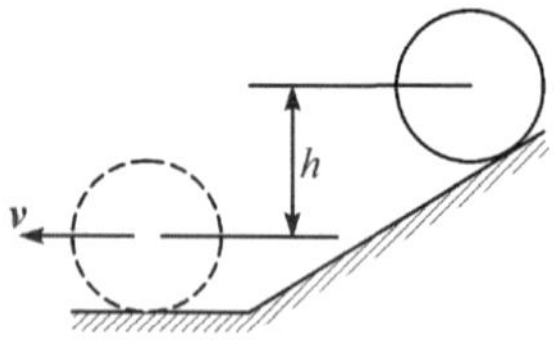

思考 17-4 图

思考 17-4 均质圆轮由静止沿斜面滚动，轮心降落高度 h 而到达水平面，如图所示。忽略滚动摩擦和空气阻力，问到达水平面时，轮心的速度 v 与圆轮半径大小是否有关？

思考 17-5 汽车起步过程中，靠什么力改变汽车质心的速度？靠什么力改变汽车的动能？

习 题

17-1 图示弹簧原长 $l_0=10$ cm，刚度系数 $k=4.9$ kN/m，一端固定在半径 $R=10$ cm 的圆周上的 O 点，另一端可以在此圆周上移动。如果弹簧的另一端从 B 点移至 A 点，再从 A 点移至 D 点，问两次移动过程中，弹力所做的功各为多少？图中 OA、BD 为圆的直径，且 $OA\perp BD$。

17-2 图示系统在同一铅垂面内。套筒的质量 $m=1$ kg，可在光滑的固定斜杆上滑动，套筒上连接一刚度系数 $k=200$ N/m 的弹簧，其另一端固定于 D 点，弹簧原长 $l_0=0.4$ m。已知 DA 沿铅垂方向，DB 垂直于斜杆。套筒受一沿斜杆向上的常力 $F=100$ N 作用，使套筒由 A 点移动到 B 点，试求在此运动过程中，其上各力所做的功的总和。

17－3　均质杆 AB 的质量为 M，长为 l，放在铅垂平面内，一端 A 靠着墙壁，另一端 B 沿水平地面滑动。已知当 $\varphi=30°$ 时，B 端的速度为 $\boldsymbol{v}_B$，如图所示，求该时刻杆 AB 的动能。

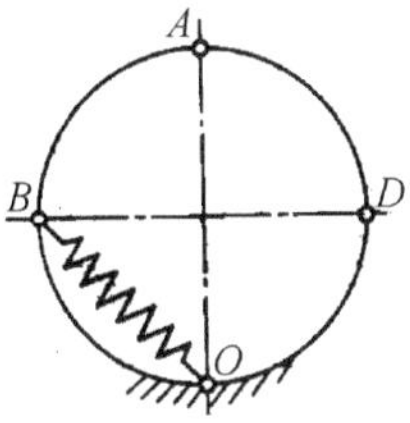

习题 17－1 图

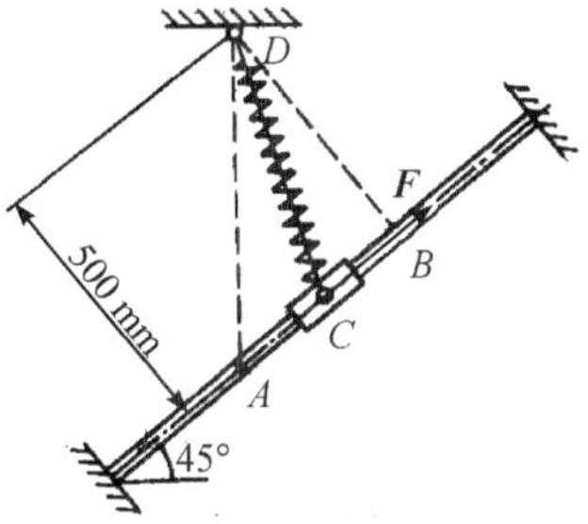

习题 17－2 图

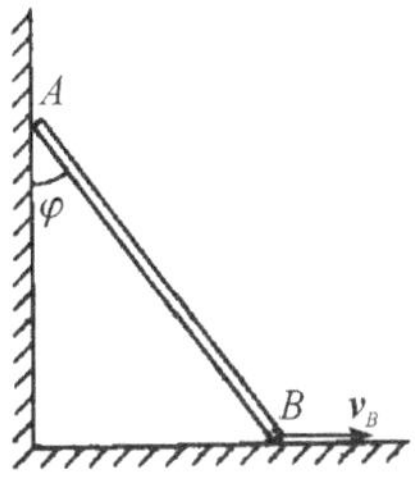

习题 17－3 图

17－4　车身的质量为 m_1，支承在两对相同的车轮上，每对车轮的质量为 m_2，并可视为半径为 r 的均质圆盘，已知车身的速度为 $\boldsymbol{v}$，车轮沿水平面滚而不滑，求整个车子的动能。

17－5　半径为 r 的均质圆柱重为 G，在半径为 R 的固定圆柱形凹面上做纯滚动。试求圆柱的动能（表示为参数 φ 的函数）。

17－6　滑块 A 的质量为 m_1，以速度 $v=at$ 沿水平面向右做直线运动。滑块上悬挂一单摆，其质量为 m_2，摆长为 l，以 $\varphi=\varphi_0\sin bt$ 做相对摆动（以上两式中 a、b、φ_0 均为常量）。试计算系统在时刻 t 的动能。

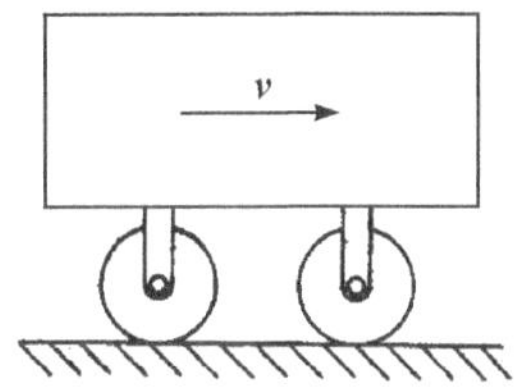

习题 17－4 图

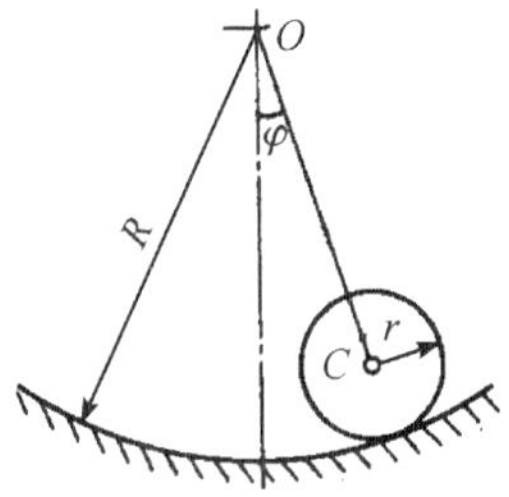

习题 17－5 图

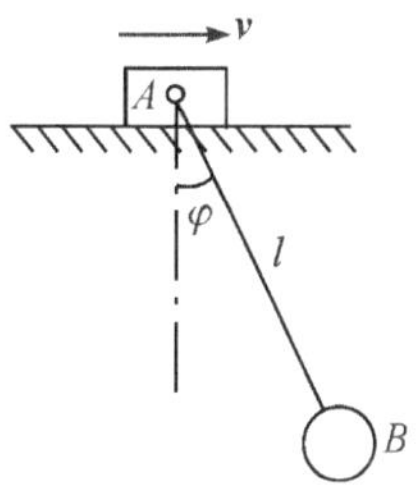

习题 17－6 图

17－7　图示系统在同一铅垂面内。质量 $m=5$ kg 的小球固连在 AB 杆的 B 端，杆的 C 点处连接着一弹簧，刚度系数 $k=800$ N/m，弹簧的另一端固定于 D 点。A、D 在同一条铅垂线上。若不考虑 AB 杆的质量，当摆杆自水平静止位置无初速地释放，此时弹簧恰好没有变形，试求当 AB 杆摆到下方铅垂位置时，小球 B 的速度。

17－8　轴Ⅰ和轴Ⅱ连同其上的转动部件，对各自轴的转动惯量分别为 $J_1=5\ \mathrm{kg\cdot m^2}$，$J_2=4\ \mathrm{kg\cdot m^2}$，齿轮的传动比 $i=n_1/n_2=3/2$。作用在主动轴Ⅰ上的转矩 $M=50\ \mathrm{N\cdot m}$，它使系统由静止开始转动。问轴Ⅱ经过多少转后，才能获得 $n_2=120$ r/min 的转速。

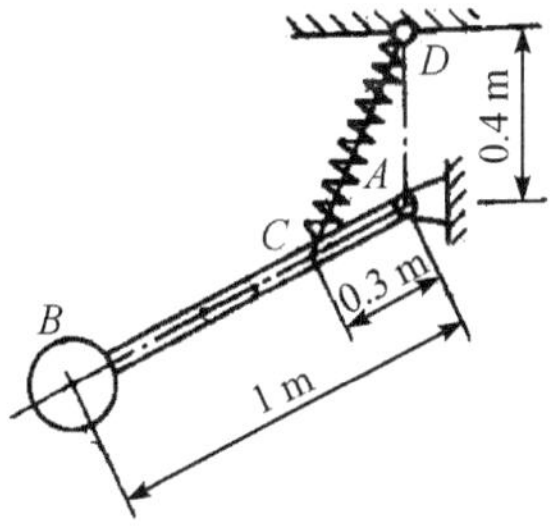

习题 17－7 图

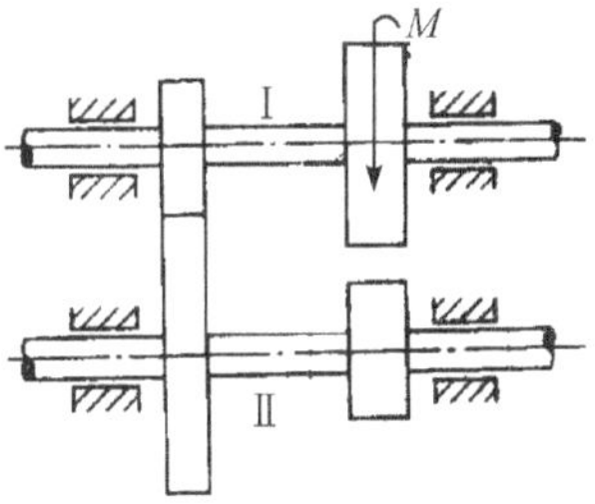

习题 17－8 图

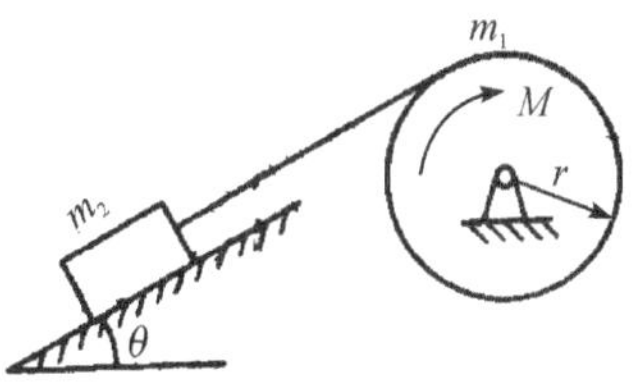

习题 17－9 图

17－9　一不变的转矩 M 作用在绞车的鼓轮上，使轮转动如图所示。轮的半径为 r，质量为 m_1，缠绕在鼓轮上的绳子另一端系着一个质量为 m_2 的重物，使其沿倾角为 θ 的倾面上升，重物与斜面间的滑动摩擦系数为 f，绳子质量不计，鼓轮可视为均质圆柱。在开始时，此系统静止，求鼓轮转过 ϕ 角时的角速度和角加速度。

17－10　椭圆规位于水平面内，由曲柄 OC 带动规尺 AB 运动，如图所示。曲柄和规尺都是均质直杆，重量分别为 P 和 $2P$，且 $OC=AC=BC=l$，滑块 A 和 B 重量均为G。如作用在曲柄上的转矩为 M，设 $\phi=0$ 时系统静止，忽略摩擦，求曲柄转过 ϕ 角时它的角速度和角加速度。

17－11　在图示机构的铰链 B 处，作用一铅垂向下的力 $P=60$ N，它使杆 AB、BC 张开而圆柱C 向右做纯滚动。此两杆的长度均为 $l=1$ m，质量均为 $m=2$ kg。圆柱的半径 $R=250$ mm，质量 $M=4$ kg，在两杆的中点 D、E 处连接一根弹簧，其刚度系数 $k=50$ N/m，原长 $l_0=1$ m，若将系统在 $\theta=60°$时由静止释放，试求运动到 $\theta=0°$时杆 AB 的角速度。

17－12　置于水平面内的行星齿轮机构，曲柄 OO_1 受不变力偶矩 M 作用绕固定轴 O 转动，曲柄带动齿轮 1 在固定齿轮 2 上滚动。设曲柄 OO_1 长为 l，质量为 m，并认为是均质杆；齿轮 1 的半径为 r_1，质量为 m_1，并认为是均质圆盘。试求曲柄由静止转过 φ 角后的角速度和角加速度。(不计摩擦)

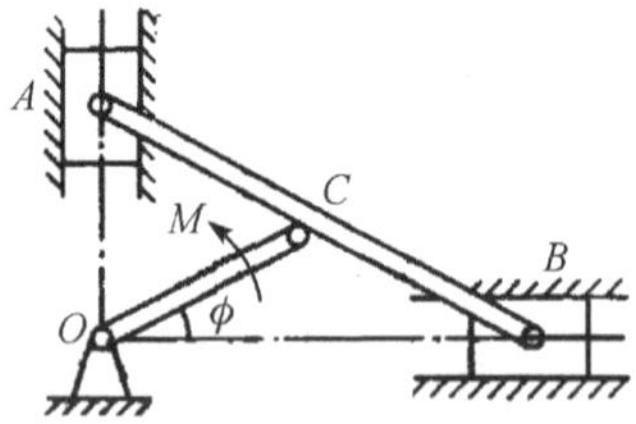

习题 17－10 图

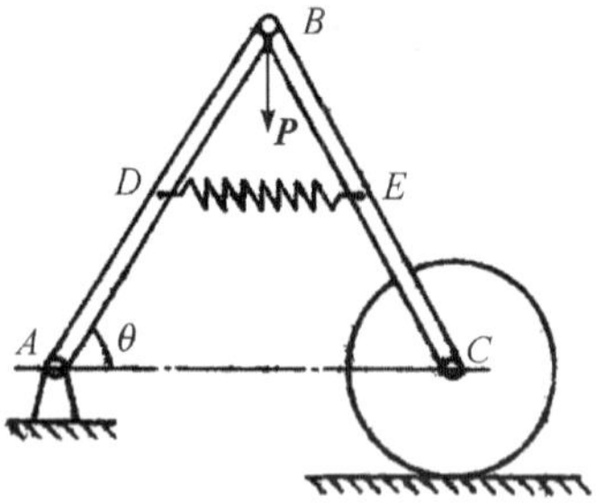

习题 17－11 图

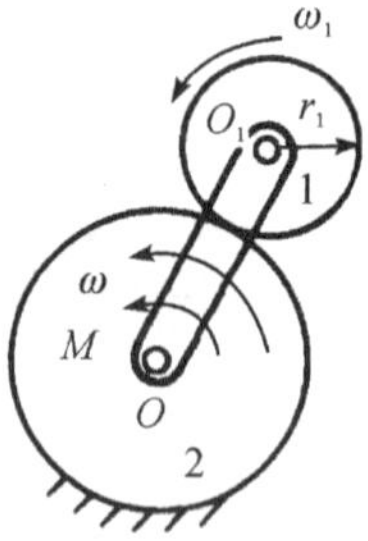

习题 17－12 图

17－13　图示均质杆长 30 cm，重 98 N，可绕过端点 O 且垂直于图面的水平轴转动，其另一端 A 与弹簧相连接。弹簧的刚度系数为 4.9 N/cm，原长为 20 cm。开始时杆置于水平位置，然后将其无初速释放。由于弹簧的作用，杆即绕 O 轴转动，已知 $OO_1=40$ cm，求当杆转至图示铅垂位置时杆的角速度、角加速度和 O 处的反力。

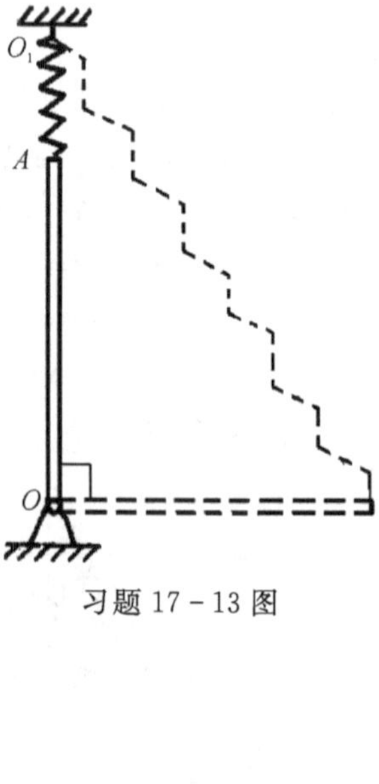

习题 17－13 图

第 18 章　达朗贝尔原理

达朗贝尔原理是一种进行非自由质点系动力分析的普遍方法。其特点是用研究静力平衡问题的方法来研究动力分析问题，故又称为动静法。该方法用来求解动反力等问题显得特别方便，因而在工程技术中得到了广泛的应用。

18.1　惯性力

当物体受到外力作用而被迫改变其运动状态时，该物体即对施力物体产生反作用力。

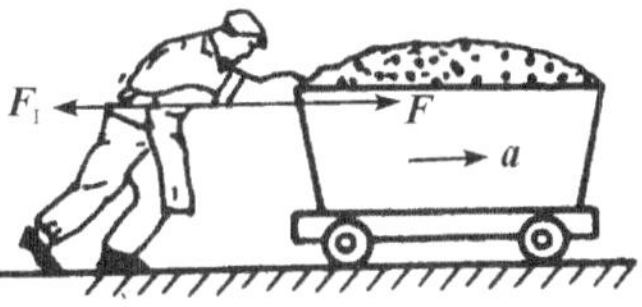

图 18－1

例如沿水平直线轨道推车时（图 18－1），车因受到人的推力 $\boldsymbol{F}$ 作用而产生加速度 $\boldsymbol{a}$，同时，人的手上也会感觉到有压力 $\boldsymbol{F}_I$ 作用，而且车子质量愈大，车速变化愈剧烈，手感的这个压力就愈大。由此说明，该力是由车子的惯性引起，故称为车的惯性力。设车的质量为 m，略去一切阻力，则由牛顿第二定律知 $\boldsymbol{F}=m\boldsymbol{a}$，于是，由作用反作用原理可得车的惯性力为 $\boldsymbol{F}_I=-\boldsymbol{F}=-m\boldsymbol{a}$。

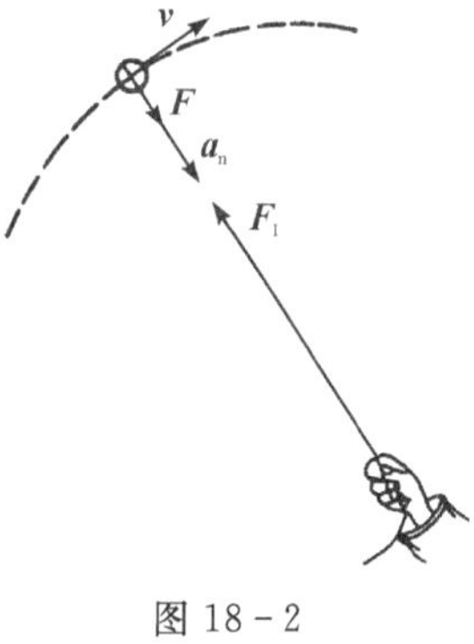

图 18－2

再如绳子一端系一质量为 m 的小球，并给球以初速度 v，用手拉住绳的另一端使球在水平面内做匀速圆周运动（图 18－2）。略去重力影响，小球在水平面内只受拉力 $\boldsymbol{F}$ 作用而被迫改变运动状态，产生加速度 $\boldsymbol{a}=\boldsymbol{a}_n$。与此同时，小球也对绳子产生反作用力 $\boldsymbol{F}_I=-\boldsymbol{F}=-m\boldsymbol{a}_n$，这是由于小球本身具有惯性，力图保持其原来的运动状态不变而对绳子的反抗力，该力称为小球的惯性力。由于该力总是沿着球的运动轨迹的法线而背离中心，故又称为**离心力**。该力作用在绳子上。

现将上述特例推广到质点在空间做一般曲线运动的情形。设质点质量为 m，某时刻的加速度为 $\boldsymbol{a}$，则质点的惯性力

$$\boldsymbol{F}_I=-m\boldsymbol{a} \tag{18-1}$$

即：质点的惯性力的大小等于质点的质量与加速度大小的乘积，其方向与质点的加速度方向相反。

必须注意，质点的惯性力并不作用在该质点上，而作用于使质点产生加速度的其它物体上。

18.2　质点及质点系的达朗贝尔原理

18.2.1　质点的达朗贝尔原理

设一质量为 m 的非自由质点 M，在主动力 $\boldsymbol{F}$ 和约束反力 $\boldsymbol{F}_N$ 的作用下沿某一曲线运动（图 18－3），若以 $\boldsymbol{a}$ 表示质点的加速度，则根据质点动力学基本方程，有

$$\boldsymbol{F}+\boldsymbol{F}_{\mathrm{N}}=m\boldsymbol{a}$$

将上式写成

$$\boldsymbol{F}+\boldsymbol{F}_{\mathrm{N}}-m\boldsymbol{a}=0$$

引入惯性力 $\boldsymbol{F}_{\mathrm{I}}=-m\boldsymbol{a}$ 后，上式又可改写为

$$\boldsymbol{F}+\boldsymbol{F}_{\mathrm{N}}+\boldsymbol{F}_{\mathrm{I}}=0 \tag{18-2}$$

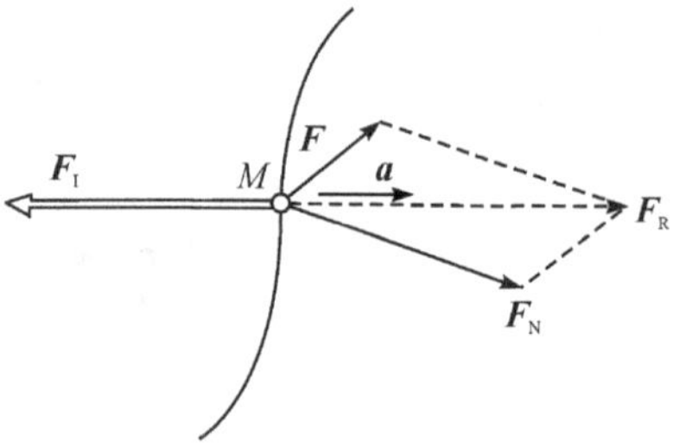

图 18-3

可见，由于惯性力的引入，质点动力学基本方程在形式上就转化为静力平衡方程。式(18-2)表明：当非自由质点运动时，作用于质点的主动力、约束反力与质点的惯性力在形式上组成一平衡力系。这就是**质点的达朗贝尔原理**。

值得注意的是，式(18-2)在形式上是平衡方程，但实际上反映了力与运动变化的关系，属于动力分析问题。这种把动力分析问题转化为静力平衡问题的方法称为**动静法**。

例 18-1 图 18-4 所示为燃气轮机的叶轮，其上沿周长安装有很多径向叶片。每个叶片质量为 0.1 kg，叶片质心至轮轴心的距离 $R=500$ mm，气轮机的转速为 10000 r/min。试求旋转时叶片根部所受的拉力。叶片自重略去不计。

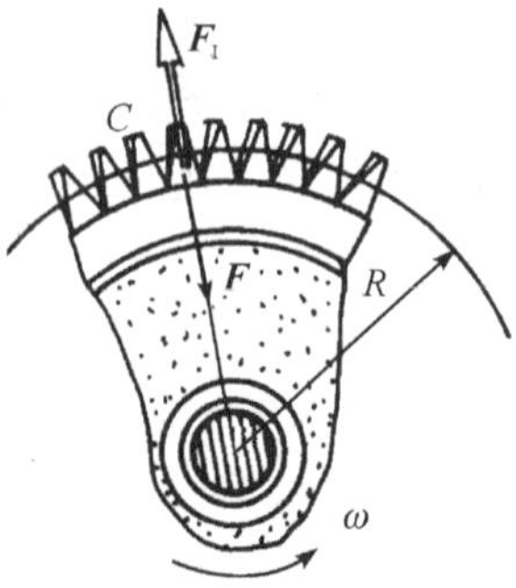

图 18-4

解 取叶片为研究对象，叶轮做匀角速转动。将叶片视为质量集中于其质心 C 的一个质点，其向心加速度为 $a_{\mathrm{n}}=R\omega^2$，故惯性力的大小为

$$F_{\mathrm{I}}=mR\omega^2=0.1\times0.5\times\left(\frac{2\pi\times10000}{6}\right)^2$$
$$=54775=5.48\times10^4\ \mathrm{N}$$

其方向与质心加速度的方向相反，即沿径向向外。应用动静法求叶片根部的力，将惯性力加在叶片上，叶片根部所受的力 $\boldsymbol{F}$ 与惯性力形式上构成平衡力系，即

$$F-F_{\mathrm{I}}=0$$

由此得

$$F=F_{\mathrm{I}}=54.8\ \mathrm{kN}$$

此结果说明，叶片根部所受的拉力，大小等于惯性力的大小，其值约为叶片自重的 55000 倍。此力超过叶片材料所能承受的极限时，会引起叶片根部断裂。因此，离心惯性力的影响在高速旋转机械中应特别重视。

18.2.2 质点系的达朗贝尔原理

设非自由质点系由 n 个质点组成，其中任一质点 M_i 的质量为 m_i，加速度为 $\boldsymbol{a}_i$，则该质点的惯性力为 $\boldsymbol{F}_{\mathrm{I}i}=-m_i\boldsymbol{a}_i$。设作用于该质点的主动力为 $\boldsymbol{F}_i$、约束反力为 $\boldsymbol{F}_{\mathrm{N}i}$。于是对每个质点都应用质点的达朗贝尔原理，可得方程组

$$\boldsymbol{F}_i+\boldsymbol{F}_{\mathrm{N}i}+\boldsymbol{F}_{\mathrm{I}i}=0\quad(i=1,2,\cdots,n) \tag{18-3}$$

即：非自由质点系运动时，作用于其内任一质点的主动力、约束反力在形式上与该质点的惯性力组成平衡力系。这就是**质点系的达朗贝尔原理**。

既然作用于每个质点的主动力、约束反力与其惯性力在形式上组成平衡力系，则作用于整个质点系的主动力系、约束反力系与由各质点的惯性力所组成的惯性力系，在形式上也必然是

平衡关系。由第 4 章所介绍的刚化原理可知，该平衡关系必然满足刚体的平衡条件，即平衡力系的主矢和对任一点的主矩同时等于零。

$$\left.\begin{aligned}&\sum \boldsymbol{F}_i + \sum \boldsymbol{F}_{\mathrm{N}i} + \sum \boldsymbol{F}_{\mathrm{I}i} = 0\\&\sum M_O(\boldsymbol{F}_i) + \sum M_O(\boldsymbol{F}_{\mathrm{N}i}) + \sum M_O(\boldsymbol{F}_{\mathrm{I}i}) = 0\end{aligned}\right\} \tag{18-4}$$

式(18－4)对应空间一般力系可列 6 个独立方程；对应平面一般力系可列 3 个独立方程。

例 18－2　质量为 m 的小球 M_1、M_2 与铅垂转轴 AB 刚性连结如图 18－5 所示。杆 CD 与 AB 夹角为 α。$OC=OD=b$，$AB=l$。已知角速度 $\omega=$常量，AB 及 CD 均为无重刚性杆。试求轴承 A、B 处的约束反力。

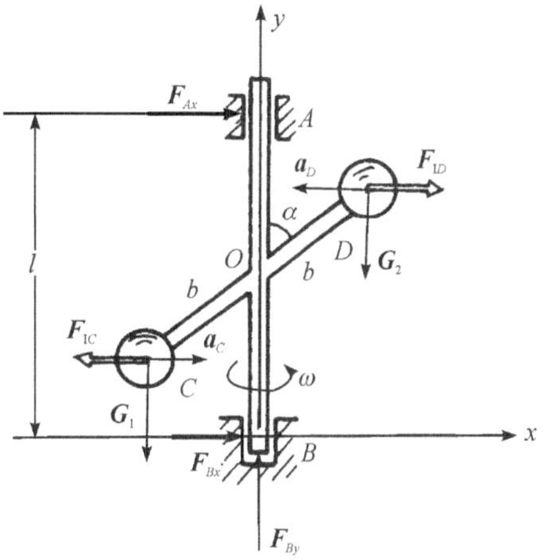

图 18－5

解　取系统为研究对象。系统受两小球重力 $\boldsymbol{G}_1=\boldsymbol{G}_2=\boldsymbol{G}$，以及 A、B 轴承的约束反力 $\boldsymbol{F}_{Ax}$、$\boldsymbol{F}_{Bx}$ 和 $\boldsymbol{F}_{By}$ 作用。

由于 $\omega=$常量，故两小球的加速度均为法向加速度，大小为 $a_{\mathrm{n}}=(b\sin\alpha)\omega^2$，法向惯性力的大小为

$$F_{\mathrm{IC}} = F_{\mathrm{ID}} = ma_{\mathrm{n}} = mb\omega^2\sin\alpha$$

方向与加速度方向相反。

根据达朗贝尔原理，作用在系统上的主动力 $\boldsymbol{G}_1$、$\boldsymbol{G}_2$，约束反力 $\boldsymbol{F}_{Ax}$、$\boldsymbol{F}_{Bx}$、$\boldsymbol{F}_{By}$ 与惯性力 $\boldsymbol{F}_{\mathrm{IC}}$、$\boldsymbol{F}_{\mathrm{ID}}$形式上组成平衡的平面力系，根据平衡条件，得

$$\sum F_x = 0,\quad F_{Ax} + F_{Bx} + F_{\mathrm{ID}} - F_{\mathrm{IC}} = 0$$

$$\sum F_y = 0,\quad F_{By} - G_1 - G_2 = 0$$

$$\sum M_B(\boldsymbol{F}) = 0,\ -F_{Ax}\cdot l - F_{\mathrm{ID}}\cdot 2b\cos\alpha = 0$$

将 $G_1 = G_2 = mg$，$F_{\mathrm{IC}} = F_{\mathrm{ID}} = mb\omega^2\sin\alpha$ 代入上述方程，解得

$$F_{Ax} = -F_{Bx} = -\frac{mb^2\omega^2\sin\alpha}{l},\ F_{By} = 2mg$$

可见，$\boldsymbol{F}_{Ax}$ 和 $\boldsymbol{F}_{Bx}$ 都是由于转动而引起的，称为**附加动反力**，它影响高速转子的稳定运转，减少了机械的工作寿命。工程中应采取措施，尽量减小这种力。

18.3　刚体基本运动的惯性力系简化

刚体是各质点间距离保持不变的特殊的质点系，为了方便建立其形式上的平衡方程，可根据力系简化理论，首先对其惯性力系进行等效简化。

刚体惯性力系的主矢

$$\boldsymbol{F}_{\mathrm{IR}} = \sum \boldsymbol{F}_{\mathrm{I}i} = \sum -m_i\boldsymbol{a}_i = -\sum m_i\boldsymbol{a}_i = -m\boldsymbol{a}_C \tag{18-5}$$

或

$$\left.\begin{aligned}\boldsymbol{F}_{\mathrm{IR}}^{\tau} &= -m\boldsymbol{a}_C^{\tau}\\\boldsymbol{F}_{\mathrm{IR}}^{\mathrm{n}} &= -m\boldsymbol{a}_C^{\mathrm{n}}\end{aligned}\right\} \tag{18-6}$$

即：刚体惯性力系主矢的大小等于质点系的总质量与质心加速度的乘积，方向与质心加速度的方向相反。

刚体惯性力系主矩与简化中心的选取有关。

18.3.1 平动刚体惯性力系的简化

任意时刻，平动刚体内任一质点 M_i 的加速度 $\boldsymbol{a}_i$ 与质心的加速度 $\boldsymbol{a}_C$ 相同，即 $\boldsymbol{a}_i=\boldsymbol{a}_C$。各质点的惯性力组成一个同向平行力系，与重力分布规律相同。则惯性力系简化为一个通过质心 C 的合力 $\boldsymbol{F}_{IR}$，如图 18－6 所示。

$$\boldsymbol{F}_{IR}=\sum -m_i\boldsymbol{a}_i=-m\boldsymbol{a}_C \tag{18-7}$$

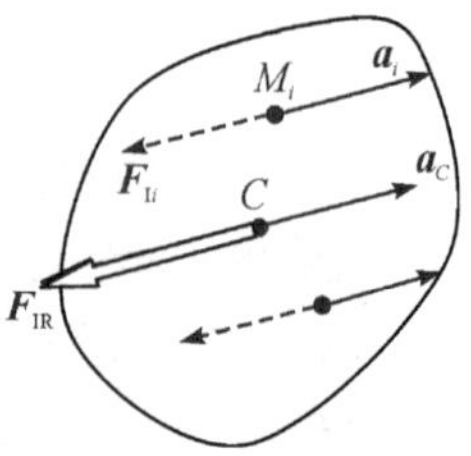

图 18－6

其中 m 为刚体的质量。因质量相对质心对称分布，故惯性力系对质心的主矩为零。由此可知：平动刚体的惯性力系可合成为一个通过质心的合力，其大小等于刚体的质量与质心加速度的乘积，方向与质心加速度的方向相反。

18.3.2 定轴转动刚体惯性力系的简化

仅讨论工程中常见的，刚体具有质量对称平面且转轴垂直于该对称平面的情形。此时可先将刚体的空间惯性力系简化为在对称平面内的平面力系，再将此平面力系向对称平面与转轴的交点 O 简化。

设刚体具有一个质量对称平面，且转轴与此平面垂直(图 18－7(a))；刚体瞬时角速度、角加速度分别为 ω、α，则惯性力系的主矢为

$$\boldsymbol{F}_{IR}=-m\boldsymbol{a}_C$$

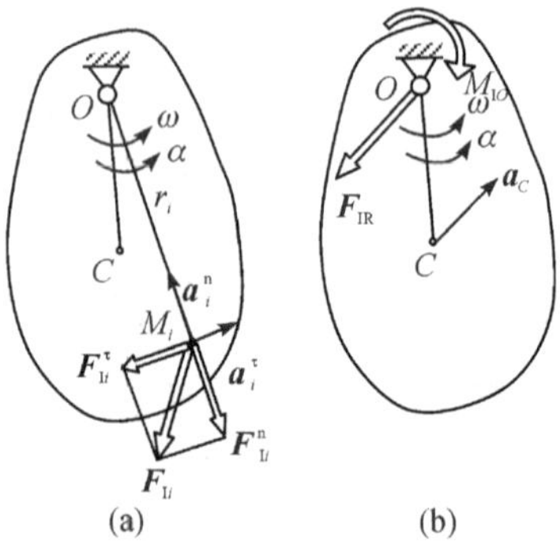

图 18－7

对 O 点的惯性主矩为

$$M_{IO}=\sum M_O(\boldsymbol{F}_{Ii}^\tau)+\sum M_O(\boldsymbol{F}_{Ii}^n)$$

由于 $\boldsymbol{F}_{Ii}^n$ 均通过转轴，$\sum M_O(\boldsymbol{F}_{Ii}^n)=0$，且 $a_i^\tau=r_i\alpha$ [图 18－7(a)]，所以

$$M_{IO}=\sum M_O(\boldsymbol{F}_{Ii}^\tau)=-\sum r_i(m_ir_i\alpha)=-(\sum m_ir_i^2)\alpha=-J_O\alpha$$

其中，$J_O=\sum m_ir_i^2$ 为刚体对转轴 O 的转动惯量；α 为刚体转动的角加速度，负号表示主矩与 α 转向相反。

以上结果表明：具有质量对称平面，且转轴垂直于此平面的转动刚体，惯性力系向转轴与该对称面交点 O 的简化结果为一通过点 O 的惯性力和一惯性力偶[图 18－7(b)]，且

$$\boldsymbol{F}_{IR}=-m\boldsymbol{a}_C,\quad M_{IO}=-J_O\alpha \tag{18-8}$$

对均质圆轮而言：①若转轴通过质心[图 18－8(a)]，则 $F_{IO}=-ma_C=0$，此时惯性力系简化为一力偶；②若 $\omega=$ 常量，则 $M_I=-J_O\alpha=0$，此时惯性力系简化为通过点 O 的一惯性力[图 18－8(b)]；③若转轴通过质心，且 $\alpha=0$，则惯性力系主矢与主矩同时等于零[图 18－8(c)]。

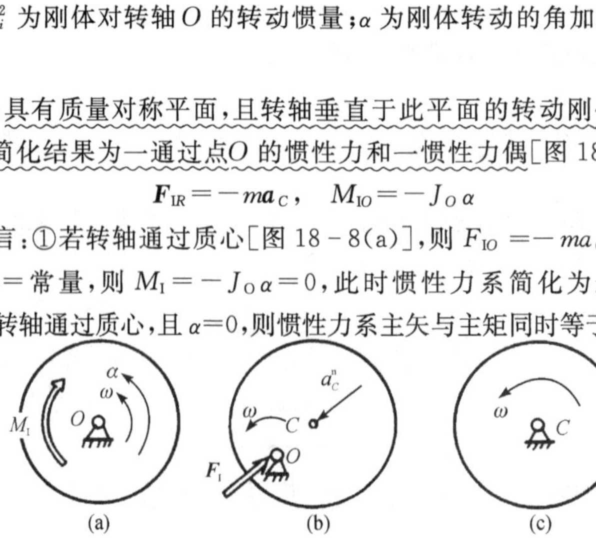

图 18－8

应用质点系的达朗贝尔原理求解刚体动力学问题时，关键是要根据刚体的不同运动形式，按上述讨论结果正确地加惯性力和惯性力偶。在受力图上沿刚体质心 C 的加速度相反方向画出惯性力，沿角加速度 α 的相反转向画出惯性力偶的转向。在平衡方程中惯性力与惯性力偶矩的正负号均应根据受力图来确定。

例 18-3　电动卷扬机机构如图 18-9 所示。已知起动时电动机的平均驱动力矩为 M，被提升重物质量为 m_1，鼓轮质量为 m_2，半径为 r，质心与轮心重合，且对轮心回转半径为 ρ。试求起动时重物的平均加速度 a 和此时轴承 O 的约束反力。

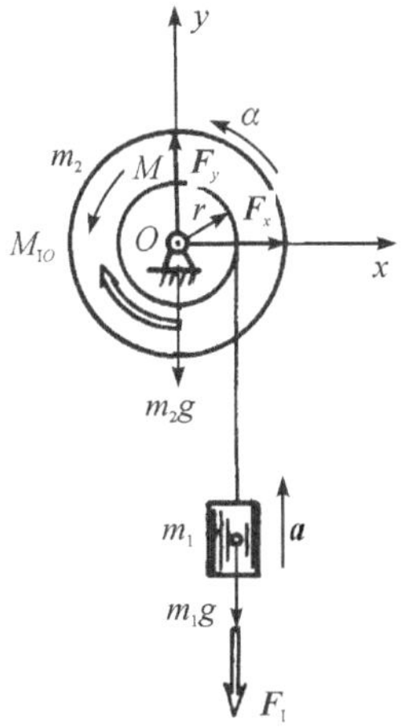

图 18-9

解　研究对象取系统，受驱动力矩、物体重力、鼓轮重力及轴承 O 的约束反力作用。

被提升重物做平动，惯性力系简化为过其质心的合力，大小为

$$F_I = m_1 a$$

方向与加速度 $\boldsymbol{a}$ 的方向相反。鼓轮做定轴转动。设鼓轮具有垂直于转轴的对称平面，因质心在转轴上，故惯性力系向轴心简化为一力偶，其力偶矩的大小为

$$M_{IO} = J_O\alpha = m_2\rho^2\ \frac{a}{r}$$

其转向与 α 转向相反。

应用动静法，作用于系统的主动力系、约束力系与惯性力系形式上平衡，由平面力系平衡方程

$$\sum M_O(\boldsymbol{F}) = 0,\quad M - M_{IO} - m_1 gr - F_I r = 0$$

$$\sum F_x = 0,\quad F_x = 0$$

$$\sum F_y = 0,\quad F_y - m_1 g - m_2 g - F_I = 0$$

解得

$$a = \frac{(M - m_1 gr)r}{m_2\rho^2 + m_1 r^2}$$

$$F_y = (m_1 + m_2)g + \frac{m_1(M - m_1 gr)r}{m_1 r^2 + m_2\rho^2}$$

显然，当系统处于静止或匀速提升重物过程中，轴承约束反力仅与重物及鼓轮的重力有关。当系统处于启动、加速或制动过程中，会引起轴承附加动反力。

例 18-4　转子总质量 m=20 kg，偏心距 e=0.1 mm。设转轴垂直于转子对称平面，如图 18-10 所示，转速 n=12000 r/min，轴承 A、B 距对称平面距离相等。求轴承附加动反力。

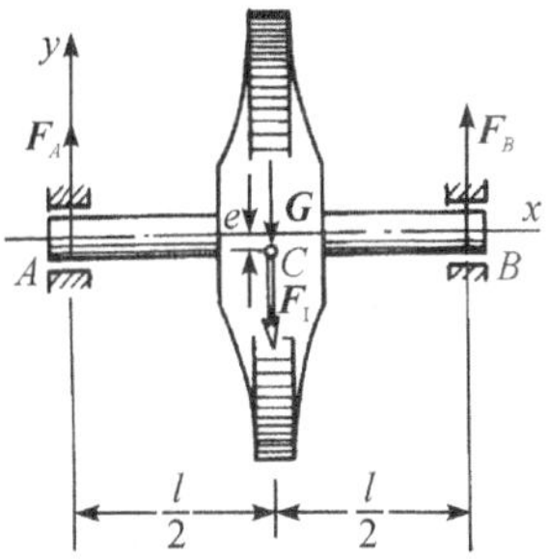

图 18-10

解　取转子为研究对象，受重力 $\boldsymbol{G}$ 和轴承约束力 $\boldsymbol{F}_A$、$\boldsymbol{F}_B$ 作用。

由于转轴垂直于对称平面，且转子匀角速转动，故其惯性力系简化为过质心 C 的合力 F_I，其大小为

$$F_I = me\omega^2$$

应用动静法，主动力系、约束力系与惯性力系满足平衡条件

$$\sum M_B(\boldsymbol{F}) = 0, \quad -lF_A + \frac{1}{2}G + \frac{1}{2}F_I = 0$$

$$\sum F_y = 0, \quad F_A + F_B - G - F_I = 0$$

求得

$$F_A = F_B = \frac{1}{2}G + \frac{1}{2}me\omega^2$$

显然，上述结果第一项只与重力有关，称为**静反力**，而第二项则与惯性力有关，即为附加动反力。本题中附加动反力为

$$F''_A = F''_B = \frac{1}{2}me\omega^2 = \frac{20 \times 0.1 \times 10^{-3}}{2}\left(\frac{12000 \times 2\pi}{60}\right)^2 = 1.58 \text{ kN}$$

如果仅考虑重力作用，则轴承的静反力为

$$F'_A = F'_B = \frac{1}{2}mg = 98 \text{ N}$$

在此情形下，仅由于 0.1 mm 的偏心所引起的附加动反力竟是静反力的 16 倍，这是不容忽视的。

汽车的侧滑与侧翻速度

设汽车重心距路面高度为 h，左右车轮间距为 b，路面摩擦系数为 f。

请证明：

(1)汽车行驶在半径为 R 的弯道时不侧滑的最大速度为

$$v_{\text{Hmax}} = \sqrt{g \cdot f \cdot R}$$

(2)不侧翻的最大速度为

$$v_{\text{Fmax}} = \frac{\sqrt{g \cdot b \cdot R}}{2h}$$

*18.4　转子的静平衡与动平衡

由于诸多因素的影响，导致转子的转轴与对称平面不相垂直或转子质心偏离转轴。这样，当机械高速运转时，就会由于巨大的惯性力而对支承转轴的轴承产生巨大的附加动压力，它将加剧轴承的磨损，降低机械的传动效率，影响机器的使用寿命和正常生产，同时还产生振动与噪声，影响工人的身心健康，必须设法消除。

18.4.1　转子静平衡

为消除离心惯性力，应保证转子的质心（重心）C 在转轴上，称之为转子的**静平衡**。如图 18－11(a)所示重量为 G_1 的曲轴，其重心 C_1 不在转轴上，偏心距矢量 $\boldsymbol{e}_1 = \overrightarrow{OC_1}$。为使它达到平衡，可在重心 C_1 的相对方向加上平衡锤，如图 18－11(b)所示。设锤重为 G_2，偏心距矢量 $\boldsymbol{e}_2 = \overrightarrow{OC_2}$，则曲轴的总重心 C 在轴 O 上的条件为

$$G_1\boldsymbol{e}_1 + G_2\boldsymbol{e}_2 = 0$$

其中，重量与偏心距矢量之积称为**重径积**。若转子由 n 部分构成，则静平衡的条件是：转子各部分重径积的矢量和为零，即

$$\sum G_i\boldsymbol{e}_i = 0 \tag{18-9}$$

其中 $i=1,2,\cdots,n$。

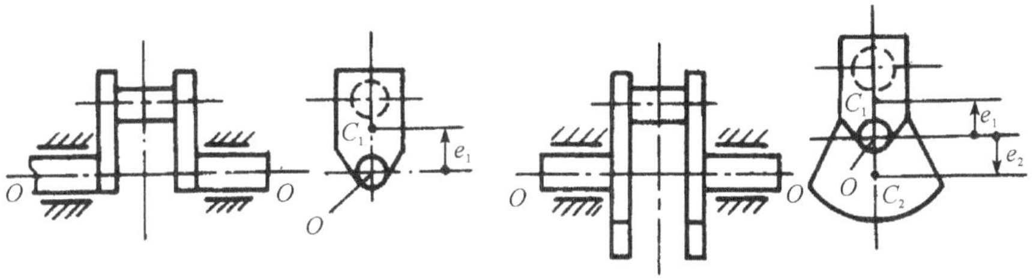

(a)　(b)

图 18-11

实际上由于制造和安装误差，以及材质不均匀等原因，即使理论上重心在转轴上的转子（如对称于转轴的圆盘）仍然存在着静不平衡，因此，需要进一步用实验方法加以平衡。

进行平衡试验时，将需平衡的转子的轴放在两个水平刀刃上，任其自由滚动（图 18-12）。若不计滚动摩擦，当转子停止滚动时，其重心 C 位于最低点。故可在重心的相反方向选定的半径处试加平衡重量（通常用胶合水泥）继续试验，不断调整这一平衡重量或所在半径的大小，直到转子转到任何位置均能静止，此时表明总重心移到转轴上。取下胶合水泥，按照重径积相等的条件，在转子上焊上适当金属，或在相反方向去掉适当重量的材料，即可达到平衡。

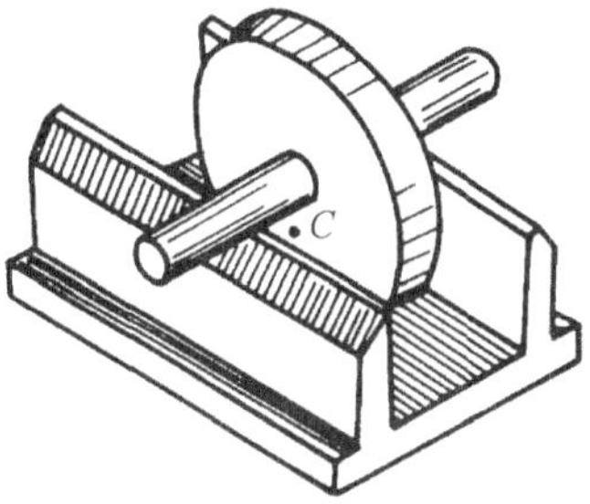

图 18-12

静平衡适用于直径远大于轴向长度的盘形转子。

18.4.2　转子动平衡

对于轴向长度较大的转子，如电动机转子、多缸发动机的曲轴等，即使其重心在转轴上，也可能存在着惯性力偶。如图 18-13(a)所示的双拐曲轴，其重心 C 在转轴上，但两个曲拐部分质量的惯性力组成一力偶($\boldsymbol{F}_{\mathrm{I}},\boldsymbol{F}_{\mathrm{I}}'$)，如图 18-13(b)所示，转子仍不平衡。若重心 C 也不在转轴上，则既有不平衡的惯性力，也有不平衡的惯性力偶。这种包含惯性力偶的平衡问题，属于**动平衡**问题。

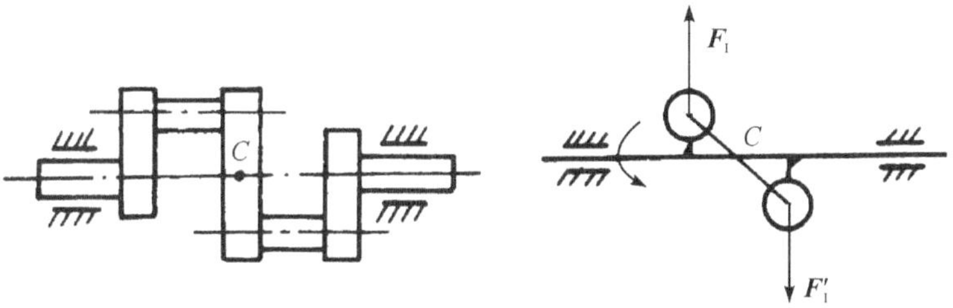

(a)　(b)

图 18-13

可以证明,若将转子各部分的重径积分配到两个与转轴垂直的平行平面内,当这两个平面内的重径积都满足式(18-9)时,转子在理论上达到动平衡,既无惯性力,又无惯性力偶。可见,动平衡包括了静平衡。

动平衡试验需要在专用的动平衡试验机上完成。工程上常用来评价平衡试验结果的指标为重径积的大小或**平衡精度**(平衡精度等于总重心的偏心距与角速度之积 $e\omega$)。当动平衡试验进行到平衡精度小于规定值时,即认为试验完成。

对于细长的高速转子必需进行动平衡试验。

思考题

思考 18-1　运动着的质点是否都有惯性力?

思考 18-2　质点在空中运动,只受到重力作用,当质点做自由落体运动、质点被上抛、质点从楼顶水平弹出时,质点惯性力的大小与方向是否相同?

思考 18-3　如图所示,均质滑轮对轴 O 的转动惯量为 J_O,重物质量为 m,拉力为 $\boldsymbol{F}$,绳与轮间不打滑。当重物以等速 v 上升和下降,以加速度 a 上升和下降时,轮两边绳的拉力是否相同?

思考 18-4　如图所示的平面机构中,$AC /\!/ BD$ 且 $AC=BD=a$,均质杆 AB 的质量为 m,长为 l,问杆 AB 做何种运动?其惯性力系的简化结果是什么?

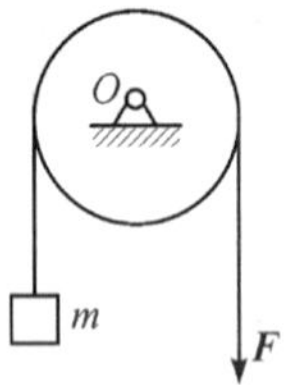

思考 18-3 图

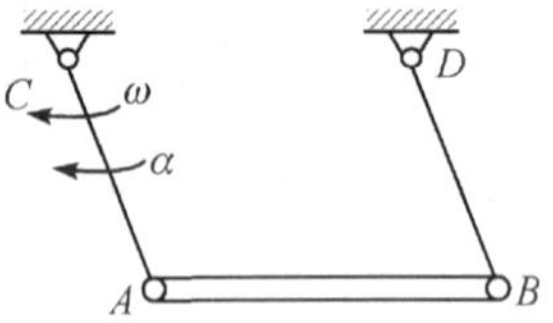

思考 18-4 图

思考 18-5　如图所示,不计质量的轴上用不计质量的细杆固连着几个质量均等于 m 的小球,当轴以匀角速度 ω 转动时,图示各情况中哪些满足动平衡?哪些只满足静平衡?哪些都不满足?

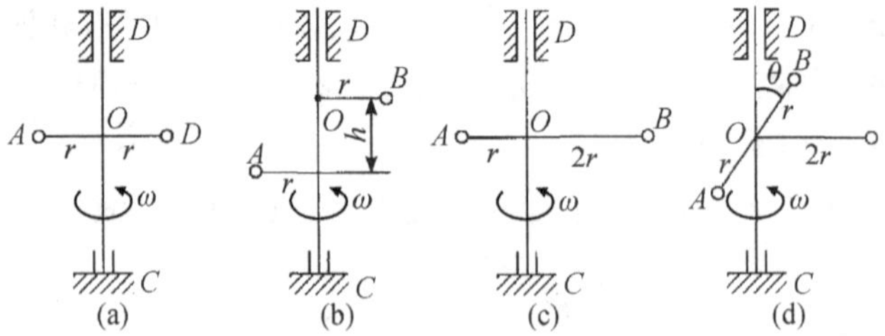

思考 18-5 图

习　题

18-1　图示物块 M 的大小可略而不计,其质量 $m=25\ \text{kg}$。物块放在水平圆盘上,到圆

盘的铅垂轴线 Oz 的距离 $r=1$ m。圆盘由静止开始以匀角加速度 $\alpha=1$ rad/s^2 绕 Oz 轴转动，物块与圆盘间的静摩擦系数 $f_s=0.5$。当圆盘的角速度值增大到 ω_1 时，物块与圆盘间开始出现滑动，求 ω_1 的值，并求当圆盘的角速度由零增加到 $\omega_1/2$ 时，物块与盘面间摩擦力的大小。

18－2　图示由相互铰接的水平臂连成的传送带，将圆柱形零件由一个高度传送到另一个高度。设零件与臂之间的摩擦系数 $f_s=0.2$，夹角 $\alpha=30°$。求：(1)降落加速度 a 多大时，零件不致在水平臂上滑动；(2)比值 h/d 等于多少时，零件在滑动之前先倾倒。

18－3　筛板做水平往复运动，如图所示，筛孔的半径为 r。为了使半径为 R 的圆球形物料不致堵塞筛孔而能滚出筛孔，筛板的加速度 a 至少应为多大？

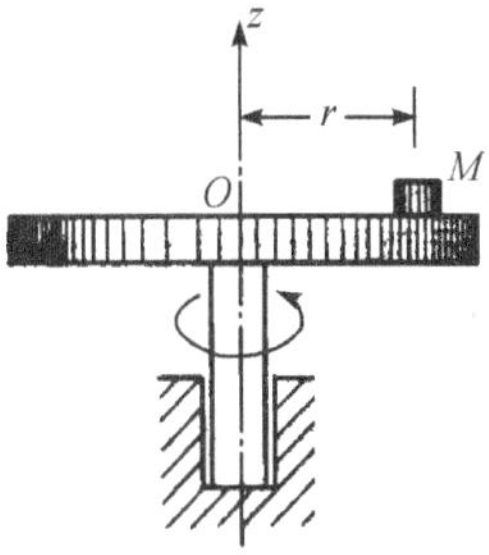

习题 18－1 图

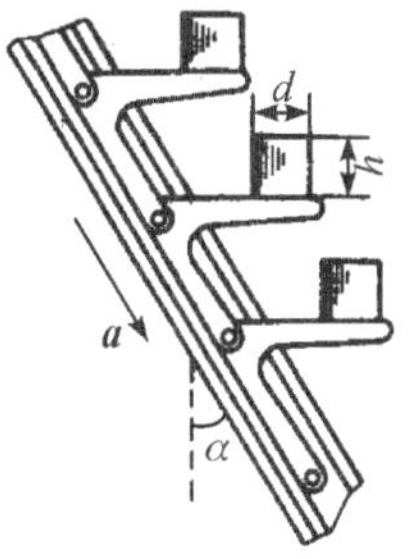

习题 18－2 图

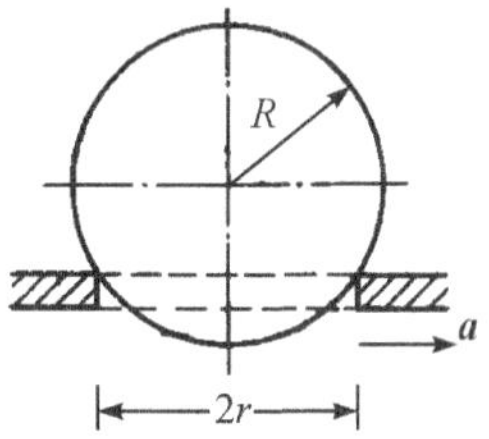

习题 18－3 图

18－4　图示调速器由两个质量均为 m_1 的均质圆盘构成，圆盘偏心悬挂于距转轴为 d 的两边。调速器以匀角速度 ω 绕铅垂轴转动，圆盘中心到悬挂点的距离为 l。调速器的外壳质量为 m_2，并放在两个圆盘上而与调速装置相连。若不计摩擦，试求角速度 ω 与圆盘偏离铅垂线的角 ϕ 之间的关系。

18－5　图示为一转速计(测量角速度的仪表)的简化图。小球 A 的质量为 m，固连在杆 AB 的 A 端；杆 AB 长为 l，在 B 点与杆 BC 铰接，并随 BC 转动，在此杆上与 B 点相距为 l_1 的一点 E 连有一弹簧 DE，其自然长度为 l_0，刚度系数为 k；杆 AB 对 BC 轴的偏角为 θ，弹簧在水平面内。试求在下述两种情况下，稳态运动的角速度：(1)杆 AB 的质量不计；(2)均质杆 AB 的质量为 M。

18－6　两均质直杆，长各为 a 和 b，互成直角地固结在一起，其顶点 O 与铅垂轴用铰链相连，此轴以匀角速度 ω 转动，如图所示。求长为 a 的杆与铅垂线的偏角 φ 和 ω 之间的关系。

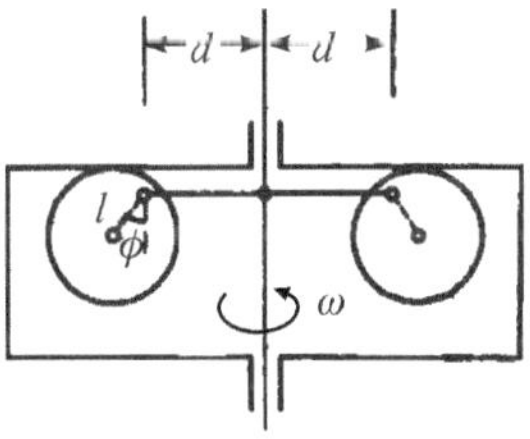

习题 18－4 图

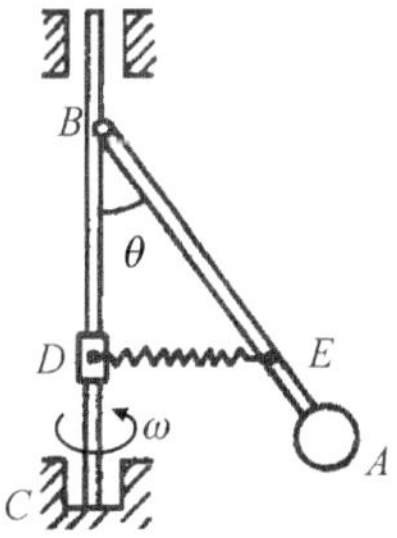

习题 18－5 图

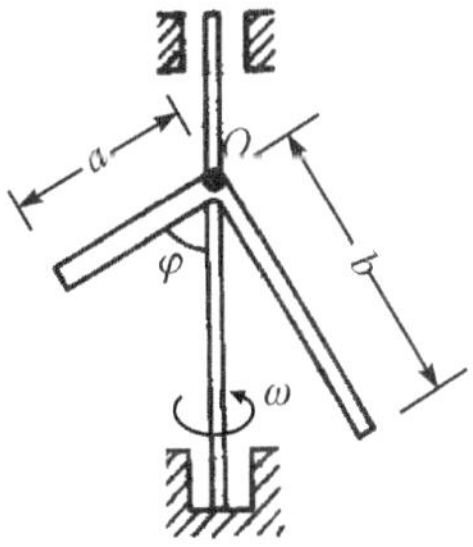

习题 18－6 图

18－7　质量各为 3 kg 的均质杆 AB 和 BC 焊成一刚体 ABC，由金属线 AE 和杆 AD 与 BE 支持于图示位置。若不计曲柄 AD 和 BE 的质量，试求割断线 AE 的时刻杆 AD 和 BE 的内力。

18－8　正方形均质板重 400 N，由三根绳拉住，如图所示。板的边长为 100 mm。求：当

绳 FG 被剪断的瞬间，AD 和 BE 两绳的张力。

18－9　嵌入墙内的悬臂梁 AB 的端点 B 装有质量为 m_B、半径为 R 的均质鼓轮，如图所示。主动力偶矩为 M，作用于鼓轮提升质量为 m_C 的物体。设 $AB=l$，梁和绳子的质量都略去不计。求 A 处的约束反力。

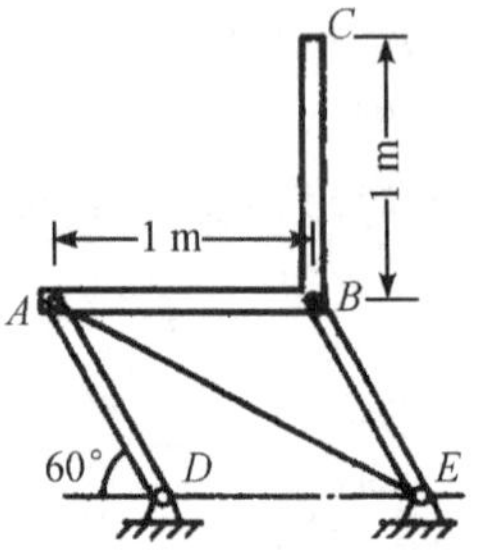

习题 18－7 图

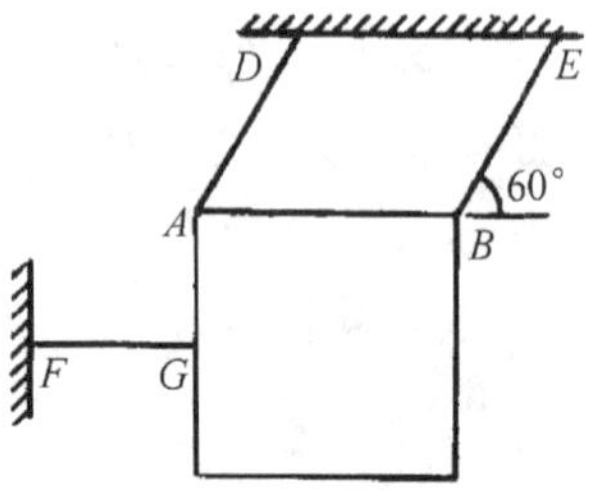

习题 18－8 图

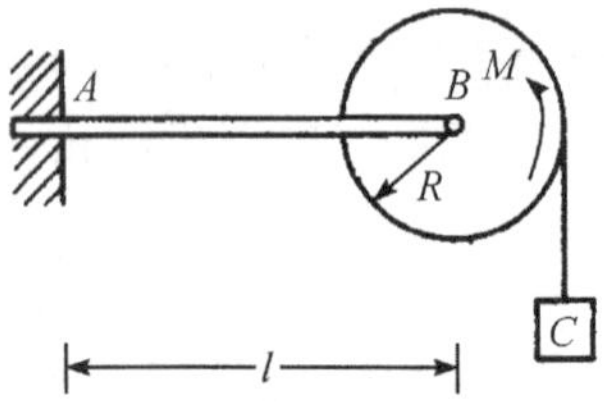

习题 18－9 图

18－10　两物块 M_1 与 M_2 的质量分别为 m_1 和 m_2，用跨过定滑轮 B 的细绳连结，如图所示。已知 $AC=l_1$，$AB=l_2$，$\angle ACD=\alpha$，若杆 AB 水平，不计各杆、滑轮和细绳质量及各铰链处的摩擦，试求 CD 杆的内力。

18－11　图示打桩机支架重 $G=20$ kN，重心在 C 点。已知 $a=4$ m，$b=1$ m，$h=10$ m，锤 E 的质量为 $m=700$ kg，绞车鼓轮的质量 $m_1=500$ kg，半径 $r=0.28$ m，对鼓轮转轴的回转半径 $\rho=0.2$ m，钢索与水平面夹角 $\alpha=60°$，鼓轮上作用着转矩 $M=2$ kN·m。若不计滑轮的大小和质量，求支座 A 和 B 的反力。

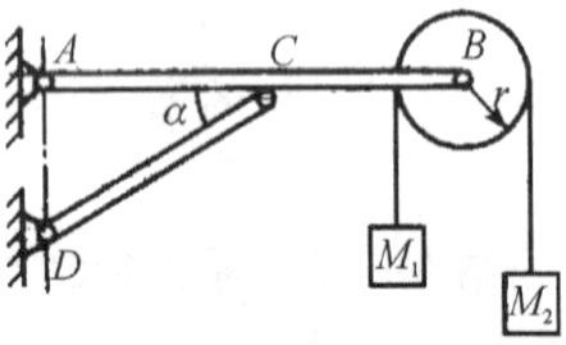

习题 18－10 图

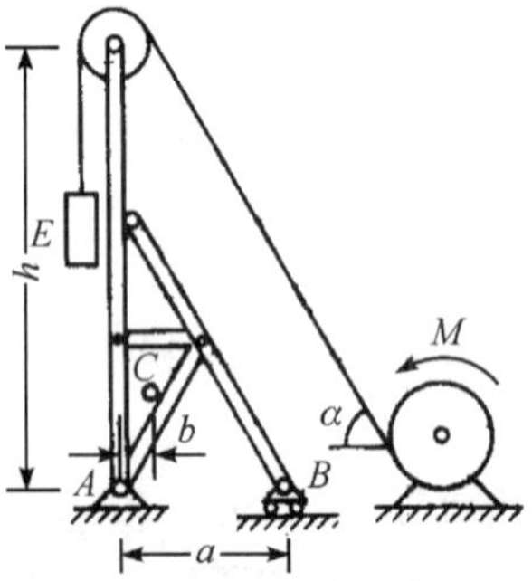

习题 18－11 图

第 19 章　动应力计算

使构件产生明显加速度的载荷或随时间而变化的载荷统称为**动载荷**。在动载荷作用下，构件内的应力和变形称为**动应力**和**动变形**。

实验表明，在动载荷作用下，只要动应力不超过比例极限，胡克定律仍然成立，对于钢类金属材料，其弹性模量与静载荷下的数值相同。

本章着重讨论惯性力和冲击问题，并简单介绍交变应力作用下的构件疲劳破坏特点。

19.1　匀变速直线平动或匀角速转动时的动应力计算

零件变速运动时，其内各质点的加速度将引起惯性力，因此可根据达朗贝尔原理，在零件上虚加相应的惯性力，然后按动静法来处理动载荷问题。

19.1.1　构件做匀变速直线平动时的动应力计算

设重量为 $\boldsymbol{G}$ 的物体被吊绳以加速度 $\boldsymbol{a}$ 提升(图 19－1)。用截面法假想地将吊绳切开，取下半部分为研究对象。不计吊绳自重时，这部分受吊绳内力 $\boldsymbol{F}_d$ 和物体重力 $\boldsymbol{G}$ 作用。物体的惯性力

$$F_I = \frac{G}{g}a$$

根据动静法，由 $\sum F_x = 0$ 列平衡方程，可以求得

$$F_d = G + \frac{G}{g}a$$

可见，这里吊绳的拉力 $\boldsymbol{F}_d$ 由两部分组成：其中 $\boldsymbol{G}$ 为物体静止或匀速上升时绳的内力，而 $\frac{G}{g}a$ 则是由于物体具有加速度而引起的**附加动载荷**。设正应力在吊绳截面上均匀分布，则吊绳中的动应力 σ_d 为

$$\sigma_d = \frac{F_d}{A} = \frac{G}{A}(1 + \frac{a}{g})$$

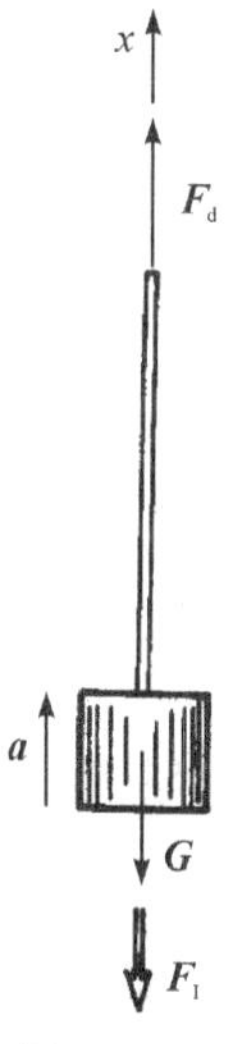

图 19－1

其中，A 为吊绳横截面积。令 $\sigma = \frac{G}{A}$ 表示加速度为零时的**静应力**，$(1 + \frac{a}{g})$称为**动荷系数**，用 K_d 表示，则上式可表示为

$$\sigma_d = K_d\sigma \tag{19-1}$$

即动应力等于动荷系数与静应力之积。强度条件为

$$\sigma_d = K_d\sigma \leqslant [\sigma] \tag{19-2}$$

或

$$\sigma \leqslant \frac{[\sigma]}{K_d} \tag{19-3}$$

上式表明：只要将许用应力除以相应的动荷系数K_d，则动载荷作用下的强度问题可按静载荷的方法计算。动荷系数可通过理论计算或由经验数据确定。

19.1.2 零件匀角速转动时的动应力计算

图 19－2(a)所示飞轮以匀角速度 ω 绕过轴心 O 且垂直于盘面的轴转动。若略去轮辐对轮缘的作用(这样处理的结果使强度偏于安全)，则可将其简化成为图 19－2(b)所示的均质薄壁圆环。仍用动静法来计算环中的应力。设薄圆环的直径为 D，环横截面积为 A，材料密度为 ρ。圆环以匀角速度 ω 转动，环上各质点仅有法向加速度 $\boldsymbol{a}_n$，且有

$$a_n = \frac{D}{2}\omega^2$$

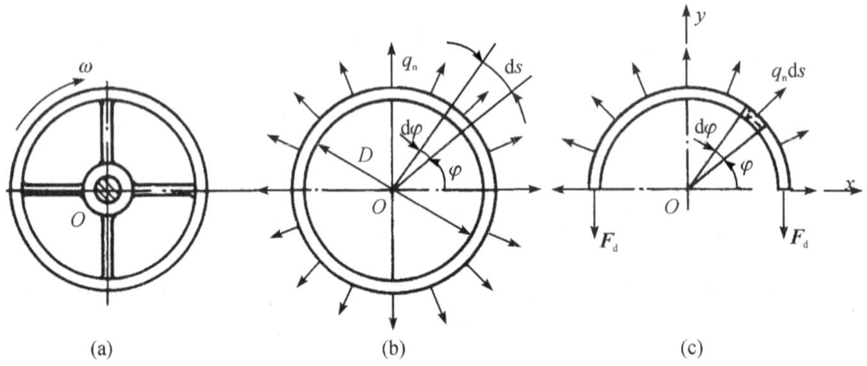

图 19－2

从圆环上取长度为 ds 的微段，其惯性力为

$$dF_{In} = (\rho A\,ds)a_n = \frac{\rho AD}{2}\omega^2 ds$$

或

$$dF_{In} = q_n ds = q_n(\frac{D}{2}d\varphi)$$

其中，$q_n = \frac{1}{2}\rho AD\omega^2$ 为单位长度圆环的惯性力，其方向背离圆心，称为圆环上的**惯性力载荷集度**。

为求圆环横截面上的应力，可将环沿直径截开，取其一部分研究，受力分析如图 19－2 (c)所示，其中 $\boldsymbol{F}_d$为环横截面上的内力。由 $\sum F_y = 0$，得

$$\int_0^{\pi} q_n \sin\varphi \cdot \frac{D}{2}d\varphi - 2F_d = 0$$

由此解得

$$F_d = \frac{1}{2}q_n D = \frac{1}{4}\rho AD^2\omega^2 \tag{19-4}$$

横截面上的应力为

$$\sigma_d = \frac{F_d}{A} = \frac{1}{4}\rho D^2\omega^2 = \rho v^2 \tag{19-5}$$

其中，$v = \frac{D}{2}\omega$，表示薄圆环上任一点的线速度。圆环中动应力所应满足的强度条件为

$$\sigma_d \leqslant [\sigma] \tag{19-6}$$

由式(19-5)可知，圆环等角速转动时横截面上的动应力与转速或各质点的线速度平方成正比，而与横截面面积无关。因此，并不能通过增加横截面面积的方法来提高其强度。工程上在设计飞轮时，对飞轮的转速应有限制。极限转速可通过式(19-5)与式(19-6)计算得到。

19.2　冲击应力的概念

工程中冲击载荷也很常见，如汽锤锻造和落锤打桩等。冲击载荷的作用时间很短，冲击力很大，故冲击应力远大于静应力。在工程计算中，将冲击应力与静应力之比称为冲击动荷系数，用 K'_d 表示。由于冲击时的加速度不易计算或测定，从而难于应用动静法。因此，工程上一般采用偏于安全的**能量法**来确定 K'_d 的大小。

在图 19-3(a)中，以弹簧来代表受冲击的弹性零件[如图 19-3(b)所示的梁或图 19-3(c)所示的压杆]。设弹簧的刚度系数为 k，受到自高度 h 下落的重物(重量为 G)的冲击而被压缩，其最大变形量为 δ_d。此时重物速度为零。取重物开始下落时的位置为初始位置，重物落在弹簧上并使弹簧产生最大变形时的位置为终止位置，视重物为刚体并略去该过程中的所有能量损失(这样所得结果偏于安全)。则在此过程中，动能 $T_1 = T_2 = 0$；重力做正功，且 $A_{重} = G(h+\delta_d)$；弹力做负功，且 $A_{弹} = -\frac{1}{2}k\delta_d^2$。于是由动能定理 $T_2 - T_1 = \sum A$，得

$$G(h+\delta_d) = \frac{1}{2}k\delta_d^2$$

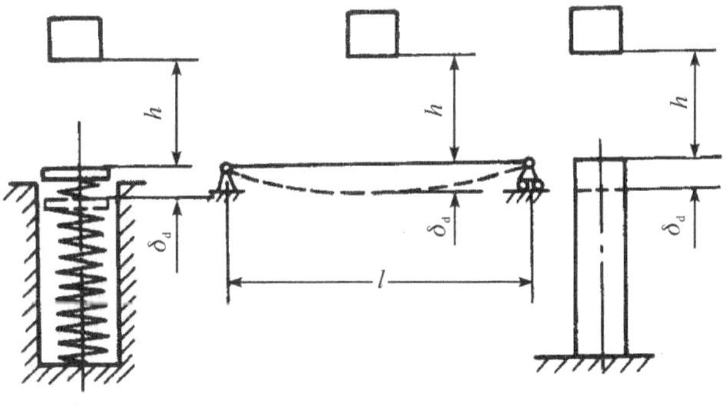

图 19-3

设 δ_s 为弹簧在静载荷 G 作用下的静变形量，则由胡克定律可得 $\delta_s = G/k$，即 $k = G/\delta_s$，将此关系代入上式，整理后可得

$$\delta_d^2 - 2\delta_s\delta_d - 2\delta_s h = 0$$

解此一元二次方程并舍去负根后，得

$$\delta_d = \delta_s\left(1 + \sqrt{1 + \frac{2h}{\delta_s}}\right) \tag{19-7}$$

因为在弹性范围内应力与应变成正比，故冲击动荷系数 K'_d 又可定义为冲击最大变形量与静变形量之比，即

$$K'_d = \frac{\delta_d}{\delta_s} = 1 + \sqrt{1 + \frac{2h}{\delta_s}} \tag{19-8}$$

由上式可见当静变形量 δ_s 较大，即受冲击件的刚度较小时，冲击动荷系数较小，故工程上常减小受冲件的刚度以减小冲击载荷。如汽车大梁不直接放在车轴上，而是在它与车轴之间安装叠板弹簧(图 19-4)。

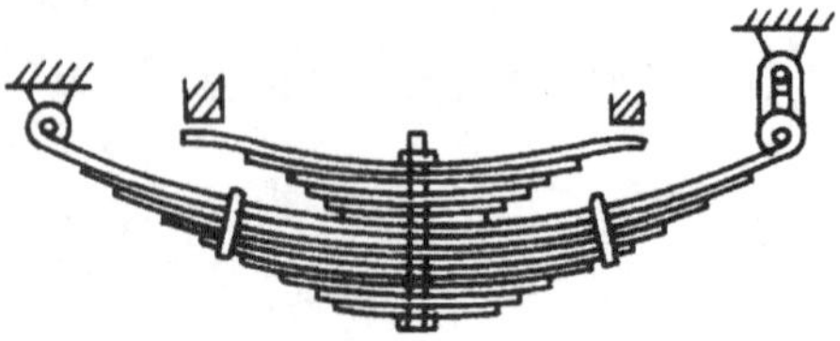

图 19-4

冲击载荷 F_d、冲击动应力 σ_d 和冲击最大变形量 δ_d 可按下式计算

$$\left.\begin{aligned} F_d &= K'_d G \\ \sigma_d &= K'_d \sigma \\ \delta_d &= K'_d \delta_s \end{aligned}\right\} \tag{19-9}$$

从而，冲击零件的强度条件仍可写成式(19-2)或式(19-3)的形式。

例 19-1　简支梁如图 19-3(b)所示，在其中点受到冲击。已知物重 $G=150$ N，$h=75$ mm，跨度 $l=1$ m，梁截面为边长 50 mm 的正方形，$E=200$ GPa，试求其冲击动荷系数。

解　由表 12-1 得惯性矩为

$$I = \frac{1}{12} \times 50^4 \text{ mm}^4$$

由表 13-1，可得梁中点的挠度为

$$\delta_s = \frac{Gl^3}{48EI} = \frac{150 \times 1}{48 \times 200 \times 10^9 \times (50^4/12) \times 10^{-12}} = 3 \times 10^{-5} = 0.03 \text{ mm}$$

由式(19-8)，得冲击动荷系数为

$$K'_d = 1 + \sqrt{1 + \frac{2h}{\delta_s}} = 1 + \sqrt{1 + \frac{2 \times 75}{0.03}} = 71.7$$

可见，此时冲击应力为静应力的 71.7 倍。

19.3　交变应力与疲劳破坏

19.3.1　交变应力的概念与实例

许多零件在工作时，其应力随时间做周期性的变化，这种应力称为**交变应力**。例如齿轮的轮齿每啮合一次，齿根 A 点的弯曲正应力就由零变化到某一最大值，然后再回到零(图 19-5)。齿轮连续转动时，A 点的应力即做周期变化。又如图 19-6(a) 所示的电机转轴，虽外伸端所受载荷 $\boldsymbol{F}$ 的大小和方向并不随时间变化，但由于轴的转动，横截面上 a 点的位置就如图 19-6(b)中所示，由Ⅰ位置周期性期性改变为Ⅱ、Ⅲ、Ⅳ、Ⅰ位置，该点的弯曲正应力也随时间而做周期改变，变化规律如图 19-6 (c)所示。

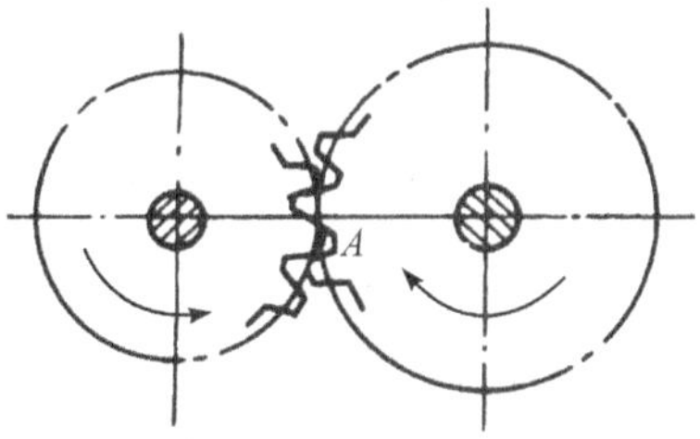

图 19 - 5

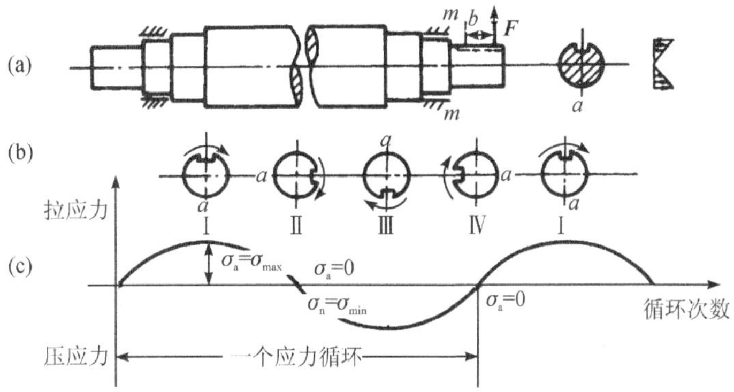

图 19 - 6

交变应力每重复变化一次，称为一个应力循环。重复变化的次数称为**循环次数**。应力-时间曲线[图 19 - 6 (c)]称为**应力循环曲线**。应力循环中最小应力 $\sigma_{\min}$ 和最大应力 $\sigma_{\max}$ 之比表征着应力的变化特点，称为循环特征，用 r 表示，即

$$r = \frac{\sigma_{\min}}{\sigma_{\max}} \tag{19-10}$$

图 19 - 7 所示为某交变应力的变化曲线。图中最大应力和最小应力的代数平均值称为平均应力，用 σ_m 表示，即

$$\sigma_m = \frac{\sigma_{\min} + \sigma_{\max}}{2} \tag{19-11}$$

最大与最小应力代数差的一半称为**应力幅**，用 σ_a 表示，即

$$\sigma_a = \frac{1}{2}(\sigma_{\max} - \sigma_{\min}) \tag{19-12}$$

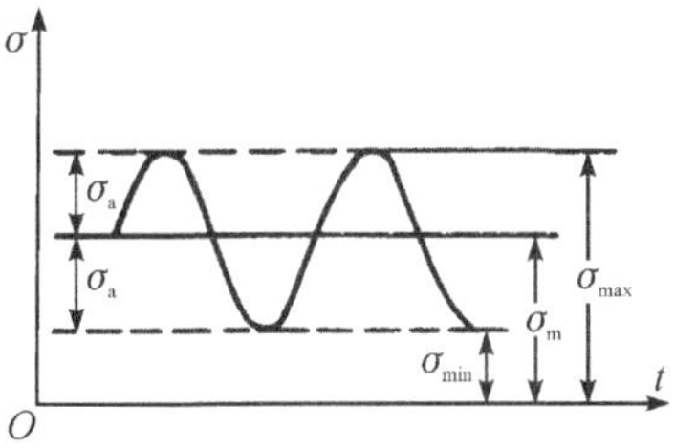

图 19 - 7

由图 19 - 7 可见，平均应力 σ_m 可认为是交变应力中的静应力部分；而应力幅相应于交变应力中的动应力部分。

下面介绍工程实际中最常见的两种交变应力。

1. 对称循环应力

这种应力的应力循环曲线如图 19 - 8(a)所示，其 $\sigma_{\max}$ 和 $\sigma_{\min}$ 大小相等而符号相反。即 $\sigma_{\max} = -\sigma_{\min}$，其循环特征 $r=-1$。图 19 - 6 所示轴的弯曲正应力即为其中一例。

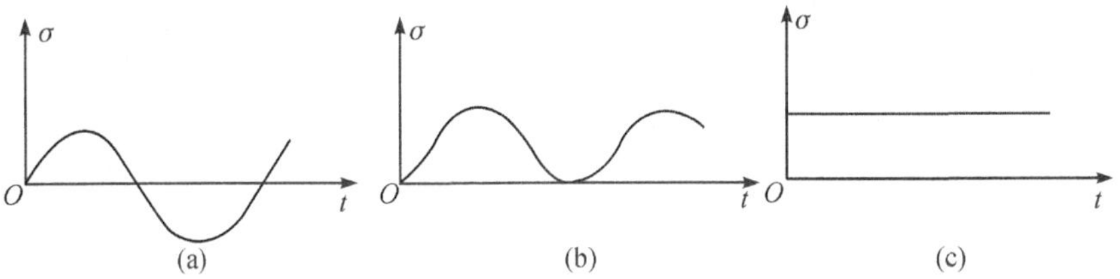

图 19 - 8

2. 脉动循环应力

这种应力的应力循环曲线如图 19 - 8(b)所示。图中 $\sigma_{\min} = 0$，$\sigma_{\max} > 0$，其循环特征 $r=0$。图 19 - 5 所示的齿轮单向转动时，轮齿的弯曲正应力即为其中一例。

此外，不随时间变化的静应力可视为交变应力的一种特殊情况，如图 19 - 8(c)所示，其

$\sigma_a = 0$，$\sigma_{max} = \sigma_{min} = \sigma$，$r = 1$。

杆件在交变切应力下工作时，上述概念同样适用，只需将正应力 σ 换成切应力 τ 即可。

19.3.2 疲劳破坏的特点

实践表明，长期处在交变应力下工作的杆件，即使用塑性较好的材料制成，且其最大工作应力远低于材料的强度极限，也常在没有明显塑性变形的情况下发生突然断裂。这种现象称为**疲劳破坏**。

图 19－9 分别为工程中疲劳破坏零件的断口示意及实物断口照片。由图可见，疲劳破坏的断口表面通常有两个截然不同的区域，即光滑区和粗糙区。这种断口特征可从引起疲劳破坏的过程来解释。当交变应力中的最大应力超过一定限度并经历了多次循环后，在最大应力处或材质薄弱处产生细微的裂纹源。如果材料有表面损伤、有夹杂物或由加工造成的细微裂纹等缺陷，则这些缺陷本身就成为裂纹源。随着应力循环次数的增加，裂纹逐渐扩大。由于应力的交替变化，裂纹两表面的材料时而压紧，时而分开，逐渐形成断口表面的光滑区。另一方面，由于裂纹的扩展，有效的承载面将随之削弱，而且裂纹尖端处形成高度应力集中，当裂纹扩大到一定程度后，在一个偶然的振动或冲击下，零件沿削弱了的截面突然发生脆性断裂，形成断口表面的粗糙区。

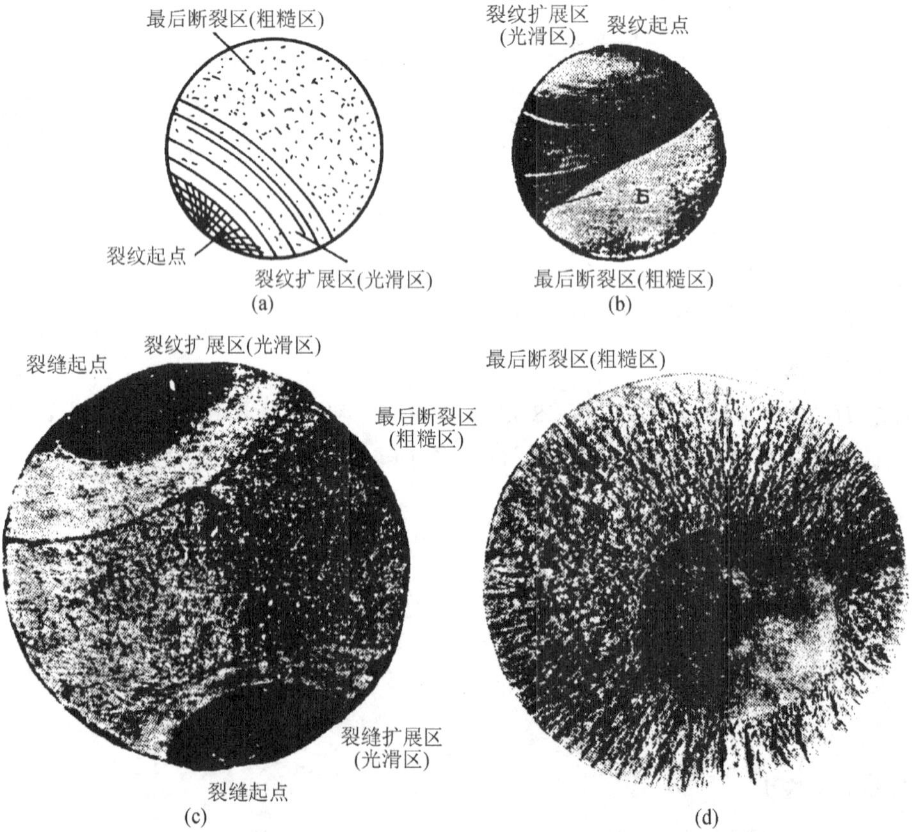

图 19－9

断口识别

下面断口照片中，哪些属于疲劳破坏？

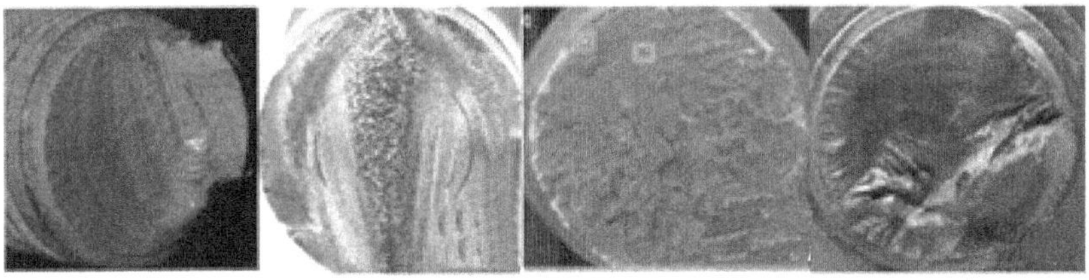

(a)　(b)　(c)　(d)

19.4　材料的持久极限及其影响因素

19.4.1　材料的持久极限

在交变应力下材料的机械性质必须通过试验测定，在图 19－10 所示的疲劳试验机上用一组(6～10 根)标准的光滑小试件在同一循环特征下，先在某一最大应力下进行试验，直到发生疲劳破坏，记下试件在应力循环中的最大应力 σ_{max} 及疲劳破坏时的应力循环次数 N；然后逐次降低最大应力值，发生疲劳破坏时相应的循环次数 N 也就增多，从而可以得到以 σ_{max} 为纵坐标、N 为横坐标的一条试验曲线，这一曲线称为**疲劳曲线**。

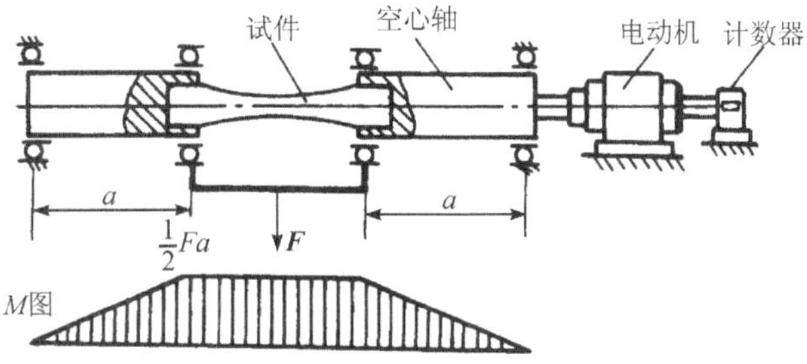

图 19－10

图 19－11 为低碳钢在对称循环时的回转弯曲疲劳曲线。可见，$\sigma_{max}-N$ 曲线有水平渐近线。由于实验不可能无限期地进行，因此一般认为钢试件只要经过 10^7 次循环而仍未破坏则经无限次循环也不会破坏，故对应于 $N=10^7$ 时的最大应力即为钢的持久极限。而某些有色金属，由于其疲劳曲线很难趋于水平，因此通常按设计零件所要求的循环次数[常为$(2\sim5)\times10^8$]来测定相应的最大应力，并把它定义为材料的**名义持久极限**。材料在对称循环($r=-1$)时的持久极限用 σ_{-1} 表示。

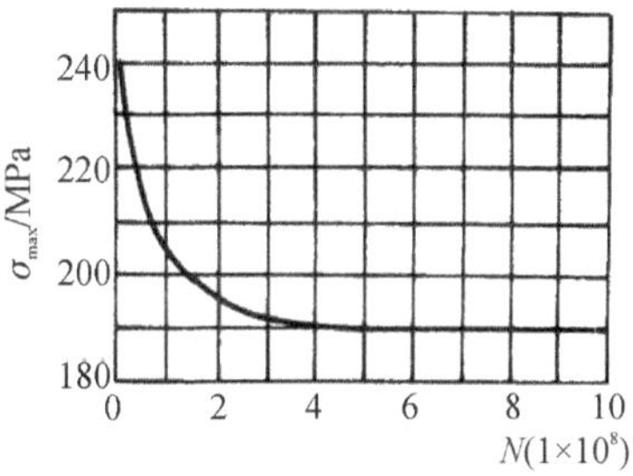

图 19－11

试验表明，钢材的持久极限与静载下抗拉强度极限 σ_b 之间存在下列近似关系

$$\sigma_{-1}\approx0.4\sigma_b\quad(弯曲)$$

$$\sigma_{-1}\approx0.28\sigma_b\quad(拉压)$$

$$\tau_{-1}\approx0.22\sigma_b\quad(扭转)$$

从上述关系中可见，持久极限远小于强度极限，即在交变应力作用下，材料抵抗破坏的能

力显著降低。

19.4.2 影响持久极限的主要因素

材料的持久极限是用标准试件测定的。实际零件的形状、尺寸和表面质量常与标准试件不同,故实际零件的持久极限与标准试件的持久极限不同(通常低于材料的持久极限)。

影响持久极限的主要因素有以下几点。

1. 零件的外形

工程中的零件不都是等截面杆,如机械零件常有沟槽、螺纹、圆孔、键槽和台阶等,由此而引起局部的应力集中。试验表明,应力集中促使疲劳裂纹的形成,从而使零件的持久极限显著降低。这一影响常用有效应力集中系数 K_σ(切应力时用 K_τ)来表示。若在对称循环下,由标准试件测得的持久极限为 σ_{-1},而有应力集中因素的小试件测得的持久极限为 $(\sigma_{-1})_K$,则有效应力集中系数为

$$K_\sigma = \frac{\sigma_{-1}}{(\sigma_{-1})_K} \tag{19-13}$$

$K_\sigma(K_\tau) > 1$,其值由试验测定,可由有关手册中查得。

2. 零件的尺寸

试验表明,由于零件截面尺寸的增大,包含材质缺陷的机率增多,其持久极限随之降低,降低的程度可用尺寸系数 $\varepsilon_\sigma(\varepsilon_\tau)$ 来衡量。若在对称循环下,由光滑标准试件测得的持久极限为 σ_{-1},而用光滑大试件测得的持久极限为 $(\sigma_{-1})_\varepsilon$,则尺寸系数为

$$\varepsilon_\sigma = \frac{(\sigma_{-1})_\varepsilon}{\sigma_{-1}} \tag{19-14}$$

$\varepsilon_\sigma(\varepsilon_\tau) < 1$,常用钢材的尺寸系数可查有关手册。

3. 零件的表面质量

零件表面的加工质量对持久极限也有影响。测定材料持久极限的标准试件是经过磨削加工的。若零件的表面加工质量较差(如有刀痕等缺陷)而引起应力集中,将降低其持久极限。反之,用强化方法(如喷丸处理等)提高零件的表面质量,则可提高其持久极限。表面质量对持久极限的影响可用表面质量系数 β 衡量。若标准试件的持久极限为 σ_{-1},而试件表面在其它加工情况下的持久极限为 $(\sigma_{-1})_\beta$,则表面质量系数为

$$\beta = \frac{(\sigma_{-1})_\beta}{\sigma_{-1}} \tag{19-15}$$

实验表明,在对称循环的拉压、弯曲或扭转交变应力下,表面质量系数 β 值基本相同。

除上述三种主要因素外,还有一些因素对零件的持久极限也有影响。例如,当零件在腐蚀性介质中工作时,持久极限将显著降低。其它因素对零件持久极限的影响均可用相应的系数来衡量。

19.4.3 对称循环下构件的持久极限

由上述可知,在对称循环下,考虑应力集中、尺寸大小和表面质量的影响后,构件的持久极限为

$$\sigma_{-1}^{0} = \frac{\varepsilon_\sigma \beta}{K_\sigma} \sigma_{-1} \tag{19-16}$$

计算对称循环下零件的疲劳强度时,应以持久极限 σ_{-1}^{0} 为极限应力。选适当的疲劳安全

系数 n 后，可得许用应力为

$$[\sigma_{-1}]=\frac{\sigma_{-1}^{0}}{n} \tag{19-17}$$

对称循环下的强度条件为

$$\sigma_{\max}\leqslant[\sigma_{-1}]=\frac{\sigma_{-1}^{0}}{n} \tag{19-18}$$

其中，$\sigma_{\max}$ 为零件危险截面上危险点处的最大应力。

19.5　提高构件疲劳强度的措施

大量疲劳破坏事件和试验研究表明，疲劳裂纹一般起源于应力集中处或工作应力较高的表层，所以提高构件的疲劳强度，应从下列几方面考虑。

首先，要合理设计构件形状，降低有效应力集中系数。在截面突变处宜用圆角过渡并尽量增大圆角半径，如图 19-12(a)所示的阶梯轴，只要将过渡圆角半径 r 由 1 mm 增大为 5 mm，其疲劳强度就会大幅度提高。又如图 19-12(b)所示螺栓，若光杆段的直径 d 与螺纹外径 D 相同，则 m—m 截面附近的应力集中相当严重；如若改为 $d=d_0$，则情况将有很大的改善。

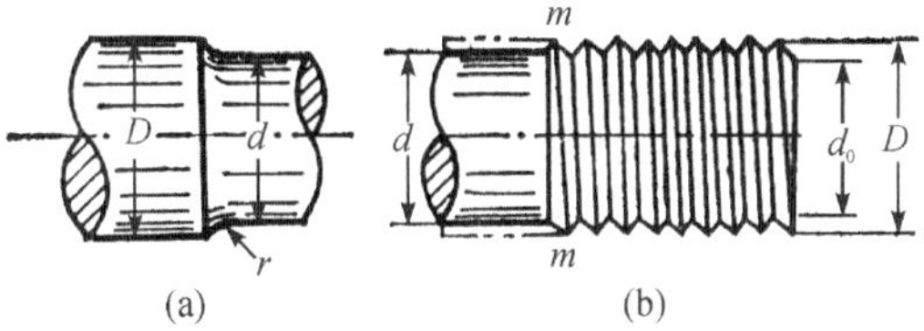

图 19-12

其次，提高表面光洁度，降低表层应力集中，可以提高构件的持久极限。特别是强度较高的合金钢，对应力集中的影响很敏感，更应保证构件表面有较高的光洁度。

最后，工程上还通过一些工艺措施来提高构件表层强度，常用的方法有表面热处理（如**表面淬火**、**渗碳**、**渗氮**等）及表面强化（如**表面滚压**、**喷丸**等），前者可以提高表层材料的持久极限，后者使构件表面材料冷作硬化并形成残余压应力层，从而达到提高疲劳强度的目的。

思考题

思考 19-1　何谓交变应力？何谓疲劳破坏？疲劳破坏有何特点？疲劳破坏的实质是什么？

思考 19-2　在应力循环中，何谓平均应力 σ_m？何谓应力幅 σ_a？何谓循环特征 r？对称循环和脉动循环的循环特征各等于多少？试列举工程中常见的对称循环和脉动循环的实例。

思考 19-3　何谓材料的持久极限？影响构件持久极限的主要因素有哪些？如何提高构件的疲劳强度？

思考 19-4　试列出对称循环下构件的强度条件。

思考 19-5　图示阶梯圆轴在工作中承受交变应力，试从提高圆轴疲劳强度的角度出发，对该圆轴的设计提出一些合理的改进意见。

思考 19-6　图示为一大型汽锤的立柱，长期工作后，在转角处出现疲劳裂纹，有什么措施可以防止裂纹继续扩张，提高立柱的工作寿命？

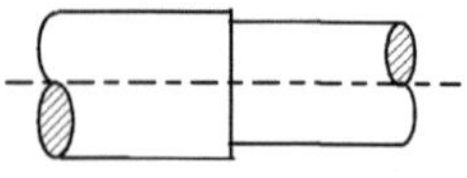

思考 19－5 图

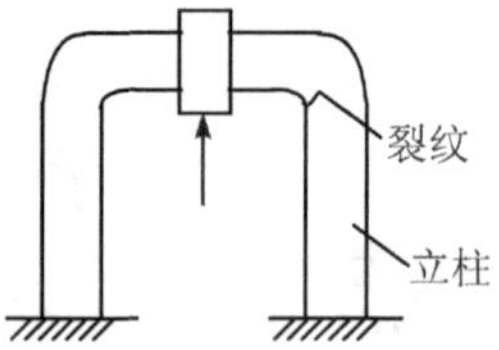

思考 19－6 图

习　题

19－1　图示桥式起重机，大梁为 20a 号工字钢，起重机构 C 重量为 $G_1 = 20$ kN，今用直径 $d = 20$ mm 的钢索起吊重量为 $G_2 = 10$ kN 的重物，在启动后第一秒内以匀加速度 $a = 3\ \text{m/s}^2$ 上升。若钢索与梁的许用应力均为$[\sigma] = 45$ MPa，钢索与钢梁重量不计，试校核钢索与梁的强度。

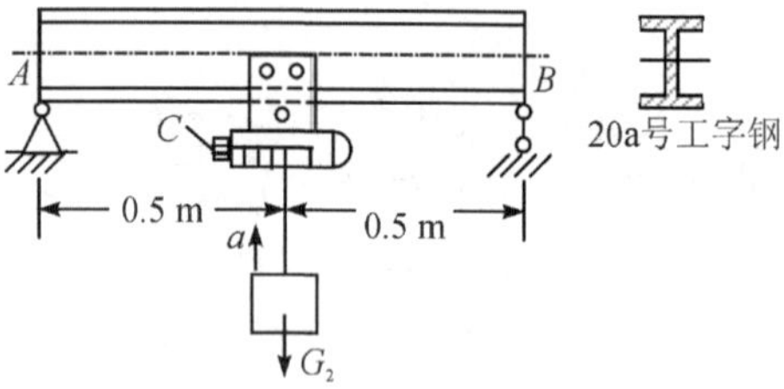

习题 19－1 图

19－2　直径 $d = 30$ cm 的圆木桩，下端固定，上端受 G=5 kN 的重锤作用，木材的弹性模量 $E_1 = 10$ GPa。试求下列三种情况下，木桩内的最大正应力。

(a) 重锤以静载荷的方式作用于木桩上；

(b) 重锤从离桩顶 1 m 的高度自由落下；

(c) 在桩顶放置直径为 150 mm、厚为 20 mm 的橡皮垫，其弹性模量 $E_2 = 8$ MPa，重锤从离桩顶 1 m 的高度自由落下。

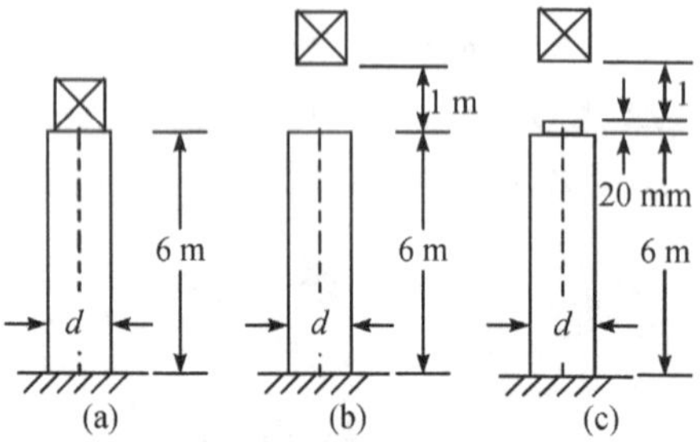

习题 19－2 图

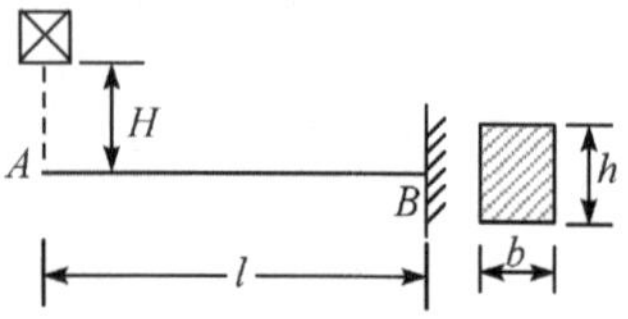

习题 19－3 图

19－3　一矩形截面悬臂梁如图所示，$b = 160$ mm，$h = 240$ mm，$l = 2$ m，材料的许用应力$[\sigma] = 160$ MPa，弹性模量 $E = 200$ GPa。若重为 $G = 10$ kN 的物体自高度 $H = 40$ mm 处自由下落在梁的自由端 A，试校核梁的强度。

19－4　试求图示交变应力的平均应力、应力幅及循环特征。

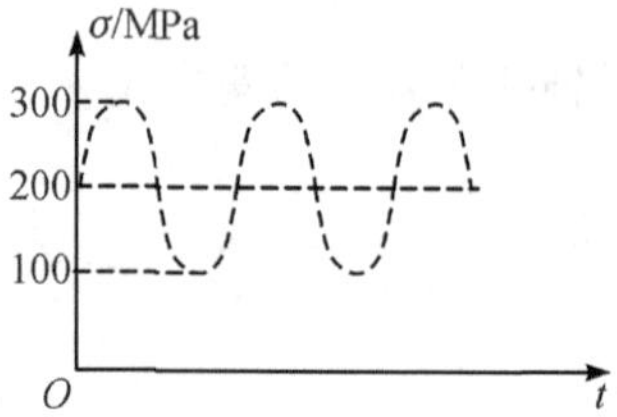

习题 19－4 图

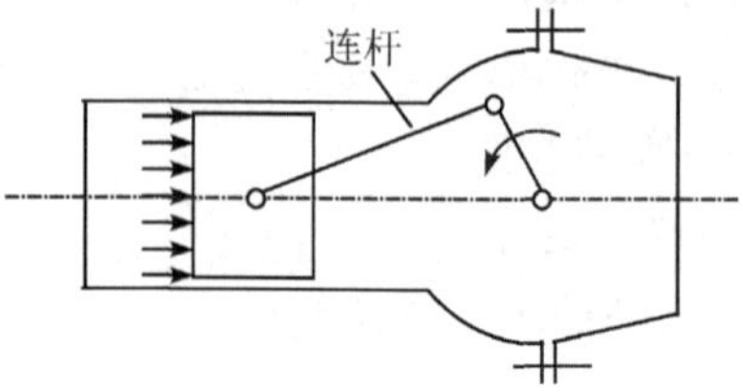

习题 19－5 图

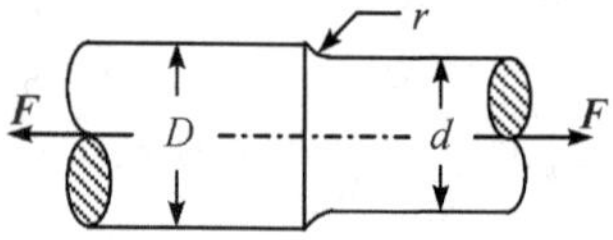

习题 19－6 图

19－5　一发动机连杆横截面面积 $A=2.83\times10^{3}\ mm^{2}$，在汽缸点火时，连杆受到轴向压力 520 kN，当吸气开始时，受到轴向拉力 120 kN，试求连杆的应力循环特征、平均应力及应力幅。

19－6　图示阶梯轴的材料为合金钢，受对称循环拉压交变载荷 $F=10$ kN 作用。材料的 $\sigma_{-1}^{拉压}=196$ MPa，轴的尺寸为 $d=40$ mm、$D=50$ mm、$r=5$ mm，尺寸系数 $\varepsilon=1$，有效应力集中系数 $K_{\sigma}=1.8$，表面质量系数 $\beta=0.9$。试求此圆轴的持久极限和疲劳工作安全系数。

第 20 章　虚位移原理

虚位移原理应用功的概念来分析系统的平衡问题，为研究静力平衡问题开辟了另一途径。虚位移原理与达朗贝尔原理结合将组成动力学的普遍方程，由此为复杂系统的动力分析提供了另一种普遍方法。

本章将约束的概念予以扩充，介绍虚位移与虚功的概念，在此基础上推出虚位移原理，并用于解决一般的静力平衡问题。

20.1　约束及其分类

在静力分析中将限制非自由体位置或位移（包括转角）的其它物体称为约束。本章在更广泛和抽象的意义上，进一步将约束定义如下。

约束　对物体（质点或质点系）运动预先给定的强制性限制条件（既可以限制位置，也可以限制速度甚至加速度）。

约束方程　描述限制条件（也称约束条件）的数学方程。

例如在图 20－1 所示曲柄连杆机构中，连杆 AB 所受约束有：点 A 只能做以点 O 为圆心、以 r 为半径的圆周运动；点 B 与点 A 间的距离始终保持为杆长 l；点 B 始终沿滑道做直线运动。这三个条件以约束方程分别表示为

$$\left.\begin{aligned} & x_1^2+y_1^2=r^2 \\ & (x_2-x_1)^2+(y_2-y_1)^2=l^2 \\ & y_2=0 \end{aligned}\right\} \tag{20-1}$$

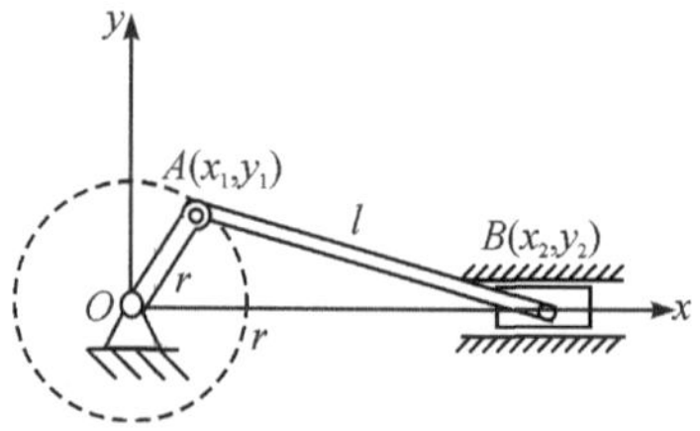

图 20－1

再例如，图 20－2 所示半径为 r 的车轮沿固定面的直线做纯滚动，轮与轨道接触点 C 的速度将被限定为零。车轮做平面运动，如取轮心坐标 (x_A, y_A) 及转角 φ（取顺时针方向为正）描述车轮的位置，则车轮的约束方程为

$$y_A=r \tag{20-2}$$

$$\dot{x}_A-r\dot{\varphi}=0 \tag{20-3}$$

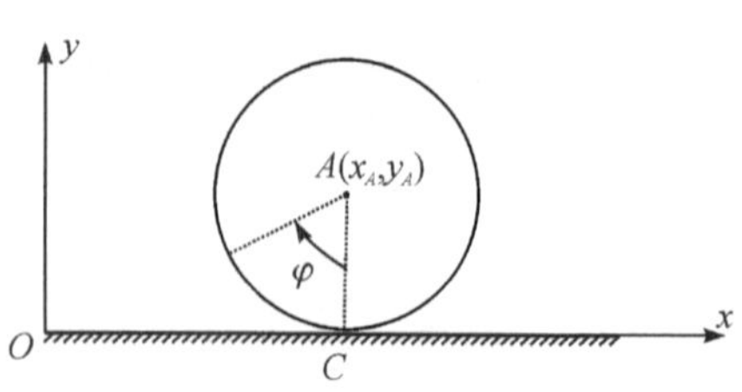

图 20－2

前一个方程限制了轮心 A 的位置，后一个方程限制了轮心 A 的速度。

工程中的实际约束种类繁多，依据约束对物体运动限制的不同情况分类如下。

1. 几何约束与运动约束

1）几何约束

限制质点或质点系在空间的几何位置的约束称为**几何约束**。例如对图 20－3 所示的球面摆来说，无重刚杆限制质点 M 必须在以 O 为球心、杆长 l 为半径的球面上运动。质点 M 的坐

标应满足的约束方程为一球面方程

$$x_M^2 + y_M^2 + z_M^2 = l^2 \tag{20-4}$$

而图 20-4 表示一个质点 M 与长度为 l 的刚性杆组成的球面摆，与图 20-3 不同的是球铰链 A 沿 z 轴以已知规律 $z=H\sin\omega t$ 运动。约束方程为

$$x^2 + y^2 + (z - H\sin\omega t)^2 = l^2 \tag{20-5}$$

可见几何约束的约束方程中只包含各质点的坐标。

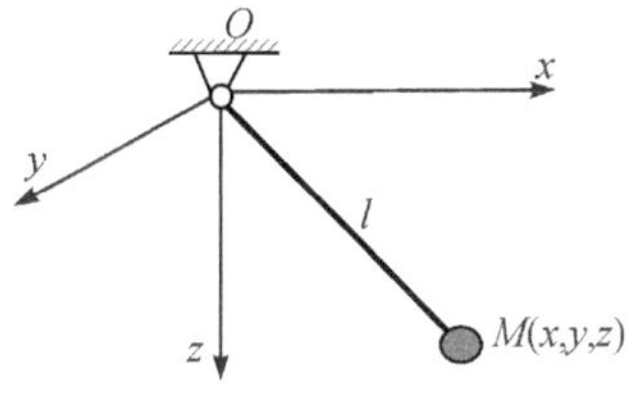

图 20-3

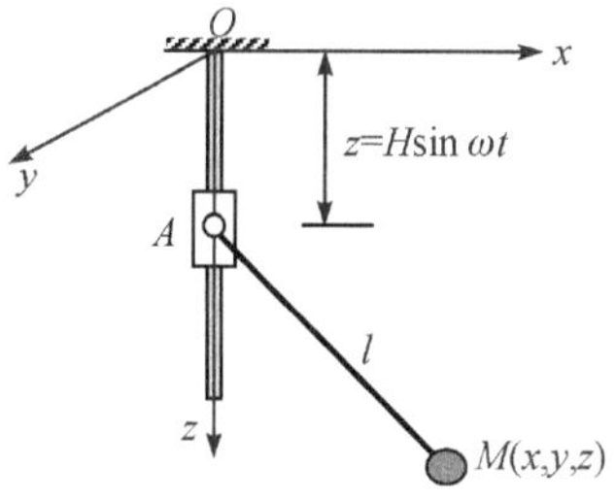

图 20-4

2)运动约束

除限制质点或质点系的几何位置外，还限制质点速度的约束称为**运动约束**。

例如图 20-5 所示摩擦轮传动机构中，大轮绕铅垂轴以匀角速度 $\dot{\theta}$ 转动，半径为 r 的小轮以匀角速度 $\dot{\varphi}$ 绕水平轴转动，两轮接触点到大轮转动轴的距离 R 随时间而变的规律为 kt，其中 k 为常量。则约束方程为

$$k\dot{\theta}t = r\dot{\varphi} \tag{20-6}$$

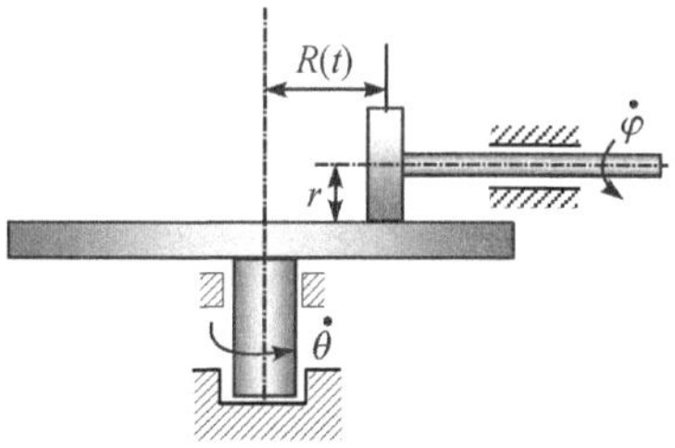

图 20-5

方程(20-3)、(20-6)中都包含了速度(角速度)，故都属运动约束。

一般来说，描述运动约束的约束方程为微分方程。如果这类方程可以积分，且积分后的方程中不再包含坐标的导数，则此时运动约束与几何约束已无区别。例如方程(20-3)中的 r 为不变量，故可积分为

$$x_A = r\varphi$$

几何约束及可以积分的运动约束统称为**完整约束**；不能积分的运动约束为**非完整约束**，例如方程(20-6)表示的约束就属于这种情况。非完整约束比完整约束要复杂得多，本章只讨论完整约束。

2. 定常约束和非定常约束

约束还可依据是否随时间变化来进行分类。

约束条件随时间而变化(即约束方程中显含时间 t)的约束称为**非定常约束**。

约束条件不随时间变化(即约束方程中不显含时间 t)的约束称为**定常约束**。式(20-1)～式(20-4)描述的约束均为定常约束，式(20-5)、式(20-6)描述的约束均为非定常约束。

3. 双面约束和单面约束

图 20-3 中的摆杆为一刚性杆，它既限制质点 M 沿杆拉伸方向的位移，又限制质点 M 沿杆压缩方向的位移，约束方程为一等式[式(20-4)]。

图 20-6 中摆长为一根长为 l 的不可伸长的绳索，此约束只能限制质点沿绳的拉伸方向

的位移,约束方程为一不等式

$$x^2+y^2+z^2\leqslant l^2 \tag{20-7}$$

约束方程为等式的约束称为**双面约束**(也称为双侧约束)。

约束方程为不等式的约束称为**单面约束**(也称为单侧约束)。

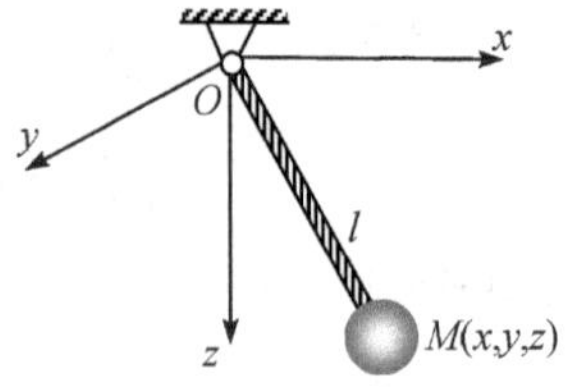

图 20-6

本章中只讨论双面、定常的几何约束,其约束方程的一般形式为

$$f_j(x_1,y_1,z_1,\cdots,x_n,y_n,z_n)=0\quad(j=1,2,\cdots,s)$$

其中,n 为质点系的质点数;s 为约束的方程数。

20.2　虚位移与虚功

虚位移　质点或质点系(包括刚体),在某时刻为约束所容许的任何无限小的位移(包括角位移)。通常,用 $\delta\boldsymbol{r}$ 表示虚位移矢量,用 δx、δy、δz 表示虚位移在 x、y、z 轴上的投影。从数学角度来看,δ 为变分符号,δx 是坐标 x 的变分,表示 x 的无限小的"变更"。对双面、定常、几何约束,虚位移矢量定义为

$$\delta\boldsymbol{r}=\delta x\boldsymbol{i}+\delta y\boldsymbol{j}+\delta z\boldsymbol{k} \tag{20-8}$$

如果虚位移以角位移的形式出现,则以角度 φ 的变分 $\delta\varphi$ 表示,又称为**广义虚位移**。变分与微分属不同数学概念,但同属无限小量,忽略高阶小量后,运算规则形式相同。

必须注意,虚位移与实际位移(简称实位移)是不同的概念。实位移是质点系在一定时间内真正实现的位移,它除了与约束条件有关外,还与时间、主动力,以及运动的初始条件有关;而虚位移仅与约束条件有关。

因为虚位移是任意的无限小的位移,所以在定常约束的条件下,实位移只是所有虚位移中的一个,而虚位移视约束情况,可以有多个,甚至无穷多个。如图 20-7 所示的球摆为定常约束,故在垂直于摆杆的平面内可以有无穷多个虚位移,而实位移只可能沿某一虚位移发生。对于非定常约束,某个时刻的虚位移是将时间固定后,约束所允许的虚位移,而实位移是不能固定时间的,所以这时实位移不一定是虚位移中的一个。如图 20-8 所示的重物由一根穿过固定圆环 O 的细绳系着,另一端沿绳长以不变的速度 $\boldsymbol{v}_0$ 拉动,因此球摆为非定常约束。将时刻 t 的时间"凝固",该时刻在垂直于绳长的平面内可以有无穷多个虚位移,而此时的实位移只可能沿绳长方向发生,与虚位移无关。

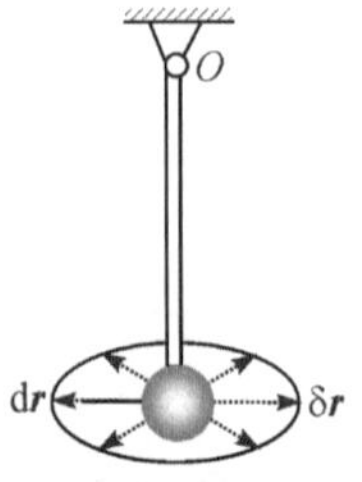

图 20-7

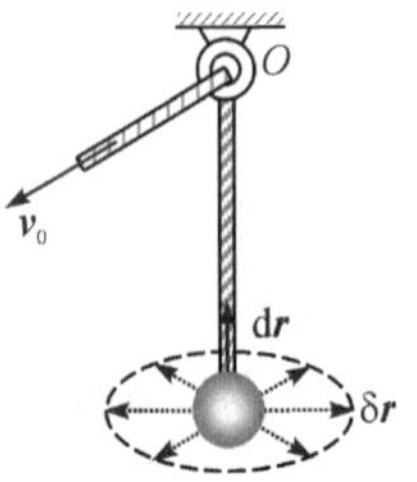

图 20-8

无限小的实位移一般用微分符号表示,例如 $\mathrm{d}\boldsymbol{r}$、$\mathrm{d}x$、$\mathrm{d}\varphi$ 等。

虚功　力 $\boldsymbol{F}$ 在虚位移 $\delta\boldsymbol{r}$ 上的元功,记为 δW,即

$$\delta W=\boldsymbol{F}\cdot\delta\boldsymbol{r}$$

或

$$\delta W=F_x\delta x+F_y\delta y+F_z\delta z$$

理想约束　在质点系的任何虚位移上,约束反力的元功之和等于零的约束。理想约束的数学描述为

$$\delta W=\sum \boldsymbol{F}_{Ni}\cdot\delta\boldsymbol{r}_i=0 \tag{20-9}$$

其中，$\boldsymbol{F}_{Ni}$表示作用于第 i 个质点的约束反力的合力；$\delta\boldsymbol{r}_i$ 表示第 i 个质点的虚位移。

20.3　虚位移原理的应用

虚位移原理　如果质点系受到双面、定常、理想约束，则静止的质点系在给定位置上保持平衡的必要且充分条件是：所有作用在质点系上的主动力在该位置的任何虚位移上的虚功之和等于零。该原理的数学表达式为

$$\sum \boldsymbol{F}_i \cdot \delta\boldsymbol{r}_i = 0 \tag{20-10}$$

其中，$\boldsymbol{F}_i$ 为作用于第 i 个质点的主动力的合力；$\delta\boldsymbol{r}_i$ 为该质点的虚位移。

虚位移原理又称为**虚功原理**，式(20－10)又称为**虚功方程**。作为公认的原理，它的正确性本不需再给预逻辑上的证明。不过，为了说明它与已有方法之间的关系，对此原理的必要性和充分性可以证明如下。

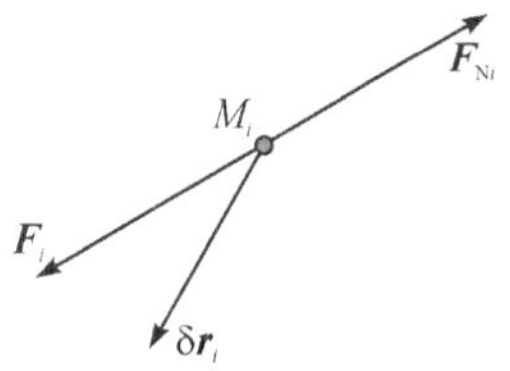

图 20－9

必要性证明：如果质点系处于平衡状态，则式(20－10)必定成立。

由于质点系处于平衡状态，系内的每个质点也一定处于平衡。对于系内质点 M_i(图 20－9)，主动力的合力 $\boldsymbol{F}_i$ 与约束反力的合力 $\boldsymbol{F}_{Ni}$应满足

$$\boldsymbol{F}_i + \boldsymbol{F}_{Ni} = 0$$

若给质点系以虚位移，M_i的虚位移为 $\delta\boldsymbol{r}_i$，则 $\boldsymbol{F}_i$ 与 $\boldsymbol{F}_{Ni}$在 $\delta\boldsymbol{r}_i$ 上的元功之和也应为零

$$\boldsymbol{F}_i \cdot \delta\boldsymbol{r}_i + \boldsymbol{F}_{Ni} \cdot \delta\boldsymbol{r}_i = 0$$

对质点系内每个质点都可得到类似的等式。将所有这些等式相加，得

$$\sum \boldsymbol{F}_i \cdot \delta\boldsymbol{r}_i + \sum \boldsymbol{F}_{Ni} \cdot \delta\boldsymbol{r}_i = 0$$

因为质点系受理想约束，有

$$\sum \boldsymbol{F}_{Ni} \cdot \delta\boldsymbol{r}_i = 0$$

代入上式得

$$\sum \boldsymbol{F}_i \cdot \delta\boldsymbol{r}_i = 0$$

必要性得证。

充分性证明：如果条件式(20－10)成立，则质点系必然处于平衡状态。用反证法证明如下。

假定条件式(20－10)成立，即设 $\sum \boldsymbol{F}_i \cdot \delta\boldsymbol{r}_i = 0$，但质点系却不平衡，则至少有一个质点由所考察的位置从静止开始运动。

当质点 M_i由静止状态开始运动时，在 $\mathrm{d}t$ 时间内的实位移 $\mathrm{d}\boldsymbol{r}_i$一定和作用在$M_i$质点上的力 $\boldsymbol{F}_i$ 和 $\boldsymbol{F}_{Ni}$的合力 $\boldsymbol{F}_{Ri}$具有相同的方向(图 20－10)，故有元功

$$\boldsymbol{F}_{Ri} \cdot \mathrm{d}\boldsymbol{r}_i > 0$$

在定常约束的情况下，实位移必定是虚位移中的一个，因而可以选虚位移 $\delta\boldsymbol{r}_i$，使它和质点在时间 $\mathrm{d}t$ 内的实位移 $\mathrm{d}\boldsymbol{r}_i$ 相同。因此，对不平衡的质点 M_i有 $\boldsymbol{F}_{Ri} \cdot \delta\boldsymbol{r}_i > 0$。对所有质点的虚功求和，即有

$$\sum \boldsymbol{F}_{Ri} \cdot \delta\boldsymbol{r}_i > 0$$

由于

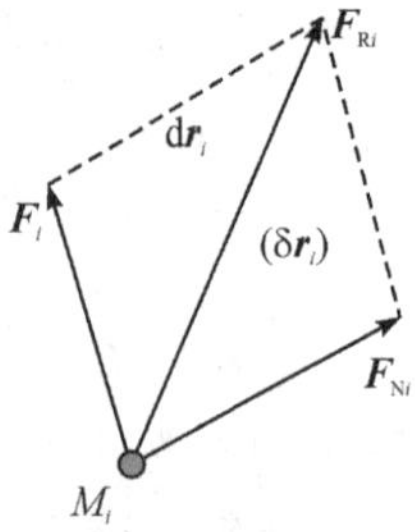

图 20 - 10

$$\boldsymbol{F}_{Ri} = \boldsymbol{F}_i + \boldsymbol{F}_{Ni}$$

故上式可写成

$$\sum \boldsymbol{F}_i \cdot \delta \boldsymbol{r}_i + \sum \boldsymbol{F}_{Ni} \cdot \delta \boldsymbol{r}_i > 0$$

由于质点系受理想约束，故

$$\sum \boldsymbol{F}_{Ni} \cdot \delta \boldsymbol{r}_i = 0$$

于是

$$\sum \boldsymbol{F}_i \cdot \delta \boldsymbol{r}_i > 0$$

这个不等式与式(20 - 10)矛盾。这就是说，式(20 - 10)成立、而质点系又不平衡的假设是不成立的。因此，如果式(20 - 10)成立，则质点系必然平衡。

由此可见，理想约束是虚位移原理中一个关键的、必不可少的条件。有时，一些约束反力(例如摩擦力)的虚功并不为零，不属于理想约束。在这种情况下，为了能够应用虚位移原理，可以将这类力归入主动力。

为便于应用，可将虚功方程写成解析形式

$$\sum (F_{ix}\delta x_i + F_{iy}\delta y_i + F_{iz}\delta z_i) = 0 \qquad (20-11)$$

其中，F_{ix}、F_{iy}、F_{iz}代表主动力 $\boldsymbol{F}_i$ 在直角坐标轴上的投影；坐标变分 δx_i、δy_i、δz_i 与坐标轴正向同向。式(20 - 10)和式(20 - 11)又称**静力平衡普遍方程**。

例 20 - 1　如图 20 - 11 所示，6 根长为 L 的直杆铰接成一平行四边形机构，A、C 为两个滑块。忽略摩擦及杆、滑块和平板的自重。平板上所载物重 $W=100$ N，试求为保持机构在图示位置平衡时($\beta=30°$)，作用于滑块 A 的水平力 $\boldsymbol{F}$ 的大小。

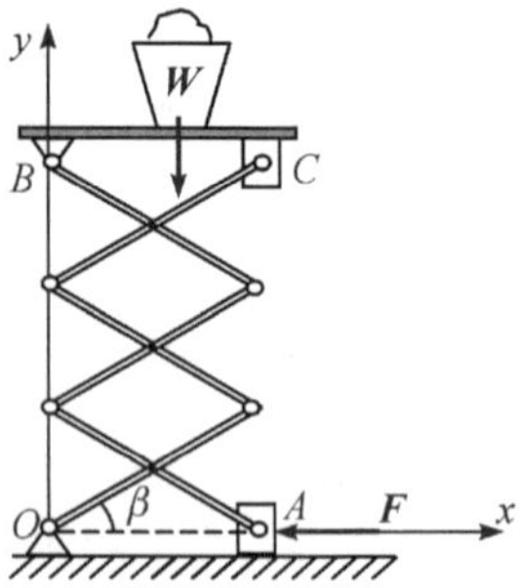

图 20 - 11

解　取整个机构为研究对象，系统受理想约束，主动力只有 $\boldsymbol{W}$、$\boldsymbol{F}$ 两个力，直接寻找两个受力点虚位移之间的关系比较困难。根据机构受力及几何特点，取固定坐标轴如图 20 - 11 所示，应用坐标变分法建立虚位移方程，注意坐标变分以坐标轴正向为正。平台只能做直线平动，当机构平衡时，依据虚位移原理的解析式(20 - 11)有

$$-F \cdot \delta x_A - W \cdot \delta y_B = 0 \qquad (20-12)$$

注意到 x_A、y_B、β 之间存在如下关系

$$\left.\begin{aligned} x_A &= L\cos\beta \\ y_B &= 3L\sin\beta \end{aligned}\right\} \qquad (20-13)$$

对式(20 - 13)取变分得

$$\left.\begin{aligned} \delta x_A &= -L\sin\beta \cdot \delta\beta \\ \delta y_B &= 3L\cos\beta \cdot \delta\beta \end{aligned}\right\} \qquad (20-14)$$

代入式(20 - 12)得

$$(F\sin\beta - 3W\cos\beta)L\delta\beta = 0 \qquad (20-15)$$

因 $\delta\beta$ 可取任意值，必有

$$3W\cot\beta - F = 0 \qquad (20-16)$$

求得

$$F = 3W\cot\beta = 519.62 \text{ N}$$

本例通过对约束方程(20－13)取变分,得到了虚位移 δx_A、δy_B 之间的关系。这是建立虚位移之间关系的常用方法之一,称为**坐标变分法**(解析法),但约束方程必须是一般性表达式,往往在菱形、等腰三角形等特殊几何关系情况下便于采用。

例 20－2　图 20－12(a)所示机构,不计各构件的自重及摩擦,试求机构在图示位置处于平衡时,作用在曲柄 OA 上的力偶 M 与作用在 BC 杆上的力 $\boldsymbol{F}$ 之间的关系。

解　该机构受到理想约束,求平衡时的主动力偶与力之间的关系,关键在于建立与力偶和力相关的虚位移方程,即建立虚转角 $\delta\varphi$ 与 δr_C 之间的关系。

本题中虚位移矢量之间的关系可依照运动分析中速度合成的方法来建立,这种方法称为**虚速度法**(几何法)。

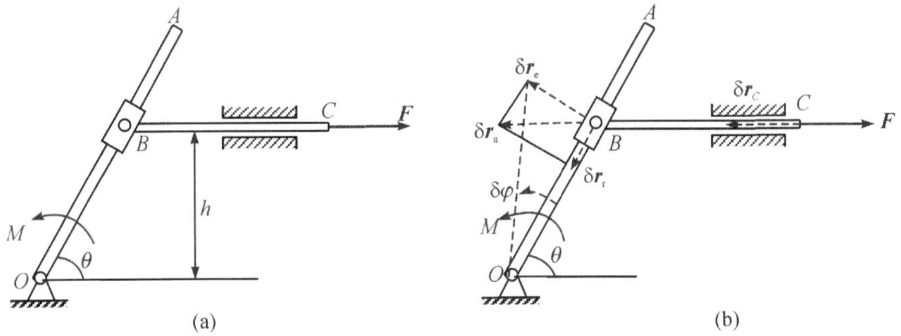

图 20－12

由运动分析可知,若将滑块 B 视为动点,动系固结于 OA,利用复合运动速度分析方法,求虚位移之间的关系,有

$$\delta \boldsymbol{r}_a = \delta \boldsymbol{r}_e + \delta \boldsymbol{r}_r$$

给曲柄 OA 以虚转角 $\delta\varphi$,动点 B 的虚位移矢量如图 20－12(b)所示。从图中可知

$$\left.\begin{aligned} \delta r_e &= \frac{h}{\sin\theta}\delta\varphi = \delta r_C \\ \delta r_a &= \frac{\delta r_e}{\sin\theta} = \frac{h}{\sin^2\theta}\delta\varphi = \delta r_C \end{aligned}\right\} \tag{20-17}$$

建立虚功方程

$$M\delta\varphi - F\delta r_C = 0 \tag{20-18}$$

将式(20－17)代入式(20－18)可得

$$M = \frac{h}{\sin^2\theta}F$$

例 20－3　在图 20－13(a)所示平面机构中,已知 $OA=R$,$AB=L$,杆 OA 重为 W,不计 AB 杆自重。当曲柄 OA 水平时,线性弹簧由原长 R 压缩到现长 $R/2$,$\varphi=60°$。试求,机构在此位置平衡时弹簧应有的刚性系数 k。

解　解除弹簧,代之以弹性力 $\boldsymbol{F}$,故本题也属于已知平衡求主动力之间关系的问题。取系统为研究对象,给曲柄 OA 以虚转角 $\delta\theta$,整个系统受到的主动力及相应的虚位移矢量如图 20－13(b) 所示。建立虚功方程

$$-M\delta\theta - W\delta r_C + F\delta r_B = 0 \tag{20-19}$$

其中 $F=k\left(R-\frac{R}{2}\right)=\frac{R}{2}k$。注意:虚位移不改变弹簧变形及弹性力的大小。

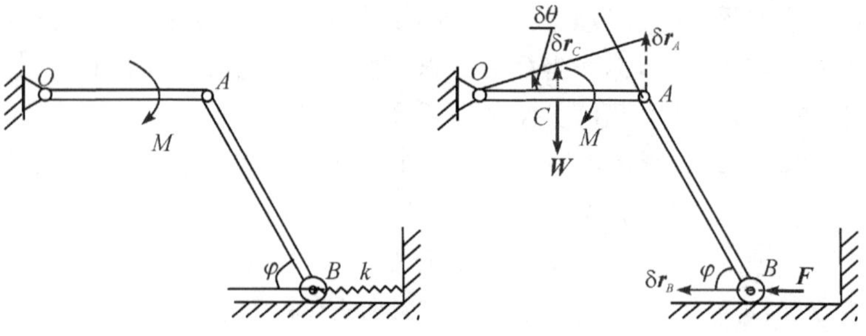

(a) (b)

图 20 - 13

本题中虚位移矢量之间的关系仍可依照虚速度法进行。由运动分析可知

$$\delta r_C=\frac{R}{2}\delta\theta,\ \delta r_A=R\delta\theta,\ \delta r_B\cos\varphi=\delta r_A\cos(90°-\varphi)=\delta r_A\sin\varphi$$

代入虚功方程式(20 - 19)得

$$\left(-M-W\frac{R}{2}+\frac{k}{2}R^2\tan\varphi\right)\delta\theta=0$$

因为 $\delta\theta$ 可以任意选取值,故由上式可得

$$k=2\cot\varphi\left(\frac{M}{R^2}+\frac{W}{2R}\right)$$

例 20 - 4 螺旋压榨机如图 20 - 14 所示。在水平面内作用于手柄 AB 上的力偶($\boldsymbol{F},\boldsymbol{F}'$)的力偶矩为 $M=2Fl$,螺杆的螺距为 h。求机构平衡时,压板作用于被压物体的力。

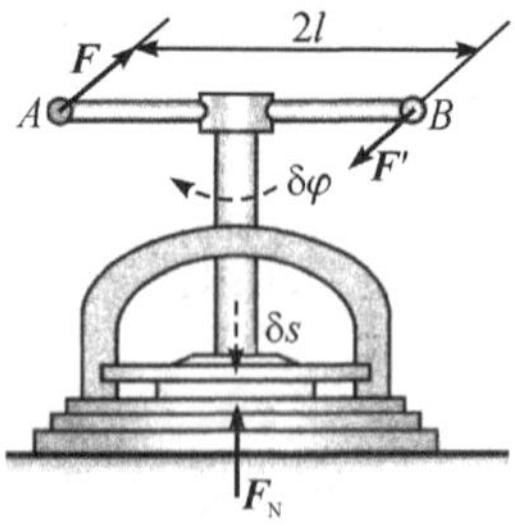

图 20 - 14

解 将被压物体看成压榨机的约束,解除该约束代之以约束反力 $\boldsymbol{F}_N$,此时取整个机构为研究对象,系统可视为受到理想约束的单自由度系统,已知平衡求约束反力问题。当给手柄以虚转角 $\delta\varphi$ 时,压板的虚位移矢量为 $\delta\boldsymbol{s}$,如图 20 - 14 所示。建立虚功方程

$$M\delta\varphi-F_N\delta s=0 \tag{20-20}$$

由几何关系可知,对应于螺杆的虚转角 $\delta\varphi$,压板的虚位移对应存在如下关系

$$\delta s=\frac{h}{2\pi}\delta\varphi \tag{20-21}$$

将式(20 - 21)代入式(20 - 20)可得

$$\left(2Fl-F_N\frac{h}{2\pi}\right)\delta\varphi=0$$

因为 $\delta\varphi$ 可以任意选取,故可从上式解得压力 F_N

$$F_N=\frac{4\pi l}{h}F$$

可见,本题在给出机构各处的虚位移后,直接按几何关系确定其之间的关系。

例 20 - 5 图 20 - 15(a)所示对称平面桁架中,已知 $AD=DB=6$ m,$CD=3$ m,$F=10$ kN。试用虚位移原理求杆 3 的内力。

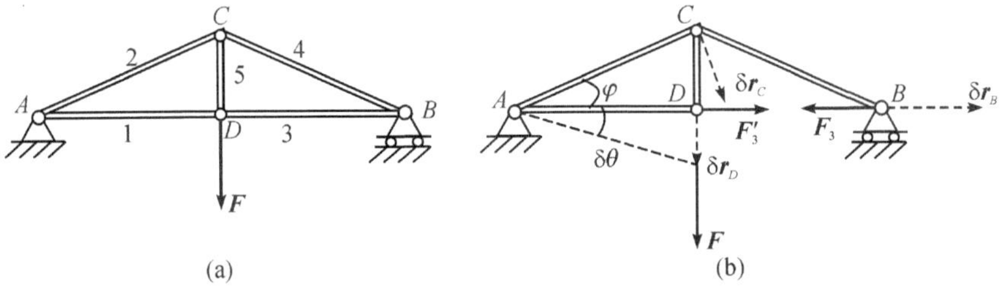

图 20 - 15

解　首先,设想将杆 3 拆除,代之以内力 $\boldsymbol{F}_3$ 及 $\boldsymbol{F}'_3$ 分别作用在节点 B、D。系统仅受理想约束。取系统为研究对象,给△ACD 一虚转角 $\delta\theta$,系统受到的主动力及相应的虚位移矢量如图 20 - 15(b)所示。$\delta\boldsymbol{r}_D$ 与 $\boldsymbol{F}'_3$ 垂直。由虚功方程得

$$F\delta r_D - F_3\delta r_B = 0 \tag{20-22}$$

运用虚速度法求虚位移之间的关系,设 1 杆与 2 杆之夹角为 φ

$$\delta r_C = AC \cdot \delta\theta,\ \delta r_D = AD \cdot \delta\theta,\ \delta r_C = \frac{AC}{AD}\delta r_D = \frac{1}{\cos\varphi}\delta r_D \tag{20-23}$$

由速度投影定理可得

$$\left.\begin{aligned} &\delta r_C\cos(90^\circ - 2\varphi) = \delta r_B\cos\varphi \\ &\delta r_B = \delta r_C\frac{\sin 2\varphi}{\cos\varphi} = 2\delta r_C\sin\varphi = 2\frac{AC}{AD}\delta r_D \cdot \frac{CD}{AC} = \delta r_D \end{aligned}\right\} \tag{20-24}$$

代入虚功方程(20 - 22)得

$$F\delta r_D - F_3\delta r_D = 0$$

即

$$(F - F_3)\delta r_D = 0 \tag{20-25}$$

由于 δr_D 可任意选取,故解得

$$F_3 = F = 10\ \text{kN}$$

例 20 - 6　组合梁支承及载荷如图 20 - 16 所示。已知作用力 $F_1 = 20$ kN,$F_2 = 30$ kN,力偶矩 $M = 18$ kN · m,$l = 2$ m。试用虚位移原理求支座 A 处的约束力偶矩的大小。

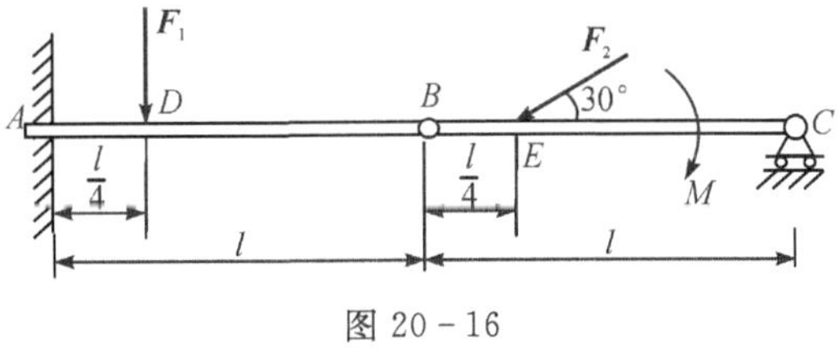

图 20 - 16

解　首先,解除固定端 A 的转动约束,用固定铰链支座和一个力偶矩为 M_A 的力偶代之。取系统为研究对象,给梁 AB 以虚转角 $\delta\varphi$,系统受到理想约束,全部主动力及相应的虚位移矢量如图 20 - 17 所示。

由虚功方程可得

$$F_1\delta r_D + F_2\sin 30^\circ\delta r_E - M_A\delta\varphi - M\delta\varphi = 0 \tag{20-26}$$

运用虚速度法可得虚位移之间的关系

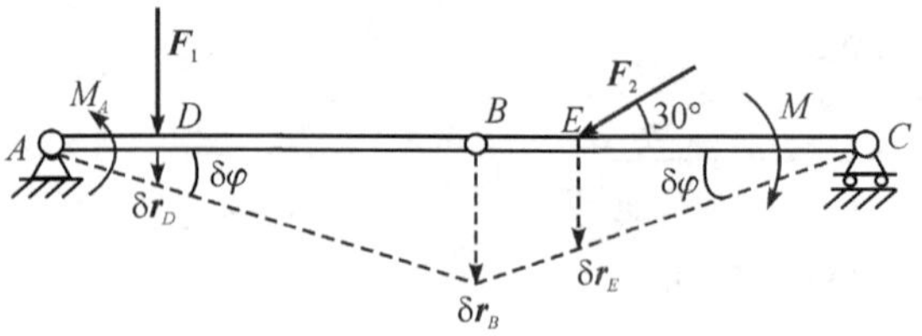

图 20-17

$$\delta r_D = \frac{l}{4}\delta\varphi,\ \delta r_B = l\delta\varphi,\ \delta r_E = \frac{3}{4}\delta r_B = \frac{3}{4}l\delta\varphi$$

代入式(20-26),得

$$\left(\frac{l}{4}F_1 + \frac{3}{8}lF_2 - M_A - M\right)\delta\varphi = 0$$

$$M_A = 14.5\ \text{kN}\cdot\text{m}$$

由以上数例可见,用虚位移原理求解机构的平衡问题时,关键是找出各虚位移之间的关系。

用虚位移原理求解结构的平衡问题中要求某一约束力时,首先需解除相应的约束而代以约束力,这样就可将结构变为机构,把约束力视为主动力,在虚位移方程中只包含一个未知力,然后用虚位移原理求解。需要注意的是:若需求解多个约束力时,用虚位移原理求解则需要一个一个地解除约束,有时并不比用平衡方程求解更为方便。

思考题

思考 20-1 因为实位移和虚位移都是约束所许可的无限小位移,所以对任何约束而言,实位移必定总是诸虚位移中的一个,这种说法对吗?为什么?

思考 20-2 举例说明什么是虚位移,它与实位移有什么不同?

思考 20-3 静力平衡方程给出了刚体平衡的充要条件,对变形体而言这些平衡条件仅为必要但不充分,而虚位移原理却给出了任意质点系平衡的充要条件,这种说法对吗?

思考 20-4 虚位移虽与时间无关,但应与力的方向一致,这种说法对吗?

思考 20-5 图中所示机构处于静止平衡状态,图中所给各虚位移有无错误?如有错误应如何改正?

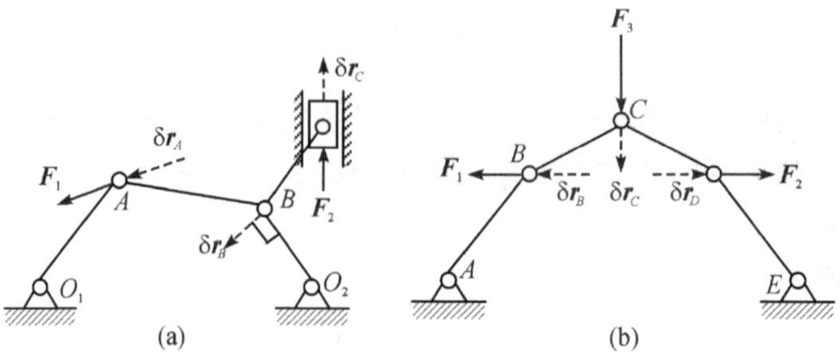

思考 20-5 图

习　题

20-1　图示机构中，杆件 OD 与 AC 在中点 B 铰接，已知 $OB=BD=AB=BC=CE=DE=l$。忽略摩擦及自重。杆 OBD 与水平线夹角为 θ。在 E 点作用铅垂向下力 $\boldsymbol{P}$，求在图示位置保持机构平衡时，作用于 A 滑块的水平弹簧压力 $\boldsymbol{F}$。

20-2　平面机构如图所示，活塞可在光滑的竖直滑道内运动，不计各物体的自重。已知 $AB=0.1\ \text{m}$，$BC=0.1\sqrt{3}\ \text{m}$，弹簧的刚性系数 $k=1.5\ \text{kN/m}$。当 $\theta=0°$时，弹簧无伸长。试求机构保持在 $\theta=60°$位置平衡所需的力偶之力偶矩 M 的大小。

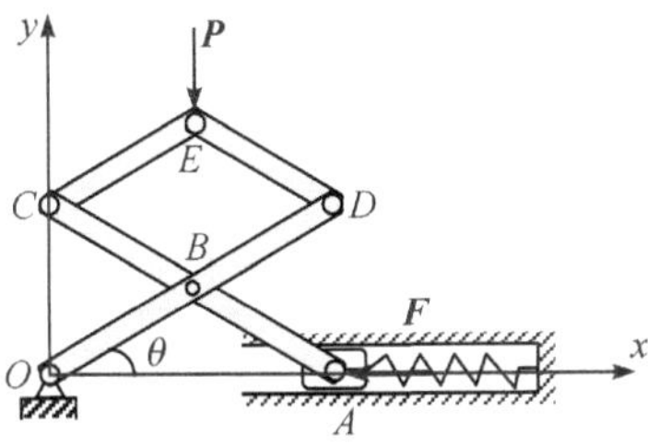

习题 20-1 图

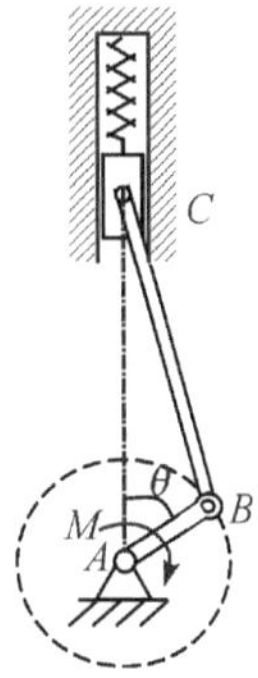

习题 20-2 图

20-3　在上题中，若已知作用在曲柄 AB 上的力偶之力偶矩的大小为 $M=150\ \text{N}\cdot\text{m}$，试求该机构保持在 $\theta=60°$位置平衡的弹簧刚性系数 k。

20-4　平面机构如图所示，已知 $DB=0.3\ \text{m}$，$AB=1.0\ \text{m}$，$BC=0.4\ \text{m}$，$W=300\ \text{N}$，不计各处摩擦及构件自重，试求该机构在 $\theta=60°$位置平衡时，应加在滑块 C 上的铅垂主动力的大小及方向。

20-5　上题中，欲使该机构在 $\theta=90°$的位置上平衡，试求应在曲柄 DB 上施加的主动力偶之力偶矩的大小及转向。

20-6　在习题 20-4 中，欲使该机构在 $DB\perp AC$ 的位置上平衡，试求应在滑块 C 上施加的主动力的大小及方向。

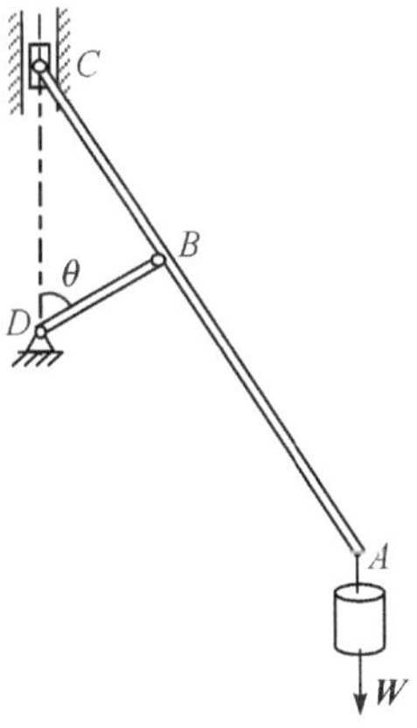

习题 20-4 图

20-7　平面机构如图所示，不计各杆及滑块重量，略去所有接触面上的摩擦。试求该机构在图示位置平衡时，作用在曲柄 O_1A 上的主动力偶之力偶矩 M 与作用在滑块 C 上的主动力 $\boldsymbol{F}$ 的关系。

20-8　平面结构如图所示，已知 $AB=0.6\ \text{m}$，$BC=0.7\ \text{m}$，$\theta=45°$，$W=200\ \text{N}$，不计各处摩擦及各杆件自重。试求出 AC 杆的内力。

20-9　已知均质物体重量 $G=10\ \text{kN}$，水平力 $F=3\ \text{kN}$，各杆重量不计，有关尺寸如图所示。求杆 AC、BD、BC 的受力。

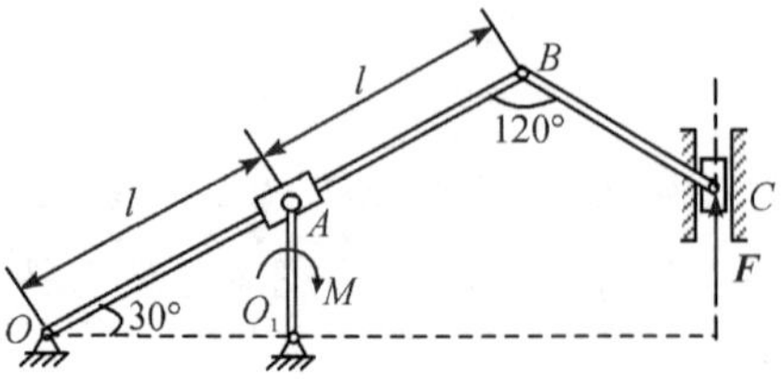

习题 20-7 图

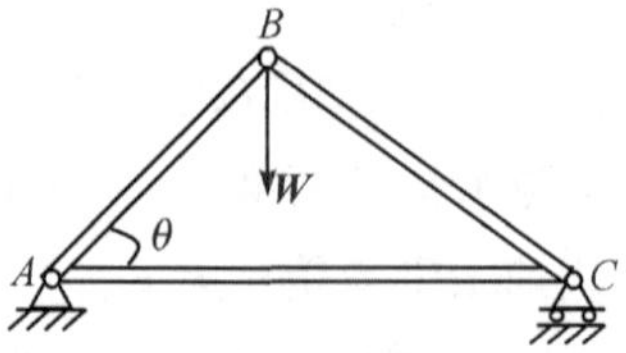

习题 20-8 图

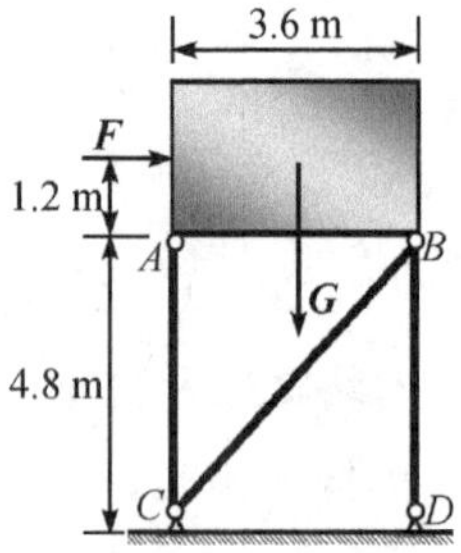

习题 20-9 图

20-10 平面机构如题图所示。已知 $AB=BC=l$,两杆重量均为 P;弹簧原长为 l_0($l_0<l$),刚性系数为 k。不计各处摩擦及轮重。试求机构平衡时的 θ 角。

20-11 试求上题机构在 $\theta=30°$位置平衡时,需施加在铰链 B 上的水平力的大小。

20-12 组合梁如图所示。梁上作用有三个铅垂力,大小分别为 30 kN、60 kN 和 20 kN,求 A、B、C 三处的约束力。

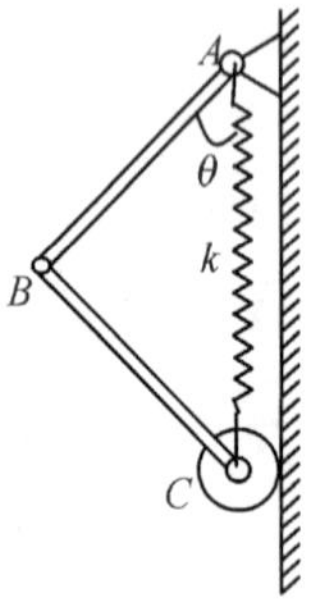

习题 20-10 图

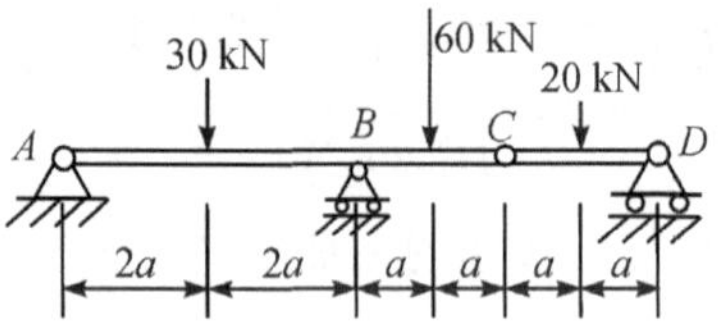

习题 20-12 图

附录A　型钢表

附表 A－1　热轧等边角钢(GB/T 700—2006)

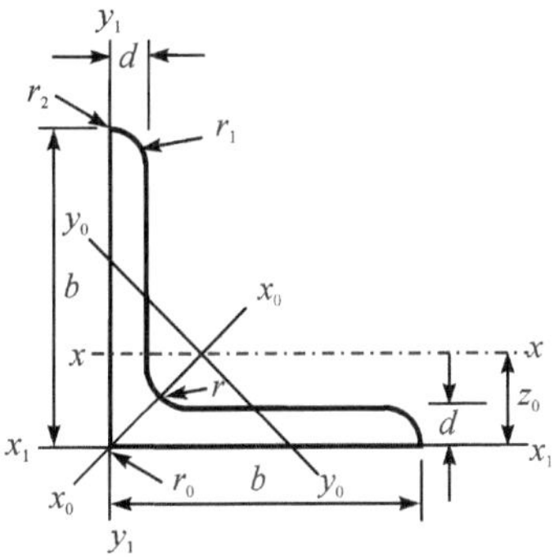

符号意义：b——边宽；　　r_0——顶端圆弧半径；

d——边厚；　　I——惯性矩；

r——内圆弧半径；　　i——惯性半径；

r_1——边端内弧半径；　　W——抗弯截面系数；

r_2——边端外弧半径；　　z_0——重心距离。

角钢号	尺寸/mm			截面面积/cm²	理论重量/(kg/m)	外表面积/(m²/m)	参考数值										z0/cm
							$x-x$			x_0-x_0			y_0-y_0			x_1-x_1	
	b	d	r				I_x/cm⁴	i_x/cm	W_x/cm³	I_{x_0}/cm⁴	i_{x_0}/cm	W_{x_0}/cm³	I_{y_0}/cm⁴	i_{y_0}/cm	W_{y_0}/cm³	I_{x_1}/cm⁴	
2	20	3	3.5	1.132	0.889	0.078	0.40	0.59	0.29	0.63	0.75	0.45	0.17	0.39	0.20	0.81	0.60
		4		1.459	1.145	0.077	0.50	0.58	0.36	0.78	0.73	0.55	0.22	0.38	0.24	1.09	0.64
2.5	25	3		1.432	1.124	0.098	0.82	0.76	0.46	1.29	0.95	0.73	0.34	0.49	0.33	1.57	0.73
		4		1.859	1.459	0.097	1.03	0.74	0.59	1.62	0.93	0.92	0.43	0.48	0.40	2.11	0.76
3.0	30	3	4.5	1.749	1.373	0.117	1.46	0.91	0.68	2.31	1.15	1.09	0.61	0.59	0.51	2.71	0.85
		4		2.276	1.786	0.117	1.84	0.90	0.87	2.92	1.13	1.37	0.77	0.58	0.62	3.63	0.89
3.6	36	3		2.109	1.656	0.141	2.58	1.11	0.99	4.09	1.39	1.61	1.07	0.71	0.76	4.68	1.00
		4		2.756	2.163	0.141	3.29	1.09	1.28	5.22	1.38	2.05	1.37	0.70	0.93	6.25	1.04
		5		3.382	2.654	0.141	3.95	1.08	1.56	6.24	1.36	2.45	1.65	0.70	1.09	7.84	1.07
4.0	40	3	5	2.359	1.852	0.157	3.59	1.23	1.23	5.69	1.55	2.01	1.49	0.79	0.96	6.41	1.09
		4		3.086	2.422	0.157	4.60	1.22	1.60	7.29	1.54	2.58	1.91	0.79	1.19	8.56	1.13
		5		3.791	2.976	0.156	5.53	1.21	1.96	8.76	1.52	3.10	2.30	0.78	1.39	10.74	1.17
4.5	45	3		2.659	2.088	0.177	5.17	1.40	1.58	8.20	1.76	2.58	2.14	0.90	1.24	9.12	1.22
		4		3.486	2.736	0.177	6.65	1.38	2.05	10.56	1.74	3.32	2.75	0.89	1.54	12.18	1.26
		5		4.292	3.369	0.176	8.04	1.37	2.51	12.74	1.72	4.00	3.33	0.88	1.81	15.25	1.30
		6		5.076	3.985	0.176	9.33	1.36	2.95	14.76	1.70	4.64	3.89	0.88	2.06	18.36	1.33
5	50	3	5.5	2.971	2.332	0.197	7.18	1.55	1.96	11.37	1.96	3.22	2.98	1.00	1.57	12.50	1.34
		4		3.897	3.059	0.197	9.26	1.54	2.56	14.70	1.94	4.16	3.82	0.99	1.96	16.69	1.38
		5		4.803	3.770	0.196	11.21	1.53	3.13	17.79	1.92	5.03	4.64	0.98	2.31	20.90	1.42
		6		5.688	4.465	0.196	13.05	1.52	3.68	20.68	1.91	5.85	5.42	0.98	2.63	25.14	1.46

续表

角钢号	尺寸/mm b	尺寸/mm d	尺寸/mm r	截面面积/cm^2	理论重量/(kg/m)	外表面积/(m^2/m)	参考数值 $x-x$ I_x/cm^4	i_x/cm	W_x/cm^3	x_0-x_0 I_{x_0}/cm^4	i_{x_0}/cm	W_{x_0}/cm^3	y_0-y_0 I_{y_0}/cm^4	i_{y_0}/cm	W_{y_0}/cm^3	x_1-x_1 I_{x_1}/cm^4	z_0/cm
		3		3.343	2.624	0.221	10.19	1.75	2.48	16.14	2.20	4.08	4.24	1.13	2.02	17.56	1.48
5.6	56	4	6	4.390	3.446	0.220	13.18	1.73	3.24	20.92	2.18	5.28	5.46	1.11	2.52	23.43	1.53
		5		5.415	4.251	0.220	16.02	1.72	3.97	25.42	2.17	6.42	6.61	1.10	2.98	29.33	1.57
		6		8.367	6.568	0.219	23.63	1.68	6.03	37.37	2.11	9.44	9.89	1.09	4.16	47.24	1.68
		4		4.978	3.907	0.248	19.03	1.96	4.13	30.17	2.46	6.78	7.89	1.26	3.29	33.35	1.70
		5		6.143	4.822	0.248	23.17	1.94	5.08	36.77	2.45	8.25	9.57	1.25	3.90	41.73	1.74
6.3	63	6	7	7.288	5.721	0.247	27.12	1.93	6.00	43.03	2.43	9.66	11.20	1.24	4.46	50.14	1.78
		8		9.515	7.469	0.247	34.46	1.90	7.75	54.56	2.40	12.25	14.33	1.23	5.47	67.11	1.85
		10		11.657	9.151	0.246	41.09	1.88	9.39	64.85	2.36	14.56	17.33	1.22	6.36	84.31	1.93
		4		5.570	4.372	0.275	26.39	2.18	5.14	41.80	2.74	8.44	10.99	1.40	4.17	45.74	1.86
		5		6.875	5.397	0.275	32.21	2.16	6.32	51.08	2.73	10.32	13.34	1.39	4.95	57.21	1.91
7	70	6	8	8.160	6.406	0.275	37.77	2.15	7.48	59.93	2.71	12.11	15.61	1.38	5.67	68.73	1.95
		7		9.424	7.398	0.275	43.09	2.14	8.59	68.35	2.69	13.81	17.82	1.38	6.34	80.29	1.99
		8		10.667	8.373	0.274	48.17	2.12	9.68	76.37	2.68	15.43	19.98	1.37	6.98	91.92	2.03
		5		7.367	5.818	0.295	39.97	2.33	7.32	63.30	2.92	11.94	16.63	1.50	5.77	70.56	2.04
		6		8.797	6.905	0.294	46.95	2.31	8.64	74.38	2.90	14.02	19.51	1.49	6.67	84.55	2.07
(7.5)	75	7		10.160	7.975	0.294	53.57	2.30	9.93	84.96	2.89	16.02	22.18	1.48	7.44	98.71	2.11
		8		11.503	9.030	0.294	59.96	2.28	11.20	95.07	2.88	17.93	24.86	1.47	8.19	112.97	2.15
		10	9	14.126	11.089	0.293	71.98	2.26	13.64	113.92	2.84	21.48	30.05	1.46	9.56	141.71	2.22
		5		7.912	6.211	0.315	48.79	2.48	8.34	77.33	3.13	13.67	20.25	1.60	6.66	85.36	2.15
		6		9.397	7.376	0.314	57.35	2.47	9.87	90.98	3.11	16.08	23.72	1.59	7.65	102.50	2.19
8	80	7		10.860	8.525	0.314	65.58	2.46	11.37	104.07	3.10	18.40	27.09	1.58	8.58	119.70	2.23
		8		12.303	9.658	0.314	73.49	2.44	12.83	116.60	3.08	20.61	30.39	1.57	9.46	136.97	2.27
		10		15.126	11.874	0.313	88.43	2.42	15.64	140.09	3.04	24.76	36.77	1.56	11.08	171.74	2.35
		6		10.637	8.350	0.354	82.77	2.79	12.61	131.26	3.51	20.63	34.28	1.80	9.95	145.87	2.44
		7		12.301	9.656	0.354	94.83	2.78	14.54	150.47	3.50	23.64	39.18	1.78	11.19	170.30	2.48
9	90	8	10	13.944	10.946	0.353	106.47	2.76	16.42	168.97	3.48	26.55	43.97	1.78	12.35	194.80	2.52
		10		17.167	13.476	0.353	128.58	2.74	20.07	203.90	3.45	32.04	53.26	1.76	14.52	244.07	2.59
		12		20.306	15.940	0.352	149.22	2.71	23.57	236.21	3.41	37.12	62.22	1.75	16.49	293.76	2.67
		6		11.932	9.366	0.393	114.95	3.10	15.68	181.98	3.90	25.74	47.92	2.00	12.69	200.07	2.67
		7		13.796	10.830	0.393	131.86	3.09	18.10	208.97	3.89	29.55	54.74	1.99	14.26	233.54	2.71
		8		15.638	12.276	0.393	148.24	3.08	20.47	235.07	3.88	33.24	61.41	1.98	15.75	267.09	2.76
10	100	10	12	19.261	15.120	0.392	179.51	3.05	25.06	284.68	3.84	40.26	74.35	1.96	18.54	334.48	2.84
		12		22.800	17.898	0.391	208.90	3.03	29.48	330.95	3.81	46.80	86.84	1.95	21.08	402.34	2.91
		14		26.256	20.611	0.391	236.53	3.00	33.73	374.06	3.77	52.90	99.00	1.94	23.44	470.75	2.99
		16		29.627	23.257	0.390	262.53	2.98	37.82	414.16	3.74	58.57	110.89	1.94	25.63	539.80	3.06

续表

角钢号	尺寸/mm			截面面积/cm^2	理论重量/(kg/m)	外表面积/(m^2/m)	参考数值										z_0/cm
							$x-x$			x_0-x_0			y_0-y_0			x_1-x_1	
	b	d	r				I_x/cm^4	i_x/cm	W_x/cm^3	I_{x_0}/cm^4	i_{x_0}/cm	W_{x_0}/cm^3	I_{y_0}/cm^4	i_{y_0}/cm	W_{y_0}/cm^3	I_{x_1}/cm^4	
11	110	7	12	15.196	11.928	0.433	177.16	3.41	22.05	280.94	4.30	36.12	73.38	2.20	17.51	310.64	2.96
		8		17.238	13.532	0.433	199.46	3.40	24.95	316.49	4.28	40.69	82.42	2.19	19.39	355.20	3.01
		10		21.261	16.690	0.432	242.19	3.38	30.60	384.39	4.25	49.42	99.98	2.17	22.91	444.65	3.09
		12		25.200	19.782	0.431	282.55	3.35	36.05	448.17	4.22	57.62	116.93	2.15	26.15	534.60	3.16
		14		29.056	22.809	0.431	320.71	3.32	41.31	508.01	4.18	65.31	133.40	2.14	29.14	625.16	3.24
12.5	125	8	14	19.750	15.504	0.492	297.03	3.88	32.52	470.89	4.88	53.28	123.16	2.50	25.86	521.01	3.37
		10		24.373	19.133	0.491	361.67	3.85	39.97	573.89	4.85	64.93	149.46	2.48	30.62	651.93	3.45
		12		28.912	22.696	0.491	423.16	3.83	41.17	671.44	4.82	75.96	174.88	2.46	35.08	783.42	3.53
		14		33.373	26.193	0.490	481.65	3.80	54.16	763.73	4.78	86.41	199.57	2.45	39.13	915.61	3.61
14	140	10		27.373	21.488	0.551	514.65	4.34	50.58	817.27	5.46	82.56	212.04	2.78	39.20	915.11	3.82
		12		32.512	25.522	0.551	603.63	4.31	59.80	958.79	5.43	96.85	248.57	2.76	45.02	1099.28	3.90
		14		37.567	29.490	0.550	688.81	4.28	68.75	1093.56	5.40	110.47	284.06	2.75	50.45	1284.22	3.98
		16		42.539	33.393	0.549	770.24	4.26	77.46	1221.18	5.36	123.42	318.67	2.74	55.55	1470.07	4.06
16	160	10	16	31.502	24.729	0.630	779.53	4.98	66.70	1237.30	6.27	109.36	321.76	3.20	52.76	1365.33	4.31
		12		37.441	29.391	0.630	916.58	4.95	78.98	1455.68	6.24	128.67	377.49	3.18	60.74	1639.57	4.39
		14		43.296	33.987	0.629	1048.36	4.92	90.95	1665.02	6.20	147.17	431.70	3.16	68.24	1914.68	4.47
		16		49.067	38.518	0.629	1175.08	4.89	102.63	1865.57	6.17	164.89	484.59	3.14	75.31	2190.82	4.55
18	180	12		42.241	33.159	0.710	1321.35	5.59	100.82	2100.10	7.05	165.00	542.61	3.58	78.41	2332.80	4.89
		14		48.896	38.383	0.709	1514.48	5.56	116.25	2407.42	7.02	189.14	621.53	3.56	88.38	2723.48	4.97
		16		55.467	43.542	0.709	1700.99	5.54	131.13	2703.37	6.98	212.40	698.60	3.55	97.83	3115.29	5.05
		18		61.955	48.634	0.708	1875.12	5.50	145.64	2988.24	6.94	234.78	762.01	3.51	105.14	3502.43	5.13
20	200	14	18	54.642	42.894	0.788	2103.55	6.20	144.70	3343.26	7.82	236.40	863.83	3.98	111.82	3734.10	5.46
		16		62.013	48.680	0.788	2366.15	6.18	163.65	3760.89	7.79	265.93	971.41	3.96	123.96	4270.39	5.54
		18		69.301	54.401	0.787	2620.64	6.15	182.22	4164.54	7.75	294.48	1076.74	3.94	135.52	4808.13	5.62
		20		76.505	60.056	0.787	2867.30	6.12	200.42	4554.55	7.72	322.06	1180.04	3.93	146.55	5347.51	5.69
		24		90.661	71.168	0.785	2338.25	6.07	236.17	5294.97	7.64	374.41	1381.53	3.90	166.55	6457.16	5.87

注：(1) $r_1=\frac{1}{3}d$，$r_2=0$，$r_0=0$。

(2)角钢长度如下。

钢号：2～4 号　4.5～8 号　9～14 号　16～20 号

长度：3～9 m　4～12 m　4～19 m　6～19 m

(3)一般采用材料：Q215，Q235，Q275，Q235F。

附表 A－2　热轧普通工字钢(GB/T 706—2016)

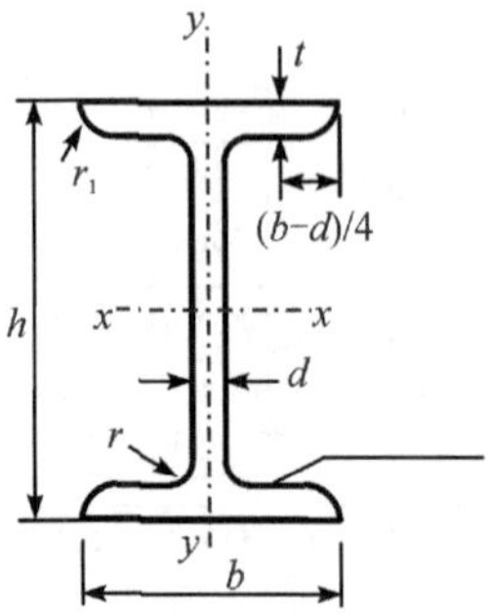

符号意义：h——高度；　　　r_1——腿端圆弧半径；
b——腿宽；　　　I——惯性矩；
d——腰厚；　　　W——抗弯截面系数；
t——平均腿厚；　　　i——惯性半径；
r——内圆弧半径；　　　S——半截面的静矩。

型号	尺寸/mm						截面面积/	理论重量/	参考数值						
									$x-x$				$y-y$		
	h	b	d	t	r	r_1	cm^2	(kg/m)	I_x/cm^4	W_x/cm^3	i_x/cm	$I_x:S_x$/cm	I_y/cm^4	W_y/cm^3	i_y/cm
10	100	68	4.5	7.6	6.5	3.3	14.3	11.2	245.00	49.00	4.14	8.59	33.000	9.720	1.520
12.6	126	74	5.0	8.4	7.0	3.5	18.1	14.2	488.43	77.529	5.195	10.85	46.906	12.677	1.609
14	140	80	5.5	9.1	7.5	3.8	21.5	16.9	712.00	102.00	5.76	12.00	64.400	16.100	1.730
16	160	88	6.0	9.9	8.0	4.0	26.1	20.5	1130.00	141.00	6.58	13.80	93.100	21.200	1.890
18	180	94	6.5	10.7	8.5	4.3	30.6	24.1	1660.00	185.00	7.36	15.40	122.000	26.000	2.000
20a	200	100	7.0	11.4	9.0	4.5	35.5	27.9	2370.00	237.00	8.15	17.20	158.000	31.500	2.120
20b	200	102	9.0	11.4	9.0	4.5	39.5	31.1	2500.00	250.00	7.96	16.90	169.000	33.100	2.060
22a	220	110	7.5	12.3	9.5	4.8	42.00	33.0	3400.00	309.00	8.99	18.90	225.000	40.900	2.310
22b	220	112	9.5	12.3	9.5	4.8	46.40	36.4	3570.00	325.00	8.78	18.70	239.000	42.700	2.270
25a	250	116	8.0	13.0	10.0	5.0	48.50	38.1	5023.54	401.88	10.18	21.58	280.046	48.283	2.403
25b	250	118	10.0	13.0	10.0	5.0	53.50	42.0	5283.96	422.72	9.938	21.27	309.297	52.423	2.404
28a	280	122	8.5	13.7	10.5	5.3	55.45	43.4	7114.14	508.15	11.32	24.62	345.051	56.565	2.495
28b	280	124	10.5	13.7	10.5	5.3	61.05	47.9	7480.00	534.29	11.08	24.24	379.496	61.209	2.493
32a	320	130	9.5	15.0	11.5	5.8	67.05	52.7	11075.50	692.20	12.84	27.46	459.930	70.758	2.619
32b	320	132	11.5	15.0	11.5	5.8	73.45	57.7	11621.40	726.33	12.58	27.09	501.530	75.989	2.614
32c	320	134	13.5	15.0	11.5	5.8	79.95	62.8	12167.50	760.47	12.34	26.77	543.810	81.166	2.608
36a	360	136	10.0	15.8	12.0	6.0	76.30	59.9	15760.00	875.00	14.40	30.70	552.000	81.200	2.690
36b	360	138	12.0	15.8	12.0	6.0	83.50	65.6	16530.00	919.00	14.10	30.30	582.000	84.300	2.640
36c	360	140	14.0	15.8	12.0	6.0	90.70	71.2	17310.00	962.00	13.80	29.90	612.000	87.400	2.600
40a	400	142	10.5	16.5	12.5	6.3	86.10	67.6	21720.00	1090.00	15.90	34.10	660.000	93.200	2.770
40b	400	144	12.5	16.5	12.5	6.3	94.10	73.8	22780.00	1140.00	15.60	33.60	692.000	96.200	2.710
40c	400	146	14.5	16.5	12.5	6.3	102.00	80.0	23850.00	1190.00	15.20	33.20	727.000	99.600	2.650
45a	450	150	11.5	18.0	13.5	6.8	102.00	80.4	32240.00	1430.00	17.70	38.60	855.000	114.00	2.890
45b	450	152	13.5	18.0	13.5	6.8	111.00	87.4	33760.00	1500.00	17.40	38.00	894.000	118.00	2.840
45c	450	154	15.5	18.0	13.5	6.8	120.00	94.5	35280.00	1570.00	17.10	37.60	938.000	122.00	2.790

续表

型号	尺寸/mm						截面面积/cm^2	理论重量/(kg/m)	参考数值						
									$x-x$				$y-y$		
	h	b	d	t	r	r_1			I_x/cm^4	W_x/cm^3	i_x/cm	$I_x:S_x$/cm	I_y/cm^4	W_y/cm^3	i_y/cm
50a	500	158	12.0	20.0	14.0	7.0	119.00	93.6	46470.00	1860.00	19.70	42.80	1120.00	142.00	3.070
50b	500	160	14.0	20.0	14.0	7.0	129.00	101.0	48560.00	1940.00	19.40	42.40	1170.00	146.00	3.010
50c	500	162	16.0	20.0	14.0	7.0	139.00	109.0	50640.00	2080.00	19.00	41.80	1220.00	151.00	2.960
56a	560	166	12.5	21.0	14.5	7.3	135.25	106.2	65585.6	2342.31	22.02	47.73	1370.16	165.08	3.182
56b	560	168	14.5	21.0	14.5	7.3	146.45	115.0	60512.5	2446.69	21.63	47.17	1486.75	174.25	3.162
56c	560	170	16.5	21.0	14.5	7.3	157.85	123.9	71439.4	2551.41	21.27	46.66	1558.30	183.34	3.158
63a	630	176	13.0	22.0	15.0	7.5	154.90	121.6	93916.2	2981.47	24.62	54.17	1700.55	193.24	3.314
63b	630	178	15.0	22.0	15.0	7.5	167.50	131.5	98083.6	3163.98	24.20	53.51	1812.07	203.60	3.289
63c	630	180	17.0	22.0	15.0	7.5	180.10	141.0	102252.1	3298.42	23.82	52.92	1924.91	213.88	3.268

注:(1) 工字钢长度:10～18 号,长 5～19 m;20～63 号,长 6～19 m。

(2) 一般采用材料:Q215，Q 235，Q275，Q235－F。

附表 A－3　热轧普通槽钢(GB/T 706－2016)

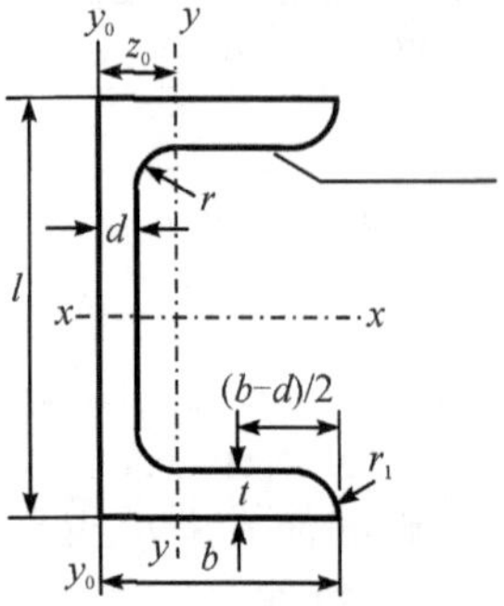

符号意义：h——高度；　r_1——腿端圆弧半径；
b——腿宽；　I——惯性矩；
d——腰厚；　W——抗弯截面系数；
t——平均腿厚；　i——惯性半径；
r——内圆弧半径；　z_0——$y-y$ 轴与 y_0-y_0 轴间距。

型号	尺寸/mm						截面面积/	理论重量/	参考数值							
									$x-x$			$y-y$			y_0-y_0	z_0/
	h	b	d	t	r	r_1	cm^2	(kg/m)	W_x/cm^3	I_x/cm^4	i_x/cm	W_y/cm^3	I_y/cm^4	i_y/cm	I_{y0}/cm^4	cm
5	50	37	4.5	7.0	7.0	3.50	6.93	5.44	10.400	26.000	1.940	3.550	8.300	1.100	20.900	1.350
6.3	63	40	4.8	7.5	7.5	3.75	8.444	6.63	16.123	50.786	2.453		11.872	1.185	28.380	1.360
8	80	43	5.0	8.0	8.0	4.00	10.24	8.04	25.300	101.300	3.150	5.790	16.600	1.270	37.400	1.430
10	100	48	5.3	8.5	8.5	4.25	12.74	10.00	39.700	198.300	3.950	7.800	25.600	1.410	54.900	1.520
12.6	126	53	5.5	9.0	9.0	4.50	15.69	12.37	62.137	391.466	4.953	10.242	37.990	1.567	77.090	1.590
14a	140	58	6.0	9.5	9.5	4.75	18.51	14.53	80.500	563.700	5.520	13.010	53.200	1.700	107.100	1.710
14b	140	60	8.0	9.5	9.5	4.75	21.31	16.73	87.100	609.400	5.350	14.120	61.100	1.690	120.600	1.670
16a	160	63	6.5	10.0	10.0	5.00	21.95	17.23	108.300	866.200	6.280	16.300	73.300	1.830	144.100	1.800
16	160	65	8.5	10.0	10.0	5.00	25.15	19.74	116.800	934.500	6.100	17.550	83.400	1.820	160.800	1.750
18a	180	68	7.0	10.5	10.5	5.25	25.69	20.17	141.400	1272.70	7.040	20.030	98.600	1.960	189.700	1.880
18	180	70	9.0	10.5	10.5	5.25	29.29	22.99	152.200	1369.90	6.840	21.520	111.000	1.950	210.100	1.840
20a	200	73	7.0	11.0	11.0	5.50	28.83	22.63	178.000	1780.40	7.860	24.200	128.000	2.110	244.000	2.010
20	200	75	9.0	11.0	11.0	5.50	32.83	25.77	191.400	1913.70	7.640	25.880	143.600	2.090	268.400	1.950
22a	220	77	7.0	11.5	11.5	5.75	31.84	24.99	217.600	2393.90	8.670	28.170	157.800	2.230	298.200	2.100
22	220	79	9.0	11.5	11.5	5.75	36.24	28.45	233.800	2571.40	8.420	30.050	176.400	2.210	326.300	2.030
a	250	78	7.0	12.0	12.0	6.00	34.91	27.47	269.597	3369.62	9.823	30.607	175.529	2.243	322.256	1.065
25b	250	80	9.0	12.0	12.0	6.00	39.91	31.39	282.402	3530.04	9.405	32.657	196.421	2.218	353.187	1.982
c	250	82	11.0	12.0	12.0	6.00	44.91	35.32	295.236	3690.45	9.065	35.926	218.415	2.206	384.133	1.921
a	280	82	7.5	12.5	12.5	6.25	40.02	31.42	340.328	4764.59	10.91	35.718	217.989	2.333	387.566	2.097
28b	280	84	9.5	12.5	12.5	6.25	45.62	35.81	366.460	5130.45	10.60	37.929	242.144	2.304	427.589	2.016
c	280	86	11.5	12.5	12.5	6.25	51.22	40.21	392.594	5496.32	10.35	40.301	267.602	2.286	462.597	1.951
a	320	88	8.0	14.0	14.0	7.00	48.70	38.22	474.879	7598.06	12.49	46.473	304.787	2.502	552.310	2.242
32b	320	90	10.0	14.0	14.0	7.00	55.10	43.25	509.012	8144.20	12.15	49.157	336.332	2.471	592.933	2.158
c	320	92	12.0	14.0	14.0	7.00	61.50	48.28	543.145	8690.33	11.88	52.642	374.175	2.467	643.299	2.092
a	360	96	9.0	16.0	16.0	8.00	60.89	47.80	659.700	11874.2	13.97	63.540	455.000	2.730	818.400	2.440
36b	360	98	11.0	16.0	16.0	8.00	68.09	53.45	702.900	12651.8	13.63	66.850	496.700	2.700	880.400	2.370
c	360	100	13.0	16.0	16.0	8.00	75.29	50.10	746.100	13429.4	13.36	70.020	536.400	2.670	947.900	2.340
a	400	100	10.5	18.0	18.0	9.00	75.05	58.91	878.900	17577.9	15.30	78.830	592.000	2.810	1067.70	2.490
40b	400	102	12.5	18.0	18.0	9.00	83.05	65.19	932.200	18644.5	14.98	82.520	640.000	2.780	1135.60	2.440
c	400	104	14.5	18.0	18.0	9.00	91.05	71.47	985.600	19711.2	14.71	86.190	687.800	2.750	1220.70	2.420

注：(1) 槽钢长度：5～8 号，长 5～12 m；10～18 号，长 5～19 m；20～40 号，长 6～19 m。

(2) 一般采用材料：Q215，Q235，Q275，Q235－F。

附录 B　习题答案

第 1 章

1-1　$x=200\cos\frac{\pi}{5}t, y=100\sin\frac{\pi}{5}t, \frac{x^2}{40000}+\frac{y^2}{10000}=1$。

1-2　$y_A=\sqrt{64-t^2}$ cm。

1-3　椭圆，$\frac{(x-c)^2}{(b+l)^2}+\frac{y^2}{l^2}=1$。

1-4　$\begin{cases} v_x=-2R\omega\sin2\omega t \\ a_x=-4R\omega^2\cos2\omega t \\ v_y=2R\omega\cos2\omega t \\ a_y=-4R\omega^2\sin2\omega t \end{cases}$；$\begin{cases} v=2R\omega \\ a_\tau=0 \\ a_n=4R\omega^2 \end{cases}$；$\begin{cases} \xi=2R\cos\omega t \\ v=-2R\omega\sin\omega t \\ a=-2R\omega^2\cos\omega t \end{cases}$。

1-5　$\rho=\frac{v^2}{a_n}=4L\cos(\frac{bt}{2})$。

1-6　$v=ak, v_r=-ak\sin kt$。

1-7　$v_M=9.42$ m/s，$a_M=444$ m/s^2。

1-8　$v_M=0.105Rn$ (cm/s)，$a_M=0.011Rn^2$(cm/s^2)。

1-9　$\omega=2$ rad/s，$\alpha=4.47$ rad/s^2，$a_B=30$ cm/s^2。

1-10　$z_3=8$。

1-11　$v_B=0.785$ cm/s。

1-12　(1)$\alpha_2=\frac{5000\pi}{d^2}$ rad/s^2；(2)$a=592.2$ m/s^2。

1-13　$|\omega|=\frac{bv}{v^2+v^2t^2}$(转向顺时针方向)，$|\alpha|=\frac{2bv^3t}{(b^2+v^2t^2)^2}$(转向逆时针方向)。

1-14　$a_{\mathrm{I}}=a_A=2r\omega_0^2$，方向同 $\boldsymbol{a}_A$；$a_{\mathrm{II}}=4r\omega_0^2$，方向沿半径，指向轮心 O。

第 2 章

2-1　$\omega=4$ rad/s，$v_O=4$ m/s。

2-2　$v_A=2v_O, v_B=\sqrt{2}v_O, v_C=\frac{R-r}{r}v_O, v_D=\sqrt{\frac{R^2+r^2}{r^2}}v_O$。

2-3　图(a)　$\omega=0$；图(b)　$\omega=\frac{r\omega}{l}$，逆时针。

2-4　2.51 m/s。

2-5　$\omega_{ABD}=1.07$ rad/s，逆时针，$v_D=25.35$ cm/s，←。

2-6　$\omega_C=2$ rad/s，顺时针。

2-7　当 $\theta=90°$时，$v_{DE}=0$；当 $\theta=0°$时，$v_{DE}=400$ cm/s，↑。

2-8　$v_C=r\omega$，↓。

2 - 9 $\omega_{BC}=0.15$ rad/s,顺时针;
$v_B=0.212$ m/s, $v_C=0.18$ m/s,←。
2 - 10 $\omega_{AB}=1.28$ rad/s,顺时针,$v_B=16$ cm/s。
2 - 11 $n_{\rm I}=10800$ r/min。
2 - 12 $\omega_{OB}=3.75$ rad/s,逆时针;$\omega_{\rm I}=6$ rad/s,逆时针。
2 - 13 $\omega_{AB}=2$ rad/s,顺时针,$v_B=282.8$ cm/s↑。
2 - 14 $\omega_{DE}=2\omega$,逆时针。
*2 - 15 $v_B=2$ m/s,$a_B=8$ m/s^2;$v_C=2.83$ m/s,$a_C=11.3$ m/s^2。
*2 - 16 $\omega_{O_2}=\frac{2v}{r}$,顺时针;$\alpha_{O_2}=\frac{v^2}{r\sqrt{l^2-r^2}}$,逆时针。

第 3 章

3 - 1 $v\tan\varphi$。
3 - 2 $\varphi=0°$,$v_{BC}=0$;$\varphi=30°$,$v_{BC}=1$ m/s;$\varphi=90°$,$v_{BC}=2$ m/s。
3 - 3 $v_{\rm a}=\frac{l\omega}{\cos^2\varphi}$,方向铅垂向上;$v_{\rm r}=\frac{l\omega\sin\varphi}{\cos^2\varphi}$,方向沿 OC。
3 - 4 $\frac{c}{R}u$,方向与 $\boldsymbol{u}$ 相反。
3 - 5 10 cm/s↑。
3 - 6 $v_{\rm r}=6.36$ cm/s,$\angle(\boldsymbol{v}_{\rm r},\boldsymbol{v})=80°57'$。
3 - 7 (1)$v_{\rm r}=3.89$ m/s;(2)当传送带 B 的速度 $v_2=1.04$ m/s 时,$\boldsymbol{v}_{\rm r}$ 才与带垂直。
3 - 8 $v_{\rm r}=10.06$ cm/s,与半径夹角为 $41°47'$。
3 - 9 $\omega=4.05$ rad/s,顺时针;$v_r=0.483$ m/s。
3 - 10 $\varphi=0°$时,$\omega=2.63$ rad/s,顺时针;
$\varphi=90°$时,$\omega=1.85$ rad/s,顺时针。
3 - 11 10 cm/s,34.6 cm/s^2。
3 - 12 0.746 m/s^2。
3 - 13 $\omega_{AB}=\omega$,$\alpha_{AB}=2\omega^2$。
3 - 14 230 cm/s,←。
*3 - 15 17.3 cm/s,35 cm/s^2。
*3 - 16 $\omega_2=0.75$ rad/s,顺时针;$\alpha_2=4.55$ rad/s^2,顺时针。

第 5 章

5 - 1 $F_{AB}=28.63$ kN;$F_{AC}=27.78$ kN。
5 - 2 $F_{AB}=7.32$ kN;$F_{AC}=27.32$ kN。
5 - 3 $\theta=2\arcsin\frac{P}{W}$;$F_A=W\cos\frac{\theta}{2}$。
5 - 4 $F_A=1074.9$ N。
5 - 5 $F_H=\frac{F}{2\sin^2\theta}$。
5 - 6 $F_1:F_2=0.6124$。
5 - 7 (1)$\frac{M}{2l}$; (2)$\frac{M}{l}$; (3)$\frac{M}{l}$。

5-8　$F_D=F_C=\dfrac{Fa}{b}$。

5-9　$F_A=F_C=0.354\dfrac{M}{a}$。

5-10　$M_2=1000$ N·m。

5-11　$M_3=3$ N·m,逆时针转向;

$F_{AB}=5$ N,拉力。

第 6 章

6-1　(a)$Fl\sin\theta$;(b)$F\sqrt{l^2+b^2}\sin\alpha$;(c)$F(l+r)$。

6-2　$M_x(\boldsymbol{F})=14.14$ N·m。

6-3　$M_x(\boldsymbol{F})=F(a-3r)/4$, $M_y(\boldsymbol{F})=\sqrt{3}F(a+r)/4$, $M_z(\boldsymbol{F})=-Fr/2$。

6-4　$\boldsymbol{M}_O(\boldsymbol{F})=(561.2\boldsymbol{i}-374.2\boldsymbol{j})$ N·m。

6-5　$\boldsymbol{M}_O(\boldsymbol{F}_1)=12\boldsymbol{j}$ kN·m;$\boldsymbol{M}_O(\boldsymbol{F}_2)=-25.5\boldsymbol{i}$ kN·m。

6-6　$\boldsymbol{F}_R'=(-300\boldsymbol{i}-200\boldsymbol{j}+300\boldsymbol{k})$ N,$\boldsymbol{M}_O=(200\boldsymbol{i}-300\boldsymbol{j})$ N·m,合力过(1,2/3,0)点。

第 7 章

7-1　$F_{BD}=F_{BE}=11$ kN;$F_{Ax}=0$,$F_{Ay}=-3.6$ kN,$F_{Az}=14.0$ kN。

7-2　$F_1=F_2=F_3=\dfrac{2M}{3a}$(拉),$F_4=F_5=F_6=-\dfrac{4M}{3a}$(压)。

7-3　$F=70.9$ N,$F_{Ax}=-68.4$ N,$F_{Ay}=-47.6$ N,$F_{Bx}=-207$ N,$F_{By}=-19.1$ N。

7-4　(1)$M=22.5$ N·m;(2)$F_{Ax}=75$ N,$F_{Ay}=0$,$F_{Az}=50$ N;

(3)$F_x=75$ N,$F_y=0$。

7-5　$F_{Ox}=150$ N,$F_{Oy}=75$ N,$F_{Oz}=500$ N;

$M_x=100$ N·m,$M_y=-37.5$ N·m, $M_z=-24.38$ N·m。

7-6　$F=577.36$ N,$F_A=265.47$ N,$F_B=611.89$ N。

7-7　$F_2=4000$ N,$F_2'=2000$ N,$F_{Az}=-1299$ N;

$F_{Ax}=-6375$ N,$F_{Bz}=-3897$ N,$F_{Bx}=-4125$ N。

7-8　不平衡,不是汇交力系。

7-9　$F_A=10$ N,→;$M_A=20$ N·m,顺时针转向;

最终合成为合力 $F_R=10$ N,位于 A 点上方,A 点至 $\boldsymbol{F}_R$ 作用线距离为 2 m。

7-10　$F_{Ax}=2400$ N,$F_{Ay}-1200$ N,$F_{BC}=848.5$ N。

7-11　$F_{Bx}=0$, $F_{By}=1.5$ kN,$F_C=1$ kN。

7-12　$F_{AC}=-4$ kN, $F_{BC}=5$ kN,$F_{BD}=-10$ kN。

7-13　$T=\dfrac{Pa\cos\theta}{2h}$

7-14　$F_{Ax}=0$,$F_{Ay}=\dfrac{4}{3}F$,$M_A=\dfrac{5}{3}Fa$,$F_C=\dfrac{2}{3}F$。

7-15　$F_{Ax}=-7.21$ kN, $F_{Ay}=10.37$ kN, $F_{Bx}=8.21$ kN,$F_{By}=10.29$ kN。

7-16　$F_{Ax}=-\dfrac{9}{4}G$,$F_{Ay}=-\dfrac{G}{4}$,$F_{Cx}=\dfrac{9G}{4}$, $F_{Cy}=\dfrac{5G}{4}$。

7-17　$F_{Ax}=-23$ kN,$F_{Ay}=10$ kN,$F_{Cx}=23$ kN,$F_{Cy}=10$ kN。

7－18　$F_{DE}=F_{MH}=1.414$ kN，$F_{Cx}=1$ kN，$F_{Cy}=-0.5$ kN。

7－19　$F_{Ax}=P$，$F_{Ay}=-P$，$F_{Bx}=-P$，$F_{By}=0$，$F_{Dx}=2P$，$F_{Dy}=P$。

7－20　$F_{Ax}=-29.29$ kN，$F_{Ay}=0$，$M_A=-1.421$ kN·m。

7－21　$F_{Ax}=275$ kN，$F_{Ay}=175+50\sqrt{3}$ kN，$M_A=1000$ kN·m。

7－22　$F=500$ N 时，$F_s=134.7$ N；$F=100$ N 时，$F_s=162.4$ N。

7－23　$F_{max}=25.6$ N。

7－24　$F_{min}=\dfrac{Gar}{f_s lR}$。

7－25　$e\leqslant f_s r$。

7－26　$b\leqslant 0.75$ cm。

7－27　$b\leqslant 110$ mm。

第 8 章

8－1　(a)$F_{N1-1}=50$ kN，$F_{N2-2}=10$ kN，$F_{N3-3}=-20$ kN；

(b)$F_{N1-1}=F$，$F_{N2-2}=0$，$F_{N3-3}=F$。

8－2　$F_1=2F$，$F_2=-2.24F$，$F_3=F$，$F_4=-2F$，$F_5=0$，$F_6=2.24F$。

8－3　$F_4=0$，$F_5=1.5F$，$F_6=-3.35F$。

8－4　$F_1=-5.333F$，$F_2=2F$，$F_3=-1.667F$。

8－5　（略）。

8－6　(a)$|F_s|_{max}=2F$，$|M|_{max}=3Fa$；　(b)$|F_s|_{max}=0$. $|M|_{max}=M_0$；

(c)$|F_s|_{max}=qa$，$|M|_{max}=qa^2/2$；　(d)$|F_s|_{max}=qa$，$|M|_{max}=qa^2/2$；

(e)$|F_s|_{max}=3F/4$，$|M|_{max}=3Fa/4$；　(f)$|F_s|_{max}=3qa/4$，$|M|_{max}=9qa^2/32$；

(g)$|F_s|_{max}=F/2$，$|M|_{max}=Fa/2$；　(h)$|F_s|_{max}=F$，$|M|_{max}=Fa$；

(i)$|F_s|_{max}=2F/3$，$|M|_{max}=2Fa/3$。

8－7　（略）。

8－8　$x_0=0.457l$，$M_{max}=0.451Fl$。

第 9 章

9－1　$\sigma=31.9$ MPa$<[\sigma]$，安全。

9－2　$d\geqslant 23$ mm。

9－3　$b=32.2$ mm，$h=109.5$ mm。

9－4　(1)$D=24.4$ mm；(2)$\sigma=119$ MPa$<[\sigma]$，安全。

9－5　$[F]=36$ kN，$[F]_1=12$ kN。

9－6　$[F]=41$ kN。

9－7　$\Delta l=-0.3$ mm。

9－8　(1)$A_1=200$ mm^2，$A_2=50$ mm^2；(2)$A_1=267$ mm^2，$A_2=50$ mm^2。

9－9　(1)$A=833$ mm^2；(2)$d_{max}=17.8$ mm；(3)$F_{max}=15.7$ kN。

9－10　$\varepsilon=0.5\times10^{-3}$，$\sigma=100$ MPa，$F=7.85$ kN。

9－11　$\sigma_s=250$ MPa，$\sigma_b=431$ MPa，$\delta=16.6\%$，$\Psi=61.6\%$。

9－12　$F_1=13.9$ kN，$F_2=4.17$ kN。

9－13　(1)$F=31.4$ kN；(2)$\sigma_1=\sigma_2=131$ MPa，$\sigma_3=34.3$ MPa。

第 10 章

10-1　(a)$A=bc$，$A_{bs}=(h-a)b$；(b)$A=\pi dh$，$A_{bs}=\pi(D^2-d^2)/4$。

10-2　50 mm；

10-3　(1)$A=754\ mm^2$，$A_{bs}=490\ mm^2$，$\tau=53.1$ MPa$<[\tau]$；

(2)$\sigma_{bs}=81.6$ MPa$<[\sigma_{bs}]$，$\sigma=127$ MPa$<[\sigma]$，安全。

10-4　$\delta=20$ mm，$l=200$ mm，$h=90$ mm。

10-5　$\tau=52.1$ MPa$<[\tau]$，$\sigma_{bs}=104$ MPa$<[\sigma_{bs}]$，安全。

10-6　209 N·m。

10-7　$F=823$ kN。

10-8　$\tau=132$ MPa$<[\tau]$，$\sigma_{bs}=176$ MPa$<[\sigma_{bs}]$，$\sigma_{max}=140$ MPa$<[\sigma]$，安全。

第 11 章

11-1　$d=74$ mm。

11-2　(1)$\tau_\rho=46.6$ MPa，$\gamma_\rho=5.83\times10^{-4}$ rad；(2)$\tau_{max}=51.8$ MPa，$\tau_{min}=41.4$ MPa。

11-3　$W_{实心}/W_{空心}=1.95$。

11-4　$d_1=45$ mm，$D_2=46$ mm。

11-5　$\varphi_{CA}=0.597°$，$\Phi_{max}=1.4°/m$。

11-6　$P_{max}=18.5$ kW，$\tau_{max}=30$ MPa。

11-7　$G=79.8$ GPa。

11-8　BD 段：$\tau_{max}=21.3$ MPa$<[\tau]$，$\Phi_{max}=0.435°/m$；

AC 段：$\tau_{max}=49.4$ MPa$<[\tau]$，$\Phi_{max}=1.767°/m$。

*11-9　$M_A=4M_0/7$，$M_B=3M_0/7$。

第 12 章

12-1　(1)(略)；(2)(c)。

12-2　(1)最大正弯矩位于 C 截面：$\sigma_{max}^{+}=45.9$ MPa，$\sigma_{max}^{-}=107.1$ MPa；

最大负弯矩位于 A 截面：$\sigma_{max}^{+}=70$ MPa，$\sigma_{max}^{-}=30$ MPa；

(2) $\sigma_{max}^{+}=45.9$ MPa$>[\sigma]$，梁的强度不够。

12-3　$b=32.8$ mm。

12-4　$\sigma_{max}=108.6$ MPa$>[\sigma]$，安全。

12-5　$\sigma_{实}=159.2$ MPa，$\sigma_{空}=93.7$ MPa，$[q_{空}]/[q_{实}]=1.7:1$。

12-6　$\sigma_{Cmax}=10.05$ MPa，安全。

12-7　$\sigma_C:\sigma_{中}=1.089$。

12-8　$F=\dfrac{2Ebh^2}{3l}\varepsilon$。

12-9　$\sigma_{max}/\tau_{max}=5$。

12-10　选 32a 号工字钢。

第 13 章

13-1　(a)$y_{max}=\dfrac{ql^4}{8EI}(\downarrow)$；(b)$y_{max}=\dfrac{M_0l^2}{9\sqrt{3}EI}$。

13-2　(略)。

13－3 (a)$y_C=\dfrac{11Fl^3}{384EI}(\downarrow)$ $\theta_C=0$；

(b)$y_C=\dfrac{29qa^4}{3EI}(\downarrow)$ $\theta_C=\dfrac{13qa^3}{3EI}$(顺时针)；

(c)$y_C=\dfrac{qa^4}{24EI}(\uparrow)$ $\theta_C=\dfrac{qa^3}{12EI}$(逆时针)；

(d)$y_C=\dfrac{3Fa^3}{2EI}(\downarrow)$ $\theta_C=\dfrac{5qa^2}{4EI}$(顺时针)。

13－4 16a 号槽钢。

13－5 $d=77$ mm。

*13－6 (a)$F_C=5ql/8(\uparrow)$； (b)$F_C=7F/4(\uparrow)$。

第 14 章

14－1 (略)

14－2 $\sigma_{\max}^- = 121$ MPa $>[\sigma]$，横梁不安全。

14－3 $\sigma_{\max} = 171$ MPa $<[\sigma]$，爪臂安全。

14－4 (1)$y_1=40.5$ mm，$I_z=488$ cm^4；

(2)$\sigma_{\max}^+=26.8$ MPa$<[\sigma^+]$，$\sigma_{\max}^-=32.4$ MPa$<[\sigma^-]$，立柱安全。

14－5 $e=\dfrac{(\varepsilon_1-\varepsilon_2)h}{6(\varepsilon_1+\varepsilon_2)}$。

14－6 $\sigma_A=\sigma_B=1.667$ MPa(拉)，$\sigma_C=\sigma_D=-3.33$ MPa(压)。

14－7 $\sigma_{r3}=58.3$ MPa$<[\sigma]$，轴安全。

14－8 $d=56.8$ mm。

14－9 $\sigma_{r3}=51.9$ MPa$<[\sigma]$，轴安全。

第 15 章

15－1 946 kN。

15－2 (a)59.1 kN；(b)105 kN；(c)77.2 kN；(d)67.3 kN。

15－3 $\sigma_{r3}=155.4$ MPa。

15－4 (a)16.56 kN；(b)49.7 kN；(c)56.4 kN。

15－5 $n_{st}=8.99$，活塞杆稳定性足够。

15－6 $n_{st}=2.15$。

15－7 $[F]=50.3$ kN。

第 16 章

16－1 $v=1.656$ m/s；$a=9.16$ m/s^2。

16－2 $F_A=22.6$ N，$F_B=58.8$ N。

16－3 $F=m\left(g-\dfrac{8h}{l^2}v^2\right)$。

16－4 $v_{\max}=\sqrt{fgr}$。

16－5 (1)2.67 km；(2)357 m/s。

16－6 $F_{\max}=714$ N，$F_{\min}=462$ N。

16－7 $a=(m_1-m_2)g/(m_1+m_2)$。

16-8 $F_{nA}=m\dfrac{bg-ha}{c+b}$，$F_{nB}=m\dfrac{cg+ha}{c+b}$，当 $a=\dfrac{b-c}{2h}g$ 时 $F_{nA}=F_{nB}$。

16-9 $a=2\ \mathrm{m/s^2}$，$F_{nA}=232.5\ \mathrm{N}$，$F_{nB}=257.5\ \mathrm{N}$。

16-10 $a=8.49\ \mathrm{m/s^2}$，$F_{BG}=175.5\ \mathrm{N}$，$F_{CH}=69.5\ \mathrm{N}$。

16-11 $F=269.3\ \mathrm{N}$。

16-12 $a=1.564\ \mathrm{m/s^2}$。

16-13 $F_{Ox}=0$，$F_{Oy}=28\ \mathrm{N}$。

16-14 $a=\dfrac{(Mi-mgR)R}{mR^2+J_1i^2+J_2}$。

16-15 $F=35785.8\ \mathrm{N}$，$F_{Ox}=25300.5\ \mathrm{N}$，$F_{Oy}=29220.5\ \mathrm{N}$。

第17章

17-1 $W_{BA}=20.3\ \mathrm{J}$，$W_{AD}=-20.3\ \mathrm{J}$。

17-2 $W=55\ \mathrm{N\cdot m}$。

17-3 $T=2Mv_B^2/9$。

17-4 $T=(M_1+3M_2)v^2/2$。

17-5 $T=\dfrac{3}{4}\cdot\dfrac{G}{g}(R-r)^2\dot{\varphi}^2$。

17-6 $T=\dfrac{1}{2}m_1a^2t^2+\dfrac{1}{2}m_2a^2t^2+\dfrac{1}{2}m_2l^2b^2\varphi_0^2\cos^2bt+m_2albt\varphi_0\cos bt[\cos(\varphi_0\sin bt)]$。

17-7 $v=3.64\ \mathrm{m/s}$。

17-8 $n_{\mathrm{II}}=2.56\ \mathrm{r}$。

17-9 $\omega=\dfrac{2}{r}\sqrt{\dfrac{M-m_2gr(\sin\alpha+f'\cos\alpha)}{m_1+2m_2}\varphi}$；$\alpha=\dfrac{2[M-m_2gr(\sin\alpha+f'\cos\alpha)]}{r^2(m_1+2m_2)}$。

17-10 $\omega=\sqrt{\dfrac{2gM\varphi}{(3P+4Q)l^2}}$；$\alpha=\dfrac{gM}{(3P+4Q)l^2}$。

17-11 $\omega=10.62\ \mathrm{rad/s}$。

17-12 $\alpha=\dfrac{6M}{(2m+9m_1)l^2}$。

17-13 $\omega=5.72\ \mathrm{rad/s}$；$\alpha=0$；$F_O=98\ \mathrm{N}$。

第18章

18-1 $\omega_1=2.19\ \mathrm{rad/s}$，$F=39\ \mathrm{N}$。

18-2 (1)$a\leqslant 2.91\ \mathrm{m/s^2}$；(2)$h/d\geqslant 5$。

18-3 $a\geqslant\dfrac{gr}{\sqrt{R^2-r^2}}$。

18-4 $\omega^2=\dfrac{2m_1+m_2}{2m_1(d+l\sin\varphi)}g\tan\varphi$。

18-5 (1)$\omega^2=\dfrac{2[mgl\sin\theta+k(l_1\sin\theta-l_0)l_1\cos\theta]}{ml^2\sin 2\theta}$；

(2)$\omega^2=\dfrac{3[(M+2m)gl\sin\theta+2k(l_1\sin\theta-l_0)l_1\cos\theta]}{(2M+3m)l^2\sin 2\theta}$。

18 - 6　$\omega^2=\frac{b^2\cos\varphi-a^2\sin\varphi}{2(b^3-a^3)\sin2\varphi}3g$。

18 - 7　$F_{AD}=5.37$ N，$F_{BE}=45.6$ N。

18 - 8　$T_A=73.2$ N，$T_B=273$ N。

18 - 9　$F_{Ax}=0, F_{Ay}=(m_B+m_C)g+\frac{2m_C(M-m_CRg)}{(m_B+2m_C)R}$，

$M_A=\left[(m_B+m_C)g+\frac{2m_C(M-m_CRg)}{(m_B+2m_C)R}\right]l$。

18 - 10　$F_{CD}=\frac{4m_1m_2gl_2}{(m_1+m_2)l_1\sin\alpha}$。

18 - 11　$F_{Ax}=-3.53$ kN，$F_{Ay}=19.3$ kN；$F_B=13.8$ kN。

第 19 章

19 - 1　钢索：$\sigma_d=41.7$ MPa$<[\sigma]$；梁：$\sigma_{max}=34.9$ MPa$<[\sigma]$，安全。

19 - 2　(1)70.8 kPa；　(2)15.43 kPa；　(3)3.73 kPa。

19 - 3　$\sigma_{dmax}=151$ MPa$<[\sigma]$，梁安全。

19 - 4　$\sigma_m=200$ MPa，$\sigma_a=100$ MPa，$r=0.333$。

19 - 5　$r=-4.33$，$\sigma_m=-70.7$ MPa，$\sigma_a=113.1$ MPa，活塞杆稳定性满足要求。

19 - 6　$\sigma_{-1}^{构}=98$ MPa，$n=12.3$。

第 20 章

20 - 1　$F=\frac{3}{2}P\cot\theta$。

20 - 2　$M=100.5$ N · M。

20 - 3　$k=2.24$ kN/m。

20 - 4　$F_C=44.79$ N。

20 - 5　$M=90$ N · m(逆时针方向)。

20 - 6　$F_C=2240$ N(向下)。

20 - 7　$M=\frac{\sqrt{3}}{2}lF$。

20 - 8　$F_{AC}=84.84$ N。

20 - 9　$F_{AC}=-4$ kN，$F_{BC}=5$ kN，$F_{BD}=-10$ kN。

20 - 10　$\cos\theta=\frac{1}{2l}\left(\frac{p}{k}-l_0\right)$。

20 - 11　$F=\frac{2\sqrt{3}}{3}[k(\sqrt{3}l-l_0)-P]$。

20 - 12　$F_{Ax}=0$，$F_{Ay}=-5$ kN，$F_B=105$ kN，$F_D=10$ kN。

参 考 文 献

[1] 张克猛，唐红春. 理论力学[M]. 北京：科学出版社，2017.

[2] 张克猛. 机械工程基础[M]. 3 版. 西安：西安交通大学出版社，2016.

[3] 蔡怀崇，张克猛. 工程力学(一)[M]. 北京：机械工业出版社，2008.

[4] 张克猛，张义忠. 理论力学[M]. 北京：科学出版社，2008.